MINGUO JIANZHU GONGCHENG QIKAN HUIBIAN

民國建築工程期刊匯編

23

《民國建築工程期刊匯編》編寫組 編

广西师范大学出版社
GUANGXI NORMAL UNIVERSITY PRESS
·桂林·

第二十三册目録

工程季刊

11251

工程季刊

劉維熾

第三期　第三四卷

（要目）

廣東土木工程師會印行

吳翹記營造廠

專營事業

一、建築大小工程
二、批盪學校各色粉板
三、裝修門面設計圖案
四、雕刻人像各種動物
五、專造顏色批盪各色圖案
六、碑誌墳墓大小器皿
七、意大利顏色批盪上海批盪
八、地台磨各色石米批盪
九、灰沙批盪天花批盪石膏批盪
十、花園石櫈美術枱面冰室櫃圍
十一、特製各式大小花盆面盆浴盆
十二、代理批盪各種顏色白英泥石米
十三、製造繪圖黑墨水批盪過光藥水

介紹吳翹記營造廠意大利批盪專家

現代文明都市其偉大建築物與紀念物莫不競尚意大利批盪蓋其堅耐美化雅麗堂煌光艷奪目能發人美感現本市有吳瑞翹君者研究此種批盪歷有年所其藝術之湛深工料之精選洵非時下庸才所及且能就圖案而造意因光線而設色故其成績斐然大觀不愧當局品題名流贊許邇來吳君彙營大小建築工程更為精專研求特禮聘美術專家化學藥師工程技師等共事改良故成績比前更進一步如本市中山紀念堂牌亭及市立中山圖書館市府合署中山大學電器機械科農科文學法學理學等院胥為吳君所營經批盪及建築其成績可見一斑其如他飾櫃地臺碑碣花盆用具等均能巧奪天工精美絕倫弟等為本市建築美化計願為吳君介紹俾各界知所問津焉

介紹人建築工程師

黃謙益　郭秉琦　江宗漢　陳榮枝　楊永棠　郭振聲　鄭校之　蘇子綱　李文邦　林克明　李卓　卓文揚　鄭成佑　譚勵宸

同啓

營業部　廣州市惠愛西路五十四號　自動電話一六二六六

廣州市建築工程師事務所通訊錄

土木工程建築師

（李　卓）

土木工程　樓房畫則　土地測量　力學計算

事務所：文德路鄰德坊六號

電　話：一二六三〇號

土木建築工程師

（黃伯琴）

事務所：上九路西一一九號四樓

電　話：一一三八四

大來建築公司

THE DOLLAR, CO.

BUIL DER & CONTRACTORS

2 ND FLOOR, I, THIRD ROOD, KWONG-

MO-TOI EAST BAND,

CANTON CHINA

PHONE No 17336

辦事處：

廣州市東堤廣舞台三馬路一號二樓

自動電話　一七三三六

廣東土木工程師會職員一覽

執行委員

朱志龢　梁啓壽　李　卓

梁綽餘　陳榮枝　麥蘊瑜　陳良士

監察委員

林逸民

劉鞠可　黃森光

黃謙益　梁仍楷

籌欵委員

袁夢鴻　黃謙益　劉鞠可

卓康成　陳國機　李　卓　林克明

圖書委員

黃玉瑜　陳良士　李炳垣

林克明　麥蘊瑜　利銘澤　郭秉琦

執行委員主席　李　卓

副主席　朱志龢

中文書記　陳良士

英文書記　陳榮枝

司庫　梁啓壽

幹事　梁綽餘

交際幹事　麥蘊瑜

事務兼季刊幹事　陳劍科

本刊投稿簡章

(一)本刊登載之稿，概以中文爲限，原稿如係西文，應請譯成中文投寄。

(二)投寄之稿，不拘文體文言撰譯自著，均一律收受。

(三)投稿須繕寫清楚。幷加標點，如有附圖，必須用黑墨水繪在白紙上。

(四)投寄譯稿，幷請附寄原本，如原本不便附寄，請將原文題目，原著者姓名，出版日及地址詳細敍明。

(五)稿末請註明姓名，別號，住址，以便通信。

(六)投寄之稿，不論揭載與否，原稿概不發還。

(七)投寄之稿，俟揭載後酌酬本刊，其尤有價值之稿，另從優酬答。

(八)投寄之稿經揭載後，其著作權爲本刊所有。

(九)投寄之稿，編輯部得酌量增删之，但投稿人不願他人增删者，須特別聲明。

(十)投稿者請寄廣州市文德路門牌三十九號廣東土木工程師會工程季刊編輯部收。

工程季刊

廣東土木工程師會印行

中華民國二十五年十二月出版

第三期第三四卷目次

封面劉廳長題

專門論著

計　劃　與　報　告

工　程　常　識

悼本會會員李拔君

本會會員李拔先生，於去年夏間突患腸熱病逝世，李君爲本會同志有年，對於會務異常努力，尤常有佳文爲季刊生色，今與世長辭，同人聞之，彌深哀悼，攷李君享年僅四十有六，廣東省新會縣人，畢業於美國萬國函授高等專門學校鐵路工程科，對於鐵路工程研究頗有心得．初在粵漢鐵路實習，旋升工務處技士，繼任鐵路部粵路資產負債清算委會員測勘課工程師，歷充中山縣建設局建築課長，新會縣北沙公路築路委員兼工程主任，廣州市電力管理委員會會計主任，未逝前任勷勤大學會計主任，幷曾在廣州市登記爲建築工程師，前程正屬未艾，且李君爲人謙恭有禮，辦事絲毫不苟，歷爲當局長官所倚重，同寅與會員所敬仰，此次突遭不幸，實爲廣東專門人才之損失，本會會員哀悼之餘，謹誌數言，以代輓章．

會員消息

林逸民	現任廣州市工務局局長
李　卓	現任廣東建設廳技術室主任
劉鞠可	現任黃埔商埠督辦公署祕書長
黃謙益	現任廣東水利局總工程師兼工務科長
李炳垣	現任廣州市政府技正
陳錦松	現任廣州市工務局第一課課長
梁仍楷	現任廣州市工務局第二課課長
陳良士	現任廣州市自來水管理處總工程師
陳榮枝	現任廣州市工務局第三課課長
李文邦	現任廣東水利局設計科科長
陳國機	現任廣東建設廳第二科科長
梁永槐	現任廣汕鐵路籌備處主任
梁綽餘	現任廣汕鐵路工程師
余瑞朝	現任廣州市工務局第四課課長
袁夢鴻	現任浙贛鐵路副總工程師
梁文翰	現赴浙江杭州
麥蘊瑜	現赴杭州浙江建設廳任職
胡棟朝	現任廣東省政府技正兼工業管理處購料組組長

專門論著

市營與官督商辦公用事業之比較

陳良士

近世都市發展，物質進化，市民需要之公用品乃日以繁，經營供給該公用品者，遂大有蓬勃之象，如電燈電話自來水等，幾成爲一文明都市不可缺之物，其措施辦理，更直接影響一市民衆之福利與安全，公用事業地位之重要不待贅言也。其始也都市初形發展，市民急於公用事業之實現，每不俟政府之提倡，早有商人之組織，蓋公用事業，屬專利性質，有利可圖，是以人相競逐，於是初步之公用事業，幾全屬商人創辦。然政府因公用事地位之重要，不能任令少數商人把持，其能籌得欵項參加組織者，自成官商合辦之事業，其不籌欵參與者，亦必規定條例及委派官員監督其組織經營，於是公用事業，乃成官督商辦，世界都市公用事業之創辦經營，屬後者十之九，不獨我國然也。其漸也都市發展迅速，公用品之需要量，日益擴張，而商辦之公用事業，每因創立時眼光之不遠，或欵項之不敷，所設機械供給之量，不能盡量擴充與需要量相衡；復因科學之進步機械之更新，其舊者不適於今用，所設機械不能盡量改善，以應時代之需，由是而公用品漸有不充不善之虞，商辦公司將蒙腐敗萎靡之誚，循至官民交謫，市營公用事業乃取而代之矣。所以世界都市公用事業轉由市營之風日熾，間有創辦時即屬市營者，更有規定某種公用事業必須市營者，此公用事業辦理之趨勢也。

然官督商辦之公用事業，其腐敗萎靡之原因，全屬商人辦理之不善歟？抑官督之不週歟？市營公用事業爲合理之需要歟？果較有成績歟？此不乏研究價值也。世界都市官督商辦與乎市營之事業，兩者倘約畧相等，在美國商辦較多，在歐洲則推廣市營。試以煤氣論，德國市煤氣業由市政府營辦者佔三之二，英國市煤氣業，市營者佔十之四（偉大者如格拉斯哥，柏明罕，孟切斯德，等皆屬市營）美國則全國僅得三四十市自營其煤氣業。以電力論，德國最大之五十都市中，有四十餘市自營其電力，英國五百大電廠中，市營者居其半數，美國之電力廠，市營者祇得十分三之譜。又以市電車論，英德兩國之市電車大半亦爲市營，美國則十九爲商辦。我國都市之公用事業，雖比較外人落後，然大都市公用事業，多已成立，其他小市亦在陸續建設中。考現已成立之公用事業，幾全部皆屬商辦而官辦者絕尠，近日如廣州市始有接辦水電事業之實現，而其他都市如南京杭州等亦自行創辦其自來水業，然電力，交通車輛，煤氣電話等尙無一而非商辦也。由是觀之，在我國公用事業正在方興未艾之時，爲政府者，究應採何政策，以謀其有適當之發展。其在創辦中者，採官商合辦乎？官督商辦乎？抑全屬官營乎？其已屬商辦者，又將如何取締監督之乎？凡此皆大有攷慮者也。且攷慮之時，當道者須澈底明瞭公用品之性質，市營公用事業之眞相，官督商辦之是否失敗，市營之利弊等問題，揆之以地方情形然後參定一合理之宗旨，採用一明敏之政策，務使公用事業得以追隨時代發展，無供求不適應之弊，倘其措施得宜，豈獨萬千市民身受其益，亦一國庶政之所關。故不佞不揣譾陋，爰逐欵列舉而研討之，井蛙斑豹之見，尙希正於高明。

一、公用品之性質

(一)取用公共產業特權　夫所謂公用品者，非爲市民之日用品物，一時不可缺少者乎？米麵肉食，固爲市民所必需矣，然而米店肉行非公用事業也。故所謂公用事業者與普通公共用品有別，吾人意義中所指之公用事業乃爲一天然之專利營業，由商人或政府所缐辦須使用公共產業者，即各大都市近日之火車，電車，汽車，電燈，電話，電報，自來水，煤氣等企業是也。蓋此種營業，均須利用公共產業，如火車，電車，須在市之路面敷設車軌，電話，電燈，須在市之路旁，樹立電杆，電線，煤氣，自來水，須在市之路下埋藏鐵管，爲利便其營業起見，并得取售私人土地，以爲其一切站停工廠火井水塔之用，凡此公私土地產業之需用，政府皆須特給以權限，此爲公用事業之特性一也。

(二)專利而無競爭性　營公用事業者。有專利之利益，無競爭之可言，較之其他商業，競爭至烈者，不可同語。如吾人謂此店米價太昂，盡可售取於別店，或謂此工廠之貨甚劣，自可另行向其他工廠訂造，或謂此銀行之利息太低，又可較與別一銀行交易，凡此種種營業，均須遞減價格改良貨品，以相競爭顧客，由是而市民始可有價廉物美之利益。若夫火車，電車，電燈，自來水等業則不然。其所出貨品之優劣，所定價格之高下，市民皆不能有所選擇，如乘坐電車，取用電燈，自來水，市之內無兩電車電燈自來水之公司，以備吾人之取用也。此公用品之專利爲公用事業之特性二也。况公用事業亦不宜有競爭性質，吾人苟默想兩電車公司各行車輛於路面，或兩電燈公司各陳電線於路上，其擁擠不便之情形爲何如？且各公司之資本及經費，必祇有隨競爭而日增，斷無因競爭而日減，結果不徒無廉價之望反更有昂價之虞。在歐美都市曾有試使兩公用事業幷行者矣，而結果不久其一即自行引退，蓋相競則無利可圖，若共謀壟斷，又爲政府人民所不許，此爲競爭自然之律，其信仰公用品競爭而有良果者，乃執迷不悟者也。英國經濟學家密爾 J.S.Mill 有云，在一同面積之地方，斷不能有發生效果之公用事業競爭，密氏所云，已爲世界都市所証明矣。

(三)需要政府之監督取締　營公用事業者，旣具專利性質，市民不能有所取舍，其供給服務情形，倘發生惡劣不敷之現象，將防碍一市社會之安全與便利，其供給因辦理不善而猝至停止者，即影響尤鉅。吾人試想一市之內電燈驟然熄滅，其影響公安爲何如？或自來水忽然不來其影響衛生爲何如？就使電光雖有而忽暗忽明，自來水雖有而或來或息，其弊亦與斷絕供給等。又如電車交通，路線設計不良，或車行過慢或車費過昂，雖有電車而市民將仍感不便，或致市民擁擠一隅而不樂散處，凡此皆足証明公用業辦理不善，立即影響市民生活，爲政府者所不能置身事外而必要嚴重取締，以求達到政府規定之標準爲止。今日其非具公用品性質之營業，如糖鹽等，政府尙力謀統制，以期福利國民，則公用事業，自不能漠視。此爲公用事業之必須監督取締者一。營公用事業者，除其服務供給須依政府標準之外，其價格亦不能過高，致市民有過重之担負，反之其價格亦不能過低，致公司無利可圖，而斷本停辦，故釐定一公平之價格，為政府應有之事，所以保障市民與公司兩方之利益，此為公用事業之必須取締監督者二。營公用事業者，其辦理之影響市民既如上述之鉅，則防免其辦理之腐敗，政府自須嚴為攷核，蓋公用品公司或因其人員之舞弊，或營業措施之不當，或其會計制度之不良，或獲利少而派息巨等，在在皆虞財政上供給上之艱困，為救濟其本身免致停業及供給不週起見，政府須從中節制維持之。此公用事業之必須監督取締者三。凡此嚴密之取締監督，皆為普通營業所無，此為公用事業之特性三也。

凡此三者，皆為公用事業之特性，為民營抑市營，其結果必大有分別，茲先攷民營即官督商辦之結果。

二、官督商辦之結果是否失敗

(一)公用事業商人惟利是視不顧公益　商辦公用事業吾人嘗聞有公用事業商人不顧公益，惟利是視之論調矣。蓋商人以獲利為目的，自不以公益為前提價格務求其高，服務不論其精，此嘗為一般商人所通病。結果公用事業贏餘雖鉅，其能再從投資於建設，以追隨時代之需要者甚尠，因而供給情形將漸露支絀不敷之狀，或服務標準，有每況愈下之嫌。况其贏餘，又未必能加惠於其股東，强半或入諸一二私人之囊橐。此商辦腐敗之結果，乃為一種自然之趨勢，可斷言也。

此項結果，雖屬自然趨勢，然未嘗不可制止也。在公用事業初辦之時，為政府者，或因眼光之不遠，人才之缺乏，或因急於需要，而疏於審查，對於給予商人之權利，或至過奢，對於服務標準，或未曾規定。其舞弊遷就之者，或政府人員私自參加組織而故意通融之者，所在多有。然後上述之腐敗情形，乃得而日漸釀成。倘政府當道事前釐定有公平之價格，適當之年期，服務之標準，經費之數目，與乎每年應擴充之工程，應派出之股息；事後復委派有監督人員常川審核其一切工程會計諸務，不取放任之政策，則在此嚴密管束之下，何從而有上述之腐敗結果。故官督商辦，非一失敗之制度，其失敗乃執行監督者之不察。一國之法度，類此者正多，爲事在人，古有明訓矣。

（二）公用事業公司膨漲資本增大經費　公用事業之實投資本，在創辦時期，必不甚龐大，蓋招售股本僅足開辦而止，暫時無須過鉅也。迨開辦既久，或因需款擴充設備，或因辦理不善而需欵維持，於是乃不得不大事借欵或膨漲資額。此新借之欵或新招之股本其利息又必較昂貴。結果公司因屢次擴充而負債日益加重，其股票之價値必受其影響，倘或辦理腐敗，則信譽益墜，派息無時，股票更降，情形將至不可收拾，我國都市之公用事業如此者比比皆是也。經費方面，商人組織，又每蹈人員薪給過多之弊，董事也，總副經理也，司理司庫也，人數旣衆，薪給又豐，結果經費增大影響盈餘而致不能派息者有之，甚則須借貸維持者有之，公司資產，形同蠶食，而枯涸可立待矣。此亦爲一般公司辦理之通病，可斷言也。

然此項情況，非無法以改善也，當道者鑒於都市之發展，需要之日增，自宜未雨綢繆，立若干年之計劃，然後令飭公用事業，按步實施，對於欵項之籌劃，則指定其方法，限制其數目，對於經費之開銷，則嚴定其人員薪給，審核其支賬。遇公司困難之際，或豁免一部之捐稅，或准其加收一種之費用，以資彌補，如此公司之債務，經費，毋庸過增，股票亦可不虞降落，事在政府之有意維持與否，其故意任其腐敗而乘之者無論矣。故官督商辦，視乎官方有無誠意扶助商方之發展，蓋監督之外，自猶有保護之責焉。由此可知官督商辦之制，非一失敗之制度，前段言視政府監督之嚴不嚴，此段爲視政府維護之力不力耳。

（三）商辦公用事業常致工人罷工　公用事業，所雇工人至多，而工人待遇問題，近日愈趨嚴重。商辦之公用事業，每因此待遇問題，而致工人要挾罷工者，時有所聞。蓋公用品公司無制裁工人之能力，平時不能使工人有適當之待遇而安份服務，遇有糾紛發生時又不能迅速解決。結果常釀成工人罷工公用品有斷絕供給之虞。然公用事業，因工資糾紛而罷工，其影响及於一市，與普通工廠罷工不同。一市之內，一旦其電車電燈自來水等工人罷工，其嚴重情形何堪設想。實際上公用事業不應有罷工，而商人輒造成之，此爲商辦公用事業不良結果之一，而爲市營所無，蓋市營則工人受政府之制裁也。

然工人罷工雖屬商辦公用事業常致之糾紛，但政府事前能切實預防，遇事能迅佘調解，亦未嘗不可寧人息事。如事前政府可以立律限制公用事業工人，不得罷工，如違由政府禁遏，即無人敢作罷工之想。美國都市，即多有此項規定，各國勞資條例，間亦有及之，此爲事前預防之法。其次調解糾紛，若政府特設有仲裁機關，或授權法庭，專理此項糾紛事件，亦可消弭爭執，調和兩方，而不至各走極端，釀成風潮。故工人罷工，其責任不全在資方，謂有罷工而訾官督商辦爲不智者，斯不啻因噎而廢食耳。

凡此三者，一般人皆謂爲官督商辦失敗之原因，然而窮究之下，則所謂失敗，初非其政策之不善，而病在施行之不週。不幸在三數都市或三數營業中，此策確不收成效，然非市市如是也，非個個營業如是也。且成敗非絕對名詞，個人各有解釋，未可概論。吾人亦不應以少數之試驗，遽謂該政策爲失敗。苟如是，則現下倡辦之各項統制保甲地稅等政，皆屬無望之政策矣。夫政策與方法，隨時可以改良，試驗愈多，則利弊愈顯。取締公用事業，爲一極困難之事，其行此而失敗者，安知非政府監督之不週，人材之不稱，或辦事人員之舞弊乎？一市政府既不能負監督之責，復不能任用適當人才，然則市營豈非更不容易。由是觀之，官督商辦與市營兩策，無所謂此優彼劣之比較，其優劣乃繫乎其人。故概括言之，欲官督商辦之成功，(一)必須商方組織嚴密，人員適當，(二)官方視察週到，約法精明，凡此兩項，缺一不可。

三、市營公用事業之眞相

市營公用事業一政策，其利弊容後研討，然其應否爲都市所採用，非屬一理論問題，而爲一利便問題，一市政府既有偌大政治與社會事務之負担，應否兼營商業，(一)視政府取締商辦公用事業是否失敗，(二)視政府之人才組織能否兼容此負担。蓋商辦公用事業，或收效於此市，而失敗於他市，即同在一市，營電車者蝕本，而營電燈者贏利。至商營組織辦事方法，政府所給予之權利，與監督之寬嚴，各市各有不同，如謂商辦無成績者，政府應收回自辦，然則商辦有成績者，政府可以不必自營矣。反言之，如謂政府組織完善，可以兼營商業，然則無組織無能力之政府，又不應作市營矣，世之提倡市營，謂為萬應之藥錠，及詆毀市營，謂為共產之萌芽者，兩說皆自欺人之假面具，其眞相則市營公用事業，其或成或敗，或成功於此而不在彼市。或同在一市而此成彼敗，與商辦公用事業正同。證諸近年來都市之經驗，可以知矣。歐洲都市自營公用事業者甚多而收效者亦衆。美國則商辦公用事業十分發達，市營者廖廖。由此可見國情民情種種之不同，實有以致之也。茲再從三方面觀察市營一問題，則其眞相，當昭然在目矣。

(一)經濟方面　市營公用事業一問題有祇以經濟結果定奪其可否者。如以市營之能否獲利，能否供給足而經費省等問題，為取舍之標準。然純就此方面着想，亦屬未明市營之眞相。蓋市營一政策，不止經濟一方面。凡公共之損益，不能以列單式舉之。如革除官吏之舞弊，待遇工人之公平，無歇業之担保，有常川之供給等，豈可以數目形容其價值哉。故市營問題，除經濟之研究，尚有其他方面可斷言也。

(二)政治方面　市營政策有以政治之關係以為決斷者。譬如商辦對於政治影響為(一)造成商人運動參政以保障其利益，(二)商人與政府人員狼狽為奸，凡此皆屬政治之污點，須市營取而代之矣。然市營對於政治之影響亦有(一)市政府官吏因事務煩劇，或不諳營業，而管理廢弛，(二)市營公用事業工人勢燄張大，凡此亦屬市營惡果，吾人又豈可獨忘之乎？

(三)社會方面　公用品為社會所必需，其措施辦理，影響社會最大。商營抑市營問題，實應以社會福利方面最為重要，而一般人士常蔑視之。公用事業不論孰爲之主，社會之要求爲供給之無缺，工人之要求爲待遇之公平。市營商營，皆應謀所以照應之。辦公用事業，有獲利甚豐，而務供給服見惜於市民，待遇見惡於工人者，有市民工人皆稱滿意，而公司年結虧空甚巨者。政府不能偏袒商人而蔑視社會，同時亦不能過重社會而使商業頹敗。政府以福利民衆爲目的，其商業公用品供給不週者，應爲之整理，其商人虧本者應爲之設法彌補，其辦理不善者應收回自辦，從社會方面觀察，市營對於社會利益似較爲密切，然官督商辦亦未嘗外焉。一般市民對於市營公用事業，往往不能從此三方面觀其影響又不能辨別地方情形之異同而每誤以爲市營乃屬一種政治哲學，可以用原理剖析之，實爲謬見。凡主張市營爲一確定縝密之政策者，皆忽於觀察不明眞相者也。

四，市營公用事業之利弊

市營公用事業之眞相，旣巳明瞭，茲再攷其利弊如左。然吾人所謂利與弊者，非絕對名詞。普通人士所認爲之利弊，其中尤不免謬誤，故利弊雖舉，吾人仍不可不加以攷察。

甲、市營之利

(一)市營可以節省固定之開支　大凡商辦公用事業，必有固定之開支，如債票股份之利息，該利息當在週息壹分以上。若改由市營，市政府可以較低之利息，借得欵項。雖兩者利息相差，或祇一二釐，然以公用事業資本數百萬計之則爲數不貲矣。且市政府借欵利息，乃照實借之資本計較，商人從巳收之資本給息，其相差亦甚多，蓋商人巳收之資本，往往膨漲過大也。

(二)市營可以節省管理經費　商辦公用事業，其管理之組織，必甚龐大，如董事總副經理司理監察等名稱，以至各項專門人才，職位旣多，薪給又豐，因而管理經費，必有驚人數目。若由市政府經營，則一切董事監察司理等人，皆可撤銷，而但設總副經理一二人，或更可設總理一人副經理數人兼管數公用事業，由此而所節省之管理經費，當屬甚鉅。況又可設立總購辦處，購辦各公用事業所需之材料，如煤斤等，亦比較各自購買為廉乎！

然節省經費，雖謂之利，而利未必見。蓋公用事業之管理費雖昂，而其所得，常值其所費，以當今日職業競爭之時，非有充分之薪給，不能致優秀之人才，人才缺則營業不振矣。市政府所給其人員之薪俸，斷不能如商業之鉅，結果因管理人員之不稱職，其無形之耗費損失，或將更甚，其藉勢得任與乎營緣舞弊者，更勿論矣。即器具物料亦然，謂有一總買辦處，代售各種公用品物料，其法較為廉省，未嘗非理也，然倘買辦之人，不能免於作弊者，或更有價昂物劣之虞矣。

(三)市營可以令工人有良好之待遇　市營工人之待遇，在各國都市，多較商營者為優，如薪給較豐，工作時間較短等是。蓋商辦事業，以贏利為主，欲經費之節省，對於服務辛勞之工人，因人數衆多，薪水務求其低，對於親信之管理人員，以人數較少，薪給不吝其昂，此自然之趨勢也。政府用人給薪則每反是，故商營每有罷工要挾之舉，而市營罕有之，此市營之利也。然工人薪給加增，而工作時間減短一事是否屬昌明之政策，尚待研究。吾人常見市營工人之怠工，與市營工人之數目過多矣，此無他加薪減時，有以致之耳。故工人待遇之改善，如衛生事業保障事業等之倡辦，未嘗非計，若徒加薪減時而謂待遇已佳，則吾未見其利也。

(四)市營可以免商人參政之弊　一市中之公用事業，苟多為商人所營，則商人必思舉其親信，為高級官吏，或以金錢運動管理人員以為幫助，由是而民選官吏者，必為所操縱，而非民選者，又將有苞苴賄賂之風，市營可完全避免之，此市營之利也。

然商人之用金錢購買勢力，亦出於不得已之苦衷，蓋市政府中人常以公用事業為集矢之的，商人以自衛故不得不樹立勢力，以與官吏抗衡，亦所以防政治之蟊賊耳。其不購買勢力，而能為官吏所優視者，能有幾人。故商人參政，實不良之政府所造成，倘政府有公平正直之人，則何有商人干政之弊。

(五)市營公用事業爲有成效 市營公用事業在歐洲各國都市，如英之格拉斯哥，德之柏林等市，多半能大有贏餘，且能有良好之供給與低廉之價格，觀其統計，可資明証。市營公用贏餘旣多，則市政府經費充裕，建設事業發達，人民負擔減輕，此亦市營之利也。

然市營公用事業而有贏餘一事，吾人須詳細研究其會計，蓋往往查有所謂贏餘，乃似實而非者。以政府自行經營公用事業，其會計未必精詳，如物產折價，估價過少，應納租稅，未曾計及，以至享受其他機關代爲服務，所得無形之利益不曾入數等，皆足以令其贏餘，溽大而實虛，若詳加致覈反至虧本者，未可料也。如以市營電車營業而論，其鋪軌之修路費用，由市工務局代辦者，因同屬政府機關，或低折其負担之數，若屬商營，則恐非負全數不可也。又如市營公用事業，舉凡市財政局法律科等代任之職務，亦可不收費，工務局借用之機械，亦可不納租，而商營又無一而不需金錢也。是故市營公用事業，是眞有贏餘，非得專門家詳爲核算不可，而此種核算，乃往往無之，然則其自詡爲有贏餘者，恐祇虛有其表耳。

乙、市營之弊

(一)市營增加消耗費用 從理論觀察，不論市營與商營公用事業，其所給之工價物價，應無大異，則一切消耗費用，亦應相同。惟市營比商營往往消耗較大，此爲不可掩之事實，歐美都市經驗，可資明証。蓋市營則盈虧之多寡，不若商營之注意，間有自來水等事業，市營且純以服務爲標準，而不計盈虧者，故市營對于工人之雇用，物料之購買，不能若商人之嚴覈；工料不能致精詳，自成無形之消耗，而日用經費，必有可驚之數目，其舞弊者如濫設名額，昂價購料等，更無論矣。吾人試致歐美都市，市營公用事業之日用經費，必訝其用人之多，用物之奢，較之商營，實有過之無不及。雖有謂市營所採用之簿記方法，多不如商營，縱有專門人才，亦不易查考，然其經費消耗之大，則尋常人士，亦可見之，此市營之弊也。

（二）市營漲大工人之勢力　市營公用事業時，所雇工人必多。縱市政府優其薪給，善其待遇，而工人仍有奢望，而未必能恬然服務。蓋工人有團體之組織，就非市營，已有相當之勢力，市營則人數加增，地位升高，其勢力尤不可侮。粵垣年前工會林立，循至擾亂政治，足資証明。所以給予工人以相當之權限，俾其組織團體，維護其本身團體利益，猶之乎可也，若厚蓄其勢力，使之居任何政治運動之重要份子，寧非太過耶！且市政府優待工人，蓋深望工人因此而勤於職務，勿思作罷工或政治運動而已，然事實上往往相反。都市經驗，其公用事業由商營轉歸市營後，其工人之待遇雖已較佳，而工人之勢力，工人之糾紛，未嘗停息，致市政府優待之降件，常底於無成，此可為市營惜也。

（三）市營致公用事業無進步　營業之進步，多因個人之自動力以成功。往日發明電燈電話電車種種事業之人，無一為政府之官吏。政府者，專待私人營業作種種之發明試驗，而坐享其成。除商人冒險投資經已証明獲利者外，政府每不輕於嘗試。所以在歐洲都市，其商營發展者，公用事業即無大進步。反之美國都市商營發達，而公用事業之進步，日異月新。試以歐美電車事業為比較，即見美國之宏大精良。且市政府自營一項事業之時其不求進步或怠於改良，亦大有原因，蓋政府任事人員，任期太短，即有發明，功歸後任，如有改善，或欲採用某種新法，亦動為高級官長所掣肘，由是任事者，多敷衍因循，灰心改進。加以一般工人又多不贊成採用可以減少工人之新機械，或代替代工人之新發明，蓋新機械新發明，將令工人失業，或工作增加，則怨懟自所不免。為政府官吏者，求保全其職位，必不欲動召工人工會之憎惡，由是而市營之事業，必無大進步，此亦可為市營惜也。

（四）市營受政治之影響　一國之內，不論其為民主或君主立憲之政治，其官吏之黨同伐異互相傾軋，謀佔政治舞台，乃為一種自然之現象。所謂政潮者，每若干年，即掀動若干次，一市之官吏，亦當然隨波逐流，升沉興替，政策計劃因人迭更。市營之公用事業與政治機關同，不能例外，一切措施，自必受其影響，而致應辦者延擱，未辦者變更，營業前途，乃大有可慮矣。歐洲都市，市營之所以能較勝於美國者，原因為歐洲講求分部行政，能任用專門人才，辦事力謀專責，政策不易更動，美國則不然，人民講求民治，動以公決撤同諸權，以掣肘其官吏，政治制度，則以權限相等為原則，以互相監視，法律務求精嚴，官吏無伸縮餘地，凡此皆美國市營不能發展之原因；況美國商人創辦力異常强大，凡諸公用事業，皆不待市營，此其與歐洲迥異者也。歷攷歐美國都市自營公用事業者，其辦理之善不善，全視該地方政府是否隱固，政治是否優良，官吏是否稱職，政策是否一貫。其市營成效卓著者，其必受政治影響甚微，若政府不甚健全而謬稱市營有成績者，乃不足憑信者也。

五、結論

市營與官督商辦，其眞相旣明，利弊互顯，則孰為明敏之政策，要非為一絕對之問題，亦非屬一學理之問題，而為一實際問題，視地方環境政治情形為判。故世界都市有市營而收效者，有市營而失敗者，官督商辦亦然。由此可見兩者之比較無所謂優劣之分其選擇自不能偏頗。至如何取一法之利，而防其法之弊，則視乎吾人行政之能力矣。

巴黎街道之路蓋

（一 續）

方棣棠

木塊路蓋

木塊路蓋之史畧 於 1842 年，巴黎已試用木塊爲街道路蓋。當時 Lisle 氏主持其事，然造成之後，不得着好成績而至失敗。由此再至25年之後 ，Daguzan 氏試造於 Madame 街（於1865年）與Boulevard de la Chapelle（於1867）年，亦沒有得着良好之結果。此工程之失敗，由 Trenannay 氏之推想，則因木塊沒有堅固之路基，因此，他以爲應將木塊置於一層三合土路基上。其方法於1868年第一次應用於 Rue de Dragon ，但其養護之費極節，故能保留至 1873 年；其第二次之建造，則於 1870 年應用於Rue de Fan bourg Saint Martin,其所得之成績較佳，造路之木塊能繼續保留至 1878 年；其第三次之建造則於1872年施於 Place de l' ecole de medecine， 其結果則完全失敗，蓋於三年後其木塊皆宜更新。

Trenannay 之主張將木塊置於堅固之路基上，本來極爲正確，其失敗之原因，則完全由於施工之失當，其所用木塊之性質不良所致。然當時人士不研究其內容，而認爲其方法之不能適用，致被摒棄，而改用 Norris 氏所主張之「改良木塊」方法。此「改良木塊」方法，爲將木塊置於一彈性路基上，而此路基則用二層塗栢油 (tar) 木板置於一薄沙層上。 Norris 所用之方法，於1871年十月，應用於 Boulevard Saint Michel； 1872 年十月，應用於 Rue du Chateau d'eau，1876年十月，則應用於 Rue Saint Georges，其耐久時間，僅爲 5 年至 6 年，且養護費極昂，故亦被摒棄。

巴黎僅於 1881 年，方可稱爲木塊道路實用之時期。於 1881 年十月，巴黎市與一英國公司"Improved Wood Pavement Company"訂建造3000方公尺木塊路蓋於Rue Mont martre與Fanbourg Poissonniere,並承批養護18年。此英國公司之造路法，是將木塊置於一三合土路基上，正如從前Trenannay氏所用之方法，亦即爲現時最流行之建築法。

此建造法成績極優，故於1882年之末，巴黎又再與此公司訂造木塊路蓋26800方公尺。

1883年，一法國公司"Societe anonyme de Pavage en bois"亦承批建造80000方公尺木路蓋，於1884年完工。

1883年，Trenannay氏亦組一公司，承造7700方公尺之木塊路蓋，然其所用之方法(用瀝青填接縫)得不着好結果，故由S.A.P.B.從新改造。

1884年，巴黎再由四公司承造231120方公尺路蓋；至1886年，又增加承造之面積55000方公尺。

此種由承商建造路蓋之辦法，費用極昂，故巴黎市於1886年自行製造所需用之木塊，交給承商建造與養護，並以自備之工程師指揮之。

自從1886年以後，木塊路蓋之建造極爲發展，由428600方公尺至1887年一月一號則已超過2438310方公尺。但如圖之所表現者，則由1914年至1921年，木塊路蓋面積無何發展(1921年一月一日爲2493060方公尺)。於1923年一月一日木塊面積較爲減少，僅爲2438880方公尺，其減少原因，爲於是年取消原有面積約90000方公尺；蓋因原有鋪木塊街道，或因屬於近郊，木塊易受笨重貨車之損壞，而且此種街道，並不需避免交通噪雜之聲音；此外，尙有鋪於狹隘街道中者，亦因缺乏空氣與日光，極易使木塊腐朽，故亦將其改爲他種材料路蓋。其必需保留之路蓋面積，於1924年一月一日，尙有2372200方公尺。

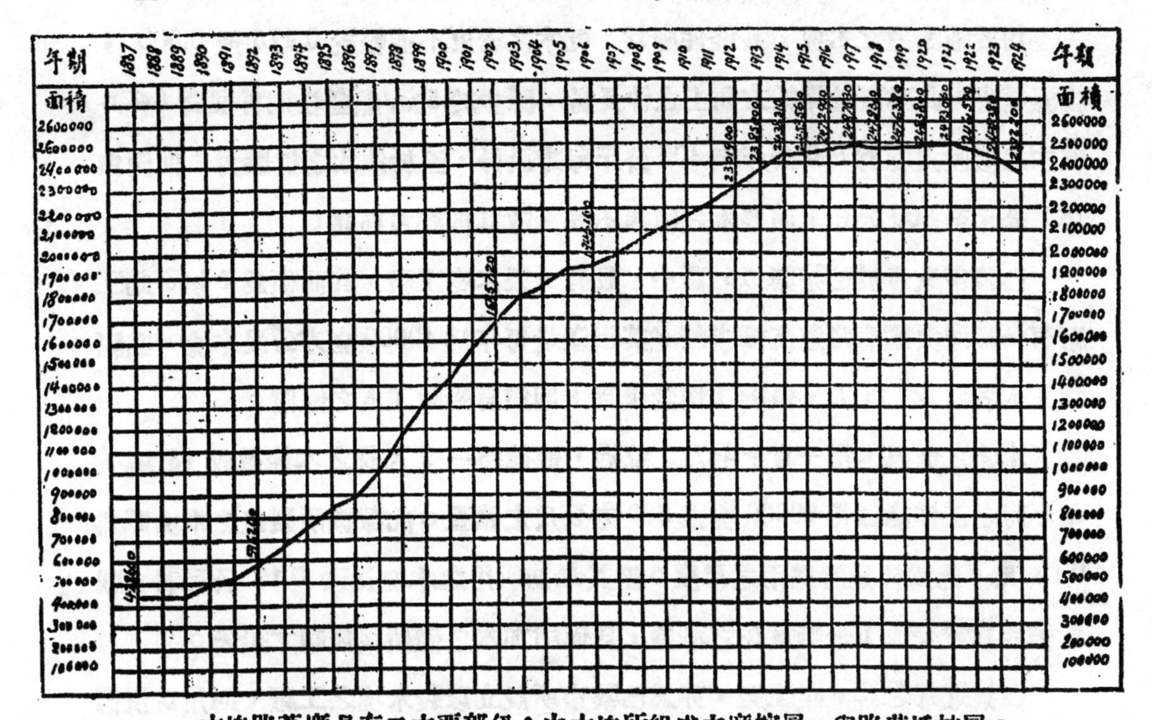

木塊路蓋應具有二主要部份：由木塊所組成之磨擦層，與路基抵抗層。

木塊之製造　巴黎市所規定用於路蓋之木塊，於原則上爲：松木與金松(Méléze)，然若他種木能適合其所規定之條件，則亦可採用。

除採用輕木之外，巴黎尚嘗於1895年至1905年試用硬木，如橡木，桐木，柚木等，然大概得不着好成績，蓋硬木塊受車輛之重壓而易碎壞；或者其原因是由於硬木塊接縫間之不適宜而起之現象。但無論如何，因硬木價值之昂貴，故現已無再試用之可能。

用以製造木塊之木，常採用木條狀。歐洲北方所產之木條，其寬度爲商業上所規定之通行寬度，而長則由2至6公尺；法國本地所產之木條，其長爲2,02公尺至2,33公尺，而其寬則由0,16公尺至0,25公尺，厚爲0,08公尺，但自首至尾則應爲絕對等剖面積。

大概 Land 地方所出產之有松脂木，則應經過取脂之工作。

用於鋪路蓋之木塊，其條件應爲：乾木之密度不能輕於 0,475 至 0,600 ；收濕氣時，其垂直於纖維方向上之伸長量，應少於 5%，然金松則肯准爲 6%。乾木之抵壓力應爲 500 公斤至 400 公斤每方公分，至於濕木之抵壓力，則應由 180 公斤至 300 公斤，因各木之種類不同，故其抵壓力亦異。

巴黎市政府於巴黎第 15 區中，設有一製木塊工廠，其面積爲 3 hao 此工廠有一鐵道與國有鐵道直接聯絡，其出產量每年爲 40000 立方公尺木塊，其經常工人名額爲 111 人，但於工作緊張時，則尙有臨時工人之僱傭。

木條之剖截，用一有十七刀之截機，他能將一 2 尺長之木條截成 16 塊，每小時之工作能截得 20000 塊或 320 方公尺之路蓋。此截機所製造之木塊厚爲 0,12 尺，此爲普通所採用之尺度。至其最初所用之木塊長度 0,15 公尺者，則已被認爲於交通上毫無實在之利益，且僅增加木之體積與無謂之損失。

巴黎近郊之 Zavel 工廠，亦爲巴黎市所設立以製木塊之工廠，則用爲預備 0,12 公尺以下厚度之木塊，以便修補已壞之路蓋；此種特別寬度木塊之製造較爲有限。

木塊之浸油　路上所用之木塊，不是於出截機之後即可鋪用；蓋木塊與交通工具直接相接觸，若無防衛，則腐蝕極快，且易受氣候之影響，受乾濕之變化而生膨脹與收縮。因此應尋求適當之方法，以盡量減少木塊之被影響。起初，大家幾乎僅注意着如何使木塊避免腐朽之侵蝕，至於抵抗氣候之影響，則僅於鋪置木塊之前，將木塊滋濕，使其受人工之膨脹，而預留氣候變化時之伸縮空隙。

預防木塊腐朽之方法，則用重油防腐法，於實用上，此油稱爲(Créosote)。於初用此法時，僅將木塊浸入 Créosote 油池中；此方法僅能使油浸入木塊之表面，故 Créosote 油易於消失，而使木塊無所防護，此正爲從前木塊不能長久保留之原因。

至1913年防腐之方法，始有極大之改良，其法稱爲『壓煮法』(Cuisson Sous-

Pression)。其工作之手續，則爲將木塊置於一蒸鍋（Auto Clave）中，鍋中之油受4或5斤每方公分之氣壓，乘用內壁之蜿管蒸氣逐漸加熱經三小時而至150度。當此熱度時 Csēosote 油逐漸侵入木中以殺能使木塊腐朽之微菌。

巴黎市政府於Zavel之工廠中，設有四個蒸鍋，其直徑爲2公尺，長爲13,2公尺，每天工作十二時可熱煑1100方公尺之木塊。

煑油之木塊，其抵抗腐朽質較良，而受氣候作用之膨脹現象較少，既不堅硬，又有彈性：其抵壓力增加 10 至 15% 故若將此方法以比較從前之簡單浸濕法，實有極大之進步。此種製法之路蓋，其保用之時期爲十年，且其修養費亦廉。

1922年巴黎派出考察員往倫敦，以研究木塊路蓋之製造法。由倫敦市中木塊路蓋之狀況的參考材料，可知木塊路蓋之建造法，不僅應注意木之性質，然其對於施工之方法則更爲緊要。故巴黎現亦採用英國之木塊浸油的技術方法，與其鋪木塊之施工法。此方法爲『眞空氣壓』(Videet Pression) 法，爲英國之實用方法。

『眞空氣壓』法，爲先置木塊於一未嘗加熱及未嘗完全眞空之蒸鍋中，鍋中眞空之取得，爲使用吸氣唧筒。將唧筒繼續工作，使鍋內之壓力較普通氣壓低10至20%，然後維持此氣壓經過一刻鐘，則木塊中之油脂繼續流出；將此油脂取出，方能實行浸油工作。

木塊中油脂取出之後，將蒸鍋一面加熱一面送入 Crēosote 油。於浸油時，其蒸鍋中之氣壓與熱度極有關係：若氣壓與熱度較高，且時間較久，則油之被吸受較多，油之浸入木塊中亦較深。若氣壓爲5至6公斤每方公分，與熱度爲80°至100°，經過半小時之時間，則每立方尺木可吸受 Creosote 油140公斤，與用『壓煑法』所得者相同。但於實用上，似應將木塊之吸油量減少，使每立方尺之木塊僅能吸受110公斤，故宜將氣壓減少至2或3公斤每方公分。

此眞空氣壓法比較壓煑法較有利益與方便，因其工作時間較爲減少。蓋用壓養法；其工作之時間為三小時，但用眞空壓力方法僅約一小時與一刻鐘便足。

若蒸鍋中熱度較低，則可使木塊保留其相當之彈性。且用此新方法亦能令木塊路蓋上造成一保護油層，以增加其不透水與不受乾濕不常之影響。若欲得此保護層，則其所用之油為一特別混合油；現時所最通用者為 45 % Créosote油，45 % 重油及10 % 烟柏油(Goudron de gaz)。

木塊浸油之技術，至今尚未達到極善之境域；他仍有改良之必要。蓋眞空壓力與壓養法，皆不能使 Créosote 油侵入木之核心，除非木之厚度極薄者，方能侵入。我們知道，未來之要求，為使油能侵入木之核心或普及全木塊中，以使其全塊皆能免除腐朽之弊病。

木塊路蓋之路基　木塊路蓋是置於一玻璃士敏土之三合土層上，此層面或有一光滑之塗層。

現所通行規定者，則三合土層應為0,15 公尺；然此厚度多認為於繁重交通之街道上，極不充足，英國工程師不猶豫的、於倫敦市的繁盛街道上給0,33 公尺之厚度。至於巴黎，則現在最厚之路基為0,25 公尺；其決定厚度之條件如下：

凡新建造之路基，或新變更，或已先有路基存在之不堅固路基地上，大概其厚度則給以0,20公尺。若不堅固之路基為置於堅實之土地上，而交通為輕簡者，則其厚度亦可減至0,15 公尺。反之，若交通為繁密者，則用0,25 公尺之厚度。

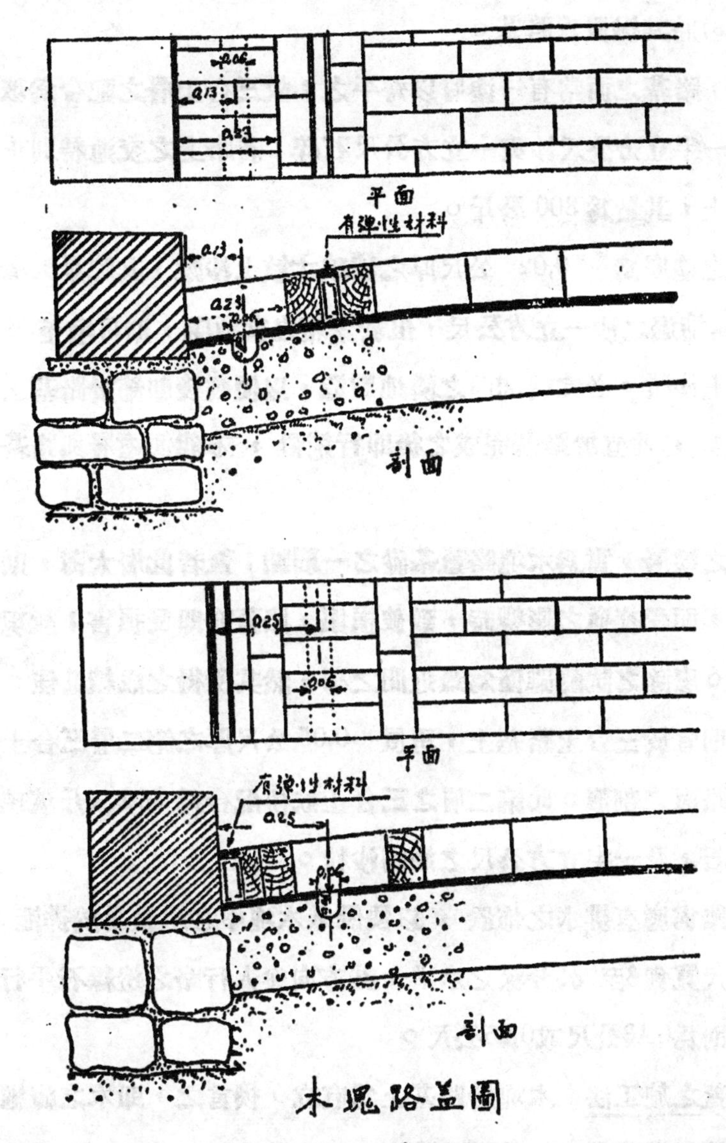

木塊路蓋圖

鋼筋混凝土之路基至今尚仍屬於試驗之時期，其厚度大概為0,20公尺，而鋼筋之重量則由2,5至4公斤每方公尺(鋼筋為細直徑，其佈置為格形)。

三合土質之優劣，亦為木塊路蓋之主要因素；三合土之製造最好宜用三合土機，方能得着均勻之配合。但於實際上，若建造之面積較小，則極難使建造公司使用三合土機。故巴黎市僅規定若建造之體積為200立方公尺時，方必用三合土機，若少於此規定之體積，則可用手工製造，但宜用可移動之木板，以便鏟具(Pelle)將其抛置爲路基。

普通上，路基之面常有一塗層以齊平之；故三合土層之配合爲玻璃士敏土250公斤，一半立方公尺沙與一立方公尺石碎；若路上之交通特別重時，則用較多之士敏土，其量爲300公斤。

路基上之塗層爲一 0,02 公尺厚之玻璃士敏土沙漿，其配量大概爲士敏土500公斤，與篩過之沙一立方公尺，但於繁密之交通處，則可增至 600公斤。塗層之士敏土沙漿，必宜於鋪面之隣地製造，以便製後即舖於路基上。其水之成份不宜過多，並宜於路基完成之後即行鋪置，方能使塗層與路基得着極完密之聯合。

路基上之塗層，實爲木塊路蓋基礎之一弱點；蓋若此層太薄，則不能與路基聯成一體，而受交通之影響時，致被損壞，路蓋亦即受損害；故現時多擬將其取消廢除。廢除之試驗雖僅爲最近間之事，然其所得之成績甚佳。若欲將此塗層廢除，則宜於三合土路基上，再置一0,05公尺厚之第二層三合土路基，其基面整齊如路面之剖形。此第二層之三合土成份配合爲350公斤玻璃士敏土與一立公尺碎石，及一半立方公尺之過篩沙粒。

木塊基路尙應有排水之佈置，以便侵入木塊中之水量易於排泄。此佈置爲兩0,06公尺寬與6至7公分深之水溝，其方向與人行路之邊緣石平行，而離邊緣石之距離則爲0,13公尺或0,25公尺。

木塊路蓋之施工法　木塊於路基上爲直立，換言之，即木之纖維與路基成垂直；他直接置於路基上，並排成整齊之行列與路軸成垂直，除非於路之交叉處(Carrefours)，則其鋪置爲特別之方法。

木塊將鋪置於路上時，應先加濕，以便受氣候溫度變化時方有膨脹伸縮之餘地。若路基中沒有排水溝之設備，則應於近於路緣邊鋪置兩縱行木塊，並用一有彈性之材料分隔，如椿實之黏泥，厚約0,04公尺。

從前，各木塊路蓋建造公司，於各行間逐漸依序置入一木片厚9公厘，此木片於路蓋鋪完之後，將其取出，然後於此空隙中傾入極流質之煤脂(Prai)，其高爲0,02至0,03公尺，後再加成份300至600公斤士敏土與1立方公尺細紗之士敏土沙漿以填滿之。

於1885年，『木塊有限公司』(La societe Anonyme de Pavage enbois)發明「木片藏置」法；其木片厚爲9公厘，高爲35公厘，藏入於兩行間之底，並於其上灌以士敏土漿。此方法於1912年尚仍採用，不過木片之寬度稍爲變更，其高度有時僅爲27公厘，厚則爲6公厘。但此種厚度之接縫造成弱抵抗線，常受車輛經過時之磨擦而生空隙，故路面之水易於流入，亦爲木塊腐朽之媒介。

爲救濟此弊端起見，於1912年，巴黎有一部分之木塊路蓋完全將其兩行間之寬闊接縫廢除，而將木塊密接的鋪置，除非於0,02公尺以上之坡度街道，密接路蓋對於馬力之運輸，未免過於滑溜，故仍用舊法。密接路蓋已經鋪置完竣之後，再於其面上灌以成份600公斤之士敏土漿以充塞木塊之痕隙。

密接木塊路蓋確實較舊式留1公分(用木片九公厘)之接縫者爲進步。但我們尚有懷疑者，則爲密接木塊路蓋上，士敏土漿之灌入痕隙中極艱，尤其是對於整齊之木塊間的痕隙。倫敦亦有密接木塊路蓋之鋪法，但其結果似乎不及木片空隙之優，故自近數年來，巴黎尚試用「半接縫」(Semi-Jointif)法，將9公厘之木片改爲2公厘厚之Créosote油木片。

巴黎工務局之條例，規定木塊路蓋應灌以煤脂(Brai)。此種灌煤脂之方法並非新法；蓋於1894年經已試用，至1914年則極爲發達，然因歐戰而停頓；及至赴英考察團回巴之後，再爲從新採用。現在巴黎與倫敦兩城之木塊路蓋，皆唯一的用煤脂方法建造。用於木塊路蓋上之煙脂爲煤氣脂與Anthracenique油之混合物。其混合物中之兩原質成份，不無關係，並極難確定。若煤脂之本質成份太多，則其混合物過脆易碎，而致黏合之效用甚微；若油太多，則遇天氣炎熱時，其油質能溢出路蓋之面，此亦爲一種弊端。至煤脂之本質亦宜選擇，蓋其成份之多寡，依其來源之不同而異。例如法國所出產之煤氣脂(Brai de gaz francais) 比較英國者其所含蓄之黑煙素較多，故不宜於木塊路蓋建造之用。總而言之，煤脂於木塊路蓋之建造中，其作用爲使木塊間得着極密之黏接與於路基上之穩定，並有相當之彈性，故宜選擇煤脂之性質與成份。

煤脂運至工場於蒸鍋中加熱，當其施用時，其熱度應在150至170度之間。當其工作時，宜繼續維持此種熱度。

熱煤脂灌佈於木塊路蓋上之後，用樹膠板片，依照木塊之行列的垂直方向，徐徐塗塡。其塗抹之次數最少應爲二次，以使各空隙皆完密的塡滿。煤脂之用量，大概於密接路蓋上爲每方公尺 3 公斤；至半密接之路蓋上，則爲每方公尺 5 公斤。

木塊路蓋上塗煤脂24小時後，再加澆玻琅士敏土沙漿，以塡塞其殘餘之空隙，其成份爲1000公斤之士敏土，與一立方公尺之細沙。

於開放交通以前，應於路蓋上撒佈碎石沙 (Gravillon)， 且常加以輾壓。此方法爲使路蓋上加多一抵磨擦層，其功用極大不可忽畧。

木塊路蓋之養護　木塊路蓋不能輕忽養護之工作，其最小部分與細微之損壞，若不即加修理，則能引起極大面積之損失。用以修理路蓋之木塊，宜用新木塊，並正確的適合路蓋之原有高度，並應與其他木塊和諧配合。

木塊路蓋有時因水之流入，而又因車輛之經過，將水壓出；此種現象之循環，若不早爲補救，則恐水繼續流入，而將路蓋舉起，再由來往交通之影响而致損壞路基之塗層。

路基上之排水溝，能極有效的減少路基上水之滯留的現象。若路基尙未被損壞時，則爲補救上述之弊端起見，可重複的拋撒碎石沙於路蓋上。其實木塊路蓋上，每年最少應拋撒碎石沙以爲預防；若不及預防而致路基上之塗層被損壞，則應再爲部分的改造路基。

當路蓋發生浸水之情形時，而用拋撒碎石沙之方法尙未能得着成效，則可再將路蓋面上塗一柏油層 (Goudronnage) 以預防其透水，並於柏油上再加碎石沙。

<u>木塊路蓋之利弊</u>　木塊路蓋之利益，為有彈性及無交通之噪雜聲音，並能吸受一切之震動。至其弊端，則受氣候潮濕之影響而極易腐朽。現所用之防腐方法，尙未達至盡善完備之境域，他僅能解決此問題之一部分；因此，於狹隘與日光所不及而不通氣之街道，則不宜於木塊街道之建造。

軟木塊之路蓋，其磨擦損壞更為敏捷；於繁重交通之街道上，木塊路蓋，不能長久的維持其良好之狀況；此種路蓋始終表現其不勝任笨重之交通。

此外，木塊路蓋之施工，需要特別精細之工作，其部分之損壞，常波及較廣之範圍，故其修養費極昂。總而言之，木塊路蓋為貴族式之路蓋。

粵漢鐵路完成後之海港終站問題

李 拔

緒言

粵漢鐵路，南起廣州，北達武昌，全綫長一千零九十七公里，以路綫長度論，在全國已成各路中，足與平漢津浦比倫，而其所過地域之經濟價值，抑又過之，粵漢綫貫通珠江長江兩大流域，與平漢綫之貫通長江黃河兩大流域，具有同等效用，兩綫相聯，成爲吾國之南北主幹，故有「中國脊骨」The Backbone of China 之稱，一經完成，則上達歐亞大陸，下出太平洋，交通利便，於吾國政治軍事經濟文化各方面，皆有裨益，是以粵漢綫之完成，不僅爲路綫所經之粵湘鄂三省所欣盼，且爲全國所屬望也，顧茲路之終點，有與平漢津浦異其趣者，平漢津浦之起訖點，雖皆爲國內名都，而與海運無甚關係，茲路之出海終點，實爲吾國南北幹綫之吞吐港，與世界商港，直接交通，其在國際貿易上之重要性，將與上海不相上下，使無相當設備，則我之咽喉，將爲人所扼，其流弊何可勝言，著者于役粵路有年，又嘗參預闢港工作，爰將茲路之沿革及其海港終站問題，論述如次。

粵漢鐵路之沿革

粵漢綫之創議興築，遠在淸光緒二十二年(1896)張之洞總督兩湖時，二十四年(1898)奏准敷設，即派員勘查路綫，招募商股，因認股數目太微，乃向國外借款興築，二十六年(1900)盛宣懷以督辦大臣名義與美國合興公司American China Development Co. 訂約，由該公司投資承築，期以三年竣工，路成後二十五年，可由中國收贖，按照用過資本，每百元加給二元半爲酬勞費，二十七年(1901)該公司先在粵省興築三水枝綫，(即今之廣三鐵路)至二十九年，(1903) 該公司股票，漸爲比國人收購，因發生權利爭執，遂於三十年(1904)停工算帳，其時三水枝綫已完竣通車，粤漢幹綫購地至三華店，(即今新街站迤北)築路至高塘，(即今江村站)鋪軌至棠溪，(即今大塱站附近)三十一年(1905)鄂督張之洞倡議廢約，收回自辦，清廷許之，遂電駐美公使梁誠與美商交涉廢約，磋商二年之久，始議定贖路全欵為美金六百七十五萬元，即由粤湘鄂三省督撫會同紳商向香港政府借欵英金一百一十萬鎊，以供贖路之需，指定三省煙土稅作抵，限期十年，由三省攤還，鄂省佔七分之一，湘粤兩省各佔七分之三，嗣是三省當局遂努力各自修築省內之一段，中經官紳交閧，激成商辦之局，三十二年(1906)湘粤商辦公司次第成立，鄂省則歸官辦，至清末鐵路國有令下，湘鄂路段皆由政府辦理，惟粤路堅持商辦如故，直至民國十九年，(1930)始明令收歸國有，先是粤路公司成立後，集股三千萬元，從事築路，至民國五年，(1916)乃因款絀停工，其時由黃沙至韶州路段全長二百二十四公里，已築竣通車，自韶州至樂昌一段，長五十公里，亦略有興築，而湘鄂段則以歐戰影響，僅築成四百一十七公里，至株州而止，中間尚餘株州至韶州一段未竣之線，長四百五十六公里，停頓十餘年，至民國十八年(1929)，鐵道部始設株韶段工程局，規復興築，得英庚款之接濟，工程進行，甚為迅速，遂以本年四月二十八日，將全線軌道接通，本年十月間，開始通車營業，由是經營四十年之粤漢路綫，卒達最終目的，前此贖路之激昂，商辦之踴躍，由今觀之，其得失正自難言，已未免多兜一圈子矣。

海港終站問題

日人之經營南滿鐵路也，以大連為其吞吐港，俄人之經營西伯利亞鐵路也，以海參威為其吞吐港，法人之經營滇越鐵路也，以海防為其吞吐港，今粤漢綫既完成其南北幹綫之任務，自不可無相當之吞吐港，以為其終站之所在地，使與幹綫業務，息息相通，是則海港終站問題之重要，已可概見，三十年來，中外人士，汲汲皇皇，為圖謀此海港終站之運動者，其地點凡三，一為英屬九龍，一為中山港，一為黃埔埠，請分述之，(其形勢略見附圖)

九龍

九龍本爲粵省南部天然良港，惜租借與人，權不我屬，英人高瞻遠矚，於三十年前，即預謀以九龍爲吾國南北幹綫之吞吐港，故先與清廷訂約，借款興築廣九鐵路，其九龍終站之停車塲，規模宏偉，鐵道碼頭寬二百英尺，泊船水位，潮退時深三十英尺，潮長時深三十八英尺，尙有其他碼頭數座，潮退時水深自三十二英尺至四十二英尺不等，其貨倉容積可載貨五十萬噸，種種佈置，足見其志不在小矣，廣九鐵路旣成，乃進而謀粵漢廣九兩綫之接軌，以貫澈其溝通吾國南北幹綫之計畫，淸末嘗將此議提出，旋由部令粵路公司測量購地，自粵路之西村站，歧出一枝綫，繞北郊而東，以與廣九路之東山站路軌相接，嗣以粵人反對，迄未施工，而英人遇有機緣，輒復提出，尙未忘情於此也。

中山港

中山港原名唐家灣，爲中山縣唐家鄉之海岸，有前後二海灣，中隔一海峽，名金星門，與淇澳島相對，英人未得香港之先，嘗泊商船於此，據梁遠聞及香山縣志，淸嘉慶七年，(1802)英國商人已運貨來此，道光十三年，(1833)有英船來泊金星門，踵至者五十餘艘，淇澳鄉人白上官驅之乃去，十五年，(1835)改泊零丁洋，旋得香港，地尤便利，遂不復至云，民國十九年(1930)四月，中山縣訓政委員會議决實行開闢唐家灣爲無稅口岸，定名中山港，由縣政府經營發展，以六十年爲期，由該會呈請國府明令公佈，並將中山縣政府移設唐家灣，實行籌備開港計劃，中山港灣泊深度，由十一英尺至五十四英尺，距離大洋十四海里，有已成之岐關公路，可與澳門及內地交通，經荷蘭治港公司派專家察勘，謂其地勢優美，若將金星門一帶港灣濬深，並築避風塘，可成良港，由是開港之議，轟動一時，遂有佛中鐵路之測勘，由佛山經大良小欖石岐以至中山港，旋又有西南鐵橋之興建，使粵漢綫與廣三綫聯絡，西南鐵橋雖非爲中山港而設，而欲中山港與粵漢綫溝通，正不可無此橋也，自中山港闢爲無稅埠後

粵漢鐵路海港終站之形勢

南方大港之建設

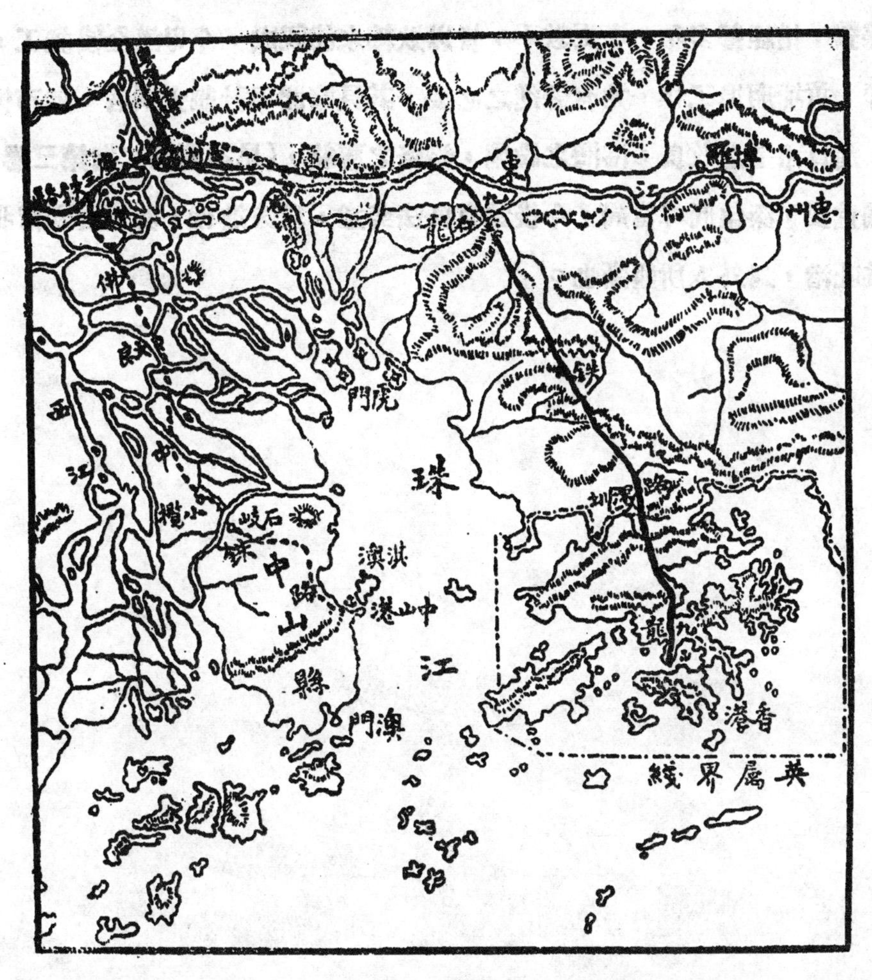

，甫經數月，走私日多，十九年十月，國府復令海關仍暫征稅，未幾縣長易人，開港計劃，遂無形消滅矣。

黃埔埠

黃埔埠本為孫中山先生建國方畧中之南方大港，『是完成國際發展計劃之中國頭等海港，』其灣泊深度，由十八英尺至四十一英尺，距離大洋五十二海里，有已成之中山公路，可與廣州市交通，並有粵漢黃埔接軌綫之計劃，以粵漢綫之西村站爲起點，繞北郊東下，過吉山村前，橋樑用跨過法，斜交廣九綫，以至黃埔埠，（見本刊第三期第一卷）黃埔埠之有商埠資格，時賢論之已詳，無俟喋贅，惜經營多年，中更數手，皆以欵絀未能觀成，今粵漢全綫竣工，通車在即，黃埔開埠工作，尤有急進之必要，其見諸開埠計劃大綱者，如市街之佈置，進口水道之改良，港灣之設備，鐵路之聯絡，（見本刊第二期第三卷）在在均關重要，深望商埠當局，今後當有良法美意，以策進行，勿使吾國南北幹綫之呑吐港，爲外人所壟斷也。

中國之鐵道交通事業

梁秉熙

立國于二十世紀之大舞台，交通事業實為一切事業之主體，而鐵道交通，又實為交通事業中之要項，蓋水上交通，須藉河流海洋之利便，往往有天然形勢限制之困難；空中交通，則載重不能過多，必難發生若何重大之効能；而鐵道交通，則既少受天然形勢之限制，又能任重致遠，盡量發揮交通事業之權威。故世界各國，莫不以發展鐵道交通事業為要務，亦莫不以其國鐵道數量之多寡，為其强弱之先決條件。良以鐵道交通事業發達，一則可使其國消息容易傳達，各種有關文化之書報什誌容易流行，教育容易普及，語言容易統一，結果必使其國之文化日見發達，風氣日見開通；二則可使其國軍事行動神速，彈藥糧食運送便利，若遇戰事發生，則一處之軍隊，可作數處之用，不至救此失彼，首尾不能相顧，對于國防武力上，增加莫大之効能；三則可使其國政令容易普及，地方畛域容易銷除，國民思想容易統一，形勢容易調劑，政治効能上，增加莫大之權威；四則可使其國一切貨物之運送力增大，運送量增加，運費低廉，消售力擴大，貨幣劃一，各地經濟關係更為密接，結果可促進各種生產事業之發達，國民經濟之繁榮。約言之，即一國之鐵道交通事業，實與其國之文化軍事政治經濟，均有莫大之影响，然則吾人今日處此外患方殷，內憂日亟，雖曰整軍經武，枕戈待旦，方為當務之亟；而對此根本問題之鐵道交通事業，又豈可忽視乎哉！

溯吾國之鐵道交通事業，最初實倡議于外人，即當前清洪楊之役，英人戈登率常勝軍攻下崑山，進佔蘇州之時，僑滬英美商人，曾聯名請願江蘇巡撫李鴻章，欲築由上海至蘇州間之鐵道，然並未得李氏之允許；同時英國鐵道大家司蒂芬，復挾中國全國鐵道大幹線計劃，遊說政府當局與粵商，國人亦鮮有注意之者。殆至光緒元年，英商怡和洋行，以上海江灣間商務繁盛，始最先建築由老耙子路附近，經過江灣至吳淞口之輕便鐵道，此實爲吾國鐵道交通事業之嚆矢。然卒以當時國民頭腦之頑固，政府當局之顢頇，竟于光緒三年備價贖回該路，將全路鐵軌掘起，連同所有材料運往台灣，後復將該全路，鐵軌車輛，沉諸打狗港中。惟新式交通事業，終爲自然發展之物，決非愚頑保守派所能抵抗，故不三年而唐胥鐵道，即踵起建築，其鐵軌寬四呎八吋半，是爲我國正式建築鐵道之始，其軌間亦永爲我國續辦鐵道之定例，至光緒十二年，展修至蘆台，由是逐漸展築，遂成今日由瀋陽至北平之鐵道。自是之後，國人頭腦逐漸開通，復經李鴻章張之洞等之提倡，于光緒十三年，改開平鐵道公司爲中國鐵道公司，增募資金一百萬兩，並向匯豐銀行籌借資金，展築蘆台以西鐵道；次年八月，閻莊至天津間之鐵道，亦告完成；中日甲午事起，張之洞更趕築大冶鐵道。惟在中日戰後，列强爭以其軍事上政治上之計劃，向我要求鐵道建築權，總計在光緒二十二年四月，法向我索辦廣西龍州鐵路；同年八月，俄人與我訂立東清鐵道合同十二條；二十三年正月，德乘山東教案，與我訂立路約四條，山東全省路權盡失，二十四年三月，我國復與法訂滇越鐵路章程二十四條；同時英人亦索滇緬鐵道建築之權；同年閏三月，中俄又在俄京續訂東清枝路專約六條；四月中法廣州灣租借條約成立，亦有允許法人自赤坎至安舖修築鐵路一條之規定；光緒三十年，日本因預備與俄開戰，又擅由安東至奉天築一輕便鐵道，並接修奉天新至民間之一段鐵道。總言之，我國所喪失之路權，屬法人者，爲龍州鐵路，滇越鐵路，安赤鐵路；屬俄人者，爲東清幹路，東清枝路；屬德人者，爲膠濟鐵道，膠沂鐵道，屬日本者，爲安奉鐵路，新奉鐵路；屬英吉人，爲滇緬鐵道。但結果龍州因事中輟，安赤，滇緬均未興工，膠沂後改高徐，由日本承繼，旋經我國收回，迄未修築；新奉于光緒三十三年，由我國贖回，其餘滇越，東清，膠濟，安奉四綫，法俄德日各據其一，日俄戰前即已造成；惟日俄戰爭結果，俄將東清枝路長清以南之一千四百餘里，割與日本，改稱南滿鐵道；東清幹路及哈爾濱至長春之枝路，則于民國七年，由我代行管理；

德之膠濟路，歐戰初年，即被日人佔領，民國十年華府會議結果，由我以四千萬元日金向日人贖回，所未收回者，只有南滿與滇越二路。殆後清庭以鐵道由外國承辦，大喪主權，於光緒二十二年冬間，特設鐵路總公司，伍盛宣懷爲督辦大臣，大借外債，用以建築鐵道，合計自光緒二十三年起至三十年止，借欵各路，曾與外國公司訂立正式合同者，有盧漢，關內外，粵漢，正太，滬寧，汴洛等各路；與外國訂立草約合同者，有滬杭甬，浦信，廣九，津鎮四路，佔現在已成鐵道十分之九而强。惟築路款項，既借自外人，利權損失，必然甚大。如管理，用人，稽核，購料與及其他種種權限，均受外人之侵奪限制。日俄戰爭結束後，國人對於鐵道交通事業之認識，已大爲進步，拒外債廢成約，收回自辦之聲浪，高唱入雲，一般大紳富商，咸以倡辦本省鐵道爲惟一要務，結果更新出現潮汕，小清河，南潯，寧陽，房山，粵漢粵段，齊昂，周長，峄縣，賈汪等之商辦十線，惟後來又以商股無力，清廷採用盛宣懷國有政策，民國成立後，政府人民，亦以商路之鮮有實力，國有之易期於成，故收回商辦各路之事，卒告成功。

我國已成之鐵道修造資金十九來自外債，築路動機，又泰半發諸列强，故在我國所有之鐵道交通事業，所謂國與國之關係，實居重要部分，蓋非出自外交失敗，即由各國均勢而來，前者權與利均喪，後者則權雖我操，而利則與人共，對於所謂中國本身國防上之計劃，政治上之作用，文化經濟上之利益，實全未顧及；又况我國之鐵道交通事業，自開辦以來，由光緒元年淞滬路起，迄今已有六十年之歷史，根據民國二十四年申報年鑑，現在全國既成鐵道，僅有一萬八千七百二十公里，平均每百公里地方之長度，不過爲〇、二公里，每千人口之長度，不過爲〇、〇二公里，且重要幹綫，多在被敵國威脅之華北，而東北路綫又佔全國百分之四十以上；故除被敵軍佔據之東北路綫七千餘公里外，我國實有鐵道，不過一萬一千餘公里。以若此廣大面積，人口衆多之國家，只有此微少之鐵道，其于國防政治文化經濟又安能有濟？以視歐美日本各國，每百公里地方長度在十公里以上，每千人口長度在五六公里以上者，眞有不可同日而語之勢。故吾國近數十年來，以言國防，則無異門戶洞開，一任列强之侵奪；以言內政，則形成地方割據，內戰頻仍，卽各省民情，亦多意見紛歧，互相水火；以言文化，則風氣閉塞，民智低下；以言經濟，則更覺日見衰落，不景之氣，籠罩全國，凡此種種，雖曰由於軍人政客之自私自利，政府當局之辦事顢頇，然尋源探本，則又何一非直接間接受鐵道交通事業衰落之影响耶？國人乎！東北四省之土地已非我有，世界第二次大戰之炮彈，又將在地中海爆發，吾人究將何以自處耶？盖今日之事，列强之軍備武力不足懼，所懼者吾人自身實力之不足耳。所謂實力者，又非僅指軍備武力而言，實包含軍事經濟政治文化四大要素也；然則吾人對此促進軍事經濟政治文化之鐵道交通事業，其有意乎？

無潮河口之改良

梁日升 編述

凡欲改良河口，必先調查不可缺之重要事實，關於無潮河口，更須依左列各欵，施行最精密之觀測。

(一) 河口內外之地形高低及深淺

(二) 河口及門洲之異動

(三) 河流之速及流量

(四) 發生洪水之時期及日數

(五) 河流輸送土砂之量

(六) 關於河口內外之地質

(七) 關於河口外潮流之方向及速度

(八) 風向及速度

改良工事　從來改良河口之工事其設施要不外左列三種

(一) 突堤

(二) 浚渫

(三) 並川運河

突堤　突堤之目的，爲制導河流，使其有一定之方向，與維持所要之水深，並以其所生之流速，全力向門洲上冲去。其配置方法，有單堤雙堤二種：

(一)單堤　只有突堤一條，其形狀須適合地勢，使河流循堤而去。

(二)雙堤　雙堤者乃用突堤弍條，强制河流在其間，使其流速流向，均有一定，並可使其流勢直冲門洲，欲藉此以除去門洲者也。

突堤功用之持久力　突堤之功用，乃專爲除去河流所輸送之土砂，及河口外積存之漂砂而設，惟其功用不能有永久性，盖依流勢只能將門洲除去一時，但門洲之土砂，仍復在前方沉澱，故河流所輸送之土砂，重復堆積而新門洲便再成立。但須經若干年後，而新門洲乃成，則視乎突堤終端之海底傾斜，與土砂量之多少而異。故單用突堤，而欲達改良之目的，實爲不可能之事也。

在一河流而有一處以上之河口者，當實施改良時，宜先將各口所吐出之砂量與其流量，約畧作一比例，更擇其幅員及水深與流量最少時，亦足以維持航運之要求者而修之，倘此河流輸運土砂量少，則突堤之功用，亦可隨之延長。

浚渫　突堤之功用，旣如前述，故對於河流不斷的輸送土砂，有不能不加以浚渫，以永遠維持其水深者實多。故築設突堤，通常多伴以浚渫，以爲帮助，單獨施行突堤者甚少也。

並川運河　並川運河實乃改良河口設施之最終方法，當工事之用欵終覓不能籌得時，則不能不放棄天然之河口，再在沿海擇一適當處而鑿運河，以求河海之接續。

第一圖

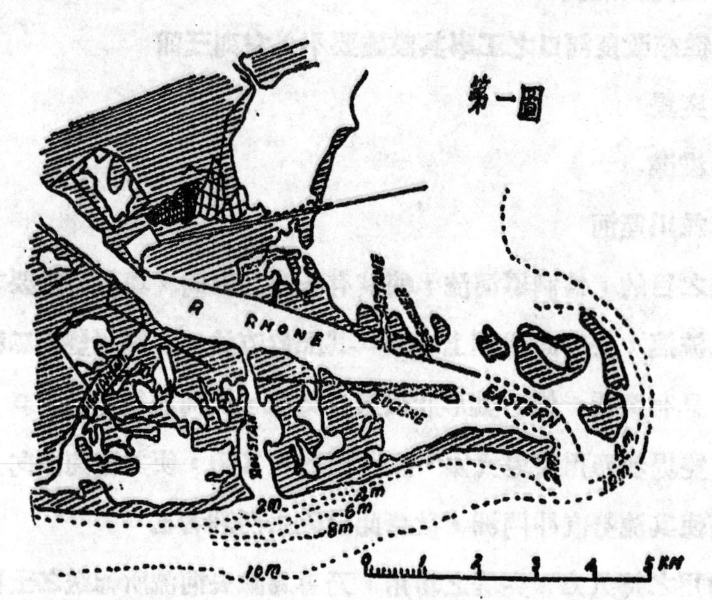

改良工事之成績　無潮河口之改良工事，歷來甚難收有良好結果。此種工事之顯著者，如密西西皮 (Mississippi) 多腦 (Danube) 羅尼 (Rhone) 窩路雅 (Volga）等河，其成否幾各相半，今將其重大之槪要述于后：

(一)羅尼河口　羅尼河 (R. Rhone) 之流域，約六千四百餘方里，河身延長二百餘里，其源發于瑞西國之山中，注流于里昂灣 (G. of Lion) 爲法國之第一大河。由羅尼河口上約十一里餘之地，其濶爲五百尺，深四十六尺，由此地分二支流，一爲小羅尼，一爲大羅尼，注流于地中海，現所述之羅尼河口，乃指大羅尼河口而言。

流量　大羅尼於低水時，其流量每秒爲一萬八千立尺，發水時可達二十八萬立尺，一年平均爲四萬一千三百五十立尺。

土砂量　其輸送土砂量，一年爲六四八・〇〇〇・〇〇〇立尺，即當流量二一七〇分之一 $\left(\frac{1}{2170}\right)$，該土砂之大部分，在河底潛行，混入河流浮送者，不過約爲全量四分之一。

三角洲　河口有三角洲，此洲每年堆進約達一百四十尺，在該三角洲於未施工事改良前，如附圖第一，共有河口六處，一爲派文遜 (Piemanson)，二爲魯士丹 (Roustan)，三爲夭喉 (Eugene)，四爲碧古利亞 (Pegoulier)，五爲他路敦 (Tartain)，六爲東口。其流量之最大者爲東口，此東口流量負擔全流量七分之三，附圖第二，乃東口之縱斷面，其前面向河底急下者，即起因於砂粒之粗故也。

第二圖

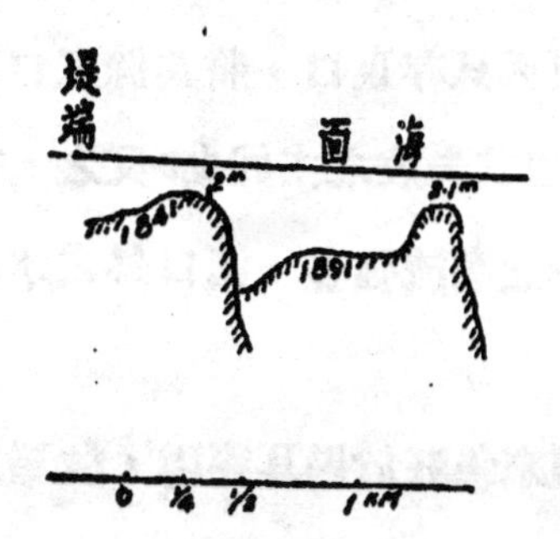

東口　東口內部水深達十三尺以上，在航運上本無障碍，但河口前方之閂洲上，其水深不過四尺六寸，以至九尺五寸，因是河海之接續，不得完善，故在一八四六年以來，企圖改良，先將六支流中閉塞其五，使流量盡由東口注瀉，欲將其勢加于閂洲，以爲除此閂洲之計。故由一八五二年至一八五七年間，在南北兩側築堰堤，將五口閉塞，更由河口築造突堤，直達東口，當在工事中，此閂洲已被推進約一千尺，自突堤終點，計已達三千餘尺。

結果　依該項工事之設施，一時閂洲水深，大爲增加，至一八五六年，其水深度已達十尺，惟其再前方，又現出新閂洲，其水深依河流之水位比較，僅減去三尺而已。故築設突堤之結果，不過只能將閂洲之位置變更，不能收有其他之效果。故於一八六三年，在北方方面開鑿一並川運河，注流於富治 (Foz) 灣。此種設施，僅足接續河海之運路，但運河開鑿後，河口所吐出之砂，其沉堆之區域，更向東北擴張，漸達運河口外。故仍於一八九二年，將前所閉塞南向之魯士丹河口復開，使河流之若干分向南而流焉。

失敗之原因　羅尼 (Rhone) 川河口改良工事失敗事實，旣如上述，然其原因乃因失去河口之天然狀態，此實設計之不得宜，有以致之也。

羅尼川輸送之土砂，其量頗多，質甚粗重，且由河底滑行，比混流浮送者數倍，旣如前載，至河口外，雖有多少沿岸潮流，但其力不足以輸送海底之土砂，加之東北河口比較的有覆庇，使注瀉土砂於灣內，依此則沙洲之成立，甚爲容易。更因只存東口，將其餘五口閉塞，至使全量土砂，盡向東口外淺所沉滯。是速其失敗之主因也。反之，若將南方之魯士丹(Roustan)口實施改良，則沿岸之潮流強盛，河口外之水深較大，若此或幸不至於失敗也。

法國南岸之貿易，邇來集駐於馬耳賽港，故羅尼河口之改良，已不如往昔之需要。以是善後之策，久未設施，一任其維持現狀。惟謀羅尼地方之發展與繁榮馬耳賽港之目的，特開羅尼運河使與港灣連絡。

(二)多腦河 (R. Danube) 或稱 (R. Danau) □多腦河之水源，發自獨逸黑林山，而注瀉於黑海，爲歐洲第二大河。其流域橫亘五萬八千方里，本流延長七百餘里，下流地位濶一千七百尺，深五十尺，平均流量，每秒達二十一萬餘立尺。

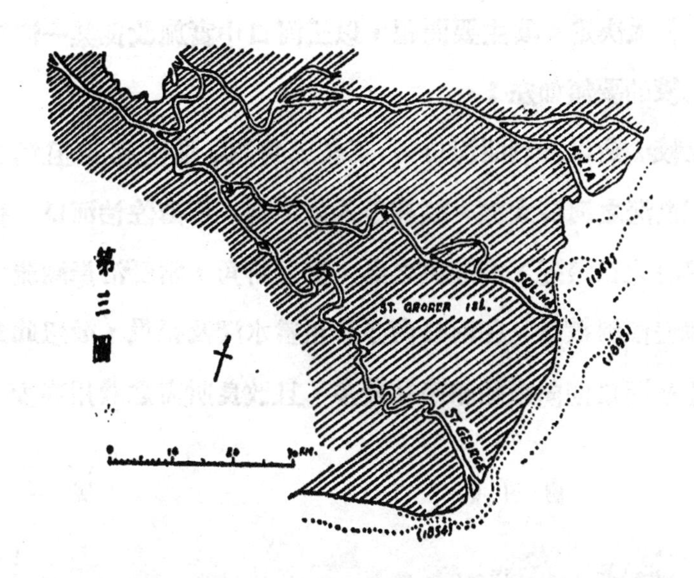

第三圖

多腦川於直距海岸十八里之附近，分作三大支流，如第三圖。入海最大之支流，在最北稱基利亞 (Kilia) □，其流量之大，足當全流量十分之六以上。卸出之土砂極多，成爲一廣大之三角洲。其間更分十二支流，各支流口均有門洲遮閉，其水深不過自一尺至六尺，而各門洲每年復堆進二百以至三百尺。但該河所輸送之土砂量，比較流量甚少，該土砂之全量，不過爲流量六千七百分之一。且此種土砂質輕且細，觀第五圖之門洲斷面，可見此門洲之傾斜頗緩，比第二圖所表示之羅尼河口，其差異極爲顯著也。

蘇連拿 (Sulina)口　三口中其位置在中間者，稱蘇連拿。此口承受之流量僅全量十分之一，或尙不足，隨而流出土砂之量亦少，且不存留於三角洲，而存於河口外之門洲。此門洲最高處之水深得六尺以至十二尺，在門洲前每年堆進不過九十尺，比基利亞口前進之緩急及水深，相差甚大。

南口　最南之口稱爲聖佐治 (St. George)，此口承受之流量只當全流量十分之三弱，但此口雖比蘇連拿較大，惟復分二支流而入海，其門洲上之水深，不過自三尺以至七尺耳。

河口改良之設計　多腦河口改良之設計，係由歐洲關係諸國，組織委員會、開技術會議決定。其主要問題，以三河口中實施改良某一河口爲適宜，玆述其比較的要領如左：

三口之比較　僉以基利亞河口，不特三角洲堆進較速，且河口甚易移動，及距離黑海之河口太遠，故在不入選之列。至聖佐治河口，得地勢之適宜，與黑海之口最近，其注瀉之處，接近岬角，常受沿岸潮流之激動，加以附近海底傾斜較急，在河口內亦有相當水深及幅員，故以此爲較好希望。至蘇連拿河口則向來船舶來往最多，且改良所需之費用亦少，故決定將

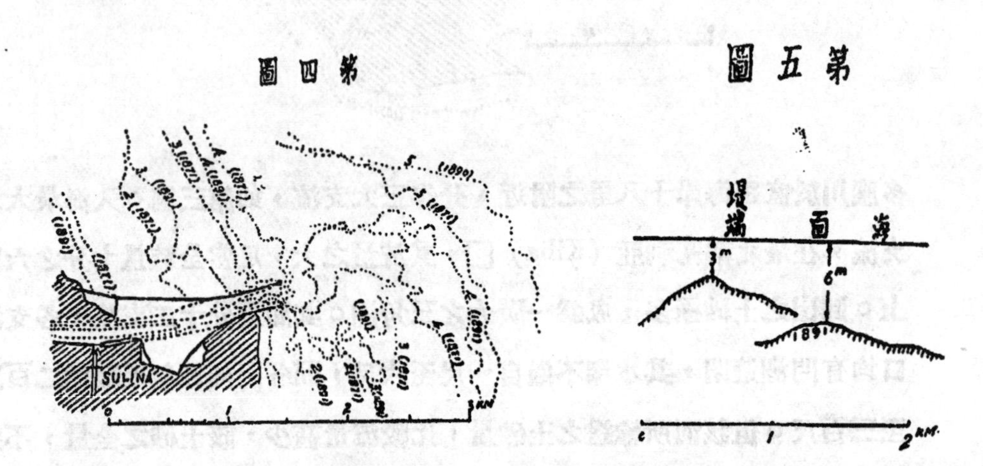

蘇連拿口先爲改良，如第四圖，其南北各築突堤一條，預算在一千八百五十八年興工，於一千八百六十年竣工，南堤延長二千四百餘尺，北堤五千三百餘尺，由上流向下漸狹，至終端只存寬度六百尺，爲其出口。

築堤工事　突堤之構造，專用樁及亂石，且以速成及節省工費爲主。故依

前定之線實施，其堤面約八尺，打並樁三列，架設枕樑及桁，兼作目標之用。更因欲強固其基礎，更打樁二列，使與基礎緊接，同時投入亂石築粗石堤，為並樁之防禦，如第六，七圖。

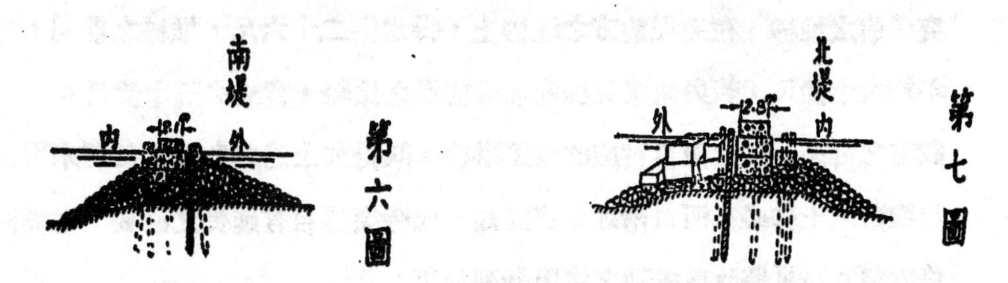

第六圖　第七圖

試驗設計工事之效果　此突堤在千八百五十七年興工後，使水流向閂洲冲掃，其結果在閂洲面，已得十八尺深水之航路。至一千八百六十一年，發洪水之際，更開閂洲上寬五百尺，深十六尺之路此後水深更增加三尺餘，並無減淺，遂成良好之結果。故在一千八百八十六年，即決將兩試驗突堤修築，作永久堅牢之設施。

改築工事　改築工事之大部分，如第六及第七圖之斷面，在亂石之上，更敷以混凝土，就中以北堤為激浪當衝，故在外側投以拾噸至二十噸之石塊。堤頭之基礎，亂石一律增加混凝土，超出水面五尺，面上設置港燈，以利航行。該工事在一千八百六十八年開始，至一千八百七十一年竣工。初北堤在北風時，船舶出入，俱得充分庇護，但南堤對於吹西南風之際，堤內每生堆砂，水深度亦減至十三尺。故改築時，遂將南堤延築四百六十尺，又在上流施設護岸工事，河寬縮少至五百尺，其結果卒可常得二十尺五寸以下之水深度。

築堤之結果　自此工事設施後，所得之副果，北堤外側，以潮流之變更，及北風所發生之波浪衝激，故堤外海岸潰決，水深為之增加，至于南堤之外側，適得其反，盖堤外所受覆庇之部，土砂堆積，大為顯著，其水深亦隨之而減。

航路之水深　南堤外航路之水深，乃依據流動的堆砂之位置，與高度而定，至此種堆砂，因大水時期，河流吐出之土砂，雖擴延於東北，但秋冬時期中，北及東北强風之際，自然南退，水深亦增進。

突堤前之堆砂　在突堤前方之堆砂上，得水深二十六尺，堆砂之前進，每年約六十餘尺，若與未築突堤前堆砂前進之比較，實減去三十餘尺。

設施之好果　多腦河口實施改良工事後，既得如上述之良果，但將來因河口輸送之土砂必在河口附近海底隆起，此時突堤自有延長之必要，惟需時悠遠矣。茲更將改良成功之主因分列如下：

(一)河流輸送土砂份量比較爲少(不過僅爲羅尼河三份之一)

(二)土砂質量輕微多混於河流輸送出外

(三)黑海海水之比重爲一·〇一七比較地中海水少〇·〇二三故河流所達至之處比較爲遠

(四)沿岸皆無潮流

多腦河口改良工事設施後，所得船舶通過之結果，其艘數與積量，日有增加，因此航路之水深度，亦有增加之必要。故於一千九百零四年，採浚渫方法，以帮助河流之不逮，以得水深二十四尺爲度。對於河口內外，每年浚渫土砂，壹百八十萬立方尺，突堤外作業區域，延長六千餘尺。

工事所需之費用，計至一千九百零五年止，達一千六百萬元，以收出港稅爲抵償，數年來，收得此項稅八十萬元，即將此款，撥作維持該項工事費。

(改良無潮河口之成績尙有密西西皮 (Mississippi) 及窩路稚 (Volga) 河待續)

利用河堤作公路之研究

陳貢士

中外各國河道，設護堤以防洪水者至多。此項護堤，夾河而峙，動長千數百里，接連重要城市，貫通大小鄉村。伊古以來，堤面每自然成爲一步行之交通孔道，蓋堤面寬度最少亦有三數尺以上，其寬度者間至數十尺，以作行人道，實綽有餘裕。况堤面寬度，每因修築堤防而日益增加，或因求堅穩而另築戧堤於堤後，其寬度每日漸加大，交通可由步行而逐漸推廣爲車馬，今日交通發達，則更可利用堤面作兩地長途汽車行駛孔道。凡此皆屬自然之趨勢焉。

惟是護堤者，乃所以防水，初非爲行車用也。今欲一物而兩用，固屬盡利而經濟矣，然而倘兩者互相防碍，則不特利未能收，將更有潰堤之險，自不可不詳加考慮。考慮之後，或有逕可爲行車用者；有須增修某部方可行車者；有完全不宜行車者；吾人不可遽斷堤面作公路乃一不適宜之事，亦不可妄言堤面作公路爲必有利益者也。茲先研究堤面作公路之利弊，次言其適合作路之條件，終論其修築作公路之設計方針，斯此問題，當可漸次明瞭，而各地護堤，乃得以按照其地方情形酌量使用之矣。

一、堤面作公路之利弊

以利弊言堤面作公路其利有四：

(一)築路之經濟與便捷　河堤既常屬兩地交通之孔道，今欲發展兩地之交通，與其另擇路線建築，自不若利用堤身作現成路基，可省一注巨大之費用。雖河堤未必即時可以闢路行車，但畧事添補修繕工程，動用欵項不多，即得有立刻交通之便利。比較另築路線，新塡路基，久久未能堅實，經濟上與時間便捷上，皆佔優勝焉。

(二)堤防之保障與整頓　我國各地堤防，每因農民之困苦，籌欵之艱難，年久失修者至多。迨至洪水來臨，其災害既成者，損失固不勝計，縱使搶救及時，亦當不知幾經艱險。今倘有人投資於堤防，以行駛交通車輛，則修築之費，即多一部份人負擔，危險之時，多一部份人注意。復因運輸之利便，對於平時修葺，急時搶險，皆大有協助。又况我國土堤，所築寬度，每患不足及不整齊，今倘改作公路，則寬度劃一，堤身加厚，若益之植樹鋪草，則不獨鞏固堤身，利益甚大，風景方面，亦自不殊也。

(三)堤基之壓實　河道堤防，在我國大半以土堤爲多，其所用材料，除取諸山外，多取諸岸邊平陸，或竟取用浚河之砂泥。然不論取從何處，其必多屬河流沉積物及鬆輕之泥土，用作堤基，須歷時甚久，始能漸臻鞏固。然因堤基建築之不善，或雨水之淹浸，與乎河水之齧蝕，地水之滲漉，常使土堤久久不能結實。一遇洪水，卽穿洩裂陷，岌岌可危，稍事疏虞，不難立成決口。今倘堤面有載重車輪之轆輾，在短時間內，即可速其堅實，於鞏固堤身方面，不無小補焉。

(四)排水之改善　利用堤面作公路，其有鋪砌及排水工具者，對于堤基，利益甚大。蓋普通土堤，多無排水設備，雨降於堤上，其有堤冠者，自從兩面斜坡流卸，其堤冠不足者，則雨水浸潤堤身。此堤面之滲水，與乎斜坡之流水，每致堤面爲雨水侵蝕成穴，斜坡爲雨水冲刷成坑，日久堤基不難因而潰裂。今倘築成公路，有鋪砌隔除雨水之滲漉，有渠道導引雨水之排洩，堤面與斜坡，皆賴以保全。

以上四項，足資証明利用堤面作公路，乃屬有利。然反面察之，亦有害乎？說者謂大凡車輛經行於堤面之上，倘堤面無充分之路冠，或禦水之鋪砌，則行車結果，每致堤面轆刷成坑，或成崎嶇之狀，因而積聚潦水，浸潤堤身，冲刷斜坡，終至傾塌，此其害一。洪水時期，堤身負力至重，若益之以車輛行駛，震動堤身，誠恐小有穿洩，不難隨之潰大，倘不幸而於此時發生撞車倒車之事，車堤俱傷，尤爲危險，此其害二。

至堤防崩潰，交通因而斷絕，或堤雖未崩潰，而洪水有沒堤之虞，此其不便者一。河堤多縈洄紆曲，以作公路，每致路綫過長，或曲折過多，此其不便者二。凡此皆屬有害與不便者也。然細致之，所謂害與不便，皆非絕對，且不甚嚴重。譬如欲防止潦水冲刷，可設計鋪砌或排水工具；欲防免震動堤身，可修耩堤面，減輕車輛載重。是此問題繫乎經濟之充否，設計管理之善不善，而非絕對不宜者也。至謂堤潰影響交通，雖屬一時之不便，然而今旣藉堤爲交通工具，則除修復河堤保障田園之需要外，更多一種需要，則對於決口之堵塞，益形積極，而修復之期，必將加速矣。若謂河堤紆曲，路綫過長諸病，皆非重要，善爲修改設計，當無大困難也。統括言之，從大體觀察，利用堤面作公路一策，其利甚顯，而其弊甚微。至如何能盡其利而袪其弊，則不能不視乎設計人員之巧拙與地方財力之强弱矣。

二、河堤宜於作路之條件

利用河堤堤面，以作公路，雖屬利多害少之事，然亦須地方情形湊合，否則因需用欵項過鉅，或因有特殊艱困情形，不難反利爲弊。故必須具有下列各條件，始屬經濟而盡利。凡利用堤面作公路，其條件爲

(一)必須原堤經已築成有年，堤基有相當堅實程度。

(二)必須原堤已有相當寬度，所增土方，不超過原日之一倍，超出此數，不啻另築新堤，若堤綫甚長，恐經費過鉅也。

(三)必須土方易得，塡工價廉。

(四)必須土方有適宜之黏性，庶乾不致裂，濕不成窪，否則亦須混合土質以求之。

(五)必須有適宜之排水設計，能築有路面鋪砌更佳，否則堤冠亦應加高，又堤邊及斜坡亦應設計橫直水渠。

(六)原堤必須加厚以禦水力者。

(七)原堤必須加築戧堤以禦穿洩者。

(八)洪水須不沒堤。

(九)堤外有充分護岸工程，無冲塌崩陷之患者。

(十)行駛車輛不過重，不超出堤土所能負之力者。

(十一)堤線不甚紆曲，距離重要城鎮，路線不過長者。

以上各條件，雖非缺一不可，為工程師者，亦足以知所以選擇趨避矣。

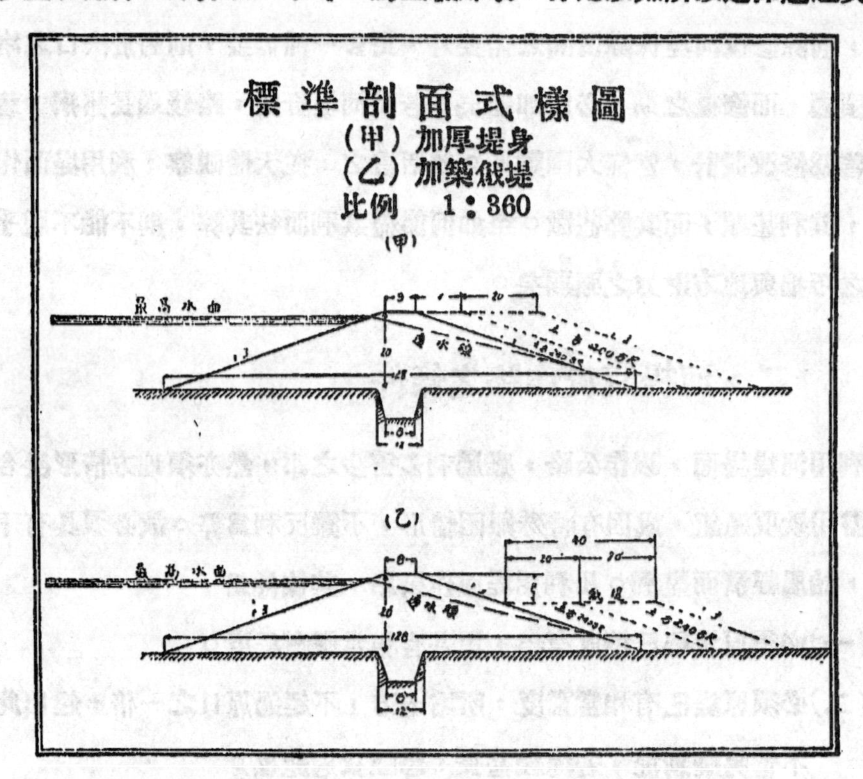

三、修築河堤以作公路之設計方針

利用河堤作公路，其詳細設計，自各地不同，不能概括，茲祗舉其方針如下。

(一)寬度　寬度之設計，分就原寬度加寬，及另築戧堤兩種。所謂就原寬度加寬者，為就原堤本身，向堤內一方，加寬至公路需要之寬度十八尺或二十尺不等。此法宜於原堤甚寬，所增有限即成路面，及原堤本身已充分穩固者。所謂另築戧堤者，爲在向堤內一方，加築戧堤，其高度在大堤下若干尺（普通爲一丈或八尺），其寬度視堤高及公路需要爲準。普通堤高十至十三尺，戧堤即須有寬度二十尺，堤高十三至十六尺，須增十尺，堤高在十六尺上，戧堤須寬四十尺。此寬度係需要以爲擁護大堤，防禦滲洩之用，若屬高堤，所需自在公路需要之上，以公路寬度鄉道不過二十尺斯足也。戧堤之法，宜於原堤本身不堅，且有滲洩危險，設法護堤，爲同時與公路幷須進行者。至塡寬或另築戧堤後之斜坡坡度，普通爲一比二至一比三，視土質黏性爲準，可就土性研究決定之。又所需土方，在同一路面寬度，當以戧堤法爲經濟（參觀附圖）。

（二）中線　中線之設計，每因河堤之紆迴，頗不易着手。若純依原堤加寬，以作中線，必致灣曲無序，且路線必加長，是宜酌量情形，就其灣曲程度，改作有角度之曲線，幷提升外曲土方，平衡離心之力，雖因此而須增減土方多少，亦所不恤。至過於紆曲之處，亦不妨規劃直線，另塡路基，以求直捷。此法仍不失同時加寬作護堤之用意，並在堤內另築路基，不啻兩重護堤也。故中線設計，爲工程師者，自可在經濟許可情形之下，斟酌而變通焉。

（三）路面　路面之設計，視交通之衝繁，財力之豐嗇爲準。惟是普通河堤，旣多屬土基，則就原有材料，改築花沙路面，自爲最經濟之辦法。祇花沙路面，須修養及時，否則車輪轆轆，最易成穴積水，損害堤身。又沙土之混合，須研究淸楚，庶乾濕咸宜，詳細設計，另有專書，茲不贅論。倘石子易得，價格不昂，當以水結碎石即麥克當式路面爲較宜。廣東潮梅一帶，產蠔灰甚富，用以和花沙及碎石作路面，其耐久性較淨砂土及水結碎石路面尤勝。其他產灰之地，不妨試辦。至一切上等材料路面，如三合土瀝青之類，雖屬適宜，究嫌價高，以河堤所作之道路，未必盡為省市之幹線；況路線遙長，路面需欵至多，而堤防經費，尙每虞不足，再益之以路面負擔，自難冀其成事也。惟不論路面材料如何，其設計必需注意者，為(一)路冠宜足，(二)新塡路基宜候用機壓實，或自行結實時方可通車，（塡築時如用分層壓轆塡土法，則路基堅實最速，如材料混合得宜，則水塡法亦可用）(三)修養宜及時，(四)路面材料，宜取之近地，以經濟為原則。

(四)排水　排水工具，甚爲重要，不論路面用何材料，而排水工具為不可少之物。排水方法，以明渠為適宜，因所排者不外雨水而已，無其他積水也。其設計使雨水從路冠流向路之兩肩，或路之一邊（路線轉灣時路面一邊升高水即流集一邊）皆可。迨集於路肩之時，即用明渠導引，縱流至相當地方，再用橫渠排卸於堤外。明渠之建築，最簡單者當爲培土於路肩，其次為砌磚或石欄，較佳者用三合土。然隄防講經濟，終以培土之法為上，雖培土易崩，但倘有常川修理，亦可無虞。惟排水於堤外之橫渠，則不能不用碎石或三合土，築成水槽式樣，否則流水自然冲刷成坑，日久堤傷土塌也。又一切斜坡與路肩，均須鋪種草皮，以減滾水冲刷之力。其堤防之患穿洩者，更須於內堤椗加設導渠，引水，以免內堤椗崩陷，其堤內陸地須排水出河道者，又得另行設計各種涵洞矣。

計劃與報告

修築潮州北堤工程計劃書

陳良士

一、北堤之沿革

1.北堤之重要　北堤位於潮安縣城北方北起竹篙山南抵金山脚長凡八百九十餘丈以禦韓江上游之水韓江上游受汀梅諸水流域面積廣一萬一千八百方英里至三河壩滙合爲一奔馳層巒叠嶂之間水勢騰湃依山繞澁迄城北竹竿山時因中流積淤水力益切近於山麓故潮城北堤首當其衝遙想該堤未築之先或在該堤潰决之時一小部江水當可由竹竿山向西南泛於潮屬各鄉出於梅溪大部則竟達揭陽潮陽普寧滙於榕江而出於海及今探鑽堤內地質皆屬河床沉積層可資明証所以有北堤之築則水循韓江現道兩潮揭普四縣低地田園及人口數百萬皆賴以保全其屏障之面積約六七十萬方華里(參觀附圖)民命攸關非止一日北堤對於廣東東區安寧之重要不待言也

2.歷代崩潰及修築歷史　北堤之築始於何時無可稽攷故老相傳築自唐韓文公然韓愈爲潮州刺史時間無多遙遙巨堤恐非旦夕之事况文公祭鱷於意溪則北堤近竹篙山處此時旣尙棲鱷則堤之未築可知料驅鱷之後韓公或倡築是堤而後人成之攷之縣志亦云堤築自唐有陳珏修堤策爲據則有堤以來不下千二百年矣自宋而後迭有修築明永樂間堤潰成化間又潰宏治八九年等年又潰雖叠經修復而堤之負力於此可見淸康熙四十年堤潰四十餘丈五十七年六月堤潰於龍毋廟市經塡築八月復潰三十餘丈修築經年乃竣五十九年又潰再復搶修並加建磯頭乾隆十一年加築灰籬由竹竿山起至鳳城驛止長六百九十餘丈高厚一式此爲建灰籬之始而堤身乃稍臻鞏固自後雖小有危險未有崩潰不可謂非此時修築之力也道光十三年白沙宮前堤土陷落即復塡塞二十二年堤外宰牛洲幾决幸搶救得免咸豐三年復增廣堤身加築灰籬同治三年再修十年水幾沒堤官民急築子堤堵禦十一年乃將堤面加高數尺堤身舂築龍骨內附灰籬并加建磯頭二處需款逾萬金自此不復聞崩潰之險然堤身雖固而堤下仍虛故轉成堤內穿洩之病光緒八年堤內各處穿洩勢頗危殆乃由方總兵耀加築灰籬七段於各處每段長四十餘丈深三丈餘并采石塡補磯頭工程費二十餘萬元其後數十年北堤不至崩潰食是之賜十一年新雨亭堤內大穿洩水從田面湧出前築灰籬皆在堤外旣不能止水穿洩乃改在堤內穿洩處圍築土堆以斷水路而壓其下降惟工竣後十二十三十四等年穿洩尤甚堤面且因之陷裂十數丈乃復用堤內塡土之法更釘椿築灰籬圍之十五年工成穿洩稍止二十年堤廠後及林厝路頭穿洩如法再修二十六年意溪渡頭坍卸二十餘丈經搶修得不潰乃於該處增築堤外灰籬三處共七十餘丈堤內穿洩塡土堆築灰籬四處共八十餘丈明年工竣茲攷縣志及查讀全堤所遺古碑將歷代修築情形及修築紳耆所用款項列表如下（古碑字多磨滅不可認殊可惜也）

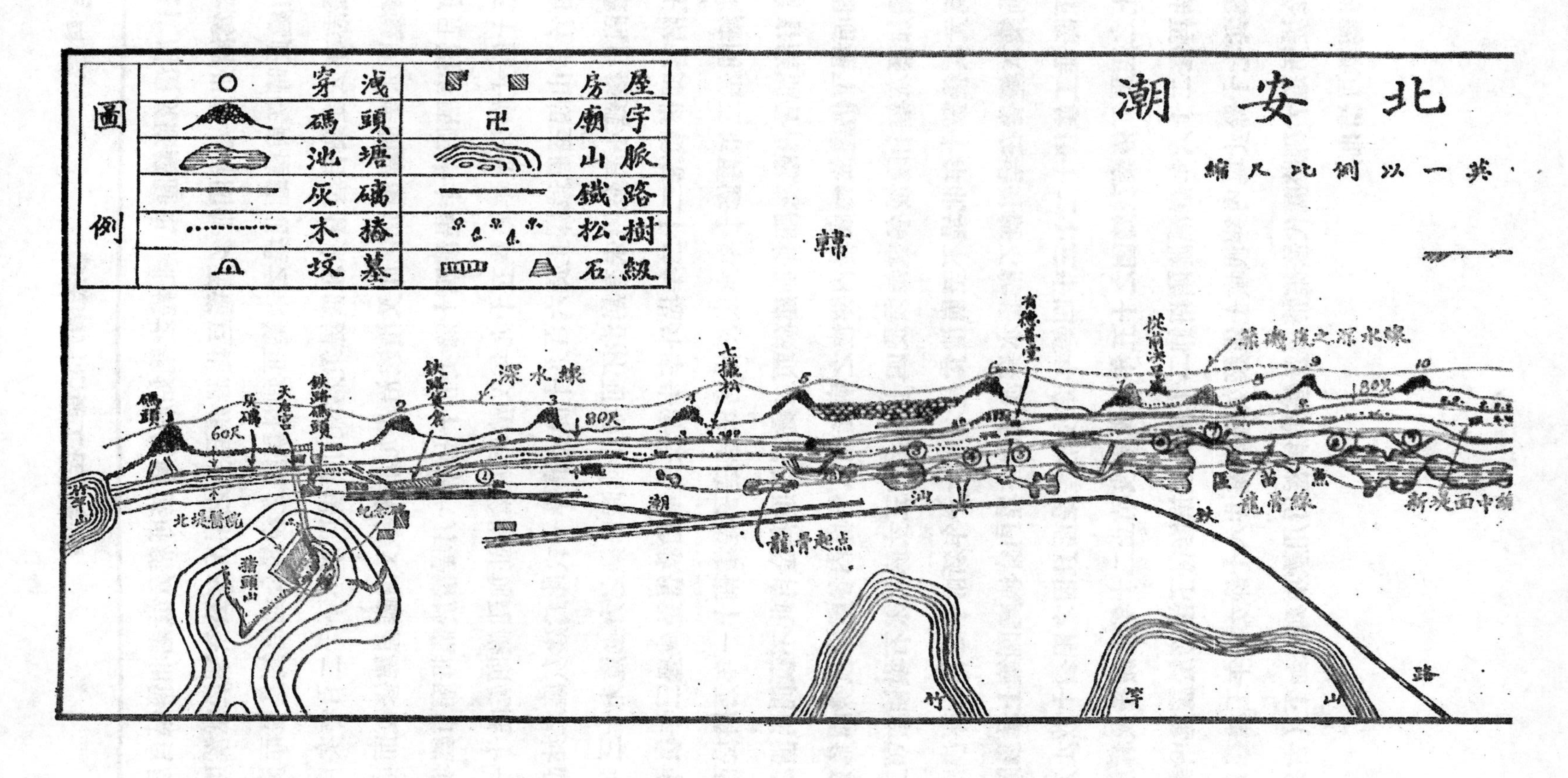
北安湖
圖例
房屋
廟宇
山脈
鐵路
松樹
石級
碼頭
池塘
灰礦
木橋
坟墓
深水線
碼頭
灰礦
天后宫
鉄路碼頭
鉄路貨倉
紀念碑
北堤龍
豬頭山
龍骨起点
龍骨線
60尺
80尺
七株松
有德善堂
韓
湖
竹
山
路
鉄

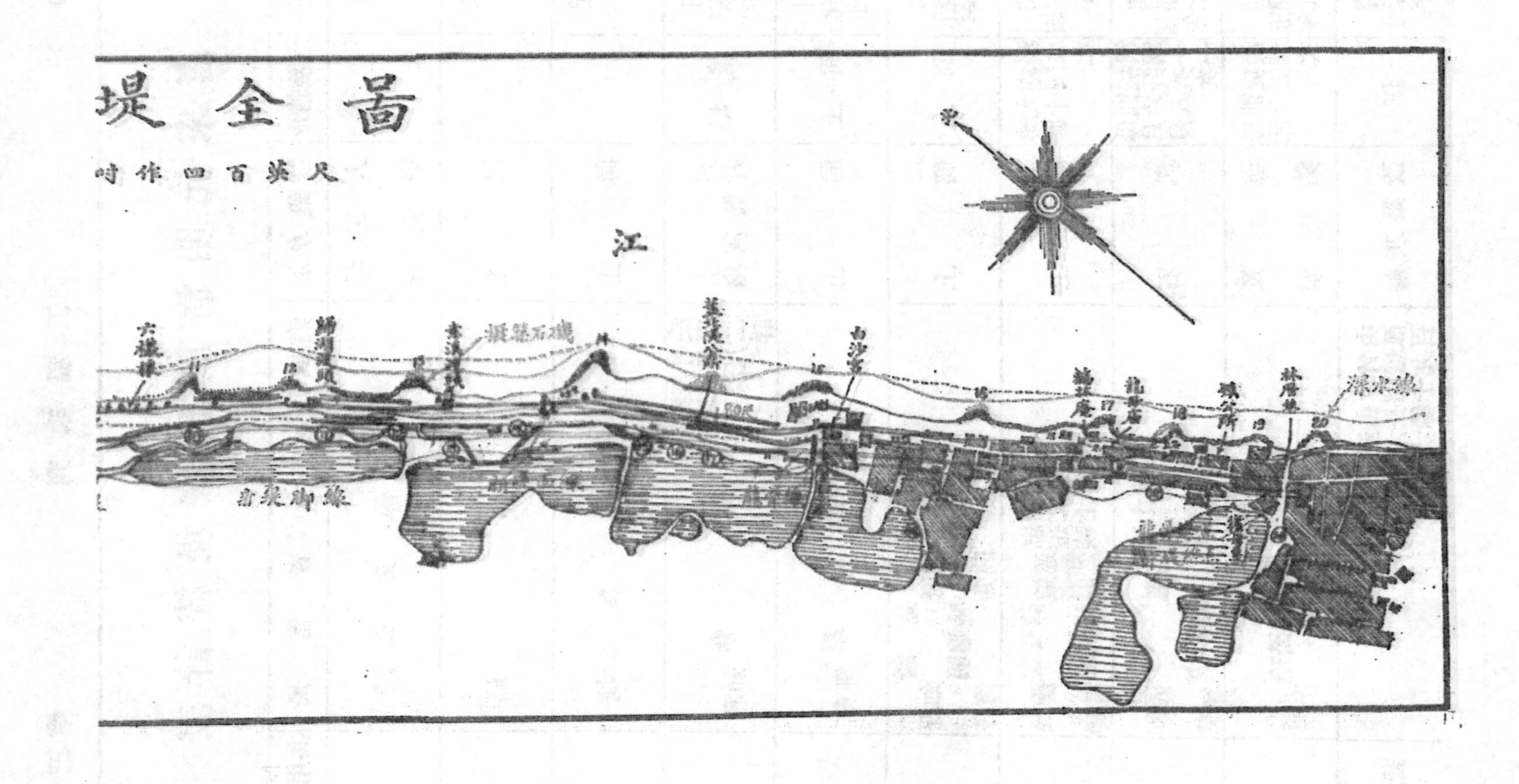
堤全圖
吋作四百英尺
江

唐宋元明清歷代修堤統計表

年份	危險情形	修築方法	築成尺寸	負責官民	共用款項
唐		人工塡 築土堤		韓文公(?)	
宋		同上		林嵲	
元		同上		趙良塽	
明 永樂 年間	潰堤	同上 并築灰羅	築有灰羅四 度各長四丈 二尺深度不 詳	雷春 知府	
明 成化 年間	同上	同上		曾昂 御史	弍千両
明 宏治 八年	同上	同上		周鵬 知府 金謐 知縣 車份 同知 盛端明 尚書	
清 康熙四 十年	潰堤大巷 口四十餘 丈	同上		孫明忠 巡道 薛受益 總兵 梁文焴 知府 楊儒經 邑紳 呂士峻 知縣	
清 康熙五 十七年	潰堤龍母 廟託六月 一次八月 一次	塡石		姚士琳 巡道 汪泰來 同知 張自謙 知府 金以埈 知縣	
清 康熙五 十九年	潰堤龍母 廟五十餘 丈	塡土及 築磯頭		吳安泰 通判 孫公瑜 知縣 顏敏 知縣	
清 乾隆十 一年	無	改築灰羅	由竹竿山至 鳳城驛長六 百九十餘丈		發庫帑

清 道光十 三年	崩陷白 沙宮前	塡土塞禦		韓鳳修	
清 道光廿 一年	崩陷宰 牛洲前	同上		覺羅祿知府 史樸知縣	
清 咸豐 三年	無	在吳公堤增 廣堤身加築 灰羅	約五十丈	吳均知府	三千金由 吳知府捐 廉故名吳 公堤
清 同治 三年	無	同上		施紹文知府 邱步瑍邑紳	
清 同治十 一年	水幾 沒堤	初築子堤堵禦 後加高堤身數 尺並舂龍骨灰 羅建磯頭二	全堤塡高龍骨 共築三段長一 百十六丈磯頭 尺寸未詳	段錫林知府　陳世盛紳耆 錢誦清知縣 辜利權紳耆　丘際春紳耆	約萬金 均派田 畝
清 光緒 八年		築灰羅於舊雨 亭三寮第巷龗 渡頭白沙宮龍 母廟等處	共築灰羅七段 各長四十餘丈 深三丈餘並加 塡磯石多處	方耀總兵方國光官 劉湝年知府陳廣澤營 樊希元知縣　紳士 邱華山營官余鼎光紳士	款約二十 餘萬由縣 府撥幷派 田畝
清 光緒十 一年	穿洩新 雨亭處	圍築土堆 於堤內		朱丙壽知府楊淞紳士 溫樹芬知縣	不詳
清 光緒十三年 二十四年	穿洩 同上	同上幷加釘 木樁築灰羅 圍固	築成四 十餘丈	陳錫祺紳董	不詳
清 光緒二 十年	穿洩在堤 廠後及林 厝路頭	同上			不詳
清 光緒廿 六年	塌卸在意 溪渡頭約 二十餘丈	搶修並增築 堤外灰羅三 處土堆四處	共築堤外灰羅 七十餘丈土堆 灰羅八十餘丈	劉興東知縣 陳錫祺紳士	發庫帑三 千兩幷派 田畝一萬 四千餘兩

3.光復後修築工程經過　光復以後北堤雖免崩潰而穿洩之病未嘗少息前堵各處穿洩流水稍止不旋踵其左右地方繼續發現民國元年水量升漲極高去堤面約尺許（該年爲有紀錄來最高水）各處穿洩復大盛尤以龍母廟一處爲尤甚乃在該處建

築龍骨長凡三十丈深三丈餘大水退後穿洩仍未稍減民國四年魚苗區堤廠後兩處穿洩甚鉅又加築灰羅一百零二丈釘木樁塡石六十餘丈民國八年正月地震堤身鬆動大水繼至魚苗區地方穿洩異常危險邑　鄭智勇慨捐巨款修理北堤乃於該處堤中築三合土龍骨一度長凡三十八丈深三丈七尺另各處添築灰羅塡石打樁共耗七萬餘元爲民國後工程之最巨者民國十年八月二日潮汕風災之變雖堤幸無事而穿洩益不可收拾民國十一年復在老雨亭下築三合土龍骨長二十二丈五尺深三丈五尺民十二年仰光華僑代表多人因辦理潮州賑災事同時發起募捐倡爲大修之舉當時預算全堤築龍骨塡土工程需欵二十八萬元其後龍骨未建祇將堤身塡厚由竹竿山至紀念亭後長凡四百餘丈民十四年林厝路頭堤外斜坡初見穿洩旋即崩塌濶十丈有奇民屋倒塌二間卽用沙包石頭塡塞並釘木樁幸未崩決旋於十五年在該處堤砌築石羅並塡土民十七年龍母廟處穿洩復盛由北堤辦事處呈准韓江治河處再加築三合土龍骨一度於橫渡頭長凡二十丈深三丈民國二十年七株松堤後穿洩甚巨乃由潮梅治河分會督造堤外石擁壁一段長五十八丈面濶三尺底濶二丈餘面深十一尺底深四至十五尺另砌石斜坡一段濶三丈餘長與壁等又塡土約一萬井同年在紀念亭後因穿洩關係又塡坭土斜坡一段並釘土脚木樁民國廿一至廿二年復在龍母廟前及紀念亭後加築三合土龍骨各一度長四十餘丈深三丈民國廿四年魚苗區堤內新築龍骨旁又患穿洩乃塡土於上長凡十丈濶稱是同年又在龍母廟前加築三合土龍骨堤度長一十二丈深三丈五尺統計自光復以來以穿洩爲堤之唯一弊病所造工程大都以龍骨或塡土爲主且用近代之三和土作料凡重要穿洩地點如紀念亭後魚苗區龍母廟等處皆有之然龍骨皆不銜接深度亦似未足該各處穿洩之患迄今又未止焉茲將最近各年所造工程尺寸用欵及負責人員統計列表如下

年份	危險情形及地點	修築方法	築成尺寸	負責官民	用款若干
民國元年	穿洩龍母廟	築螺灰龍骨	長三十丈深三丈四尺濶三尺五寸	邑紳王延康等	七千餘元
民國四年	穿洩魚苗區	填石釘樁築灰籬	灰籬一百零二丈填石釘樁三十六丈又堤外釘樁二十六丈	潮循道尹王增益 潮安縣知事吳寄生 揭陽縣知事施文熙 邑紳王延康等	貳萬餘元
民國八年	仝上魚苗區	築三合土龍骨	長十八丈四尺深三丈七尺濶三尺	韓江治河處及修堤委員楊春崖巫贊殷等	鄭智勇獨力捐欵約七萬餘元
民國十一年	仝上老雨亭	仝上	長二十二丈五尺深三丈五尺濶四尺	仝上	未詳
民國十二年	仝上	全堤斜坡填土及築灰籬一度	填土口井灰籬在魚苗區北長廿二丈深三丈五尺	林桂園等	募款數未詳
民國十五年	堤外斜坡林崩陷頭厝路	填土築斜坡堤脚石籬龍骨		韓江治河處及修堤委員楊春崖巫贊殷等	未詳
民國十七年	穿洩龍母廟	築三合土龍骨	長二十丈深三丈由土面計	修堤委員巫贊殷等	約一萬元
民國二十年	穿洩七株松	築石擁壁石籬及斜坡填土	填土約一萬井石擁壁長五十八丈濶三尺上深一一尺底深四至十五尺又石斜坡一段長與壁等寬三丈餘	潮梅治河分會暨修堤委員鍾少石巫贊殷莊壽彭建築人和茂公司	五萬零九百二十二元
民國二十年	穿洩紀念亭後	內斜坡填土釘土脚木樁	共填土一七零六立方公尺釘木樁一百四十三條	仝上 建築人楊世坤	一千四百餘元
民國廿二年	穿洩龍母廟及紀念亭後	築三合土龍骨	各長四十餘丈深三丈	仝上 建築人蔡順合	貳萬二千七百元
民國廿四年	穿洩魚苗區	內斜坡填土	共長十丈一比五斜坡填土一千六百四十六立方公尺	潮梅治河分會及修堤委員李振智等建築人四合公司	一千四百八十元

民國廿四年	穿洩龍母廟	築三合土龍骨	共長十二丈深三丈五尺	仝　　　上	三千一百四十元

二、籌修北堤之發起及測勘經過

1.籌劃大修北堤之動機　北堤自清末以還雖幸免潰決仍不時有崩陷穿洩之患險象迭呈官民屢驚而所以防堵之法幾經試驗迄未能十分奏效奠潮民於萬石之安年來如潮梅治河分會潮安縣政府暨修理北堤委員會等機關曾合力籌謀動用巨款修理無如所用方法未能澈底此塞彼穿此堵彼潰官民交困籌欵益艱民國廿三年李軍長揚敬兼任東區綏靖委員以興水利爲施政口號有見及此乃發起組織一修堤委員會鄧師長龍光蒞潮倡修尤力幷擬以所屬士兵幫助工作實現兵工政策民國二十四年冬李委員漢魂接任東區綏靖委員更將該會擴大組織聘請各名流參加幷開始籌欵及募捐工作謀根本之修築作永久之籌維並函潮梅治河分會切實查探地質計劃工程玆捐款與工程設計兩者經分別進行斯爲籌劃大修之動機及經過情形

2.北堤設計經過情形　初李委員漢魂以大修北堤之計劃雖經前潮梅治河分會估算約爲大洋四十萬元但該數未盡詳實爲澈底計劃俾便集欵起見乃令友雲及李源和市長市府工務科長陳良士偕同來汕之農林局長馮銳前赴北堤先作一度之視察視察後由良士擬定工程計劃草案其時約畧估算需欵大洋四十五萬元惟因未經鑽探堤底地質預算之數未能十分切實且工程設計亦有待於地質研究始能根據作有效之設施故仍須一度實地測量及鑽探地層整個方案纔能確定故草案提出之後必須賡續測勘工作適友雲奉委潮梅治河分會常務委員良士亦調任治河分會工務科長兼工程師乃由友雲令飭良士率領工程人員駐潮安北堤實施測勘工作並設工程臨時辦事處以董其事計自四月中旬至五月下旬大致測勘完畢即由友雲偕良士携同測勘成績及設計方案往廣州向李委員漢魂及廣東治河委員會報告請示設計方針報告請示後返汕即開始設計至六月中旬整個計劃甫經脫稿即先呈送籌修北堤委員會討論討論結果僉以工程重大應詳加審查覈實方策萬全乃電聘廣州設計

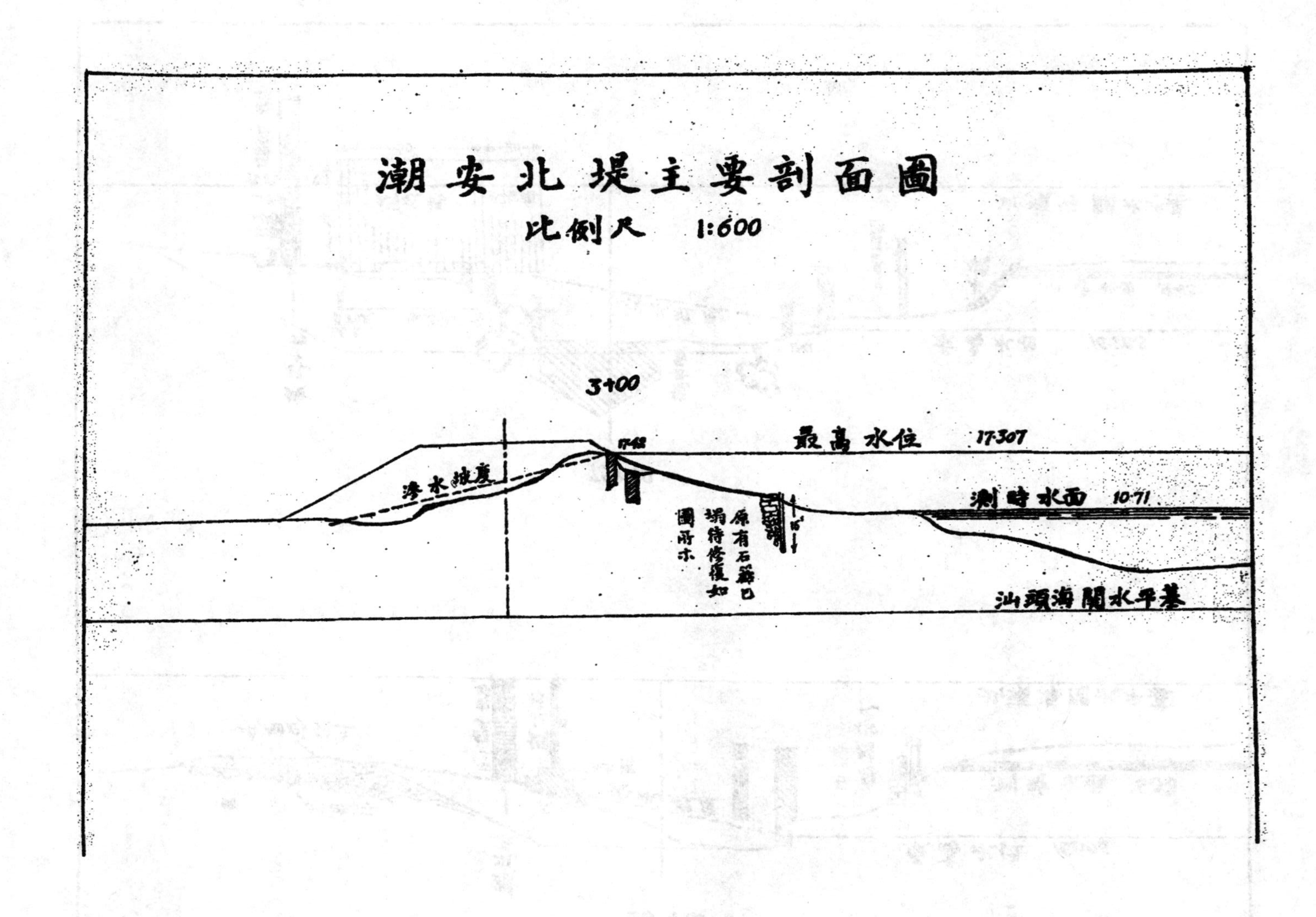
潮安北堤主要剖面圖
比例尺 1:600
3+00
17·48
最高水位 17·307
滲水坡度
測時水面 10·71
原有石壩已
塌待修復如
圖所示
汕頭海關水平基

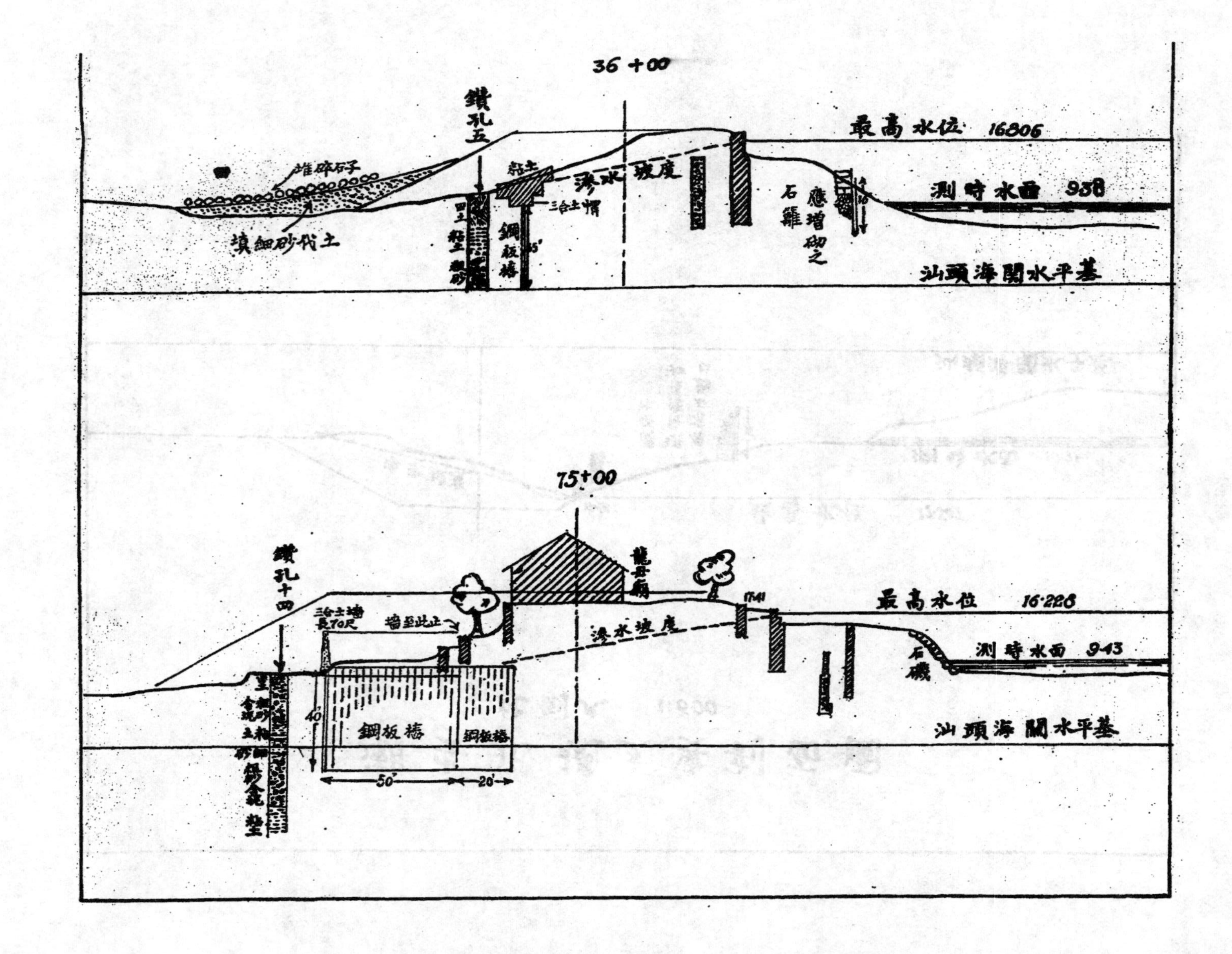

36+00
鑽孔五
堆碎石子
填細砂代土
鋼板樁
滲水坡度
三合土帽
最高水位 16806
測時水面 958
石籬
應增砌之
汕頭海關水平基
75+00
鑽孔十四
三合土墻長70尺
墻至此止
龍母廟
最高水位 16.228
滲水坡度
測時水面 9.43
石磯
鋼板樁
鋼板樁
汕頭海關水平基
50'
20'
40'

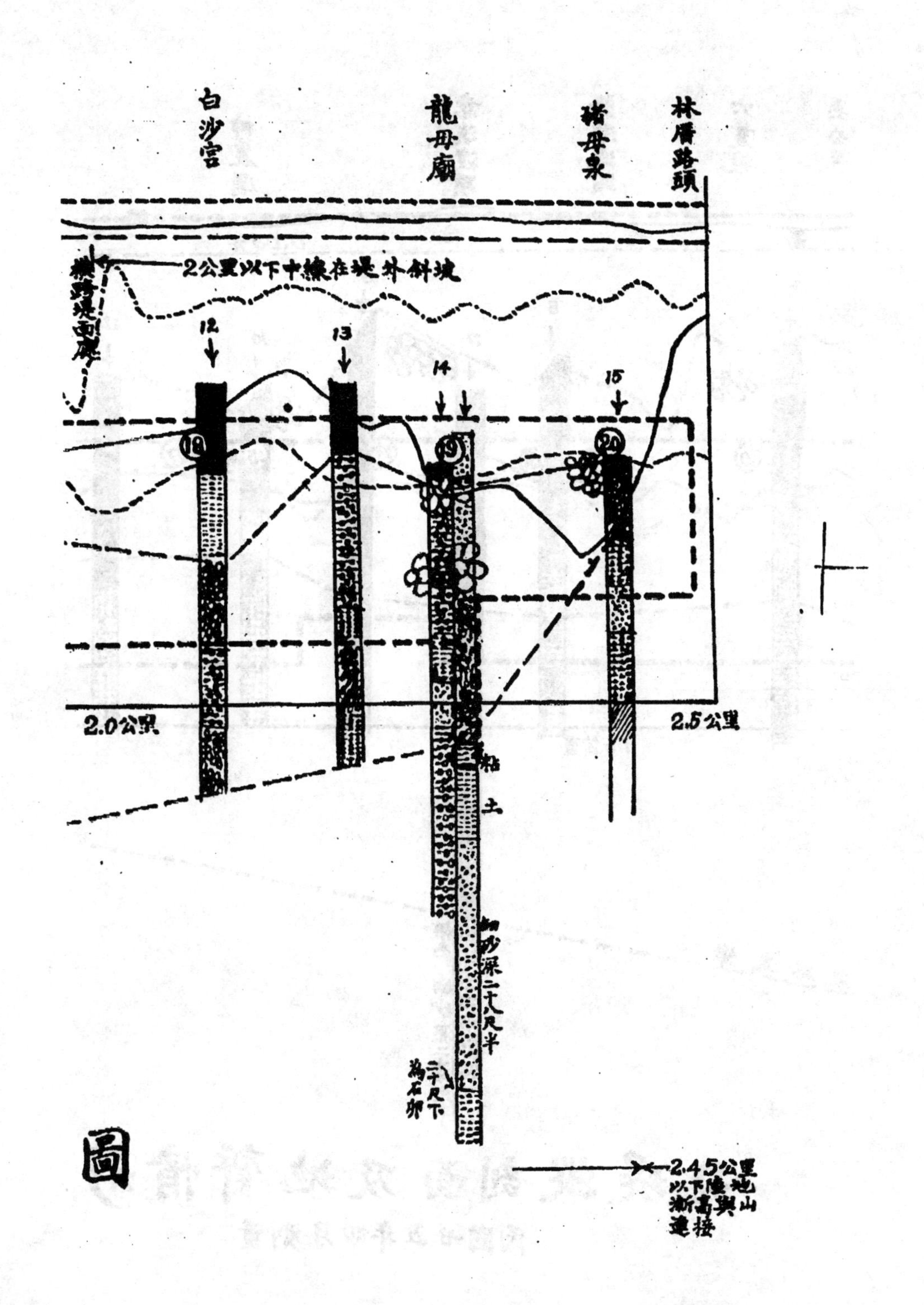
白沙宮
龍母廟
豬母泉
林厝路頭
2公里以下中線在堤外斜坡
12
13
14
15
2.0公里
2.5公里
粘土
細砂深二十八尺半
二十尺下為石卵
2.45公里以下陰地與山漸高連接

圖

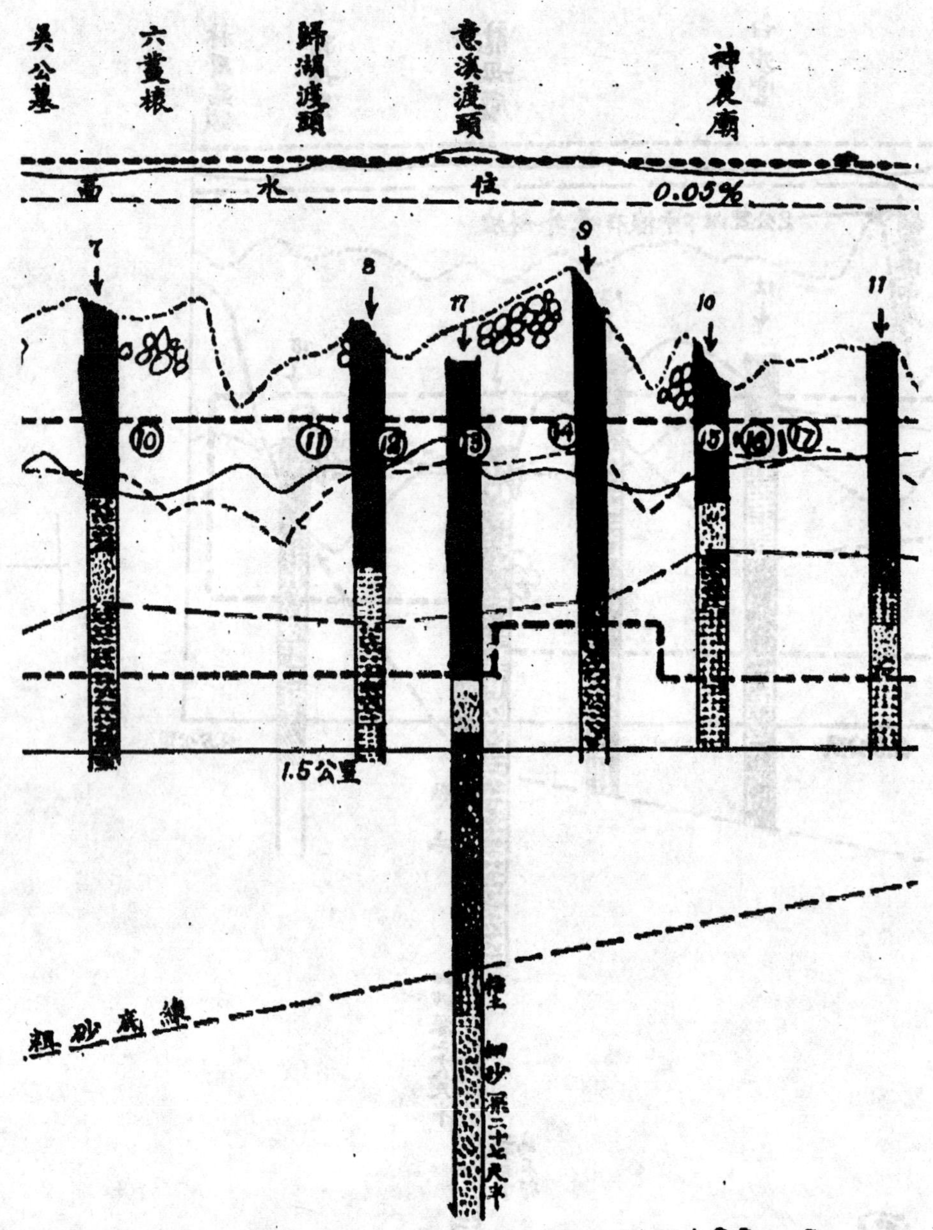

北堤縱剖面及地質情形

民國廿五年四月測量

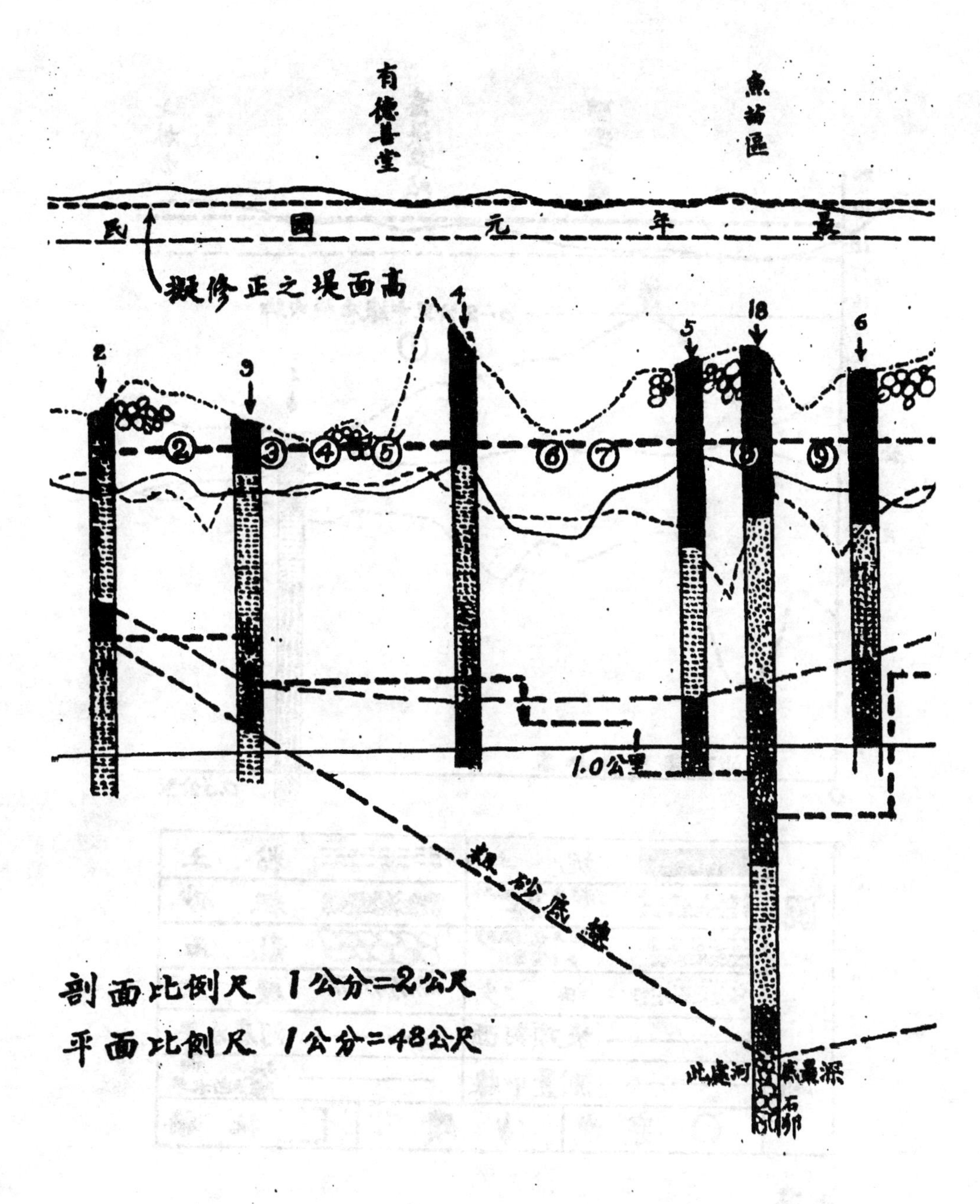
有德善堂
魚詒區
民　國　元　年　最
擬修正之堤面高
4
18
5
6
2
3
②
③
④
⑤
⑥
⑦
⑧
⑨
1.0公里
粗砂底線
剖面比例尺　1公分=2公尺
平面比例尺　1公分=48公尺
此處河底最深
石卵
0.6公里以下堤内陸地多數在河底水平下

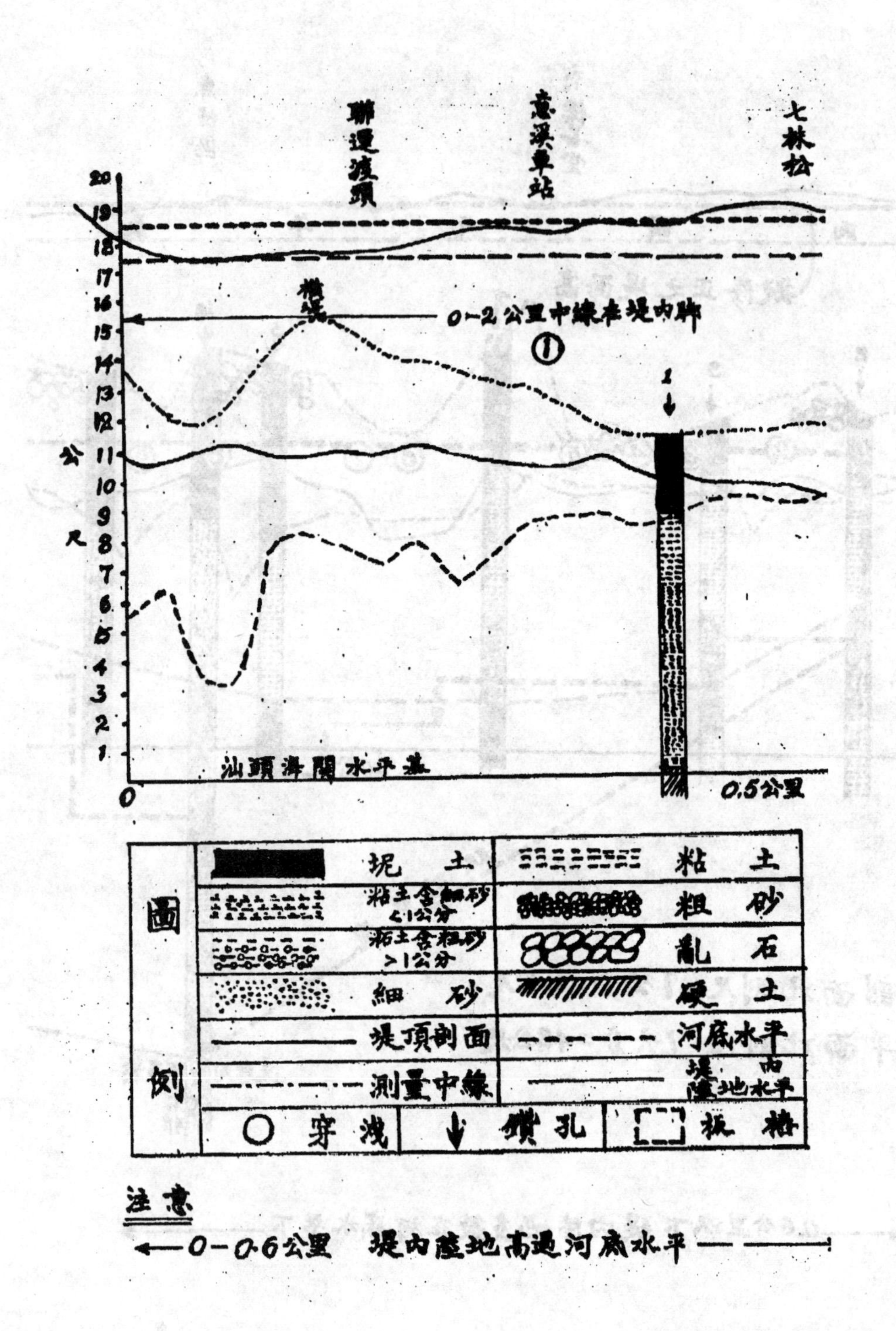

注意

←0-0.6公里 堤内陸地高過河底水平——→

委員會委員麥蘊瑜來汕會同汕頭市政府審核麥君來汕審查結果認為所用材料似有攷慮應加請專家評定乃由麥君偕良士再度往省與各工程專家及治河會工程師等人協商七月初旬良士商妥返汕即將計劃修正呈請廣東治河委員核定此為測勘設計之經過情形

3.實地測探北堤之工作情形　大凡工程設計必慎乎始慎乎始則宜先參攷已往歷史及根據事實然後所擬方法乃能收效故良士率隊抵潮後即分別攷查北堤歷史及修築經過借閱前修堤機關文卷搜剔堤上石碑諮詢當地紳耆徵求北堤文獻然後前人所作一切工程其位置尺寸建築時日工程之有效無效建築時之艱困情形崩潰穿洩之原因種種乃稍得明瞭知所取舍而資決定設計之方針至實地測量方面其主要者為中線及剖面(平面圖因舊已測有)先假定龍骨位置方向作一中線測量然後就該中線劃分站數每一百英尺為一站測其橫剖面各個剖面并測至堤內最低陸地及堤外最低河床俾知河床與陸地比較高低與滲水線之坡度其後決定龍骨位置與乎防止穿洩保護堤基方法皆賴此剖面以為位置之設計焉中線剖面測量之外其次為(一)測勘現時石磯之大小流水衝激情形以便補添大石及加築新磯以為檔水歸中減少穿洩之用(二)測量現時外堤脚石籬崩塌尺寸以便補添及加建石籬鞏固外堤斜坡而免堤土傾塌(三)測量北面猪頭山之高下廣闊以便計算其能供給之土方及預備將來設計北堤醫院及北堤紀念碑(四)測量北堤堤面一帶舖戶俾得設計拆闢補償及將來築路之用(五)測量現時船渡碼頭位置水深以憑改建新式碼頭繁榮地方以上測量工作情形參觀所附影片所繪圖則之一部參閱所附各圖

設計測量之外第二重要工作為鑽探地層所用機械初為潮梅治河分會舊存之人工手鑽機一副可鑽地深四丈初鑽時用噸半起重機因地質粘土吸力滋巨拔起稍感困難約畧計算該粘土吸力須牽力至四五噸之巨乃轉向汕頭電力公司借用六噸起重機一副此後進行即甚順利約三日可鑽兩孔深四丈計劃全堤共鑽二十孔當可明瞭其堤底地質情形預算大約月餘可以竣工中因一度鑽棍螺絲滑牙棍陷土中數日後始行取出不無阻滯故測量工作五月中旬告竣而鑽地工作延至五月底始鑽得十五

孔并發現隄內魚苗區等處砂土深逾四丈爲該手鑽機之所不能達乃電港馬克敦公司派人攜大機來汕再探計加探三孔一在龍母廟一在意溪渡頭一在魚苗區所用方法爲鏈閘鑽筒抽水取土之法共作二十餘日即告完工計前後大小鑽機測探結果近竹竿山一段因隄內陸地較河床爲高由隄內地面下鑽三丈餘經含細砂之粘土一層即達黑色硬土由猪母泉後至金山一段亦然惟由意溪車站至猪母泉後全隄則鑽至隄內地面下四丈硬土仍屬杳如尤以魚苗區意溪渡頭龍母廟等處三丈下且發現粗砂深度在四丈以上經用大機測探始知該砂層在龍母廟後深達地面下四丈半中隔粘土一丈再見細砂細砂下見小石續見大石子鑽筒不能再下計共深十丈餘知此處爲河底其意溪度頭一處鑽至地面下六丈仍是粗砂六丈下變細砂含土透水性畧低至九丈仍屬細砂河床石子未見料此處河床更深該機亦不能鑽達其魚苗區一處則鑽至七丈皆屬粗細砂七丈後發現石子此處當爲河床比較前兩處稍高統計長短鑽孔共十八處探知地下砂層深淺高下不一然觀砂層情形足知穿洩之由來矣至所鑽出之土質及顏色除製成標本留存外其高下位置參觀北隄剖面及地質情形圖工作情形參觀所附影片

三、北隄之現況

1.北隄能否再潰　北隄之重要其屏障範圍之廣前既言之矣今日一般人士尤以兩潮揭普四縣居民當必急欲知該隄之有無潰決危險蓋人居隄防之下若不明瞭該隄狀況不啻燕雀處樑不知火發何日其遠赴外洋而家室留鄉者更益抱桑梓之憂也康熙年間潰隄之慘當時人士傳之歌詠聞者寒心聽者下淚(附錄决隄嘆與大水行)其損失何止千百萬且一郡有災元氣恢復需時甚久與其事後補苴之不遑孰若預謀磐安之得計清末汕頭嶺東日報對於北隄危險情形曾發表論文多篇喚起官民注意其後民國八年潮州賑災兼擬籌款大修北隄之時各報亦曾作一度之宣傳惟每次北隄穿洩或稍有崩塌則官民遞驚間且遙傳潰决使中外僑民聞之疾首蹙額而隄之真相從未有人作一度詳細之披露此根本大修之急不容緩而北隄切實狀况之不可不

審察也

今試就工程學理研究北隄之安全程度查土隄之完全條件爲

一、水不沒隄

二、透水線在內隄脚內(透水線在內隄脚外即生穿洩)

三、隄內透水速度不能將隄土搬移

四、潦水排隄從速不浸潤隄身及冲刷斜坡

五、隄土堅實

六、隄頂及隄底足寬即隄身足厚足重能抗水壓而不滑動

七、隄下無水龍水管枯樹根碎石磚瓦等透水物件

關於以上七項北隄之答案如下

一、同治十一年水幾沒隄其後隄已加高民國元年最大水亦未沒隄此點差可無慮但有數處隄高仍稍感不足

二、隄有穿洩此點大有可慮

三、隄下有粗砂石子透水頗速如龍母廟魚苗區白沙宮意溪渡頭等處隄土皆曾下陷今仍不斷流水高水時尤甚此點大有可慮

四、有屋宇竹木障得及水力波浪冲刷斜坡此點亦不能滿意

五、隄土塡有千年以上堅實方面可保無虞

六、隄寬姑以現隄最小頂闊十尺底一百一十尺高三丈計其抗滑之力爲 $FW=\frac{1}{4}\times 100\times\left(\frac{10+100}{2}\right)\times 30=45000$ 磅超出三丈之水力28080磅有餘故不足慮

七、隄脚多有此項透水物件此點大有可慮

統而言之北隄隄身之表面上似屬無虞但第二三四七各點旣大有可慮則由穿洩而土陷由土陷而決隄實爲意中事若不力謀補救其危險性將永久存在涓涓不塞將成江河古有明訓故爲根本安全計籌欵大修實不容一刻之緩我國揚子江黃河各隄修築稍有不及即崩潰成災此種悲痛之事無時無之無地無之足爲吾人之殷鑒矣

附錄決堤嘆 有序

國朝肇慶府教授 陳王猷 字良可海陽人

白沙隄即北隄決西關廛舍一空海潮揭四邑田廬淹沒過半嗟夫數百
萬生靈倚隄為命使未雨綢繆稍加培護何致平陸遂成巨浸哉

城西門外浪打天城西門內街泊船巷陌沉埋閱陰翳堂廡汨沒生寒煙十里人家城上
宿女牆堵板立鳩鵠驚魂已褫蛟螭餘殘喘何堪風雨惡長江駭浪況未休東漚橋水欲
倒流北來西折恣驕悍斷崖噴薄天與愁匏子隄成功不朽古人身往名猶留眼前群公
東無策水哉水哉長太息淇園伐竹紛千竿白璧塡淵漫一擲坐使狂瀾不可迴孰云民
溺由已溺平陸蒼茫胡海中奔騰四境秋禾折呼嗚川潰傷人多涓涓不塞成江河

大水行 有序

前人

康熙三十三年甲戌自春徂夏霪雨五月韓江水湧數十丈郡內舟揖可
通女牆不沒者數版耳北堤就決人心惶惶百餘年僅一再見作大水行

百五十日天冥冥密雲催雨西北行朱紫出遊黑淚走黃轄青驄聲砰訇一雨一水知幾
尺民間太息占庚晴南海翻潮忽倒浸洪濤滾滾浸半城城中七門三門閉四門出入雙
槳撐街市遊鱗趁洶湧屋外無地愁拘儜老人攢眉慘顏色小兒拍手探答筲食米如珠
舌膠破燒薪似臘脂膏凝更聞北堤半就決西關婦子奔倒綳郡內大姓走樓上持糧儲
炭釜甑並小屋居人木作筏麻繩束縛忙無釘大官顯悴小官苦囊塞石砌紛經營百姓
倉惶人不足役及太平無事兵觀察魯公謙庵元戎薛公謙若日徒步身當匏子全生靈我亦赤脚
出東望水勢幾與山椒平大樹拔根沒浩蕩屍流覆草隨鯢鯨桑梓東陲數十里塘坊潰
決山田崩麥化飛蛾粟化蟲青金食盡芽無萌海外樓船乘危入人命朝露心膽驚似隔
蓬萊乃一水音問斷絕憂忡怦九州水府十八處韓江最爾下流傾去歲薄收忍窮餓菜
色未痊災疊經古者旱潦史必書閭閻寥邈浮雲橫安得蘆灰上滸漾鞭策羲馭光晶熒

2.北堤損壞地方及其原因　北堤依學理上之查攷其現狀既經明瞭復經此次詳細測勘之後其主要損壞地方及其原因詳舉如下

(一)提內穿洩　此為北堤主要之弊病全提加築灰籬及培厚培高之後堤身頗

臻穩固可無虞直接水力衝擊崩潰所患者內堤脚穿洩過多濁水淹入潰而成穴土陷堤崩因而潰決茲查現日穿洩最要處爲龍母廟後其次爲魚苗區此外零碎穿洩地方可見涓涓之水流者亦復不少大小穿洩共計二十二處茲表列其地點及穿洩情形如下至穿洩入池塘者雖不可見料所在多有無足怪焉

北堤穿洩地點調查表

穿洩地點	由竹竿山起計每百尺作一站站數	穿洩情形	流水量	水質清濁	曾否填塞
意溪車站前	第十二站堤下十尺左右	土稍崩陷但流水久已停止查前有大榕樹或係該樹根透水但無大害	無		未
七株松站	第廿一至廿二站	已停止因填築有石籬	無		已填塞
有德善堂	第廿四至廿五站	土陷數方丈穿洩之水流成小窪	不知	清	曾填石及釘木樁
同上	第廿六至廿七站	尚有少許水流	不知	清	已填有石塊
同上	第三十站	已停止因填有土堆甚大及築有石籬	無		已填塞
同上至魚苗區之間	第三十二站	土壤崩塌方廣一丈	不知	清	曾填土及築有灰籬長二十丈
同上	第三十四站	已停止因築有土堆及築有灰籬			已填塞
魚苗區	第三十七站	堤脚下流水甚巨因該處有碎石砌成水龍大水時并有沙穴多處	未知	清	曾築有龍骨及填土堆均無效

紀亭	念後	第四十站	在堤脚木樁下穿洩流水	流水甚微	清	曾填土堆釘木樁均無效
吳公墓至六義塔		第四十四至四十七站	穿洩入池塘不可目見但填土一部已塌	不知		曾填土堆及築有石牆長四十餘丈
歸渡	湖頭	第四十九至五十站	同上	不知	清	曾填石塊少許
同	上	第五十一站	仍有穿洩	不知		曾填土堆及築有石牆但又在外穿洩現復填有石塊少許
意渡	溪頭	第五十三至五十四站	無			曾填土堆及築有灰牆二十餘丈
同	上	第五十四至五十六站	近貼堆土但水無現恐陷有崩多處塘池不免滲洩			同上但灰牆築有六十餘丈
神農廟		第五十九站	同上			曾填土堆及築有灰牆十餘丈
同	上	第六十至六十一站	同上	不知		曾填有石塊少許灰牆已塌
同	上	第六十二站	同上	不知		曾填有石塊少許
白宮	沙後	第六十五站人家門口	已停止	大水時流水甚巨	清	曾鑿有一井已被砂填塞
龍廟	母後	第七十五站	流水甚巨無時或息	低水時約每分鐘一立方英尺	清	曾堆填有石塊甚多
猪母泉		第八十站	流水較龍母廟畧少	不知	清	曾堆填有石塊并築有小池

龍母廟及魚苗區間穿洩情狀參觀所附影片

玆論穿洩之原因查照上列該表及所鑽地質參以攷據從前經驗其穿洩原因可分別爲普通及特殊兩種

(甲)普通原因　查攷地勢知前此未有堤前水可由堤所在地奔赴潮揭方向堤底當爲舊河床凡舊河床必有積砂與現河床貫連則水份自可由堤底滲過堤外水漲砂層所含之水亦上漲苟上層土壓之力不足以抑水下降水必冒出而成穿洩迨穿洩既久挾砂以行則堤虛土陷險象斯呈矣此說經全堤之鑽探地質後已確証無訛全堤穿洩之多分佈之勻亦屬旁證之一第穿洩有大小又有全不穿洩者其原因爲堤底砂層有粗細之分有含粘土與不含粘土之別其上漲水力有異耳至近竹竿山一段長約百五十丈全不穿洩其故爲近山地勢較高水流較急砂層不聚或有砂而屬細砂含粘土自不成患也又參攷鑽地情形與前人築龍骨經驗知前此所築龍骨皆在砂層之上故止水勢終屬無效其所用堤內堆土築𣃁之法雖依據學理乃屬有效辦法惟是據上表調查所塡堆土之外仍有穿洩蓋土堆不能全堤聯貫其未堆土處則土壓不足土不制水水斯上溢不過多數洩入池塘目不經見而已（土人云水穿入田洪水時則可見）此又爲堤底砂層穿洩旁證之一也

(乙)特殊原因　所謂特殊原因乃指龍母廟猪母泉兩處及一切投石塡塞地方而言查該兩處在康熙年間曾潰裂至四五十丈當時災情既急人民勇於搶救之餘凡所塌之屋就近攫得之物件皆舉而投之決口磚瓦木石傢俬什物凡可阻水流者皆急急傾棄迄今修築龍骨斷不挖出船板器具破釜廢鐵之類足資明証迨決口既封此項物品留存於堤底罅隙滋多其弊甚於沙層流水益易滲過所塡堤身久久不能堅實觀諸龍母廟一帶屋宇墻壁無不裂陷又可爲旁証也此外凡穿洩土陷用石塡塞地方亦爲永久穿洩之原因蓋塡以巨石其力固足以抑水使下及捍護堤土使免崩陷固救急不得已之法惟石之罅隙至巨水不特不止且爲日後修築工程之障礙焉

(二)堤外傾塌　全堤堤外斜坡堤鞋地方其用以擋土禦水之工具有築成𣃁一條者有釘木樁砌結石塊者有全無護堤工具者有築成石擁壁用士敏灰作縫者其中當

以石擁壁捍護最爲力石塊次之灰籬又次之查全堤石擁壁不過一度長僅五十八丈灰籬亦祇兩條各長五十餘丈其餘有石籬者亦不過全長三份之一間有傾塌下沈須補造者甚多茲表列石籬傾塌長度與土堤全無護隄工具須新造石籬長度及地點如下　至隄外斜坡坭土傾塌情形參觀所附影片

地點 第△石磯之間	站數由竹竿山起點每百英尺作一站	傾塌石籬長度	土堤待築石籬長度
第一石磯至第二石磯	第〇至八站	二百二十二呎	二百二十二呎
同　上	同　上	無石籬	一百尺
第二磯至第三石磯	第十至十四站	同　上	四百呎
第三石磯至第四石磯	第十四至十七站	同　上	三百三十呎
第四石磯至第五石磯	第十八至二十一站	同　上	二百二十八呎
第六石磯至第七石磯	第二十八至三十站	二百呎	二百呎
第七石磯至第八石磯	第三十三至三十五站	無石籬	二百呎
第八石磯至第九石磯	第三十六站	一百呎	一百呎
第九石磯至第十石磯	第三十八站	二百四十七呎	二百四十七呎
第十二石磯至第十三石磯	第五十站	一百呎	一百呎
第十四石磯至弟十五石磯	第五十八至六十四站	無石籬	五百六十呎
第十五石磯至第十六石磯	第六十七至七十一站	同　右	四百二十呎
第十六石磯至第十七石磯	第七十二至七十四站	七十七呎	七十七呎
第二十石磯至金山脚	第八十三站	無石籬	六百九十呎
合　計		九百四十四呎	三千八百七十四呎

查堤外坭土傾塌石籬下沉之原因有三(一)水流最猛地方堤邊雖有石磯擋水歸中惟間有石磯長短不一或距離過疏水力繞一磯之前仍直指堤身故日久堤土被冲刷

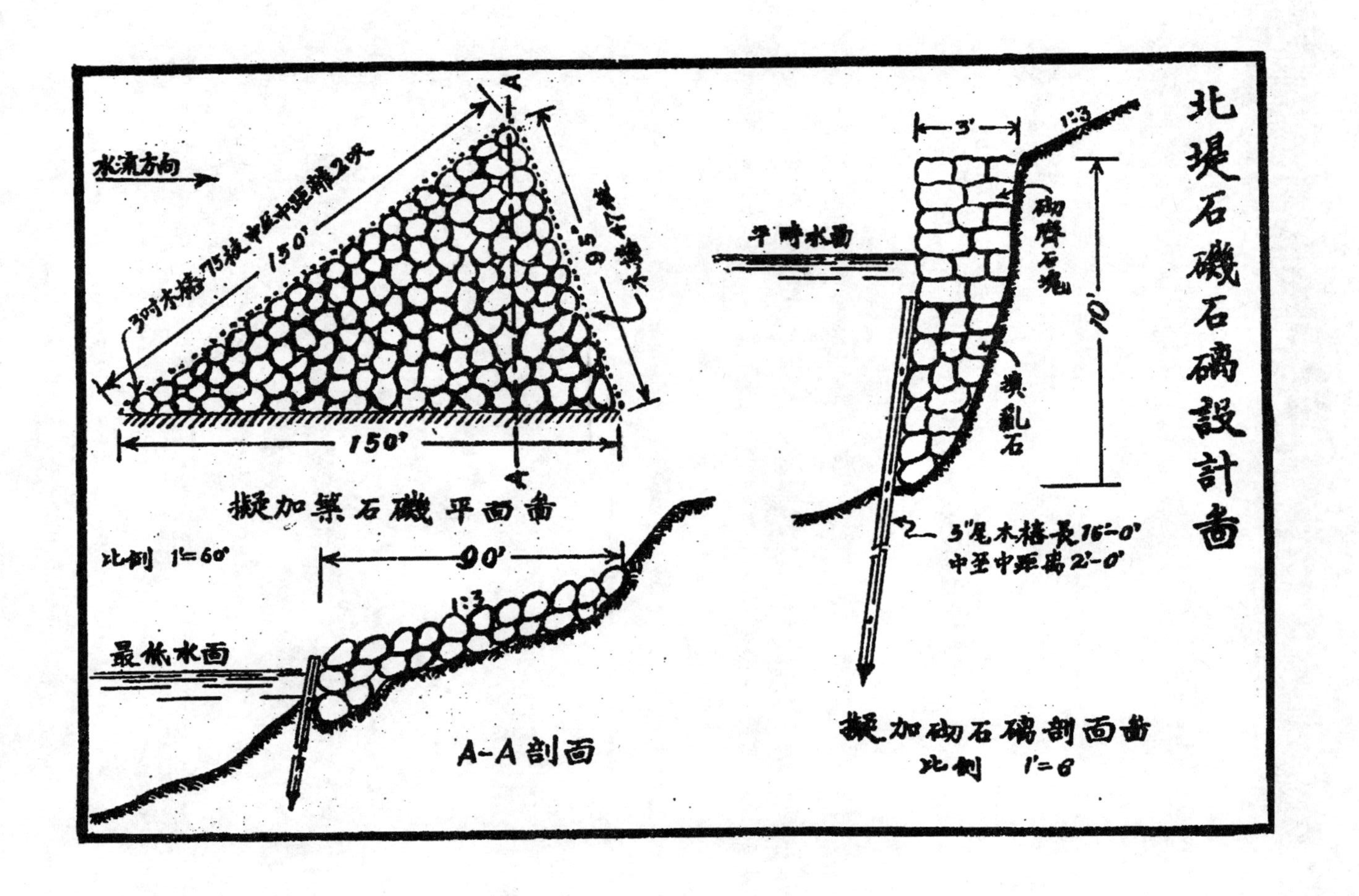

北堤石磯石碼設計畫
水流方向
3吋木樁75根中至中距離2呎
150'
9.5'
木樁47根
A
150'
擬加築石磯平面畫
比例 1'=60'
90'
1:3
最低水面
A-A剖面
3'
1:3
砌砌石塊
平時水面
10'
填亂石
3"尾木樁長16'-0"
中至中距離2'-0"
擬加砌石碼剖面畫
比例 1'=6

崩塌(二)前此所築石罐多未釘木樁攔截堤䟺受水力淘浣石下坭土日久滑卸則石隨之下沉(三)來往韓江各處電輪不下十數艘行駛絕速因避淺就深愈切近堤身其後輪所鼓起波浪直向土堤衝擊捲土下行日久即致傾塌(四)石磯之築與丁堤無異凡兩丁堤之間水必迴流而成漩渦其丁堤甚長者雖有漩渦而速度大減終至沉積而成陸惟北堤石磯長度不足兩堤之間水力仍甚猛烈則不特無大沉積所生漩渦反致捲土隨水流去歷查各堤皆有此狀受水之磯面尤甚祇貼近磯後稍有沉積以此處漩渦不動故也(五)堤外斜坡有坡度不足者有無草皮掩護者其有屋舍者更多罅隙水井之類一切潦水排洩困難因而積聚成窪溶解堤土大雨則沖刷堤面流卸而成邱壑而堤土崩陷隨之矣

2.其他弊害　北堤狀況除上述堤內穿洩堤外坭土傾陷兩項之外尙有弊害四項亦爲堤身不能十分鞏固之次因茲列舉如次

(甲)石磯不足不齊　石磯爲擋水歸中捍護大堤之物其用意不止保護外堤䟺且欲此處沉積成陸即不啻天然加厚堤身也惟石磯距離過疏或伸入河中時前後石磯參差不齊則流水最深之綫成曲綫形出成曲綫形過磯則曲出過磯則曲入（參觀此堤平面設計圖）其深水綫曲入之部水力即能齧蝕堤身使不能沉積反致堤上傾陷此其害一其深水綫曲入之部過第二石磯時水勢旣猛所生漩渦異常有力此處不特不沉積更有漩成深穴之勢深穴既成與堤底沙層相接即助長內堤穿洩此其害二故石磯建築不完善爲弊害之一

(乙)堤寬堤高皆不一致　查全堤寬有在二丈以下至一丈者有在八丈至九丈者寬度至不劃一寬度不一則堤有厚薄堤有厚薄則受力不均裂痕易生崩陷隨之矣至堤高一項全堤亦參差不一近竹竿山一段過低中段又過高下段差可（參觀北堤剖面及地質情形圖）竹竿山一段幾在民國元年最高水之下其餘雖皆超出最高水面間有與最高水平甚近者若遇洪水兼爲風浪所捲則水之沒堤爲意中事矣

(丙)池塘積水北堤堤內池塘大小共十五口面積不下一百二十畝有奇相傳係前時崩堤所沖成亦有因挖土填堤而成者但穿洩透水泥砂下陷亦可成池塘也此項池塘

實爲穿洩之尾閭且浸潤堤趾溶解堤土危及堤身實屬有害惟一說謂倘無池塘穿洩之水無從排洩水將回激堤趾而致堤土崩陷此說亦不爲無理故穿洩減少則池塘漸乾穿洩不止則藉其排洩水份免壞堤身正不必將池塘全塡第近堤一部之小池塘爲免其溶解堤趾起見斯須用沙土塡塞或改造倒濾層及堆石打椿以資捍護

(丁)屋宇枯木障碍　查北堤內外斜坡自白沙宮以下皆建有屋宇其在堤內者弊在掩護穿洩殆釀成巨穴則補救倉皇其在堤外者弊在掩護崩陷況當大水時屋宇一律被浸其墻脚凸凹所有罅隙水井皆能藏積入水損壞堤身又一切屋宇皆阻碍雨水排洩雨水排洩不速則浸鬆堤土冲刷斜坡至竹林菜園挖鬆堤土腐化土質皆不相宜又樹木過大受風則搖動堤身枯槁則根蒴透水亦屬無益凡此種種槪爲障碍之物歐美各國禦水隄防隄內外斜坡無有建築屋宇植大木者職是故也

四、北堤之修築計劃

1.理論與方法之選擇　北堤損壞情形及其原因既詳上文則何以修築使臻永固斯爲研究之焦點今先就內隄穿洩言之北堤主要之病旣爲隄內穿洩防止之法照學理論其法有三一曰坭石堵禦二曰加厚隄身三曰建築龍骨孰爲較善之法試畧言之

一、坭石堵禦　所謂坭石堵禦乃屬臨時搶救之法潮人搶隄頗樂用之惟此法非可恃爲長久其穿洩雖或停止於一時而終必再越出於所塡土石之外此點由觀察前人所築土堆灰牆情況更得事實之證明其理由當爲堤底砂層甚深透水之狀如倒虹吸今在虹吸之出口作膚淺之堵塞祇可抑水下降暫維堤土使不傾陷當非澈底之法故謂之壓抑穿洩之法尙可謂爲防止穿洩則未能也況穿洩之地方旣多則堵塞工作不已此堵彼穿此塞彼潰層年堆築將無了期耗財之數月計有限積算則鉅財用方面尤非經濟且坭石堵塞雖暫免土崩然因石隙之巨日後反成永久之穿洩甚則阻碍將來防止穿洩工具之建築此其弊之尤大者故爲根本之修築計斯策實無足取即將來搶險亦不宜用巨石祇可用土包此又當爲潮人所應知者也至從前所用坭石塡塞之處今旣爲穿洩之導因爲減小穿洩起見不可不設法補救補救之法爲在堤內或隄外挖

井逐漸塡以粉細粘土使該土隨水出入沈積於石罅之中淤塞水孔則穿洩可止也
(此項辦法須隄內有能骨阻水否則所塡粘土隨穿洩之水流去該法即無效)

二、加厚隄身　加厚隄身爲防止穿洩之一法歐美各國土隄工事常樂用之蓋增重堤身土壓則因土壤阻力之增加穿洩之水滲過較難即能滲過亦深入堤趾之下不流露於隄趾之上於隄無損凡土堤必不免於地水滲漉其下吾人祇求該水無力上漲隄土不動便得不必亦不能使隄下完全斷絕水流也外國土隄其隄身之廣者在美國巴拿馬運河地方該隄斜坡一比二十五共廣二千六百餘英尺此其隄不啻一高原及一偉大之隔濾工具不特抑水使下且濾水至清矣惟此法雖於學理上無悖而施於北隄則未盡適台緣北隄隄身爲坭土隄底爲砂層其穿洩乃在隄下不在隄身且砂層綿延甚廣而長欲塡土壓之使下則約計最少須塡二千餘尺直至潮汕鐵路以外明鏡寺埔地方所塡之面積甚大且包括田舍魚塘不可勝數其弊爲(一)田舍鐵路被塡損失匪輕(二)魚塘爲穿洩尾閭若所塡高度不足河水仍能下透上漲而致崩陷(三)所塡之地地基不穩建築綦難(四)費用太巨爲時甚久此法經於光復前由邑人翁君士誠獻議當謂塡土採用河砂則浚河護隄兩皆有利該說自非無見惟卒未果行今茲欲用此法當屬費時長而耗款多不獨不濟眉急且未必能全免穿洩崩陷之患第依照本計劃修隄完峻之後繼行疏濬韓江積淤工作時則未嘗不可將濬出之砂土塡積於隄內逐漸加增陸地水平以收該法之效而獲徐圖之功

塡厚北隄堤身全部法雖迂緩惟現堤身除吳公隄一段外厚度不足之處甚多厚度不足則穿洩自所難免如吳公堤左右堤身稍薄地方即發現流水故爲統一堤身厚度及減少穿洩起見仍應按照學理加塡土方若干以資鞏固在美國米案比大江其下游隄防類皆將堤內土方加厚名爲餓堤 BANQUETTE 以止穿洩而爲大堤之後盾其寬度視大堤高度爲準如大堤高十尺至十三尺則餓堤寬二十尺大堤高十三尺至十六尺餓堤寬三十尺大堤高十六尺以上餓堤寬四十尺餓堤之高度則不必與大隄等可比大堤低一丈或八尺由此觀之北隄高度既有二丈餘應增之厚度最少當爲四十尺原日堤寬二丈者須增至六丈原有隄寬四丈者須增至八丈焉此加增之厚度本可較

大堤畧低但爲統一隄面寬度及預爲將來築路建舖計自不妨將戧堤塡至大堤同高況土方爲價甚廉加高數尺所費亦有限也至戧隄斜坡普通爲一比三但照理應視地水滲徑所達何處塡土應達何處而定宜每一剖面設計之其斜坡須加長者可改用倒濾層法此法爲保獲堤脚之新方法即在隄脚塡細砂上覆碎石子使水量得以排洩而堤土不致崩陷本隄計劃應酌用之

(三)建築龍骨　所謂龍骨者英文爲 COREWALL 乃一不透水之墻壁在隄中或深入隄下直達堅硬地層以禦滲入之水量而免穿洩之危險其形似人身之骨幹呼堤爲龍斯爲龍骨矣龍骨除能禦水止洩之外並能撐持隄身使立於不敗之地其功效對於土堤之大實不待言歐美各國隄防甚多用之惟是孜查歷代北堤所築龍骨爲數不少隄中隄外多者四五度少者一二度然而穿洩之患猶不止者其故當爲(一)龍骨深度不足盖堤底砂層多深逾四五丈而龍骨僅入土二丈左右(二)龍骨皆不衔接本量可以繞過龍骨之旁而在龍骨之邊穿洩(三)龍骨材料及建築未善蓋前此數十年未有三合土純用舂灰之法灰着水溶解則其隔水之功能減低近年所築雖改用三合土然而欲三合土不透水所用士敏土成份多少與乎施工方法皆有關係一毛一草即爲導水之源士敏土份量不足則黏性不堅况查從前經歷每因抽水未淨即行落三合土因此士敏土溶解不黏或乾結時間不足似此情形其功效未免低折也有此數者故前此築有多數龍骨如龍母廟處曾築至四五度而穿洩仍舊不免蓋非學理之不符而爲施用之不當也明矣　世界經驗凡土堤建築龍骨(一)必要足深(二)必須全堤衔接(三)材料施工必須審愼然後始成一不透水墻壁

用三合土作龍骨雖爲學理上止洩之善法然而用諸北堤是否適合尙待研究查現探得北堤砂層深度達十丈以上今欲建築三合土龍骨直透砂層之下其劣點(一)爲開挖塗樞閘板抽水工程困難縱施工有法費財耗時必至加倍(二)三合土壁過深須加用鋼筋爲價甚昂(三)三合土在地底下因熱度變遷膨脹伸縮或地基受力不均皆易生裂痕因失其阻水性有此劣點故用三合土作龍骨施之北堤殊有未善宜孜求其他材料以代替之此代替之材料乃爲鋼或木板樁將各板樁逐條擊下土中如列墻壁其

效與三合土龍骨無異各國堤岸用作龍骨以代三合土者甚多尤以用在堤下石層過深者爲宜其優點比諸三合土爲(一)擊板樁毋須開挖過深塗櫃及免去抽水閘板工程工作易施而無危險(二)因工作簡易完工時間可以縮短(三)其擊在堤外者同時可以作護岸之用故北堤計劃防禦穿洩以用板樁爲上策（參攷一九三三年十月美國土木工程學會會議錄及其他水利書籍）至用鋼板或木板其比較亦有研究查木板樁之唯一優點在價格較廉第本地所產之松杉普通長度爲二丈左右超出此數其價陡增若改用美松更爲昂貴嘗用三丈單板舌形齧合式寬一尺厚六寸之松樁每條價值已在港幣三十元之譜此種木板樁普通祗可用至三丈其在三丈以上者則須加厚甚多價格因之益昂若三丈以上改用 WAKEFIELD 式三板合爲一板用螺絲貫連此則尤爲昂貴況木板樁過石子或堅實地層每致擊裂而擊下之後其齧合情形又未能確知往往在地土下發現有脫筍或筍口裂開因而漏水諸弊鋼板樁則筍口嚴密不能離脫鋼鐵質堅易於鎚擊無裂爛之虞其價格以三丈長寬一尺計算約爲港幣四十元之譜雖價稍昂於木而鎚擊之利便透水性之嚴密皆非木板所可能及至以壽命言有謂木在水下其壽命較長於鋼者然作建築用料大都計算不過百年鋼板樁如加用抗銹銅料其壽命當在百年以上也

擊鋼板樁以代三合土龍骨旣適合北堤止洩之用然板樁之層數長度及位置皆有攷究茲詳論之如左

(一)以層數言板樁旣爲阻水之用則層數愈多愈佳祗兩層之距離必須在若干尺以上根據世界堤岸經驗每一單層板樁其阻力等於滲徑長度之兩倍所謂滲徑者即過隄身水流之路徑如用公式研究(布萊氏公式)滲徑 L 等於常數 C 乘堤外水高度即 $L=CHU$ 爲一係數視隄下砂層種類爲準通常在五至十八之間普通河床則爲十二由此式所求之滲徑乃屬安全流水之滲徑其水力速度不足以冲壞隄脚而致堤上崩陷者如就北堤水最高度二十五尺計之(C爲12)則所需滲徑爲十二乘二十五即三百尺堤底寬度若不足此三百尺長則須塡足此長度或擊版樁若干度以得之（每尺長板樁等於二尺滲徑查北隄隄底寬度寬一百尺至二百尺不等若平均以一百五

十尺計算則三百尺除一百五十尺所餘為一百五十尺應塡土或擊板樁以得之譬如用單層板樁長六十尺該長度等於一百二十尺滲徑再塡土三十尺斯得滲徑三百尺若用單層板樁長四十尺則須塡土寬七十尺以得三百尺滲徑餘照計算倘用雙層板樁各長三十尺須塡土寬三十尺若各長四十尺則毋庸塡土矣就此推解欲求板樁長度稍短易於擊下并免塡土者宜用兩層板樁各長四十尺倘板樁價昂用至兩層嫌為價太巨者則可改用單層板樁長三至四十尺其餘滲徑塡土以得之

(二)以長度論查北隄砂層既深達十丈則欲擊板樁直透砂層之下實為經濟所不許抑亦為事實所不需蓋根據上述求得相當滲徑已足實不必擊至不透水層（參觀水利月刊第十卷第四期張光斗先生之砂土壩基之滲漏及向上壓力一文）故長度可以用便利之長度由二十至四十尺不平等就隄基原有寬度之大小加塡土方若干後求其所需長度便得今試列式求之如下

$$L = C \times H \quad C = 12 \quad H = 25$$

雙層板樁 $L = B + 4D = 300$ $B=$ 原堤寬度 $D=$ 樁長

如 $B = 100$ $D = 25$ 餘照計算

單層板樁 $L = B_1 + B_2 + 2D = 300$ $B_1 =$ 原堤寬度 $B_2 =$ 加塡寬度

如 $B_1 = 100$ $B_2 + 2D = 200$

$B_2 = 120$ $D = 40$ 餘照算計

(三)以位置言用板樁阻水不論在隄內隄外所得效果無異不過為便利起見板樁之位置始有研究查板樁可在隄外(即隄踵)或隄內兩處如用雙層板樁則自然一在堤外一在隄內不成問題但如用單層板樁則位在何處斯有比較查在隄踵擊樁其利為(一)在最前線防禦隄身向上水壓減少(二)同時利用作護岸工程其弊則為(一)北隄隄外多石磯大石深沒水中有碍打擊如擊在磯前因該處水深十數尺若樁頭在低水下則大水時不能施工若樁頭在低水上則板樁須用牽棍以禦土壓皆屬困難且不經濟(三)若擊在石磯之前不啻將原日各石磯取銷將來水力衝涜樁前砂土冲刷日深樁身露出不特腐蝕甚速且防樁後坭土壓逼樁身傾斜以擋水耐久性言石磯實勝

於任何材料也返查在隄趾擊樁其優點爲(一)不論隄外水漲高低皆可工作(二)無石磯大石阻碍(三)樁身兩面受壓均勻可用較薄之材料至謂樁擊在隄內使隄身受水壓力較爲加增爲一劣點實則並無問題因北隄隄身現高二十餘尺抗壓足力有餘隄身較薄者始有可慮耳惟用單層板樁須塡土以增加滲徑及另作堤外護岸工程倘此兩項工程合併需欵不超過一層板樁之價者自屬適宜否則以兩層板樁爲經濟矣以外堤崩塌而言崩塌原因既由於波浪之衝擊石磯之過疏原石籬建築之不善潦水排洩之不妥四項其設計改善之法自較止洩爲易除用雙層板樁法外若用單層板樁則須(一)加築及修理原石籬(二)加築及改善原石磯(三)制止電輪鼓浪(四)修築內外斜坡以導潦水加鋪草皮保護斜坡雖依據學理護堤有埽柵等法然既有充足石磯捍護則冲刷之水力已減全隄復有石籬護土則崩塌之患無虞堤內外斜坡修善鋪有草皮則不患冲刷損壞一切障碍物如屋舍大木概行遷拆則不患潦水積聚風動木搖損及堤身更令各電輪公司將後輪用板遮掩則波浪不生或有浪而冲刷之力不大堤外崩塌之患自可消弭矣

其他弊害改善之方法無大問題容於下段工程設計中論之

二、各部工程之設計

(一)龍骨工程龍骨工程其設計原則既如上述應用板樁代替龍骨則照理能用板樁兩層同時擊在堤內堤外斯固萬年不朽之策惟是兩層板樁需費不下八九十萬元實爲經濟所不許故現時擬先在堤內打鋼板樁一層及塡土堤後樁頭另塡粘土以禦堤身之水樁之長度則視堤身所加塡寬度與所缺滲徑長短而定將來籌欵如能達八十萬以上者即在堤外增打板樁一層然現目計劃亦足資安全無慮矣茲分別某站至某站設計如下

(一)由零站至二十站　此段既無穿洩且貼近山脚砂層甚淺硬土甚高可毋庸打板樁代龍骨卽粘土亦可不用祇將堤身加寬穩固有餘加寬尺數詳塡土工程

(二)二十站至二十四十　此段微有穿洩故第二十一站前經用土塡塞穿洩原因

爲二丈下發現少許粗砂厚約五尺以砂層不厚故穿洩不大且粗砂下爲細砂含粘土再下爲純粘土皆屬不透水地層是此段所需板樁其高度與砂層等便得現擬由地面下挖深數尺打鋼板樁長二丈並挖塡粘土於板樁之上以禦通過堤身之水並以加厚堤身平均計得滲徑約有二百九十尺比較計算所需之三百尺相差不多計應打鋼板樁四百尺塡粘土二百〇五井又爲保護樁板起見板樁頂加用鋼筋三合土帽潤一尺高九寸全堤板樁照樣辦理

(三)由第二十四站至三十一站　此段有粗砂層甚高穿洩頗大且有一部坭土已崩陷成穴應將板樁加長另塡粘土以抑水下降計應打二丈五尺板樁共長七百尺塡粘土九百四十五井平均計得滲徑三百一十尺超出所需三百尺有餘

(四)第三十一至三十四站　此段穿洩頗大砂層較深應照前法打三丈板樁長三百尺塡粘土二百二拾八井平均計得滲徑三百尺與需要符合

(五)第三拾四至三拾七站　此段穿洩加巨砂層更深應照前法改用較長板樁計打三丈五尺板樁長三百尺塡粘土二百七十五井平均計得滲徑二百九十尺比較需要數相差不多

(六)第三十七至四十一站　此段爲魚苗區穿洩最烈大水時且發現多數砂穴貼近隄身所冒上之砂查係與地面下六丈之砂相同故板樁須特別展長計應打四丈板樁長四百尺塡土四百一十二井平均計得滲徑三百三十尺超出所需三百尺以上

(七)第四十一至五十四站　此段穿洩仍烈且前曾有隄土崩潰之險足證隄下砂層透水惟粗砂層逐漸與地面相近且隄底異常寬潤所打板樁可以畧短並位置較高計打二丈五尺板樁長一千三百尺塡粘土一三〇三井平均計得滲徑二百八十五尺比較三百尺所差有限

(八)第五十四至五十八站　此段穿洩雖經塡塞但穿洩入隄後池塘甚巨大水時可見池底湧出水量池水間成黃色恐有砂行隄陷之虞惟粗砂層漸高隄身足潤板樁長度可以畧減計打二丈板樁長四百尺塡粘土二百二十八井平均計得滲徑二

百五十尺雖似畧少但堤前築有多數龍骨所增滲徑未計若合計之當無虞不足

(九)五十八站至龍母廟　此段爲屋舍所掩蔽穿洩每不見惟大水時則各屋宇旁地下均有清水流出足證堤非堅穩特爲屋舍所蔽而已但此處沙層較淺可無庸深長板樁除將屋宇拆卸塡土外應打二丈五板樁長　千五百七十尺塡粘土一千一百六十五井平均得滲徑三百尺與需要符合

(十)龍母廟　此處爲前決口所在地現穿洩流水極巨其穿洩原因統詳上文玆所採辦法爲築鐵筋三合土墻將穿洩地方範圍使水不能通過該墻底濶十八寸面濶十二寸長一百九十尺高十五尺成凹字形伸入原築𡊨籬之內所以成凹形不能直通建築者因有巨石障碍也三合土墻之下加打四丈板樁共長一百九十尺墻內幷擬陸續加塡粘土厚五尺深十二尺全部形狀畧如一不透水之井欄意在先將水量停止成一水井水停後暫緩塡土逐日滲下乾粘土於井內務令粘土隨水經行堤下塡塞隄下砂石罅隙俟井中土滿不見流水時始塡土掩埋井口

(十一)龍母廟至猪母泉　此段長三百五十尺隄底甚寬堤內斜坡建有屋舍甚多穿洩無從目見除將屋舍拆除及塡土外應打二丈板樁三百五十尺位在原日築有𡊨籬之旁以省粘土計塡粘土祇一百四十八井平均計得滲徑二百五十尺但堤內外龍骨甚多應增滲徑數十尺抗洩方面自可無虞

(十二)猪母泉　此處爲前決口終點現仍有穿洩流水其上覆巨石甚多情形與龍母廟相同所擬禦水辦法與龍母廟段無異將板樁打成凹字形範圍穿洩地方使水不能通過計應打二丈板樁長一百二十尺塡粘土七十井此處穿洩不大打樁後即可塡土至規定斜度

(十三)猪母泉至林厝路頭　此段隄土前曾崩陷經於民十七年加築龍骨現無穿洩且近金山地面下二丈餘即其硬土可稱穩固故祇擬在原日𡊨籬之旁加打二丈板樁長一百三十尺以阻流水幷塡粘土七十井平均滲徑在三百尺以上與需要符合

(十四)林厝路頭至金山　由林厝路頭起至安濟王廟地形陡起丈餘當爲金山山

脈之伸出部份地面下硬土甚高此段雖長有六七百尺但觀察情形可無庸打板樁及塡土矣

以上各段板樁工程之設計其詳細圖則及預等參觀附北堤縱剖面及地質情形圖龍母廟段設計圖全隄主要站剖面設計圖(各站剖面設計圖太多不備載)統計各部工程打板樁二丈者共一千四百尺長二丈五者共三千五百七十尺長三丈者三百尺長三丈五者三百尺長四丈者五百九十尺一、二、四、鐵筋三合土帽四十三英井一、二、四、鋼筋三合土墻三十六英井另挖塗樞工程約土方四千八百井塡粘土約五千〇五十井以上照時價估算約共需款大洋三十一萬二千六百五十七元(各項單價詳預算表內)

(二)塡土工程　塡土工程旣爲必要玆分別其高寬長度計算之

(甲)高度　北堤高度參差不一間有與民國元年最大水相平者似此其高度實有修正之必要今以民國元年最大水爲標準該水高度在金山脚下第三十號水準旁爲海關水平上十六公尺以韓江水流高度差最大水時萬分之五推之則最大水在竹篙山爲十七公尺三、五公分最大水高度旣知根據波浪公式波浪高度以英尺計爲 $H=1.5\sqrt{D}+(2.5-\sqrt[4]{D})$.D 爲隄長以英里計代入該式得波浪高度英尺三尺三寸約等於　公尺照此計算堤高自用應增一公尺以防浪湧沒隄故現定堤高在竹竿山爲十八公尺三、五公分每千公尺遞減半公尺餘類推其過高者削低之不足者培足之

(乙)寬度　北隄寬度旣屬不一玆爲增加滲徑維護板樁平均壓力起見根據前文理論上應增之餘堤寬度由竹竿山至意溪車站止約一百二十英丈將加寬堤身至六英丈由該處至林厝巷口約七百丈應加寬爲八英丈加寬之後向江之三丈留作馬路另八尺行人路又三丈二尺可作舖戶或公園建築之用所餘一丈許作小巷或推太平土石之用如此計可得建舖地不下二千六百二十餘英井將來出售可得款作建築北堤醫院之用況堤面上有馬路交通之便有舖戶壓實堤土於繁榮北隄及

鞏固隄身皆屬有利惟堤內外兩斜坡則絕對禁止建築任何屋舍蓬寮祇鋪草皮以
防潦水斜坡之斜度外斜定一比三左右其凹凸不平者一律削塡平整內斜定一比
二至一比三不等視滲徑長短所需增厚之寬度而定又內斜坡脚免築灰牆惟穿洩
危險地方及塡土至池塘地方則在堤脚加塡細砂覆以碎石作倒濾層其池塘甚深
者幷釘木樁以免堤脚崩陷

(丙)長度　北堤由竹竿山至安濟王廟止共長八百八十餘丈惟查林厝巷起迄金
山脚止地勢漸高與山連接旣可不打板樁亦無庸重加塡土故現塡土長度係由竹
篙山起迄林厝路頭止共長約八百丈

以上高長寬度旣經決定則計算得修塡內外堤斜坡應塡之土方爲一九一〇七八井內
除粘土五〇五〇井實應塡山土八六〇二八井修外斜坡應挖土二七七井又內外
斜坡鋪回草皮共六千四百八十七井堤內斜坡經過池塘應釘木樁共一千八百七十
八枝塡細砂一二四一七井堆碎石子約三百五十井至搬運猪頭山坭土方法擬用鋼
軌斗車使人力推運計應敷設鐵軌約八百丈除原有鋼軌斗車無須購置外其餘鋼軌
釘枕木等皆應添置約計需銀六百六十元又開掘猪頭山須遷墳墓一千口應補遷葬
費每口二元共二千元塡土收用民田共二九九四英井合三十四華畝每畝一百元共
約三千四百元統計塡土鋪草皮釘木樁堆碎石築車軌購軌料遷墳墓約共需欵七萬
四千四百七十五元三角詳細預算另有表列塡土後新堤位置及堤脚線劃用民田屋
舍範圍參觀北堤平面圖

(三)石磯工程　北堤石磯不足及不齊整其情弊旣如上述則設計改善之法自爲
(一)在距離過疏地方添築新磯(二)將原日舊磯加長使流水約成直線不射衝堤身
統計須添築之新磯有二一在第七八號之間即魚苗區該處穿洩特盛一在第十四十
五號之間即舊北堤公所參觀北堤平面圖以上新築石磯共兩個此外加長之石磯有
第七・十一・十三・十六・十八・五處共約價大洋一八七七九・八〇元又該各
石磯形式其射水角度不甚相宜故流水常致曲入堤內反助長穿洩現並將角度修正
署如附圖詳細預算另有表列

(四)石籬工程　北堤石籬應修復及添築尺寸既如上表所列玆查其各站應修應築者除金山脚一段無關重要暫不修築外共計須石方八百七十四井釘木樁一千五百九十三枝合價約大洋一萬七千〇十五元又原砌石籬多不打樁欄堵其有者樁木亦多被壓抑外斜故現除加釘木樁外並規定木樁應斜打向內以抗石力椿內先堆亂石續砌齊石石上坭土一律削成斜坡一比三以資劃一參觀附圖詳細預算另有表列

(五)建築新碼頭工程　查此堤現有泊輪兩處一在意溪車站號聯運碼頭係接駁潮汕鐵路轉輪往韓江上游大埔高陂松口梅縣一帶年中來往客商頗衆惟該碼頭祇得石壁一度距離深水處甚遙故聯運小輪另設有浮船一艘泊於石壁之外水潮上落由浮船駁接小輪渡客登岸惟該浮船地方狹窄上落不便故爲利便交通減少上落危險起見擬改築木碼頭一座長一百尺寬二十尺三面有梯上落無論大小輪船潮水高低皆可安靠詳細預算另有表列又逆料此碼頭築竣聯運方便不特鐵路業務進展北堤該處亦可漸臻繁榮也其另一泊船地點在天后宮前至龍母廟地方亦係接駁來往潮安及韓江上游地方人客者其所停泊地方實際並無碼頭祇係依靠各石磯上落水乾時用長板連接乘客登岸異常危險貨物輸運更感不便故現擬在天后南另築一新碼頭尺度大小同前並規定凡屬上游輪船卸載潮城客商均應在此碼頭上落庶一方面免損壞石磯同時有此新碼頭擋水歸中於龍母廟後穿洩不無小補其另一方面則爲利便客商往來減少上落危險統計兩碼頭約needs款大洋一萬二千餘元至其他船渡碼頭如意溪歸湖渡頭等處因屬泊艇之用自可仍舊毋庸改築

(六)收用民房工程　查北堤自白沙宮以下民居不下五百餘間其不利於堤身而應拆闢已詳上文今龍骨及塡土工程既祇達猪母泉南止即第八十一站該處以南迄金山脚舖戶過多損失綦距擬不拆除故現擬將堤內堤外舖戶由竹竿山迄猪母泉南林厝巷街止一律拆清惟堤脚線外舖戶准免遷拆堤脚綫詳北堤平面圖所有被拆屋宇計大少共一百七十九間面積約計一千零五十六英井每井擬補回上蓋銀十元至三十元視屋宇建築材料爲準共約補價平均計二萬一千一百二十十元所有補戶應由住戶自行僱工遷拆逾期未拆者由縣政府派隊督拆至舖戶遷拆之後不論堤內堤往擬

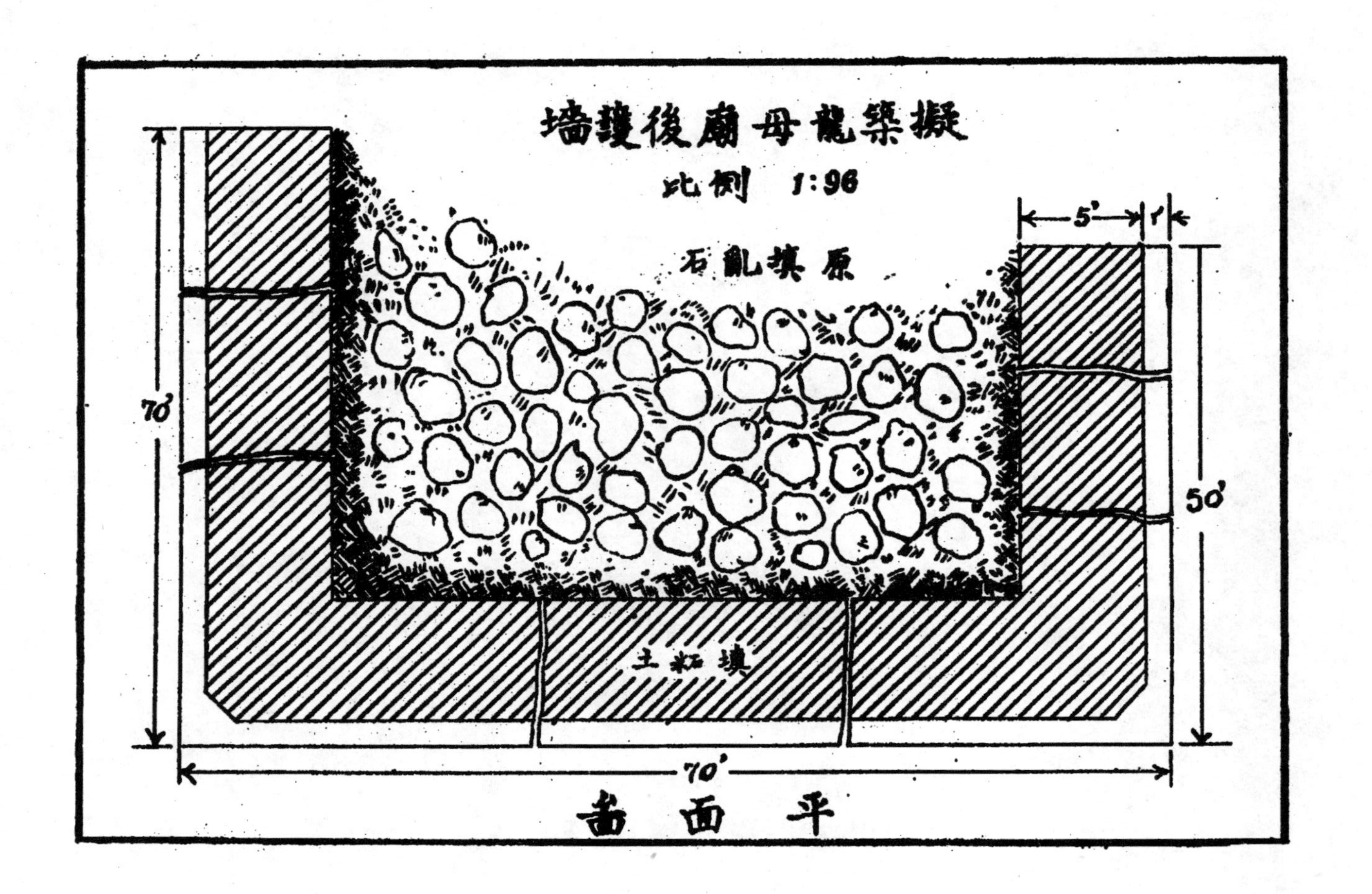

擬築龍母廟後護墻
比例 1:96
原填亂石
填粘土
5'
1'
50'
70'
70'
平面圖

准一律按照原面積領回新堤堤面馬路線內向江面土地一段堤外斜城一律不得建築任何屋宇蓬廠之類詳細遷拆補價領地建築章程另行規定之綜此次遷拆民居劃一建築之後所有舖戶皆面臨韓江前植樹木關有馬路不特風景廻殊成爲一優美之住宅區(參觀附北堤風景圖)而交通便利地方亦因以繁榮惟是堤上無知居民每以拆屋爲苦殊不知爲安全計爲長久利益計遷拆實有百利而無一害況有今更有上蓋與土地之補償歟

(七)建築馬路工程　北堤塡土之後堤面既闊有八丈以五丈爲舖戶建築地及後巷尙餘三丈作馬路以利交通交通便則北堤隨之繁榮益之以路外植樹長柳垂陰風景優美自不待言故築路工程爲修堤工程之一部惟是舖戶未建路費莫從籌劃且築路爲縣政之一部故此項馬路工程擬暫緩舉辦俟堤成後會同潮安縣政府合謀建築之

(八)建築紀念碑及北堤醫院工程　此次北堤若能修築鞏固奠潮民於盤石之安其發起內修築經過與乎慨捐巨款助修諸人豈可無一語一物爲之紀念以昭示後世故現擬在挖平猪頭山坭土之高處建築一北堤醫院中樹一重修北堤紀念碑位置參觀北堤平面圖該碑高六丈方十二尺四面嵌大理石五面共二十面一面作修堤記其餘作捐款人名用垂永久計建築該紀念碑約需款五千四百元圖表預算詳後至醫院工程經設計有平正面圖惟工程浩大需款孔巨此時暫不列入預算以待日後堤上土地售出有欵時之籌建焉

(九)龍母廟段隄外挖井塡土工程　查龍母廟之穿洩既由於堤內之砂石罅隙除築龍骨打板樁以阻水流外應并設法將此砂石罅隙塡塞庶不致有堤身積水堤土下陷之患塡塞之法除在堤內塡粘土外應另在堤外沿龍骨後挖井口多處寬六尺長共三十丈深達前塡巨石井壁暫用木板支撐逐日塡以乾細粘土使該土混入砂石縫中沉積結實則穿洩流水漸止而堤身得以鞏固計此項工程約挖土五百井開板一百五十井共需欵銀約一千元

(十)臨時費及管理費　北堤修築工程既如此浩大不可無負責人員監督施工管理方面現擬除治河分會全體工務科人員動員外另增僱監工十員每員月薪三十元以

一年爲期共欵三千六百元另雜費約每月二百元年共二千四百元又全堤擬打鐵井筒約十個以察堤內水份升漲之高低庶知龍骨之效力幷以防堤上之崩陷蓋堤內水升高度可由井筒見之則何處有危險皆可以先事預防矣計此項費用約需欵八百元連監工費雜費預算約需欵六千八百元

3. 各部工程之預算表 以上各部工程預算旣經分別計算妥當茲統列一表及總計全部計劃應須欵項如下

一、打鋼板樁龍骨及塡粘土築三合土圍墻等合灿洋三十一萬七千六百五十七元

二、塡挖坭土細砂鋪草皮鐵軌遷葬墳墓收用民地等	合灿洋七萬四千四百七十五元三角
三、補拆居民上蓋	合灿洋二萬一千一百二十元
四、修築新舊石磯	合灿洋一萬八千七百七十九元八角
五、修築新舊石孻	合灿洋一萬七千〇十五元
六、建築新碼頭二座	合灿洋一萬二千二百四十八元三角
七、建紀念碑一座	合灿洋五千四百三十元
八、龍母廟段挖坑塡土塞罅工程	合灿洋一千元
九、管理及臨時費	合灿洋六千八百元

以上九條合共需欵灿洋四十六萬九千五百二十五元四角

詳細預算數目另列於後

(註)鋼板樁價目係根據德國賴生廠最輕之 IBIAI 式三種每噸約大洋國幣一百九十元加二折合灿幣此係七月廿二日行情其餘價目皆在當地調查照實預算

五、北堤與韓江問題

北隄之修築在今日重要自不待言蓋其安危關係數邑民衆之多利害切膚故急不容緩然而從一較大之工程眼光觀之北隄特韓江護隄百中之一耳韓江下游護隄何止千百縱使各隄皆能建築若北隄之堅吾人亦可遽引爲滿足蓋治河方策築隄爲枝滋

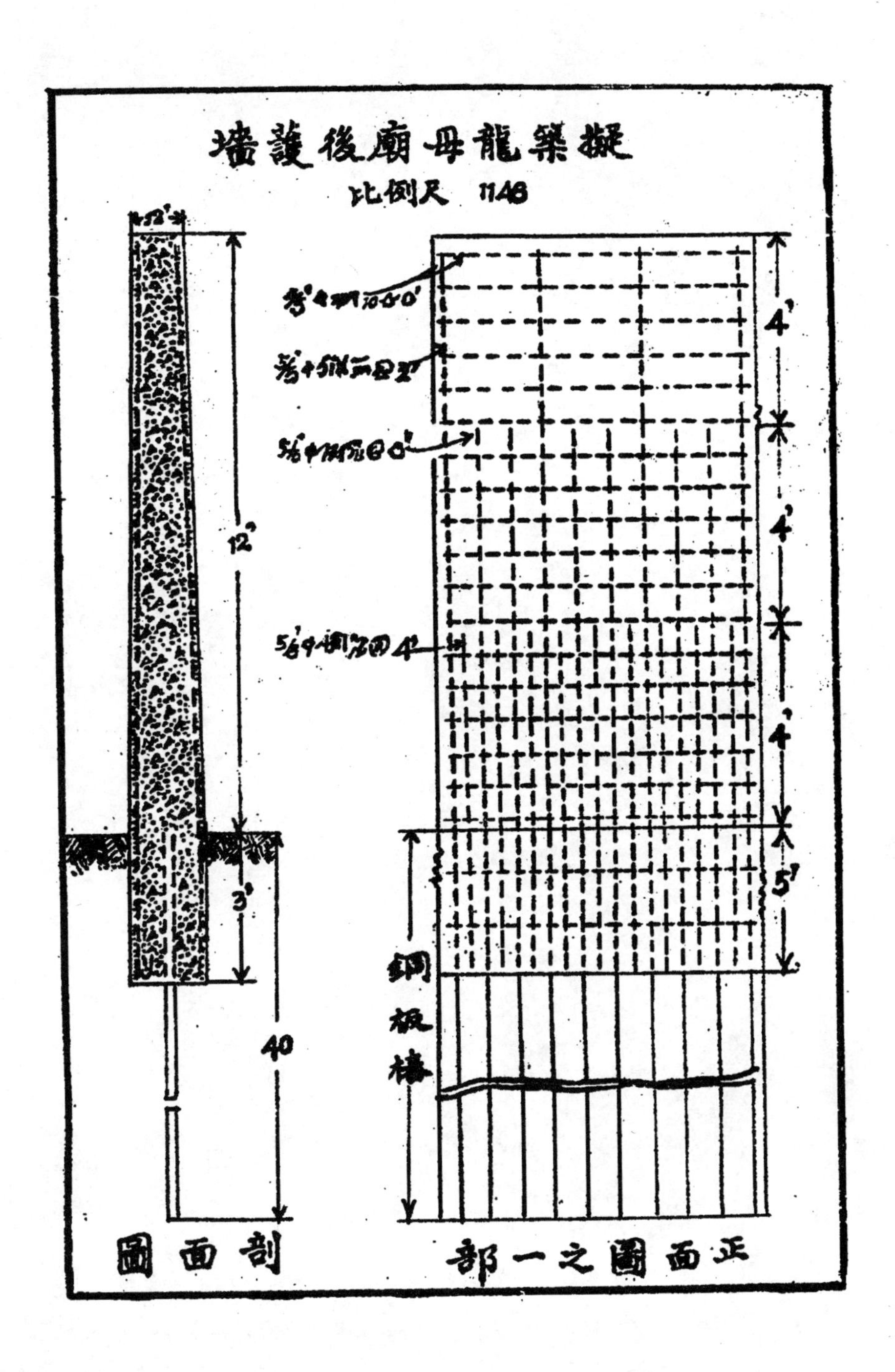
擬築龍母廟後護墻
比例尺 1/48
12'
3'
40
4'
4'
4'
5'
鋼
板
椿
剖面圖
正面圖之一部

導造林爲本未有不齊其本而惟枝是務者韓江問題實問題中之根本也假使韓江浚導得法造林及時上游冲刷不生下游排洩從容水循中道不偏不淤則何有隄防之患故欲北隄根本之堅固不可忽視其主題之韓江前人有議於北東兩隄之上游鑿通新溪以減水勢者亦有提議挖濬北東隄江中之積淤使水流歸中不向岸冲刷者凡此兩策不爲無見第此乃韓江自身問題實施待時成功待欵今欲先行免患自不能不暫治其標徐圖其本身耳

北堤總工程費預算表　民國二十五年七月二十二日　潮梅治河分會

項別	材料名稱	尺度	數量	單價	共價	備考
龍骨	打鋼板樁等				312,657.00	連粘土三合土帽在內詳細預算詳後
塡土	塡砂土草皮等				74,475.30	連塡土草皮補償民田等在內詳細預算詳後
補拆上蓋		1056英井	共79間	20.00	21,120.00	
加修石磯					18,779.80	修築三個新築二個詳細預算詳後
修築石縫					17,015.00	詳細預算另列
築修杉木	碼頭二座	50,×20, 100,×20,			12,248.30	同上
築紀念碑	三合土蔴雲石米				5,430.00	同上
特別項	龍母廟挖坑塡土				1,000.00	說明詳計劃書內
管理及臨時費					6,800.00	同上
工程費總計					469,525,40	

預算者　　核計者　　審計者

鋼板樁工程費預算表　民國二十五年七月十六日　潮梅治河分會

項別	材料名稱	尺度	數量	單價	共價	備攷
鋼板樁	LARSSEN SECTIONIB 長20'	1400'	28,000口'	1.58	44,240,00	每方尺重15.56磅每噸價約申洋$190依照七月廿二日行情申紙加二計即每磅$01017免稅潮州交貨
	同上長25'	3570'	89250口'	1.58	141,015,00	
	LARSSEN SECTIONIA 長30'	300'	9000	1.70	15,300,00	每方尺重16.79磅
	同上長35'	300'	10500口'	1.70	17,850,00	
	LARSSEN SECTIONI 長40'	590'	23600口'	2.07	48,852,00	四十每方尺重20.48磅
樁頭鋼筋三合土	1:2:4鋼筋三合土	5780' 1' $\frac{9}{12}$	43.5英井	100.00	4,350,00	
三合土墻	同上	190' 12 $\frac{15}{12}$	36.0英井	100.00	3,600.00	
挖塗概			4800英井	0.50	2,400,00	
塡粘土			5050英井	1.00	5050,00	
打樁費		6060,	5000條	6.00	30000,00	
工程費總計					312,657,00	

預算者　　核計者　　審計者

塡土工程費預算表　民國二十五年　月　日　潮梅治河分會

項別	材料名稱	尺度	數量	單價	共價	備考
	塡山土	長800丈	86028井	0.60	51616,80	實91078除粘土5050井
	挖修斜坡		2777英井	0.50	1388,50	
	舖草皮		6487英井	0.30	1946,00	
	塡細砂		12417英井	0.50	6208,00	
	堆碎石子		約250英井	14.00	3500,00	原約350井因有舊石可以用回故約250井
	打丈二四寸尾杉樁		1878支	2.00	3756,00	
	軌釘枕木	軌釘長四寸 枕木徑4"長3.6"	1500磅 3600支	0.10 0.12	510,00	
	敷軌人工				150,00	
	遷葬墳墓	約大小	1000口	2.00	2000,00	
	補償民田	2994英井=34華畝		100.00	3400,00	
工程費總計					74475,30	

預算者　　核計者　　審計者

修築北堤石磯工程費預算表

民國二十五年六月　　日潮梅沿河分會

項別	材料名稱	尺度	數量	單價		共價		備攷
第七磯	塡石		267井	14	00	3738	00	修理
	塡土		200井	0	60	120	00	原有石磯甚小
	木樁	5"尾16'長	135支	3	00	405	00	
第七八磯之間	塡石		296井	14	00	4144	00	新築
	塡土		376井	0	60	225	60	
	木樁	同上	120支	3	00	360	00	
第十一磯	塡石		83井	14	00	1162	00	修理
	塡土		27井	0	60	16	20	
	木樁	同上	100支	3	00	300	00	
第十三磯	塡石		32井	14	00	448	00	修理
	木樁	同上	50支	3	00	150	00	
第十四五磯之間	塡石		320井	14	00	4480	00	新築
	塡土		380井	0	60	228	00	
	木樁	同上	123支	3	00	369	00	
第十六磯	塡石		90井	14	00	1260	00	修理
	木樁	同上	98支	3	00	294	00	
第十八磯	塡石		60井	14	00	840	00	修理
	木樁	同上	80支	3	00	240	00	
總計	塡石		1148井	14	00	16072	00	
	塡土		983井	0	60	589	80	
	木樁	5"尾16'長	706支	3	00	2118	00	
工程費總計			$ 18779,80					

預算者　　核計者　　審計者

修築北堤石籠工程費預算表

民國二十五年六月　　日潮梅治河分會

項別	材料名稱	尺度	數量	單價		共價		備攷
第8站	塡石	322'×8×3,	77,2井	14	00	1080	80	
	木樁	.5"尾16長	161支	3	00	483	0	
第10—14站	塡石	400'×3'×3'	96井	14	00	1314	00	
	木樁	同前	200支	3	00	600	00	
第14—17站	塡石	330'×8'×3'	79,2井	14	00	1108	80	
	木樁	同前	165支	3	00	495	00	
第18—21站	塡石	228'×10'×3'	63,4井	14	00	957	60	
	木樁	同前	114支	3	00	342	00	
第28—30站	塡石	200'×7'×3'	42井	14	00	588	00	
	木樁	同前	100支	3	00	300	00	
第33—35站	塡石	200'×10'×3	60井	14	00	840	00	
	木樁	同前	100支	3	00	300	00	
第36站	塡石	100'×10'×3,	30井	14	00	420	00	
	木樁	同前	50支	3	00	150	00	
第38站	塡石	247'×10'×3'	74,1井	14	00	1037	40	
	木樁	同前	124支	3	00	372	00	
第50站	塡石	100'×10'×3'	30井	14	00	420	00	
	木樁	同前	50支	3	00	150	00	
第58—61站	塡石	560'×10'×3'	168井	14	00	2352	00	
	木樁	同前	280支	3	00	840	00	
第67—71站	塡石	420,×10×3'	126井	14	00	1764	00	
	木樁	同前	210支	3	00	630	00	
第72—75站	塡石	77'×10'×3'	23,1井	14	00	323	40	
	木樁	同前	39支	3	00	117	00	
總計	塡石		874井	14	00	1236	00	
	木樁	5"尾16,長	1593支	3	00	4779	00	
工程費總計 17015,00								

預算者　　核計者　　審計者

擬建51'_0"長輪船碼頭工程費預算表

民國廿五年五月 日潮梅治河分會

項別	材料名稱	尺度	數量	單價		共價		備致
1	木板	3"×6"×20'	62條	3	50	217	00	全座碼頭木料均係杉木所應工料價值均以大洋爲本位
2	木板	3"×6'0×14'	40條	2	30	100	00	
3	木樑	5"×9'×11'	38條	4	00	152	00	
4	木樑	10"×12"×11'	9條	10	00	90	20	
5	木樑	10"×12"×14'	2條	14	00	28	00	
6	木桩	12"×32'	31條	44	00	1,364	00	連打工費在內
7	木桩	12"×24'	12條	32	00	384	00	連打工費在內
8	鐵釘		300磅	0	00	30	00	
9	羅絲		200磅	0	25	50	00	
10	角鐵	4"×4"×$\frac{3}{8}$×450'	4410磅	0	08	352	80	
11	角鐵	5"×5"×$\frac{3}{8}$×800,	9840磅	0	08	797	20	
12	鐵管欄杆	1$\frac{1}{2}$徑	400呎	0	40	160	20	
13	上落梯		2付	90	00	180	00	
14	堤面石	9"×1"×1"×3,	26塊	1	20	31	00	
15	石條	9"×1"×1"×3'	50塊	0	70	35	00	
16	塡土		20井	0	60	12	00	
17	人工什費					400	00	凡一切零碎所需之費均在內
	合計					4,373	20	

工程費總計 $ 4,373$\underline{20}$

預算者 核計者 審計者

擬建102'—0"長輪船碼頭工程費預算表

民國廿五年五月　日潮梅治河分會

項別	材料名稱	尺度	數量	單價		共價		備考
1	木板	3" × 6" × 20'	124條	3	50	434	00	全座碼頭所用之木料均屬杉木所有工料價值均以大洋爲本位
2	木板	3" × 6" × 14'	40條	2	50	100	00	
3	木樑	5" × 9" × 11'	76條	4	00	304	00	
4	木樑	10' × 12' × 11'	18條	10	00	180	00	
5	木樑	10" × 12" × 11'	2條	14	00	28	00	
6	木柱	12" ø × 32'	62條	44	00	2.728	00	連打工費在內
7	木柱	12" × 24'	12條	32	00	384	00	連打工費在內
8	鐵釘		600磅	0	10	60	00	
9	羅絲		400磅	0	25	100	00	
10	角鐵	4" ×4"×$\frac{3}{8}$"×900	8820磅	0	08	705	60	
11	角鐵	$\frac{3}{8}$" × 5" × 51600'	19080磅	0	08	1,526	40	
12	鐵欄管杆	$1\frac{1}{2}$" 徑	800呎	0	40	320	00	
13	上落梯		2付	90	00	180	00	
14	堤面石	9" × 1' × 3'	26塊	1	20	31	20	
15	石條	9" × 1' × 3'	175塊	0	70	122	50	
16	塡土		119井	0	60	71	40	
17	人工什費					600	00	凡一切零碎所需之費均在內
	合					7,875	10	

工程費總計 $ 7875 10

預算者　　核計者　　審計者

擬建重修北堤紀念碑工程費預算表

民國二十五年六月　　日潮梅治河分會

項別	材料名稱	尺度	數量	單價		共價		備攷
1	1:2:4 士敏三合土		35,0井	70	00	2450	00	所有工料價值均以大洋爲本位
2	鐵筋		1800磅	0	10	180	00	
3	洗雲石		28,0井	50	00	1400	00	
4	白蔴石碑		20塊	40	00	800	00	
5	刻字		20塊	20	00	400	00	每塊石約刻六百字
6	6"尾杉木樁	12-00"	50枝	4	00	200	00	連打工價在內
工程費總計					$5430^{\underline{00}}$			

預算者　　核計者　　審計者

上前劉市長討論太平橋計劃書

李文邦

『編者按此書乃本會會員李文邦于民國廿四年七月十八日上劉市長者對于本市太平橋計劃詳細討論頗有研究價值因編入此刋以供市政之參攷』

市長鈞鑒敬肅者前閱報章藉悉

鈞府籌建太平橋單雙層式計劃隨後得讀太平橋審查委員會第一次會議議事錄亦有採用單層式橋及在西濠口築三邊斜坡與橋頭相接之決議案

鈞府建設猛進對於交通尤所注意先後完成珠江鐵橋建築西南鐵橋今又籌建太平橋從此珠海波光不分南北車馬行旅不須繞道而達兩岸欽敬之餘欣幸無似至審查會對於太平橋式採用單層經濟簡便誠爲的當惟在西濠口用三邊斜坡與橋頭接駁似未盡善茲特不揣冒昧援照從前獻議道路系統圖意見辦法謹具對於太平橋頭建築三邊斜坡之意見及其改善之商榷一篇連同計劃圖壹張恭呈

亮察太平橋審查委員會諸公均以市民福利爲依歸諒能俯賜從長討論也肅此敬請

鈞安

對於太平橋頭建築三邊斜坡(附註一)之意見及其改善之商榷。

(甲)對於太平橋頭建築三邊斜坡之意見

(一)太平橋計劃應有之目的及條件——橋樑之目的，在利便交通，而計劃之要件爲實用，經濟，安全及美觀，故太平橋之計劃，亦應以此目的及條件爲原則。

(二)太平橋計劃應特別注意之事項——太平橋因其位置及環境之關係，對於下列特別事項，宜加注意。

A.須適應廣州之交通情狀——廣州交通，汽車少，人力車，手車及步行多，與外國不盡同，故斜坡宜避免，坡度宜減少。

B.須適合西濠口之環境——現在西濠口爲廣州繁榮之地，其地價之昂，亦爲全市之冠，平時已車馬頻繁，行人如鯽，且地近輪船鄉渡碼頭及廣三車站，原有堤岸，馬路狹窄，故遇輪渡或火車開行到埗之際，擠擁異常，若太平橋完成，該橋將爲廣州與河南及內港交通之孔道，其交通額之大，不言而喩，將來西濠口較維新路口之衝繁，已可想像得之，故西濠口南北與東西之交通，宜分開，不宜混合，而對於西濠口現有之繁榮，亦宜設法保存也。

C.宜利便船隻之交通及與海珠橋融洽 (Harmonize)——橋樑旣便陸上之交通，但亦不可阻碍水上之航行，似宜與同跨珠江功用相若之海珠橋取同一之高度，否則船隻之能經過海珠橋，而被阻於太平橋者，必咎太平橋之低，而海珠橋之效能，將亦爲太平橋所影響，且太平橋因離水面太近，船隻往來，必須頻頻開合矣。

D.馬路不宜互以斜坡相交尤其在交通複雜之點——在一條傾斜馬路上，車輛行走，上前則覺困難，向下則不易停止，若兩條傾斜馬路相交於一處，尤其在交通複雜之點，因斜坡阻碍視線，及行止困難，易生危險，故現代城市，多避免此類 (Grade Crossing) 交點，或費重資用二層交通 (Grade Separation) 將之改良，如美國羅省 (Los Angoles) 坡叉委員會 (Grode crossing Commission) 每年選擇五個交叉點，而免除之以求逐漸良改是也。

(三)在太平橋頭建築三邊斜坡與橋接駁之缺點——查單啓式計劃內載「近橋北端之長堤路面擬升高約五英尺(合公尺一、五弍四)，並用小斜坡與各路相銜接」，及議事錄載『太平橋之斜坡旣定爲三面傾斜，即一向太平路，二向長堤，三向西堤…………』又『…………坡度不能超過百分之四…………』總言之，似在長堤路面升高五呎，用百分之四之坡度向三面傾斜也。

參照上述第弍項各點，可明在太平橋橋頭用三面斜坡接駁有下列缺點。

1.阻碍交通——人行及人力車手車上斜坡均感覺困難，多費時力，即汽車亦不便。

a. 平時——指橋通行時——因南北交通與東西交通在橋頭相交，且在斜坡之上，而兩方交通又甚衝繁，故為安全計，須用交通警察及行止符號，(stop ans go) 則每一方向停之時間，與行之時間各半，換言之，即馬路及橋之交通阻碍一半。

b. 橋開時——當有船在橋下經過而橋展開時，則南北向之車輛人馬勢必停留於斜坡之上，此時東西之交通即為之梗塞。

2.旅行危險

a. 由於斜坡難行——行人及人力車手車因上坡困難，下坡急促，閃避汽車不易，而生危險，尤以雨天路滑為甚。

b. 由於視綫阻碍——在隄岸一面，其斜坡一傾向西堤一傾向長堤，故東西方向之視綫，將被坡頂阻碍，易於發生危險。

c. 由於擠擁——交通因斜坡之阻碍，而致擠擁，行旅因擠擁而發生危險，在所不免。

3.西濠口繁榮受影响——橋頭三面斜坡坡頂高五英尺，若照坡度百分之四計算，則三斜坡成丁字形，每臂長約等於壹百弍十五英尺，將西濠口閉塞，西濠口之繁榮必受不良之影响。

4.船行不便開合頻繁——照議事錄所載「堤岸平水擬定為三十三呎」，查珠江鐵橋北岸斜坡工程圖 (D−715 (1)) 該橋在堤岸路面高度為水平四十呎，兩相比較，即太平橋離水面高度少于海珠橋約七呎，如承認海珠橋之高度為當，則太平橋之高度為不足，對于航行不無問題，將來開合恐太頻繁，且同在一地方，同為一政府所建築，而時間空間相距又如此其近，若彼此不相融洽，必滋疑竇。

5.其他缺點——三面斜坡將西濠口閉塞，在心理上外觀上均非所宜，三面斜坡相加，約三百九十五呎，亦非短少。

(乙)擬改計劃之商榷

爲達到(甲)第一項及對(甲)第二項予以相當之注意，擬改爲附圖取示，橋爲單層式，取人行與車行分離制，中間爲車路，濶三十六呎，以二十呎爲行汽車二輛之用，十六呎(分爲二邊)爲行手車及人力車之用，以三十六呎濶之斜坡，及百分之四坡度，與太平路相接，(即將太平路口現在中間停車地帶建築斜坡)斜坡在堤岸路面高約十六呎，(用堅構體Riqid Frame 建築下留十四呎之凈空位)如是，太平路每邊餘留車路十七呎，人行路十五呎，以供市民之來往及汽車一方向之行駛，則西濠口之交通，東西與南北分途而進，不相阻碍，其繁榮亦鮮受影响矣。

橋上人行路在車路之兩旁各十二呎，建梯級於堤邊，（將來廣三車站遷移即建梯級於其地）以與馬路相接，盖西濠口長堤之馬路甚窄，（除內邊人行路外僅四十呎）不宜建梯級于馬路上，如海珠橋也。

附註一：

單層式：　橋中車路之寬度爲四十英呎(合公呎一弍・一九弍)兩旁人行路各濶十英呎（合公呎三・〇四八）橋身分爲三段中段能開合跨度一百三十六英呎(合公呎四一・四五三)南北兩段爲固定式跨度各一百九十英呎（合公呎五七・九二）近橋北端之長堤路面擬升高約五英呎（合公呎一・五二四）幷用小斜坡與各路相衔接橋身之斜度不得超過百分之六使中段橋下在平均高潮時約爲市水標準高(十１〇・〇)有二十英呎(合公呎六・〇九六)之凈空以備船隻來往此計劃之優點如下(一)不損及太平南路貴重物業之使用(二)省却兩岸斜坡建築費(此項建築費在海珠鐵橋約爲三十餘萬元)(三)對於水道交通仍有相當之設備

雙層式：　此項計劃擬將路面分爲兩層上層車路寬度爲弍十英呎（合公呎六・〇九六）下層車路寬度亦爲弍十英呎(合公呎六・〇九六)而兩旁附建有濶十英呎(合公尺三・〇四八)之人行路下層橋面在橋之北端約與原有路面齊平上

層路面高出下層面約弍十英呎(合公呎六・〇九六)橋身亦擬分爲三段建築中段幷採用升降式以便船隻來往兩岸幷建一寬弍十英呎(合公呎六・〇九六)之斜坡以便上層橋身與馬路接順此項設計之優點如下(一)斜坡祇佔原有太平南路寬度七分之二尙餘五十英呎(合公呎一五・二四)寬度爲車輛交通之用對於兩旁物業之使用仍不致發生重大影響(二)上層車路擬專爲急行車使用而該車路旣與長堤馬路分離則兩路之南北向及東西向之交通不致互相妨碍。

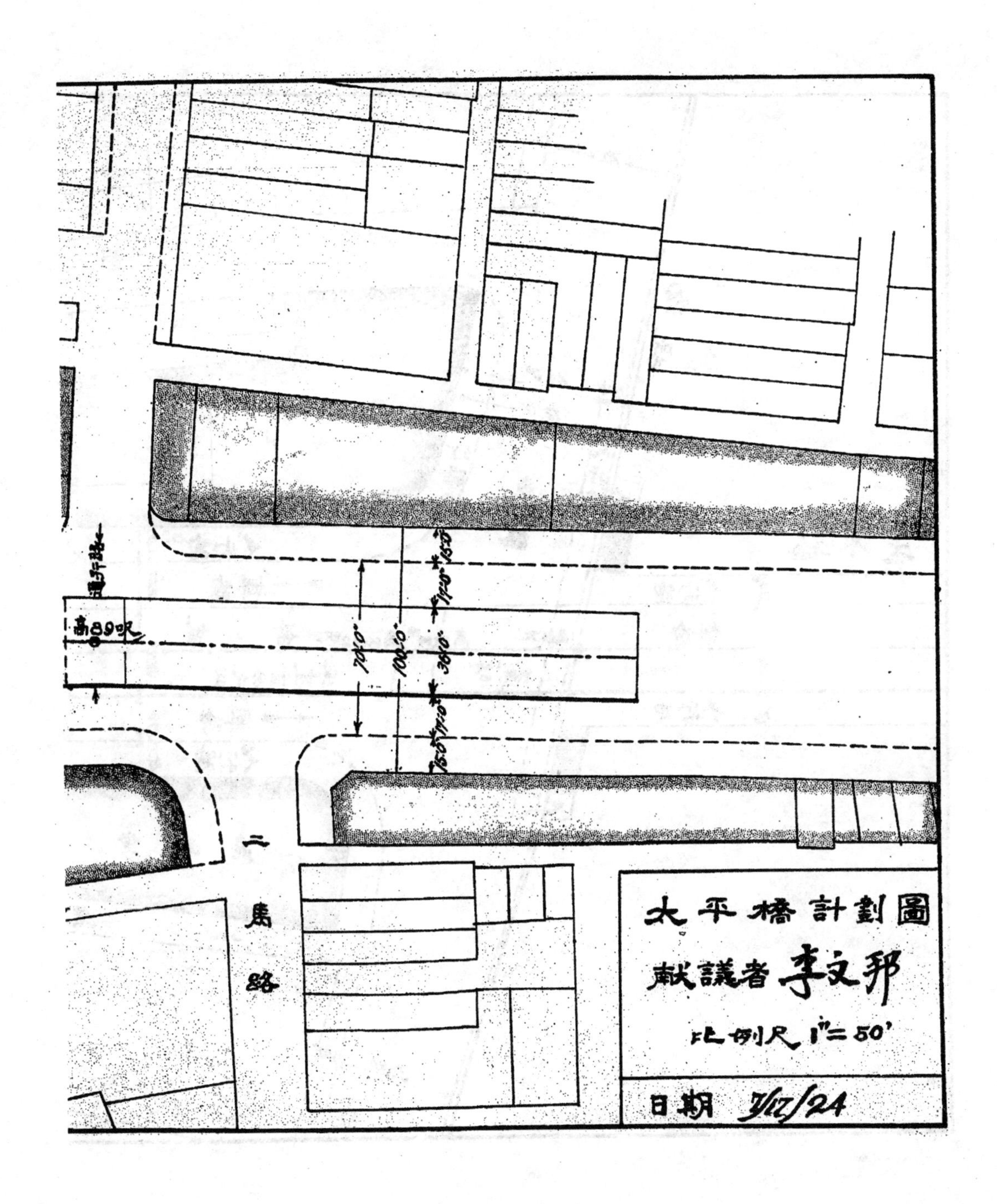

太平橋計劃圖
献議者 李文邦
比例尺 1"=50'
日期 7/17/24
二馬路
通行路
高89呎
70'0"
100'0"
38'0"
17'0"
15'0"

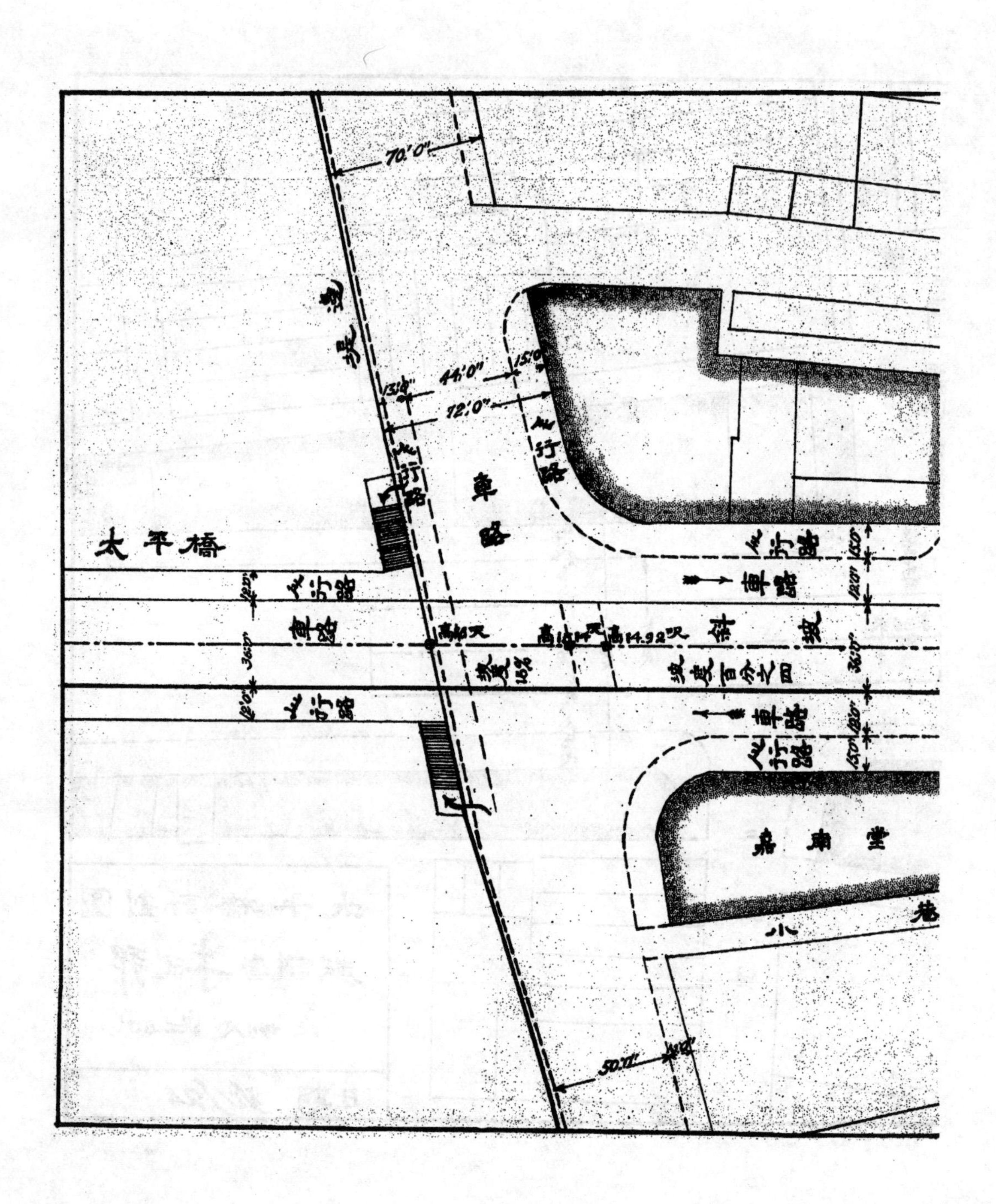
太平橋
堤
邊
70'0"
44'0"
15'0"
72'0"
13'0"
人行路
車路
12'0"
36'0"
高14.92呎
斜
坡
坡度百分之四
嘉興堂
小
巷
50'11"

審查停築朝天紙行等街馬路案意見書

呈爲呈復事竊技正奉令約同闢路審定委員會派員前往朝天紙行等街查明應否停築該四街馬路等因奉此遵即函知市政府定期前往旋於十一月六日下午二時偕同該會委員李炳垣文樹聲劉秉綱袁煦圻陳榮枝黃夢樓共同查勘茲將查勘情形分列於左

(一)朝天街　大渠已安妥一部分渠坑已掘八成兩傍店戶其已退縮建築者四成已搬遷者三成其未搬遷者約三成

當巡視之時見有女工一名手持五色紙旗甚多沿街插於兩傍店戶門口其店戶已搬空者亦插一枝因而詢問各住戶及商店是否該店戶自己主意有云不知情節者有云街坊命插者想係有少數人主持

(二)米市街　其情形與朝天街同

(三)詩書街　該街角有警察醫院一座四週皆空地及花園其圍墻及小房等有在割線之內者即由袁君知照該院長蘇心愉開該院後門進內查視查得第一座小樓後墻須割去六七尺第二座小樓及廚房須割去五六尺而中間大座房屋毫無阻碍

此街之內其已改建合法之店戶有約六成其已搬遷者二成其未搬遷者二成大渠坑已掘者七成以上

(四)紙行街　其情形與詩書街同沿街店戶有張貼標語請政府停止建築馬路字樣想亦係少數人主持

此街大渠坑原有蓋面石板均已撬起預備掘坑安筒惟有一部份石板已由坊衆自己蓋回矣

巡視將畢突有一人將呈一扣送來呈請暫緩築路

以上各節皆爲巡視時所得之實在情形也附原呈乙紙

茲將審查意見分列於後

懇請停築理由

(一)市民方面

(甲)請政治研究會通過停止築路辦法

(乙)不依中線任意與工不照程序肆行破壞請主持公道

(丙)嚴期繳費未議補恤縱容工人四出散遷

(丁)於不景氣時重闢奉令停築之馬路

(戊)本欲繳欵但苦於無欵可籌原擬搬遷惟苦於無枝可借

(二)公安局方面

(甲)紙行詩書兩街闢作馬路案事前已由政治研究會議決停止興築

(乙)警察醫院落成未久又須拆讓

(丙)須繳築路費一萬六千餘元

繼續開闢紙行詩書等街馬路理由

(一)闢路審查委員會方面

(甲)坊衆代表王朗生趙卓明等請求開闢

(乙)由市政府飭交闢路審定委員會議決開闢

(丙)由省政府核准

(丁)係根據交通衞生繁榮民意四大利益

(戊)市民及公安局似有誤會

審查應否停止築路意見

(一)政治研究會停止開闢馬路案其主要宗旨有兩點

(甲)城內馬路已開闢不少交通頗便應移築之路欵項築之路入力與築郊外公路

(乙)其有應行開闢者設審定委員會決定之實非完全不准開闢故開闢該四街馬路尙無不合

(二)有請求開闢者有請求停止者皆係切身利害其所見者淺而小而闢路審定委員會所主張開闢則有交通衛生繁榮民意四大利益其所見者大而遠故不宜停止

(三)公安局警察醫院因闢路被割去圍牆及小樓後牆少許亦係切膚之痛然於大體無傷其來文亦有開闢馬路整頓交通改良市政誰不謂然之語徒以該醫院有割讓之舉不加審愼而反對耳似應酌量折充妥善辦法仍以繼續完成該四街馬路爲宜

(四)築路割讓向有定章補恤欵項應照章辦理至市民經濟因世界不景繳欵困難似可分期繳納負担自易辦理

以上各節係就繼續開闢四街進行尙屬無碍至於停止築路其應考慮者亦有數點

(一)該四條馬路經省政府核准開闢若驟然停止則威信不無稍碍

(二)從前呈請開闢之坊衆若再來請願究應如何辦理

(三)該馬路四條若决定停止開闢則承商及政府兩方損失亦應注意

(四)開闢工程經已過半改回原狀工程亦屬不少與其停止而仍須無謂之工作究不如進行而爲有益之工作

總觀以上各節默察各方情形其最重要者有兩項一曰繳欵二曰割讓今歸納爲兩種辦法以備採擇焉

計開

該四街繼續建築馬路第一辦法

(甲)築路繳費市民店戶應於一年之內分四季交清

(乙)警察醫院照圖割讓路費亦於一年內分四季交清

繼續開闢第二辦法

(甲)築路繳費市民店戶應於一年內分十二次交清

(乙)警察醫院附院方面一段行人路暫緩建築路費於一年內分十二次交清

以上兩辦法對於市民公安局及闢路會三方似均能完滿惟現在不景氣佈滿羊城因開闢馬路而受損失者爲數似亦不少至於該四街應否繼續開闢抑暫時停頓以俟將

來之處理合備文連同原繳各件呈復伏乞

鈞府卓奪謹呈

廣東省政府主席林

附繳市政府原繳答辯書議事錄議事日程各一份

技正胡棟朝 廿三、十一、九、

另附藍圖二件

(一)廣州市馬路圖

(二)警察醫院即警察同樂會

割讓之小部份圖

粵漢鐵路株韶段

衡州車站建築概要

(一) 緒言

衡州居粵漢路中心，爲湘南重鎭，非有設備較完備之車站因應殊感困難，且將來寳慶支線築成，西通黔桂，客貨運輸，自必日臻發達，衡州車站，位在江東岸之蔡家堰，是處地方遼闊，居戶極少，固便於規畫，惟以距離市區較遠，房舍既缺，交通未闢，乃於站屋建築之外，修道路以利行旅，治公寓以居員司，爲榮繁車站，便利客商起見，復將築路餘地分區出租，俾商賈有所樂於貿遷，行旅往來供其困乏，誠以鐵路事業，已趨重於商業化，民衆化，凡能有以爲公共謀福利與便捷者，路局固無日不在考慮改進之中，以謀適應時代之需求也。

衡州車站於民國二十三年四月破土，同年十月奠基，以承包公司資本較差，工作稍遲，嗣經設法督促，幸能於廿四年八月完工。同時鐵路與市區間之馬路交通、員司住宅、販賣商店等，亦均先後落成。至於醫院及車房建築，亦正在招工估建，該站經年餘之經營，規模業已粗具。茲分段擇要述其建築經過於後，藉備參觀衡站者之便覽焉。

(二) 衡州車站站屋建築經過

甲、設計概略

衡州通車地位之重要，既如上所述，其設計標準雖不能擬於一等站之列，然因基於下述之二種需要；即一方既須他日適合車工機總段辦公之規模，而他方又須目前足供工程局時代辦公之應用，故斟酌損益，依照鐵部定二等站之規模而略加擴大，則可差符上述兩種要求，茲分述其內構外觀：

1.佔地面積　站屋地基南北長$51\frac{1}{2}$公尺，東西最闊處$18\frac{1}{2}$公尺，最狹處14.8公尺，佔面積約共800平方公尺，原僅計劃兩層，嗣因爲防歷史上最大洪水計，站台標高須定在82公尺以上，而站屋地基及其附近可資爲將來市廛用之地面，其標高均在79公尺以下，兩較尙有3公尺之差，若加塡土方，旣需費而仍不保地基之堅固故决就原有地面，增建地下室一層，雖需欵較多，而效用却遠甚也。三層合計面積2,400平方公尺，除走廊，樓梯，平台及牆身所佔面積約共400平方公尺，實有2,000平方公尺，可作各種業務上之應用。

2.平面布置　各處平面之布置，分記如下：

地下層：　下車客運行李辦公室，郵務包裹室，警察辦公室，庫房，站台工夫室，厨房等。

地平層：　上車客運行李辦公室，行李倉，賣票房，問訊室，電報室，待車大廳，叁等待車室，頭貳等待車室，站長室，站務總辦公室，郵務室，販賣店，中西餐食堂，衛生厠所等。

樓上層：　大會議室一間外，有車務總段辦公室大小六間，工務機務兩總段辦公室各四間。

3.式　樣　建築外表，採用單潔莊嚴之近代立體式，整個外觀，以整齊輕快爲依歸，蓋近代工業製造之進步，鋼筋混凝土工程，亦呈非常之發達，致經濟組織，社會思想，旣逈異疇昔，而一般審美觀念，亦隨之變遷，故對於建築外觀設計，恆以利用構造本身之形態，力求美的和諧與調勻爲藝術的極致，是以現代愈偉大之建築，其美的條件，愈近乎其自然形態，衡站外觀設計亦本乎此旨。

4.用　料　全體牆身概用機製紅磚砌造，大廳之柱及各層樓板過梁等，則係鋼筋混凝土築造，樓梯；上屋頂平台及往地下室者係鋼筋混凝土，至樓上與地平之間者則用木製，因此兩層爲主要辦公室，取其較混凝土爲易於維持清潔故也。屋頂上面做夾層天花板，中留通風孔一層，以避隔暑熱，上面做土瀝青工程以防雨水滲漏，地平層之地板爲乘衆雜沓之所，滿敷水磨白石子，期其堅實光滑無塵，樓層則全鋪木板，外面包裝材料，地下層則採用丁子灣麻石，上二層全做『士代可』，每牆墩頂部施以適當之藻飾，與光潔之壁體相參差，倘感調勻。

乙、招　標

本站屋之建築較大，故對包工承商，恐就地難覓得資力充實之經驗家，除在湘境布告招投外，幷先期於京滬漢各埠亦登報延致，規定於二十三年六月二十二日在本局當衆開標。

1.選標標準　初以本工程關係重要，對包工之選擇標準，本極嚴格，唯以衡陽地處僻遠，應投者雖共十家，而滬漢來投者僅公記及復興公司兩家，餘概湘境內之承商也。

2.入選包工　上述滬漢承投之兩家，所開價值，超過本局之標準低價至80%以上，無法錄取，其餘價格雖多近似標準低價，然皆經驗薄弱，資力不充，能否勝任愉快，而達美滿之結果，殊增考慮？詷以本局需用辦公新址至急，時限促迫，勢難再行改投，祇得取其投價最低之福華公司（較標準低價尙低20%而强）承辦。

丙、建築時限

本站屋建築，旣迫於目前辦公局址之急切需要，故於決定錄取包工公司經呈准　大部後，卽於廿三年七月五日，訂立合同，督促其加工趕造，玆分誌施工情形如次：

1.開　　工　合同簽訂後，該包工即着手動工，但以整理地形，芟伐荒草殘木及其他種種籌備，直至八月初，始得正式從事地脚築造工程。

2.奠　　基　本站屋增建地下室一層，預計九月底始克砌造至地平層面，而斯時適近國慶紀念，故奠基典禮，亦趕於雙十節日舉行，且當時耒河口之便道鋪軌，適告完成試車，因之奠基禮，得與在衡陽初聞火車汽笛聲之紀念合併舉行，是日各界參加者數千人，并乘火車至耒河口參觀橋工，至爲熱鬧。

3.完　　工　開工初二三月內，進行尙稱順利，旋因江西敗潰之共匪，兩次經湘西竄，警耗傳來，使湘南各地頓化爲軍事區域，江面上下游俱告封鎖，致包工人之材料運輸，幾至停頓，此亦本工事進行遲緩之一因，兼以包工資力不充，組織薄弱，工頭無經驗，工人不熟練，數月以來，乃捉襟見肘，該包工斷蝕之勢，遂益顯明，因之工程進度，更形遲滯。二十四年三月底，已及完工期限(連同雨期在內)，詎實做工程，僅及70%左右，至是工段乃變更策略，採隨時調濟辦法，並直接發給工款於工人，以防止包工將工欵挪塡其虧空，如此大收效益，至七月底全工程幸粗告完成。

丁、建築用欵

本站屋建築經費，照　部定二等標準，僅伍萬元另加工程局之臨時建築費共玖萬元，合同承包價爲肆萬叁仟伍佰叁拾元，另改用麻石加貳仟餘元，屋頂上瀝靑防水工程肆仟餘元，以上概交包工承辦，另有由局供給之材料，爲洋灰1,620桶，約値壹萬叁仟元，鋼筋32噸，折價叁仟捌佰餘元，天花板用鋼絲網共値壹仟餘元，嗣後追加工程叁仟餘元，機製紅磚補給貳仟元，整理地基及搬運材料補給壹仟元，此外由局購辦之五金及採光玻璃磚兩項約共壹仟元，其他紗窗及遮日窻蓬等之設置，尙不在內，以上總共費去工料欵柒萬伍仟元左右。

戊、監修人員

站屋設計，由本局工務課幫工程司余伯傑辦理，而由第六總段負責施工，爲求進行順利起見，并派余工程司常川赴段協同該段工程司陸爾康臨塲督工，另由試用工程助理員姜鳳儀駐填監工，工事期內，因包工資力經驗兩乏，工人又非熟練，雖極細微之工作，亦非該司員等躬親不可，所幸發給工欵，支配得宜，該包工雖能力稍差，尚能按照圖說，逐步興建，卒底於成。

（三）衡州車站站屋現時用途及將來分配

按照　大部核准本局工欵預算內，原列有建造工程局局址一項，但本局以工期極爲短促，爲撙節路帑計，局址似無另建之必要，惟衡州適當粵漢全綫中點，他日交通之發達，商業之繁盛，已可預測，自宜有規模較大之站屋，方足以應所需，同時本局在衡所賃民房，不特雜處市廛之內，較欠整潔，且現租民房建築材料，木板居多，尤恐引起火患，圖籍卷冊，焚燬堪虞，遂呈准　大部將衡州車站，提前建築，在未通車以前，先行利用，以作局址辦公。計於二十三年七月興工，本年七月工竣，八月中旬本局及所屬六總段警察所，駐路總稽核辦公處，即先後遷入站屋辦公。

衡州站屋計分上中下三層，本路衡州以南，通車營業，雖已直達耒陽，但車務尚未十分發達，乃將中層南部，作爲車務辦公，及本局收發，掌卷，繕校等室，北部爲駐路總稽核辦公處，中部爲售票大廳，下層南部爲第六總段辦公處，北部爲駐路警察所，上層爲總務、工務、會計三課辦公室，及局長室，禮堂，會客室等，他日全路通車後，該層即作爲車務、工務、機務各段人員辦公，及統計室會議室之用，中層改爲站長室，電報房，郵局派出所，待車室，聯運問訊辦事處，中西餐室，以及上車行李倉，辦事室等，下層改爲下車行李倉辦事室，包裹倉，儲藏室，警察室，及車務、工務、機務卷宗庫，請參閱平面圖。

（四）衡州車站與城市之交通

衡州車站位於湘江東岸，爲謀利便行旅起見，路局特修築聯絡車站與江東岸市區之馬路數段，以利交通，計由車站直通衡宜公路者，定名為「廣東路」，自粵漢碼頭經車站直達本局員司住宅區者，定名為「湖南路」，由江東岸丁家碼頭通湖南路南端之一段者，定名為「湖北路」，由王家碼頭通湖南路北端之一段，定名為江西路，至各路命名用意，則以粵漢路穿貫湖南全省，而兩終點在廣東與湖北，其株萍支線，則達江西也。(參閱下頁附圖)茲將上述各路建築經過情形，略述於次：

甲、建築情形

1.馬　路　廣東路為東西向，總長500餘公尺，東起車站正門，西接衡宜公路，為車站與市區交通之大道，路面廣度為17公尺，為各項車輛來往行駛便利計，站前路面寬度為60公尺，兩旁為停車場，站前原有大樹一株，枝葉密茂，為點綴風景起見，特予保存，並建12½公尺半徑之圓形圍護之；圍外築水泥人行道，繞以石柱鐵欄，頗具美觀。湖南路長約2½公里，路面寬度8公尺，為鐵路界內貨運往來之主幹路。湖北路與湖南路成110度之相交角，直通丁家碼頭，該處為江東岸最熱鬧之市場，預料他日必為商業繁榮之區，故定路面寬度為16公尺，現以經濟關係，先築8公尺，俟他日需要時，再為擴充。江西路長約2公里餘，其終點之王家碼頭對岸，乃衡城最繁盛區域，路面寬度，亦為8公尺，上述各段路基，以廣東路與築最早，湖南湖北江西各路次之，現均已完成。

2.橋　梁　車站西部路界附近，原有小溪一道，蜿蜒曲折於隴畝之間，以洩東部一帶之山水，本局特加以整理，使沿路界而行，其上築橋三座以跨越之。在廣東路者為鋼筋混凝土橋，在湖北路者為木質平橋，在湖南路者為鋼筋混凝土樁架木橋，均堅固耐用，以合乎經濟美觀為原則，亦經先後完成。

乙、交通狀況

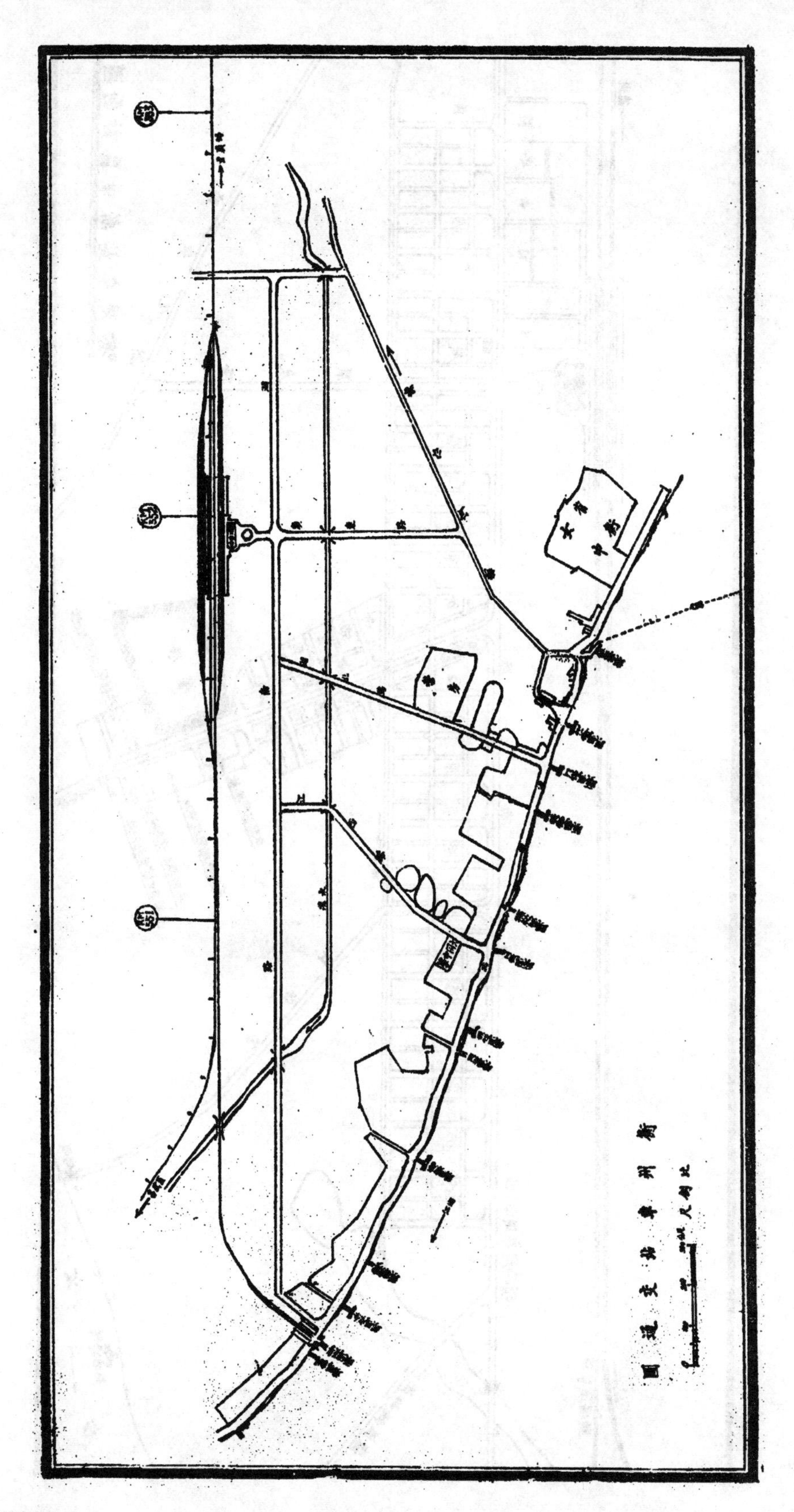

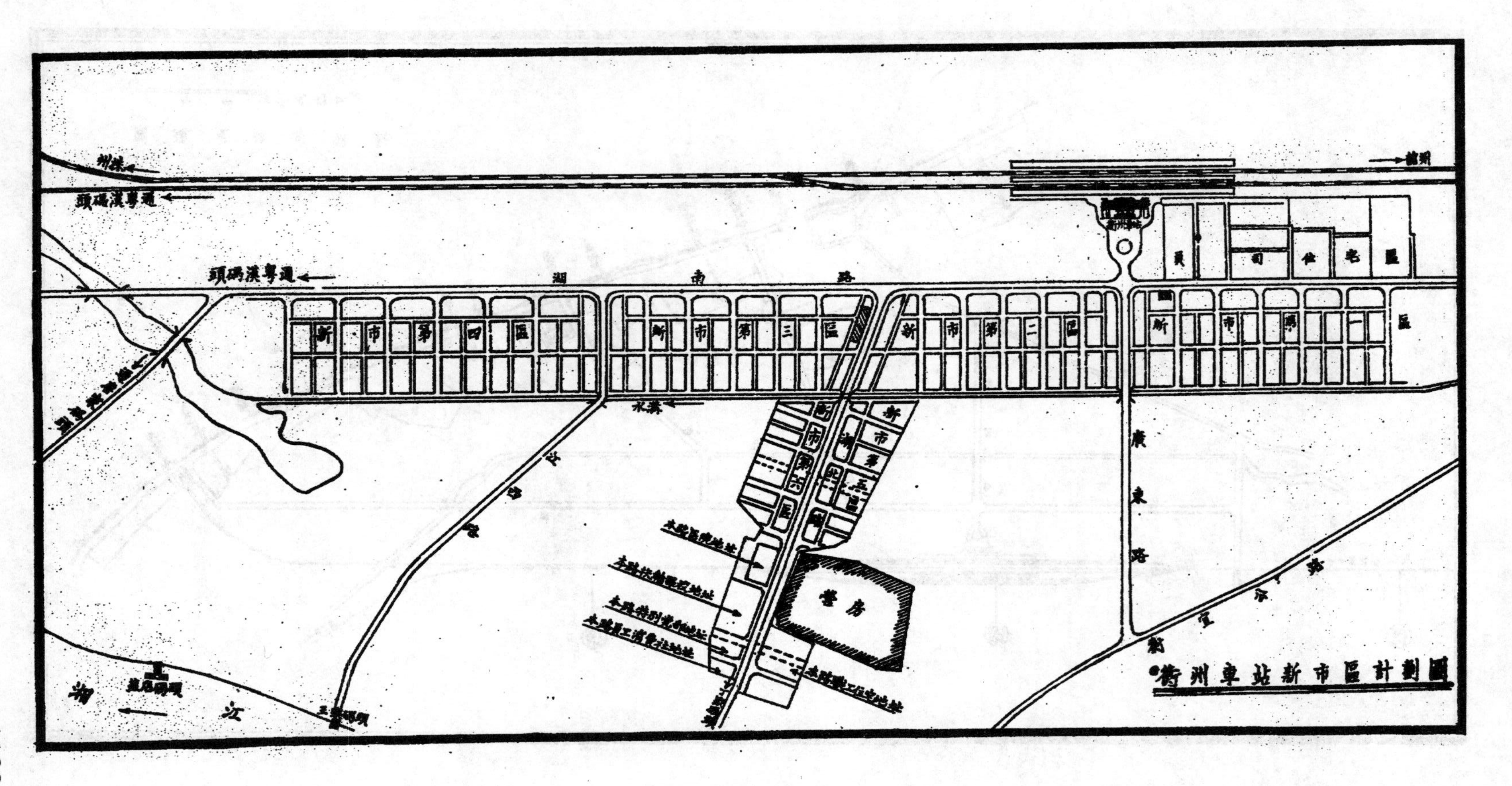
衢州車站新市區計劃圖
湖南路
新市第一區
新市第二區
新市第三區
新市第四區
廣東路
員司住宅區
營房
頭碼漢粵通
江

衡州站塲各馬路與江東岸市塲間之交通，除輿馬外；現由湘衡鋼氣輪人力車公司承辦鋼氣輪人力車 200 輛，現在已有新車30輛先行營業。凡旅客往來車站，及携帶行李前往乘坐火車者，均可由此項人力車之接駁，行旅咸稱便利。至本局工程汽車運輸材料，往來行駛，交通尙屬迅捷。

(五) 新市區計畫及出租大概

衡州本爲湘南重鎭，扼南北交通之樞紐，巳如前述，自本局開工以來，商業日漸發達，居民日漸繁密，最近本路衡站站屋落成，馬路交通粗備，城市與車站間之客貨來往日繁，將來全綫通車，商業重心，自必集中衡站附近一帶地點，本局爲求市區整齊計，特將衡站預購留待將來擴充之餘地。分爲六區，每區更分爲若干地段，編定號數，按號先行出租，以應需求，俾鐵路與客貨兩方面交受其利，現以第三區適在丁家碼頭與車站之間，地址適中，交通便利，本局爲促進商業發達計，巳先在此區沿湖北路北面建造普通小市房十所，租與小本營業之商貿，以資提倡。

(六) 員司住宅

本局爲便利目前員司辦事起見，特將衡站南首廣地，闢爲員司住宅區，佔地50餘畝，建屋16座，內分甲種三幢，乙種四幢，丙種八幢及公寓一幢，均巳先後落成，上述各種住屋，爲撙節經費而裨實用計，全係一層平房式，甲種每幢佔地 4 畝餘，建築費約計七千餘元，乙種佔地約 1.7 畝，建築費約計四千餘元，丙種佔地 1.2 畝，約費三千餘元，公寓一所，可供二十餘人之用，佔地 2 畝餘，造價八千餘元，各屋佔地雖有大小之分，而周圍空氣通暢，全區洩水管溝以及厠所浴室等各項衞生設備，則均裝置完全，各種一律，並於該區中間建有體育塲，以供員司公餘，散步及鍛鍊體魄之用。至本局員司衆多，該項住宅，現時並不敷居住，但工程完竣以後，就衡州一站員司人數居住而言，巳足容納而有餘。(請參閱下頁附圖)。

(七) 衡州段行車情形

衡州段車務，計由衡州車站北端至耒河口一小段，早已於二十三年秋季通行工程車，轉運材料，南端於二十四年八月亦通達耒陽，現正向南繼續鋪軌，截至二十四年九月底止，衡州段共已通車79公里。

現每日衡耒間往返開車一次，除材料車外，並掛三等客車，行李車，蓬車，各一輛附帶客貨營業，以便行旅。目前開車時刻，暫定上午八時三十分由衡州開往，中午一時抵耒陽，下午三時由耒陽開返，七時抵衡州。因此段路基新築不久，故將行車速度減低，以策安全，將來路基日漸堅固，自可將行車速度增加。又本局為便利客商起見，並在衡州耒陽兩站辦理站外代客接送包裹行李。

廣州自來水整理近況

劉寶琛

自來水爲市民日常公用所必需，其辦理之良善與否，關係于市民康健與保安消防者甚大，自收歸公營後，自來水管理力求改善與擴充，使臻于完善之境，寶琛奉命以來，已逹三月，上受市長之領導，下得同僚之匡助，此三個月中，其事績之可報告者，約有數端。

(一)增加水量清潔水質　本市以前，常有水荒之現象，自民國二十年五月完成增埗新水廠之後，每日輸出水量，增加一千萬英加侖，市民用水，稍稱充足，然因舊廠機器陳舊，效率低下，加以河池淤塞，每日輸出水量，仍然不符兩廠每日水量二千萬加侖之標準，本任爲增裕水量計。(一)經將舊水廠第六慢性砂濾池清理，日出水量可增一百萬加侖，繼續清理第三第四第五各池，以爲明年夏季用水增加之準備。(二)，將新蒸汽爐修葺，可加開抽水機，(三)增加新水廠出水量三百萬加侖，經此次整頓之後，現時新舊兩廠，每日輸出總量，可達二千二百萬加侖，較諸八月以前，增多三四百萬加侖，明年夏季，更可增加至二千四五百萬加侖，另東山水廠，現時每日亦可出水一百萬加侖左右，以之供給全市用水，自屬綽有餘裕，可保無水荒之虞，輸出水量既能充足，又應講求水質清潔問題，新水廠有藥品沉澱池，及殺菌機之設備，水質經過消毒之後，自可清潔，惟舊水廠方面，設備稍差，三月來對於殺菌工作，特加嚴密注意，將原日附設管理處內之化驗室，移設水廠，由化驗師每日檢驗水質兩次，稍有與標準不符者，即行加用氯氣殺菌，其他方面，再改建原有之高水池爲藥品沉澱池，以謀根本之清潔，而水內之苔藻氣味，又採用硫酸銅以消除之，東山水廠，雖因水源甚劣，臭味稍濃，然經過硫，錳，及養化炭之　製，與藥品沉澱氯氣殺菌之消毒，亦能化濁爲清，變汙爲潔，不至有妨市民衞生，故衞生

11387

局近來檢驗水質，均加好評，是其明證，至於市民居住二三樓，日間每感水力不足，其原因有二，一，爲以前水廠池，未加清理，出水減少，二，爲街管容量太小，水流爲阻力所限制，而無由分布輸達於市區各處，此時加緊清理沙濾池，已如上述，同時又裝設十五綫大街管，改換原日小管，使水流通暢，今後用戶，當無水力不足之感矣。

(二)整頓營業增加收入　用戶之增加，爲營業進展之象徵，本處自派調查員按戶調查用水之狀況，及嚴密稽查私裝偷水等情弊之後，用戶數目驟增，計八月份爲四萬五千四百七十九戶，九月份爲四萬五千九百八十戶，至十月份爲四萬六千四百二十一戶，此兩月之間，增加戶口幾達一千，因之水費之收入，亦隨而遞長，以往收入，月不過十五六萬元，而達到二十萬元者，可謂絕無僅有，本任自嚴督員司攤收以來，收入即打破以前紀錄，九月份更增至二十二萬零四百餘元，而十月份更增至二十二萬六千餘元，較諸前任之七月僅收十五萬餘元，六月十四萬元，則每月已增收八萬餘元，由此更加以不斷之努力，積極整理舊欠，嚴查私水，其收入數字，可望有增無減，此則端賴市民守法及樂用觀念之激進使然也。

(三)計算成本減低水價　本市自來水，每千加倫水價，初由八毫漸加至一元二毫，似嫌稍高，爲一般貧民設想，自應設法畧爲減低，以輕負担，惟水價之估計，當以成本爲平衡，而本處以前，對于成本計算，向未措意，即司計者以此詢之，亦瞠目不能置答，實爲莫大缺點，現爲明瞭成本之現狀，以求重新估計水價起見，特從九月份起，按月切實計算，但因滲漏，喘偷，及公共機關用水之損耗，約佔輸出水量之百分七六·三三，每千加倫水之成本，是爲七毫五仙，故爲求營業之進展，與水價之減低，端在損耗水量之減少，與稽查偷水之嚴密，自十月份起，即按步實施，損耗水量，已稍見減，第有一重障碍，則歷年負債太重，尚須稍假時日，逐漸清償，乃能實行減價，此又不能不求諒市民相與忍痛須臾者也，

（四）改善財政計劃減輕利息負担　從前本處對於建設工作，頗爲努力，但未曾計及財力如何，想到便做，遂致不數年間負債纍纍，以上半年計，負担利息達四萬餘元，佔上半年純利總額百分之二十，迨至前任移交日止，尚欠銀行透支及借欵一百萬元之鉅，有此重大担負，影响業務之進展甚大，現爲減輕債務利息，以期業務擴充起見，自應先從撙節開支入手，使財力逐漸充裕，以清償宿債，及償還商股，現經於十月間，償還市行透支欵二十五萬元，并預定本月底可着手辦理償還，第九期股本息銀，約十一萬餘元，此後對于財政計劃之改善，當加注意，一方面爲建設而擴充業務，由業務擴充，增加收入，而促進建設，使無建設與財力不均之弊，一方面爲清償舊債而撙節開支，由撙節開支，充裕財力，以清償宿債，使開支不因清償舊債而增加，本此原則幹去，相信于數年之後，本處債務，固可清償，而建設事業，亦可呈進展之狀態矣。

（五）取締用水防範消耗　本處營業，每日售出水量，佔水廠輸出水量百分之二三・七七，而滲漏偷水及公共機關用水，與夫公共衞生消防等消耗，竟佔百分七六・二三，此種消耗，數目之鉅大，實可驚人，故成本無形增高，使市民用水之負担綦重，今後欲減輕水價，不可不先從此種消耗，加以防範，現在所採之步驟，有下述數點。（1.）增設調查員，分區按戶調查用水槪況，使瞞報偷水者，有所顧忌，以增新用戶之數字。（2.）制定取締違章用水，補充罰則十二條，按照違章用水情節之輕重，施以相當之處罰，使偷私之案件，得以減少。（3.）規定黨部免費用水，每所每月以二千加侖爲限，緣從前本市區黨部，區分部，因經費短絀關係，得暫准免費用水，但迭據報告，各區分部所在地，混有住眷在內者十之八九，其住眷用水，予取予携，流弊所及，不堪設想，以各區分部之辦事人員無多，每月用水二千加侖，儘可敷用，故畧加限制，以維公營事業之收益，（4.）規定軍政機關及公立學校安鏢用水，五折收費，以前各機關及公立學校用水，不繳納水費者，十居八九，其繳納者，亦作月戶，且不按人數計算，所繳甚微，以正當之水價比對，不啻百數十倍，又不安裝水鏢，用水數量，無從統計，故一方為增裕收入，一方為統計水量，業經規定一律安錶用水，五折收費，以示限制，(5.)修正職工用水限制辦法，本市水電兩廠職工，以前均有免費用水用電之積習，似此漫無限制，虧損公家收益不少，現以限定月薪在六十元以下之職工，得免費用水四千加侖，逾額仍按度收費，其六十元以上之職工，一律不准免費，此亦為增加收入之一助，(6.)取消公共龍頭，改設售水站，本處以前在市內設有公共龍頭四十處，使區內貧民，得以自由取水，其意未嘗不善，惟據調查日來取水者，未必盡屬貧民，而有等黠徒恃強霸取，轉售他人，自取其利，又有等泡水館，亦擅自取水貶價轉售。而眞正貧民，反不受其惠，此等公共水喉，終日長流，耗損水量，難以數計，有此流弊，自宜加以改善，現經呈准市府參照首都汕滬等處施行辦法，將公共龍頭取銷，改設售水站，每水一担，為八加侖，廉售一仙，使于限制之中，仍不失加惠貧民之旨，此為整頓水政之一法，當為市民所共諒，以上六項取締辦法，一方面固為增加營業收益計，而其他方面，則為使輸出水量與售出水量二者，得有明確之統計，以為計算成本，減輕水價之準備，其意義所在，固非以苛刻為能，然外界或不能透澈了解，故不得不從詳加以闡述。

(六)增建新廠適應需求　本市現有增埗，東山兩水廠，其初設備，本甚簡陋，嗣後雖經逐漸擴充，而于水管及機爐等之裝設，仍欠完善，致使成本至鉅，出水無多，對于公營事業之進展，與市民負担水量之重，均有妨碍，本市為南中國之重鎮，數十年來，在喪亂頻仍中，其市區之擴展，戶口之增加，商業之繁榮，尙能與日俱進，況在全國統一，力求建設之今日，其推進程度之迅速，自可預料，照現在兩廠每日輸出水量計算，僅足供給本市河北東山一隅住戶之用，而河南居民，因一水之隔，至今尙以河水井水為飲料，群情喁望政府之能早日接管供水，不啻大旱之望雲霓，為日已久，為因應事實所需求起見，新廠之建築，實屬刻不容緩，查歐美諸邦設計水廠多以二十年之需，求其範圍，不若吾國之日逐漸擴充而猶虞不足者，而於水質之濾治方法，更有完密之設置，如沉澱清濾滅菌除臭等工作，無不週詳攷驗，務臻美善，惟以本市所據地位與財人而觀，雖未易步武他，而於水量之充足，爲及水質之清潔，自不能之力事講求，自來水廠力建築地點，要以有清不潔之水源地方最爲適宜，若水源污濁，雖經縝密之沉澱清濾等工作，猶常有不潔之虞，如本市東山水廠，因水源污濁之故，成本之重倍于增埗水廠，而仍不及其清潔，故現擬建築一大規模之新廠，仍擇定增埗地方爲最佳，刻正積極計劃進行，約計十二個月後，新廠當可告成，除將舊廠一部及東山水廠停止外，預定每日共出水量四千萬至五千萬英加侖，較前增加一倍以上，同時幷另駁大水管，直通東山及河南兩處，足以供給全市住戶用水而有餘，雖經十數年之市民繁殖，亦不虞水荒，現巳先行將河南街道佈設水管網，着手測量，一俟測量完竣，即進行按駁鐵橋底河大管，以上各項計劃，業經秉承曾市長之命，進行籌設。

(七)改善收費利便用戶　本處前因主理者督飭不嚴，員司多存敷衍塞責態度，以致流弊叢生，市民嗟怨，在此三個月中，安錶用水之住戶，以水費突增數倍，或至數十倍，來處報告者，實繁有徒，推其原因，幷非錶行不準，實多由於前之查錶員不曾到達錶戶看抄，只憑初次抄得度數，任意妄估，日積月累一經綜覈，錶度突增，水費遂隨而倍多，亦有用戶失於檢點，消耗於不自覺者至外收費員亦常有數月不到用戶收費，致積欠過重，清理爲難，一旦遷移，欠費無從追收，而因定章所限，輙責業主負責代繳，煩言之來，實緣此故，今者袪除積弊，減少積欠起見，除自九月起，星期照常收費，以便用戶繳交外，幷一面督飭查錶員按月抄錄錶度，飭由收費員按月收費使免積壓之弊，一面商請警察局，遇有住戶報遷，須着繳驗最近水費收據，方准遷出，以杜逃撻，如此旣可顧全公欵進益，又不致貽累業主，兼顧統籌，此爲較善，現在市立銀行在市內各處設立分行辦事處，將來水費，應集中由市行代收，使各處住戶，得以就近向各分行繳納，更覺利便，預計一兩個月內，當可見諸實行，上述數端，僅畧舉其概要，自來水爲公用事業，與市民有直接的密切關係，仍當不斷的努力，以期達到完善，同時關于市民用水手續，或有未明，經刋印用水須知一種，按戶分派，并注意於用戶意見，飭調查員于到查時，向用戶詳細諮詢，塡表具報，其有疑問，以書面或電話直接來處陳述者，亦無不立予以明白解答，凡可以解除隔閡，聯絡感情，力求實踐，以盡爲市民服務之天職，此外有應附帶報告者，本任自八月廿九日接事，關於接收事項，除公物冊簿外，屬于會計部份，仍有若干疑義，幾經商洽，未得全部清楚，擬請市府委派會計師詳加復核，以歸覈實，正在具呈請示中，此亦重視交代的意思，非對于前任故事挑剔也。　　　　（完）

工程常識

感 應 圖

李 卓

(Influence Diagrams.)

定義——凡一定活動載重，移動於梁或橋梁上，因其載重在於梁上之各位置，發生之影響所得之綫謂之感應綫在於梁上之一點，有剪割力之影響，有撓曲力之影響，有偏力 (Deflection) 之影響，或在橋梁之一節，有剪割力之影響，有支點抵力之影響，或有橋架桿(Trussmem ber)之影響，剪割力或撓曲力感應綫圖，爲表示一活動載重於任何位置，在梁上一定點發生之剪割力或撓曲力；而剪割力或撓曲力圖則表示一活動載重，於一定位置在梁上全部發生之剪割力或撓曲力，單位載重在梁上發生之影響，謂之單位感應圖，本章所論感應線是限於單位感應綫，且感應圖是表示一載重在梁上之一點，或一桿，之移動而發生之剪割力，撓曲力及應力等等之幾率，剪割力及撓曲力圖爲和數 (Summation) 圖而感應圖乃導來數 (Derivative) 圖。

簡單式梁之感應圖，——今先論簡單式梁之支點抵力，剪割力，及撓曲力之感應圖。

支點抵力之感應線圖，——參看第一圖簡單式梁(a)及右端支點抵力之感應圖(b)任右端支點抵力爲單位量其感應線爲一直線 A—3. 在右端支點縱線爲單位量，而由B至A續漸減小至A而等於零．以一載重 P 與左端距離爲 x ，而右端之感應量爲縱綫 YB. 右端支點受載重P之抵力 P.YB. 又任左端支點抵力爲單位量，其感應綫爲一直綫 1—B. 在右端支點縱綫爲單位量，而由A至B續漸減小至B而等於零。

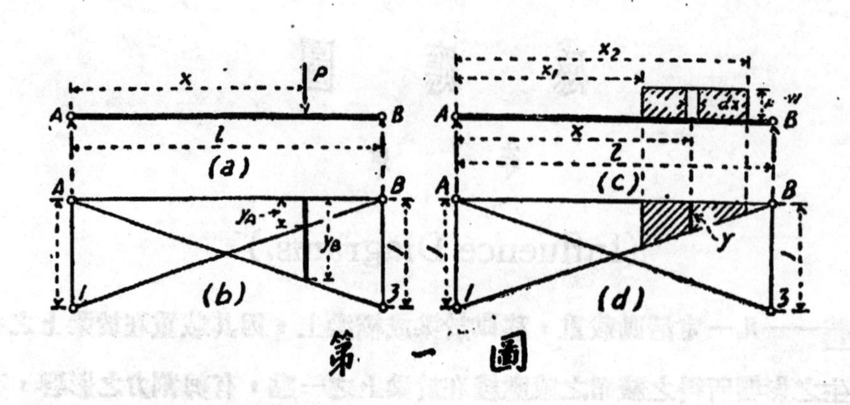

第一圖

直線 A—3 之程式為 $R_2=P.YB=P.\ x/l$ 及直線 1—B 之程式為 $R_1=P.YA=P(l-x)/l$. 由此可知 YA+YP=1（單位量），即在梁上任何一點其感應圖之 YA與YB之和等於單位量

凡數集合載重在梁上發生之感應線，等於各載重之感應線量之和。

參看第一圖，平均活動載重(c)，在梁上發生之感應線(d)，與集合活動載重(b)，在梁上發生之感應線相同，其左端支點抵力受平均載重之微分長度為 $dR_A=w.dx.y=w.y.dx=w$ 與平均載重之微分長度之感應線內面積之積，及左端支點抵力，受平均載重(w)由x_1至x_2之長度為 $R_A=w\int_{x_1}^{x_2}y.dx=w$ 與平均載重由x_1至x_2長度之感應線內面積之積。

<u>剪剬力感應圖</u>，——參看第二圖，其剪割力之感應圖(b)為表示左端支點受一載重 P 之抵力，任梁上一位置為(2)與左端之距離為(a)，及載重 P 與左端支點之距離為 x，其剪剬感應圖，如第二圖(b)在梁上任何一位置，其剪割力等於左端支點抵力與該位置之左載重之差，梁上位置(2)為表示該位置之左之右端支點抵力感應圖及該位置之右之左端支點抵力感應圖，如在位置(2)置一單位載重，則右端支點抵力為 a/l 及左端支點抵力乃為 $(l-a)/l$.

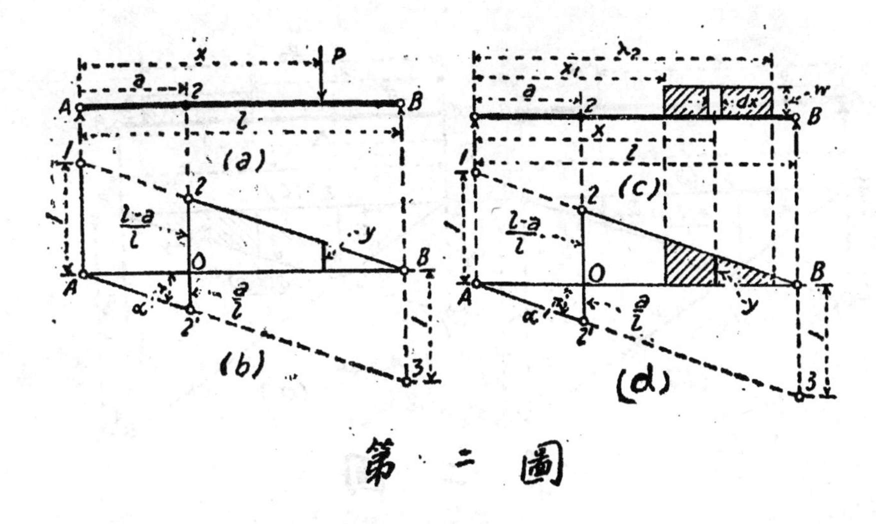

第二圖

以一單位量載重，置於梁上位置(2)之左，其剪割力等於第二圖縱線2'—0，而以一單位量載重置於梁上位置(2)之右，其剪割力等於縱線 0—2. A—3 之直線程式爲 y=−xl 而 1—B 之直綫程式爲 y'=(1−x)/l.

在位置(2)受梁上之數載重而發生之剪割力等於位置(2)受各載重發生之剪割力之和，如第二圖(d)其平均載

重發生之感應圖，與(b)之集合載重發生者相同，梁上位置(2)受平均載重微分長度發生之剪割力爲 dv=w.dx.y=w.y.dx = w 與平均載重之微分長度之感應綫內面積之積，及該位置(2)受平均載重(w)由x_1至x_2之長度剪割力爲 $v=w\int_{x_1}^{x_2}y\,dx$=w與平均載重由x_1至x_2長度之感應線內面積之積。

撓曲力感應圖，一參看第三圖，其撓曲力之感應圖(b)爲表示在梁上位置(2)受單位載重 p 而發生之撓曲力，若在位置(2)之左置一載重，則在該位置因受此載重而發生之撓曲力，等於右端支點抵力與距離(l−x)之積，試在梁上置一載重與左端支點之距離爲 x (x比a較小)其感應線A—3程式爲y=x(l−a)/l.由此可知x等於a時y之值最大若在位置(x)之右，置一載重，則在該位置因受此載重而發生之撓曲力等於左端支點抵力與距離 a 之積

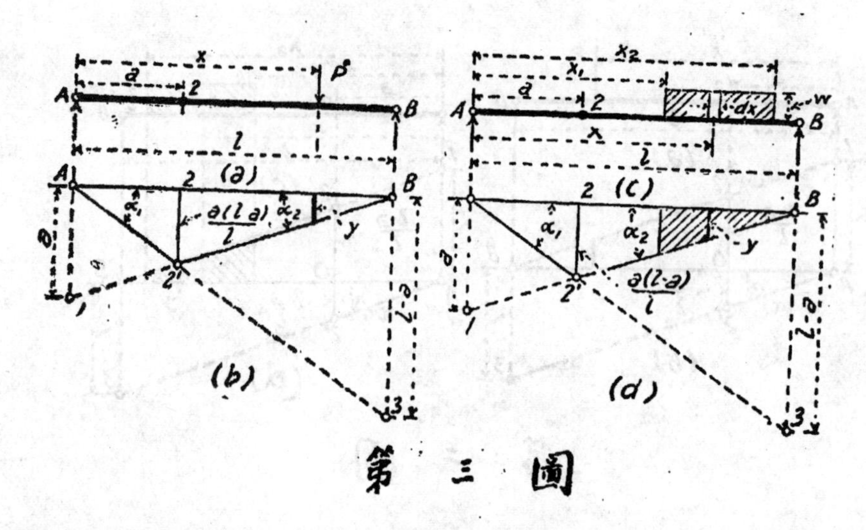

第三圖

又試在梁上置一載重與左端支點之距離爲a(x比a較大)其感應線2^1—B程式爲y=a (l—x)/l.由此可知a等於x時y之值最大○

上項解释，學者可稍明瞭感應線在力學上之重要，今再在梁上任何一位置(z)置一單位載重，畫一感應圖，其撓曲力可以直接計算，感應圖之搆造法亦可以先畫一直垂線 A—1=a, 及B—3=l—a, 其三角形 A—2^1—B 即感應線圖○

凡數集合載重在梁上之一位置發生撓曲力，其在該位置之全撓曲力等於各集合載重乘其感應線內縱線之和○

參看第三圖(d),其平均載重在梁上發生之感應線與集合載重(b)在梁上發生之感應線相同，在梁上位置(2)其撓曲力受微分平均載重長度之程式爲 dM=w. dx. y=w. y. dx=w 與平均載重之微分長度感應線內面積之積及撓曲力受微分平均載重，由 x_1 至 x_2 爲 $M=w\int_{x_1}^{x_2} y\,dx$=w 與平均載重，由 x_1 至 x_2 長度之感應線內面積之積，由上式可知平均載重占全梁跨度時其撓曲力最大，若果全部跨度乘托平均載重 w 時其在位置(2)之撓曲力爲 M=w 與感應圖 A—2—B之面積之積，若 $a=\frac{1}{2}l$ 其撓曲力爲 $M=\frac{1}{8}w.l^2$

偏力感應圖÷　偏力感應圖第四圖之b部份係表示一單位載重置於與左端支點距離 x 在 2 與右端支點距離 a 所得之偏力在點 2 所得之偏力感應線程式乃

梁上一彈力灣線程式 Elastic curve, 以單位載重置於梁上點 2 者。

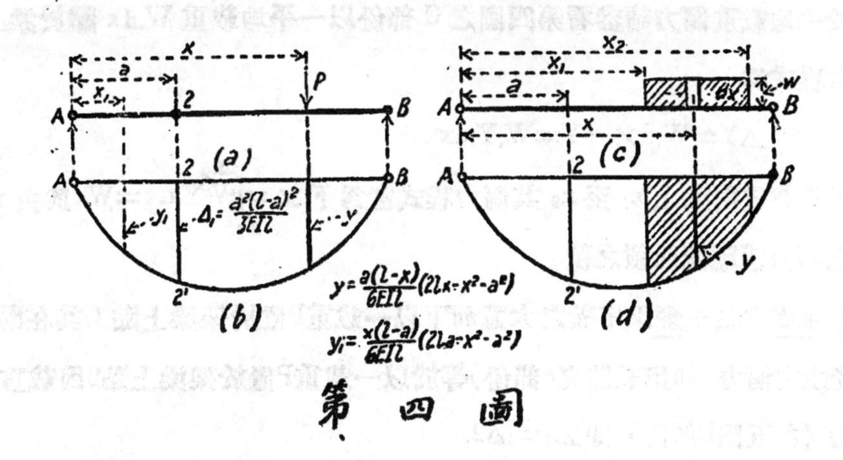

第四圖

依照上列情形而在點 2 之右之簡單式梁之彈力灣線程式如下

$$y=\frac{a(l-x)}{6EIl}(2lx-x^2-a^2) \qquad (1)$$

而在點 2 之左則

$$y=\frac{x(l-a)}{6EIl}(2la-x^2-a^2) \qquad (2)$$

如單位載重置於梁上之點 2 其在該點之偏力可將上列程式1與2之x等於a如下式

$$\Delta_1=\frac{a(l-a)}{6EIl}(2l.a-2a^2)$$

$$=\frac{a^2(l-a)^2}{3EIl}$$

若 $a=\frac{1}{2}l$, 則 $\Delta=\frac{l^3}{48EI}$

如在程式1與2之x及a能互相相交換任x爲一恆數a爲一變數其程式則爲在任何點3與左端支點之距離x之偏力感應圖程式

由上列理論可知在梁上任何兩點2與3，以壹單位載重置於梁上點3而在點2所發生之偏力等於以壹載重置於梁上點2而在點3所發生之偏力，此乃麥斯韋爾

Maxwell 對於構造架梁平衡定義。

對於平均載重偏力請參看第四圖之C部份以一平均載重 W.dx 點於梁上點2其偏力程式爲

$$\Delta Y = W.d\times - Y = W.Y.dx$$

如平均載重由梁上 x_1 至 x_2 其偏力程式當爲下 $\Delta = \int_{x_1}^{x_2} W.Y.dx = W$ 與由 x_1 至 x_2 之下之偏力感應圖面積之積

麥斯韋爾定義÷麥氏定義之大意如下以一載重P置於架梁上點1.其在點2因載重P發生之偏力(如第五圖之a部份)等於以一載重P置於架梁上點2因載重P發生之偏力（如五圖b部份）即 $\Delta_1 = \Delta 2$,

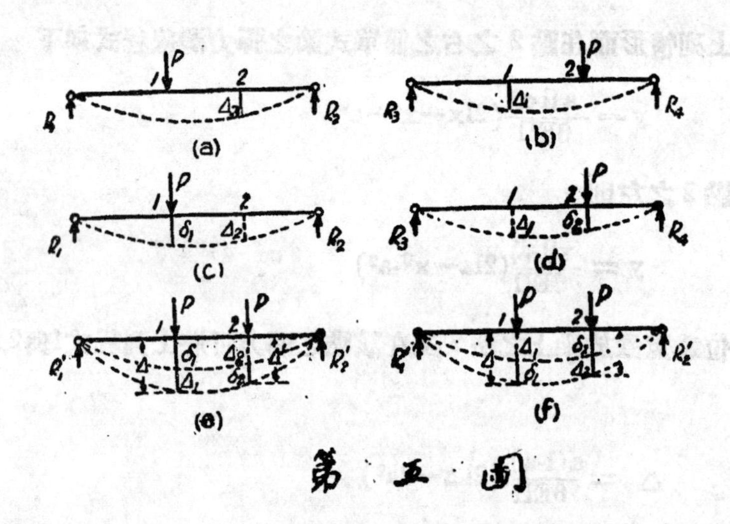

第五圖

證明一÷以一載重P漸施於架梁上點1(如第五圖之C部份)，其工作 (Work) 爲 $W, = \frac{1}{2}P.S.$ 及其在點2之偏力爲 Δ_2 若以載重P漸施於架梁上點2（如第五圖之C部份)及其在點1之偏力爲 Δ, 其工作程式因兩載重施於架梁上如下

$$W = \frac{1}{2}P.S_1 + P.\Delta_1 + \frac{1}{2}P.S_2 \qquad (3)$$

參看第五圖之d部份以一載重P漸施於架梁上點2,因此載重而在點1發生之偏力爲 Δ_1 其工作爲 $W_2 = \frac{1}{2}P.S_2$, 若以一載重漸施於架梁上點1（如第五圖之F部份）因此載重而在點2發生之偏力爲 Δ_2, 其工作程式因兩載重施於架梁

上如下

$$W=\frac{1}{2}P.S._{1}+\frac{1}{2}P.S_{2}+P.\triangle_{2} \qquad (4)$$

上列工作程式，乃各自施工所得之結果，但工作無異，故可將程式(3)與(4)列爲相等各自相消，結果則得$\triangle_1=\triangle_2$，由此可以證明麥氏定義之不誣

證明一：請看第六圖之a部份今擬再證明以一載重P施於架梁上點2其在點1.之偏力等於以一載重P施於架梁上點1其在點2發生之偏力，第六圖之b部份乃表示以一載重P置於架梁上點2之撓曲力感應圖，而c部份則表示以一載重P置於架梁上點1之撓曲力感應圖，由此可知在架梁上任何一點之偏力可以下列程式表示之

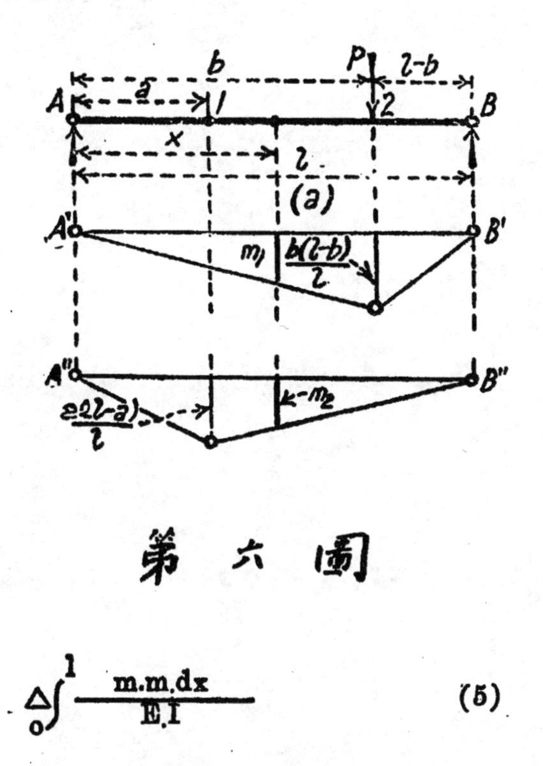

第六圖

$$\triangle\int_{0}^{l}\frac{m.m.dx}{E.I} \qquad (5)$$

今以一載重P置於架梁上點2，其撓曲力在梁上與左端支點距離x之點爲M=P.m，(參看第六圖b部份)，及其在梁上點1之偏力可由感應縱線得之即M=m_2，(參看第六圖之C部份)由此可知以一載重P置於梁上點2其在梁上點1所得

11401

之偏力如下式

$$\triangle_1=\int_0^l \frac{P.m_1 m_2 .dx}{E.I} \qquad (6)$$

用同樣方法以一載重P置於梁上點1其在梁上點2所得之偏力如下式

$$\triangle_2=\int_0^l \frac{P.m_2.m_1 dx}{E.I} \qquad (7)$$

但程式6與7之右便皆相等故$\triangle_1=\triangle_2$

位置傾斜透視繪法之研究

黃森光

一般之透視形圖。其位置傾斜程度。每爲作圖方法所限。作成之圖。非嫌所見正面過少。則嫌所見側面畧多。未能盡如人意。實爲繪畫透視之一大障碍。蓋近代建築圖案。形式不一。繪爲透視。有宜多見正面。方可窺其全豹者。有宜多見側面。始能畧睹雛形者。故繪建築物之透視圖。其位置傾斜之度。須能隨作圖者之意志行之。方無過多過少之弊。茲將位置隨意傾斜之透視作法。繪成畧圖。述之如下。

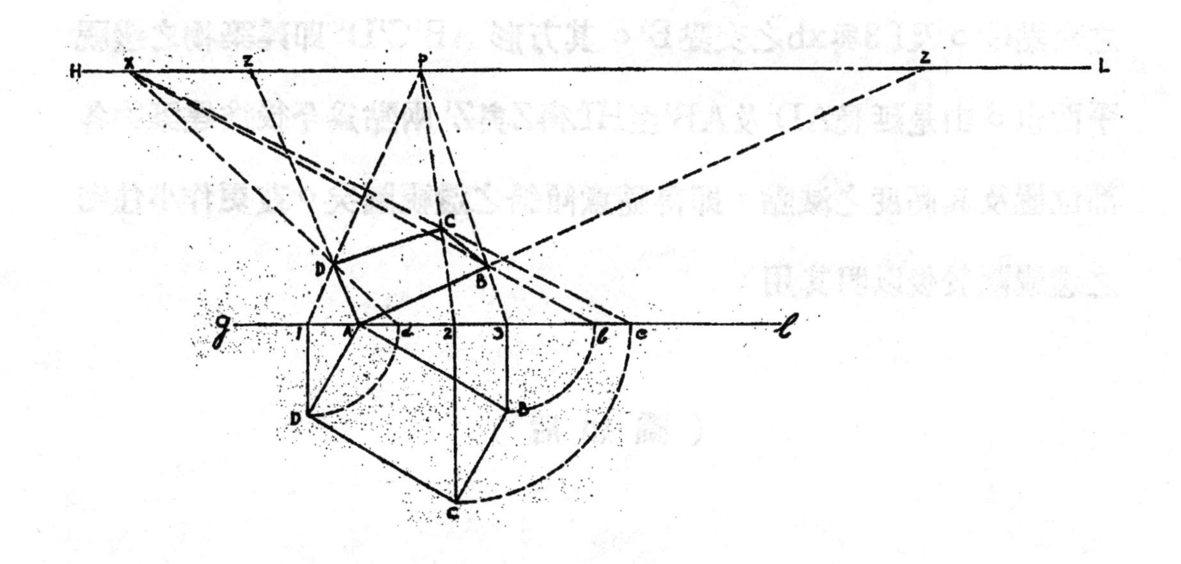

上圖以HL爲視平線，gl爲地線，P爲主點，X爲距離點。方形ABCD爲建築物之平面圖。AB爲正面之一邊。其作法可將方形依所求傾斜程度。繪於gl之下。其正面之邊AB。須一端與gl相接（如欲多見正面少見側面則正面一邊與gl所成之角度宜小，側面一邊與gl所成之角度宜大。蓋角度愈小，則繪成透視時所見愈多，角度愈大，則所見愈少。）如本圖定AB邊與gl成30度角後將全平面圖繪於gl之下。乃於各角點作線垂直於gl。得相遇之點。1, 2, 3而引P1P2及P3等滅線。又將各角點與gl之距離移於gl上。得d, b, c, 等點而引xd, xb, 及xc等滅線。聯結P1與xd之交點D^1。P2與xc之交點C^1。及P3與xb之交點B^1。其方形$AB^1C^1D^1$即建築物之透視平面也。由是延長AD^1及AB^1至HL得Z與Z^1兩點爲今後繪建築物各部位置及其高度之滅點，即得隨意傾斜之透視圖矣。茲更作小住宅之透視圖於後以明其用：

（圖如后）

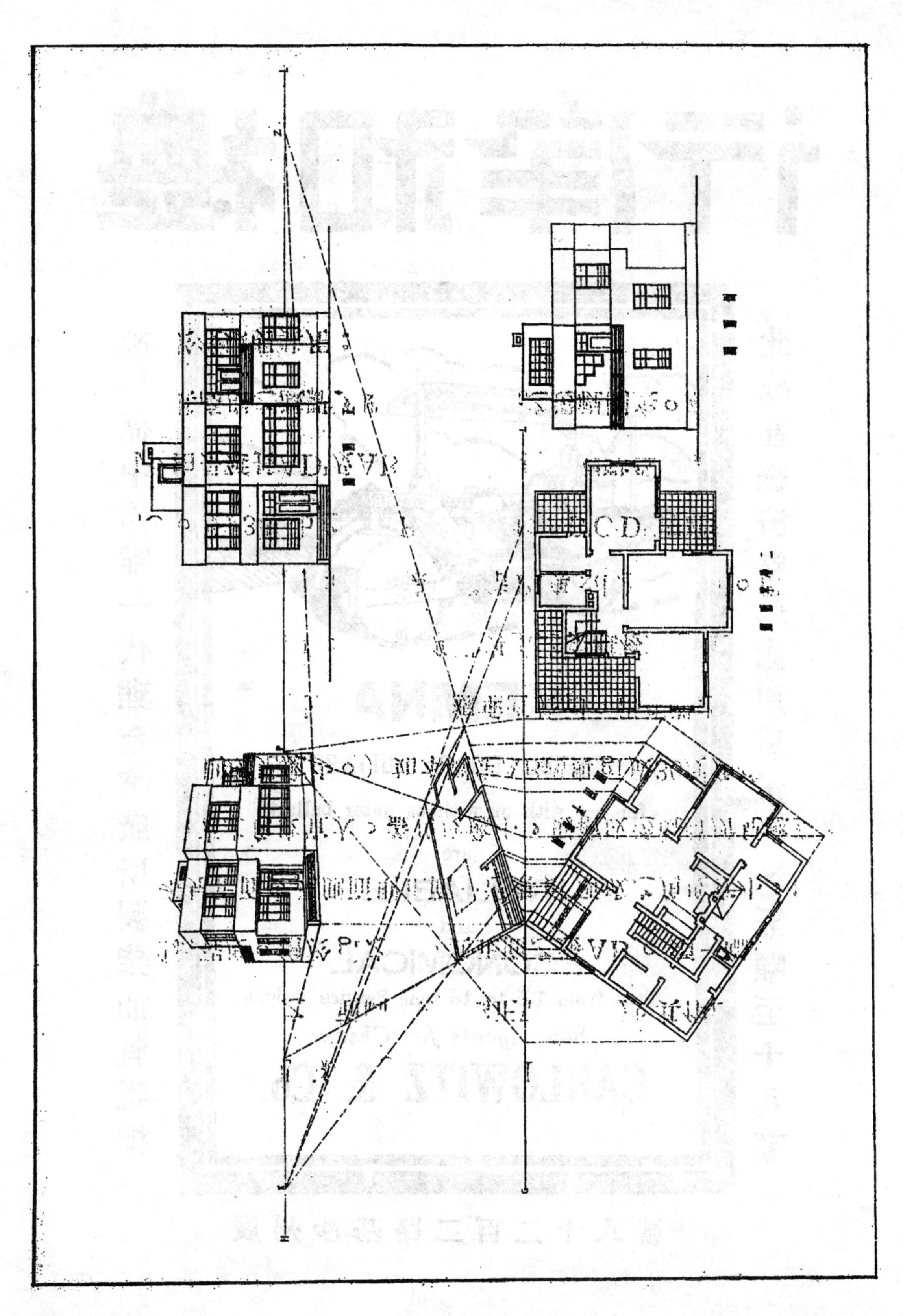

11405

禮和洋行

敝行係中國唯一代理金拿廠所製柴油軋道機

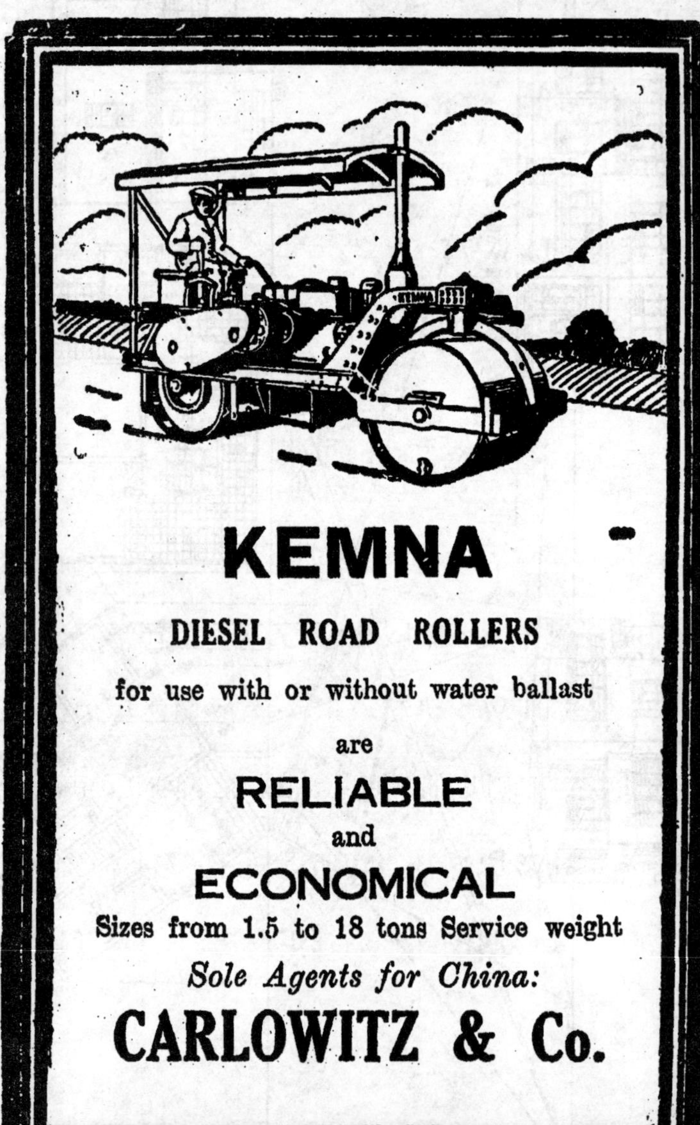

此機甚經濟堅壯耐用重量一、五噸至十八噸

廣州沙基路二百二十八號

斯可達工廠

總工廠：捷克京城

遠東分行：上海黃浦灘二十四號
廣州沙面英界二十號

本廠精製各種工廠機器

化學工業工廠、煤氣廠、製鹼廠、榨油廠、煉油廠、酒精廠、烘製廠、冷氣廠、屠房製冰廠、製糖及酒精廠等、

電力廠所需各項機器：鍋爐、蒸汽及水力透平機、透平發汽機、電力馬達等、

採礦機器：鑄造廠、輾磨、運輸機、送風器、洗煤機、提升機、

鐵路機器：火車頭、載客及載貨車、汽船、內河小輪、飛機、汽車、貨車、長途車、牽引車等、建築鋼鐵工程：橋樑、起重機、鑄鐵及鑄製最巨型之五金用品、齒輪及彈簧、特製「斯可達」硬鋼

請用

上海益中公司出品之瑪賽克瓷磚

瑪賽克瓷磚最宜鋪砌樓面，地臺，房間，潔室，等處。

用瑪賽克瓷磚優點：美觀，耐用，不潮濕，誠建築材料中之名貴也。

益中

瑪賽克瓷磚

總公司　上海福州路八十九號

分公司　香港大道中十四號

分銷處　廣州維新路壹叁壹號

電話：壹壹零玖零

工程季刊

THE JOURNAL

No. 3 Vol. 3 & 4

OF

The Canton Civil Engineers Association

PUBLISH QUARTERLY

OFFICE-RETURNED STUDENTS CLUB,

MAN TAK ROAD, CANTON.

本刊價目表

全年四冊零售每冊四角

Price per copy....................$0.40

冊數	書價運郵費		
	本市	國內	國外
2	八角	一元	二元
4	一元四角	一元六角	二元六角

中華民國二十五年十二月出版

工程季刊第三期第三四卷

發行者 廣東土木工程師會 廣州文德路卅九號歐美同學會內

總編輯 陳良士

印刷者 本會工程季刊編輯部

代售處 廣州市各大書局

工程季刊

工程季刊

桂銘敬

本期要目

第一卷　　第一期

中國工程師學會湛江分會主編

民國卅七年三月十五日出版

南商報社代印

中國農民銀行
國民政府特許設立之
唯一農業金融機關
收受各種存欵儲蓄
辦理各種農業放欵
承做國內各地滙欵
兼營信託保險業務
分支行處遍佈全國

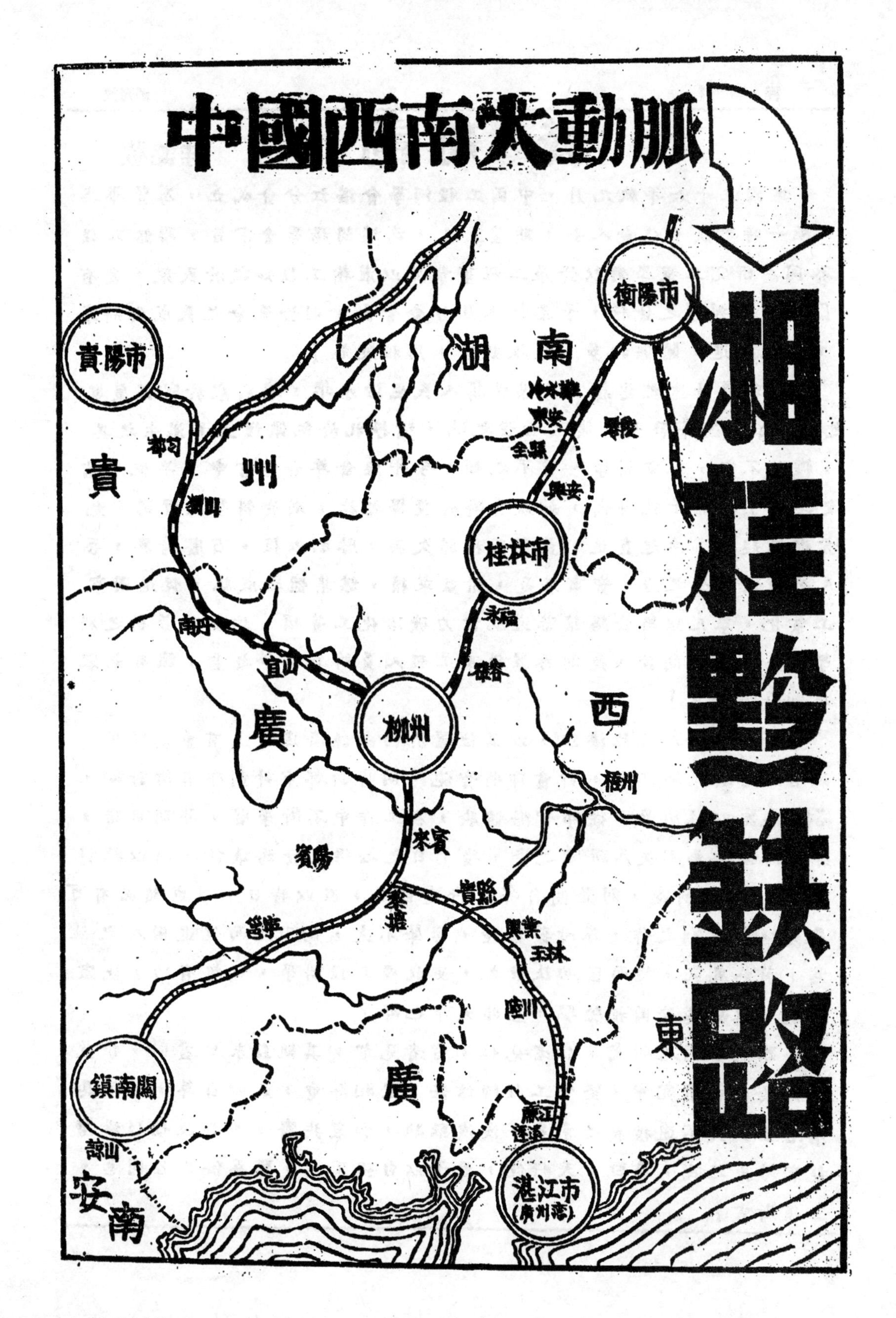

中國西南大動脈
湘桂黔鐵路
衡陽市
貴陽市
桂林市
柳州
鎮南關
湛江市
(廣州灣)
湖南
貴州
廣西
廣東
安南
宜山
來賓
梧州
興安
玉林

發刊詞

桂銘敬

建國三十六年秋九月，中國工程師學會湛江分會成立，羣賢畢集，極一時之盛，社會人士，期望至殷，為謀闡揚學會宗旨，聯絡工程界同志研究工程學術以發展工程事業並以灌輸工程知識於民衆，爰有「工程季刊」之發行，予忝任本屆分會會長，則於學會之長成與將來工作之推進，關係特多，謹綴數言，用相策勉！

夫科學發達之意義，在謀提高人民生活水準，躋國家於富强康樂之境；但以連年戰火熊熊，蚩蚩之氓，猶掙扎於飢餓綫上，滋生之具，懼其不完，與言科學，曾不之顧，今年總會年會宣言中，早慨乎言之矣！丁茲原子能時代，如欲奮躋於競擇之林，則於科學之研究，允宜迎頭趕上，急起直追，蓋我國積弱久矣，勝利以後，百廢待興，吾人必須仗科學之力，實事求是，精益求精，謀集體之成就，促進國家工業化，舉凡鐵路公路築港灌溉電力礦冶化工等項，均宜以最新之科學方法，使之開發．是則吾輩從事工程人員所負使命之重，誠有未容晷刻自惰者矣！

今本分會所在地湛江，以其位置於西南經濟建設上有重要關係，故有建港與築路工程，計劃即將實施．同時新都市計劃亦有所討論，各同志本以往所學，從事實際體驗，在工作中不斷學習，耳聞目睹，身手所接，要不失為研究之資，積平日之心得，發為議論，藉以探討印證，力求創造，則登高自卑，行遠自邇，假以時日，其成績必有可觀者，是本刊之作，雖寸莛撞鐘，響聲不遠，倘因此而促進國人之注意，蔚為風氣，從而匡助扶掖之，使我國工程科學，日起有功，恢宏前途，與歐美諸國相馳驅，豈非大幸也耶？

雖然：問題研究，仁者見仁，智者見智，其觀點未可盡同，惟望吾人於自由研究中，堅守工程師信條，互相尊重，兼以自尊，必須具有古士大夫不逾禮義之素養，洩洩融融，和衷共濟，庶能收切磋琢磨能容乃大之效；易曰，天行健，君子以自强不息，願吾儕工程同志，三復斯言！

來湛段鐵路與湛江港

桂銘敬

來湛段鐵路為我國西南西北鐵路幹線出口路線之一段，路線長度為四〇一公里。考 總理實業計劃中原已有論欽鐵路幹綫之議，今則以湛易欽，並向北展築至甘肅之蘭州，且以列為戰後第一五年築路計畫之首選；刻正積極籌備分段實施，沿線所經，歷甘，陝，川，黔，桂，粵六省，計由西北之蘭州起經天水，成都，貴陽，柳州以達湛江市之西營，全程共長三千二百七十餘公里，是為西南西北之主要幹線。本線除都勻至柳州，柳州至來賓一段經已完成外（該段現屬湘桂黔鐵路範圍），其餘天蘭，天成，成渝，隆筑，都筑，來湛六段全屬新工，天蘭，成渝，都筑，來湛四段且已進行施工，天成及隆筑兩段亦分別作定測比較中。

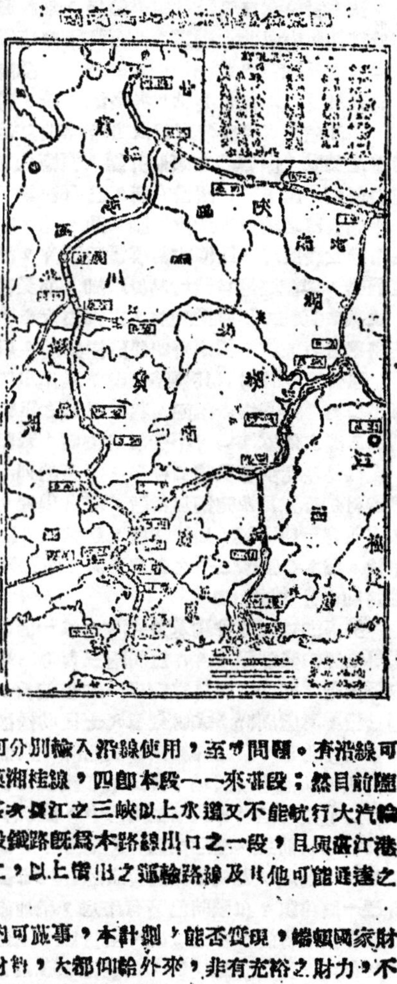

查本線出口港灣原有欽州灣，北海及廣州灣三處比較之說，結果以廣州灣（即今之湛江）具有天然之優勢條件，尤為西南唯一之出口良港，且該港與海南島遙遙相對，查海南島資源豐富，礦產特多，富埒台灣，美比江南，一經開發，可成為南中國之重要工業區，為謀開發海南寶藏使與大陸相貫連，則湛江港口之決定，至為適當，又路線起點之所以選定在蘭州者，亦以蘭州為我國之戰略中心點，欲謀開發西北，必先繁榮蘭州，欲謀繁榮蘭州，則非發展蘭州與沿海各省之交通不可；是選定蘭州市為本幹線起點之決定，亦屬必然之事實。

本線綿亙六省，長達三千餘公里，貫通西南西北，尤為我國鐵路計劃中之大幹綫，然如何完成此艱巨工程，則財力，物力與時間，估計，誠屬必要。查戰前每公里鐵路建築費約為12〇，〇〇〇元（以戰前銀元為單位），現全線三二七二公里，計需款3,272×120,〇〇〇＝392,640,〇〇〇元，約合四億銀元，根據黔桂鐵路已成部份屬於材料資本支出之分析：橋工佔百份之九．五肆，軌道佔百份之一一．三二，機件佔百份之〇．六二，電話電報佔百份之二．〇六，車輛佔百份之七．一〇，合計為百份之三〇．六肆，設減去工費及其他雜費約為百份之十一，則餘者概為購置材料之費約為百份之二十，今西南西北幹綫全部建築費設為肆億銀元，則用於購置材料者約為80，〇〇〇，〇〇〇銀元，假定全部材料以鋼料為代表，戰前鋼料價格約為27〇元一公噸，即全線需用材料約為 $\frac{80,000,000}{270}$ ＝296,236公噸，約計約合30萬公噸，此30萬公噸之材料如何分別輸入沿線使用，至成問題。查沿線可能運輸之路線大別有四：一為隴海路，二為長江水運，三為粵漢湘桂線，四即本段——來湛段；然目前隴海路正遭戰事影響，復由通車至海州出海，一時尚未能辦到，其次長江之三峽以上水道又不能航行大汽輪，運輸能力有限，粵漢路線又曲折遙遠，頗不合算，然則來湛段鐵路既為本路線出口之一段，且與湛江港口聯接，將為本路唯一之主要運輸線，當無疑義，然若全線趕工，以上舉出之運輸路線及其他可能運達之運輸線仍須四方八面同時配合使用，方可克奏膚功也。

查中央政府預定本幹線完成日期，照分段施工計畫，四年內可竣事，本計劃之能否實現，端賴國家財力是否充裕與乎地方人士之是否竭誠協助以為斷，查一切築路材料，大部仰給外來，非有充裕之財力，不足以成大事，其他如征集就地人工與材料，則又非有地方人士之明瞭與協助不為功也。

來湛段鐵路既為我國西南西北鐵路幹線出口路線之一段，且為本幹線之主要運輸線，則其進行近狀與完成日期，以及配合之築港工作，自必為社會人士所矚目與關懷，筆者奉命參與本段工程及建港工作，謹就所知，報道大略，想為關心建設之人士所樂聞也。

來湛段鐵路為施工方便起見，現分桂境粵境兩工程處負責，目前均屬湘桂黔鐵路局管轄範圍，粵桂兩境共長四百零一公里，桂境佔三百二十一公里，粵境因須兼辦港口工程，鐵路里程較短，只有八十公里，桂境工程處設在廣西境內之貴縣，粵境工程處設在湛江市之西營，目前雖各在籌備與進行之中，然以國家財力未充，分配工款甚少，且以治安關係，尙未曾展開工作，如沿線治安寧靜，工款充足，本段四百公里鐵路工程預計一年半即可完成。

來湛段全段除大橋數處外，尙無其他艱巨工程，粵境線內所須特述者厥爲湛江總車站之建築，查湛江總站設在西營，爲全路之終點站，蓋其位置重要，上扼黔廣路線之咽喉，爲西南通內陸之門戶，故列爲一等站，本站完成後每日平均吞吐量爲5000噸，全年爲1,600,000噸，如設備完善，增加運輸量一倍，亦非難事。又全部計劃實現後，具有極完備之發電廠與機械廠，不獨可供鐵路及港口各項工程與行車之用，兼可有剩餘電力供給湛江市各種工業之需求。

湛江爲我國南方天然深水港，公元一八九九年租與法國西，民國三十四年秋，抗戰結束，始由我國收回，法人對於港口經營曾四十餘年，然設備仍極簡陋，勝利以還，中央鑒於西南經濟建設上之需要，爲謀完成貫通西南西北大動脈，乃有興築黔廣鐵路之議，於是湛江港之開闢，不僅國人寄予莫大之期望，亦爲世界人士所矚目，該港地理形勢優越，港灣水道深廣，東西北三面接連大陸，南有東海硇州諸島環繞屏障，其天然優越地位足與世界各名港相埒，將來建港完成，其於國家國防經濟價值之重大，實不可以限量。

湛江建港有於經營東營及西營地點之選擇問題，頗多爭論，經詳爲實測研究，縝密考慮，認爲東營與西營之發展，係建港之整個計劃，實應全面經營，在工程技術方面，不過係實施階段有先後之分，而非偏重於任何一處，蓋在西營方面，已有西營與赤坎兩地爲法人所經營，有多年之歷史，市面尙屬繁榮，且雷州半島豐富之物產，如魚，鹽，油，糖，花生，及牲口等，皆由此輸出，外洋雜貨亦由此輸入，若放棄現成市面改趨東營，則似亦爲事實所不許，故工程計劃之實施程序，擬先分期進行，首先將西營原有碼頭伸長展築，俾鐵路港口器材易於起卸，而免轉駁搬運之煩，並建築堤岸式與突出式碼頭倉庫等與鐵路路線聯係，使萬噸巨輪可以直接灣泊，貨物由火車輸運以資便捷。至於東營方面，則列入後期建設，並將鐵路線展築由東營至廉江，使東營西營隔岸對峙，成爲鉗形之發展。

東營建港確另有其優越之處，沿岸水深浪小，且背風向，爲輪船灣泊之良好地點，且沿岸線甚長，足有四公里，可築堤岸碼頭，萬噸以上之巨輪數十艘之位置亦足敷用，且該處現時尙無市面，舉凡市政之規劃及工廠之佈置，均可不受現成市面之牽制，詳爲設計，可以成爲一現代化較理想之都市。

關於建港步驟及施工程序，另有論列，茲不具說，築港工程既大且鉅，能否完成爲一良好之港口，端賴器材是否充足及完備以爲斷，舉凡堤岸，碼頭，船塢，防風避風與及疏浚等工程之實施，在在需用機械，而所有一切機械：如挖泥機，起重機，動力機，鑽探機以及築港之鋼鐵材料，非充份準備完善，實難收速效。然本國鋼鐵工業之企業，尙在萌芽時代，大量供應，仍須仰給於外洋，故器材之如何供應，實爲建港當前之先決問題也。

美國港口專家曾論及美國港口無一能滿意者，英國之倫敦港方能稱爲好港，蓋以倫敦港口之設備，能使萬噸巨輪裝卸迅速，在短期兩三天之內竣事，美國港口則非肆五天不能完成任務，據此以觀，美國港口尙不完善，則吾國港口設備更不知相差若干距離矣。際茲湛江建港工作正在開始計劃之時，吾人應如何策勵奮發，考慮周詳，尤盼全國人士匡助扶掖，俾湛江港建設成爲南中國一完備之好港。

更有進者，最近湘桂黔全段路線，幾經艱苦，在物資極度困難之時，能努力搶修，已於本年十一月底由柳州復軌通車至衡陽，如此沿粵漢鐵路向北可達漢口，南可直達廣州香港，綜觀全國鐵路在華北，在東北，無日不在共匪破壞及搶工搶修中，虛耗物力財力，不可數計，而在華南能有此一段復軌通車之成就，展望交通建設前途，至感興奮。又查華中之浙贛鐵路，正在加緊復軌工作，短期即可全綫告竣，最近之將來，更可由浙贛，滬杭等路而與京滬各地聯接，使華中與華南之交通動脈貫通，必更爲便利，至於由來賓至貴縣一段路線，在戰時已築有路基，稍加修補及建築來賓附近之紅水河大橋工程，再設法籌辦鋼軌材料，則通車到達貴縣，亦巳易事，由貴縣更沿西江水路經梧州以達廣州，如此粵桂兩省，息息相關，商旅往來必更稱便，路通貴縣之後，爲謀桂省土產之出口，更足以促成來湛段鐵路之成功，足使粵南之雷州半島經濟與文化，均有極度之發展，國計民生，因之可由解決，五年十年之後，湛江建港逐步實施，其經濟建設之優越地位，當可媲美香港而成爲華南一重要港口，可無疑義也。

工程師信條

一、遵從國家之國防經濟建設政策，實現國父之實業計劃。

二、認識國家民族之利益高於一切，願犧牲自由貢獻能力。

三、促進國家工業化，謀求物資之自給。

四、推行工業標準化，配合國防民生之需要。

五、不慕虛名，不爲物誘，維持職業尊嚴，遵守服務道德。

六、實事求是，精益求精，努力獨立創造，注重集體成就。

七、勇於任事，忠於職守，更須有互切互磋親愛精誠之合作精神。

八、嚴以律己，恕以待人，並養成整潔樸素迅速確實之生活習慣。

湛江港堤岸式碼頭計劃研究

廖遠祺　梁廷俊

導言——碼頭式樣之選擇——影響碼頭設計之主要因素——

堤岸式碼頭式樣之選擇——計劃研究——比較設計——討論——結論

一、導言

湛江港之概況及建港初步計劃，已詳載湘桂黔鐵路來湛段寧境工程處出版之「湛江建港計劃」一書內。茲以該書擬訂之計劃為準繩，依最近測量成果，及搜集所得資料，詳加分析，擬就泊船碼頭計劃研究報告。其他如進口水道，防淤堤，船塢，貨倉，給水，航空站，港市分區，公用設備等計劃，則有待繼續測量所得之結果及資料搜集齊全後，逐步着手研究。湛江現狀三數千噸輪船可以隨時通航，萬噸巨輪亦可乘潮進出，將來進口水道兩處淺沙加以疏浚後，數萬噸巨輪可通行無阻。唯湛江港內迄無足以繫泊船隻之碼頭及起卸儲運貨物之設備，現有通航輪船停泊港心，駁船接運，至感不便，將來鐵路完成後，運輸日益頻繁及建築鐵路時笨重器材之裝運，均亟需有能直接繫泊船隻之碼頭及起卸儲運貨物之設備。原有西營碼頭離深水綫過遠，工程處曾計劃加以展築，現已設計完竣，籌備材料，由中國橋樑公司上海分公司承辦，已簽訂合同，即可興工。唯該計劃僅能靠泊三千噸級船隻一艘，故建造繫泊重噸級船隻之碼頭，亟宜着手計劃，期能迅速付諸實施，以應需要。

二、碼頭式樣之選擇

泊船碼頭之式樣，可大別分為突出式，（Pier），船澳式（Basin），丁字形式（T-Wharf）及堤岸式（Quay）等。式樣之選擇須視港灣深度，建築經濟，土地價值及堤岸離水線長度與淤積情形而定。突出式碼頭之優點，為在較短之堤岸線可得較多之泊船位置。此式於岸線甚短港灣遼闊而船舶衆多之港口為宜。唯建築費高昂，施工困難，且阻礙潮水流向是其缺點。船澳式在港灣狹小海岸線凹凸參差而船舶衆多之港口為宜，可就海灣地形開掘船渠。唯凹入船澳水流緩慢，常有沉澱之虞。丁字式突出深水綫中，加築臨河臂成一丁字形，此式建築困難，且與陸上交通運輸及貨物存貯均甚不便，僅適於建築極便碼頭及海岸距深水線甚遠之海港不得已採用而已。堤岸式碼頭建築較易，且不阻礙潮水流向，其與陸上交通運輸之聯絡及貨物儲藏均甚便利，惟船隻所佔海岸線較長，於臨水線頗長之港灣最為適合。湛江港南自馬其尖角起迄北渡尖角止，計長八千公尺，寬度在馬其尖角約一千五百公尺，入港後則漸寬展，約二千五百公尺，東西營間最狹亦有一千四百公尺，越此又復寬展，約在二千二百公尺至二千八百公尺之間，至北渡尖角為二千三百公尺。臨水岸線；西營長七公里，東營長四公里半，烏冠河兩岸宜建船塢為造船區，巴蒙灣可為海軍船艦停泊地及船塢。故本港可停泊多量船隻不虞擁擠。港灣中部水深多在低潮位下十公尺至二十五公尺，亦有超過三十公尺者。計水深在低潮位下十公尺以下者，約有六百三十萬平方公尺。故本港碼頭以堤岸式最為適宜。沿東西營兩岸選擇適當位置建築堤岸碼頭（第一期工程堤岸線約在低潮線附近，其位置之選擇詳後）。堤外浚挖至適當深度，以資繫泊船隻，所挖淤泥填築堤內，計港岸能獲新填地面積共約3185000平方公尺。除碼頭倉庫，堆棧，鐵路，道路等需用者外，其餘填地尚多，可劃分地段標售，以價款補助工費。堤岸築成後，有收束河床增加流速，減免港內淤積之効。（詳湛江建港計劃）。

三、影響碼頭設計之主要因素

在討論堤岸式碼頭計劃之前，請先看本港影響碼頭設計之幾個主要因素：

（一）地質：　地質情形影響碼頭式樣之選擇及建築物之安全，舉凡碼頭基礎承壓能力，土壤對岸壁之橫壓力及基樁之摩擦力等，均與地層構造有密切關係。湛江港地質情形，法人租借時代曾在東營西營赤坎等地鑽探，並有鑿井紀錄可資參考。檢視鑿井及鑽孔紀錄，可知東西營兩岸深入地下數十公尺，均未發現有堅硬石層，東營方面表層均為灰色沙土，表層以下多為沙土，中夾深紫色及什色土壤。西營方面表層為黃色土壤，其下為黏土，再下層為沙土。西營第二號鑽孔位置在新市場，第三號鑽孔在逸仙路（前貝當路），均當作第一期堤岸碼頭工程附近，為設計時之可靠參考資料。東營第一號鑽孔位置在馬其尖角海邊，第二三四五號鑽孔位置與第一號孔在同一縱剖線上，可作東營方面堤岸設計之參攷。（地質鑽探圖略）。

（二）海水之成分：　港區當麻斜河下游，距外海二十餘公里，麻斜河集水面積甚小，流量至微，故本港實為海灣而非河口港內水位完全受潮汐影響，漲潮漲潮，潮水退至，故水之成分與普通海水無殊。此海水含有鹽分及雜質之性能，於採用建築材料時宜特別注意及之。

（三）潮汐：　本港潮汐之昇降，係半日週性（Semi－daily－type），即每日有兩次滿潮兩次乾潮是也，過去湛江潮水紀錄散失殆盡，茲據西營海關三十五年七月至三十六年八月之潮水紀錄，統計及調查所得最高滿潮，最低乾潮高度列表如下：

（表列高度係依鐵路測量水準）

最高滿潮	Highest High water	58.833公尺
最低乾潮	Lowest Low water	53.550公尺
滿潮平均	Mean High water	56.841公尺
乾潮平均	Mean Low water	54.771公尺
大潮之滿潮平均	Mean High water of Spring tide	57.828公尺
大潮之乾潮平均	Mean Low water of Spring tide	54.467公尺
小潮之滿潮平均	Mean High water of Neap tide	56.098公尺
小潮之乾潮平均	Mean Low water of Neap tide	55.246公尺

（四）氣象：　雨量，溫度，蒸發量，風向等氣象變化與堤岸之設計及施工有關，茲節錄如下：

雨量　（以公厘計）　1939——1944年

月份	1	2	3	4	5	6	7	8	9	10	11	12	全年
平均雨量	16.5	26.9	93.7	132.0	205.4	189.0	333.3	343.6	124.5	126.4	91.1	43.0	1754.8
平均降雨日數	4.0	6.8	10.6	9.1	14.0	18.3	17.6	19.8	10.5	7.6	6.3	4.0	124.3
廿四小時最大雨量	29.6	58.9	76.0	186.1	175.7	68.6	163.7	173.5	65.3	98.0	245.2	55.6	245.2

溫度　（攝氏表）　1939——1944年

月　份	1	2	3	4	5	6	7	8	9	10	11	12	全年
平均氣溫	17.1	17.4	20.1	22.9	26.7	28.6	28.5	27.9	27.8	25.8	21.9	17.1	23.5

絕對最高　39.8　（1940年六月十四日）
絕對最低　3.2　（1944年十二月廿一日）

蒸發量　（以公厘計）　1939——1944年

月　份	1	2	3	4	5	6	7	8	9	10	11	12	全年
平均月總量	81.7	52.9	46.9	56.5	77.7	84.3	81.7	76.7	97.8	99.3	90.6	90.3	936.4

風向

年份	最多風向	次多風向	平均風向
1940	N E	ENE	N 41° 10' E
1941	ENE	E	N 70° 00' E
1942	E	SE	N 89° 25' E
1943	E	ESE	N 89° 15' E
1944	E	N	N 88° 00' E

（五）材料工具及勞力：　　建築碼頭之主要材料爲鋼鐵，洋灰，木材，沙及石料。洋灰可向廣州採購，廣東士敏土廠製造之洋灰尚勉强可用。石料及混凝土所用之沙石，可在本地採取。石場在硇州島，距工地約二十公里海沙散見於麻斜河兩岸，惟沙粒甚細，以之製成混凝土恐強度較差，故採沙時宜留意選擇之。普通木材多向梅菉採購，硬木則需仰給外洋。鋼筋及鋼板椿需向外國訂購。建築碼頭所用之工具如挖泥船，起重機，打椿機，抽水機，混凝土拌和機，碎石機等。本港均無設備。在日本賠償我國物資，本港可分得機具大小一佰件，其中一部份適合建築碼頭之用，惟未悉何時始能運達。故建港工具尚需由滬港等地運來。普通工人可在當地僱用，技工則需向廣州香港及上海方面招致。

肆、堤岸碼頭式樣之選擇

本港碼頭建築之式樣，以堤岸式最爲相宜，已如上述，堤岸式碼頭根據構造上分類可有下列三種：

（一）重力式（Gravity Wall）——有混凝土式（Mass Concrete），方塊體式（Solid Block），鋼筋混凝土擁壁式（R.C.Retaining wall），格子式（Crib），沉箱式（Caisson）棧橋式（R.C.Deck）等種。

（二）板椿式（Sheet pile wall）——有木板椿式（Timber sheet pile），鋼筋混凝土板椿式（R.C.Sheet pile）及鋼板椿式（Steel sheet pile）三種。

（三）重力墻椿承式（Gravity wall on piles）——有木椿承式及鋼筋混凝土椿承式兩種。

重力式之構造最爲堅固耐久，惟基礎承受壓力甚重，須有堅固之巖石層作基礎，且工費甚昂，施工設備複雜，工事需相當時日。板椿式之構造及施工設備均較爲簡易，造價低廉，工事迅速，惟建築物壽命較短，是其缺點。重力椿承式之結構較板椿式耐久，但不及重力式，其造價及工事之難易亦在前述兩式之間。

以上所列各式，世界各港均有實例，惟式樣之選擇，因時因地而異，視需要及經濟情形而定，設計者宜顧慮周詳，而後選擇某幾種適合實際條件之式樣，付諸實施。以湛江港情形言之；重力式堤岸中多種式樣，無論時間，經濟，地質，施工技術各方面均有不許，惟鋼筋棧橋式可適於較柔軟之地層，且造價較廉，如橋墩用混凝土柱或混凝土椿，橋面用混凝土板樑式，則施工較易，故此式頗有提出作比較設計之價值。板椿式中；木板椿材料強度甚少，不適於建造深水堤岸，且容易腐蝕，湛江氣候溫暖，海蟲滋生水中，蛀蝕堪虞，不宜採用。混凝土板椿施工技術較難，工費亦昂，以採用鋼板椿式最爲適合，因此式施工迅速，工費低廉，甚合目前湛江建港需求，湛江地質情形亦宜於打椿，惟鋼板椿在海水中容易腐蝕，且深水碼頭，板椿所受壓力甚大，是其缺點。惟晚近鍊鋼工業進步甚速，防銹及高強度建築用鋼已普遍使用，堤岸碼頭之採用鋼板椿式者已日漸加多。重力椿承式上部建築（普通多在低水位以上）爲重力擋土墻，其底部以木椿或混凝土椿承載，此式亦甚適合湛江情形，亦擬作比較設計，上部建築擬採用混凝土擋土墻，下載混凝土樁，堤前挖至需要深度後，向內掘成斜坡，以砌石護面。如採用木樁駁式，則需將木樁藏於土中，以防虫蛀及減少腐蝕，堤前打板樁一道，以防泥土卸陷。

綜上所述，本港堤岸式碼頭；有横橋式，鋼板樁式，重力混凝土牆混凝土樁駁式，重力混凝土牆木樁駁式四種，堪以採用。茲依此四式作詳細設計，容於後章詳述其構造及作詳細討論。

五、計劃研究

根據「湛江港計劃」所載，第一期工程在西營避風塘與原有西營碼頭間，建築泊船碼頭約八百公尺，以便八千噸級船隻直接靠泊起卸，故本計劃之研究，亦以第一期工程爲對象，其他二三期碼頭工程，俟測量完竣後再行分析研究茲就堤岸綫位置，堤面高度，埠頭佈置各點分別概述。

（一）堤岸綫位置：　西營市區海岸離深水綫甚遠，八千噸級船隻吃水八公尺五公寸，船底離水底餘裕深度至少需四公寸，故堤邊水深須在低水位下九公尺，俾船隻可以隨時泊岸。堤岸綫之選擇應以堤前之浚挖量與堤後填築量約略相等，最爲適宜，因西營一帶地勢甚高，取土困難，若堤岸靠近深水綫，則填築數量頗鉅，難於取給。若堤岸靠原日海岸則浚挖量大，且堤岸碼頭，貨倉堆棧等設備需地甚多，將限制市區發展。依工址地形縱剖面圖比較計算結果，選定堤岸綫之位置在最低潮位附近時，其填挖量約相等，約爲七十萬立方公尺，可獲新填地212400平方公尺（工址地形剖面圖及填挖數量比較表從畧）。

（二）堤頂高度：　湛江堤岸碼頭之頂高之選定，受最高潮水位及計劃湛江火車站軌面高度兩者之限制。西營最高潮水位爲58.833公尺（鐵路水準）計劃湛江車站之軌面高度爲63.000公尺，採用堤高60公尺，高出最高水位一公尺，險可不受風浪影響，亦不超出鐵路坡度規定。

（三）埠頭佈置：　第一期工程之碼頭，爲客貨混合使用之碼頭，故其佈置亦依此目標設計，以能容火車，汽車運輸及普通旅客上落之用爲標準。埠頭之佈置首乎貨物起卸，儲藏，轉運均迅速便利。擬於堤邊設活動起重機軌一道，次爲汽車道及火車道，再次爲驗貨廠。起重機採用電動高架式，其起重臂以能直接由船中起卸貨物至火車及驗貨廠爲度。驗貨廠與儲貨倉間鋪設火車路軌三道。其他繫船柱，護木，電力線，自來水，下水道等亦應有適當之佈置（附埠頭佈置圖）。

六、比較設計

下述四種比較設計，均基於相同之埠頭佈置，堤面高度，堤岸綫位置及浚挖深度而計算者。計算時選之定數值如下：

（一）堤面荷重每平方公尺爲三公噸半，惟横棧橋式因棧橋面填土甚薄，且横樑之距離甚　，假定爲每平方公尺荷重四公噸。

（二）船舶之衝擊力及牽引力假定爲五十公噸。

（三）土壓力計算係採用Rankine氏公式。

（四）堤岸塊石回填：　乾塊石每立方公尺重二公噸，內摩擦角爲四十五度。塊石在水中每立方公尺重1.2公噸，內摩擦角爲四十五度。

（五）堤岸泥土回填：　乾土每立方公尺重1.6公噸，內摩擦角爲三十三度四十二分（靜止時坡度1,5：1）。濕土每立方公尺重二公噸，內摩擦角爲二十六度三十分。在水中每立方公尺土重一公噸，內摩擦角亦爲二十六三十分。

（六）未被擾動之地層，在水中每立方公尺土重1.1公噸，內摩擦角爲三十度。

（七）基樁沒入土壤部份之安全承載力（樁面摩擦力）假定每平方公尺二噸半（約當每平方英尺五佰磅），仍以施工時試樁結果爲準。

（八）形狀相似之木樁及混凝土木樁，其沒入土壤部份之樁面摩擦力假定約畧相等。

（九）鋼板樁材料，暫依興生廠出品目錄爲準，現正向美國四大名鋼廠索取高強度及防銹鋼板樁目錄，俟將來再行選定。

茲將各種比較設計分別概述如後，詳細計算書因篇幅繁多從畧。

第一設計——鋼筋混凝土横棧橋式計劃

計劃概述：　此式上部建築用鋼筋混凝土板梁式，板塊之上鋪碎均厚一公尺淨沙卵石或煤渣，俾車輪之重量可以均勻分佈，板塊傾斜，以利排水，用樑承載，並有横撑及斜撑連結，以防船舶衝擊，下承鋼筋混凝土樁，打入土中，賴樁面與土壤之摩擦力支持，堤前挖深至低水位下九公尺後，向內挖掘成斜坡，

以塊石護面。（詳設計圖）

設計圖說明：　橋面寬十八公尺六公寸，前端塡沙厚一公尺，末端塡沙厚一公尺半，板塊厚二十三公分，樑距二公尺，寬三十公分深六十公分，橫撑及斜撑寬三十公分厚四十公分。樁之縱橫距離均爲二公尺，樁之斷面爲八角形，直徑四十六公分，樁長分二十三公尺二十公尺及十六公尺三種。挖土斜坡爲二比一坡，塊石護坡厚半公尺至一公尺，計每樁之載重約爲三十五公噸。

第二設計——重力混凝土墻混凝土樁承載式

計劃概述：　此式上部建築爲重力混凝土墻，其下爲鋼筋混凝土平臺，下承鋼筋混凝土樁，堤前挖深至低水位下九公尺，向後掘成斜坡，堆亂石堤以禦土壓。（詳設計圖）

設計圖說明：　重力混凝土墻係用一比三比六成分澆製，由標高55.200公尺做起，其下爲厚六公寸之一比二比四成分鋼筋混凝土板塊，用八分之七英寸直徑鋼筋二公寸半中距，橫直排列，鋼筋混凝土樁前四排直徑四十公分，左右距一公尺半，前後距亦如之，後四排樁直徑三十六公分，左右距二公尺，前後距亦如之，挖土坡度爲二比一，堆石堤邊坡爲一比一。

第三設計——重力混凝土墻木樁承載式

計劃概述：　此式上部建築爲重力混凝土方塊墻，下承木樁，堤前打鋼板樁一道，以防浚挖後泥土卸陷，鋼板樁頂端之鋼拉條以鋼板錨定於堤後。（詳設計圖）

設計圖說明：　混凝土方塊墻係用一比三比六成分澆製，由標高51.400公尺築起，下承木樁共打六排，前四排距左右一公尺，後二排左右距一公尺二公寸。樁之斷面前二排用十二英寸徑，其餘均爲十英寸直徑，所有木樁前後距爲一公尺。鋼板樁採用輾生鋼V號，每隔四塊鋼樁（間距1.68公尺）置一又八分之三英吋直徑之鋼拉條一根，錨定板用一公尺長之鋼樁埋置於堤後，與長二十八公尺半之拉條連接。錨定板及鋼樁內均用槽形鋼兩根，相背對置於拉條之上下，釘附於樁上，使其更形牢固。

第四設計——鋼板樁式

計劃概述：　鋼板樁堤岸係用雙拉條式，鋼樁岸壁所受之土壓力，除入土部份由泥土之反壓力抵銷外，概由上下二拉條承受之，此二拉條分別錨定於堤後之錨定鋼板上，堤後挖去鬆土回塡塊石，使減少回塡物對岸壁之土壓力。計算時假定上拉條不受力，鋼樁所受壓力除入土部份之反壓力抵銷外，全由下拉條承受之。上拉條之作用在矯正打樁及回塡時鋼樁上端向外突出之現象，使鋼樁之上端成爲一直綫爲防止堤岸彎曲起見，於拉條之上下用槽形鋼兩塊。相背對置，各以其一邊釘附於鋼板樁後，使鋼樁更形牢固。因拉條太長不便施工，將拉條分爲兩段，用緊轉口（Turnbuckle）連接成一整個拉條。鋼樁之頂端鋸平後套以鋼筋混凝土帽，以便與堤後塡土相接。（詳設計圖）

設計圖說明：　鋼板樁全長二十三公尺五公寸，入土深度爲八公尺，最大力矩爲七十六噸公尺，曾選用輾生熟鐵鋼板鋼樁第VI號，每平方公尺面積重二佰九十三公斤，鋼樁每公尺寬下拉條所受總拉力爲三十七公噸，每隔四塊板樁（間距1.68公尺）設置三吋半直徑鋼條一根，下拉條位置高出低水位半公尺，長度爲二十九公尺。每隔八塊鋼樁（間距3.36公尺）設置上拉條一根，直徑三英寸長三十公尺，位置在堤頂下一公尺。上下拉條均錨定於堤後同一鋼板上，下拉條設置九英寸槽形鋼兩塊，上拉條設置四英寸槽形鋼兩塊，各相背對置，釘附於鋼板樁上。混凝土帽寬六公寸深四公寸，用鋼筋箍套於鋼板樁頂上。

七、討論

欲從上列四種比較設計中選定一種付諸實施，必須從建築費用建築物之壽命建築方法與建築材料各方面作詳細之檢討，茲將各式碼頭之工程費估計列表如下：

表(一)　　鋼筋混凝土樁棧橋式　　(以堤岸長一公尺計)

工程項目	說明	單位	數量	單價(萬元)	合價(萬元)	備註
1:2:4混凝土	上部建築	立方公尺	19.3	680	13124	工料合計
1:2:4混凝土	樁	立方公尺	25.5	760	19380	
鋼筋		公噸	12.4	1000	12400	
塊石護坡		立方公尺	15.8	56	884.8	
			合	計	45,788.8萬元	

表(二)　　重力混凝土墻混凝土樁承載式　　(以堤岸長一公尺計)

工程項目	說明	單位	數量	單價(萬元)	合價(萬元)	備註
1:3:6混凝土	擋土墻	立方公尺	14.5	480	6960	工料合計
1:2:4混凝土	版塊	立方公尺	8.5	680	5780	
1:2:4混凝土	樁	立方公尺	11.0	760	8360	
鋼筋		公噸	4.4	1000	4400	
亂石堤		立方公尺	45.0	50	2250	
			合	計	27,750萬元	

表(三)　　重力混凝土墻木樁承載式　　(以堤岸長一公尺計)

工程項目	說明	單位	數量	單價(萬元)	合價(萬元)	備註
1:3:6混凝土	擋土墻	立方公尺	3.7	480	17760	工料合計
鋼板樁	普通鋼	公噸	4.05	2000	8100	
鋼件	拉條 槽鐵 緊轉口 螺絲	公噸	0.18	2800	504	
木樁	十二吋硬木	公尺	28	38	1064	
木樁	十吋硬木	公尺	32	32	1024	
			合	計	28,452萬元	

表(四)　鋼板樁式　(以堤岸長一公尺計)

工程項目	說明	單位	數量	單價(萬元)	合價(萬元)	備註
鋼板樁	高强度鋼	公噸	7.5	2300	17250	工料合計
鋼件	拉條 槽鐵 緊轉口 螺絲	公噸	1.2	2800	3360	
塊石回填		立方公尺	50.6	40	2024	
混凝土帽		立方公尺	0.24	680	163	
				合計	22,797萬元	

上表所列僅築成每公尺堤岸所需之材料數量及工費估計。惟浚挖，塡築土方，繫船柱，防衝護木及堤面佈置等項不包括在內，工料單價暫照三十六年七月份物價指數估算，所估單價，雖難準確，然亦可比較概知横棧橋式造價最昂，鋼板樁式最廉，而重力樁式則介乎其間。

木樁在碼頭建築中最爲簡易，其初價亦甚廉，惟不能耐虫咬及腐爛 據香港港務官報告，香港木碼頭之壽命；中國松木約九個月，婆羅洲硬木三年至五年，Yocal木八年至十年，Billian木約十五年，如將木材塗刷焦油或木油，亦僅稍增壽命，因此項防腐劑被水冲洗後，虫類仍能鑽入木內蛀蝕內部，如使用防腐劑注染完全之木材，則價格甚爲昂貴，但埋入土中之木樁則可以保存甚久，雖五七十年亦可安然無恙。

洋灰混凝土於建築碼頭工程應用至廣，可避免腐爛虫咬及火燒之弊。惟混凝土在海水中之耐久性亦殊不一定，一般言之；建造完好之混凝土常浸在海水中者不易損壞，曝露於低潮位及高潮位間者，因氣候寒冷，海水穿入表層微孔，結冰時體積增大，以致表層剝落，且易受浮冰及海浪及木頭等之碰撞以致崩損。所用洋灰應含礬土(Alumina)成分較低者爲佳，因可減少海水中硫酸化物對混凝土之侵蝕。水下澆製之混凝土在完全凝固前易受海流及波浪衝盪洗刷，遠不如岸上澆製者耐久。據上所述，如在岸上預先做好之混凝土方塊或混凝土樁，其所用之洋灰沙及石子能嚴格選擇，比例合宜，充分拌和，凝結堅固，使密度最大，不易透水者則在海水中甚能耐久。鋼筋混凝土樁中，保護鋼筋之混凝土層應有足夠之厚度(在海水中至少厚二英寸半)。製成後樁面並應用洋灰漿粉刷，塡塞小孔，以避免海水對鋼筋之侵蝕。混凝土建築甚少彈性，故對於船舶之衝擊力宜加意預防，萬噸船隻以每小時一哩之速度移動(每秒一英尺半)，其動能有三佰五十呎噸，若倍其速度將有動能一千五佰呎噸，此動能之破壞力能使船隻及碼頭損壞，必須有防衝護木之設備，妥爲保護，若護木上裝有機械彈簧，對於減弱震動力更見有效。

鋼板樁岸壁之壽命，完全依據其最外層鋼板樁及附件之腐蝕久暫而定，當鋼樁及附件腐蝕至超過其實際需要尺寸時，堤岸即告崩壞，故其耐久度視腐蝕率及所用鋼料除實際需要尺寸外另行增加之厚度爲準。鋼板樁岸壁受變化，冲刷，浪擊，沙擦等作用而致腐蝕。其腐蝕率因各所在地環境不同，各異其値，殊難確定，一般言之；在海水中較在淡水中爲速，在動盪之水中較在靜水中爲速，在低潮位以上較在低潮位以下爲速。若將鋼板埋入泥土中則甚爲耐久，據英國工程師B.H.Thwaite氏發表經驗公式：$Y=\frac{W}{C\ L}$

Y爲金屬之壽命，以年爲單位，W爲鋼料每英尺之重量以磅爲單位，L 爲鋼料之顯露周界以英尺爲單位，C爲鋼料之腐蝕係數，在淨海水中爲0.0970在濁海水中爲0.1944在濁河水中爲0.1133在清空氣或淨河水中爲0.0125在工業區空氣中或海洋空氣中爲0.1252，如依此公式，一厚十六分之七吋濶十二吋之鋼板，每呎重17.85 磅者假定有一邊顯露於海水中，其他一邊有泥土保護，則其顯露周界應爲一呎，若用最大之腐蝕係數計算其壽命$Y=\frac{17.85}{0.1944\times 1}=91$年，即每年平均腐蝕0.0048吋。英國土木工程師研究院對於建築鋼在海水中腐蝕情形曾作一廣泛之研究，該院曾在英倫之 Plymouth 港，加拿大之 Halifax 港，新紐蘭之

Auckland港及錫蘭之Colombo港內，同時舉行低級炭建築鋼於海水中十五年腐蝕試驗，平均每年腐蝕率浸在水中者爲：Plymouth 0.0027吋 Halifax 0.0045吋 Auckland 0.0037吋 Colombo 0.0045吋，四港之數值相差不遠，平均腐蝕率每年0.004吋，惟在高低潮水位間及高潮位以上之腐蝕率，則因所在地環境不同甚爲參差，Colombo港高潮位之腐蝕率平均每年0.0120吋高低潮位間0.0087吋，Halifax港高潮位以上僅0.0011吋高低潮位間僅0.0020吋四港試驗結果平均高潮位以上爲0.0054吋，高低潮位間爲0.0034吋，故設計鋼板樁堤岸時，假定鋼板樁每年之腐蝕率爲0.0050吋已甚安全，因此式堤岸鋼樁所受最大力矩點常在低潮位以下，低潮位以上雖腐蝕較速，然該處所受力矩較少，所需鋼板厚度較薄可剩餘較多厚度以供腐蝕也。如欲建造使用五十年之鋼板樁堤岸，其厚度除當抗最大力矩所需之厚度外應另行增加四分之一英寸（50×0.005＝0.25吋），其他附件亦須參酌情形假定其腐蝕率另行增加其厚度。最近十五年來軋製鋼板樁應用銅鋼以後，鋼樁耐海水腐蝕性大增，約較普通鋼增加一倍（銅鋼之主要成分除含有普通鋼之一切成分外，另含至少千分之二以上之銅質），鋼板樁之强度亦大見增加，且以往對於鋼板樁岸壁施工時技術上最感困難者，如鋼板樁之鋸斷穿孔接釬等問題，現均可用氣釬或電釬解決，故近來歐美各築港工程師均競用鋼板樁以代替木質或混凝土板樁。

施工方法四式中以鋼板樁式設爲簡便，其次爲重力混凝土墻鋼筋混凝土樁承式。橫棧橋式及混凝土墻木樁承式較繁雜困難。無論採用上述任何式樣均需有挖泥機船，打樁機，起重機等工具始能施工。

鋼板樁式中所用建築材料幾全需仰給外國，而鋼筋混凝土建築除鋼筋外，所用洋灰石子及沙均國內出產，可以節省外匯。

八、結論

湛江港堤岸式樣當以之式樣，本文作者不擬作肯定之選擇，惟建議如能購得高强度及防銹鋼板樁時，則採用鋼板樁式，否則以重力混凝土墻混凝土樁承式爲宜。茲謹將研究所得撮述如上，倘祈國內工程專家不吝賜教爲幸。（完）

會聞

本公會成立於卅六年九月廿九日，現有會員一二一人，首任會長桂銘敬，副會長柯景濂，書記吳民康，會計曾宇裕，桂會長現正主持湘桂黔鐵路來港段粵境鐵路及湛江港口工程，柯副會長現任湛江市市長，均爲知名之工程專家，主持會務深慶得人云。

湛江市都市計劃委員會消息

湛江市政府爲規劃未來之新湛江大都市計劃，特成立「湛江市都市計劃委員會」積極籌劃，并於本年十一月十四日在市府會議廳舉行第一次會議，討論章程，分配工作，茲將該會委員芳名探錄如后：柯景濂，吳寬誠，羅奇山，陳學談，李月恒，袁學康，陳祖蔭，范錫鈞，何鈺昆，黃文藻，朱育英，龍雲范，陳德恩，桂銘敬，利家治，沈錫琳，謝啓宣，尹次明，歐陽圻，梁草芹，□鴻文，吳良奇，曾宇裕，吳民康。現該會組織章程已由陳祖蔭，黃文藻，吳民康三委員在起草中，關於寸赤路沿海岸公路已由尹次明君負責計劃，市區分區計劃則由黃文藻君負責研究云。

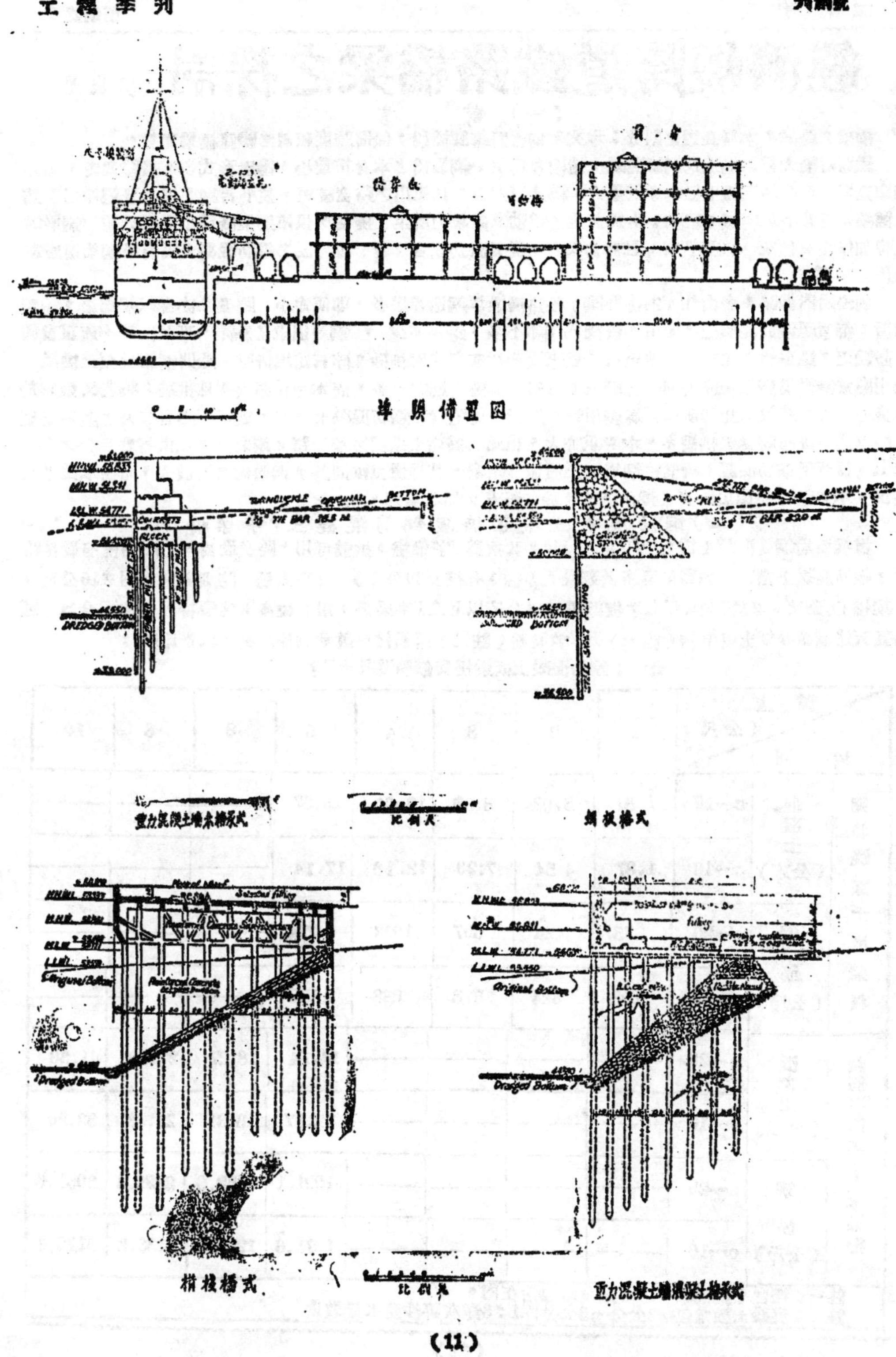
貨倉
埠頭佈置図
DREDGED BOTTOM
ORIGINAL BOTTOM
CONCRETE
BLOCK
重力混凝土墻木樁承式
比例尺
鋼板樁式
Original Bottom
Dredged Bottom
棺棧橋式
比例尺
重力混凝土墻混凝土樁承式

經濟短跨道鐵路橋梁之探討

胡長平

(一) 前　言

橋梁之跨度，本無長短之劃分；本文所稱之短跨度橋梁，係指跨度較短之鐵路橋梁而言。

鐵路橋梁大都以鋼造及鋼筋混凝土造兩者爲主。鋼梁橋之本身重量小，構造形式多，長跨度者，尤非鋼造莫屬，而鋼筋混凝土橋本身重量大，構造形式少，其使用之跨度較短，故不若鋼梁橋之普遍採用，然此種橋梁有其不可磨滅之優點：由於荷重之震動及衝擊力所生之撓度，俱較鋼梁橋爲小；又毋需如鋼梁橋之時加保養及檢查，維持費省，且壽命較長。從經濟觀點言，若干短跨度之鋼筋混凝土橋有較鋼梁橋廣爲採用之必要。

過去國內鐵路，多由外人主持興築；各路橋梁以鋼造者居多，即使短小跨度，亦喜以鋼爲之，相習因循，每忽視鋼筋混凝土之使用，蓋國內鋼產不多，鋼廠亦少，鋼料須求諸外洋，來源困難，且其設備復甚缺乏，臨海諸省尤可，內地更苦，近來國產洋灰漸多而細砂，碎石隨地皆有，是則鋼筋混凝土橋梁之採用應較鋼梁爲廣也。或謂鋼筋混凝土之用如非拱橋，則需料多，而本身重亦大，且拱橋之築造又須限於有良好之巖石基礎，此其所以不爲廣用也。然若干短跨度之鋼筋混凝土橋梁，實可不必有先天之巖石基礎，雖其用料較同跨度之拱橋多，本身重亦大，但此種橋梁之造價每較同跨度鋼梁橋之造價省數百分之三十以上。蓋若干鋼筋混凝土橋梁在鋼鐵工業發達之國家，其造價每較同跨度鋼梁橋之造價大，而在本國適得其反。本文即將各種短跨度之鐵路橋梁，於經濟方面加以論列。

(二)鋼筋混凝土板梁橋與鋼筋混凝土T字梁橋

板梁橋爲鋼筋混凝土橋梁中跨度最短者，其次爲T字梁橋，拱橋可用之跨度最長。（國內現有最長跨度之鋼筋混凝土鐵路拱橋爲粵漢路之新巖下亭橋，孔徑長30公尺）。T字梁橋之跨度通常僅用至10公尺，板梁橋至5公尺。至於5公尺以上之板梁橋與5公尺以下之T字梁橋，用料較多，造價特大，殊不合算。茲將寶天路鋼筋混凝土板梁橋（註一）及T字梁橋（註二）兩種材料數量列於下表，以資比較：

表一：鋼筋混凝土板梁橋與鋼筋混凝土T字梁橋

橋別 \ 跨度（公尺）			1	2	3	4	5	6	8	10
鋼筋混凝土板梁橋	混凝土（公方）	c—20	1.87	5.02	8.59	13.00	19.37	——	——	——
		c—16	1.87	4.54	7.90	12.10	17.14	——	——	——
	鋼筋（公斤）	c—20	385	424	607	1033	1794	——	——	——
		c—16	198	324	578	888	1559	——	——	——
鋼筋混凝土T字梁橋	混凝土（公方）	c—20	——	——	——	——	14.14	18.27	27.68	41.38
		c—16	——	——	——	——	12.87	16.31	24.43	33.90
	鋼筋（公斤）	c—20	——	——	——	——	1091.1	1459.6	2296.4	3051.6
		c—16	——	——	——	——	1071.6	1271.6	2133.2	3122.5

註一：橋台（或橋墩）之材料數量未包括在內。
註二：混凝土數量包括2公分至5公分厚1：3洋灰膠沙防水層數量

由上表，可知5公尺跨度之鋼筋混凝土橋梁中，中華載重二十級之板梁橋較T字梁橋所需之混凝土多37%，鋼筋多65%；中華載重十六級之板梁橋，較T字梁橋所需之混凝土多33%，鋼筋多46%。

若以戰前單價計價，1：2：4混凝土每公方49.72元，竹節鋼筋每公噸147.64元（註三），則5公尺之中華二十級鋼筋混凝土板梁橋之造價如下：

混凝土價＝19.37×49.72＝963.0元
鋼筋價＝1,794×147.64＝265.0元
總價＝1228.0元

又5公尺跨度中華十二級鋼筋混凝土T字梁橋之造價如下：

混凝土價＝14.14×49.72＝703.0元
鋼筋價＝1,091×147.64＝161.0元
總價＝864.0元

兩者比較，則板梁橋較T字梁橋之造價多42%。同法計算，跨度5公尺之中華十六級，板梁橋較T字梁橋之造價多36%。

由是以觀，鋼筋混凝土板梁橋之跨度以用至4公尺爲限；5公尺或5公尺以上者，鋼筋混凝土T字梁較鋼筋混凝土板梁可省造價30%以上。

（三）扣軌梁橋與鋼筋混凝土板梁橋

扣軌梁係用扣件將數根鋼軌扣束而成之梁。此種橋梁因鋼軌之撓扣估去而價頗大，每束之數量有限，大概以十六根爲最。其荷重較小，宜於中華十六級，跨度當在5公尺。其與鋼筋混凝土板梁橋同爲橋梁中之最短跨度者，所用之材料各不相同，何者造價低廉，省費多少，誠一待解答之問題。勝利以來，物價殊多變動，建築材料不同之兩種橋梁，不易相比，即使以時值計價，亦不可靠。戰前物價安穩，若以戰前之造價作爲經濟上之比較，尚屬妥當。

按湘桂黔滇路之扣軌梁，活載重爲中華十六級，衝擊力100%。（註四）其所用之43公斤及35公斤兩種鋼軌之數量如表二所列：

表二：扣軌梁（c—16）

跨度（公尺）	3	3.5	4	4.5	5
43公斤鋼軌根數	5	7	9	12	16
35公斤鋼軌根數	7	9	12	16	

假定梁端支承30公分，跨度3公尺者，軌條長33公尺。43公斤鋼軌之扣軌梁所需重量如下：

軌條重量　2×5×3.3×43＝1420公斤
加扣件及損耗5%　1420×0.05＝71公斤
共重　＝1491公斤

按戰前市價，鋼軌每公噸140元（註三），另安裝費10元，合計每噸150元，故其造價爲1,491×150＝224元。

又從表一，3公尺之中華十六級鋼筋混凝土橋梁需混凝土7.90公方，鋼筋578公斤。按戰前單價1：2：4混凝土每公方49.72及竹節鋼筋每公噸147.64元計價，則

混凝土價＝7.90×49.72＝392.5元
鋼筋價＝0.578×147.64＝ 85.5元
共　價　＝478.0元

依同法計算，得扣軌梁及鋼筋混凝土板梁之造價如表三所列：

表三：扣軌梁及鋼筋混凝土板梁造價表（c—16）

梁別 \ 跨度（公尺）		3	3.5	4	4.5	5
扣軌梁	43公斤鋼軌	224	361	525	780	1149
	35公斤鋼軌	255	376	568	848	——
鋼筋混凝土板梁		478	——	731	——	1082

註：橋台（或橋墩）造價未列入表內

由表三，可知43公斤鋼軌之扣梁，較35公斤鋼軌者可省造價4—12%。故扣軌梁宜用重鋼軌。

扣軌梁之重量小，橋台或（橋墩）高度增加；鋼筋混凝土板梁橋之重量大，橋台（或橋墩）之厚度增加。此等橋梁，跨度不大，兩者橋台（或橋墩）之工程相差不大；如略去不計，則跨度3公尺之43 公斤鋼軌扣軌梁之造價，僅為同跨度鋼筋混凝土板梁造價之47%；4公尺者，43 公斤鋼軌扣軌梁之造價僅為鋼筋混凝土板梁之造價72%；但跨度5公尺者，扣軌梁之造價反較鋼筋混凝土板梁之造價多6 %。故扣軌梁以用至4.5公尺為限；4公尺以下者，較鋼筋混凝土板梁橋可省造價30%,或30%以上。

（四）工字鋼梁橋與鋼筋混凝土板梁橋及T字梁橋

工字鋼梁為鋼梁橋中之最短跨度者。美國鐵路工程協會（A.R.E.A.）規定其跨度可至35英尺（11 公尺）。按交通部橋梁設計處中華十二級標準鋼梁，工字鋼梁有由跨度4公尺至12 公尺者：茲將此種鋼梁之重量列表如下：

表四：工字鋼梁重量表（c—20）

跨　度（公尺）	4	6	8	10	12
重　量（公斤）	1,800	3,650	6,195	8,768	13,160

從表一，跨度4公尺，中華二十級鋼筋混凝土板梁橋需混凝土13.0公方，鋼筋1033公斤。若照戰前單價計算，則

混凝土價＝ 13.0×49.72 ＝647元
鋼 筋 價＝1.033×147.64＝153元
共　價　＝800元

但從表四，跨4公尺跨度之工字鋼梁共重1.80公噸，戰前構造鋼之市價每公噸304.5元，另加安裝架設工費40.0元，合計每公噸造價為344.5元（註三），則工字鋼梁之造價為1.80×344.5＝620元。

同法計算，得此等橋梁之造價列如表五：

表五：工字鋼梁與鋼筋混凝土板梁及T字梁造價表（元）

橋別 ＼ 跨度（公尺）	4	6	8	10	12
工字鋼梁橋	620	1,258	2,135	3,020	4,530
鋼筋混凝土板梁橋	800	——	——	——	——
鋼筋混凝土T字梁橋	——	1,124	1,715	2,531	——
註：橋台（或橋墩）之造價未包括在內					

由上表，可知：

跨度4公尺者，鋼筋混凝土板梁橋較工字梁橋，造價多30%；

跨度6公尺者，鋼筋混凝土T字梁橋較工字鋼梁橋之造價少11%；

跨度8公尺者，鋼筋混凝土T字梁橋較工字鋼梁橋之造價少20%；

跨度10尺者，鋼筋混凝土T字梁橋較工字鋼梁橋之造價少16%。

以上所述，均未計及兩種橋梁之橋台（或橋墩）高度不同因而工程數量變更　造價，如以此種數量變更，造價列入上部結構（Super structure）造價比較，工字鋼梁較之鋼筋混凝土T字梁需費尤多。設以單孔橋，橋台高度8公尺爲例，則採用工字鋼梁時，兩橋台每增高度1公寸，需增加混凝土3.4公方（註五）；若採用鋼筋混凝土T字梁，則兩橋台每增加厚度1公寸，需增加混凝土6.5公方。表六　列，爲兩種橋梁之鋼軌底至圬工頂之距離。

表六：鋼軌底至圬工頂之距離（公尺）

橋別 ＼ 跨度（公尺）	6	8	10
工字鋼梁橋	0.981	1.064	1.210
鋼筋混凝土T字梁橋	1.436	1.536	1.886

由表六，跨度10公尺者，工字鋼梁較鋼筋混凝土T字梁須增加橋台高度6.76公寸，所增加之混凝土數爲6.76×3.4＝23公方。而鋼筋混凝土T字梁之橋台較工字鋼梁者須加厚2公寸，混凝土數量之增加仍不過13公方；兩者比較，工字鋼梁尚需多出10公方。以戰前1：3：6混凝土單價每公方34.43元（註三）計算，尚需增加造價344.3元。併入表五所列工字鋼梁本身造價，作爲上部結構造價計，則爲3,020＋344.3＝3,364.3元，較鋼筋混凝土T字梁之造價多33%。同法計算，跨度8公尺者，工字鋼梁較鋼筋混凝土T字梁多44%，6公尺者多42%。

上列鋼筋混凝土T字梁橋，僅以寶天路之標準爲例論之，從經濟而立場言，此項橋梁仍可將梁深增加以減少橋台高度之鋼梁。假若上，梁深再增加5公寸，而將梁腰（Stem）寬度略爲減少，則此種橋梁之混凝土及鋼筋數量仍不可增，但橋台之高度又可少做5公寸。換言之，即工字鋼梁橋之橋台各多做5公寸高，亦即混凝土多做17公方，多增造價17×34.43＝585元。若再照上述併入工字鋼梁本身造價作爲上部結構之造價計，則

10公尺跨度者，工字鋼梁之造價較鋼筋混凝土T字梁之造價多56%；

8公尺跨度者，工字鋼梁之造價較鋼筋混凝土T字梁之造價多78%；

6公尺跨度者，工字鋼梁之造價較鋼筋混凝土T字梁之造價多85%。

由是以觀，跨度愈長時；鋼筋混凝土T字梁較工字鋼梁可省之建築費愈少；反之，跨度愈短者，鋼筋混凝土T字梁較工字鋼梁可省之建築費愈多，從其五，跨度6公尺之工字鋼梁造價爲1,258元；4 公尺者爲620元。以比例計算，則5公尺工字鋼梁之造價應爲939元，若照上述橋台數量變更而增多，造價併入本身造價計，則爲939+344.3+585=1,868.3元，又從(二)節，5公尺鋼筋混凝土T字梁之造價不過864元；兩者比較，工字鋼梁之造價較鋼筋混凝土T字梁之造價多116%，故得結論如下：

(1)跨度10公尺以下，5公尺以上之鋼筋混凝土T字梁，較同跨度之工字鋼梁，可省建築費30%以上。

(2)跨度4公尺以下者，工字鋼梁較鋼筋混凝土板梁可省建築費30%以上。

(五)鋼板梁橋與鋼桁梁橋

美國鐵路工程協會(A.R.E.A.)對於鋼梁橋之跨度有下列規定：

工字鋼梁之跨度小於35英尺(11公尺)；

鋼飯梁之跨度由30英尺至125英尺(9—38公尺)；

鋼桁梁之跨度由100英尺至300英尺(30—92公尺)。

按交通部橋梁設計處中華二十級標準鋼梁，工字梁之跨度有由4公尺至12公尺，鋼板梁由16 公尺至32公尺，上承鋼桁梁由32公尺至42公尺，下承鋼桁梁由35公尺至70公尺。鋼梁橋之形式及跨度，雖非變化之範圍較此為大，然論經濟之跨度，大抵以此爲依據。

通常上承鋼梁橋較下承鋼梁橋需用鋼料少，且橋台(或橋墩)之高度亦可減1公尺至4公尺左右；造價常可省三分之一以上，尤以鋼飯梁爲最，茲將橋梁設計處中華二十級標準鋼板梁之重量及其鋼軌底至圬工頂之距離列於表七：

表七：　鋼　板　梁　(c—20)

鋼梁類別		跨度(公尺) 16	20	24	28	32
上承鋼板梁	重　量(公斤)	21,459	30,314	43,914	57,614	72,464
	軌底至圬工頂(公尺)	1.930	2.248	3.131	3.442	3.797
下承鋼板梁	重　量(公斤)	32,364	42,609	62,523	77,405	94,005
	軌底至圬工頂(公尺)	1.130	1.137	1.795	1.799	1.797

由表七，可知：

跨度16公尺者，下承鋼板梁較上承鋼板梁所需之鋼料多51%,橋台(或橋墩)多建0.80公尺；

跨度20公尺者，下承鋼板梁較上承鋼板梁所需之鋼料多41%,橋台(或橋墩)多建1.111公尺；

跨度24公尺者，下承鋼板梁較上承鋼板梁所需之鋼料多43%,橋台(或橋墩)多建1.336公尺；

跨度28公尺者，下承鋼板梁較上承鋼板梁所需之鋼料多34%,橋台(或橋墩)多建1.643公尺；

跨度32公尺者，下承鋼板梁較上承鋼板梁所需之鋼料多30%,橋台(或橋墩)多建2.000公尺。

茲再將橋梁設計處中華二十級標準鋼梁，32公尺及42公尺兩種鋼桁梁列於表八：

表八：32公尺及42公尺鋼桁梁（c—20）

橋梁類別		32 重量（公斤）	32 軌底至圬工頂距離（公尺）	42 重量（公斤）	42 軌底至圬工頂距離（公尺）
上承鋼桁梁	A式	77,223	1.930	114,264	2.121
	B式	79,114	5.213	116,818	6.242
下承鋼桁梁		——	——	107,541	1.962

於表八，就42公尺鋼桁梁言，A式上承梁較下承梁多需鋼 6.3%，但橋台（或橋墩）可少建0.159公尺；B式上承梁較下承梁多需鋼料8.7%，但橋台（或橋墩）可少建4.28公尺。

由上所述，可得結論如下：

（1）上承鋼板梁較下承鋼板梁可省鋼料23—34%，跨度愈短，鋼料減省愈多；又橋台（或橋墩）之高度少建0.8—2.0公尺，跨度愈短，少建者愈少。

（2）上承鋼桁梁之A式較B式可省鋼 2%，但橋台（或橋墩）需多建3公尺至4公尺。

（3）上承鋼桁梁之B式較下承鋼桁梁需用鋼料略多，但橋台（或橋墩）少建3—4公尺，全部造價仍屬低廉。下承鋼桁梁之橋下淨空較大，宜於通航之處

（六）鋼筋混凝土T字梁橋之展望

綜觀上列各節所述，跨度4公尺或4公尺以下者，採用鋼筋混凝土板梁橋較鋼筋混凝土T字梁橋省費，但同跨度之工字鋼梁橋又較鋼筋混凝土板梁橋省費；是故工字鋼梁橋為跨度4公尺以下最經濟之橋梁。跨度5公尺至10公尺者，鋼筋混凝土T字梁橋，又反較工字鋼梁橋之造價為省；工字鋼梁橋雖屬施工容易，殊非合算，故鋼筋混凝土T字梁橋，實有廣為採用之必要。

按工字鋼梁橋之跨度不過為12公尺，跨度較大者，鋼板梁橋常視為採用之唯一對象。鋼鐵工業發達之國家，20公尺左右之鋼板梁橋，恒較同跨度任何梁橋之造價低廉。此種鋼梁我國採用亦甚普遍，且上承者又較下承者減費多多，故恒有主張中國最適用之橋梁為上承鋼板梁橋者

美國橋梁專家華特爾（Waddell）氏，昔年聘為平漢路黃河新橋顧問，氏於我國北部鐵路所經寬而淺沙質河流，主張採用上承鋼板梁橋。橋墩之建築，下部打入深長之木樁，上部以混凝土作墩身，其理由有三：（1）上承鋼板梁橋兩梁間之橋面材料可省去；（2）橋墩之長度減少3公尺左右，因而橋墩之建築費可省30—40%；（3）橋墩之高度減少，橋墩愈高，底部愈為寬大，因高度之減少，底部之材料減省甚多，對於橋墩之建築費影響甚鉅。

鋼筋混凝土T字梁橋亦具有華特爾氏所列上承鋼板梁優點相似之點：（1）此種橋梁之橋面雖不能省去，但此乃係受力之重要部份，材料之利用，不能謂為浪費；（2）橋墩之長度亦可減少3公尺左右；（3）橋墩之高度可酌減少。跨度5公尺以上者，此種橋梁既較同跨度之工字鋼梁省費，某種跨度以內，未必即較上承鋼板梁橋浪費，而其可用之跨度亦未必不能再增大也，此種橋梁用於15公尺已不成問題，（國內已成鋼筋混凝土T字梁橋跨度最大者為湘[illegible]黔路[illegible]之[illegible]橋，長15公尺），如於設計上加以改良，20公尺或20公尺以上自可應用，其建築費是否又較上承鋼板梁之建築費減省，能否取上承鋼板梁橋今日之地位而代之，乃一有價值之待決問題

本文作者，曾試設計20公尺及24公尺兩種跨度之鋼筋混凝土T字梁橋，荷載重為中華二十級；茲列其所需之材料數量如下：

表九：鋼筋混凝土T字梁橋（c—20）

跨度（公尺）＼項別	1：2：4混凝土（公方）	鋼筋（公噸）	鋼軌底至圬工頂距離（公尺）
20	134	15.8	4.93
24	199	26.7	5.31
註：橋台（或橋墩）材料數量不包括在表內。			

又交通部橋梁設計處中華二十級標準鋼梁，20及24公尺兩種上承鋼板梁橋，重量及鋼軌底至圬工頂之距離，如下表所列：

表十：上承鋼板梁橋（c—20）

跨度（公尺）＼項別	鋼重量（公噸）	鋼軌底至圬工頂距離（公尺）
20	30.3	2.248
24	43.9	3.131

依照職前單價，1：2：4混凝土每公方49.72元，竹節鋼筋每公噸147.64元及鋼梁每公噸344.5元（註三）計價，則此兩種橋梁之造價如下表所列：

表十一：鋼筋混凝土T字梁橋與上承鋼板梁橋造價表（元）

跨度（公尺）＼梁類別	鋼筋混凝土T字梁橋	上承鋼板梁橋
20	9,100	10,430
24	13,940	15,130
註：鋼筋混凝土T字梁橋之造價包括支座造價100元。		

由表十一，可知：

跨度20公尺者，鋼筋混凝土T字梁橋較上承鋼板梁橋省造價13%，橋台或橋墩又少建2.442公尺；

跨度24公尺者，鋼筋混凝土T字梁橋較上承鋼板梁橋省造價 8%，橋台或橋墩又少建2.179公尺；

以上所述，均未計及兩種橋梁之橋台（或橋墩）荷重不同因而工程數量變更之造價。如以此種變更之造價列入上部結構（Superstructure）之造價比較，則鋼筋混凝土T字梁橋較上承鋼板梁橋可省之建築費尤多。試以單孔橋，橋台高度12公尺為例，採用上承鋼板梁橋者，兩橋台每增建1公寸，需增加混凝土4.4公方（註五）；若採用鋼筋混凝土T字梁橋，兩橋台每增建厚度1公寸，需增加混凝土7公方。由表九及表十可得上承鋼板梁需增建之橋台高度，（20公尺跨度者增建2,442公尺，24公尺跨度者增建2.179公尺）；故跨度20公尺者，上承鋼板梁橋需增建橋台混凝土4.4×24.42=107.5公方；24公尺者，上承鋼板梁橋需增建橋台混凝土4.4×21.79=94.9公方，但採用鋼筋混凝土T字梁橋，橋台之荷重增加，因而橋台之厚度增加；將此種橋台較上承鋼板梁者增厚5公寸，則混凝土之增加不過為35公方。兩者比較，20公尺之上承鋼板梁橋尚需多建72.5公方，24公尺者尚需多建59.9公方。以職前1：3：6混凝土每公方34.43元（註三）計算，則20公尺者尚需增加造價72.5×34.43=2,500元，24公尺者尚需增加造價59.9×34.43=2,060元。如將之併入表十一所列之上承鋼板梁橋本身造價，作為上部結構之造價計，則20公尺之上承鋼板梁橋需造價為10,430+2,500=12,930元，24公尺者造價為15,130+2,060=17,190元。與鋼筋混凝土T字梁橋之造價比較，則20公尺者，上承鋼板梁橋多42%，24公尺者多23%。反言之，跨度20公尺者，鋼筋混凝土T字梁橋較上承鋼板梁橋可省建築費30%；跨度24公尺者，鋼筋混凝土T字梁橋較上承鋼板梁橋可省建築費20%。

由上所述，鋼筋混凝土T字梁橋之本身重量雖大（約為上承鋼板梁橋之五倍），而其建築費反較上承鋼板梁橋之建築費則減少百分之二十以上。上承鋼板梁橋在若干國家，恒為同跨度他種橋梁之最低造價者，然在我國，未敢苟同；跨度25公尺以下，5公尺以上者，在我國以採用鋼筋混凝土T字梁橋為最經濟。

過去一般觀念，以為鋼筋混凝土T字梁橋之本身重量大，跨度十公尺以上者，應用困難，且不經濟；值得設計改良，使合本國環境。此種橋梁在鋼鐵工業發達之國家常為不合算之橋梁，然於我國，正宜改良，廣為採用，若謂中國最適用之橋梁為上承鋼板梁橋，毋寧謂中國最適用之橋梁為鋼筋混凝土T字梁橋較為恰當。於此，本文作者於設計方面提供幾點意見：

（1）原則上，宜多用鋼筋，勿多用混凝土，以減少橋梁之本身重，且建築費亦省。

（2）T字梁之梁腰（Stem）寬度宜減少，但勿使T字梁之深度大於梁腰寬度之三倍半。

（3）將梁端之深度加大，則橋台（或橋墩）之高度減少。近兩端處之深度依最大剪力求之，剪力漸減，深度亦漸減少；但深度之減少勿使大於梁端深度之六分之一。

（4）跨度15公尺以上者，梁之兩端及跨度中央（或三分之一）須增建橫隔（Diaphram），以為兩梁間之橫撐（Lateral support），增強全橋之剛性。

（5）跨度15公尺以上者，兩端支座，均採用鑄鐵擺履（Rocker）。此種擺履合兩座板（Rocker—plate）而成，（與普通公路橋所用之Rocker藏於泥中穴中者不同），一板為平面，他板為曲面，兩面相疊。其屬於固定端者，兩板各做半圓柱凹凸物，左右各一；使兩板疊置後，祇於梁生撓度時得上下旋動 其屬於伸縮端者，於一板之左右兩邊各做凸緣，使兩板疊合後，祇限於梁生撓度時得上下旋動，及受溫度升降之影響得前後移動。

此種橋梁之最大缺點為：(1)建築時所需之支架工作較多；(2)本身重大，必要時不能搬移；(3)不能加固；(4)如被炸壞，不能修補或部份復用。但此種橋梁與上承鋼板梁相較，亦有其優異之點：(1)建築時材料運輸容易；(2)造價低廉；(3)壽命長；(4)保養容易；(5)不如鋼板梁之需時加油漆及檢查，維持費省免；(6)由於荷重之震動及衝擊力較少，衝擊係數可降低至百分之五十（註六）；(7)由於荷重所生之撓度較鋼板梁橋為小。

（七）　結　論

鐵路常用之短跨度橋梁，除上述之鋼筋混凝土板梁橋，鋼筋混凝土T字梁橋，扣軌梁橋，工字鋼梁橋，鋼板梁橋及鋼桁梁橋六種外，尚有木桁橋，木拱架橋及鋼筋混凝土拱橋三種。木桁橋及木拱架橋屬臨時式之便橋，僅限於短期內要求通車，或於經費不足之時偶一用之；未便與上述之永久式橋梁同為并論。又鋼筋混凝土拱橋，雖較任何式鋼筋混凝土橋梁省料省費，但拱橋之建築，雖有天然之良好巖石基礎作為先決條件，若基礎不良，雖打下長樁，深入地層，亦難可靠，故此種拱橋亦不便與上述之各種橋梁相提并論：此等橋梁毋需有先天之巖石基礎者。下列各點，亦於無良好之天然巖石基礎環境下得以成立：

（1）跨度4公尺，或4公尺以下者，採用工字鋼梁為最經濟。工字鋼梁較鋼筋混凝土板梁橋可省建築費30%以上。

（2）跨度5公尺至10公尺者，採用鋼筋混凝土T字梁橋最為經濟。此種橋梁較他種橋梁可省建築費30%以上。

（3）鋼筋混凝土T字梁橋可用至25公尺，其建築費較同跨度上承鋼板梁橋之建築費可省20%以上。跨度25公尺以下，5公尺以上之鋼筋混凝土T字梁橋，較諸他種橋梁所需之建築費低廉。此種橋梁為我國最適用之橋梁。

（註一）見寶天鐵路標準圖，圖號0—0373—1至0—0377—2。

（註二）見寶天鐵路標準圖，圖號0—0378—1至0—0381—2。

（以下轉21頁）

西南西北大動脈之海港終站位置選擇問題

沈錫琳　馬維新

引　言

自中日甲午戰後，列强以其政治上，軍事上，經濟上計畫，向我要求鐵道建築權，計在光緒二十四年（1899）四月，中法廣州灣（湛江）租借條約成立，亦有允許法人自赤坎至安鋪修築鐵路一條之規定；法人以湛江租借後，可以建築海港，以作為吞吐港，修築鐵路為其幹綫，作侵略工具，後因事未修可知外人之高瞻遠矚，野心勃勃也，迨吾國抗戰勝利後，湛江已還我河山，當局亦有興築由柳州直達湛江鐵路之建議，將來路綫完成後，茲路之出海終站，實為吾國西南西北幹綫之吞吐港，與世界商港直接交通，足以繼與粵漢中鐵路之上游，與隴海鐵路之正在開闢中之貫通。前人有謂粵漢鐵路為「中國脊骨」(The Backbone of China)然則柳湛鐵路，實可譽為「中國之手」（The hand of China）而海港終站，乃最靈感之手掌若取捨不當，運用遲鈍，影响甚重，筆者不揣謭陋，爰為文論述如次。

定線經過概述

民國卅五年春，當局鑒於此路之重要性，遂派交通部測量總隊，由廣西來賓起至廣東湛江止，舉行初測，業於同年六月間完竣，並作紙上定綫，於是此舉世屬目，之西北西南大動脈之海港終站位置，已大致定於西營紅屋，（如圖示P K綫）後於民國卅六年春，成立湘桂黔鐵路來湛段勘境工程處，下轄機構，最先成立第一定綫測量隊，從湛江車站起點定綫測量；同時奉交局凌夢鴻論：以湛江車站，非設備規模比較宏偉，將來因應殊感困難，乃將標準提高。要二公里以上之平直綫，為車站之幹綫與部測紙上定綫八百公尺平直線且出站後，緊接百分之0.8之陡坡相差甚多，且他建築標準，如彎道坡度等，亦被提高，於是紙上定綫，及路線左右之地形圖，既無法依據。然事之關鍵千頭萬緒倘一不慎，差之毫厘，謬以千里，為事半功倍計，乃先作車站附近之地形測量，加以探研。以車站將來大量擴展，不礙市區為原則，試將幹綫往西挪移，（如圖示T K）則要跨越村莊，毀民房甚多，且此綫出站後，即要以高坡線相遇，遂自動捨棄，而用K線。（如圖示）在定測期間，初測圖既無可因循，乃以陸軍地圖為張本，而野外定線，（Field Location）幸地形容易操縱，是以工進順利，定測既竣，審察湛江車站二公里直線上乃經磚墻瓦頂民房一大幢，將來路綫開工，勢必拆卸，及附近小屋多幢亦要收購，以鐵路事業，能有以為民衆謀福利與便捷者，自應考慮改進，故民居之可避免者，則避免之，循此意旨，乃再作精密之研究，而定B K線，（如圖示）在工程方面而言，土石方數量增加不多，無甚影響，在定線技術方面而言，BK與市綫區交通幹道垂成垂直或平行，得外貌和諧之條件，藉增美化定線因素，而民居亦可避免誠一舉而數得也。

湛江車站位置之優越條件

湛江車站所負任務既重且大，筆者已概述於前，究竟現所定位置，是否符合期望，亟應申論於后，俾一般人士得以明瞭。

一，與新市區計畫不相抵觸

試展閱湛江市地圖，東與東營對峙，隔以一灣，赤坎埠距離僅十二公里，若湛江建港後，新都市計畫，亦應從新設計，以配合建港後之一切需要，故為百年大計，一勞永逸起見，現在湛江車站所定位置，實應與城市計劃尋一步驟，無相抵觸，效湛江市之地形及法人經營之動向，將來發展，一定由南而北，綿亘十餘里，與赤坎埠接連。而現定車站位置，則偏於市之西南隅，不論將來劃定，何者為住宅區，何者為工業區，何者為商業區。與市政之發展，均不相違礙。

二，地點適中

湛江車站旅客站房，擬定於BK1+150處，將來修築連絡道路線，不過三百公尺即可與市區之主要道路連接，極形方便，無使市民乘車有跋涉之勞；且與西赤公路，及往雷州半島公路，啣接亦便利，（將來作擬展築雷港支線）現定之出海碼頭水深達八九公尺，比原法人所建之臨時碼頭水位過之，從幹線出岔至碼頭，約800公尺，啣接海運客貨物容易。

三，居戶少地方遼闊便於規畫

湛江東站附近之地形平坦，民居稀少，可盡量利用，若建港成功，足泊萬噸鉅輪之時，運輸量增大，一方面倉棧容積既增，他方面軌道亦要加增，現有寬廣地勢，足保有留供將來發展之餘地，並可供設計者之容易規畫，車場之一切佈置，無偏促於地盤窄狹之虞。

四，地形平坦地價較廉建築費較省

西營地形，能一面臨海，而水位較深，最平坦者，就是現在所選擇車場位置，現擬定總面積爲1723市畝，其中旱田草地最多，估總面積90%，水田園地等僅估10%，建築物屬於永久者僅三數幢，且面積不大，其餘俱係臨時茅房，故易於收購，旱田地價較低廉，節省公帑不少，又車場之挖方地段比填方爲多，其填挖方亦不大，不僅目前建築費可節省，且將來維持亦可因之減少。

五，適合地質因素

查車站內之地質，多係沖積幼砂土層，甚爲乾燥，土壤之濕氣，因毛細管之作用，由濕土層至乾土層，向上流動者尙少，如安裝地下排水溝，即可得良好之地下排水，至地面排水，則因砂土質容易宣洩，外來之水不容易侵入，而着濕站場，無一到雨季，泥濘不堪之弊。鐵路可省却許多麻煩，行車可保安全。

六，與雷州半島鐵路支綫容易連接

雷州半島物產豐富，以魚鹽，油糖，花生，蒲包蓆，牲口等爲著名，將來鐵路幹綫完成後，往雷州半島鐵路支線，大有興築之價值。現在車場之地形，能與該支線連接，無須大坡度及多數彎道，可即貫通，極爲便利。

結論

關於湛江海港終站位置問題，頗值研究，在測量期中，幾經探討比較所得結果如此，至車場各建築物如何佈置？軌道如何安排？行車設備如何現代化？已另有詳細規畫，茲不多贅。

或有問湛江市之發展，當無限量，何祇由南而北，且可由東而西，作扇形之展開，現定鐵路線，毗連市區，有妨礙市政發展之嫌，然此乃一面之見，何則？試研究世界各都市車站之位置，及其形式之關係，大都趨向於橫貫都市之「通過式」車站，如美國St. Louis車站，紐約之Pennsylvania 及Grand Central車站，皆爲通過市之鬧區域。現湛江車站雖線近市區，然有改善公路，高架跨過鐵路，藉爲市與外間之交通。將來城市人口，增至三四百萬時，現在湛江站可改爲貨物總站，而旅客總站則以墾山村車站（K6+000）改良代替，並以此爲都市設施及交通中心，此乃筆者對於新都市計畫上一點私見，質於高明，以爲何如？

抑尤有言者，東營方面，確有優越之條件，由東營至廉江，擬築鐵路，使東西營鉗形之發展。（引杜兼處長銘敬湛江展望語）而西營方面，更先應作一良好之示範。俟建港築路完成，一一將來五年，十年，二十年，萬噸鉅輪，何者泊東，何者泊西，雙管齊下，貨物三數天裝卸完竣，不一旬到達衡州，屆時之湛江，筆者拭目以觀之!!!

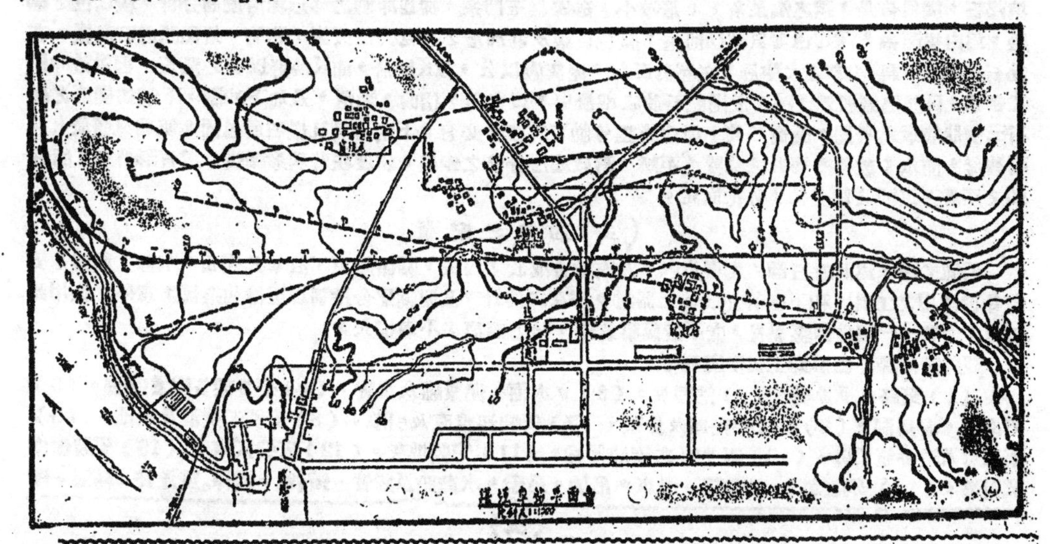

我國石油探煉在西北

吳安富

（一）我國石油在世界上之地位

石油（Petroleum），是一切動力中不可缺少的來源，各種有用的貨物或原料的資源，在國防建設或戰爭期中不可或缺的寶貴物資　因此，在國際上，是國與國間所欲爭取的寵兒，也是全世界擾攘紛爭底関鍵的，至少在第一次戰爭中到戰後，第二次大戰中到戰後，在原子能的應用發展到完全改變世界的動力來源以前，石油鬥爭始終會成為國際中鬥爭一個重要的因素。翻開世界石油分佈的圖原，世界五大主要產油區域之一，美國是最大的產油國，它的產量佔全世界產量百分之六十五左右；蘇聯，是世界第二產油國，它雖然不及美國，但它的產量不斷在增加。在美蘇以外，世界最大產油區域，一是南美北部沿海各國，另一是中東，經過第二次大戰後，南美各國石油都紛紛歸由美資，而中東一向由英國獨佔攫取的油田，也為美國之伸展勢力平分秋色了，在遠東，除了日本，荷屬東印度群島，印度緬甸等產油區域，及曾一度為蘇聯佔有的新疆獨山子油田外，中國石油產地，是目為貧乏可憐的。我們在四川，陝西，甘肅等油礦和東北的油母頁岩中，陝西油田已早經共禍侵擾，而一蹶不振，四川油礦的不斷開發所得的小數煤氣外，而一向視為中國能大量產油產的東北，又因連年戰禍和淪陷而無發開展；目前認為極有希望的油田，祇有甘肅的「西北走廊」玉門縣屬的老君廟油礦了。按世界五大產油區域來說，遠東是居最末的一位，而中國，又在此十萬萬桶數字中所佔，數字最末者；可是，世界石油藏量和產量，卻沒有絕對的確定，油源的發見和開發的情形，隨時隨地都在變化，我們除了上述目前正在開發者外，還有東南的台灣，西部的西康和南部的貴州，甚且海南島的一隅，都有蘊藏石油的價值；我們要建設國防，振興重工業的基礎，和在國際石油鬥爭底舞台上佔得一席穩固的地位，在在都不容我們忽視的。

（二）西北油層之分佈

石油之形成，係由無數有機體之遺骸，經過相當年代之殘留和儲藏，在適宜的環境，溫度和壓力之下產生一種含有大量氣體之濃厚流質，色褐黑，深綠，或稍帶淡黃色而清如氣油或火油之混合體；前者如甘肅老君廟油田，後者如新疆獨山子油田。此種有機物之遺體，係遺在古生代（Palaeozoic era）寒武紀（Cambrian period）岩石中，如水母，珊瑚，海星車和軟體動物；而製造石油之原料，係由古生代石炭紀（Carboniferous period）中之無數有孔虫（Toraminifera）之遺骸沉積海底，因地殼變動而被昇起，會成陸地，因此石油之礦層常具富有下等有孔虫化石之頁岩相密接，一若有孔虫為製造石油之原料。

西北油田，為高原地帶之沖積層，拔海在二千公尺以上，因受地殼變動，油層之分佈，自新疆而甘肅而陝西，故其表面有形成台狀平原或戈壁灘原。地層為水成岩，地表遺留海中之化石甚多，尤以地面之大塊礫石，觸目皆是，謂之酒泉系，下層較小之砂礫為玉門系，從經沖刷之弯形地層剖面分析，淡紅色之砂岩，為白楊河系，深紅色者為疏勒河系，赭色頁岩及近油層之巧克力色頁岩，間有一層微薄之石灰岩。在此石灰岩以下為L1或L2大油層，在赭色頁狀，泥灰岩以上，為K油層，而K油層以下之油層，因洪流冲刷之經過，目前已無顯著遺跡，故儲藏石油之地層中，以背斜，摺曲，斷層，及埋下沙灘，下削如楔形之岩石三種狀態最為普遍，無論石油之原生或經移動而成者，必有上下兩層無孔岩石所包圍，使其氣體最上，而油層，而水；故選擇油井之位置，距離，沿該油層分佈之走向。斜度在背斜形軸線作鑽石形排列，而井間之距離，又視油源分佈之厚薄而定。

（三）油井之配置

預備工程，為開取石油之主要步驟，左右油井成敗之得失，關係甚重，故舉凡交通，水源，機器之安裝各種應用之工具，和下套管前或後之器材，洋灰之估計，及泥漿配合控制以至輸油系統，意外之應用器材等，均需一一預為籌謀佈置，庶不致臨事倉猝，貽患無窮之不幸損失。

茲將鑽油探井之預備工程步驟列下：

（1）築路。平井場。（2）挖圓井。（3）立水櫃。泥漿罐及水管，（4）築井架暨鑽機基脚。（5）築圓井。老鼠洞。（6）裝井架底座及井架。（7）安裝泥漿泵及引擎。（8）安裝泥漿池及水池。（9）築泵房及鑽井値班房。（10）鑽井架之安裝器材。（11）安裝地灰。（12）安裝天車。（13）安裝鑽機及引擎。（14）安裝鐵門，走廊道。滑車。吊鈎。吊環。水龍頭及膠管，鑽鋌。鑽桿。重量表。轉盤。鑽鏈。大吊鉗。（15）安裝泥漿泵。出入水管。立管。泥漿槽。電篩。壓力表。（16）立導管。及打洋灰。（17）運泥漿及配合泥漿。（18）運鑽探器材——各種鑽頭。封井器。井口裝置器。打撈器。套管。下套管工具。洋灰。打洋灰工具。試井器。電測。油管。聖誕樹。（19）照明。（20）輸油系統。

（四）鑽　探

鑽探油井方法，大致分兩種（一）衝擊式鑽法。係用一粗形鋼索，由引擎帶動數輪，間接牽動活動桿，使鋼索下端之鑽頭上下撞擊，將井內巖石擊碎；并利用一吊桶，將巖屑提出，此法對堅硬巖層頗宜適用。（二）旋轉式鑽法。係由引擎一端之齒輪箱帶動鏈鏈和鏈輪，并由接合子之控制，使鑽機中各軸轉動，而牽動轉盤，由此帶動鑽桿，使鑽桿下端之鑽頭，因旋轉而輾碎井內石塊；并仝時利用泥漿之各種比重，將泥沙帶出。現各國油田之鑽井方式，採用此式鑽機鑽探，較為普遍。鑽機之種類，各國不仝，然其應用則大仝小異，有用一缸或雙缸帶動，有用三速或四速安裝，其用途各具優點；而井架之構造亦非一致，如奕式之K式結構，須其高度又非固定，視井深情形，及所用之鑽探方式而異，井架多用鋼製，間有用木製者；架高82英呎者其基座面積為20平方呎，高122英呎者，基座為24平方呎，鑽機有用80匹馬力者，亦有用120匹馬力者；而泥漿泵之種類亦各不仝，如水平式雙缸複式帶動，或直立式雙缸帶動，然用者多採水平式泵兩個，用時便於調節也。開鑽之始，由鑽機帶動鑽桿（5.562英吋）下端之鑽頭（14.50英吋魚尾式或12英吋三齒輪式），使井內大塊礫石輾碎，仝時由泥漿泵吸取池內泥漿，經泵之出口，沿立管，水龍頭。鑽鋌。鑽桿及鑽頭中間之小孔注入井內，因泵壓力再由井壁沿導管之出口，經電篩之過濾，沿齒槽回復池內。因泥漿比重關係，將井底沙屑帶出，如是不斷循環不息，將井底帶出地質樣本，藉可鑑別地層剖面情形，將達油層時與電測所得之曲線，互相印證，而決定油層之位置及厚度，當鑽探將達油層前，暫行停止，將井內之導管（16英吋）起出，置換套管（11英吋），及井口裝置器，并注入洋灰，使洋灰經鑽桿至井底而返出井壁與套管間，一可藉洋灰之凝結力使井壁牢固，并填塞井內鬆疏地層，俟洋灰凝固後，重行開鑽，調換較小鑽頭（9英吋二翼或10英三齒輪鑽頭），如是鑽探達L1油層前，鑽探又暫停，作第二次下套管（8.625英吋或7英吋）及注洋灰；又調換鑽桿（3.5英吋）及鑽頭（6.125三齒輪或三翼鑽頭），第三次鑽探開始，繼續穿過L2，L3……等大油層，作完成油井最後工作，完成油井，亦即安裝油井之最後步驟，當油管未下前，泥漿之循環工作，係改由井口裝置器旁不斷注入循環使井內高壓力之氣侵穩定，避免油氣從井口冒出之危險，遂下試井器，提取油樣，并作詳細電測及比較，確定井內油層之真相，作下油管工作。油管下竣，旋即裝上聖誕樹，該器閥門甚多，出口處有一節流器，可任意調節油流速度，使將來出油正常，及控制油井之壽命，待井口裝置完竣，用水替代井內重泥漿，因比重減輕，原油隨即冒出，經隔相當期間，便可正式取用井內之原油。

（五）下套管及注洋灰之計算

下套管之目的，為保護井壁之不易塌陷，控制井內油流壓力，便利井口裝置器之安裝，又為鬆軟沙層之良好保護者。套管之種類頗多，除形狀大小外，有用條形之鋼板捲成者，有在管之週圍鑿以小孔者，每雙根長度約十餘公尺，中用接箍連成，一端裝有接頭，他端為絲扣，可連接任何長度，在下套管時，套管第一根之末端，接一套管鞋，作保護套管之用。下套管之工具，有套管環套管套，卡瓦；當下最後一根套管時，其長度須與井口裝置器之高度適合，切忌太長或太短，而阻礙井架底座或落下園井內，影響以後裝置器材之不便，未下套管前，需用一擴孔器作擴大井眼工作，當下套管時，井內泥漿需停注入，下至最後一根，并須改用反絲扣，除去上節使與面套管伸出便於安裝，套管下竣，即行注入洋灰，其法先在預定池內，利用一混合器，將洋灰與水混和，洋灰漿之比重及黏度要適宜，調和後，用上下木塞兩個，先後投下內洋灰經泵壓力，使洋灰返出在井壁與套管間；既竣，約停鑽一星期，令井壁洋灰凝結堅固，再口開鑽，茲將下5.75英吋及7英吋套管與注洋灰之計算情形舉例列下：

下5.75英吋套管之洋灰計算：

深503.64公尺

（1）套管內之注入量

$$\frac{20\times3.28}{7.863}=8,35$$袋約9袋

（2）套管外面

$$\frac{150\times3.28}{7.12}=69袋（69\times150\%=103袋）$$

（1）+（2）=9+103=112袋。

泥漿之計算：

（A）=480.44+3.82×3.28×0.15262

=240立方英呎。

（B）=50×0.0415+2×38×0.0213

=3.68立方英呎。

（A）+（B）=243.68立方英呎

=48.7英吋由池內泵出。

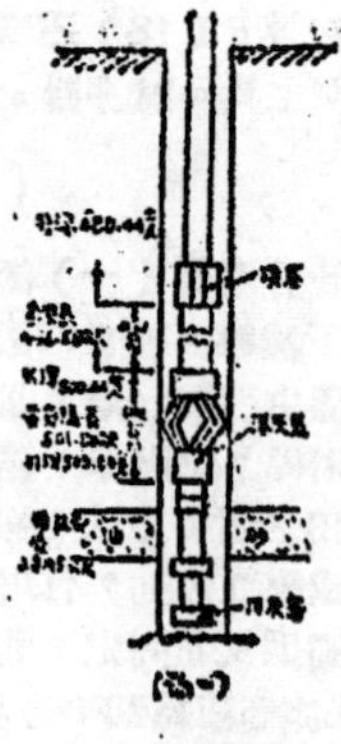

（圖一）

下7英吋套管之洋灰計算：

A.7吋套管與9.5吋井眼間注入一袋洋灰之量

B.7吋套管內一袋洋灰之注入量

C.洋灰損耗之量30%

A. $\frac{200\times3.28}{6.02}$=109袋。

B. $\frac{10\times328}{5.708}$=6袋

C. 損耗30%=35袋。

A+B+C=109+6+35=150袋。

用水量

150×0.883=133.2立方英呎

（灰漿比重1.76）

泵池內之灰漿

133.2÷5=26.2英吋。

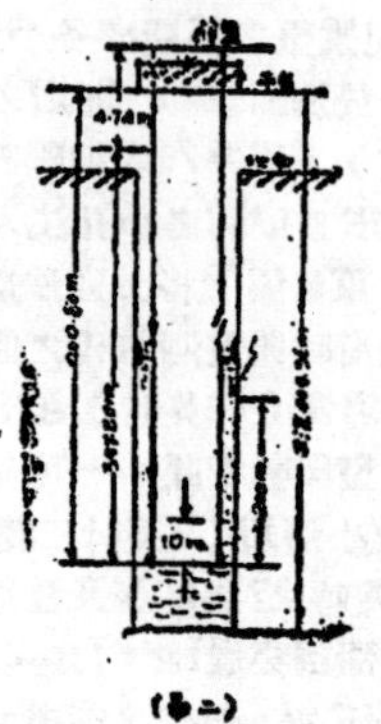

（圖二）

泥漿之計算：

置換7吋套管內之灰漿所需要之泥漿

A. $\frac{(397.80+4.74-10)\,3.28}{4.566}$=282.3立方英呎。

B. 泵入立管量約5立方英呎。

A+B=282.3+5=287.3立方英尺

泥漿池內泥漿

287.3÷5=57.4英吋

（六）泥漿

泥漿（Mud），係各種不全物質混合而成黏度，比重迥異之漿液，爲近代旋轉鑽探油井之主要問題；其功用除替代清水將井內碎屑帶出外，并可防止疏鬆地層之塌陷，封閉空隙地層與水層，減低油沙油氣之上侵，穩定鑽速之進行，又可中和井內物質之化學性。反之，如無適當之配合，往往使高壓力之油氣無形漏失，油層之油路封閉，使油流阻礙；或油氣冒昇更甚，釀成噴出現象，或徒使鑽頭壓力增高，膠結鑽齒，不特鑽速降低，且成脫落之危險。故泥漿應用適當與否，關係鑽井之成效甚大且巨。配合泥漿之最佳物品，係無變化作用之土質，其黏度頗大，比重亦高，用水可配成1.05至1.44爲之比重，其重量約每立方尺7.13至90磅；如遇高壓力之油層，或用赤鐵粉（Hematite），或重晶石粉（Barite）與纤子土混和，使其比重增高，由14.4泥漿增高至1.50，爲每加侖需800磅，并可提高其比重達1.90以上。爲減低泥漿黏度之增加，除不斷增加清水使其稀釋外，可用化學藥品如鞣酸與輕養化鈉溶液之混和，其配合量每10加侖清水，需0.5加侖輕養化鈉及4磅鞣酸，促使30秒以上之黏度降低，爲高黏之良好脫水劑。

玆將井內泥漿體積之計算用曲綫表明之：

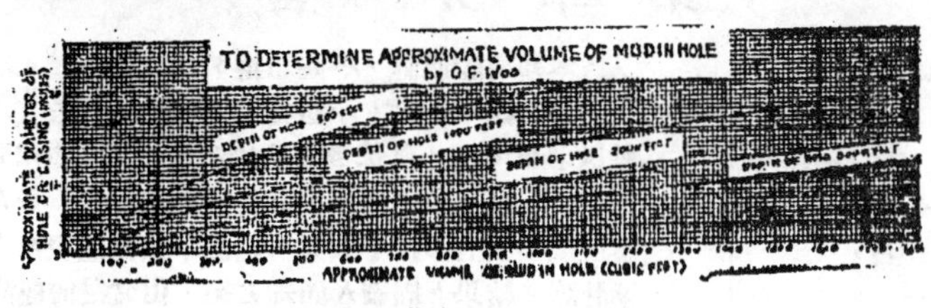

(圖1)

（七）採油

原油在正常狀態下，視裝設附上之油管及套管之壓力，而任從鉄器之節流器以控制其速度，但出油之始，往往因地下油路流出之未能習慣或油氣壓力之異常，因油層含有大量濃厚蠟質或泥沙，易促使井內油管之閉塞，故需探測井底溫度及往昔之流量作定時之詳細紀錄，設法使其回復正常；如灌注火油井內，使蠟質溶解，或加壓力使其堵塞部份疏通，或用通井器通洗井內油管之出路，務使井內原油不致回竄別處，而耗損失，故於井出油之始，則需提取油樣，詳細分析其溫度，含砂，氣體，壓力，水份，及蠟質，作將來採油之參攷；而井內流出原油之大量氣體，爲製高級汽油之重要原料，故於出油後，并需安裝一油氣分離器，使井內油氣集中成油，又爲採油部門之重要設備。

（八）煉油

石油係各種沸點不同之炭化輕之混合體，取出後，需經一番精煉，始能析出所需要應用之物品，現原油中多含硫混合物，又可提出作其他應用之合成品，故近世煉油方法，日趨廣闊，其副產品之多，不下千餘種，實爲目前重工業部門之主要資源。

從地下採出原油，在正常溫度時，爲流質，黏度頗高，其比重有高低之別，比重輕者爲0.3約合35°（Beaum'e），重者0.5約20°，輕者佔成份高而昂，比重高者含瀝青多而賤，此對精煉時產品質量之優劣有關，在未發現裂解式煉油以前，通常多用蒸餾方式，利用其不全沸點而先後獲取其成品；其法加熱鍋爐內，油管，使原油因溫度增高先後分解，經分餾塔而個別冷卻成油，普通在150°間成汽油，150°至300°之間成火油，在300°以上成重油，而重油又可分解成機油，礦脂，石臘及土瀝青，此種煉油方法，對原油內其他可供利用物質喪失其他合成機會，未免可惜；故裂解式 應用，係如何取出石油之某部，再用熱和壓力或加催化劑，使其化合成另一優良之產品，日常應用物品，從石油製出卻爲天然油中所無者；如合成橡皮是；而裂解法分裂較重之産物，製出較輕者如燃料油，因分裂所產生之汽油是。應用裂解法所產出之成品，實二倍於蒸餾法。

（九）未來展望

石油事業之進展，正隨國際鬥爭之路綫擴張，而各國石油採煉技術之進步，刻正日新月異在研求邁進。在萌芽初期之我國石油事業，應如何去孕育發展。玆編所述，謹就筆者數年工作所得，略述我國西北一部石油工程採煉情形，深盼於未來之不斷鑽探中，陸續發現更爲豐富之油田，開拓更多大量油藏之油井，使整個西北油田，北自新疆烏蘇，南至甘州之輸帶系統，以臻於成，不獨西北燃料無缺，進而與東北油田延展至華南，普及全國，奠定今後重工業之基礎；從此開發各地源資努力建設，以置我國於現代化國家之境域。

民卅六年於湛江

（上接19頁）

（註三）本文所列之戰前單價，採自呂謎著之「鐵路測量學」第205頁至213頁。此等單價係呂氏在粵漢鐵路所編製之預算單價爲標準，見是書序言。

（註四）見湘桂黔鐵路標準圖圖號4111。

（註五）此例以U式橋台爲準，見湘桂黔鐵路來賓段粵境工程處標準圖圖號4008。所稱橋台高度係橋台之全高，即由後墻（parapet）之頂至基礎底之距離。

（註六）見Hool and Johnson：“Concrete Engineers' Handbook”, p.603.　（完）

乘除之小數位數取捨法

朱銅富

第一章　弁　言

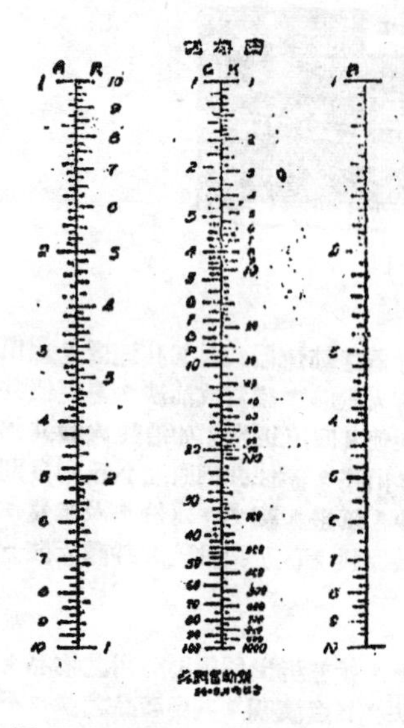

本題所論偏僻，不甚通俗，請先釋題義。所謂位數者，指有若干個數字而言。小數位數者，係指除數後，具有若干個小數數字也。而小數位數之取捨法者，以某數雖有多位小數，但究應取用若干位，而捨去其餘之方法也。蓋吾人於乘除時，遇除數後而具有多位小數者，對於小數位數取捨之多寡，足以影響計算之結果，固盡人而知之矣。但究在何種情形之下，應作如何取捨，則鮮見有作討論者。若執途人而問之every曰：「宜多取數位，以期準確。」但所謂多少者，實與適需者比較之辭爾；苟不知確應所需位數，則又何從而比較？又焉知其所謂多取者，不仍爲少取乎！尤以對數相乘，實難適得所需，悉非過多，則屬過少。假爲過多，則時間殊不經濟；倘爲過少則難期準確。譬之弦長十公里，小角爲一度時，而欲求對邊長度準確至公厘者，自以爲取用五位函數（Natural Function）。當可足用矣！庸詎知實須取至七位以上，始能達其目的耶！又如兀值，普通以爲用至小數後四位或五位，已屬適合；但倘當10^3×兀而欲求乘積之第三位小數準確，則兀值非取至小數後六位以上不爲功。若當0.01×兀而欲求乘積之第三位小數準確，則兀值可僅用一位小數已足。是知所求之乘積或商數，如有一定之準確度，（如需準確至小數後第某位，）則各乘數所含小數位數之取捨，應宜有一定法則可循。爰將公餘研求所得，分述如次。自知雕虫小技，貽笑大方，尤非所語於有計算機之優越階級也！

第二章　　論簡化之道

算術史之進化，本自簡而繁；但過繁，則時間所費至多，於是設法簡化，使能節省一部時間，及避免若干之錯誤機會。良以方法愈簡單者，其所需時間愈少，而其失誤之機會亦愈少。譬之乘法，本爲加法之一種特殊情形，而施以簡化者也；若不習乘法，而加法是務，則所耗時間之巨大。與乎失誤機會之衆多。將使人咋舌不置矣！抑尤有進者，人生之壽命有限，其所能供工作之時間，亦有一定；若能以新方法，做同樣之工作，而節省一半之時間，則謂其人之壽命已延長一倍可矣。謂其成績已超越常人一倍，亦可矣。故人莫不力求其工作時間之節省，亦即每人均力求其工作方法之簡化。

然簡化有道，取捨有準，能得其宜，則適可而止。否則或耗時，或不準，俱非簡化之原意。譬以用計算尺而言，所得結果，僅可讀至一定之位數；逾此則錯誤生焉。故於使用計算尺之初，須知是尺，有効數字，而後用之，始可期其勿失。是知簡化之道，貴乎適得所需。譬諸欲求六位數字之準確，而運用四位對字之準確，而運用七位對數表以計算；蓋前者爲不準確而後者爲過於耗時，蓋其爲不適於簡化之通則一也數表以計算，與欲求四位數。故務簡化者，應以下列二項爲準：

（A）節省一部時間

（B）達到預期準確

第三章　小數乘除法之簡化

第一節　　乘法之分析

吾人於演習乘法時，例先將乘數寫於下被乘數寫於上，依次相乘，每一乘積之末位，必在該乘數之同一縱綫上。如算法一所示，如所兀及之乘法，其準確性，當無他法可與比倫；然耗時費神亦至矣！倘該乘積，只求小數第六位準確，當立知其不

算法一

```
          57.2957795
          57.2957795
          ----------
        2864788975
       515|6620155
      4010|704565
     40107|04565
    286478|8975
   5156625|155
  11459155|90
 401070456|5
2864788976|
-----------------
32828063485|1262025
```

算二法

```
         29
        516
       4011
      40107
     286479
    5156620
   11459156
  401070457
 2864788975
 ----------
 3282806350
```

當。轉不如在乘數進行時，每一行預計其影響至小數後第六位者則取之。若在小數後第七位者，則用四捨五入法乘之。則其可能錯誤之機會，僅為 $\frac{1}{2}$ 而其最大之錯誤量，亦甚有限；而節省之時間，則大有可觀！如算法二所示，當遠較原法為省也。但 $\frac{1}{2}$，之錯誤機會，自然仍嫌過大，於實用時，可多求一位小數，則錯誤機會可減小為 $\frac{1}{20}$。但此種錯誤，係屬自平式，（Compensating）而非累積式。（Comulative）即其錯誤可互相抵消，並非一定累加。倘欲更事安全，自可更加一位或二位，則可使其錯誤機會，減少至 $\frac{1}{200}$ 或 $\frac{1}{2000}$。但其錯誤機會雖甚少，而其所耗時間，則相對增大，加以精神上之疲勞，與注意力之分散，因而招致之失誤機會（mistake），亦愈多矣。鄙意以多取一位，使其錯誤機會，減小至 $\frac{1}{20}$ 為宜。

細測算法二之所以簡單者，以其每一行之乘積，同時兼顧到其所需之小數後第六位，若分乘之，當如算法三所示：

虛綫括號內者數，僅取其與乘數乘出乘積之首个數字進上：第二位數字，則依四捨五入法，以決定取捨。如7×5=35則作4；2×95=190則作2；9×795=7155，

算法三

```
57.2957795      × 50.0000000 = 2864.788975
57.295779(5)    ×  7.0000000 =  401.070457
57.29577(95)    ×  0.2000000 =   11.459156
57.2957(795)    ×  0.0900000 =    5.156620
57.295(7795)    ×  0.0050000 =    0.286479
57.29(57795)    ×  0.0007000 =    0.040107
57.2(957795)    ×  0.0000700 =    0.004011
57.(2957795)    ×  0.0000090 =    0.000515
5(7.2957795)    ×  0.0000005 =    0.000029
                              -------------
                              3282.806350
```

算法四

```
57.2957795      × 50.0000000 = 2864.788976
57.295779(5)    ×  7.0000000 =  401.070457
57.29577(9)     ×  0.2000000 =   11.459156
57.2957(7)      ×  0.0900000 =    5.156619
57.295(7)       ×  0.0050000 =    0.286479
57.29(5)        ×  0.0007000 =    0.040107
57.2(9)         ×  0.0000700 =    0.004010
57.(2)          ×  0.0000090 =    0.000515
5(7.)           ×  0.0000005 =    0.000029
                              -------------
                              3282.806347
```

則作7；餘類推，但括號內位數，並非相同，則機會未能均等。若將：改作同爲一位，如算法四，則費時尤多；而於取捨之機會，亦可相等矣。

返觀算法四，可見乘數之位次不同，而所需乘被乘數之數目亦異。乘數中位次之最大者，（如123·45則百位爲最大，十位次之。）其乘被乘數之數目爲最多。位次每小一位，則其乘被乘數之數目，亦可減少一位。依此原則，可得小數簡乘法：

第二節小數簡乘法

（I）將被乘數照常排列。

（II）決定乘積所需之小數位數以p表之

（III）用下列各種情形，以決定乘數之小數點，所應取之位置。

（A）如p＝1時，則小數點應置於被乘數之小數點之下。即與之同一縱綫上。

（B）如p爲正數時，則小數點應置於被乘數之小數點之右邊第p－1行上

（C）如p爲負數時，（詳見p.11頁脚附註。）則小數點應置於被乘數之小數點之左邊第p行上

（IV）將乘數各數字，以小數點爲軸，左右互相顛倒，使整數在右，小數在左如12·345書作543.21。

（V）每個乘數，自其同縱行之被乘數，開始相乘；依次而左。其所得乘積之末位，必置於右邊第一個乘數之下。至於右邊之諸被乘數，可僅乘其首位，當其乘積在十位時，應作單數加入以前之乘積中；所餘單位數字，則以四捨五入法，以定取捨。如以25作3，以63作6，以加入於以前之乘積中。

（VI）應用此法時，宜採用$\frac{1}{20}$之錯誤機會，多取一位小數，（即乘積之小數位數，較實需者多一位。）以資準確。

茲舉前例，而準確至小數後第四位。則可依法進行，如算法五。求得其乘積爲3282.8063。

57.2957795
5977592.75
286478398
401(7)45
1145915
515661
28648
4010
400
51
3
3282.80631

算法五

第三節　上法之應用

本法應用範圍甚廣，舉凡要用小數互乘者，匪不適用。而欲研求乘除時小數位數之取捨法，亦被他途易於着手，茲舉計算鐵路彎道之Ts爲例，試與習用之對數法比較，以測其簡化之成效。依寶天及天水等鐵路規定：中線距離應量至公厘。故Ts計算。亦應準確計算至公厘。茲分別用查對數表法。及小數簡乘法，計算於后：

設已知△＝63°－18′－00″D＝4°－00′ls＝60,00^{m}

求　Ts＝？

由公式　Ts＝（Rc＋P）tan$\frac{\triangle}{2}$＋q

（I）　用對數表法

查介曲綫表　　log（Rc＋P）＝2.4579757

查對數表　　logtan$\frac{\triangle}{2}$＝＋）9,7898681

2.2478438）返查真數

查介曲綫表　　q＝　29,983）

176,947）

Ts＝　206,930

11446

（II）用小數簡乘法

```
查介曲線表              Rc+p＝287.062
查函數表倒排之      N.tan Δ/2 ＝7704616.
                          ─────────
                            1722372
P＝4                          28706
                              17224
                               1148
                                 20
                                  1
                          ─────────
                           176.9471
                        q＝  29.983
                          ─────────
查介曲線表              Ts＝ 206·930
```

由上比較，知同時根據七位對數表，則兩者可達到小數下三位準確之目的。而計算之繁簡，則於紙面上，似以對數法爲簡；而事實上，由對數返查數目時，通行搜檢，復須插入尾數，費時多矣。況此類計算若在室內舉行；則小數簡乘法，可藉算盤實施，節省時間較多。（以算盤實施小數簡乘或簡除法，詳見第六章。）若在室內舉行，則七位對數表太大，不便攜帶。其他書本所附對數表，類多爲六位；只可準確求出五位有效數字，而小數簡乘法，因則七位函數表之頁數，遠較對數表爲小，野外應用，甚覺便利。如Willam H Searles之Field Engineering一書，則有此種附表，仍可準確計算至六位有效數字故Ts計算中，小數簡乘法較對數表法，實覺毫無遜色。況以上所比較者，以介曲線表已預計有一項log（Rc+p）而言，倘若無之，則對數法工作之繁，當遠勝於小數簡乘法，可不待詞費。故於應用三角函數相乘時，宜使用Natural Function,實施小數簡乘法爲佳。若僅一人計算：則可同用二法校對，以減少相同錯誤。

第四節　小數簡除法

除數爲乘數之還原，故可依小數簡乘法之原理，而得小數簡除法，今先演普通除法，如算法六

假商數只求至小數後第四位，即可將曲線之右部份棄去，僅乘積僅列至被除數小數後第四位，則得算法七。

其簡化之原理與小數簡乘法同。故不贅。

算法七

```
 57.2957795 │3282.80634851
 87592.75   │2864 7890
            ─────────
              418 0173
              401 0704
            ─────────
               16 9469
               11 4591
            ─────────
                5 4878
                5 1566
            ─────────
                  3312
                  2865
            ─────────
                   447
                   400
            ─────────
                    47
                    46
```

算法六

```
                                   57.2957795
                         ─────────────────────
57.2957795 ) 3282.8063│4851262025
             2864 7889│75
             ─────────────────────
              418 0173│735
              401 0704│565
             ─────────────────────
               16 9469│1701
               11 4591│6590
             ─────────────────────
                5 4877│61112
                5 1566│20155
             ─────────────────────
                  3311│409576
                  2864│788975
             ─────────────────────
                   446│6266012
                   401│0704565
             ─────────────────────
                    45│55014470
                    40│10704565
             ─────────────────────
                     5│443099052
                     5│156620155
             ─────────────────────
                      │2854788975
                      │2854788975
                      ═══════════
```

第四章　乘數時小數位數之取捨法

第一節　普通法

(I) 證法：　設兩兀互乘，擬求乘積準確至小數後第二位。（即實求至小數後第三位，）並逐次變換兀之小數位次，則其應取之小數位數，根據簡乘法，知當如下列：

314.159265	×314.159265	=	98696.044
314.15927	×31.415927	=	9869.605
314.1593	×3.141593	=	986.960
314.159	×0.314159	=	98.696
3.14159	×3.14159	=	98.696
31.416	×3.1416	=	9.870
0.3142	×3.142	=	0.987
0.0314	×3.14	=	0.098
0.0031	×3.1	=	0.009
0.0003	×3.	=	0.0009

為便於討論起見，先假定一組符號，以表示整數及小數　位數。其所列方程式，名之曰位數方程式，設A.B.C………N為乘數整部份數位數。※

a,b,c………n——，，——小——，，——而各書於其右下角。十

P為Aa×Bb×Cc×………×Nn積乘積之整數部份位數。

p————，，————小——，，——，而各書於其右下角。如Pp。

附註：※　如整數部份為負數時，則指其不但本身為零，

且指其小數位開始時若干位乃為零，如0.003應書作-2_3。如0.000694應書作-3_6

則上列兀之相乘各式，可歸納之，作普偏位數方程式。

Aa×Bb=Pp　　　　或更以位數細表之，如下：

$$3_6\times 3_6=5_5 \qquad 1_4\times 1_4=1_3$$
$$3_5\times 2_6=4_3 \qquad 0_4\times 1_3=0_3$$
$$3_4\times 1_6=3_3 \qquad -1_4\times 1_2=-1_3$$
$$3_3\times 0_6=2_3 \qquad -2_4\times 1_1=-2_3$$
$$2_4\times 1_5=2_3 \qquad 3_4\times 1_0=3_3$$

由上諸式，可見a之大小，須視B為轉移。（如以小數簡乘法，布開乘式，當更可了然其關係，）倘B增一位，則a亦須隨之增加一位。倘B為零時，則a=p。b與A之關係亦然。故兩數互乘時，其應取小數位數，可以下式表之：

a=p+B　　b=p+A　　若令S=p+A+B　　則上式可書作

a=S−A　　b=S−B————————（1）若有三數相乘，如Aa×Bb×Cc=Pp則a之大小，須視B及C為轉移。倘B+C=0時，則a=p。b與A, C及c與A, B之關係亦然。若令S=p+A+B+C則可得下式：

a=S−A　　b=S−B　　c=S−C————————————（2）

附註：十　如小數部份為負數時，則指其不但本身為零，且指其在整數之末處，有若干位乃為零。例如10,0書作$2-_1$。又如900000,0書作$6-_5$。

依同理，若有N數相乘，如Aa×Bb×Cc×……×Nn=Pp若令S=p+A+B+C+…+N則其各數應取之小數位數應如下式：

$$\left.\begin{aligned} a&=p+B+C+\cdots\cdots+N=S-A\\ b&=p+A+C+\cdots\cdots+N=S-B\\ c&=p+A+B+D\cdots\cdots+N=S-C\\ n&=p+A+B+C\cdots+(N-1)=S-N \end{aligned}\right\}\text{——————（3）}$$

(II)　應用本法之步驟

（A）　決定乘積之小數位數b。（應較實需者多一位。）

（B）　列位數方程式，

（C）　用S=p+A+B+C+……+N式求S

(D)　所求任何數N之應取小數位數。等於用S減去其整數部份位數。即 n＝S—N　(例見第8章)

第二節　惰數法

(I) 定義：惰數者，兩數相乘而進位之謂也。△例如3×2　198×3.3　1.025×0.0081之間，俱含有惰數，故惰數應存在於兩乘數中，當二數相乘時，非進位則不進位；故二數相乘　惰數，非零則一。換言之，當無惰數時P＝A+B當有惰數時，因其乘積不進位，於是逐使P＝A+B—1。若羣數互乘而有若干次不進位時，是為有若干個惰數。則以 χ 表惰數之數目，因羣乘諸有 χ 次不進位也。故P＝A+B+C+……+N—χ＝S—p—χ。χ之值，可用諸模圖（Nomograph）求之（求法詳後或用計算尺求之，其計算時，向右位之次數也。）

(II) 算法：今試舉四數互乘，χ＝4時各種情形說明於下，以表明其應取小數位數所生之各種變化，當羣互乘，其位數式可書為：

$$A_a \times B_b \times C_c \times D_d \times E_e \times F_f \times G_g \cdots\cdots \times N_n = P_p$$

(A) 設四個惰數完全相連而於計算時自左而右。以下式之。

$$A_a \times B_b \times C_c \times D_d \times E_e = P'_{p'} \times C_c \times D_d \times E_e = P''_{p''} \times D_d \times E_e$$

$$= P'''_{p'''} \times E_e = P^{IY}_{p^{IY}}$$

則P'＝A+B—1　　P"＝P'+C—1＝A+B+C—2　　P'''＝A+B+C+D—3

P^{IY}＝A+B+C+D+E—4　　　　依式(3)代入可得

$$\left.\begin{array}{l} a＝p+B+C+D+E+\cdots\cdots+N＝S—A \\ b＝p+A+C+D+F+\cdots\cdots+N＝S—B \\ c＝p+P'+D+E+F+\cdots\cdots+N＝S—C—1 \\ d＝p+P''+E+F+G+\cdots\cdots+N＝S—D—2 \\ e＝p+P'''+F+G+H+\cdots\cdots+N＝S—E—3 \\ \hline n＝p+P^{IY}+F+G+H\cdots\cdots+(N—1)＝S—N—4 \end{array}\right\} \text{———————}(4)$$

持此式以與(3)式較，當知a.b所得結果，完全相同，而在c.d e.諸數，則利用惰數，各有差誤。

(B) 設四個惰數完全相連，而於計算時，則左右並進　以下式表之。

$$A_a \times B_b \times C_c \times D_d \times E_e = A_a \times P'_{p'} \times P''_{p''} = A_a \times P'''_{p'''} = P_{p^{IY}}^{IY}$$ 則

P'＝B+C—1　　P"＝D+E—1　　P'''＝P'+P"—1＝B+C+D+E—3

P^{IY}＝A+P'''—1＝A+B+C+D+E—4　　　　依式(3)代入可得

$$
\left.\begin{array}{l}
a=p+P'''+F+G+H+\cdots\cdots+N=S-A-3 \\
b=p+P''+A+C+F+\cdots\cdots+N=S-B-1 \\
c=p+A+B+P'+F+\cdots\cdots+N=S-C-1 \\
d=p+A+P'+E+F+\cdots\cdots+N=S-D-1 \\
e=p+A+P'+D+F+\cdots\cdots+N=S-E-1 \\
\hline
n=p+P^{IY}+K+F+G+H+\cdots(N-1)=S-N-4
\end{array}\right\}\text{———————(5)}
$$

持此式以與（4）式較，當知新取小數位數之總和，實尚較（4）式少去一位小數。

（C）設四個階數完全相遇，而於計算時則一方自左而右，另方則每份數進。以下式表之：

$$A_a\times B_b\times C_c\times D_d\times E_e=P_{P'}\times C_c\times P_{P''}''=P_{P'}'\times P_{P'''}'''=P_{PIY}^{IY}\text{ 則}$$

$P'=A+B-1\quad P''=D+E-1\quad P'''=C+P''-1=C+D+E-2$

$P^{IY}=P'+P'''-1=A+B+C+D+E-4$　　　　依式（3）代入，可得

$$
\left.\begin{array}{l}
a=p+B+P'''+F+G+\cdots\cdots+N=S-A-2 \\
b=p+A+P'''+F+G+\cdots\cdots+N=S-B-2 \\
c=p+P'+P''+F+G+\cdots\cdots+N=S-C-2 \\
d=p+P'+C+E+F+\cdots\cdots+N=S-D-1 \\
e=p+P'+C+D+F+\cdots\cdots+N=S-E-1 \\
\hline
n=p+P^{IY}+F+G+H+\cdots+(N-1)=S-N-4
\end{array}\right\}\text{———————(6)}
$$

持此式以與（5）式較，當知所取小數位數已減少一位，

（D）設四個階數中，三個相遇，餘一則否，計算時則自左而右．以下式表之：

$$A_a\times B_b\times C_c\times D_d\times E_e\times F_f=P_{P'}'\times C_c\times D_d\times P_{PIY}^{IY}=P_{P''}''\times D_d\times P_{PIY}^{IY}=P_{P'''}'''\times P_{PIY}^{IY}$$

則$P'=A+B-1\quad P''=P'+C-1=A+B+C-2\quad P^{IY}=E+F-1$

$P'''=P''+D-1=A+B+C+D-3$　　代入（3）得：

$$
\left.\begin{array}{l}
a=p+B+C+D+P^{IY}+G+\cdots\cdots+N=S-A-1 \\
b=p+A+C+D+P^{IY}+G+\cdots\cdots+N=S-B-1 \\
c=p+P'+D+P^{IY}+G+H+\cdots\cdots+N=S-C-2 \\
d=p+P''+P^{IY}+G+H+I+\cdots\cdots+N=S-D-3 \\
e=p+P'''F+G+H+I+\cdots\cdots+N=S-E-3 \\
f=p+P'''+E+G+H+I+\cdots\cdots+N=S-F-3 \\
\hline
n=p+p''+P^{I}+G+H+I+\cdots+(N-1)=S-N-4
\end{array}\right\}\text{———————(7)}
$$

此式較（6）式，更少取一位小數。

（E）設四個惰數中，三個相連，餘一則否。計算時則自左而右遞進。以下式表之：

$$A_a\times B_b\times C_c\times D_d\times E_e\times F_f=P'_{p'}\times P''_{p''}\times P^{IV}_{p^{IV}}=P'''_{p'''}\times P^{IV}_{p^{IV}}$$

$P'=A+B-1 \quad P''=C+D-1 \quad P^{IV}=E+F-1$

$P'''=P'+P''-1=A+B+C+D-3$　　代入式（3）得：

$$\left.\begin{aligned}
a&=p+B+P''+P^{IV}+G+H+\cdots\cdots+N=S-A-2\\
b&=p+A+P''+P^{IV}+G+H+\cdots\cdots+N=S-B-2\\
c&=p+P'+D+P^{IV}+G+H+\cdots\cdots+N=S-C-2\\
d&=p+P'+C+P^{IV}+G+H+\cdots\cdots+N=S-D-2\\
e&=p+P'''+F+G+H+I+\cdots\cdots+N=S-E-3\\
f&=p+P'''+E+G+H+I+\cdots\cdots+N=S-F-3\\
&\cdots\cdots\cdots\cdots\\
n&=p+P'''+P^{IV}+G+H+I+\cdots+(N-1)=S-N-4
\end{aligned}\right\}\text{------}(8)$$

此式較（7）式更少取一位小數。

（F）設四個惰數，每兩個相連。以下式表之。

$$A_a\times B_b\times C_c\times D_d\times E_e\times F_f=P'_{p'}\times C_c\times P'''_{p'''}\times F_f=P''_{p''}\times P^{IV}_{p^{IV}}$$ 則

$P'=A+B-1 \quad P''=P'+C-1=A+B+C-2 \quad P'''=D+E-1$

$P^{IV}=P'''+F-1=D+E+F-2$　　代入式（3）得：

$$\left.\begin{aligned}
a&=p+B+C+P^{IV}+G+H+\cdots\cdots+N=S-A-2\\
b&=p+A+C+P^{IV}+G+H+\cdots\cdots+N=S-B-2\\
c&=p+P'+P^{IV}+G+H+I+\cdots\cdots+N=S-C-3\\
d&=p+P''+E+F+G+H+\cdots\cdots+N=S-D-2\\
e&=p+P''+D+F+G+H+\cdots\cdots+N=S-E-2\\
f&=p+P''+P'''+G+H+I+\cdots\cdots+N=S-F-3\\
&\cdots\cdots\cdots\cdots\\
n&=p+p''+P^{IV}+G+H+I+\cdots+(N-1)=S-N-4
\end{aligned}\right\}\text{------}(9)$$

此式與（8）式所取小數位數相同。

（G）設四個惰數，有兩個相連，餘二則否。以下式表之：

$$A_a\times B_b\times C_c\times D_d\times E_e\times F_f\times G_g=P'_{p'}\times C_c\times P'''_{p'''}\times F_f\times G_g=P''_{p''}\times P'''_{p'''}\times P^{IV}_{p^{IV}}$$

則 $P'=A+B-1 \quad P''=P'+C-1=A+B+C-2 \quad P'''=D+E-1$

$P^{IV}=F+G-1$　　代入式（3）得：

$$\left.\begin{array}{l}
a = p + B + C + P''' + P^{IV} + H + \cdots\cdots + N = S - A - 2 \\
b = p + A + C + P''' + P^{IV} + H + \cdots\cdots + N = S - B - 2 \\
c = p + P'' + P''' + P^{IV} + H + I + \cdots\cdots + N = S - C - 3 \\
d = p + P'' + E + P^{IV} + H + I + \cdots\cdots + N = S - D - 3 \\
e = p + P'' + D + P^{IV} + H + I + \cdots\cdots + N = S - E - 3 \\
f = p + P'' + P''' + G + H + I + \cdots\cdots + N = S - F - 3 \\
g = p + P'' + P''' + F + H + I + \cdots\cdots + N = S - C - 3 \\
\cdots\cdots \\
n = p + P'' + P^{IV} + H + I \cdots + (N - 1) = S - N - 4
\end{array}\right\} \text{————} (10)$$

此式與（9）式較，少取一位小數。

（H）設四個惰數全不相連以下式表之。

$$A_a \times B_b \times C_c \times D_d \times E_e \times F_f \times G_g \times H_h = P'_{P'} \times C_c \times D_d \times P'''_{P'''} \times G_g \times H_h = P'_{P'} \times P''_{P''} \times P'''_{P'''} \times P^{IV}_{P^{IV}}$$

則 $P' = A + B - 1$　$P'' = C + D - 1$　$P''' = E + F - 1$　$P^{IV} = G + H - 1$　代入式（3）得：

$$\left.\begin{array}{l}
a = p + B + P'' + P''' + P^{IV} + I + \cdots\cdots + N = S - A - 3 \\
b = p + A + P'' + P''' + P^{IV} + I + \cdots\cdots + N = S - B - 3 \\
c = p + P' + D + P''' + P^{IV} + I + \cdots\cdots + N = S - C - 3 \\
d = p + P' + C + P''' + P^{IV} + I + \cdots\cdots + N = S - D - 3 \\
e = p + P' + P'' + F + P^{IV} + I + \cdots\cdots + N = S - E - 3 \\
f = p + P' + P'' + E + P^{IV} + I + \cdots\cdots + N = S - F - 3 \\
g = p + P' + P'' + P''' + H + I + \cdots\cdots + N = S - G - 3 \\
h = p + P' + P'' + P''' + G + I + \cdots\cdots + N = S - H - 3 \\
\cdots\cdots \\
n = p + P' + P'' + P''' + G + I + \cdots + (N - 1) = S - N - 4
\end{array}\right\} \text{————} (11)$$

此式較（10）式，少取一位小數；但較（4）式則少取六位之多。可見雖同屬僅有四個惰數，但以位置之不同，及計算時進行次序差異，發生各種變化。若再將惰數之數量變化加入，則三種因數，互相影響，以公式表示，殊覺繁複，有失簡化之原意，故本節只證明位置及次序，對於位數取捨之影響，而不詳究應用方法之實施。但在實務上應用，應排惰綫法為較簡單迅捷也。　　　　（未完待續）

改革鐵路通訊方式之我見

利家鋭

科學進步日新月異，十年前事已是落伍，特別是電訊方面；其改革進步之速，常有出人意外之成功。當磁石電話之初用於通訊，人皆以爲便捷，迨有線電報及自動收發報機相繼應用於通訊，既可守秘且可免錯誤。但無論用單線或雙線當時認爲兩部機不能同時同線通訊而無干擾，因此乃有幻路裝法。繼有調度電話及載波電話之發明。電源供給亦自磁石而共電，管理方法亦由於人工接線進步爲自動電接，通訊方法乃有長足之進步焉。

然而拉線豎桿架線，保養等問題，常使有線電訊之建設及維持費用龐大。且外線，架設材料浪費，保養需人，不論人力，物力，皆各不合經濟。自1895年無線電發明後，通訊方式乃大變。千里迢迢之通訊，穿山越洋，收發瞬息，今日航海航空莫不採用無線電爲通訊惟一之工具。無論航線之指示，天氣之預報，皆可賴以通達。1904年真空管發明後，無線電報遂由火花式，電弧式，進步爲真空管，機械及電力之消耗由大而縮小，週波由長而短而通訊距離亦由近而遠。國際通訊視爲尋常。中外通話於今實現；再若短波及超短波之應用，使以往架設天地線，困難可以免除。使今日安然行進之車中，可以與家人通話，可以與遠居他方之朋友寒喧，且無線電傳真，無線電攝影，在[illegible]時，流行通用，科學進步一日千里未可預卜也。

以上所述，乃歐美通訊方式之改革猛進，猶父小過自十年耳，且無線電應用亦爲近四十年事。其進步如是之速。反觀我國科學落後。以往更囿於保守政策，人棄我取，一切未能大胆採用改良迎頭趕上。本篇僅以我國鐵路通訊而論，自從清末鐵路建設之始，即利用磁石電話爲通訊調度唯一之工具，多年墨守應用，未有改良，雖然在戰前北甯，膠濟，京滬等綫，經已採用調度電話。載波電話。在勝利前數年已在西南各省通話，但勝利後所接收之各路，仍未能普遍採用，加以勝利後內亂頻繁交通阻碍，物資欠缺，有綫電話之建設非祇感材料之欠缺；加以國庫支絀，負擔亦極困難，今交部與各地通訊已採用無綫電報及電話。然則應用無綫電話以指揮工程以調度車輛，何以未見採用，未見計劃實現。筆者如梗在喉，不揣淺陋，草擬無綫電話代有綫電話之鐵路通訊方式。尚待各電界先進指正以匡不逮。

吾人皆知短波發射機因發射不同週率於不等距離，及因各地不同季候，時，日，之不同情形。但短波發射機之能用小電力以作普通國內通訊甚至國際通訊，凡電力在500瓦特已能應付裕如矣。現分別討論如下：

（一）發射機週率之選定：

（A）80M（3500KC）段——日間利用地波可達之距離100哩，天波可達700哩中間爲不能區域，適宜作穩定中等距離通報。

（B）40M（7000KC）段——日間利用地波可達通話距離80哩，利用天波可達180哩：4700哩。

（C）20M（14000KC）段——日間利用地波可達58哩利用天波可達800哩至4000哩。

（D）10M（28MC）段——適宜中遠距離通訊。

（E）5M（56MC）段——適宜於本地通訊。

根據以上情形，對於車輛之調查及指揮，工程之修築，須遠近距離兼顧，故發射機之週率以採用40公尺波段及20公尺波段爲最適宜（參閱各種波長天波及地波所達距離表，根據收音機[illegible]公尺10兆分[illegible]，播音電力5000Watt）

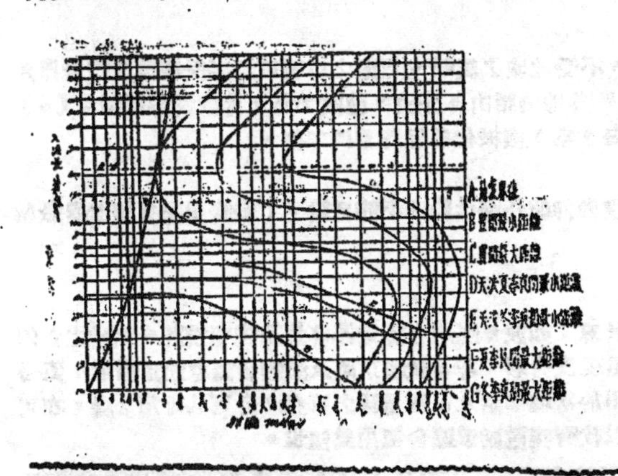

（二）收發報機調節儲電器刻度盤度數之展開及週率之選定：

鐵路調車之調動頻繁，欲使每列車每一站各具一波長，則各機之波長勢必擠擁於甚狹之刻度盤內，非僅調節困難，且易混淆。故欲使各台分別清楚必須特別設計調節儲電器，使每一波長之KC變動爲最小設度盤每轉一度相當於2KC之變化。如各台波長之差爲20 KC（用電綫波長儲電器而言）則刻度盤旋轉一週360°可有720 KC之變化，即在刻度盤0°－360°有32台波長可以有機分辨而收收之此外各發報機所發之週率須固定，方能使發出之電波不致與其他電台混淆。如凡發報機一律用晶體管制及仿振放電。晶體之振盪週率須裁切準確。

（三）守聽機之設計：

在有綫電話不用時則將耳機掛在鉤上而自動將綫路切斷，但在無綫電除在規定時間守聽外，不能由發話者把受話者之電源自動接通，故另設計一守聽單管機，僅用一真空管以司其事（真空管用交流時可視電源為AC抑DC而定）其綫路如下：

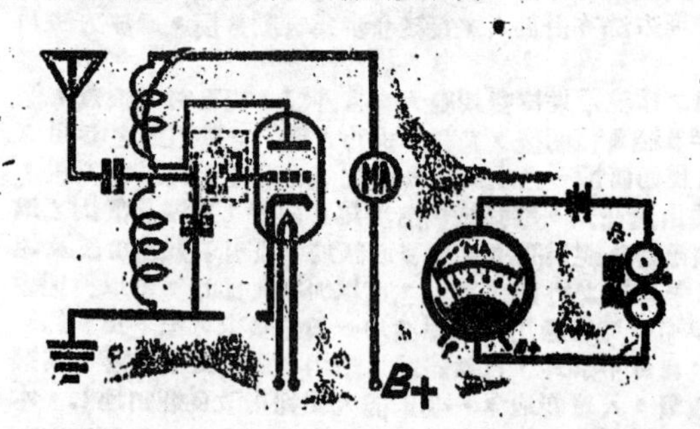

K不用時其管乃用於把輸入電波放大，K用時該管為用於檢波。故若有電波輸入時，則MA表的針搖動外，且可用作偵接聽。

此守聽機即是一具簡單再生綫路收音機。當柵極有電輸入時，則MA表指針擺動，因指針之擺動而能使另一電路通而鈴響，司其事者可用聽筒聽收發話員以通話，此守聽機之波長須與該台所用之波長同，（附裝或另裝於收音機內在工作時使此守聽機為永久通電狀態）。

（四）天綫裝置：

一律用赫志式Hertz氏天綫，使與地成不重要之儲電關係，可免地綫裝設之煩。

（五）電訊組織系統：

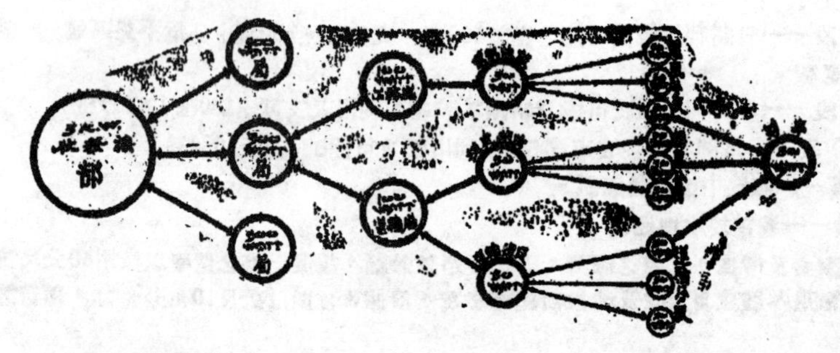

各台台間之通話，因通話距離不同故所用之波長，電力須詳細設計。

（六）無綫電應用之利弊：

（A）利方面：

（1）裝置簡單，應用便利。（2）搬遷容易，不受地域之限制，行進之車輛可直接受指揮及報告行車情形。（3）通訊範圍廣，旅客可在車中直接與路外各地通話由各分段，總段入局，轉接當地電話。（4）平時訓練大量無綫電報人材，戰時可以之分配於鐵道，及機械化部隊各部門工作。

（B）弊方面：

（1）易受天氣環境之影響。（2）真空管等設備仰賴外國供給，不能自給。（戰時中央無綫電機廠所出之直流井30電子牌真空管今且已停製）。

（七）結論

本篇所論僅就目機及組織而言，關於詳細之計算：如波長應用之儲電器容量及綫圈設計，天綫之裝置方式，所用真空管號及其他之配合，未能涉及。照現實情形，吾人試觀京滬及滬杭鐵路無綫電通話情形，使吾人感覺於技術訓練更有待使用，再有綫電話如用於當地通話及長途通話之可能，自有其可用之處。在可能情形，及有利條件下，當然以儘量應用無綫電以代有綫電話或連合使用為佳也。

航空攝影測量及其應用

陳應時

緒　言

空中攝影方法，在第一次世界大戰期間歐陸國家即已應用，當時目的全爲測製地圖，以供軍事上之需要；迨歐戰結束，各國政府對於航空攝影測量益加注意，各儀器公司亦紛紛設計製造各項航測及製圖儀器，以應需要，嗣後日有改進，方法漸臻完善，而航空測量之應用範圍亦漸擴展至工程方面，如市政設計，鐵路公路建築，水利開發，農林測量，地質調查及土地測量等均多應用之。我國在民二十年亦由陸地測量局開始創辦航空測量；在抗戰以前之數年間，航測業務進展甚速，計六年中測成五萬分一至一千分一各種不同縮尺之地圖總面積達一百萬方公里強。惜以抗戰軍興，航測材料來源中斷，業務進行不免遲緩；抗戰勝利後，測量局已着手於恢復及發展航測業務之各項計劃，誠以我國幅員廣大，未測地區甚多，且戰後百廢待舉，建設時期需要地圖甚爲殷切，此項工作之推進，實刻不容緩也。作者用是不揣譾陋，謹就航空測量之大概原理及方法作一般的介紹，亦冀藉以引起社會人士之興趣而已。

航空攝影之種類

航空攝影測量，就方法之不同，可大別爲垂直攝影及傾斜攝影二種；垂直攝影乃攝影軸垂直於地球表平面之攝影，爲最常用之正式測圖方法；傾斜攝影又有單傾斜攝影及複傾斜攝影之分：攝影軸祇有左右傾斜或前後傾斜之攝影稱爲單傾斜攝影，亦即無旋邊角之傾斜攝影；攝影軸有左右傾斜同時兼有前後傾斜之攝影稱爲複傾斜攝影，亦即有旋邊角之傾斜攝影。單傾斜攝影精度雖較遜於垂直攝影，然亦有其相當價值：在較平坦之區域，如施行斜攝測圖，實較省時省費，加拿大曾廣泛應用之以作湖沼地區之測量；又戰時空中偵察攝影，如利用半圓形單傾斜攝影測圖（飛機繞航綫圈中心，循弧形航綫飛行而斜傍攝影），其有利之點爲無須在目標上空作直綫及水平飛行，其受敵人防空部隊威脅之程度較小故採用者頗多；至於複傾斜攝影則因含有旋邊角，其計算繁複，成圖困難，通常多不採用，茲僅敍述垂直攝影測圖之一般方法，傾斜攝影不與焉。

航空攝影及製圖儀器

航空攝影儀

航空攝影，通常應用者爲單鏡頭式及三鏡頭式兩種。攝影儀之鏡箱上均附有二個互成垂直方向之水準器，以此整置儀器，使攝影軸（即通透鏡中心之光軸）居於鉛直方向；有些儀器於攝影時同時將水準器泡之位置攝入像片中，俾攝影時與透鏡中心之鉛直投影點一致之地面點在像片中之正確位置，（即天底點位置），可藉水準汽泡之攝影位置求得。又像框四邊之中點各製有一缺口，攝影時此各邊中點同時攝現於圖上，於是像片主點（即攝影軸與畫像平面之交點，亦即像主垂綫與主橫綫之交點）之位置，可由連結此兩個對邊中點之兩直綫的交點得之。如攝影時儀器不生傾斜，則攝影軸成鉛直方向，故天底點之位置與像片主點之位置重合；如攝影軸有傾斜時，則像片上天底點之位置亦因之發生偏移，此時天底點之正確位置，可由前述之水準汽泡的攝影位置，用水準器上所附之比例尺求得照片上相應於汽泡偏差之距離，而由主點上量得之。（天底點正確位置之決定，甚有助於糾正像片誤差之工作）。

單鏡頭航攝儀附用之軟片，長七十五呎，九吋半寬（美國標準軟片尺寸），攝影時預先捲置於鏡箱內兩個滾筒上，每捲軟片應可攝18×24公分（$7\times9\frac{1}{2}$吋）之底片一百至一百二十幅。若干種較新式之儀器附有小型發電機，曝照及捲片等均用電力爲之。

航測製圖儀

晚近近十餘年中，航測製圖儀器之發明製造，日見進步，尤以歐陸各國，如德，法，瑞士諸邦，對於此項儀器之研究改進，不遺餘力，出品之多，不下一二十種，大抵皆爲適應各種不同之地形性質或就照片縮尺之大小等特殊目的而設計，而最常用之儀器爲立體製圖儀及多倍投影製圖儀二種。由航測照片製成地圖，其方法要皆利用立體視物之原理。今試將由稍稍不同之兩位置攝得之一對照片并置一處，以左目視一照片同時以右目視另一照片，則覺照片上之景物成一立體模型，此蓋因由兩個不同角度攝得之景物同時反映於吾人眼中之網膜，構成一複合之影像，而發生立體之感覺也（普通立體畫鏡——即俗稱西洋鏡或者一一即爲利用此項原理製成）。又如佩用紅綠眼鏡觀此圖時，亦可發生立體之感覺。

多倍投影製圖儀之構造甚爲複雜，全座儀器由構造大致相同之數個部份排置組成，每部分各有一個射影器，以供安放照片之用，其間之距離可自由伸縮調節；每組儀器上各有一測標，可用以決定照上任一點之縱向橫向及高程（即立向）各位置並將該點在圖上之水平投影位置繪出。此測標連於一套槓桿，其上附有鉛筆以供描圖之用；測標板爲一圓形之薄板，中央有一光點，稱曰遊標；測板之高度可由其上之高程比例尺調節之。儀器上有改正照片視差之各螺子，以供調正像方位及消除視差之用。製圖工作通常於燈光上戴用紅綠眼鏡爲之。每組儀器上各有一對接目鏡，製圖時，吾人在接目鏡中所見者爲一座立體模型及一光點，此即測標板上之遊標也；此光點有時宛如飄浮於空中，有時則如沉陷於地面之下；當遊標與模型之地面時，則測標板之高程比例尺所示之高度即爲該點在圖上之高程。設欲檢繪圖中之河流道路等地物，可令遊標沿河流或道路之上移動，則鉛筆所繪出者即爲該河流或道路之水平投影。繪等高線時，可先將測標板調節至所需要之高程而固定之，因此時遊標之高度不變，然後移動測標板，使在接目鏡中所見之遊標觸貼地形上某點，復令遊標時時與地面相貼移動，則鉛筆所繪出者即爲所需某高程之等高線矣。

施攝步驟及方法

欲施行某地區之攝影測量時，先在該地區內選擇若干互相平行之直線以爲飛機飛行之航線；其他如儀器，高度，航線之羅針方位，照片之數目等，均應於事先計算決定之。攝影儀則安置於飛機底部製置雙環架上，在距離開始攝影第一張照片之地點以前，駕駛員先使飛機達到預定之高度（藉高度計之指示），并取準航向，當飛機將抵攝影地區時，駕駛員即通知觀察地面之人員或攝影員，準備開始攝影此時攝影員由取景器（形狀與望遠鏡大致相同）中觀察地面物體經過取景器之時間，即可決定飛機之地面速度及每次曝照之間歇時間，并可察知飛機進行方向是否與攝影儀之側邊相平行；有時駕駛員爲抵抗橫風，維持原來航線，而用舵使機首偏向以作「蟹形的飛行時」時，攝影員應即轉動儀器，使圖片之邊緣與實際飛行方向相平行，此可由取景器中目見地面物體移動之方向判定之。攝影時，飛機循既定航線往返飛行而施作業。

航空攝影之照片，通常須有大部分之重疊，大約每兩照片上下部分重疊百分之六十，左右約重疊百分之三十，是以地面上每部分幾皆經過四次之攝影；重疊所需要重疊之原因爲：（1）使每像片中相應於主點之地面點同時攝入鄰片之邊緣，俾可決定兩照片之相對位置；（2）照片中央部分精度較高，故通常製圖僅用此部分；（3）保證照片之連續；（4）預計中有若干像片因曝照不佳而生模糊，或誤差太大不能應用等。在沿飛行方向攝影時，須預計間歇時間，使連續攝得之照片上下各有百分六十之重疊（即所攝地面有百分之六十係相同者）；又沿相鄰之航線攝影時，則并須使各照片與相鄰航線之照片有百分之三十之重疊。用單鏡頭之攝影儀攝影時，攝影軸應垂直於地面；如用三鏡頭之攝影儀，則中央鏡頭之攝影軸成垂直方向，而左右兩鏡頭則向外成一傾斜之角度，使所攝之照片左右兩邊可得所需之重疊爲度；此兩邊之像片曰斜片其地面範圍，形狀爲正梯形，蓋因攝影軸左右傾斜故也，此種片可於室內復照時加以糾正，使各部分比例尺一致，始可應用。

航空攝影所得之像片爲黑白相反之底片故須經過室內復照之手續，使成正像之照片；此時并可利用地面控制點以糾正像片上之誤差。此項工作通常係將底縮影至某尺度而復照於小塊之玻璃乾片上，即可用作立體製圖矣。

誤差之糾正及地面控制

航空攝影測量，主要誤差之起因有三：（一）由於飛機之高度計本身的缺點或飛機在飛行中高度發生變化而生之照片縮尺誤差，攝影時如飛機之實在高度與計算所得應取之航高不同，則照片之縮尺亦發生差異；又飛機於飛行中如高度發生變化，則前後攝得之各照片縮尺不一致。（二）由於所攝在地上之物體高出（或低於）地面而起之高程位移誤差，設地面上之物體高出或低於地面上某高程之基準平面，則由該物點所發出之攝影光線，將沿直線方向分別投射於基準平面（亦可看作地面）及像平面，使該物點沿光線方向發生位移誤差，即物體由原來位置展移至其投影點上是也此種現象，如照片邊緣附近有高聳之建築物時，特別顯著，此時建築物之上部有如向圖外斜歙者然。（三）由於儀器有傾斜而生之誤差（亦稱傾斜），如攝影時儀器發生傾側，且攝影軸不垂直於地面而像平面與地平面亦成一角度；此時照片上各部分之縮尺均發生變化，此種誤差稱曰傾斜。如攝影儀器僅有一方（左右或前後）之傾側，則糾正之工作較簡單，糾正

貨物站場設計原則

鄭啓昌

鐵路之終點，每為工商業聚集之都市；或為貨物集散水陸輻輳之交點。車站建築，有將客貨站分開者，有將合併者；皆視運輸狀況而定。設其地貨運較客運為繁忙，客運在整個運輸業務中，僅居不甚重要地位者；為集中調度統一管理起見，客貨站多合併者。如貨運繁重，客運亦甚重要者；客貨站多主張分開，以求提高管理上效率。惟分合與否，貨物輸運起卸防護，業務，較其他業務為複雜。故車站設計，為貨物而設備之車場，頗佔重要部份。有時雖因地形限制及種種關係，設計上雖難于在理想上完全滿意之境地，然能因地制宜，適應運輸情況，不違背經濟及行車原則，即為合理適宜之計劃矣。

原則一：站場內正線，須保持暢通無阻，使無論何時，列車均能按照規定時間通過，不致因調車阻礙行車，甚至發生相撞之危險。或因行車，阻礙調車，而招致時間損失。故站場軌道，除正線分出收車軌道之轉轍外，其他一切轉轍均不能與正線相交叉。因之如為單線軌道，整個站場應位在正線之一側。如為雙線軌道，兩條正線各分佈站場之兩側，以免除上述之弊病。在吾國現階段之財力狀況，雙軌鐵路不甚可能，以能佈置兩條上下行正線于站場之一邊為佳。

原則二：車站內為貨物設備者，通常有收車場，分車場，出車場，貨倉，堆棧，月台，起重機等。其中以收車分車出車三場為調整車輛之樞紐，最為重要。三場中有將收車出車合併為一場者。有將分車場增加軌道數目而其軌道長者為出車場者。視貨物吞吐，及車輛調整情形而定。調整車輛之效率若否，與此三場之佈置，有甚大關係。效率云者，即以最迅速方法，達到調車目的。當列車抵站後，長途機車，即行拆開加水添煤，以備作新之列車即由調度機車按貨物種類及遠近目的地，將車輛重新編組。如收車分車出車三場位置緊湊適中，互相互相佈置；能使調度機車，不經行不必要之線軌，不須反向繞道而行，此方面之調車不必等待他方面調車行動完成後，始能進行者，如是之佈置，能使車輛編整迅速，換言之，即是以最短時間完成每次調車。因時間縮短，機車動力及人力費用省，運輸成本減少。一次機力及人力之節省量，雖為有限，但日計月積，總數當甚不貲。故設計站場，應先確定此重要三場之位置；以後再佈置其他各場，如存車場修車場機車房煤場等。

總之，鐵路運輸業務，在本身而言，為營業之性質。營業之最大目的，在營利。故不能不講求效率。是以于工程設計時，在可能減省資本費之合理考慮外；仍須顧及管理上之便利，能得到最高效率，以減少運輸上額外費用為要鍵。

（接38頁未完稿）

亦較容易；如攝影軸有左右傾斜同時並有前後傾斜時，則誤差之推移情形較為複雜，其糾正亦較困難，通常如誤差較甚，照片多摒棄不用。本文因篇幅所限，對於各項誤差、性質及糾正方法暫不備列。

航空攝影照片之誤差既在所不免，故施行航測時，須利用地面控制點，以供糾正誤差之根據。在廣大地區之測量，如需要極精密之成果，自以施行三角測量或利用已有之三角點以作控制點為宜。普通測量可用導線或導線網以作控制點，已可得所需之精度，亦有利用天文點以作控制點者。

航空測量之應用

航空測量之應用於工程方面，在我國雖尚屬試驗時期，但由於事實之顯示，社會各方面對於此項方法已漸有積極採用之趨勢。如戰前江西省政府委托陸地測量局代辦地籍航空測量，頗著成績，又經濟部曾於抗戰期間組成水利航測隊，辦理全國重要之水利航測業務，現此項工作尚在繼續積極展開中；交通部鐵路測量總處亦曾利用航測以作若干新路線之測量又卅六年八月間由國防部主持舉行之中央各機關測量業務連繫會議關於航空測量如何配合各事業機關之需要及業務上合作連繫之各項辦法均曾付討論，并有所決議，由以上各項觀察，亦可窺知航空測量在我國發展應用之一般趨勢矣。

結論

航空測量為最現代化之測量方法，已無庸贅述。惟在我國目前環境而言，其唯一之缺憾為一切航測儀器及材料幾皆仰給於外國而不能自製。雖目此種情形幾為目前我國各種事業之通病，非獨航空測量為然，惟此項缺點之補救實屬刻不容緩之事。今後如何謀求儀器及攝影材料之自製自給實為最切要之工作，國內專家共圖之。　　　　（完）

介曲線野外演算簡化之引証及實例

朱慕澄

鐵路行車爲求安全起見，於2°以上較銳之曲綫，常在直綫與單曲綫之間，另加插入一種介曲綫，以緩和由圓周運動而產生之離心傾向，此鐵路測量之所以異於一般公路者，而其測設演算亦因之常較其他曲綫皆爲繁複，通常所用之實例，已詳見於各鐵路測量課本中，無庸贅述，茲所論者，乃由課本中，參以實地需要將各零星之演算，歸納而爲便於運算之簡明公式而已，猶憶幼年習算術時，初遇雞兔同籠，童子分桃等四則習題，乍視之，似苦思力索而不得其解，及一旦豁然貫通，則淺易立見，終不過一簡明之公式，即可迎刃而解，既易理悟，且便應用。

測量若在平原地區，則介曲綫可按一定之距離（通常爲十公尺或十二公尺）測設一樁，無論用偏角法或切綫支距法，均甚方便，若測量而遇懸崖峭壁，或邱陵起伏，視綫障礙重重，則需加設奇零之加樁，或更須遷移儀器，方能繼續前進，野外工作往往遇有颶風暴雨，烈日曝目，極易疲勞工作者之精神，分散工作者之注意力，苟臨時倉卒演算，每易錯誤叢生且感緩不濟急，故須事前先列就一簡明之公式，以應不時之需，方便醒目而免周章易錯，至若應用切綫支距法，則更常以限於地形，匪所爲功於是簡化測設介曲綫之演算途應運而生，茲謹本服務鐵路工作一得之愚，並參以測量課本上之理論，羅列舉凡演算簡化之引証及實例如下，俾鐵路先進有以教之。

如遇一介曲綫由T.S向S.C.測設，至（1）點時發生障礙，遷儀器至（1）點，測設（2）點繼續前進，測設（3），（4）……點直至S.C.茲求儀器遷至（1）點後之前視角及後視角，

設 D_c＝單曲綫之曲度（以度計）

l_s＝介曲綫長度（以公尺計）

f_1＝由（1）點至（2）點之距離（以公尺計）

T_1＝由T.S.至儀器所在點（1）之距離（以公尺計）

$\triangle f_1$＝由（1）點至（2）點之總偏角（前視角）

$\triangle B_1$＝由（1）點至T.S之反偏角（後視角）

D_1＝由（1）點之介曲綫曲度

i_c＝T.S.至S.C.之總偏角

i_1＝T.S.至（1）點之偏角

i_2＝T.S.起至距離等於 f_1〔即（1）點至（2）點之距離〕之偏角，當儀器移至（1）點時。

$$\triangle B_1 = 2i_{(1)} \qquad \text{———— (I)}$$

$$\triangle f_1 = \frac{1}{2} D_1 \times \frac{f_1}{20} + i_2$$

式中 $D_1 = \frac{T_1}{l_s}(D_c)$

$$i_2 = \left(\frac{f_1}{l_s}\right)^2 \times i_c$$

$$= \frac{f_1^2}{l_s^2} \times \frac{1}{3} \times \frac{l_s D_c}{40}$$

$$\Delta f_1 = \frac{1}{2} \times \frac{T_1}{l_s} \times D_c \times \frac{f_1}{20} + \frac{\frac{f_1^2}{2}}{l_s} \times \frac{1}{3} \times \frac{l_s D_c}{40}$$

$$= \frac{D_cT_1f_1}{40l_s} + \frac{\frac{D_cf_1^2 l_s}{2}}{120l_s} = \frac{D_cT_1f_1}{40l_s} + \frac{D_cf_1^2}{120l_s}$$

$$= \frac{3D_cT_1f_1 + D_cf_1^2}{120l_s} = \frac{D_cf_1(3T_1+f_1)}{120l_s} \quad \text{以度計}$$

$$\frac{D_cf_1}{2l_s}(3T_1+f_1) \quad (\text{以分計}) \cdots\cdots (II)$$

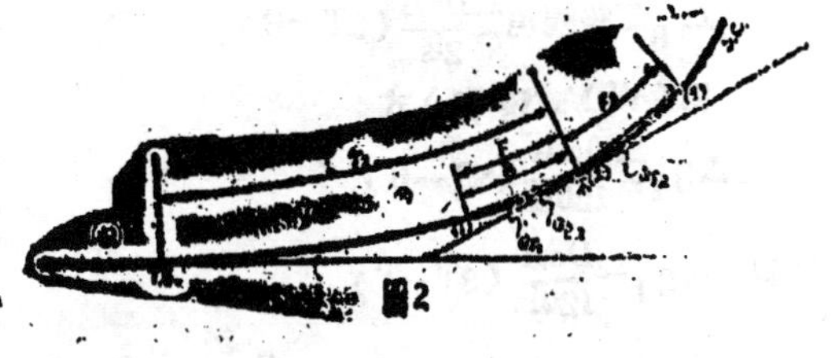

圖2

如圖2，測設至（2）點後，又遇障礙，儀器由（1）點再移至（2）點，始能測設此介曲線，茲求當儀器移至（2）點時之各前視角及後視角，

設T_2＝由T.S.至儀器所在（2）點之距離（以公尺計）

f_2＝由（2）點至前視點（3）之距離（以公尺計）

Δf_2＝由儀器所在（2）點至前視點（3）之總偏角（前視角）

ΔB_2＝由儀器所在（2）點至後視點（1）之反偏角（後視角）

D_2＝（2）點之介曲線曲度

i_2＝由T.S.起至距離等於f_2〔即（2）點至（3）點〕距離之偏角，其餘同前。

$$\text{而} \ \Delta B_2 = \Delta f_1 + i_2 = \frac{D_cf_1(3T_1+f_1)}{120l_s} + \frac{f_1^2 D_c}{120l_s}$$

式中$T_1 = T_2 - f_1$

$$\Delta B_2 = \frac{D_cf_1[3(T_2-f_1)+f_1]}{120l_s} + \frac{f_1^2D_c}{120l_s}$$

$$= \frac{D_cf_1(3T_2-2f_1) + D_cf_1^2}{120l_s}$$

$$= \frac{D_cf_1(3T_2-2f_1+f_1)}{120l_s}$$

$$= \frac{D_cf_1}{120l_s}(3T_2-f_1) \quad (\text{以度計})$$

$$= \frac{D_cf_1}{2l_s}(3T_2-B) \quad (\text{以分計}) \text{————————————————} (III)$$

按B＝由（2）點至（1）點之距離（以公尺計）

故$B = f_1$

又依（II）式原理得：

$$\Delta_{f_2}=\frac{Dcf_2}{2ls}(3T_2+f_2)\text{（以分計）}——————（IV）$$

由（II）及（IV）式觀之；T1,T2皆爲T.S.至儀器所在點之距離，俱可以T表之；f1,f2皆爲由儀器所在點至前視點之距離俱可以f表之，則得公式如下：—

$$\Delta_f=\text{前視角}=\frac{Dcf}{2ls}(3T+f)\qquad\text{（以分計）}————（V）$$

由（III）式觀之，T2爲由T.S.至儀器所在點之距離，可以T表之，

f1爲由器所在點至後視點之距離，可以B表之，

則得；

$$\Delta_B=\text{後視角}=\frac{DcB}{2ls}(3T-B)\qquad\text{（以分計）}————（VI）$$

以（VI）式驗（1）式：

$$\Delta B_1=\frac{Dc\,B}{120ls}(3T-B)\qquad\text{式中}T=B$$

所以，$\Delta B_1=\frac{Dc\,T}{120ls}(3T-T)$

$$=\frac{DcT}{120ls}\times 2T=\frac{2DcT^2}{120\,ls}=\frac{2DcT^2ls}{120ls^2}$$

$$=2\left(\frac{T}{ls}\right)^2\times\frac{1}{3}\times\frac{Dc\,ls}{40}=2\times\left(\frac{T}{ls}\right)^2\times\frac{1}{3}\times S_c\qquad S_c\text{爲螺旋角}$$

$$=2\left(\frac{T}{ls}\right)^2\times i_c=2i\qquad\text{（核對）}$$

上述（V）及（VI）兩式無論由T.S.（S.T.）至S.C.（C.S.）或由S.C.（C.S.）反至T.S.（S.T.）均可適用，不爽毫釐，惟須注意者，即凡由T.S.或S.T.以向S.C.或C.S.所測設之方向，概作前視計，反之凡由S.C.或C.S.以向T.S.或S.T.所測設之方向，概作後視計，不可以不慎也，明乎此則知所以應用矣請試舉例以明之。

（例一）茲欲測設一介曲綫，全長ls=50公尺，T.S.在K149+712.292，S.C在K149+762.92，單曲綫之曲度 Dc=3°40′11″或3.82°因中途發生障礙儀器須由T.S.搬至K149+720，然後再搬至K179+727，方能測完此全介曲綫，求兩次搬移儀器，每次測設中樁及後視點時各該所需之偏角爲何？

儀器由T.S.移至720

後視T.S.後視角$=\frac{DcB}{2ls}(3T-B)$

B=T=720−712.292=7.71公尺

3T−B=15.42公尺

後視角$\Delta_B=\frac{3.82°\times 7.71}{2\times 50}\times 15.42=4.54'=0°-04'-32''$

儀器在T.S.時　　觀測720　i=0°−02′−16″2i=2（0°−02′−16″）=0°−04′−32″（核對）

儀器在720　前視720　　前視角$\Delta_i=\frac{Dcf}{2\,ls}(3T+f)$

f=740−720=20公尺　　T=720−712.292=7.71公尺

3T+f=43.13公尺

$$\Delta_i=\frac{3.82\times 20}{2\times 50}\times 43.13=32.95'=0°-32'-57''$$

前視747　　前視角$\triangle_f=\frac{Dcf}{2ls}(3T+f)$

$f=747-720=27$公尺　　T同前

$3T+f=50.13$公尺

$$\triangle_f=\frac{3.82\times27}{2\times50}\times50.13=51.70'=0°-51'-42"$$

儀器移至747

後視720　　後視角$\triangle_B=\frac{DcB}{2ls}(3T-B)$

$B=747-720=27$公尺　　$T=747-712.292=34.71$公尺

$3T-B=77.13$公尺

$$\triangle_B=\frac{3.82\times27}{2\times50}\times77.13=79.55'=1°-19'-32"$$

前視760　　前視角$\triangle_f=\frac{Dcf}{2ls}(3T+f)$

$f=760-747=13$公尺　　$T=34.71$公尺（同上）

$3T+f=117.13$公尺

$$\triangle_f=\frac{3.82\times13}{2\times50}\times117.13=58.17'=0°-58'10"$$

前視S.C.（762.292）　　前視角$\triangle_f=\frac{Dcf}{2ls}(3T+f)$

$f=762.292-747=15.29$公尺　　$T=34.71$公尺（同上）

$3T+f=119.42$公尺

$$\triangle_f=\frac{3.82\times15.29}{2\times50}\times119.42=69.75'=1°-09'-45"$$

各角既經算出，用後視角$\triangle_B$對準各該對應之後視點（方向適與前視角撥方向相反）倒轉望遠鏡由分度圈照轉出就各中樁所算出之各該前視角△即可測設各中樁矣，普通測設介曲線，多由T.S.測至S.C.或由S.T.測至C.S然有時為方便起見，亦有從S.C.測回T.S.或從C.S.測回S.T.者，茲不妨舉一實例以明之，（例二）設擬測設一介曲線，長50公尺，其單曲線之曲度為Dc=3°—49'—11"或3.82°其S.C.點在K141+406.342，其T.S.點在K141+356.342，茲由S.C測回至T.S.求測定下列各中樁所應撥之各角度，

儀器在　C.（406.342）

視點對C.S.點　　$\triangle_f=\frac{I}{2}$（I為單曲線之轉偏交角按相反方向撥）

測定396.342　　後視角$\triangle_B=\frac{DcB}{2ls}(3T-B)$

$B=406.342-396.342=10$公尺

$T=406.342-356.342=50$公尺

$3T-B=140$公尺

$$\triangle_B=\frac{3.82\times10}{2\times50}\times140=53.48'=0°-53'-29"$$

測定386.342　　後視角$\triangle_B=\frac{DcB}{2ls}(3T-B)$

$B=406.342-386.342=20$公尺　　$T=50$公尺（同上）

$3T-B=130$公尺

$$\triangle_B=\frac{3.82\times20}{2\times50}\times130=99.32'=1°-39'-19"$$

測定371,342　　　　後視角 $\Delta_B=\frac{DcB}{2ls}(3T-B)$

B＝406,342－371,342＝35公尺　　T＝50公尺（同上）

3T－B＝115公尺

$\Delta_B=\frac{3.82\times35}{2\times50}\times115=153.755'=2°-33-45''$

測定363,342　　　　後視角 $\Delta_B=\frac{DcB}{2ls}(3T-B)$

B＝406.342－363.342＝43公尺　　T＝50公尺（同上）

3T－B＝107公尺

$\Delta_B=\frac{3.82\times43}{2\times50}\times107=175.758'=2°-55'-45''$

測定T.S.（356.342）　後視角 $\Delta_B=\frac{DcB}{2ls}(3T-B)$

B＝406.342－356.342＝50公尺　　T＝50公尺（同上）

3T－B＝100公尺

$\Delta_B=\frac{3.82\times50}{2\times50}\times100=191'=3°-11'00''$

此外如欲測定在曲線上之橋涵位置，或欲測出在介曲線上某加樁點之橫斷面，亦以應用此公式爲便，謹更舉一例以明之，

（例三）設有一介曲線，其長l＝50公尺，單曲綫之曲度爲Dc＝3.82,°

其T.S.點在K147＋516,296，其S.C.點在K147＋566,296試定出在K147＋546樁號之涵洞位置，

先求出介曲綫，在該樁號K147＋546上之切綫方向，安平經緯儀於該樁上，凡T.S.或S.C.均可作對點用，

（甲）望遠鏡對準T.S.倒鏡後應轉之角度（依曲線同向轉）

$\Delta_B=\frac{DcB}{2ls}(3T-B)$

T＝B＝546－516,296＝29,704公尺

3T－B＝59,41公尺

$\Delta_B=\frac{3.82\times29.70}{2\times50}\times59,41$

$=67.40'$

$=1°-07'-24''$

（乙）望遠鏡對準S.C.倒鏡後應轉之角度，（與曲綫逆向轉）

$\Delta_f=\frac{Dcf}{2ls}(3T+f)$

T＝29,704公尺（同上）

f＝566,296－546＝20,296公尺

3T＋f＝109,41公尺

$\Delta_f=\frac{3.82\times20,296}{2\times50}\times109,41$

$=84,826'$

$=1°-24'-50''$

待分度圈按所算出之角度轉妥後，望遠鏡之視線卽爲所求之切綫方向，再加撥90°固定上盤，卽可測定於該點上之涵洞位置，或正確之橫斷面等，其便利爲何如耶？

以上爲在寶天鐵路施工測量實例　　（以下轉56頁）

對於湘桂黔鐵路粵境工程處機具修理廠工作前途之展望

蕭士偉

本廠於本年五月間成立於湛江市，其工作範圍，係修理本處築路築港工程使用之機械工具，暨工程上一份部臨時之製造品，如業務發展，規模稍具時，擬而爲鐵路通車期中，配合修理機車及客貨車輛等工作，其任務大概如此。

本年度對於設備，則因機器來源不易，費用目鉅，若論經費，則祇獨立之預算，惟因困難現僅特撥湛港工程專款內撥一小部，以資開辦，而本年度湛港所得之工款有限，就款計工以應付其本身之第一期計劃，已感捉襟見肘，職是之故，其需要進行之工程，亦不能推動，本廠乃在緊縮範圍內佈置，一切設備，尚付闕如，故原有計劃，仍在於籌備之中。

本年秋間奉交通部令撥來日賠償物資一批，（文已到達，物尚未到）計有工作機械等一佰單位，茲錄物資內容如下：

部撥日本賠償物資湛江港部份機器清單：

名稱	數量
Horizontal boring, drilling & milling machine	2
Vertical boring, and turning mill	2
Jig boring	2
Internal broaching machine	3
Radial drill	2
Sensitive & feed power upright drill	2
Bench type drill	2
Gear hobber	1
External cylindrical grinding machine	1
Internal cylindrical grinding machine	1
Surface grinding machine	1
Thread grinding machine	1
Thread grinding machine	1
Engine lathe	2
Engine lathe	3
Engine lathe (tool room)	1
Turret, ram type lathe	1
Automatic screw machine lathe	1
Bed type, milling machine	2
Bed type, milling machine	1
Knee type, Horizontal milling machine	1
Open side planer	1
Shaper planer	1
Shaper miscellaneous machine tool	1
Shaper miscellaneous machine tool	1
Plate bending machine	1
Plate & sheet press bending machine	3
Pipe expending roll	1
Alligator shear	1
Square shear	1
Combination punching & shearing	1
Hammer	3

名稱	數量
Hammer	3
Spring winding machine	1
Electric welding	2
Electric welding	2
A. C. generator	1
D. C. generator	1
Alternating motor	4
Motor generator	1
Frequency changer	1
Generator set	1
Transformer	4
Steam engine	1
Stem turbine	1
Centrifugal pump	6
Floating crane	8
Over head crane, travelling	5
Jib crane (electric hoist)	5
Mobile crane	5

惟本處接收此項機器，對本廠所需之設備，不能認爲得以解決，查上項所列各種機械，全屬大型之工作機器，係適應於重工業使用，且此項機器，機件是否齊全，尚屬疑問，爲預早籌及，而應先決條件有二：（一）需增添一部中國製之小型工作母機以爲配合，（2）需購備一部份之五金材料及工作工具，以爲修理之用，始可發揮其效能，惟本處目前工程時期，本廠所負修理之使命，其所需設備之理想，此一大批之機器，雖似嫌太多，但爲配合建港計劃與市政建設相輔而行起見，則上項所有之設備，尚感不足，以後如何利用此項物資，以發展其功能配合築路建港之需要及建設湛江新市區各項工業之需求，依據上述原則，又擬計劃分爲三部份如后：

（甲）爲工作機械部份，包括有車床銑床，鑽床，刨床，插床，鋸鋼機，磨光機，衝剪機，蒸汽錘，蒸汽過輪機及汽錘電銲等設備，估今列全部機器50%個單位，可分設爲機器工場，鍛鑄工場，木模工場，裝配工場，電銲工場以及鍋爐工場，有此六大工場，而本廠之中心工作分爲二途發展（一）利用一部份能力供給本處築路築港工程期內使用之機具機件之裝配與修理，兼造鐵路用品如鎬，鏟，鋤，手推平車，土斗車，搖車，魚尾螺絲，勾頭釘以至本段鋪軌時期之銲接鋼軌等工作爲主（按銲軌工作爲美國某鐵路工程師以軌道上最弱之點，厥爲軌節，因雖有魚尾夾板，究與整根鋼軌不同，故匝（石麥）道工作，既屬繁重，而行車仍不免震盪，遂用電銲將各個軌節銲接一起，連續至十餘節鋼軌始留軌節一個，以備天氣寒暖之伸縮，據其報告，謂作兩英[illegible]，過去黔桂鐵路亦曾之試驗成績甚佳匝（石麥）道工作，減輕甚多，車行亦少已試用，惟尚將鋼軌兩三節銲接一起，視將來天氣關係之伸縮性如何再行逐步改善，（見卅二年四月「交通建設」第一卷第四期編者語）

現在本處接收日物資中有A. C. 200—500 Amp.電銲機二部 200—500 K. V. A.電銲機二部本段可資利用爲鋪軌時試用。（2）利用一部份能力趨向於生產途徑，配合湛各工業，製造工作母機，抽水機，離心機，紡織機，[illegible]，甚至農具機，以及修理輪船，車輛用之各種機器等爲副，以達到自供自給之目的。

（乙）爲動力機械部份包括有 A.C.3000K.W.發電機一組D.C.3000K.W.發電機一組3000K.W.電動機一組3000K.W. Generator set一組30—3000H. P.交流電機四組，變壓器四組及交流調整器各一組，以上設備，估計約能發一萬以上千瓦之電力，在廣東省五年建設計劃及湛江建港計劃中，需在湛江附近設立一規模甚大之中央發電廠，此項問題，現在得以解決，故本處似可利用此項設備，而有先行籌設一所熱力發電廠實有必要以[illegible]給將來全港市之電力，假定每一千（千瓦）之電力約能供給五萬人口各種電氣設備，

（下轉48頁）

天蘭鐵路苦水區測量筆記

歐陽悅明

三十五年，五月，奉調天水鐵路天蘭綫；六月一日，隨總段出發隴西，行程三日，道經甘谷武山二縣，沿途風物與寶天殊異。

甘谷武山，地處渭水河谷，兩岸寬廣，土質肥美，物產饒富，小麥高粱之外，兼種水稻，武山洛門之米直可媲江南，吾人久歷窮荒，初臨是地，幾疑置身鄉國，沿途遊覽，不覺心曠神怡，疲勞俱消。

六月三日，抵隴西城，則城高濠深，一派肅殺氣象。隴西地處渭水河曲，當定岷蘭天公路之交，[illegible]岷縣臨洮之孔道，蓋為古代一大兵站，時至今日，仍具此種性質，人民猶樸實勤勞，有武士風。

城建於高崗之上，渭水流經其北，城外居民，以河水為飲料，冬則鑿井冰為食，城內則鑿井汲水，深達數十丈，以舊式轆轤牛皮[illegible]為汲具。當地盛產[illegible]，農家於暇日以手搖機紡織[illegible]，除供城內[illegible]之外，並[illegible]銷鄰近諸縣云。

總段所在之[illegible]，為前清[illegible]，[illegible]中落，子孫以販賣[illegible]為業，婦女儀態從容，尚有大家風範。家有廢井，深七十丈，以大石[illegible]覆其上，謂於遜清咸同年間，回亂之日有婦一人，墜井殉難，故廢棄至今。

抵隴之翌日，隨總段長往訪李縣長，詳談隴西概況；公務之外，及於人民生計風習。李氏謂隴西往日文風甚盛，頃已衰落，僅中有師範學校一所，普通中學一所，畢業生均須出省升學，[illegible]職業學校一所，[illegible]經費何來，師資何在，均未實現，[illegible]以農業紡織，俾可自謀生計，其後李氏調職[illegible]，此事乃成畫餅。

天蘭路綫，大致沿渭河南岸西行，至隴西城下，越渭河而折向北走，直至鹹河鎮，凡四十餘公里，均與鹹河相終始，是為苦水區域。

苦水區域，地土含鹼質甚豐，河溪之水，均有硝鹽（硝酸鈉）溶解其中，食之[illegible]。多則傷胃，洗衣亦[illegible]，灌溉更無論矣，區內農作物均賴雨[illegible]，[illegible]調，一年收穫貯供兩年之用，若連年乾旱，則[illegible]他方，其可[illegible]如此。

當地食鹽分大鹽及硝鹽二者，大鹽即綠化鈉，來自臨洮，價格較昂，中上人家食之，硝鹽則更自鹹河河水煎熬而成，貧苦階級賴調味佐餐。隴西火腿，即以[illegible]鹽醃製，其[illegible]香，不逮宣威金華遠甚。

鹹河之水既不可食，則居民食用端賴「天泉」，「天泉」者雨水也。村落之內，官道之旁掘置水窖，[illegible]十，徑約一丈，深倍之，以瓦筒導地中雨水流注窖內，貯待來年，窖水澄清，方行啟用，富有者[illegible]兩窖，輪替使用，貧者一窖不復沉澱則牛糞馬溺與乎塵埃[illegible]氣，中人欲嘔。

水窖之水不特污穢，且乏礦物質，初食之尚無異象，久則消化不良，工作人員十九患病，余於工餘每日行走二三公里，以勞動助消化，得以不病，順利完成測量工作，亦云幸矣。

當地土質疏鬆，水窖原無貯水能力，每挖一窖必先於四壁挖掘小洞（10cm×10cm×20cm）塞以紅土，如鑲鳥眼，此數至半，方始納水，紅土質地細緻，水調勻後，膠力甚大，附近山中即有出產，取之尚須相當人力，貧者不易獲得一窖，是故當地嫁娶亦以水窖多寡為衡量標準云。

鹹河深約二十至五十公尺，寬狹不等，河溝見底，僅涓涓細流，稍資點綴，暴雨下降則一二小時之內，水位陡漲四五公尺，行旅裹足。測量人員每出工作必先預觀天色，否則暴雨既降，無法歸來只有借宿民家，否則露宿曠野，風聲狼嗥頗不寂寞。

鹹河支流，均以溝名，余負責之十二公里，即有大溝四道，曰苦水溝，楊家溝，張家溝，鄭家溝，深30—50公尺，寬50—80公尺，溝邊陡峭，上落殊艱，分段出中，每出工作，越深溝二道，往來費時半日，實際工作時間僅半日耳。此種深溝，既為雨水沖刷而成溝岸及鹹河河底均有大小不一之卵石可[illegible]溝之方向，大抵與[illegible]綫垂直，深既五十公尺對於[illegible]之地質成份一目了然，蓋純為堅軟不一之黏土層也，石質地層曾未一見。將來[illegible]築卵石，無慮可需，一切橋涵[illegible]計[illegible]均須詳加考慮。

是地不僅無石缺乏燃料亦不易得地因地既乾燥，氣復高寒，植物不易生長，益以戰亂頻仍，[illegible]，造林事業，付諸闕如，濯濯童山，幾疑置身沙漠，人民炊爨取暖，以及牛馬食料，一為[illegible]是賴，貧者更以掃獲[illegible]（火[illegible]）為資取暖，余居留期內，幸屬豐年，而[illegible]亦甚[illegible]，[illegible]有鄉公所之助，始得獲其半數，餘者尚負遠至七十里外之隴西城內購買柴斤，以補不足。秋冬之交，是為雨季，[illegible]路滑，騾車不行，則時有斷炊之虞。

鹹河上游，為[illegible]，其有[illegible]泉，地味較優，聞民十九[illegible]數[illegible]安份，河之東西兩[illegible]，多屬漢人

，較甚之山溝，亦有回族，生活較苦，每屆春令，氣候稍暖，則四出滋擾本年春季，曾有一股回匪，圍攻縣城，相持旬日，幸賴專員張某率領附近數縣地方團隊馳援，始被擊退。

回亂既已，又有性質不明之武裝部隊竄擾縣境，晝伏夜出，行蹤詭秘飄忽無定，傳是延安之武裝走私隊伍，販運鴉片者，時共軍李先念部方被國軍壓迫於中原，狼狽竄擾，已為天水專員胡受謙氏截擊於兩當徽縣之間，共軍是股伍或帶道竄入川西，亦未可定。

時寶雞（分段所在地）與隴西之間，電綫亦為截斷，無法取得聯絡，工作人員遍遭搶掠，幸均以錢帶與之，日則深溝隱避，夜則深溝苟安，並與當地豪戶約定守望相助，始仁渡過危局。

於此種狼狽境中，同仁等並未放棄其原有職守，本分段之測設工作，得又告成，需有土石方一百四十餘萬方，後經改綫，減為一百二十萬方，大小橋涵39座，另需五所又洩水洞一，以當時物價計算，約需工料費一百餘億，而天寶全綫之預算僅為四百億，然則一個分段已耗其四分一強，按其餘分段工程亦屬如此龐大，則天寶全綫當超出三千億，此誠天文學數字，聞足驚人也。

就本分段，四大深溝，如何跨越問題尚為懸案，依照當地地質地形各種狀況，原應以高架鋼橋及混凝土橋基礎為適合條件，然而隴海東段為共軍所破壞，一切鋼梁材料無法輸入，即混凝土橋亦需工具可資施工，若以本國材料為限制，則只有使用，鋼筋混凝土拱橋，然溝深既達五十公尺，則拱橋長度應在一百三四十公尺左右，需料石數千方，無處採覓，（雖可河灘中可拾取卵石若干，而卵石並非混凝土之理想骨材，）又調製混凝土之用水，既不能使用鹹河之鹹水，又無法採取充份之淡水，如此一加比較，惟高架鋼橋為唯一處理方法，然此則非俟對共軍事終止，外洋材料可以自由輸入不可，（此項問題雖經總工程司室主任工程司之實地視察，亦不能作一結論。）

又橋子溝之地形，雖可以五十公尺之洩水洞代替橋工。然須加以岩磚支墻及混凝土拱圈，然而燒磚之燃料亦非當地所可供給，仍須遠至七十里外之隴西城採辦，運費雖大，仍較混凝土拱橋為合算。故決定取消大橋而增加洩水洞一，其餘三大深溝附近地形不適於洩水洞之採用，故問題並未解決，分段同仁，一時陷於沉悶之境地中。

材料問題既不能解決，工款困難，還需不敷，除以民工從事小量土方外，一切主要工程無法舉辦，既假借民工工款，亦無可支付，於是一切陷於停頓狀態中。時內亂未已，家庭變故迭生，身世茫茫，燕巢孔棘。

更值臘鼓聲殘，歲聿云暮，細思鄉國根觸萬端，讀阮嗣宗感懷詩什，不覺玄（水旁）然淚下。

是年（三十五年）除夕，有五言二首誌感：

三十年來事，依稀一夢中，前朝歌舞後，遍野嘯哀鴻，蕭牆禍未已，鷸蚌持竟終，鄰庭伊豺狗，忍士為沙蟲，白髮須高堂，紅顏凋朔風，幽恨彌年積，憂苦迭相攻，熱淚和血飲，飢腸舊難充，家人貧應盡，詞賦苦未工，八載離鄉國，羈我倚飄蓬，迷羊久不返，游子憾何窮。

亦有乘風志，誰何將日戈！德功久不遂，歲晚成蹉跎，鏡頻顧影，星星一何多，問我胡至此，綢愁似女蘿，思抄千仞崗，仰天且嘯歌，遙望來大道，何當買斧柯！　　（完）

（上接46頁未完稿）

以現在湛江人口為七萬計則將來江發展新市區計劃完成，其人口可增至五十萬，其所使用之電器設備，自綽有餘裕，以外尚能負荷各種新建工業使用之電動力，此則尚有希望於負責建設湛江市者，對於新市區之設計，宜儘量利用此電廠之電力與辦市區用之無軌電車，以節省一部份汽油之消耗，鼓勵民營創設卜紗七廠，蔴織廠，油廠，麵廠，碾米廠，鋸木廠，精鹽廠，碳酸廠等工業均使用電動力以為配合，因為湛江均位，將來鐵路完成，港口完成，為西南通內地之門戶，對於工業發展實有重大之價值，且此類工業利用此操大交通工具輸入小量原料而可輸出大量之成品，庶期減少舶來品之漏卮，不過本應保留與實交通建設之部門，至於投資關於該等問題，事屬市政之新設施，不屬本廠權責範圍之內。

（丙）起重機械部份包括15—20T.起重機八架5—20T.起重機五座15—30T.起重機五座 $\frac{1}{2}$ —3T.起重機五座，以上各式起重設備可先選擇其中便者，以備築港施工使用以增工作效率，迨至工程完成，則全部分裝置於入口碼頭處，以為裝卸滾運及應一般之需要，此項裝置工作，均可由本廠負責辦理。

總上云計劃除為負本路使命外並保證設新湛江市造大，茲值工程師學會湛江分會於發刊之初，筆者不揣識陋，謹抒管見，就正於工程界先進之前，并望共同研討是幸　　（完）

11466

新疆測量回顧

陳勵逢

（一）前言

民國卅三年，筆者參加新省鐵路測量時，適新省政治情形特殊，尚在半閉放狀態下，出入該省人員，都必須有新省當局的護照；因此入新工作人員，都懷着好奇和緊張的心情，而當時測量配備，也爲了荒漠而遼遠的旅途和缺乏人煙水源的測量地帶作了特殊的準備：人員是縮減到四個技術人員，一個監工，一個事務員，一個無綫電通訊員，一個護士，十五個職工，包括測工電工，伙伕，司機助手共計　三人。一部無綫電收發報機，兩隻藥箱，兩張露宿的帳篷和一輛卡車，經過五個半月的時間，完成了來回八千餘公里的旅程和測量了五百五十多公里的路綫。

測量方法係用經緯儀以視距法做導綫兼測地形與水平，實在是一種比較詳細的踏勘測量：工作時候，導綫兩組，大旗組由隊長與監工測工各一人，負責定立測點兼辦調查橋涵工作。導綫組負責導綫水平，地形并兼辦經濟交通等調查工作。

路綫是經天山北麓和準噶爾盆地之戈壁的邊緣，一面是山巒高聳，終年積雪的天山；一面是一望無際，寸草不生的沙漠。經過的縣份，人口大都在二三萬以上，水量奇缺，鹹鹻亢（火旁）旱，沿途絕無人煙，即供食用之水源，亦需十數里一站。行車如錯過水站，則有渴死之虞。實爲此次測量之特色。本文所記，大部根據測量時日記整理而成，並請原日隊長文郁兄審爲校正。

（二）旅途中

五月六日，測隊在甘肅省天水縣出發，經蘭州涼州（武威）甘州（張掖）肅州（酒泉）出嘉峪關經玉門縣，安西縣而抵甘新邊境之猩猩峽。蘭州以西一段，稱河西走廊，長約一千八百公里。地多荒旱，沿途萬里長城遙綿道右，以時間剝蝕，或餘黃土一堆，或爲風雨摧殘，若斷若續之垣，昔日偉大工程，僅供憑弔耳！惟嘉峪關雄姿屹立，使人油生偉大莊嚴之感。出關，則更一片荒漠，赤土千里，野無人煙，公路兩旁，駝馬殘骸，枕藉相望，白骨斑斑，於月暮傍晚，隱隱似鬼之跡，尤令人心駭也。

猩猩峽實爲石山環繞中一較平之峽谷，係內入新地之門戶。新省設有檢查站及警察局，以稽查商旅。別無居民，亦無市面。當地了無出產，僅有中運站爲一官辦之旅邸，所有米肉油鹽，均需遠從二百公里外之哈密縣運到，以供給行旅。猩峽以西，一路荒漠，除數個水站略有三數土房外，其餘寸草不生。遠見天山在道右，山頂積雪，映日成銀色。漸至哈密，瓜田阡陌，濃蔭蔽道，紅衣農婦，隱身田中。十數日來，常與戈壁爲伴，一旦得睹綠蔭，如入江南景色，全隊爲之興奮不已。

車過哈密，又是一片荒涼。天山山脈在接近七角井一段，已較爲分散，不明顯之主峯，成一高原之邱陵地帶。七角井即位于群山中一鍋形小盆地，爲入省治迪化之咽喉。七角井以西，可循天山南北兩路入迪化，但以此爲分叉點。本隊測量工作，亦以七角井爲出發點，傍天山北麓以達迪化。全隊於六月五日到達七角井，計時旅程適爲一個月。

（三）七角井

七角井設治局原在之山間盆地，爲四週高山環繞，當中形成一縱五十公里，橫卅公里之廣寬盆地，最低處向爲水儲之處，故地內含水份頗多，遍生紅柳，蘆草，惟地多鹼質，不宜耕植。該地僅有大車店兩間，另有一中運站，可容留數行旅。當我抗戰初期，蘇聯助我之軍需品，均從新省輸入，故沿綫城鎮均有儲藏倉庫，即其故也。當地並無出產，遍野石礫爲四週高山之風化岩石經雨水冲刷而來。當地約百餘人，多屬軍，警，及官吏，僅民間大車店二家，而食糧食品，則均仰給於鄯（邑旁）善縣。自入新省，所食肉類只羊，雞兩項，菜蔬則有蘿服（蔔頭）及大葱。以當地民眾，多奉回教，除幾個漢族集居較多的城市外，絕無豬肉可食。飲水則味多鹹苦，全隊　三人，因水土不合，以致生病或吐瀉者佔[illegible]一人。

測量員工，分住中運站內兩大車店，候隊長赴迪化向省方洽妥治安，保護，給養等問題後，始克出發。乃先檢查及校正測量儀器，休息準備。並訪設治局與警察局李局長，及中央駐防當地之孫連長，知近數日來，測量路綫所經之木壘河縣附近，常有哈匪突出擄掠。所謂哈匪，即當地哈薩克族之不良份子也。新省種族甚繁，人口較多者有　維吾爾族，漢回雜附，生活習慣，半皆漢化，惟仍有其本身之文字，語言，及宗信回教，多業農商，爲新省富有，純良之居民　次爲以遊牧爲生之哈薩克族，性情驃悍，缺乏教育，故易被利用爲匪爲盜，亦有其哈文，哈語，漢族在新省人數不多，但軍政機關大部份均由其掌握，文化，風俗等多居領導地位。其他如錫，滿，歸化，（即白俄）烏孜別克……等宗族，不下十種，人數甚少。故新省各大城市，必具維，哈，漢，三種學校，小市鎮，則校內分維，合，漢，三種課本，以便授課也。

在同時，軍令部亦派有測量隊在新省測量。其天文組，測得七角井位置係經度九十一度三十七分一三、八六秒，緯度為四十三度廿九分四秒。

七角井氣候一月如四月，日多風，午間着夾衣，夜似初冬。烈風門扶沙砂撲面，行如針刺；處處，只白鈴子如紋穿刺人，不分日夜，工作時甚感痛苦。

（四）工作開始

與當地軍警取得聯絡後，雖未有官方通知，已可在該地開始工作。先由一在當地開大車店卅餘年之胡姓者，導入一山谷，沿谷而上，可穿過天山山脊，而至其北麓。履勘后，即開始正式測量工作。盤地間天然坡度約為百分之二十，故將來路線進出此盆地時，勢須在斜坡上紆迴，以資展綫，俾使坡度不超過千分之十五。

開始時，沿山谷一段與公路略為相同，大道穿山，導綫須研究，餘地，故測點大可離置定立，一一司鏡，一人紀錄，一人即時繪出導綫之方向與距離，因為測點均經前視，後視各一次，故兩測點間之距離及俯仰角，均係用視距法測量兩次。至方向角，則只用磁針校對，核算無誤時，始繼續前測。晚間，則核算記錄本，並計出高程，繪帶地形，如發現錯誤，翌日尚可設法重測也。

自七角井車站測至谷口總約九公里，即每日用卡車接送進測，初時，測量人員中，有穿布鞋者，將日間即為此石碎之戈壁磨破後，改穿膠底鞋，方得減省消耗。山谷兩旁，石山俱為風化頁岩，不能作料石者；且石紋紊亂，高處亦易崩塌，谷內天然坡度，平均約為千分之廿七，紆迴亦無可能，將來或可用特種機車牽引，則跨越天山一段路綫工程即可減省。

廿四公里至二泉，有小泉，水自地下湧出而得名，附近野草葱蘢，小鳥飛鳴。廿七公里至頭水，亦因有泉水而得名。據調查民廿四年，山洪暴發，谷內水深五丈。十日測至卅公里附近，以接送過遠，即僱駱家住測，在谷內測地形時，左右邊尺各兩根，沿山邊，山坡而前，稍有支溝或閉曠之處，加數測入，以便將來定綫之參攷。

十九日除民返抵七角井，知安南附近為哈匪劫掠，並滑當地軍，炸毀軍車兩輛，該處測量工作亦受影響，故令得中央軍一班，沿途護送，又得警局派一警上作嚮導及翻譯，此警維吾爾人，十九歲，名司馬英，（譯音）通漢，維，合語，頗精幹，以後得其功力甚多。

（五）荒山午夜學推車

廿一日決定搬家，以測隊新加入警士一名，衛兵十餘名，需有卡車一輛，不敷運送，故先運測量人員及帳台，醫藥先往，以便工作再運送行李及其他人員。工作者每日背水壺一個，以備一日之需。另一人提水兩大壺，以備萬一，誰未知珍惜，像及中午，壺水全都飲罄，幸至天山山脊之色必口，有泉甘冽異常，其寒若冰，每人飽喝後並復儲滿水壺而繼。過色必口後，即天山之北面，地形開朗，多為土山，滋生小草，不若谷中，巖石旬聳（山旁）也。測途中遇新省公路局之路工隊，有路工四五十人駱駝廿餘頭，由一老毛子，（新省俗稱白俄為老毛子）與兩漢人領隊，俱為技術員，一姓殷，一姓劉，均年青對我等測量儀器，甚感興趣，嘆云，昔日老毛子測量亦有儀器，惟絕不知彼等觀測，故對視距測量感驚異不置。

五時，汽車第二次載運到，因最前宿站（地名大石頭）尚有十公里，遠，故工作人員擬數乘車前往，不料前行未及一公里，汽車汽缸損壞，不克前進，此地一片荒原，哈匪常出擾掠，而帳篷則上次已運往大石頭，無法宿營。有主張車前往，順坡下溜以達到總隊由員工十餘人，如上士兵十人，努力推車，惟一路常有起伏，上坡時異常吃力，推推歇歇，約兩小時，天色已晚，而員工經一日工作，又苦口乾肚餓，然捨此則更無他途，隊長乃發口號，以鼓一致餘勇，但到一段，上坡特陡，至午夜十一時，已全部精疲力竭，無再推之望。有一二隊員，自任與衛兵司機留宿荒野，其餘步行前進，乃架機槍兩枝，輪值放哨，夜聞狼嗥甚近；步行者一時半始達大石頭，和衣而臥，晚寒甚，翌日，適商車三輛經過，乃將行李分別搭載前來留卡車則無法修理，另沿途中僱得牲口拖至木壘河修理。

大石頭原有房二三十棟，均毀于哈匪之亂，殘跡可見，現僅有蒙古包六七架，哈薩二人，為驛站給養補給，另村口，附近僅有哈薩一家，借得馬匹一隻，廿三日着警士司馬英帶公文赴木壘河縣借用大車，以便繼續工作，當晚，借馬之哈民，復來訴說，以言語不通，經譯已去。當地之二哈薩亦不通漢語，不知所云，後又牽一馬至惟我等只揮手云，一匹已足，無須再要，殊不知警士所牽去之馬匹也。

當地二哈薩，只看守物資，日無所事。一能彈二弦琴，奏似琵琶一年青者能舞蹈，舞時，全身骨節均在抽動，兩腿交叉，舞姿簡單惟杆脊胯下，實爲一種甚劇之運動，時進測將十公里，來回頗遠，不克再前，此處地勢寬朗，路綫大可研究，乃趁等候大車之際，詳加勘測，一日彼哈薩與老者剃頭，用普通小刀一把，老者髮已剃光，惟頭皮多破，滿頭鮮血，我等驚視之時，彼尙嘻笑自若也。

（六）戈壁測量

廿七日晨，司馬英從木壘河大車六輛回。據云，離此之日，中途馬爲車驚，致墜馬昏迷，醒後，坐騎失去，正欲生死不卜，幸復有汽車經過，始克抵木壘河，衆方悟當日哈薩質來告知意外者也，故隊中有司馬英失馬爲因禍得生之喻。

廿八日測過河沙子，進入戈壁地帶，一片荒涼，左傍天山，右瀕戈壁。除天山溶雪成河流過之地域可資耕種者，則聚居爲縣鎮，及有少量泉水或水井處，則成爲驛路之中站，以便住宿，此外荒野無涯　戈壁內最苦缺水，工作中某日，天氣突熱，未達中午，壺水已罄，至下午三時，口焦唇裂，幸遇有污水一溝，溝污水綠，各人則如喜得珍饈，捧而飲之，不啻瓊漿金液焉。沿綫多坎井，狀如普通水井，自較高處掘至地下水位，使儲得地下水，並每隔數丈掘一井，井間掘暗渠，引水出地以資灌溉，而免爲乾燥氣候及烈日所蒸發。戈壁土地原極肥沃，有水即爲良田，故新省人民不動產，不以地畝計算，而以井數之多少爲貧富之區名也。

沿綫地名，多以水得名，如頭水，二水，沙河子，三口泉，一碗泉，新溝，雙岔河子，淤泥泉，甘泉堡，等是。有一中站名曰十里井子，有建井碑記云井深四十丈，當地土人以木軸絞繩懸桶取水，繩繞七十餘轉，估計約深十七八丈每次取水一小桶，費時三四分鐘，騾馬一頭，需飲三四桶，故該井終日取水不停，行旅過多，恐亦無法供給也。

氣候多燥熱，上午十時后，工作人員即汗流夾背，偶因吹南風，冷氣自天山而下，初則暑氣全消，遍體生涼，繼而涼風習習，暴雨驟至，再則狂風猛烈，衣皮猶冷，初時不諳情形，工作時多穿單衣，及爲寒氣所襲，衣爲雨濕，體抖一團，寒抖至齒牙相擊，但旋又回吹北風，烈日高懸，濕衣盡乾，霎且，復又夾流汗夾背矣。

戈壁中亦常有狼群，土人多畜猛犬以自衛，中途一水站，名大泉，僅有車店二，以便行旅，養狗六七隻，測隊到達時，因露宿帳幕，即警告須謹防深夜狼群，當晚，果有狼六七頭已竄近，幸爲猛犬及警衛鳴槍逐去，夢中驚醒，猶爲戰戰不已。

（七）幾處綠洲

在戈壁中，有水足資耕植之地，名爲綠洲，以其如在沙漠中之小島而得名。七角井，迪化間，經木壘河，奇台，孚遠，阜康四個縣份，均有小河流經而成綠洲者也。多種米麥，高粱，豆類，旱田則靠雨量，如雨量多則可豐收，一年豐收，則可坐食三年，以地廣人稀，耕地多輪耕，無需施肥。當地漢族農民，多係早年隨軍，經商或流戍而來，見有自口內（新省漢人稱新省以外爲口內自稱口外）來人，則如逢親故，競引還家，殺雞煮茶以奉，並詢口內近況，似若戀戀者焉。

木壘河——因河名地，雍正初，岳鍾琪築木壘堡於平頂山，營以兵守棄之。乾隆時，築木壘城于其西。同治時，回亂城陷，光緒三年後，始有今日規模，木壘河昔日流量頗豐，原日河床寬約五百公尺，今以日久，且上游年積雪漸少，水量多已消失於乾旱之戈壁中，現時引水所成之灌溉渠，水身已甚狹小，所灌地畝不多，但尙床甚寬，已利用水力作磨粉之器。冬季則滴水亦無。在三四月漲水期間，則較目前可增兩三倍，路綫過此，以一孔二十公尺之鋼梁便足供洪水期水量之排洩也，全縣人口僅一萬餘，維族多在上游耕地，哈族亦多在上游畜牧，常有砍得山內林木順流放下，大者直徑六七公寸，長約七公尺，小者三公寸，長四公尺，土人多燃料殊覺可惜。全縣人口因季候不同，山中有小路可通山陽之吐魯番，夏季維，哈二族多攜家小往耕作及放牧，冬季方回，故夏少冬多，頗難統計。

奇台——居民約三萬餘，北上有路可通阿山區，物產亦豐，水磨十三家，麵粉，釀酒全省馳名，有榨油廠。居民漢族佔三分之二，多業農及畜牧。年產米，麥約十萬擔，皮革數萬張，羊毛，駝羊數千担。城有滿城漢城之分。新省各大縣市，多有數城，各族分居，且各因宗教，言語文字，生活習慣之不同，即娛樂會集之公共場所，亦各自不同也。奇台市場與充斥俄國商品，如布匹靴鞋，杯碗等均是。

孚遠——人口二萬餘，出產除少量農產與毛羊外，附近有一鐵礦，蘊量未經調查，現時用土法鍛煉，日需礦八千餘斤，可鍊出生鐵一千餘斤。

阜康—將抵阜康縣境，遠望天山，突有高峯插天，全峯披雪如銀塔，似山頂上另有一山之概，名靈山。上有池，曰瑤池，新省建有水利工程，導池水以溉阜康境內田畝，故農產較豐。人口亦僅萬餘耳，縣境以西，地多鹼質，一路土色灰白，狀似晨霜，土人呼為白硝。想係含有硝酸鹽屬或硫酸鹽屬。在首段，土質粘性較重，乾時異常堅硬，一遇水份則不堪承重，末段屬沙土，則全部鬆軟，步履為艱，如走軟沙上也。將來路基建築必成問題。

迪化—新省省治，緊靠天山北麓。烏魯木齊河流經其旁，兩岸良田，樹木秀茂，河水水量甚豐，河床寬約七百公尺。最狹處，原建有公路橋，名西大橋，約長佰餘公尺。將來鐵路橋梁，跨度最少需在六十公尺以上。

迪化市街較為整潔，建築亦頗多新式者。市內交通，專靠馬車。各族在此聚居者甚眾，街頭一望，如入人族館。惟各族間，絕不通婚。唯一之混血兒女為二鎖子，即歸化族婦女嫁與漢族所生之子女也。多健美，公園中游泳池，多見彼等出入。維族婦女，則尚多罩面紗，並鮮見出入，且各族年曆不同，故在迪化一月間，可渡過幾個元旦日。測隊到達時，適新省主席更換，秩序稍亂，省府中若干高級官吏均遭逮捕，新疆學院內，學生及教師大部被捕，致無法開課，新幣幣值下跌，貨物奇昂，內地輸入以茶絲為大宗。

(八)綏來至烏蘇

迪化西行一佰三十餘公里至綏來縣，再西一佰廿餘公里至烏蘇縣，綏來烏蘇縣間路綫，亦為本次勘測之範圍。沿綫仍靠天山北麓。但此段水量較為充足，沿綫大河有瑪乃斯河，（即綏來河）三道河，安集海與奎屯河。河水均係天山積雪，天山山脈，愈西則愈寬厚，故此段河水特豐。（惟冬季則仍無水流）且此段地勢傾斜，河床不深而特寬，如安集海之河床寬約六公里，急水道常在此六公里內變遷。踏勘時曾定有四百公尺大橋二處，二佰公尺者一處。綏來，奎屯二河大橋亦在三四佰公尺之間，河床稍深，變動性較低。三道河水流甚微，約六十公尺寬度之橋梁即可。

各河河水均未利用以作灌溉，任其消失於戈壁，深入地層殊為可惜。最完美之方法，不若與鐵路工程同時籌劃，使利灌溉並節省鐵路橋梁工程：否則鐵路路綫勢必向山邊南移，而山麓一帶，起伏甚大，土石方工程必將大量增加。

綏來縣漢人較多，地產瓜果，尤以蘋果為最。測隊員工作中運站及一哈族小學校內。烏蘇縣多歸化族，皇房建築陂後者，此地西去三佰餘公里即達國境，與中亞細亞相接，故受蘇聯之影響亦更大。地產御花茶，紅花。人口稍次於綏來，約二萬餘人。

(九)烏蘇油礦

油礦在烏蘇縣城東南之獨山子，礦區跨奎屯河兩岸，鐵路測有支綫以達礦場。聞原由俄人開採，產量秘密，除供新省行車需要外，餘悉數由俄人運去。測隊到達時，已由我方收回，玉門油礦局並派員到達整理。據云原有七十餘井，惟產油各井，均被俄人臨去前以洋灰灌塞，機械鑽探各件全部運走，現時所用，僅係我方工人收藏隱埋未被運走者，故僅有五個井出油，以第四十二井產量較多。該區油層，油質較輕，色淡黃，以最簡陋之蒸餾法分出汽油，火油及油渣以供汽油使用。

油礦之北十餘公里，有奎屯農場，面積甚大，場長姓史職工二佰餘人，用機械耕種以供應礦工，農場所產之烏克蘭瓜尤香甜，勝於哈密瓜。所產西瓜亦碩大甜美，為全省冠。場長曾贈瓜種一包，惜甘省地土不宜種植且未得其法，出品遠遜。去年在蘭州筆者偶適與之會面，詢之農場近況，則云于三十四年烏蘇陷于哈匪時，彼已改行業商矣。惟對其一手經營之農場淪于匪類，不勝欷噓。惜中原多事，新省遠處邊陲，鞭長莫及，難測其望也。

油礦內建築甚佳，測隊員司住招待室內甚堂皇，有二鎖子女侍執待役。其飯堂劇場甚宏偉，並由礦工組織之京劇團演出招待。有維族青年扮演丑角，演唱極佳。因請測隊代測一水管綫，故往礦內數天，並以農場出產豐富，每日三餐尤覺豐厚，可想礦場昔日之盛況。

(十)後語

此次測量，沿綫人煙稀少，水量奇缺，每日工作多須趕宿水源，故除踏勘八九公里路綫外，尚須趕五六公里旅程。離獨山子油礦之日，先用汽車送出二十五公里再步行三公里至工作地點。開始測量十五公里再趕十二公里方抵宿站。到時已半月掛林梢，野犬猖猖，十小時未進食矣。而最苦為冷熱驟變，暴風無時，亦將為來工程困難之要點。此外坡度甚陡，鹼灘鬆軟，則尤其次者也。

河西玉門與新省烏蘇均產油礦，將來或內用燃機車，或用電力均可解決水量問題。蓋沿綫四季經常有風，大可利用風力發電。工程時期，亦以地廣人稀，給養困難，以儘量利用機械為宜。幸大部份路綫多在戈壁，工程甚為簡易也。

經濟住宅

陳任始　　溫炳文

勝利以還，各市房屋缺乏，人口集中，因而引起之居住問題，至感嚴重，就以目前湛江市而論屋荒程度恐已追踏上海，廣州與香港，在政府實行統籌建築各都市市民住宅之前，爲利便湛江市民需求兼作未來底新市區住宅設計之參攷，試就一般需要分擬各種式樣之經濟住宅，詳列預算，以供需求者之選擇與參攷（本期先列甲式）：

工程說明一本工程係以住宅區之房屋爲標準，選用材料，以能當地採購者爲原則，計用磚墻，土瓦蓋面，灰板平頂，土階磚地面，洋灰地坪，杉木門窗等，至油漆用料，係用本國漆外墻用清水內墻及平頂均用紙筋打底，石灰紙筋粉光刷白二度，平頂筋5×$\frac{1}{2}$吋公分杉木料。中距四十公分，外墻靠面地坪用洋灰地，內部用，土階磚地面，洋灰勾縫。

工程預算：

工程種類	單位	數量	單價		合價		說明
挖地脚	立公方	25	11,000	0	275,000	00	包括平整地基
灰漿三合土	立公方	9	[illegible]00,000	00	5,400,000	00	成份1：2：4
13公分磚墻	平公方	85	115,000	00	9,775,000	00	1：3沙漿砌結（單隅墻）
25公分磚墻	平公方	23[illegible]	[illegible]27,000	00	53,572,000	00	1：3沙漿砌結（雙隅墻）
土瓦蓋面	平公方	126	246,000	00	30,996,000	00	不用木金字架桁條擱在山墻上
灰板平頂	平公方	85	[illegible]00,000	00	17,000,000	00	全部內外部份
土階磚地面	平公方	79	48,000	00	3,792,000	00	1：3沙漿砌結，1：3洋灰漿掏縫，包括腳踢板
洋灰地坪	平公方	6	64,000	00	384,000	00	坭土搗實上做5公分厚1：2洋灰漿
杉木玻璃門	平公方	3	506,000	00	1,518,000	00	有氣窗100×280公分
杉木平門	平公方	13	375,000	00	4,875,000	00	無氣窗80×220公分
杉木玻璃窗	平公方	20	750,000	00	15,000,000	00	100×200,80×140,80×60公分
杉木百葉窗	平公方	0.75	620,000	00	465,000	00	山墻上30×50公分
粉刷	平公方	280	41,000	00	11,480,000	00	全座內部
鐵水槽	公尺	63	19,000	00	1,197,000	00	3.8×5公分
洋灰明溝	公尺	65	46,000	00	2,990,000	00	1：3洋灰沙漿批光厚2公分寬20公分深10公分
磚砌欄桿	公尺	4	80,000	00	320,000	00	1：3沙漿砌結80公分高
洋灰踏步	步	4	42,000	00	168,000	00	內部坭土亂石搗實外做1：3洋灰沙漿厚4公分
總造價					159,207,000	00	

（註）　各地造價不同可就工程數量按時價單價從新估價。
表內單價包括運費及包商管理費

工程材料及人工數量表

工料名稱	單位	數量	工料名稱	單位	數量
木工	工	114	2吋洋釘	市斤	27
瓦工	工	202	$3\frac{1}{2}$吋鉸鏈	塊	18
油漆工	工	9	2吋鉸鏈	塊	64
小工	工	35	6吋插銷	付	9
5×12×25公分磚	塊	42,000	4吋插銷	付	22
25×25公分上街磚	塊	1,264	6吋風鉤	付	40
3—5公分磚碎	立公方	9.6	門鎖	把	9
3.7筒板瓦	塊	13,000	石灰	市斤	7,500
上等楠板	市尺	1,890	黃沙	立公方	54
杉木料	板尺	1,905	洋灰	桶	3.25
13公分直杉條	根	63	油漆	市斤	18
2公厘厚玻璃	平方英尺	67	黃泥	立公方	13
4吋洋釘	市斤	15	稻草	市斤	470
$2\frac{1}{2}$吋洋釘	市斤	34	紙筋	市斤	173
1吋洋釘	市斤	13	油灰	市斤	33
$\frac{1}{2}$吋洋釘	市斤	2			
附註	每板尺為1'×1'×1" 杉條以梢徑計 普通瓦每平方公尺以100塊計				

目前工料價格不斷飛漲影響造價茲為適應各地市民需要便於隨時估價或自備材料起見特將工料數量表以資應用，茲就本列造價所需按照去年十二月估價每平方公尺建築面積約需1,616,000元。

江南海塘

嚴行健

金山咀——工程追述

從浙江的海鹽縣直到江蘇的南匯等，這一帶土地正在東海之濱，面臨太平洋，恰在杭州灣之外圍，錢塘江由此入海，因為洋面甚少島嶼，海浪的衝擊力特大，而土地一經海水浸漬，吸收了鹵汁，非經三個年頭的雨淋日曬，使之淡化，是無法種植五穀的；因此沿岸各鄉村的居民自上古以來，幾無時無刻不在和海水奮鬥；直到清朝時，始在離海岸約一百至五百公尺的距離外，沿着海岸，築了一條石塘，居民乃得安居樂業。

為了保護這偉大的工程，歷年以來，政府和人民合作在它外圍加築了許多塘堤工程，這許多塘堤在江蘇省境內的，總稱「江南海塘」，這些外圍的塘堤，有鋼筋混凝土的，有土的，還有木樁拋石的，全視當地的浪潮強弱而定。但在日軍佔領期間，破壞失修，因此在勝利後，善救署蘇甯分署，就幫合江蘇省政府，成立了一個「江南海塘工程處」，從事修復工作。筆者於三十五年參入該處服務，派在金山嘴段工作，茲特追述當時工程之一般。

金山嘴是江蘇松江縣的一個小市鎮，適在江浙兩省交界之處。抗戰初期，就因日軍在此登陸，而迫使淞滬守軍撤退；其地形之重要，可想而知。這邊一帶，外圍的塘堤，破壞極大，有些地方，海水已沖擊到石塘——這一帶的石塘，當地人稱之為「欽公塘」，設若欽公塘一旦沖毀，因為地勢的關係，奉賢松江金山等縣肥沃的土地，都將為海水所浸蝕，因此修築外圍的海塘實為迫切之務。

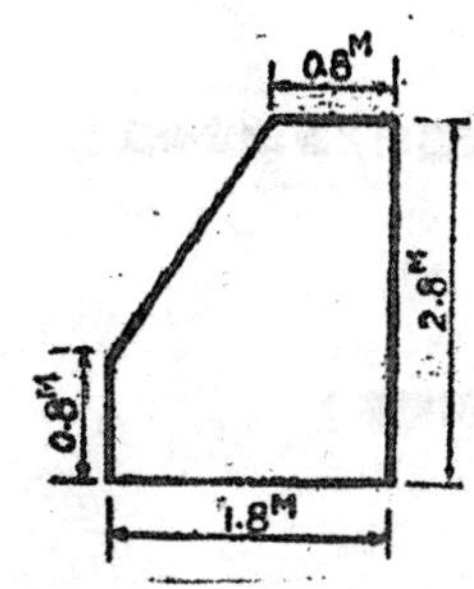

經過一番調查後，因為經費的限制，決定先在嚴重的地段內，修築一座重力式混凝土堤；共分三段，每段約長八百公尺。堤的斷面如左圖。用1：2：4的混凝土，並摻加百分之四十的塊石。施工時，分三層澆搗，底層八公寸，中層上層各一公尺。洋灰最初用的是瑞士貨，約需二十小時始能凝結（Settle），每常為海水所沖毀。因為海水每日漲落兩次，時間相隔不同，約自六小時至十二小時，祇有當地的漁夫，才能由他們的經驗來確定，我們這批外來的人都不知道。因此在初期試築塘堤時，往往連売子板（Form）都沖得不知去向；後來改用美國的洋灰，祇要六小時便可凝結；方能克服困難。

因為混凝土堤可以摻加百分之四十的塊石，包商就取巧偷工減料，乃不得不設法防止。譬如擬澆築底層十公尺長，即令包商先在規定地段將塊石堆方，使能夠澆灌是方的40%，並由儲料處所將足量洋灰運至工地，至於碎石黃沙，是經驗過方的，可以指定成堆使用。洋灰的需量計算方式如下：

一立方公尺1：2：4混凝土堤，規定可加0.4立方公尺之塊石，然塊石內尚有空隙，必需由混凝土填滿。當時並未作實驗，僅依經驗估計，其空隙約佔20%，故每一立方尺之夾石混凝土，實需68%之混凝土，32%之塊石。

因每立方公尺1：2：4混凝土需360公斤洋灰

每袋美貨洋灰＝42.6公斤

再加10%消耗損失

故每立方公尺夾石1：2：4混凝土實際需用洋灰

$$\frac{0.68\times360\times1.1}{42.6}=6.3\text{袋}$$

混凝土堤下層八公寸築成後，即在前面距離五公寸處打樁，所用的木料，全是由福建運來的，其丈量計算的方法，是用「龍泉尺碼」。當時規定的是「七五筒」，即每樁每根長度為一丈五木尺，約合十六英尺。但在離尾端六木尺長處量其圓周處（約合英尺五尺八寸），用龍尺丈量，其圓長不得小於1.4龍尺，或大於1.6龍尺。龍尺的一寸是等於3.4公分，每尺十寸，即等於34公分，但其計價的方法，是以「兩碼」來算的，即每兩值若干。1.40龍尺等於0.0750兩。自1.41龍尺至1.50龍尺，每增加0.01龍尺，其兩碼即增加0.0015兩，自1.51龍尺至1.60龍尺，每增加0.01龍尺，其兩碼即增加0.0030兩

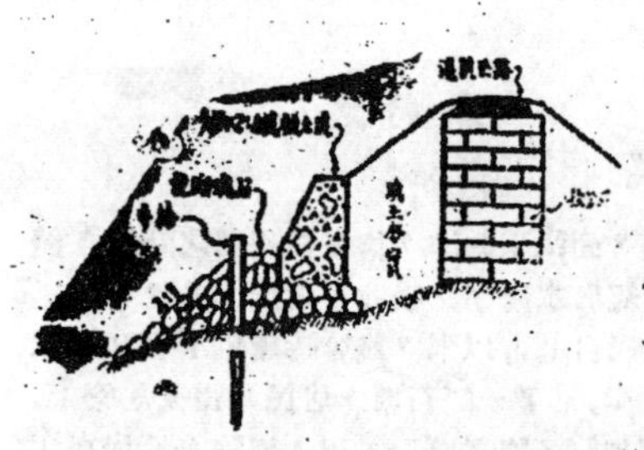

打樁的工具是一個石墩，約重一百老斤，當地人稱之為「飛蛾」。一個飛蛾需四個人，一天可以打樁十五根左右。樁打好後，其頭部約高出混凝土底層（即八公寸處）一公寸五（見圖），然後再將塊石乾砌於樁堤之間，樁外則拋塊石成4：1坡度。在打樁時，即在堤和老石塘之間填土，分層搗實；因石塘和混凝土堤間距離不定，所以填土的坡度，並無規定。

修堤的工程是七月開始的，十一月初完成，筆者適於該時患嚴寒病辭職，致未克收集工程紀錄，以上所述，僅係記憶所及者，容不對事實之處，尚祈諸位先進指正。　　　　　　　　　　　　（完）

（上接44頁）

（例四）尤有進者，為求明示此公式野外演算之簡便起見，爰仍引（例一）所舉之習題，試改用普通鐵路測量課本所述之方法以演算，舉一反三，相形對照，所得比較。

儀器在T.S.　　　觀測720　　　i＝0°—02'—16"

儀器移至720　　後視T.S.　　　2i＝0°—04'—32"

$Dc＝\frac{7.71}{50}×3°—49'—11"$　＝0°—35'—20　（720—712.292＝7.71）

20m之偏角＝$\frac{Dc}{2}$　　＝0°—17'—40"

觀測740　　20m之i＝0°—15'—17"（用求螺旋偏角之算法或查表）

＋

故前視740　　之i＝0°—32'—57"（核對）

觀測747　　20m之偏角＝0°—17'—40"

7m之偏角＝0°—06'—11"（用比例擇算）

27m之i＝0°—27'—51"

＋

故前視747之i　　＝0°—51'—42"（核對）

儀器再移至747

後視720　　　求上i＝0°—51'—42"

27m之i＝0°—27'—50"

＋

後視720　　　i＝1°—19'—32"（核對）

$Dc＝\frac{747—712.292}{50}×3°—49'—11"$　　＝2°—39'—06"

20m之偏角＝$\frac{Dc}{2}$　　＝1°—19'—33"

觀測760.13之偏角　　＝0°—51'—42"（用比例擇算）

13m之i＝0°—06'—27"（760—747＝13）

＋

故前視760,13之i　　＝0°—58'—09"（核對）

觀測S.C.（762,292）

15,292m之偏角＝1°—00"—48"（762,292—747＝15,292）

15,292m之i＝0°—08'—37

＋

故前視S.C.之i　　＝1°—18'—45"（核對）

編後

本刊籌編發動於分會成立後一個月，十二月中旬集稿有成辦理付梓，以限於經費，未能正式與印商議價，承衡南商報社慨借字房使用，僅代付油墨及印刷工資，另由會自備紙張，電版，木刻等，勉強成事，計可節省經費一半，在本會經費奇缺環境之下，如此應付，實已盡最大努力矣。

照原定計劃，本刊可於本年元月底前出版，距印刷將半，以不慎於火，已成之件，全部燬毀，乃得從新再組，幾經催促，始克補齊，又以維持原定經費預算關係原有稿件減少一部，以免功敗垂成，感於一事成功之困難，每非初意所能及，至可慨也。

本刊承湘桂黔鐵路，交通農民各銀行，萬昌等[illegible]藥行，各大廠商酒店醫師等惠助廣告費，又蒙曾宇翔，謝啓宣，鄭毅容，孫顯隆諸君協同審稿，李[illegible]鑾君始終擔任校對與營業工作，熱心會務，至爲可感，併此誌謝。

吳民康謹識

勘誤表

頁數	行數	第字	誤	正
1	5	39	本	本綫
1	27	24	令	今
2	26	19	顧	明
3	14	10	唯	惟
3	20	2	唯	惟
3	21	16	唯	惟
3	41	1	（前貝當路）	（前貝當路）側
6	3	18	横	樁
6	14	26	地形剖面圖	地形圖剖面圖
6	17	18	亦不	亦可不
6	26	35	甚	甚鉅
6	31	8	擦	摩
6	33	1	1,5：1	1.5：1
6	34	3	度爲二十六三十分	爲二十六度三十分
6	37	4	旋	施
6	38	10	混凝土木樁	混凝土樁
10	5	29	00054吋	0.0054吋
10	23	2	公	分
10	31	21	草	卓
13	8	7	中華十二級	中華二十級
13	28	19	33	3.3
14	19	11	中華十二級	中華二十級
15	6	4	（甙橋墩）	（甙橋墩）
15	29	9	仍不可變	仍可不變
17	13	35	底	港
19	45	5	（以下轉21頁）	（以下轉25頁）
20	23	5	客	容
20	26	30	BK與市綫區交通幹道網	BK綫與市區交通幹道
20	32	8	圖	圖
21	9	19	維持	維持費
21	24	8	盛	繁盛
21	28	6	東等方面	東等方面建港
21	28	31	鉗形	成鉗形
21	29	6	湛江展望語	湛江建港展望語
22	42	23	灰	地
22	42	25	（12）安装天車	（12）安裝天車網纜
23	37	17	漾	漿
24	17	1	328	3.28
24	39	2	7.18	71.8
25	1	8	14.4	1.44
25	3	29	高黏之	高黏度之
25	6	12	樹	樹
25	11	20	製蔔造級汽油	製造高級汽油
25	28	22	編	備
26	32	35	而運用四位對	而運用四位對數表以計算，與欲求四位數
26	34	1	數表以計算與欲求四位數	刪去
27	3	2	293……	286……
28	5	8	復	得
28	12	8	（詳見p 11頁脚附註）	刪去
30	40	11	b	p
31	4	11	進位	不進位
31	10	7	同	靜
31	11	4	整	整數
31	13	20	以下式之	以下式表之
31	26	27	誅	諧
31	24	36	滅	減
37	32	17	甚甚	甚有
37	33	7	得	所
37	37	1	蜆近近	蜆近
37	37	32	瑞土	瑞士
37	41	16	性	片
38	21	12	息	所
38	30	25	傾右	傾斜
38	33	22	底縮	底片
38	44	31	則差	則誤差
39	2	39	關	開
39	8	28	現	規
39	27	34	雖	縱
39	34	23	量	測量
39	41	1	此	器
40	4	26	股	般
42	19	6	40'	49'
42	27	6	720	740
46	34	11	較澀，過去黔桂鐵路亦	刪去
46	36	1	亦少已試用	亦少震盪，過去黔桂鐵路亦已試用。
46	41	21	度	變
47	5	4	撓	撓變
47	29	1	如	以
48	34	30	王	垂
48	37	37	均	地

嶺南大學醫學士，中央衛生署註冊

女醫師

鄭鳳石

兼理男婦兒內外全科特長兒科產婦科

醫務所：湛江市赤坎步雲路二號二樓

附設留醫留產

嶺南大學醫學士

中央衛生署註冊

女醫師

郭佩芹

兼理男婦兒內外全科特長兒科產婦科

醫務所：湛江市西營逸仙路五十七號

附設留醫留產

利羣糖廠

出品精良　粵南之冠

★湛江赤坎中山路★

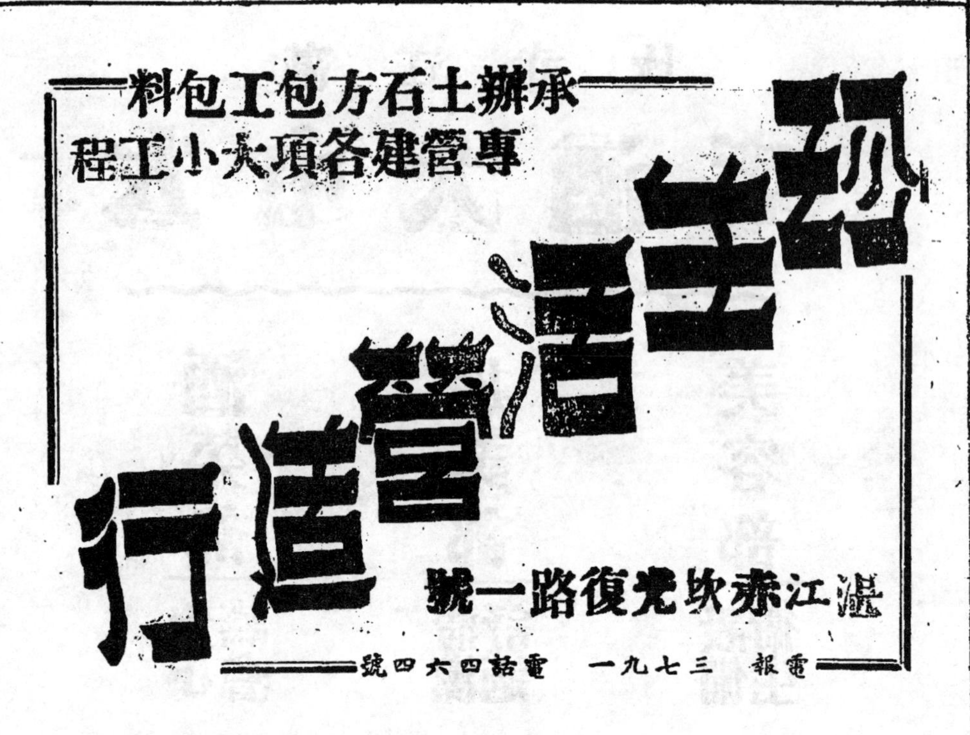

勝源建築行

工程業務	批發材料
承建大小工程	各項建築材料
承辦工程設計	各江杉竹磚瓦
承接監理建造	各種船料雜貨

湛江赤坎龍光路八十八號

電報掛號：一九九一號

電話：第四六五號

工程季刊

桂銘敬

工程師節紀念專號

第一卷　第二期

中國工程師學會湛江分會主編

民國卅七年六月卅日出版

湛江市 大光報 承印部代印

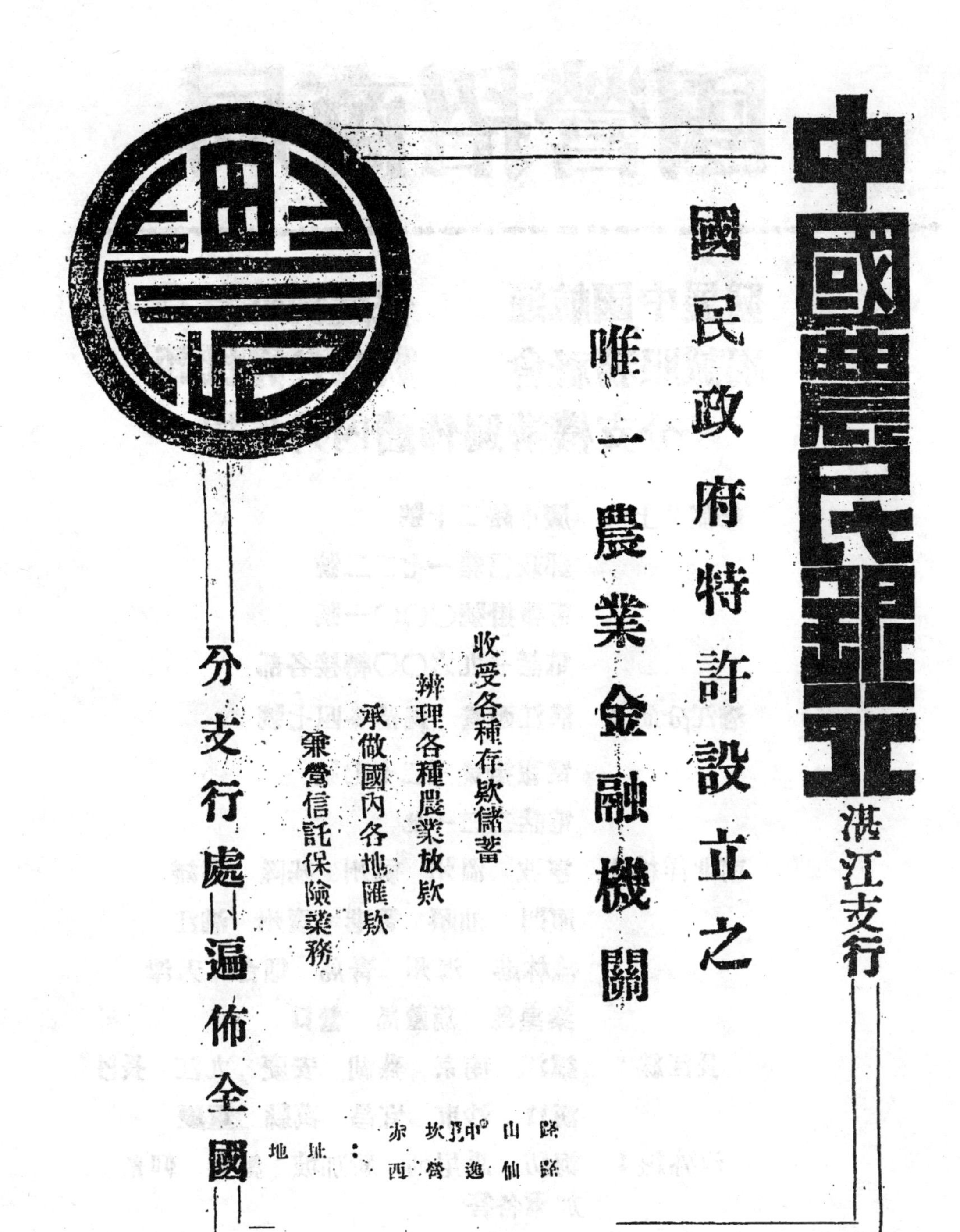

中國農民銀行
湛江支行
國民政府特許設立之
唯一農業金融機關
收受各種存款儲蓄
辦理各種農業放款
承做國內各地匯款
兼營信託保險業務
分支行處遍佈全國
地址：赤坎中山路
西營逸仙路

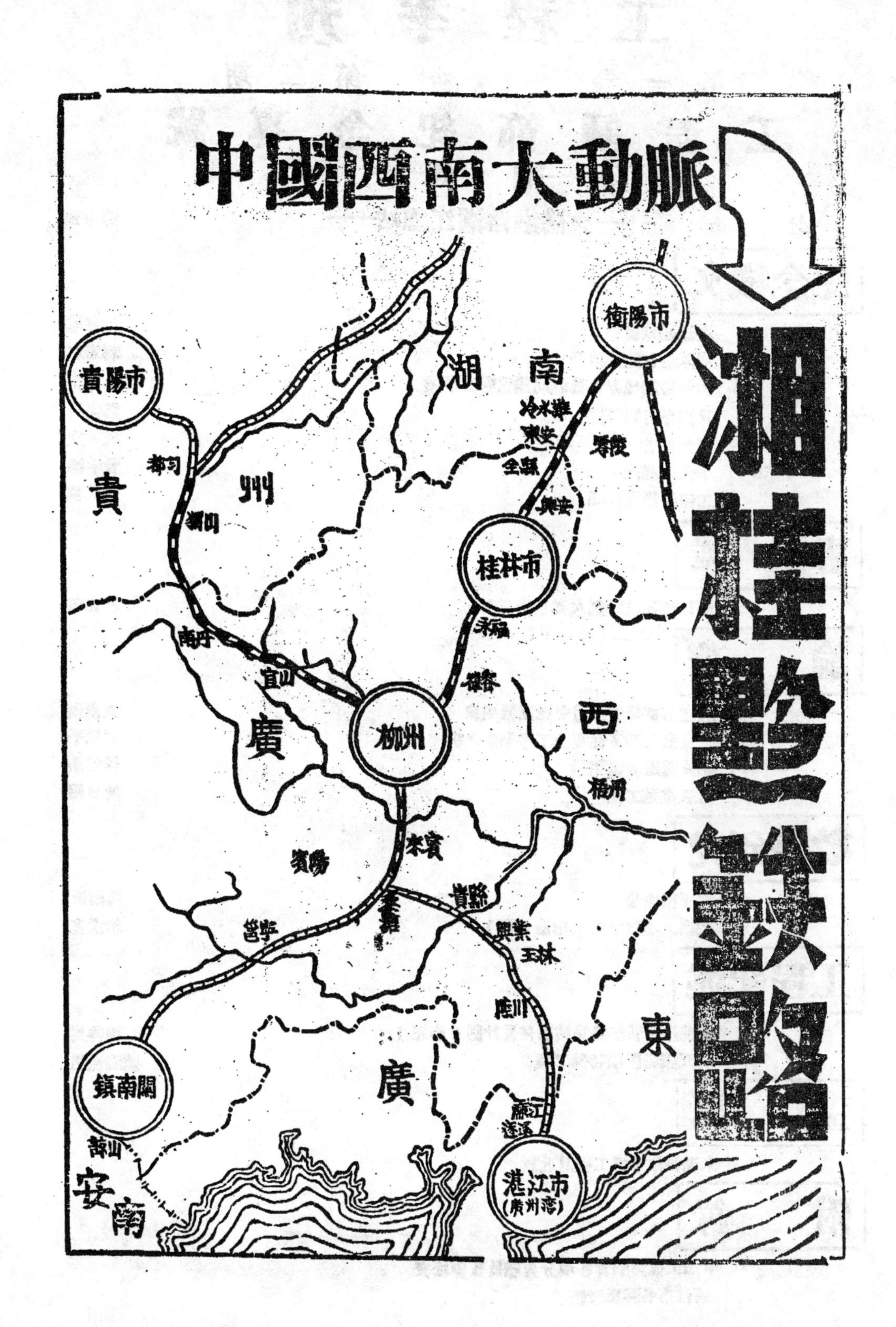

中國西南大動脈
湘桂黔鐵路
衡陽市
貴陽市
桂林市
柳州
鎮南關
湛江市
(廣州灣)
湖
南
貴
州
廣
西
廣
東
安
南

工程季刊

第一卷　　第二期

工程師節紀念專號

——目　錄——

11488

紀念徵文

湛江建設展望

——桂銘敬——

去歲工程師節，吾人對湛江築港與市政建設，曾舒管見，並計劃實施，光陰荏苒，轉瞬一年，此一年中，以國家財政困難，南路治安不靖，乃使各項建設，陷於停頓狀態，今中原匪氛尚熾，幸自政府行憲後，戡亂日見成效，因之建設華南，益趨積極，湛江爲西南唯一出口良港，地位更形重要，邇者湘桂黔鐵路來湛段專理工程處廣事籌料，準備興工，而湛江市政府復擴大編制，成立工務局，顯示湛江建設，行將由計劃而進入實施階段，而本會所負之使命，亦同時加重矣。

顧建設工作，經緯萬端，自宜權衡緩急，實事求是，一切要能有利國家民族，管見所及，約有數端：

一、交通建設：鐵道之興毀。與國防軍事政治經濟文化靡不息息相關。勝利而還。奸匪破壞交通，夷考路政。今日暢通而明日被毀，殊礙大局。惟華南尚稱安謐，故來湛鐵路，須於短期內完成，以增强粵桂交通，開發西南經濟。

二、新港建設：爲配合鐵路進展新港亟宜開闢，以應萬噸巨輪灣泊，俾收吐納之效。現來湛段鐵路工程處已擬有湛江建港計劃，應集中財力人力，分期實施。

三、市政建設：湛江市政已具雛形，今後宜配合鐵路與築港需要，縝密計劃，發展民生經濟，促進繁榮，俾成爲現代化都市。

四、工業建設：我國工業基礎脆弱，本市既具現代都市之種種條件，對於電器機械等工業，應積極發展，以裕民生。

以上所述，不過举举大者，倘能逐步實施，則其他如經濟，教育，文化等，皆能隨之發展，其有利國家者，殆非淺鮮，深望本會各同志，毅然担負此偉大任務，並盼政府迅速撥給大量工款，地方人士竭誠協助，上下一心，殫精竭慮以從事，則湛江之繁榮，庶乎有望。

漫談湛江闢港建路

——利　家　和——

中國積弱久矣，外侮相尋，歷百餘年，迨神聖之抗戰軍興，經歷八年之艱苦奮鬥，以多少軍民流血之代價，仗世界公道同情與援助，換取勝利之來臨，躋國家於強大之列，吾人身爲國民，匹夫有責，而我儕之講習技術從事工程者，更宜如何振奮，使國家工業，迎頭趕上，雖有政府之規劃督導於上，亦端在工程人員竇力苦幹於下，而工程師責任之重大與使命之艱鉅不言可知，蓋自遜清末葉，民國以來，致力於工程技術者日益衆，就近三十餘年之今日而言，物質建設，不無日有增益，而程其進步，衡諸歐美各國，實乃瞠乎其後，此中緣因，固甚繁複，顧我工程界人士，實亦未能多所諉卸厥責，其宜惕惕悚懼，所謂往者不可復，來者猶可追，鑑故可以知今，懲前所以毖後，惟我工程師輩，虛心檢討，勇往直前，俾臻國家於富强康樂之上，瞻懷及此，實賦予無限之感慨焉，湛江自光復以還，政府即有築鐵路闢海港之計劃，筆者亦爲受命主持施行該項計劃者之一，時值工程師節，爰將鐵路路綫與海港工程概況及其使命，畧述於后，諒爲各界人仕所聞者也。

一、鐵路之終點，而配合有海港工程，將來交通之發達，貨物之吐納，其量之大，不待言而喻，湛江港乃我國南方天然深水港，又爲西南通內陸之門戶，而湘桂黔鐵路，乃貫西南西北之大動脈，將來完成，於國家經濟，國防價值之重大，固不待智者而後明，西營總站，乃幹綫之終點，將來通車後，其站務之繁榮，可作全綫之樞紐，西營赤坎間約十二公里，交通較繁，現時公路交通車，已絡繹不斷，擬舖設双軌，將來對於市內往來之商客，實可達到交通便利之境，且擬自東營另築一支綫至臨江接軌爲貨運專綫，輸出入之貨物，將因鐵路車輛之容載量巨大，而與內陸充暢流通。

海港方面，初期展築西營原有之舊碼頭，俾使三千噸船隻，能直接靠泊起卸，並在碼頭附近，建築貨倉，接儲貨物之屯集。至將來二期工程，則規模偉大，按近代化海港建造，預測屆時國家積極建設，此得天獨厚之良好海港，足與世界各口岸爭雄長矣。

至於鐵路工程處成立一年來之工作，如定綫測量，設計製圖，丈量地畝，海港港灣水文之探測，海底基質之鑽驗，以及施工時所必需全內外之設計圖標準圖等準備，均大致完成，尤其去歲定測期間，各工程師之艱苦奮鬥，與沿綫治安之危險，不以安全爲顧慮，爭取工作之成功，俾測量進行不致中輟，此亦工程界人士服務精神之表現，良堪足道者。

二、粵境路綫附近出產品，以鹽爲大宗，沿水東，梅菉，雷州半島及海南島一帶均係產鹽區域，尤以東海，碙州，烏石爲最，戰前所產鹽斤一部份運銷日本及越南，大部份運銷粵，桂，湘，贛，黔諸省。（下見第三頁）

如何發動地方力量協助建設湛江事業

——黃文海——

今日是我們工程師節，這是紀念我們先聖大禹治河克服自然的偉大精神，吾人在景仰古人此種偉大精神之餘，感覺到我們肩負起這繼往開來責任的重大，我謹以工程人員的地位，觀察湛江目前環境，就個人管見提供幾點關於建設湛江的意見，以供各界同胞參攷斧正。

湛江是優美的天然良港，中央已決心建設它成爲南方大港；並伸長橫貫康，川，黔，滇，湘、桂諸省的鐵路，到達湛江爲出入海港，湛江將來的發展及其在全國軍事商業上的重要地位可想而知。

建設目標：湛江在法人統治時已建設具有都市雛型；但有很多事業還值得我們從新去建設或加以改善的，其中屬中央舉辦部分我們不必談，惟是屬地方性的事業，我們決不能袖手旁觀：例如㈠如何發展本市航空交通及市內暨與鄰縣之水陸交通使繁榮本市，㈡如何建設或改善本市之公用事業——電力，電話，自來水……等——以發展工商業，㈢市容之整飾，馬路之修築及衛生工程等設置，以提高市民生活水準，總括言之；我們應該體察目前政府財政的困難針對繁榮湛江和增進市民福利目標下去逐步做我們地方性的建設工作。

建設方法：我現在所談的建設方法，不是空洞的高談闊論，而是就目前環境作實際性的提出。

（一）審慎的考慮與決定：㈠應該遠矚高瞻觀察到五十年或百年後湛江的發展，才不失計劃的連貫性，㈡把握着目前實際的需要，在這二個原則下我們從詳考慮擇其緩急去決定建設事項，不過以目前湛江市政府的建設事業費及市民經濟的貧乏仍擇其輕而易舉者先辦爲宜。

（二）精密設計：一種建設事業決定實施前後，我們可請來湛鐵路工程處各種技術專家予以協助，和容納地方人士的建議經縝密調查統計勘測之後再行設計。（下見第四頁）

（續第二頁未完稿）

向昔交通不便，運費較昂，致影響產量，將來路綫完成，北接湘桂黔以運銷各地，則產量當可激增，而成爲本地區之主要實業，次爲農產品，如米糧，番薯，花生，甘蔗，山芋，小麥，蕎麥，青豆，水菓，瓜菜，及糖，油，草蓆等，牲畜以猪，羊，牛，雞，鴨，及蛋類，海味如鹹魚，蝦米等，日常生活必需品，產量均豐，各類出產目前除供銷本區外，大都運銷廣州，香港，澳門等地，將來鐵路築成，港口設備改善，運輸利便，則將來運銷遍及內地各省，而爲湛地居民生計之資源，間而促進經濟之繁榮也。

茲乘工程師節之良辰，謹簡要縷述報道於地方父老，俾明瞭本路之梗概，予以匡助，並冀吾儕工程同志，一心一德，本大無畏之精神，急起圖功，淬勵奮發，庶國家建設之偉大使命，早獲厥成，而於我工程技術上，放一異彩，幸甚！

我們應有的認識

——寫在工程師節——

◦鄭啓昌◦

時光如行雲般飛逝，又屆卅七年工程師節了。工程工作者，對此自己的節日，自然免不了有一番歡欣的情緒和熱烈的願望。在這時艱世亂民生凋敝的今日，許多人認爲可資穩定因素的建設，似乎並不是容易展開的事。然而，理智告訴我們，人類的進步，總是循着曲折途徑發展的，眞理功成的時候，其間總經過長期，被漠然輕視。我們若以爲現在是過去的返映，而將來之於現在，亦正如現在之於過去。則往者已矣，可以不管。將來才是所希望的鵠的。所以目前些些微的工作和點滴的革新，對將來至少也可能闢下尺寸蹊徑，留下部分根基，並不就等於白費。明乎此，今日之動亂狀態，自有其昇平之一天，（下見第五頁）

（續第三頁未完稿）

（三）機構的組織：建設本市的總機構由市府依內政部所頒都市計劃委員會組織規程聘定各技術專家地方熱心建設人士爲委員專研究討論有關全市的建設事宜，再就各項建設之性質，另行分區或分各保街自組委員會負責籌款施行由市政府派技術人員負責指導技術事宜，採用民主公開方式決定辦法由民衆自已管理自已的事情，政府站在指導地位，使民衆信仰政府，自動的樂意打理自己的事情在政府與民衆密切聯繫之下發揚建設事業的精神。

（四）人盡其力，物盡其用：上面已說過要發動民衆力量，其發動的方式，㊀依據中央所頒義務勞動法去動員民衆出力，㊁和依據征收馬路費辦法征費修築馬路，㊂發動地方熱心公益人士慷慨捐輸財物，使集掖成裘。

以上所說方法係舉出一般性的原則，現在我再引個實例來作更詳細的說明如赤坎卅五保環市路一段馬路及排水溝市政當局已感覺有修理的必要惟限於市庫支絀無法撥給建設費，但該路段內鋪戶也明白這種困難，便自動召集會議一致通過自組委員會自籌款項去建設，市府工務局已派員測量設計並擬定預算準備呈市長核定後即頒下該會自已負責去辦理屆時工務局當派技術人員前往指導，這樣做法他們籌款施工都是自已決定辦法自已去執行自己去監督而技術方面也有人指導，則事情會很順利進行了，又如建築公園，工務局先找到適當地點，設計好了，公園的花草樹木可向本市農林園主人請他們捐贈，亭台橋榭可向地方熱心公益人士請他們捐建作紀念，還有遊地的坐椅可向各大商店作廣告宣傳方式捐贈械備很容易建設起一個很精緻的公園，同時這些辦法都是各城市行之有素且成績超著所以我們也可仿效。

總之我們以民主公開的方式運用人盡其力物盡其用的方法協力合作擬定愚公移山的決心，則除其中，非地方力量所能辦之大建設事業由中央撥款辦理外這個辦法是可以使地方建設逐步開展的。

目前一切基於經濟破產的政治，文化……不健康現象，都不過是暫時的。我們毋須心灰意怯，正可因此認識現實，而得到深刻教訓，明瞭自己責任之所在：況且「多難興邦」歷史証明在苦難中磨折的人們，自有其不撓折的積極性。

數千年以農立國的我們國家，欲使富强康樂生存於世界上，自不能捨本逐末，不從改革農業入手。可是改革農業與發展工業，兩者有不可分之關係。農具的改革，播種收獲和加工的機械化，農產品的貯藏和運輸，在需要工業發達爲其基礎內，在欲繁盛農業，必先從事建設工業始，欲從事工業建設，這責任自然肩在在工程師身上，祇要國家有整個綱領和實施步驟：中國工程師不會不勝其使命的 不過我們要認識在經濟平等的社會裡，生產力增加，是加强社會基礎的鞏固。工程師是以知能和生產勞動相聯繫，直接或間接的促進生產力，增加產量，謀人類幸福的，若是在經濟不平等的社會裡，生產工具，操在少數人掌握中，社會上形成分配不合理現象，少數人利益建築在多數人貧乏之上。工程師促增生產，原爲造福人羣，結果正適得其反。所以唯有在三民主義——民生主義的領導下，工程師的智慧和技能可以擔負工業建設任務，才是不與增加多數人利益相背道而馳的。

有些人說：廿世紀是工程師的世紀，此話誠然。知識發展到廿世紀，已能夠創造新的世界，也能夠毀滅整個世界，宇宙間蘊在力量——原子能，工程師不是正在孜孜研究運用吧！在我們中國，因爲數千年儒家輕視「奇技淫巧」的傳統觀念，和「不在其位，不謀其政」的，所謂明哲古訓，工程師在政治上，沒有給予他地位，同時也不願有地位，本來政治是基於某種經濟組織的社會生活組織，從其組織產生一種强制力量來治理衆人之事 一個人逐日所過之生活，與政治上興革息息相關，政治上每一措施，都能影響到每個人的生活。西諺有云：「人是政治動物」，即是這種意義 在提倡政治自由的今日，人人政治地位應當平等。那麼，掌握技術生產的人們，也應當有能够參治理衆人之事的他位，和干預治理衆人之事的權力。能使技術應用於福國利民互相促進文化，不受野心政客所操縱支配，從事滅絕人性毀壞文化的工作 。所今以日之工程師應洞察時勢，迎接潮流，爭取政治地位，有權干預政治，以求於促進人類進步上有决定的力量。

如上所述，工程師是以專門知能與生產勞動相聯繫，以促進生產效率的，所以本身修養和具備條件，自然要以學識爲第一重要，學識可由理論與實踐取得，二者相互配合，一而貫之，在任何物質環境下，能因地制宜，因物制用，發揮到創造精神；放棄傳統舊的觀念，且並要用其所學于做事之機會，「學」了之後，應當想法「用」，「用」「學」是應當合一的。「因此工程師在已經有了專門技術之後，仍須本學識第一，隨處學習，隨時學習 ，用其所學於增益人民幸福上，發揮最高度的應用，才算是得到最高效率之道。

撫今追昔

—馮 文—

我國新建設工程、萌芽於晚清、其時人才缺乏、一切技術問題、多仰賴外人、更無工程師學會之設、迨詹天佑先生主築京綏鐵路後、始集同志於廣州、創立「中華工程師會」、至民國肇造、學術丕進；海內才智、萃趨實學、專門學院校、次第設立、出國深造者、絡繹於途、不數年間、成才乃增、工程師會於焉樹其基礎、並先後在漢口北平上海等地、各增會所、民十九年、與在美洲之「中國工程師會」合併、改組稱爲今名、設總會於首都。

中國工程師學會成立後、海內工程人士、多參加爲會員，本舉用一致之旨、以效忠國家、惜當時軍閥割據、列强壓迫、民生塗炭、工程建設不無影響、迨七七事變發生後、國內精華之區、多數被敵蹂躪、國際路線阻塞不通、外援莫繼、繫俱自力更生、以資補救、幸我工程人士、秉承中樞旨意、努力開發後方、使抗戰得獲勝利、方期繼續以往精神、以一日千里之勢、建設新中國、乃赤匪不顧國力凋敝、妄舉稱兵、焚毀劫掠、破壞建設、我國工程人員、均能共體時艱、努力搶修、出生入死、不肯後人。

際茲戡亂建國時期、國事千頭萬緒、不論軍事或建設、皆以工程爲關鍵、舉凡國防交通軍事等工業及農田水利、無一不需工程、工程重要性、概可想見、故無工程、即無軍事、無工程即不能建國、歐美諸國、因工程發達、所以能致富强、故欲衡國力强弱、視乎工程的發展與否爲斷、我國科學落伍、工程事業不振、生產力弱、戰前既無寧日、戰時大受摧毀、戰後又遭破壞原有之單薄工業、及其殘破之交通工具近幾蕩然無存、元氣大傷、自有工程史以來、未有甚於此者、故欲戡亂建國、端賴我工程人員、肩負復興重責、恪遵中國工程師信條、互切互磋、捨棄小我、使戡亂建國、得以告成、民生康樂，實深利賴。

平凡的建議

——曾宇韜——

記得和許多朋友見面的時候，往往開口便問我鐵路何日開工和海港的情形，一般市民也時時以這問題相詢，可知來湛鐵路的修築和海港的開闢，無人莫不深切注意關懷，這種熱忱是值得我們感謝同時又使我們警惕的。

然而，來湛段鐵路工程處已成立一年多了，一年多的時光並不算短，為了共匪的猖獗，為了國家財政困難，工款愆期未到：因而直接影響我們的工作以致不能收到預期的效果，所以每當朋友垂詢的時候，內心感到無限的慚愧。

任何事業的成功，在途中都要經歷不少的困難，鐵路何能例外：今日乘坐火車的人們，他們只知道如何享受舒適，而對築路[illegible]以深山林工程師們[illegible]披星戴月血汗斑斑的辛苦情形也許他們不會體驗到，這不是我們自己捧場，因為鐵路關係國家的盛衰委實太大了，從事工程是我們的職志，絕不容許畏縮苟安。

歐美各國對於鐵路經營，不遺餘力，上下一心，殫精竭慮，進步之速，使我們望塵莫及，我國鐵路迄今僅六十餘年的歷史，勝利以後，因奸匪破壞交通，今日通車，明日被阻，此段修復，而他段又被破，建設以來所遭遇之困難，莫此為甚，為了交通不能恢復影響軍事，政治，經濟，使我國民革命大業，面臨生死存亡之最後考驗，我們要呼籲一些巨商富賈，應該停止屯集居奇的買賣，政府在抗戰初起的時候，所召示「有錢出錢有力出力」以求最後勝利的[illegible]，正適合今之戡亂建國的良策，所以擁有巨資的人們，想久維一己的舒適，只有把巨金興辦實業工廠，配合鐵路的發展，加速湛江的繁榮，那麼國防因此鞏固，貨物可以暢流，資源可以開發，同胞生活因之可走上富樂之道，所謂「一舉而數善備」再不容徘徊觀望了，今日工程師節，我們無限興奮之餘，聯想到前途的艱困，所以有如上的建議，希望此微弱的呼聲，能夠得到普遍的同情

工程師節答客問

——吳民康——

客有詢於予曰：今日爲六月六日，恭逢工程師佳節，子爲工程師，又參與工程師學會事，敢問何謂工程師節？答曰：中國工程師學會於二十九年十二月在成都舉行第九屆年會時會經議決以六月六日大禹誕辰爲「工程師節」呈准政府備案，所以紀念中國最偉大之工程師——大禹，使本會會員皆能效法大禹修身治水治國之精神，共謀增進學術道德，努力完成建國工作。客曰：敢又問大禹何以爲我國最偉大之工程師，有事實證明否？答曰：大禹之爲偉大工程師蓋在皆可証明，禹貢全篇，爲文雖不過千餘言，而所有九州之分野，山川之脉絡，土壤之腴瘠，礦產之分佈，莫不網舉列張，概括無遺；此皆大禹考驗調查之所得。至其對於九河之疏濬，如何而窮源溯流，如何而因勢利導，分析綜合，尤莫不與現代科學方法相吻合；實不啻爲一部五千年前之建國方略，以視今世之工程師，雖以科學之進步，工程技術之超邁，而其所成就之廣遠，猶懲多讓。況大禹之治水也，櫛疾風，沐甚雨，脛無毛，非 肉旁）無胈，三過家門而不入；時抱「天下有溺者猶已溺之」之思，忠勇智仁，足樹萬世之模楷。今我工程界以大禹爲師表，以其誕辰爲工程師節，寧非至當！客曰：大禹之爲大聖，與其治水之功績，既聞命矣！敢再問何以有工程師學會之組織？工程師對於國家社會有何貢獻？子能爲道其詳？答曰：我國之有工程歷史，實萌芽於清末，曾國藩李鴻章倡之於先，張之洞盛宣懷繼之於后，鐵路礦冶，造船紡織，莫不略具端兒。徒以主其事者，往往不學無術，夤緣以爲奸，因人以成事，太阿倒持，學術無光，既成事業，匪特無擴展之希望，且因腐敗而漸歸淘汰。迨民國肇造，才智之士，競趨實學，專門學院，次第建立，出國深造者，尤不乏人，數年之間，成材甚衆，我工程師學會，遂適時創立，而首倡之者，乃我國近代第一流工程師詹天佑先生是也。若問工程師對於國家社會所表現之功績如何，予敢正言以告君曰：工程師皆民生主義之實行家，世界和平之創造者。夫衣食住行，民生之四大需要也，然蔽身之衣，紡織工程也。五穀之登：農墾，水利工程也。居室之成，建築工程也。車輛，輪船，飛機；機械，造船，航空工程也。民生之所需，何一非工程師之所事。日敵之降，人皆知爲原子彈之功也；然而原子彈之製造，乃化學工程也。原子彈所以結束二次世界大戰，製造原子彈之工程師，謂爲世界和平之創造者，誰得而非之。今之欲治其國以至於平天下，捨工程師其誰與歸！客聞之，莞爾而退。

專載

湛江港建設計劃大要

——桂銘敬——

一、引言

湛江原名廣州灣，公元一八九九年租與法蘭西，民國三十四年秋，抗戰結束，始由我國收回；爲南中國天然深水港；且爲計劃中之西北西南鐵道幹綫終點；兼可作粤南海軍基地，形勢優越，將成中國西部諸省對外貿易之吐納港。未來發展繁榮，可以預卜。惜過去與內陸交通不便，既乏天然河道，亦未建築鐵路，其與內地交通運輸，僅靠公路及人力，貿易腹地祇及粤桂南邊區數縣，貨運不暢，貿易不興，故雖經法人經營垂五十年，終未能有所發展者，非無因也。若將來西南西北鐵道貫通本港腹地可遠及桂黔川甘等省；進口水道加以改良致萬噸巨輪可通行無阻；堤岸碼頭倉庫船塢等建築完成船舶可直接靠岸起卸後，則本港發展之速率與限度，自非過去可比。法租借時，僅在西營築一長約二百公尺之突出棧橋式碼頭，末端水深只三公尺，不能靠泊輪船，亦無貨倉及起卸貨物之機械設備；此外有帆船避風塘一所，會已頹廢不堪。日人佔領時期，亦無建設，更無器材留存。湛江現狀，數千噸輪船可以隨時通行，萬噸輪船亦可乘潮進出，惟船舶停泊港心，端賴駁船接運，耗時費工，殊感不便。卅五年行政院工程計劃團於考察本港後，曾提報告，並有築路建港之議，因此深引全國人士注意，卅六年春湘桂黔鐵路工程局來湛段粤境工程處奉令成立辦理興築來湛段粤境鐵路，兼辦湛江建港工程，關於建港工作，曾於成立之初，就實地踏勘觀察所得草擬初步計劃，以爲工作之準繩，最近根據一年來測量結果及搜集所得資料並參酌國內外港口工程設施，將初步計劃，加以訂正，除興築西營臨時碼頭計劃，第一期工程堤岸式碼頭計劃，單層式及雙層式，貨倉計劃已設計完竣外，其他各項工程之詳細設計，則尚有待於來日也。茲謹將湛江港建設計劃大要，編錄於后：

二、計劃內容

一、港址：　湛江港位於東經一一〇度廿五分，北緯二十一度十二分，爲雷州半島東北之海灣，土名麻斜海，港闊水深，可容巨船，港區中部，經法人經營垂五十年，與內陸毗連，有充分之地域足資發展，且爲計劃鐵路之終點，交通便利，南有硇洲島，東海島，南三島，東頭山島，及特呈島爲屏蔽，形勢優越。

二、港區範圍：　港區以東西營爲中心，將來再向南北兩岸伸展，其範圍南自馬其尖角起，北至北汶尖角止，計長九公里，總計港灣面積約二十五平方公里，陸地面積約六十平方公里。

三、進口水道：　考查法國海事圖，由東西營出海水道有歐司多水道（Estoe Chanel）及古流水道（Goulet Channel），前者自特呈島馬其尖角西南行，沿東頭山島西邊及東海島西北迂迴西南行出海，道狹水淺，沙灘叢亘，僅爲帆船出入便道而已，古流水道爲輪船進出航道，亦即本港出入口之主要水道。法人曾沿各島設置標誌，指示航行。由馬其尖角南行，經東頭山島北部，及東海島北部，至硇洲附近再沿孟祝香蓮航道（Mount Jacquelin passage）東行出海，全長計三六·五公里。其中以硇洲島附近出海處及東海島北部較淺；（硇洲島出海最淺處水深在低潮位下五·六公尺，東海島北部最淺處水深在低潮位下六·四公尺）幸該段淺處甚短，不難疏浚。其餘水深均在十公尺以上。硇洲島出海處淺沙，係由經化縣梅菉出海之鑒江含沙淤積，及沿海岸綫一帶海灘受雨水及海水沖刷地表泥沙流入海中，沿岸流方向移動沉淤而成。東海島北部淤沙係因該處水道彎曲，面積遼闊，潮勢散漫，致泥沙停淤而成。流沙之來源，由於環繞港灣之土地草木砍伐過甚，致表土不易保持，一經雨水沖刷，即流入海中，阻塞航道，故植草種樹爲根本要圖。考查硇洲口水位紀錄，平均潮差約二·五公尺，最大潮差爲四公尺，目前數千噸船舶通航無礙，萬噸輪船亦可候潮進出，故建港初期進口水道可無需大規模疏浚，只需重建舊有船碼頭，使現在能進港之輪船，可以直接靠泊起卸，及至本港日漸繁榮，萬噸輪船來往頻繁後，則需將上述兩處淺沙浚深至低潮下八·五公尺，使萬噸輪船進出便利，數萬噸巨輪亦可乘潮進出。如航道寬度以二百公尺計，浚挖數量爲二百六十萬立方公尺，並宜以挖泥船經常浚挖維持航道水深，最後以水深十公尺爲目標加以疏浚，並計劃堵塞歐司多水道，建造急水島至特呈沙灘間中潮位導堤，使東海島北部不致因面積遼闊，潮勢散漫，可收退潮時收束水流，加強刷深航槽之效。及在硇洲出海處，建造南北兩防沙堤至深水綫，以免流沙重淤，庶免經常浚挖之煩。

四、泊船碼頭：　湛江港將來每年進出口總噸位，不能以過去貿易發展速度推估，已於引言中陳述。茲另依腹地內人口物產工商業情形估計，將來西南西北鐵路貫通後，本港腹地遠及桂黔川甘等省，廣東西南部及海南島均以本港爲出口；但廣西一部，可以廣州港爲出口，川黔兩省一部，可以上海港爲出口；故腹地人口以比較嚴緊之估計，佔廣東人口四分之一，廣西人口三分之一，貴州人口四分之一，四川人口五分之一及雲南甘肅人口一小部，共約二千四百萬。查日本全部海港在戰前之總吞吐量爲每年二十四億五千萬噸，按日本人口七千萬計平均每人每年佔三·五噸，惟日本係屬島國運輸業有須海運者甚多，且工商業素稱發達，本港腹地係屬內陸，工商業亦未能如日本發達，但將來以每人每年一噸估計亦不爲過。目前築港工事，雖以經費條件拮据，局部興建，但計劃則應期久遠，預謀將來之發展，茲估計將來可能之進出口總噸位爲每年二千四百萬噸，據此設計之泊船碼頭應具有起卸能力每公尺平均每年二千噸者六千公尺，能靠泊六千噸級以上船隻之碼頭屬之。具有起卸能力每公尺平均每年一千噸者一萬二千公尺能靠泊六千噸以下船隻之碼頭屬之。其他造船漁業海軍專用碼頭等尚未計入。

泊船碼頭式樣之選擇，胥視港灣深度，建築經濟，土地價值及堤岸臨水綫與淤積情形而定。突出式碼頭之優點，爲在較短之海岸綫可得較多之泊船位置，此式於岸綫甚短港灣遼闊而船舶衆多之港口爲宜。惟建築費高昂，施工困難，且阻碍水流方向，是其缺點。船澳式碼頭在港灣狹小，海岸綫凹凸參差，而船舶衆多之處爲宜。可就港灣地形，開掘船澳，惟凹入部份，水流緩慢常有淤積之虞。丁字形式碼頭建築困難且與陸上交通運輸及貨物存貯均甚不便，僅適於建築輕便碼頭及海岸距深水綫甚遠之港口不得已採用而已，。堤岸式碼頭建築較易，且不阻碍水流方向，其與陸上交通運輸之聯絡及貨物儲藏，均甚便利。惟船隻所佔海岸綫較長，於臨水綫頗長之港灣最爲適合。湛江港港灣深闊寬度自一．五公里至三公里水深多在低潮位下十公尺至二十五公尺，亦有超過三十公尺者。計水深在低潮位十公尺以下者約有六百三十萬平方公尺。臨水綫西營長七公里，東營長四公里半，島冠河巴蒙港均有甚長之臨水綫，可停泊多量船隻，不虞擠擁。故碼頭式樣，以堤岸式最爲相宜，沿東西營海岸及島冠河兩岸水深二至五公尺間建築堤岸式碼頭，堤外浚挖至適當深度，以資靠泊船隻，所挖淤泥，填築堤內，得新壙地以爲建造倉庫道路之用。將來兩岸碼頭完成，有收束河床，增加流速，減少淤積之效。

內港最高潮水位爲標高五八．八三三公尺（鐵路水準）規定堤岸高度爲六〇．〇〇公尺高出最高潮位一公尺餘，可不受風浪之影響。

過去港內無足供靠泊船隻之碼頭，法人曾築一長約二百公尺之棧橋式碼頭，惟末端水深僅三公尺，擬先行展築至六公尺水深，使三千噸船舶能直接靠泊，以便利目前運輸，並擬在西營避風塘至舊棧橋間建長約八百公尺之堤岸碼頭，使八千噸船隻能直接靠泊起卸，以應建築器材運輸之急需，將來再依港市發展之需要，按計劃逐步建築。

五、倉庫： 於碼頭之上建築驗貨廠及貨倉，以利關卡檢驗及貨物存儲轉運之用。估計進出口貨物有百分之六十須使用倉庫，並假定倉庫收容能力每年每平方公尺平均四十噸，合計須建倉庫三六〇，〇〇〇平方公尺。

六、繫船浮標： 近西營海面水深十二公尺以上地點，設置繫船浮標一列，共計三〇個，其間隔爲二〇〇公尺至二五〇公尺，可繫萬噸級船舶二十八艘。近東營海面水深十五公尺以上地點，設置繫船浮標一列，共計十三個，其間隔爲二五〇公尺，可繫萬噸以上船隻十二艘，並在巴蒙港一帶及特呈島西北岸海面，設置繫船浮標，以爲海軍船艦停泊之用。

七、航行標誌： 港口及進口水道原設航行標誌，多已殘舊，且無燈光，不便夜航，擬沿進口水道及港口，增設航行標誌及浮標，並修理舊標誌，一律加裝燈光，以便夜航。

八、船塢及船澳： 選定上下北涯爲造船及修船區，建築造船廠，修機廠，並沿西南岸建造船塢及船澳，以爲船舶修理建造之用。另在海軍基地特呈島北岸建造海軍船塢及船澳，專供海軍使用。

九、臨港鐵路： 由車站鋪築鐵路至泊船碼頭，使海輪與鐵路聯接，以利便水陸聯運。西營方面，由西營車站築支綫通至堤岸碼頭分二支沿堤岸碼頭南北伸展。東營方面，由東營車站築支綫西南行出堤邊，沿堤岸向南伸展計堤邊設置軌道二條，驗貨廠與貨倉間設置軌道三條，貨倉後面設置軌道二條，以便車輛來往及停放起卸貨物之用。另由東營車站築一支綫經二防淤壩直通海軍基地，以爲海軍給養品轉運之用，並於上下北灘處設置停車站台，以便船塢修機廠及漁業運輸之用，總計臨港鐵路約長五十九公里。

十、防淤堤壩： 在港區之內有烏冠河及巴蒙港二水道與港灣內主要航道相通，致潮勢分散，流沙淤積，擬築橫壩堵塞，以增加流速維持水深。計劃在烏冠河東端井頭村至竹頭村建長約七〇〇公尺之防淤堤，堵塞烏冠河水道，並使烏冠河灣形成一靜水港，可作船隻避風區域。並在巴蒙港南端，東特呈村附近，築長約一四〇〇公尺防淤堤壩，巴蒙港內可爲海軍船艦停泊地點，堤壩之上，鋪築鐵路及汽車路以爲溝通東營與上下北灘及特呈島交通之用。使海軍基地，造船區，漁業區等與東營市區得聯成一系。

十一、避風灣： 本港東西北三面毗連大陸，南有諸島環繞屏蔽，港區距外海達三十餘公里，千噸以上船隻停泊本港已不虞風浪，惟較小船隻則不能抵禦暴風，本港夏秋間常有風暴，港灣寬闊，波濤洶湧，宜有避風處所，以爲千噸以下船隻避風之用。原日西營碼頭曾建有帆船避風塘一處，今已破壞，且該處適當擬建第一期堤岸碼頭後面，須將之堵塞。故計劃於西營碼頭北部末端，北渡尖角附近建一避風塘，以爲帆船避風之用，並劃烏冠河灣爲千噸以下輪船及帆船避風灣，該處北岸爲商業區長堤，南堤爲漁業區，平日供小輪及漁艇停泊，遇暴風時，可作避風灣用。因暴風多係東南方向，烏冠河東端，橫壩堵塞後，形成最平靜之優良避風灣故也。

十二、市 區： 除海灣碼頭倉庫堆棧一帶爲港區及特呈島爲海軍基地外，餘均屬市區，可分行政區，商業區，工業區，漁業區，造船區等種，使爲有條理之發展，不致互相妨礙。西營方面，劃原日法人經營之行政區爲本港行政區，西營舊碼頭北部港區之後面爲商業區，商業區後面及平樂頭一帶爲住宅區，南邊龍其坑至海濱一帶毗近碼頭及鐵路綫爲工業區。東營方面，碼頭後面及烏冠河北岸爲商業區，大頭嶺西山村一帶爲工業區，烏冠河南岸爲漁業區，上下北灘爲造船區。

十三、輪 渡： 港市建於東西營兩岸，故將來東西營間之交通運輸必甚頻繁，溝通東西營之交通工具，可有二種：一爲橋樑，一爲輪渡，若於東西營間架設鐵路橋樑，不獨便利東西營交通，且可代替東營至廉江鐵路支綫，惟東西營海面相隔一公里半至三公里，水深自二十五公尺至三十公尺，若建築橋樑工程艱巨，且需顧及港內船舶交通，以之代替由廉江至東營長五十六公里之鐵路支綫及代替一部份東西營間輪渡，是否經濟，需從各方面作詳細比較，未能遽作決定。初期發展，自以用輪渡作交通工具爲宜。若輪渡碼頭地點能選擇適當，設備及管理能臻完善，則雖後期繁忙之交通，亦勉可應付。計劃東西營間設輪渡綫七處，各選適當距離及位置，依港市發展情形，逐漸增設，務使貨物運輸及市民來往，均稱利便。

十四、航空機場： 計劃利用湛江原有西廳機場加以擴充爲陸上機場，該處密邇西營市區，並有公路直達。又劃北渡尖角以北海面爲水上機場，該處船舶來往稀少，目前試航水機亦選此帶降落。

十五、給水：湛江水源缺乏，飲料困難，附近又無淡水河流，足資引用；現氣鑿井取水，以供市民使用，惟水質不良，水量不多，一遇旱季，即感不足，若將來鐵路通車，船舶增多，工業興盛，除須供給火車船艦，工業消防等用水外，普通用水量亦大爲增加。故給水爲開發港市之先決問題，在西營西南約十五公里，湖光岩地方，有一淡水湖爲火山噴口，面積寬闊，水深達二十餘公尺，水量充足，水質清潔，爲本港供水理想水源；可用管輸至西營，工程尚不艱難。至東營工商業區車站漁業港造船區及海軍基地，可用水在本區尋覓水源供應。

十六、海軍基地：本港爲我國南部優良海軍港，位當太平洋北岸，南爲海南島西南爲法屬安南，渡海南南行，爲菲律賓及南洋群島；實爲我國南部臺陸要地。其形勢，海南島爲外圍，雷州半島爲拱衛，硇州東海南山島冠諸島爲屏藩，進可以攻退可以守，港內有充足錨地，供艦隊停泊，且毗連內陸便於給養，於此佈置海軍基地，停駐艦隊，可以控制南洋群島海上交通，確保華南安全。昔法人租借此地，欲據此以爲侵略我國之根據地；中日戰爭時，日軍强行佔領，用作對我國作戰據點，並助南進軍事；美軍亦曾擬選此間爲登陸中國作戰基地，足見其軍事上之重要性。現計劃以巴蒙港爲艦隊停泊地，以特呈島爲海軍基地，沿特呈島北岸建堤岸碼頭及海軍船塢，以利船艦靠泊及修理，沿岸設倉庫存儲軍需彈械，舖築鐵路及公路與東營相通，島上建營房辦公處，訓練場所，機械修理廠等。至詳細計劃及配備，仍須待諸軍事專家，共同研究計劃之。

三、分期實施工程

建港爲鉅工作，宜按港市發展之實際需要及財力物資情況，分期實施。茲將湛江建港工程分爲三期：第一期工程以配合築路器材運輸急需及繁榮港市爲目的。此期爲西北西南鐵路幹綫建築時期，亦爲奠定湛江港市初模時期。工程實施目標，以着重建造萬噸以下輪船靠泊起卸設備，及擴充西營市區。第二期工程以發展湛江港使成世界二等港爲目的。此期當鐵路幹綫完成後，貨運漸盛，工業漸興，港務逐漸發展時期。應疏浚進口水道兩處淺沙，使萬噸輪船進出無礙，數萬噸巨輪，亦可乘潮進出，並在港內增建碼頭倉庫，建造船塢，船澳。擴展港區，開闢商業區，工業區，住宅區，漁業區及東西營輪渡。第三期工程以發展湛江港爲世界頭等港爲目的。此時期港務已相當發達，可有大宗款項收入，以推進港務，欲成爲世界頭港，當非難事。應浚挖進口水道至低潮下十公尺水深，使數萬噸巨輪進出無阻，增建碼頭貨倉船塢輪渡及及增闢新市區，使爲一完備之頭等港市。

各期工程之完成年度，視需要及財力如何，未能作硬性之規定。茲將各期工程要目列舉如下：海軍基地之工程設備未包括在內。

第一期工程要目：

1 展築西營碼頭一座，

2 在西營舊碼頭至避風塘間建築堤岸式碼頭八百公尺及濬挖工程，沿堤岸設軌道起重機舖築鐵路。

3 建築驗貨倉十六座。

4 修理及增建航道標誌，並配燈光，以便利夜航。

5 闢建西營市區，舉辦給水工程，由湖光岩水源引水輸送至西營分配給水。

6 建築船浮筒，建帆船避風塘。

7 建築巴黎港特呈東村防淤堤一千四百公尺，島冠河防淤堤七百公尺，共二千一百公尺。

8 環繞港灣之地區，植草種樹，減少冲刷。

第二期工程要目：

1 增建東西營堤岸碼頭共五五四〇公尺及濬挖工程並包括起卸運輸設備。

2 建築倉庫七十二座。

3 疏浚進口水道淤沙至低潮下八．五公尺水深，浚挖數量爲二．五九二，〇〇〇立公方。

4 建立東營給水系統，並分配給水。

5 修建西廳陸上機場。闢北渡尖角以北海面爲水上機場。

6 闢東西營輪渡綫。

7 增建繫船浮筒。

8 增闢西營市區，闢建東營市區，建築東營車站至上下北灣及特呈島鐵路支綫。

9 浚挖島冠河避風塘，並於島冠河南岸建築漁業碼頭。

10 在上下北灣建築船塢船澳並建築造船廠修機廠。

第三期工程要目：

1 疏浚進口水道至低潮位下十公尺水深，堵塞歐司多水道，建造島冠島至特呈沙洲間中潮位導水堤建造硇州出海處防沙堤二道。

2 增建泊船碼頭及挖濬工程暨起卸運輸設備。

3 建築貨倉四十八座。

4 擴充東西營市區。

5 增闢輪渡綫。

6 增建船塢船澳造船廠，修機廠。

（附湛江建港分期實施計劃圖）

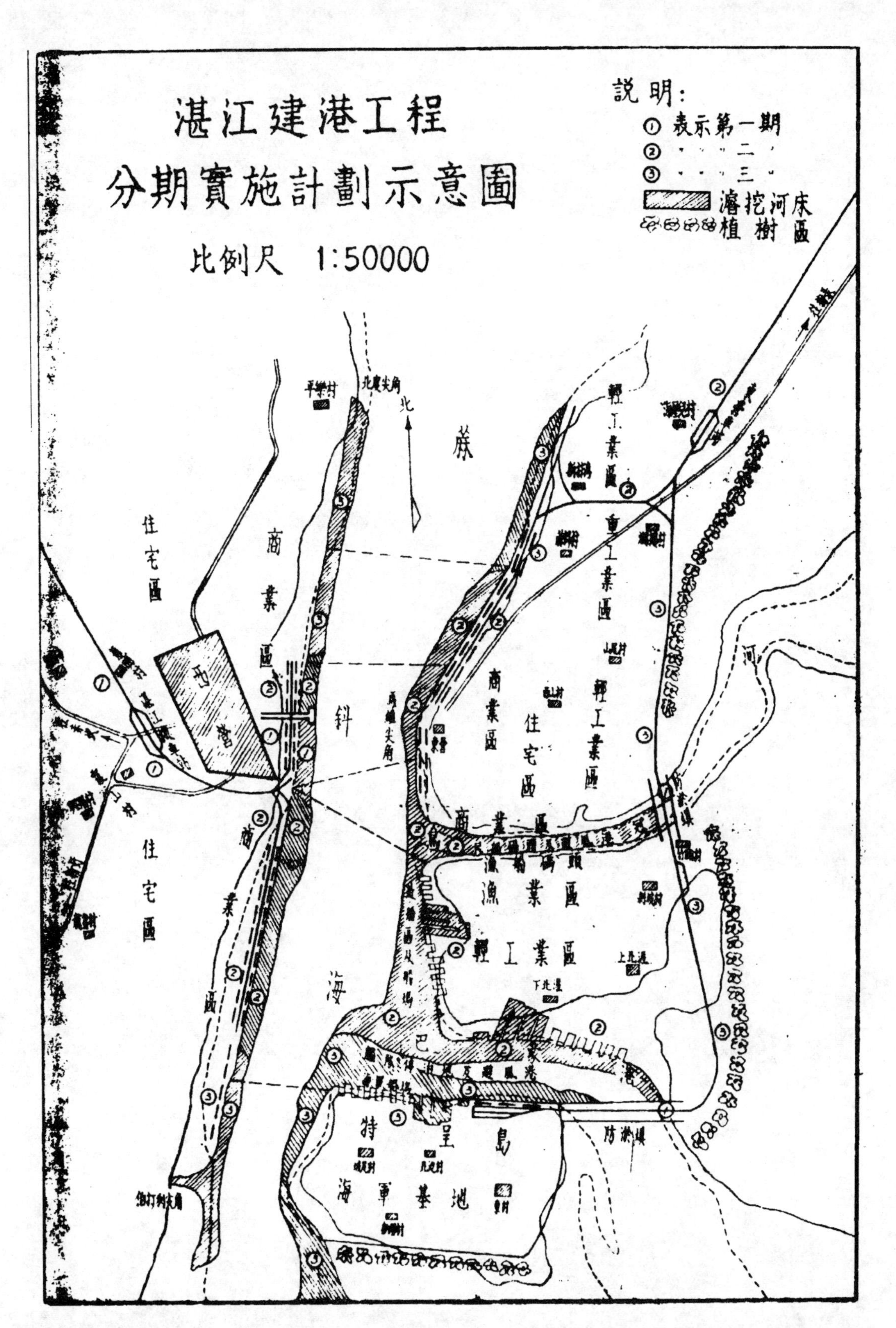
湛江建港工程
分期實施計劃示意圖
比例尺 1:50000
說明:
表示第一期
二
三
濬挖河床
植樹區
住宅區
商業區
西營
商業區
住宅區
蘇
斜
海
輕工業區
重工業區
商業區
住宅區
輕工業區
漁業區
輕工業區
特呈島
海軍基地
防浪堤
河

論著

湛江市東營與西營間交通設備簡論

——黃　漢　傑——

湛江闢港設市計劃，自光復以來，已有長足進展，而計劃之是否適應未來發展之需要，有賴計設之週詳，茲值初步設計時期，筆者擬就東營與西營間之交通問題，畧作討論，拋磚引玉，冀識者作進一步之探討也。

東營與西營一水之隔，目前維持兩岸交通者僅爲小木舟，其行駛之遲緩，不保安全，載重不大，頗有種種之不便，以東營尚未開闢，人烟稀疏，交通問題，自不覺其不便，將來鐵路興築，港口設立，工商業日盛，人口劇增，交通問題之嚴重，將與日俱增，查最近港市計劃中之兩岸交通，將以輪渡爲主，然輪渡不論其設備如何完善，終受行駛班期時刻之限制，風浪之險，乘客擁擠之不適種種不便，設若在兩岸間築一橋，則不論舟馬行人通暢無阻，可免輪渡種種之不便，觀之廣州海珠橋之建築，武漢大橋之計劃，美國舊金山金門大橋之建設，而廣州南北兩岸交通，武昌漢口兩地之間，非無輪渡也，美國舊金山至屋克蘭等地之間，其輪渡設備，至屬完善，客船每十五分鐘可開出一班，交通不可謂不便，然仍須建橋者，乃交通稠密，車輛行駛效率，時間節省，人類舒適享受等之需要故也。

查鐵路興築，西營設客貨總站，東營設軍事及工業品站，並築一綫北延至廉江，與西營出發之綫接軌，鐵路分站營業，雖有種別，而事實上各界在此港市之貿易，互成一氣，因此兩岸之交通設備，務必求其便利，且東營有公路通黃坡各地，附近地區物產，將沿此運輸轉運至港口，推銷內地或外洋，將來如國庫財力所及，與時世所需，在東營與廣州間興築鐵路，則東西兩岸交通，更形稠密，筆者因此認爲在港市建設之初期，以輪渡維持兩岸交通，惟在目前市區計劃之時，似宜選一適宜地點，預留廣場爲他日建築橋樑之需，以免屆時受已成建築物之限制，地盤不敷，引橋佈置困難，與其事後之遷就既成環境，不若事前早爲之佈置，使未來因需要而興築之橋梁，能負担最大運輸量有高度之效率及安全性之完善設備，抑且有閒之士，倚橋遠眺，晨暉晚霞，舟車流盪，波光帆影，可足娛目，亦不失爲湛江之一景也。

觀之湛江港市計劃地圖，麻斜海在東西兩岸間之距離，其最狹處約一公里許，且位於計劃市區之中部，如在此狹處建橋，地點適中，惟兩岸地勢平坦，比水面高出不大；橋下淨空，將爲船隻通過應予充份考慮之問題，鐵路以兩岸分築有路綫及車站，且業務性質不同，無須渡江連繫，　（以下轉第十六頁）

改良鐵路鋼筋混凝土T字梁橋之研究

——胡長平——

(一) 引言

作者於『經濟短跨度鐵路橋梁之探討』(註一)文中，曾論及鋼筋混凝土丁字梁橋爲我國最適用之橋梁，此種橋梁，由於設計之改良，可用之跨度增至二五公尺，其建築費較同跨度之上承鋼板梁橋之建築費可省 20%以上，於普通基礎環境(無良好之天然岩石基礎)之下，跨度五公尺至二五公尺之鋼筋混凝土丁字梁橋，較諸他種橋梁所需之建築費低廉；此種橋梁，過去每忽視設計之改良，其跨度不過十五公尺，又未能於國內普遍採用也，於同文中，作者並提出下列之意見：

(一) 原則上寧多用鋼筋，勿多用混凝土，以減少橋梁之本身重，且建築費亦省。

(二) 丁字梁之梁腰寬度宜減少，但勿使丁字梁之深度大於梁腰寬度之三倍半。

(三) 將梁端之深度加大，則橋台及橋墩之高度減少，近兩端處之深度依最大剪力求之，剪力漸減深度亦漸減少；但深度之減少，勿使大於梁端深度之六分之一。

(四) 跨度一五公尺以上者，梁之兩端及跨度中央(或三分之一)須增建橫隔，以爲兩梁間之橫撐，增強全橋之剛性。

(五) 跨度一五公尺以上者，兩端支座，均採用鑄鐵搖座(rocker)，此種搖座，合兩座板而成，(與普通公路橋所用之搖座藏於瀝青穴中者不同)，一板爲平面，他板爲曲面，兩面相疊，其屬於固定端者，兩板各做半圓柱凹凸物，左右各一，使兩板疊置後，祇於梁生撓度時得上下旋動，其屬於伸縮端者、於一板之左右兩邊各做凸緣，使兩板疊合後、祇限於梁生撓度時得上下旋動、及受溫度升降之影響得前後滑動。

(接上第十五頁稿)

故橋梁式樣，將以公路載重爲準，因橋下淨空高低影響建築費之增減，筆者認爲選用活動式橋，在設計情形許可時，橋下淨空能使五千噸以下船隻自由經航爲宜，較大之船在規定每日活動橋孔啓閉時間行駛，則水陸兩方交通可以兼顧矣。

際茲湛江港市計劃在初步施行之中，一事之成，能集思廣益，計劃務臻完善，設備之週全，能適合環境之需要，雖今日爲不必需用之事物，安知不爲他日所需者，特值工程師節，筆者謹以此問題請工程界先進作一步之探討也。

以單軌鐵路而論，鋼筋混凝土丁字梁橋之横剖面，通常如圖一所示，橋寬 B 普通爲420公分或440公分，橋面厚度 t 爲30公分，梁腰之寬度 b' 及梁腰之全深 h－t，視橋梁之跨度而異，此種橋梁之本身重較諸他種橋梁之本身重大，其使用之跨度每爲本身重所限制，（跨度大者其本身重大於所荷之活重）， 而最爲影響本身重者厥爲梁腰，故設計改良，應以梁腰爲主，僅以本身重言之，梁之彎曲力矩與跨度之平方成正比，跨度增加一倍，則力矩增加三倍，但混凝土假定不受拉力，鋼筋之數量與力矩成正比，又與梁之深度成反比；跨度較大之梁，所需鋼筋之數量自大，故梁腰之寬度亦需增加；梁腰之寬度常爲鋼筋之根數所決定，而梁之深度又爲決定鋼筋數量之要素；從經濟觀點言之，與其增加梁腰寬度容納較多鋼筋以致本身重增加，毋寧增加梁之深度使鋼筋數量減少，但梁之深度與梁腰寬度之比有一定限，且其横剖面又須足爲抵抗剪力之所需，因此，其本身重仍未能減少，故以言設計之改良，應以減少橋梁之本身重而又減少建築費爲主要原則，關於此種橋梁之設計，作者除提供上列五點意見外，復爲改良此種橋梁作進一步之研究。

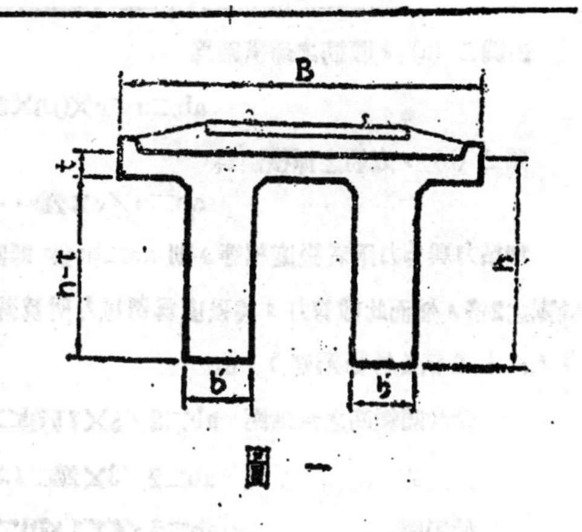

圖一

（二） 平行鋼筋之最小横距與梁腰之最小寬度

梁腰之最小寬度，胥視鋼筋之尺碼，鋼筋之根數及排列之方法而定，跨度大者，選大尺碼之鋼筋自屬必需；鋼筋之尺碼大，則所需之根數少，對於梁腰之寬度可以減少，而平行鋼筋之横距，又視鋼筋尺碼而以其直徑或邊寬量度之，照美國混凝土學會之規定，末端爲普通錨定之平行鋼筋，其中至中之最小距離，圓筋者爲直徑之2.5倍，方筋者爲3倍（且其淨距又不得小於1英寸或最大石子尺碼之1.3倍），故鋼筋之横距又爲決定梁腰寬度之要素。

於圖二中；b' 爲梁腰寬度，D 爲鋼筋之直徑或邊寬，ab爲平行鋼筋之淨距，試取梁之單位長研究之，設單位剪力爲 v. 單位粘力爲 u. 則沿 ab 之剪應力之值由沿 bcD 之粘應力而傳遞之，即

$$ab \times v = bcD \times u$$

故　$ab = u/v\ bcD$ ……………(a)

可知平行鋼筋之横距與鋼筋之周線成正比，亦即與鋼筋之直徑或邊寬成正比，故鋼筋之横距以其直徑或邊寬量度之，

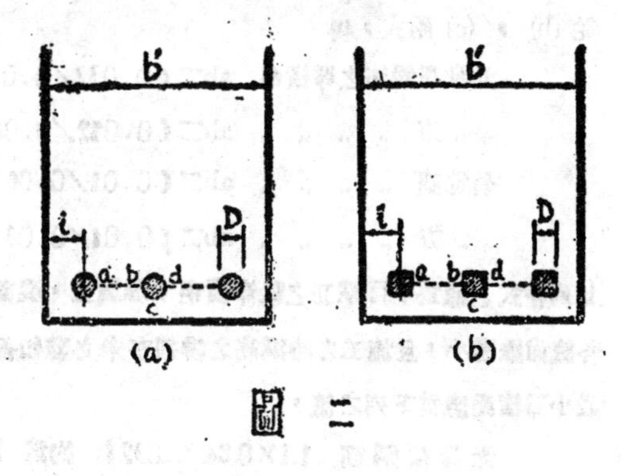

圖二

由圖二 (a)，圓筋之淨橫距爲

$$ab=u/v\times0.5\times3.14D=u/v\times1.57D \cdots\cdots\cdots(b)$$

圖二 (b)，方筋之淨橫距爲

$$ab=u/v\times2D \cdots\cdots\cdots(c)$$

如粘力與剪力兩者强度相等，則 $ab=bc$，即圓鋼筋之淨橫距爲直徑之 1.57 倍，方鋼筋之淨橫距爲邊寬之2倍，然而此種剪力，其强度爲斜拉力所統御，不與粘力相等，通常約爲粘力之 1.5 倍（光身鋼筋），或 1.2 倍（竹節鋼筋），故

光身圓鋼筋之淨橫距　$ab=2/3\times1.57D=1.05D$，

〃〃方　〃〃〃〃　$ab=2/3\times2D=1.33D$，

竹節圓　〃〃〃〃　$ab=5/6\times1.57D=1.31D$，

〃〃方　〃〃〃〃　$ab=5/6\times2D=1.67D$，

由 (a) 式，可知平行鋼筋之橫距與粘力成正比，而又與剪力成反比，若剪力之值不變，將粘力之容許應力降低使用，則橫距可以減少，容許粘力之降低使用，對於跨度較大之此種樑梁無多大影響，蓋其所需之鋼筋根數較多，鋼筋之周長較大也，

設所用之混凝土二十八日之最小壓力强度爲 f'c. 容許單位應力通常爲

$v=0.06f'c$，

$u=0.04f'c$　（光身鋼筋）

$u=0.05f'c$　（竹節鋼筋）

若將容許粘力降低20%使用，則容許單位應力爲

$u'=0.8\times0.04f'c=0.032f'c$　（光身鋼筋）

$u'=0.8\times0.05f'c=0.04f'c$　（竹節鋼筋）

從 (b)，(c) 兩式，得

光身圓鋼筋之淨橫距　$ab=(0.032/0.03)\times1.57D=0.84D$

〃〃方　〃〃〃〃　$ab=(0.032/0.06)\times2D=1.07D$

竹節圓　〃〃〃〃　$ab=(0.04/0.06)\times1.57D=1.03D$

〃〃方　〃〃〃〃　$ab=(0.04/0.06)\times2D=1.33D$

上列各式之值爲平行鋼筋之最淨橫距；理論上，混凝土係假定不受拉力，而實際受有多少之拉力，上列各值尚嫌過小，且施工之時鋼筋之排列亦未必盡如吾人之理想，加入10%之誤差似稱適當，故平行鋼筋之最小淨橫距應爲下列之值，

光身圓鋼筋　$1.1\times0.84D=0.92D$　約爲 D，

„ „ 方 „ „ 1·1×1·07D＝1·18D „ „ 1·2D，

竹節圓鋼筋 1·1×1·05D＝1·16D 約爲 1·2D，

„ „ 方 „ „ 1·1×1·33D＝1·47D „ „ 1·5D，

鋼筋混凝土所用之石子通常爲1.5公分至2.5公分，而於梁之鋼筋密排部份常又使用不大於2公分之石子，故鋼筋之間有3公分之淨距，已足爲灌進混凝土及石子之所需，然此種橋梁之主要鋼筋常採用大尺碼者，2.5公分以下甚少用之，跨度較大者，3.18公分鋼筋仍有根數過多之感，故如採用3.18公分鋼筋，上列最小淨橫距之值已足爲混凝土之灌進及石子之需要，其小於3.18公分者仍須顧及之，

由於上述降低粘力以減少鋼筋橫距之理論，吾人設計此類橋梁之時，以採用竹節鋼筋爲佳，蓋粘力既已降低使用，而又選用粘力較小之光身鋼筋自不宜也，是以於設計方面之改良作者主張：

㈠ 採用竹節鋼筋，不用光身鋼筋；鋼筋尺寸須在2.5公分以上

㈡ 降低容許粘力20%設計，原定u＝0.05f'c須降低爲u'＝0.8×0.05f'c＝0.04f'c，

㈢ 平行鋼筋之最小淨橫距可減至下列之值：

(a) 圓鋼筋爲直徑1.2倍、(b) 方鋼筋爲邊寬1.5倍，

設 i 爲梁邊至最近鋼筋中心之距離（圖二），以公分計；D爲鋼筋之直徑或邊寬，以公分計；n 爲同層鋼筋最多之根數，b' 爲梁腰之最小寬度，以式表之如：

(b) 圓鋼筋　$b'=2.2(n-1)D+2i$

(b) 方鋼筋　$b'=2.5(n-1)D+2i$

上兩式係指採用2.5公分以上之竹節鋼筋而言，2.5公分以下或光身鋼筋不適用，

照A.C.I之規定，以式表之，則

(a) 圓鋼筋　$b'=2.5(n-1)D+2i$

(b) 方鋼筋　$b'=3.0(n-1)D+2i$

與上述改良之兩式比較，則改良後之梁腰最小寬度較美國混凝土學會規定者小於下列之值：

(a) 圓鋼筋　$0.3(n-1)D$ ；

(d) 方鋼筋　$0.5(n-1)D$ ，

（三）鋼筋之接駁及聯繫

鋼筋接駁之所在；不能於最大應力之處接之，其接搭之長度，須足爲鋼筋間粘力及剪力之傳遞，使鋼筋得發展其最大之應力，而梁腰之寬度，因減少本身重及減省材料之故，又須不大於前節所述平行鋼筋之最小距離；於是鋼筋之接駁，不能於同一平面並列，使淨距更爲減少以致剪力不足，故只能於同一垂直面上下接駁之，圖三所示，即爲此種接駁方法，A-A 爲鋼筋之中綫，亦即同層鋼筋中心之水平面，兩鋼筋末

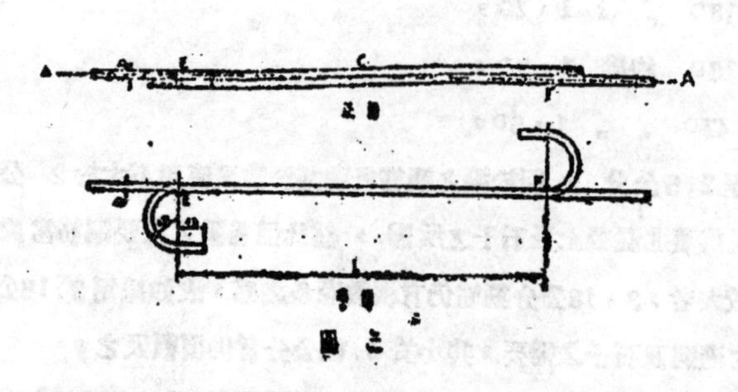

圖 三

端做成彎鉤以增加粘力之强度，並沿接疊部份EF略爲彎曲，使兩鋼筋接駁後仍須其中綫合於同層中心水平面 A-A，保持層與層間有一定中心距離，C爲接疊部份中心，係兩鋼筋接疊曲綫與A-A 綫相交之點，設u'爲降低使用之容許粘力，a 爲該鋼筋之面積，o 爲鋼筋周綫，x 爲E點或 F 點至各該鋼筋末端之長(座接疊部份及彎鉤部份之和)，而此接駁長度須足爲錨定該鋼筋於混凝土內，發揮其最大應力者，故

$$xou'=afs$$

但接疊部份較彎鉤部份長，且實際上接疊部份已佔去周綫之一部份，受混凝土作用者恒不爲該鋼筋之周綫全長，如方鋼筋僅有四分之三爲有效周長；至如圓鋼筋雖受作用之周綫較多，但上下兩圓面間之混凝土薄弱，未足發展其全部粘力，故取有效周長爲全長之四分之三計算，甚爲適當，由上式則

圓鋼筋 $$X\times\frac{3}{4}\pi D\times u=\frac{\pi D^2}{4}fs,$$

方 „ „ $$X\times 3D\times u=D^2 fs,$$

簡之，得 $$X=\frac{fsD}{3u'}$$

鋼筋末端彎鉤之長爲3.14×4D+4D=16D（約值），故接疊部份之長度EF爲

$$L=\left(\frac{fs}{3u'}-16\right)D$$

試取接疊中點C研究，此處之最大應力仍爲 afs，接疊部份之有效周長應爲2×3/4πD=6/4πD，（圓鋼筋），或2×3D=6D，（方鋼筋）；彎鉤部份有效周長仍取3/4πD（圓鋼筋），或3D（方鋼筋）：則

圓鋼筋 $$\overline{CE}\times\frac{6}{4}\pi D\times u'+16D\times\frac{3}{4}\pi D\times u'=\frac{\pi D^2}{4}fs$$

方 „ „ $$\overline{CE}\times 3D\times u'+16D\times 3D\times u'=D^2 fs$$

簡化之，得 $$\overline{CE}=\frac{1}{6}\left(\frac{fs}{u'}-48\right)D=\frac{1}{2}\left(\frac{fs}{3u'}-16\right)D=\frac{1}{2}L$$

但 $$\overline{CE}=\overline{CF}\quad \overline{EF}=2\overline{CE}=2\overline{CF}$$

故 $$\overline{EF}=2\times\frac{1}{2}L=L$$

故從C點研究，亦與E或B點所需之接疊長度相同

照第（二）節所述，鋼筋間之淨距至少須望3公分，且鄰近鋼筋之接駁不宜於同一位置爲之，故鋼筋層與層間之中心距離至少須爲2D十3。

普通之梁，鋼筋層數少有多於2層以上者，然此種橋梁荷重較大，常需排列3層，跨度較大者非4層莫能置之，梁中鋼筋之排列多於2層者，常於同層鋼筋加入適當輔助鋼筋聯繫之，而尤以鋼筋之彎上或彎下之處爲必需，而此種橋梁，鋼筋常多至三四十根，且活荷重又大，苟無適當之輔助筋聯繫之，自非所宜。

如圖四，於適宜之處加入輔助鋼筋環，使每兩層鋼筋聯繫而成一組，則四層者成爲兩組複層之鋼筋與兩單層者然，若鋼筋爲三層，則複層在下，上爲單層，以鋼筋繫之。此種用輔助環之聯繫方法，較每層獨立聯繫者尤佳，環內淨距如下：

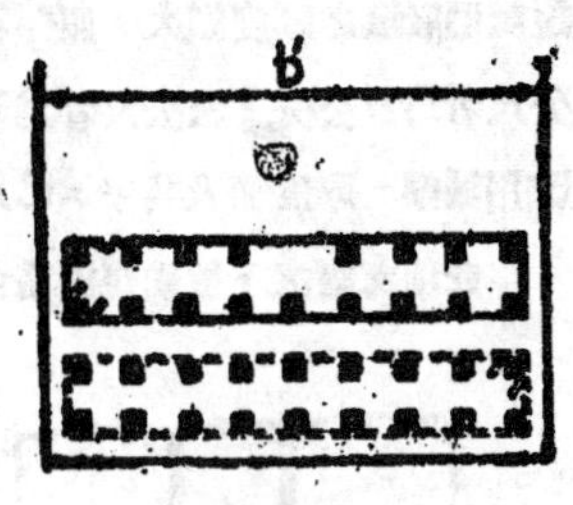

圖四

(a) 環寬淨距：3（D十1）

(b) 環長 „ „：圓筋爲（2·2n−1·2）D，

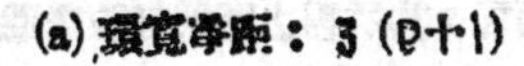

方筋爲（2·5n−1·5）D，

又如圖三，於兩接駁鋼筋之彎曲點E及F各加1公分垂直鋼筋，使與上下各層鋼筋聯繫，增加附近抵抗剪力之强度，而於施工方面鋼筋位置之固定實亦賴之，此種垂直鋼筋於主要鋼筋之彎上或彎下之處亦有加設之必要，

（四）支座與橋端

跨度較短之鐵路鋼筋混凝土T字梁橋，其兩端支座通常以兩扁平鋼板疊合爲之，一板固定於橋台或橋墩之頂帽，他板則牢緊於大梁之底面，溫度升降，兩端得自由前後移動，或更於兩板之間加入薄鋅板或鋼板以減少其磨阻力者，亦有以兩鋅板疊合而不用下板者，跨度十五公尺以下，此等方法用之，跨度大者，其所生之撓度亦較大，梁端因而旋動，壓力向前集中於一狹長之面，壓毀橋台或橋墩之頂帽；故兩扁平支承板不足爲較大撓度之所需，至少須有一曲面以適應之。

跨度十五公尺以上之此種橋梁，其兩端支座作者曾提供採用鑄鐵搖座（見引言中），一端爲固定支座（如圖五），他端爲伸縮支座（如圖六）。此種支座，每因上部結構與下部結構兩者所用之材料或混凝土之配合成份不同，上下兩座板之大小亦異，通常下板較上板爲大，上板之曲面須有適宜之曲度，設搖座之長度L已知，（等於梁腰寬度 b′ 減去兩半圓柱體之長），D爲搖座板曲面之直徑，若鑄鐵搖座之容許壓力爲

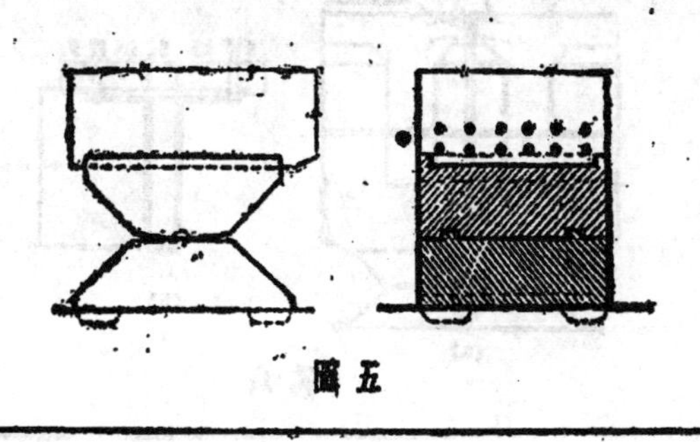

圖五

$$f_b = 20D,$$

則

$$D = \frac{W}{20L}$$

式中W爲搖展之最大荷重，亦即梁之最大反力也，又設搖展板之寬度爲B，鑄鐵之容許撓曲應力爲S，其彎曲力矩爲

$$M=\frac{W}{2}\times\frac{B}{4}=\frac{WB}{8}$$

則搖展鈑之厚度爲 $d=\sqrt{\frac{6M}{b'S}}=\frac{1}{2}\sqrt{\frac{3WB}{b'S}}$

鑄鐵搖展鈑之厚度頗大，照作者計算，跨度23公尺者爲27公分，24公尺者爲30公分，若鑄鐵改用鑄鋼，厚度僅及其半，已足所需。

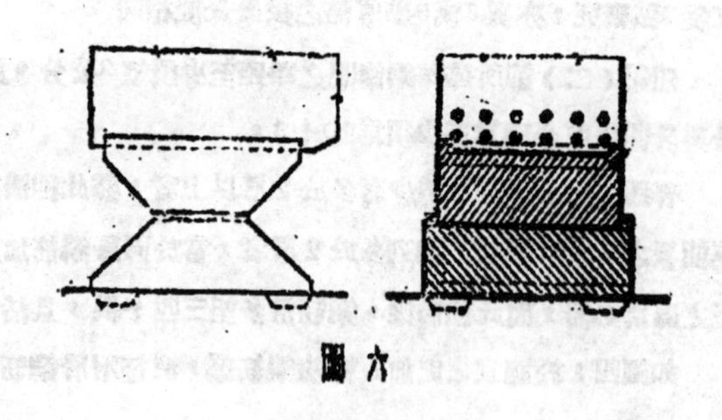

圖六

此種支座之下板固定於橋台或橋墩之上，上板之曲面更能正直傳遞反力於橋台或橋墩之固定位置，就橋墩而言，其所需之寬度每較普通支承方法之所需者爲小，雖跨度較大，橋墩之工程數量反而減少也。其普通支承者，兩梁端之間做六十或七十公分厚牆，使梁之移動囿於其所需之範圍內爲之，免他梁受其影響，支承長度視跨度之大小，由50至70公分，橋端與牆間保留5公分之伸縮縫，以地瀝青填之，按照J. E. Greiner氏之規定，墩帽以下之寬度，不得小於4英尺，又不得小於上部結構支承之所需另加1英尺，同時又不得小於橋墩安穩所需之寬度（註二）圖七（a）所示爲跨度15公尺者所需之橋墩寬度，圖七（b）爲24公尺者之橋墩寬度，後者較前者約省30公分，（橋墩每高一公尺可省工程數量1.7公方以上），蓋兩座下板既已固定其位置，雖梁生撓度時上下旋動或受溫度升降而伸縮，橋端仍保留某一最小之距離，無設厚牆之必要。

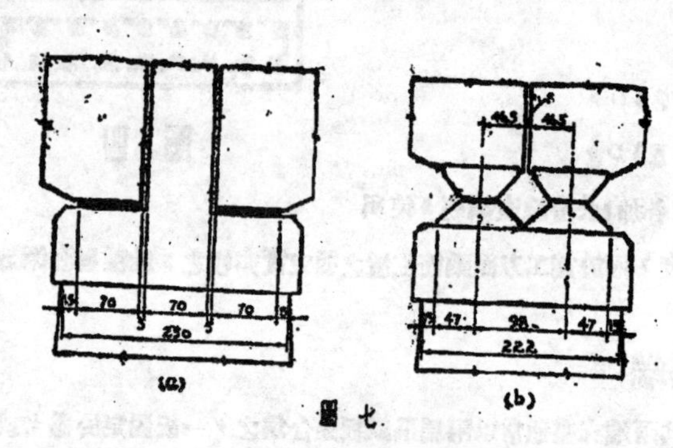

圖七

此種橋梁之伸縮縫設於番牆，如圖八(a)，縫寬至少須有5公分方足爲施工時之需要，縫之兩邊各鑲如圖八(b)所示之L形鋅鈑或銅板，使其牢嵌於橋面混凝土內，中填瀝青混合物，上覆13公厘鋼板，板之兩側各留寬1.5公分，並填以瀝青混合物。此種方法，俾可使橋梁之直實之升降與伸縮裕如，復有高度之防水性，使橋面之雨水不易滲入支座之間，墩面保

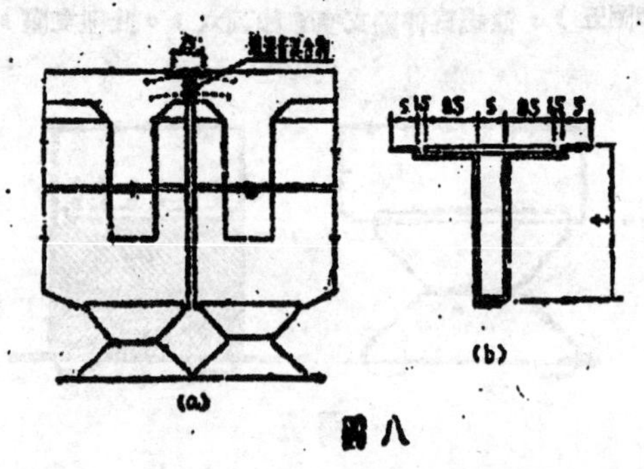

圖八

持清潔，而尤不受塲度之影響減少其作用。

（五）高强度混凝土之經濟化

由於第（二）節之理論，梁腰寬度可減少12至17%，僅於鋼筋之排列論之，然剖面之決定，固須顧慮鋼筋之排列與其可能抵抗之最大彎曲力矩，而最大剪力尤爲決定之要素，若容許單位剪應力不設法增大，寬度之減少仍無濟於事，祇有第（二）節之理論，仍不合於實際之應用，蓋梁之深度與其腰寬之比例不能超過某一限度，而剖面又須足爲抵抗剪力之所需，增强混凝土之剪應力，即所以減少剖面之需要，是以減少橋梁之本身重應以增强混凝土之剪力爲先決問題。

採用强度較高之混凝土，容許剪應力較大，梁之剖面自可減小，梁腰寬度旣可減小，梁之深度亦得因寬度之減小而更減小，設以跨度24公尺及20公尺兩種橋梁爲例，其活載重爲中華二十級，按照作者之計算（參照本文引言中所列五點意見設計），得1：2：4及1:1.5:3兩種配合之混凝土橋梁之主要尺寸（參照圖一）及鋼筋數量列如下表：

跨度 ＼ 項別		全橋共長（公分）	橋寬B（公分）	橋面厚t（公分）	梁腰寬b（公分）	梁腰全深(h-t)（公分）	拉力鋼筋根數（3.18公分方）	壓力鋼筋根數（3.18公分方）
24	1:2:4	2530	440	30	94	325	38	12
	1:1.5:3	2483	440	25	80	275	40	9
20	1:2:4	2100	440	30	80	280	26	4
	1:1.5:3	2000	440	25	72	240	29	2

取橋長一公尺計算，跨度二十四公尺者，兩種不同混凝土各需之數量如下：

1：2：4混凝土

橋面＝4·4×0·30　＝1·32公方

梁腰＝0·94×3·25×2＝6·11公方

合計＝7·43公方

1:1.5:3混凝土

橋面＝4·4×0·25　＝1·10公方

梁腰＝0·80×2·75×2＝4·40公方

合計＝5·50公方

可知1:1.5:3混凝土所需之方數僅爲1：2：4混凝土之5·50/7·43×100%＝74%，換言之，跨度24公尺者，採用1:1.5:3混凝土較採用1：2：4混凝土可減少本身重23%，同法計算，跨度20公尺者，採用1:1.5:3混凝土較採用1：2：4混凝土可減少本身重21%。

1:1.5:3混凝土之單價較1:2:4混凝土約大13%，依 Fuller's Rule（註三）計算，此兩種混凝土每公方各需材料數量如下：

	1:1.5:3 凝混土	1:2:4混凝土
水泥	$C=\frac{11}{1+1.5+3}\times1.308=2\times1.308=2.62$桶；	$C=\frac{11}{1+2+4}\times1.308=1.57\times1.308=2.06$桶；
砂子	$S=2\times1.5\times\frac{3.8}{27}=0.42$立公方；	$S=1.57\times2\times\frac{3.8}{27}=0.44$立公方；
石子	$G=2\times3\times\frac{3.8}{27}=0.84$立公方，	$G=1.57\times4\times\frac{3.8}{27}=0.88$立公方，

茲分析兩種混凝土之造價，照戰前市價估算（註四）如下：

	1:1.5:3混凝土造價	1:2:4混凝土造價
水泥	2.62桶×12.00元＝31.44元	2.06桶×12.00元＝24.72元
砂子	0.42公方×3.50元＝1.47元	0.44公方×3.50元＝1.54元
石子	0.84公方×6.00元＝5.04元	0.88公方×6.00元＝5.28元
松板(五公分厚)	5.0平公方×1.80元＝9.00元	5.0平公方×1.80元＝9.00元
雜木	3.50元	3.50元
木工	三個 ×0.60元＝1.80元	三個×0.60元＝1.80元
小工	五個 ×0.40元＝2.00元	五個×0.40元＝2.00元
雜費	1.00元	1.00元
	合計每公方＝55.25元	合計每公方＝48.84元

又由上表，可知採用1:1.5:3混凝土者，拉力鋼筋較採用1:2:4者略多，但壓力鋼筋則略少，兩種混凝土所需之鋼筋數量相差不多，茲就橋長一公尺言之，則跨度二十四公尺者，

1:2:4配合所需混凝土造價＝7.43×48.84＝363元，

1:1.5:3 „ „ „ „ „ „ „ „ „ ＝5.50×55.25＝304元，

故採用1:1.5:3配合者，混凝土之造價僅為採用1:2:4者之(304/363×100%)＝84%，換言之，跨度二十四公尺者，採用1:1.5:3混凝土較採用1:2:4混凝土可省混凝土造價16%同法計算，跨度20公尺者，採用1:1.5:3混凝土較採用1:2:4混凝土可省混凝土造價11%。

由上列所述，可知採用強度較高之混凝土，既可減少橋梁之本身重，復可節省建築費，跨度較大者所減少之本身重及所省之建築費較多，跨度較小者所減小之本身及所省之建築費較少，故採用強度較高之混凝土，對於跨度較大之此種橋梁實屬必需，十五公尺以上者，採用1:1.5:3混凝土或與此種強度相當之

混凝土最爲適當；通常採用之1：2：4混凝土，剪力强度較小，即使如第（二）節所述之法將粘力降低使用，對於本身重及建築費之減少，仍無若何實效，故設計之時，須降低粘力之容許應力。又須採用强度一高之混凝土，兩者相輔而行，然後得收減少本身重及節省建築費之實效。

（六）結論

鐵路筋鋼混凝土T字梁橋旣可因設計之改良，跨度增至廿五公尺，其建築費又較同跨度之上承鋼鈑梁橋可省20%以上，而本文所論，由於設計更進一步之改良，本身重固比前小，且建築費亦更省，橋墩或橋台之寬度又隨之而減少，跨度大者，其所減省者尤大，吾國鋼鐵工業尚未發達，此種廉價之鐵路橋梁，宜普遍採用無疑也。

綜觀上列各節所論，作者對於跨度十五公尺以上之此種橋梁設計，除提供五點意見外，復提出下列五項主張，以作本文之結束：

㊀ 採用1:1.5:3混凝土，或同等强度之混凝土；不用1：2：4混凝土，或此種較低强度之混凝土。

㊁ 採用竹節鋼筋，不用光身鋼筋；鋼筋尺碼須在2．5公分以上。

㊂ 降低容許粘力20%設計。

㊃ 平行鋼筋之橫距可減至下列限度：

(a) 圓鋼筋之淨橫距最小須爲直徑之1．2倍；

(b) 方鋼筋之淨橫距最小須爲邊寬之1．5倍。

㊄ 鋼筋層之中心距離，最小須爲直徑（圓鋼筋）或邊寬（方鋼筋）之二倍另加三公分。

註一：見本刊創刊號。

註二：General Specification for Bridges, Par.3, by J.E. GREINER.

註三：See BAKER's "A Treatise of Masonry Construction," 10th Ed, P.158.

註四：參攷呂諶（晉勞）著之"鐵路測量學"第二〇五頁至二〇六頁。

（完）

關于隧道坍塌問題

—侯君豪—

隴海鐵路寶天段全長雖祇一百六十七公里，但工程甚爲艱鉅，其中隧道乙項即達一百零七座共計約二一公里，國內鐵路建築之困難者，當無出其右，筆者在抗戰期中，幸得機會參與該段新工以底於成，至感欣快，玆篇所述，乃係當時一種筆記性質也。

在山嶺區地帶修築鐵路，隧道工程頗難避免，因路綫所經限於地形，或雖審知地質層位不甚適宜，但因未動過大，事實上無可避免而仍須冒坍塌之危險者，通常在良好土質及堅石地層穿走之隧道，大抵均能順利完成不至有坍塌之發生，關於隧道地質於施工前如有選擇之餘地，最好能改移路綫以爲遷讓，下列情形，應予以考慮：

（一）沿堅石地層走向之隧道，須擇定其適宜層位，方可避免水患，免除漏砌。

（二）橫過或直過摺縐之隧道，在背斜層地位者較佳，以其有拱性作用及無地下水積流也。

（三）橫過斷層之隧道，須冒坍塌及多水危險宜避開。

（四）風化地帶應注意坍方。

（五）軟土層及流沙地帶應特加佈置。

（六）如爲石灰岩層，則其可能之漏水，應事先考慮。

隧道之坍塌多基於地質方面之原因，其他如地下水，岩石本身之物理及化學性質，與乎意外之地震，轟炸均能引起坍崩，試分述之：

㈠　地質因素　　在平層，整合層，洪水冲積層，冰山堆積層，隧道開挖可以穩固，背斜層中亦無坍陷之虞，向斜層，摺縐斷層，山嶺塌積層地層破亂最應注意，至土石間積層，且爲斜層者危險性亦大，隧道之地層如爲石灰石，且風化過甚，堅石前成粒狀，潛伏土中，則開挖隧道至爲困難，蓋堅石須轟炸，積土又深，必須支撐，放炮震動土層至鬆時則須役而炸石橫飛，木撐難當，頗有因此而發坍崩者，又如調查結果，隧道所經爲各式斷層時，即示當初地殼變動，此處地層受極大之剪力或壓力，當開洞時，地層一部空虛，或受轟炸而震動，遂似有傾向於恢復原狀之危險，其結果可使洞底拱起，洞之兩壁壓碎，岩石脫落或竟使全部洞身依其橫軸而轉動，此種現象，可於施工時發生，或於工成後始發生，大舘石質壓力大而少層疊面者如上述之整合層，冰山堆積層開挖當甚安全，但有接縫而見傾向於開挖之方向，或底層爲易碎之片岩，或錯疊層爲滑石岩者則脹坍又易於發生，相反，如石質壓力小而伸力大者，如砂石岩或易碎之片岩，則坍崩殊難避免。

㈡　岩石之物理及化學性質　　有等岩石經開挖後因受風化作用，或被地中水溶解，或受地面水浸蝕，因而平衡消失，發生裂縫，遂致坍崩，此種現象多生於頁岩，泥灰巖，白堊質及砂巖之石質中。

㈢ 地中水　地中水可使巖石本身不穩固而致坍崩，蓋巖石受水浸潤，重量加增，被水溶解發生空隙層，遇水如加油，增加滑溜力，此種現象多發生於地質不同之岩層。

㈣ 其他原因　其他影響足以引致坍崩者如地震，爆炸，但此等情形，究屬不常也。

隧道坍崩既屬常有，誠以地質複雜，爲人所不能預料，防護及補救方法，尚無一定之標準法則，茲就寶天段所採用及書報上所載而著有效驗者列舉於后：

㈠ 地質狀況對於防止坍塌之影響　有坍崩危險性之地質如向斜層，摺綯斷層等作隧道必須加厚襯砌，使其强度能以抵抗此種壓力，又普通之冲積土層，或原始風化土層，如頂面禾田水溝充斥，嘗有因襯砌稍緩或支撐欠穩而走動者，既動之後，勢難遏止，故支撐，襯砌均須特別增强，如坍崩既已發生繼續不止，則可採用先開明塹再作襯砌之方法，在地質紊亂複雜地段，隧道之長度有時未盡適合，或因洞口明塹石方有繼續坍崩趨勢，爲一勞永逸，免礙行車計有將隧道之長度延長改爲明塹以策安全者，寶天段八六號九八號隧道即係此種情形，至石中土縫在斜層位置，遇水最易滑動坍落，開挖隧道時須增厚襯砌，或採用斜形襯砌以抵抗地質滑動之力，務宜詳察地質，預籌於先，始足以策安全，而工事得以迅速完成也。

㈡ 隧道開挖方法對於防止坍塌之影響　隧道之開挖方法，應視地質及長度而定，在堅石地質，主要以經濟條件爲轉移，開鑿導坑較各部工作用費最大，多採用單獨導坑如比法，英等國方法，土質隧道可採用上項方法或德奧國方法，若地質惡劣則宜採用意國方法，洞身工作可分導坑先通擴大隨後及導坑擴大相隨並進兩法，而前法之中又分爲擴大部份整個邁進，擴大部份分邊開挖兩種，在堅石地質而短距離之隧道，可用導坑擴大並進方法，若土質地位，不及襯砌，則開挖不能過長，此法亦可應用，導坑先通，擴大隨後之方法宜於長距離隧道，尤以擴大部份分邊開挖之一法更屬妥善，因在隧道內無處不能佈置工人，無處不能佈置斗車，且一邊從事開挖，一邊從事運輸，兩不妨礙，在鬆石及土質隧道中，支撐固應注意，而開挖與襯砌尤須緊接進展，以免懸空過久，有塌陷走動之虞，

㈢ 支撐及襯砌對於防止坍塌之影響　在隧道工程中，襯砌未竣之前，支撐需要之多寡與開挖方法，關係甚切，襯砌之進行應與開挖緊相聯接，凡新開石質遇空氣及水風化甚速者應隨即支撐，襯砌不宜遲緩，以免地面走動而有增加支撐及挖平修理之弊，此種現象，多生於頁岩，白堊質及砂岩之石質中，在含水石層中，支撐與襯砌不可免，而在襯砌工事中，且宜採用洋灰成份之灰漿結砌，並有洩水設施以謀襯砌本身之安全。隧道之地質爲花岡岩，片麻岩，硬質石英岩及普通古生物岩者，襯砌不必過厚，僅以防止受炸鬆散石塊之隕下而已，或有不加襯砌者，然在長隧道中，仍以加襯砌爲佳，在鬆石地層或位於夾層位置者，均有不穩崩坍可能，遇此情形，除一面加固支撐外，並應先行結砌拱頂，使挖砌相隨，免去崩塌，然後建築邊墻乃水溝欄，甚或先行旋砌拱頂，再行開挖底部，

㈣ 其他方法對於防止坍塌之影響　隧道之經行堅石地質，自可照堅石隧道切面開挖，但堅石之處，亦多有石層紊亂，須加襯砌者，或其上部破亂，危險堪虞，而下部石質，堅實可靠，則爲兼顧安全及經濟起見，拱圈部份，可照鬆石切面開挖，以備旋砌拱頂地位，洞身部分則仍按堅石切面開挖，使拱圈得以承托於本石之上，若整合地層，間有一二泥層相夾，可用抽換方法，將泥挖層去，洗淨後，再用混凝土灌滿，亦能堅實安全，又如寶天段九八號，九九號隧道一部份拱圈上部石質崩坍頗大，砌拱後爲安全不使再坍計。自應予以塡塞，但倘用片石砌塞，該處拱頂强度恐不勝負担，相議結果乃利用剩餘支撐木料將坍處塡塞，另該段七六號隧道，則坍崩之處係連續砌結接疊式之大小磚拱塡塞，亦爲一妥善之辦法，至隧道坍塌如地質不太壞稍坍即止，此時一方面加緊清除，旋即加固支撐，並隨作襯砌，補救尙易，倘石質欠佳，崩塌繼續，無法遏止，實屬一困難問題，當時寶天段九八號隧道列入難工之一，即係遭遇此種情形，其後該隧道採取之解決辦法，係在相當高度處將小鋼軌揮打入坍崩之鬆石中，隨即用千斤頂將鋼軌頂高用支撐承托，坍方乃在鋼軌下加速清理，並隨清隨添用板木，加强支撐工作，俟挖除至砌拱高度時即支立拱架。用預先製備之加厚洋灰拱磚日夜趕工砌結，至拱圈下部之邊牆，則同時加厚，以便有所承托，該洞在如情形下進行，卒能於鋪軌前趕通。

總之，山嶺區，地質複雜地帶，地層雜亂，隧道穿行其間，坍崩事件，隨時可能發生，吾人無法預料，且隧道開挖之後平衡力失，其地質變動之力，大小如何，亦難計算，但前事不忘，後事之師也，倘能作事後研究，討論其癥結所在，集前人寶貴之經驗以供參考，作他日施工防護之計，亦工程界之職責焉。

工程師節紀念會紀盛

六月六日工程師節湛江工程師分會特假座西營來湛工程處三樓大禮堂舉行紀念會到有會員百餘人十時正開會該會會長桂銘敬因公赴京由書記吳民康主席行禮如儀宣佈開會理由會計曾宇羣報告會務繼由該會會員工務局黃局長電訊局邵局長工程處利副處長尹總段長等先後報告工作及學術演講會畢並舉行茶叙情況至爲熱烈至十二時始行散會。

11518

虹吸溢道工程

—陶良紹—

(一) 緒言

虹吸溢道者，為一虹吸管或數虹吸管所組成。用以宣洩壩堰上游之過剩水量，以免由壩頂溢出也。虹吸管者，乃一中空管，曲之為不等長之二管，可使液體越一相當之高度而下流。若將短管端浸於液體面下，而全管充滿液體。因大氣之壓力液體沿短管而上流，且長管中向下之壓力大於向上壓力，而使液體下流，故管中之液體源源流出，惟出口須低於液面，且管之任一點高出上游液面不得大於該液體被大氣壓力所可壓上之高度（近海平面處之水為33英尺）。虹吸管用於壩堰者，通常與壩堰合為一體，如第一圖所示，各部名稱見圖當水庫滿溢時，水越虹吸管頂下注，若簡單之溢道，以下注之水幕或水封池封閉下管，使喉部之空氣與管外隔絕，然後抽去空氣，則水流滿管而虹吸作用開始，其流量較等水頭等長度之簡單溢道增大多矣。

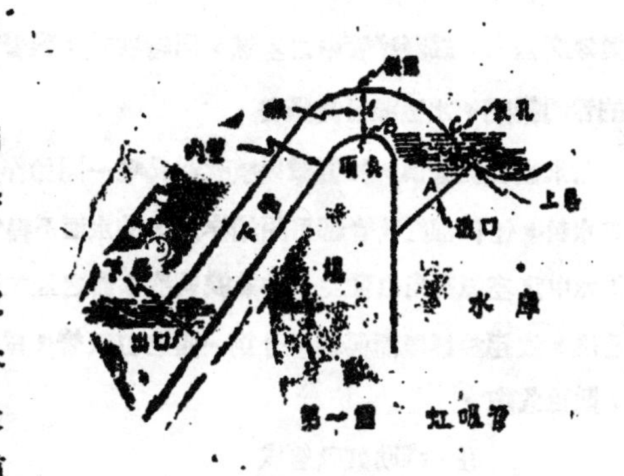

第一圖　虹吸管

虹吸管喉部之空氣可用抽氣機抽出，但通常之設計多用溢水將空氣帶出，而虹吸之作用自動開始，本文第六章所述虹吸溢道之實例，乃將上游過剩之水量自動排出，乃一非機械之設備，溢水量較簡單之溢道大；且自動溢水，溢水量僅依據喉部之真空程度及頂點之高度管之形狀，摩擦係數等而定。

各種虹吸管之入口大多係漏斗式，以冀減少入口之損失及水面之降低，入口上唇均低於頂點。俟冠前方開以氣孔，位置稍低於虹吸作用停止時之水面，如第一圖所示水從'點入洩水道，當水庫水位高於溢道之咽喉B（即頂點）時，水即由洩水道流出，是為普通溢流　如水庫水位繼續增高，超過氣孔C，洩出之水亦陸續增加，當洩水時並帶去溢道內所存之空氣、俟溢道內之空氣全部帶出，即生虹吸作用，直至水庫水位降到C點之下，空氣由氣孔流入，於是虹吸作用停止，水亦不復外流矣，進水口之上唇，因種種關係須低于頂點，若無氣孔之設備，則水位將繼續下降至上唇方停止虹吸作用，水庫之儲蓄量將大減矣。

〔二〕 虹吸溢道之種類

(甲) 依開始虹吸作用方法之種類

虹吸溢道之分類方法錯亂分歧，而最普通者，係依開始作用之方法而歸類茲分述如下：

子　抽氣機式，

虹吸管之下端浸於水中，喉部所藏空氣用抽氣機或噴吸器（噴水而吸氣也）吸去，則虹吸之作用開始，此法已應用於最早之虹吸管，我國黃河兩岸亦有用虹吸管取水以資灌溉者，其法在堤岸之上，設一彎曲鐵管，一端浸於河裏，一端放在幹渠的引水口。因虹吸的原理把河內的水吸了上來，經過堤頂，再流入引水渠內，此種取水之方法，無須破壞河堤，故用於黃河最爲適宜。

虹吸管的直徑，在0·45公尺以下者，可用灌水抽空法。即在彎管的上端，連接一垂直管，管上安一舌門，並在虹吸管的兩端，亦各安舌門一處，在未灌水之先，可將虹吸管兩端的舌門閉緊，次則開垂直管的舌門，揷漏斗於管中，將水灌入，俟水滿之後，去盡空氣，然後閉垂直管的舌門，再同時開放虹吸管兩端的舌門，水即源源而流矣。

若管徑在0·45公尺以上者，用上法灌水，甚爲費時，故以改用噴吸器抽空法爲宜其法在彎管的上端，裝一噴吸器，且安一舌門，先將虹吸管的兩端插進水內，次用氣壓機打氣，由噴吸器放射空中，因噴出之氣速度甚大，逐漸將管中之空氣，同時挾走。俟管中之空氣完全排出淨盡後，水已滿灌管中，若將噴吸器的舌門關閉，水流即可流過矣。

當水位低於管頂，抽氣機與噴吸器爲唯一開始作用之設備，雖水位低於頂點數尺，若上口浸於水下，下口水封，任何種虹吸管都可開始作用，惟水面不得低於頂點24尺以上，因過低則管中之壓力太小，溶解於水中之空氣將自由發生，抽氣機與噴吸器之最大缺點，爲抽氣功能若受任何障礙而損失，則壩身將發生危險，故用於壩堰而與壩堰合爲一體之虹吸管，採用此種方法最不適宜。而抽氣管若爲樹枝或結冰所阻塞，則更危險，

丑　輔助虹吸管式

於虹吸管頂下設一小虹吸管，或曰「子虹吸管」，水位達於管頂時，子虹吸管已充滿流水，其射出之水臘，封閉正虹吸管之下管，喉部之空氣被流水漸次帶出　而開始虹吸作用。

用子虹吸管後，有效蓄水量之水面，爲子虹吸管頂點之平面，而非正虹吸管之頂點平面，故對於最大溢量言，子虹吸管實有弊而無益。子虹吸管開始作用後，水由正虹吸管頂溢出者漸漸增加，子虹吸管射出之水臘將爲之漸漸壓低，以至不能封閉下管，故子虹吸管不得過細，而才能避免上述之情形。從經驗得知計劃完善之子虹吸管其喉高約等於正虹吸管喉高之八分之一。且其管頂之長度須與正虹吸管等，故建築困難造價昂貴，惟其拱冠前部單薄，易受吸力之震盪而破壞。此其弊也。

寅　踏步式

虹吸管之下管斜度，非十分峻峭者，於其下管盡端處陡曲而下成一踏步，當水溢管頂沿管而下至踏步處。因水動力之惰性，將直射而下，封閉下管。管中空氣因流水帶出，而開始虹吸作用。

虹吸管之下管坡峭者，可先導之較平，再曲而下，如加洲（California）之 Hetch—Hetchy 溢道即一

11520

實驗其開始作用之水頭係1/4d至3/8d。

虹吸管之下端往往設一水封池，池邊之高與管端齊，管之下端須陡峻；但不能絕對垂直，以使帶出之空氣自由向外發展，故水封池（Sealing basin）猶一活門，空氣可出而不可入，管中之空氣因之漸漸稀薄如第二圖。水封池更可轉變水流之方向，此其另一特點，惟其弊端係減少溢量與增加建築費若設計完善，下注之水難完整無隙，則水封池可以無須矣。

（乙）依水頭之高低而分類

虹吸管可分爲高水頭，中水頭，及低水頭三類，

子　高水頭類

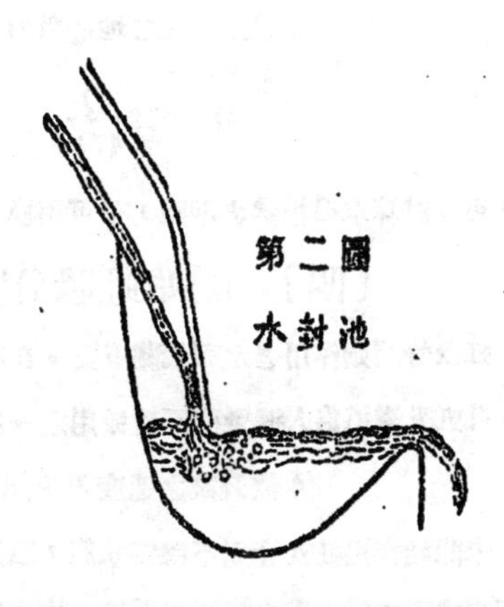

第二圖
水封池

虹吸管各點之截面相等，而下管特長者。當上游水面漸漸增高喉部之真空程度亦漸漸增加，而虹吸作用開始，惟上游水面高出下游水面至三十尺時（相差之確數須視虹吸管之設計，大氣壓力及水內空氣之溶解量而定），在下管之下部流水將不能滿管，而發生猛烈之震盪。欲免此弊，須將出水口之面積減小，類似射水龍頭，或增加流水之磨擦力，此種收斂之虹吸管，統稱之曰高水頭虹吸管。

丑　中水頭類

虹吸管下管各點截面積相等者，可稱之曰中水頭虹吸管。以其適宜於中等水頭也。其特點有二：(a)於較低水位可以開始虹吸作用：(b) 管身上下一律，建築費最廉，用於水量較大之處所，其下管亦有用叭喇式者。

寅　低水頭類

虹吸管之下管漸次放大者（即喇叭式）稱之曰低水頭虹吸管。

上述之分類，乃依據出水口之面積小於，等於，或大於喉部之面積而言。對於水頭之高低並無一定之範圍，有些工程先進曾依水頭而分類之：二十尺以上者爲高水頭；二十尺與十尺之間者，爲中水頭；十尺以下者爲低水頭。然此亦不過是一己之見耳。低水頭虹吸管之問題，皆發生於下管之放大；而高水頭虹吸管之性質，係根據下管之收斂程度而定。故虹吸管之分類以依據虹吸管之式樣而歸納，比較合理。

（三）虹吸管之效率

在一虹吸管之設計，欲品評其效率，必先明瞭其各方之情形，對於效率之品評，已有若干之評論，與探討，如何評定一虹吸管之特質，亦有許多之提議：而認造之最有效者，係於規定之全範圍內，排洩最大之水量，而費用最低者，故一般以其流量與同喉部面積之理想虹吸管流量之比爲其效率之判斷，理想虹吸

管之意義，純係理論其喉部完全眞空，該比名之曰效率。

效率 $n=\frac{Q}{A\sqrt{2gh}}$

Q=虹吸管之流量（秒立方尺）

A=喉管面積　（平方尺）

h=與大氣壓力相當之水柱高（尺）：在海平面h=34尺

g=地心吸力=32

故 $n=\frac{Q}{47A}$

Q可以計算求得相當之準確，亦可用模型試驗求得，其計算方法見第五章丁節，及第六章戊節之計算。

〔四〕 開始虹吸作用之水頭

虹吸管開始作用之水頭極關重要。在某一水頭，吾人雖知其可以開始作用，但不能完全決定其必然開始。此虹吸溢道爲人遲疑而不敢採用之一主因也。

水位升高之速度對于開始虹吸作用之影響

未開始作用虹吸管爲不穩定狀態，若氣孔未淹沒，雖輕微之風浪均可促成作用之開始。旣開始後，倘未因阻碍而中斷，溢水將源源不絕，故水位升高之速度極慢時，虹吸作用可於較低之水位開始。水位升高之速度增加，開始作用之水頭範圍亦增，而水位升高極快者，其開始作用之水頭將較高。

緣虹吸作用之開始，須經過一定之時間，始能完成，在此時間內，水位繼續升高，故發生上述之情形。某一已定計劃，其開始之水頭高度，故無一定，如水電之給水，當用電量減少或全部之機器停止工作時，水位立即升高，在該種情形下開始作用之速度尤爲重要也。

有效水頭對於開始之影響

虹吸管下管之縮狹，及溢水下降之高度大者，對於一定之溢量，增加其開始作用之效能，故高水頭虹吸管，其開始水頭可以較低，而低水頭之虹吸管，其下管放大，降水高度小，故開始困難，而須較高之水位。

〔五〕 虹吸溢道之理論

連結水面高度相差之二水槽，欲求在動水傾斜線以下安置水管時，往往有因地勢之關係非掘鑿山洞不可，於是需要多額之費用。爲節省諸大之工費起見，或對於灌溉所之除水排除等，往往有利用虹吸管者，虹吸管爲一倒立之U字形管，其最大之特點爲可解決簡算溢道不足排洩之困難，其理論曾在第一章中略爲述及，茲將各部之設計原理詳細討論之。

11522

甲　進口之上唇

最早之虹吸管其上唇邊與頂點齊平，水位降至唇邊，虹吸作用停止，此種裝置雖甚簡單，然弊害極多，一波浪或一水峯均可使之停止作用，欲補救此弊端及其他之缺點，上唇須低於頂點而至適當之深度，並裝設適宜之氣孔或活門使虹吸作用，可於一定之水位停止。進口外之水面，爲不穩定之狀態當虹吸開始前，假定爲水平，但因虹吸管一經開始溢水水面將微微降低，且不能持久或將突然降落至唇邊而空氣有吸入之可能，故上唇必須低於頂點及浸水至一定深度後，才可防止水面之降落及漩渦之發生，與減少空氣之流入，至上唇究應低於頂點若干，無一定之準則可爲憑依：通常決定之方法，可用模型試驗實地求得，惟亦可用圖解流水綫之法求之。

乙　通氣孔

上面已經說過，爲導空氣入喉，破壞眞空，則虹吸作用即可停止，尋常通用者，爲一矩形之氣孔，高小於寬，至氣孔之大小，通常均傾向於安全方面，而用較大之面積，然氣孔面積大者亦有弊端，如發生漩渦及虹吸作用之不完全。SticKnoy 之氣孔面積爲其喉管之1/24，此亦不過是約略之數值，是否適宜，無從計算，因空氣爲水帶入喉管者，依其與水混合之程度而定。若氣孔爲多數之細孔組成，則若干細微之氣泡，由氣孔輸入；分佈於流水中，雖其氣泡總體積較單氣孔之輸入者爲大，然多爲流水挾出，而不能停止作用。於拱冠內任一點若溢水未曾流滿，則空氣將聚集于此，即一細微之氣孔，亦可使虹吸作用停止，有時水中逃出之空氣亦可阻止作用，因入口處逃出之空氣愈多而拱冠內發生躲避之氣泡，其體積漸次擴大，漫佈拱冠全部；流水與氣泡間之磨擦力，僅可使泡內空氣流動，而不能與之而下矣。氣泡之來源或由氣孔輸入，有時氣孔雖淹沒甚深，氣體亦可由漩渦吸入。

用模型試驗求氣孔之面積，亦非完善之法，因空氣由氣孔流入之速度與壓力之平方根不成比例。空氣旣進拱冠後在實際上，體積有相當擴大；且水氣間之黏力及表面張力均爲重要之因數。故決定於模型試驗者，其模型上須裝設通氣管，接于頂點，使空氣密度及眞空壓力與實際情形相同，然後由實地觀察而決定其大小，此法雖尚有不正確之處，然其結果可認爲有相當可靠矣。

丙　喉高

設計完善之虹吸管，當水位升至1/3時，可保証其開始作用，且通常均在1/3以下，d爲喉高（見第一圖）。According to S.M.Dixon於縣立水工試驗館，依計劃虹吸管，作1/8之模型，而試驗其開始之水頭，通常均爲1/4，次爲1/3，故d/3可以保証其必定開始，且實際之情形，較模型者爲佳，故d/3作爲安全之開始水頭無須懷疑。

丁　頂點之半徑

喉高旣已決定，則頂點之半徑愈大，流量愈多，然下管之位置爲壩頂路寬所限，且美洲各國常規定喉部之轉灣全部在壩頂之內，如第三圖（a），若入口之上唇如（b）所示，則半徑可以增大。喉部外弧之半徑若爲九尺，喉高設爲三尺則其內弧半徑應爲六尺。

從經驗得知，虹吸管之眞空限度不得超過24尺，壓力過低，則溶解於水中之空氣大量發生，使溢水與頂點分離，而發生振盪。

由模型試驗之研究，知虹吸管喉部之水流與自動漩渦極相似，理論雖假設水流爲無磨擦之線狀流動，但難達眞正自動漩渦，沿喉部轉曲，愈近頂點，其水流愈近漩渦流動，然終難達眞正之漩動，若以較大之比例尺用圖解法繪水流綫，則水流速度之分佈可以求得，且可示知頂點縱剖面上水流情形，與自動漩渦極相近。河川之彎曲處常起渦漩，或水之落入垂直管中亦起渦漩，即管之中央部常爲空心而迴轉此皆爲自由漩渦運動之適例。

第三圖
喉部式樣之兩種

在自由漩渦運動，流質非向中心移動，僅爲同心之迴轉運動設喉部之水流爲自動漩渦，則其最大效力之公式可以求得：

第四圖
喉部之水流

設 V_o 表示頂點，V表示拱背如第四圖因頂點之最大眞空爲24尺，

故流速爲 $V_o = \sqrt{2g \times 24} = 39$，自動漩渦其 Vr = 常數

故 $Vr = V_o r_o$

$$V = \frac{r_o}{r} V_o = 39 \frac{r_o}{r} = 39 r_o \frac{1}{r}$$

每尺頂長之流量爲

$$Q = \int_{r_o}^{R} V dr = \int_{r_o}^{R} 39 r_o \cdot \frac{1}{r} dr = 39 r_o \int_{r_o}^{R} \frac{1}{r} dr =$$

$$\left[39 r_o \log_e r \right]_{r_o}^{R} = 39 r_o (\log_e R - \log_e r_o) = 39 r_o \log_e \frac{R}{r_o} \cdots\cdots\cdots\cdots (1)$$

故其最大的效率爲

$$n = \frac{Q}{47A} = \frac{Q}{47(R-r_o)}$$　　以 $Q = 39 r_o \cdot \log_e \frac{R}{r_o}$ 代入

則 $n = \frac{39 r_o}{47 (R-r_o)} \log_e \frac{R}{r_o} = 0.84 \frac{r_o}{R-r_o} \log_e \frac{R}{r_o}$

今試舉例說明之：　在Laggan壩之R=9尺；r0=6尺故其可達之最大效率爲

$$\eta=0.84\frac{6}{9-6}\log_e\frac{9}{6}=0.84\times2\times\log_e1.5=0.84\times2\times0.40544=68\%$$

而每尺頂長可能之流量爲

$Q=47NA=47\times0.68\times3\times1=96$秒立方尺

近拱頂之速力 $V=39\times6/9=26$尺／秒

戊　每管之寬度

虹吸溢道多由數虹吸管所組成，其喉管之剖面須長方形，因在一定之喉高，其最大之面積當爲長方形，其寬度多受建築方面之限制，在溢道開始時溢水有猛烈之振動，若拱冠薄而濶，必將被誘導而振動，惟寬度無一定之規定，最好之比例爲2d（即寬度爲喉高之二倍）若寬度太小，則水落半徑減小，磨擦損失增加，而建築費必因之而提高。

Laggan 壩每管之寬度爲6尺10寸（喉高d爲3尺）由上節已知每尺頂長之流量爲96秒立方尺，故每管最大之流量爲6.83×96=650秒立方尺，但該壩之總流量爲3600秒立方尺，故須虹吸管六隻。

巳　出口之高度

出水口決定採用射水式，使射出之水離開壩趾。然流量爲頂點眞空之程度所限定，而出水口愈低，射出之速度愈速，而對於壩身之影響愈小。

然出水口低者亦有弊害，虹吸長愈長，其建築費愈大，出水口愈小，阻塞之機會愈多，壩趾上內壓力最大處將不堅固。故欲採用一最合理及最經濟之出口高度，必須用潔淨之水舉行模型試驗，視其流速之多寡，査驗流出之水有無沙粒，若所試驗之流速，對於水泥面並無損壞，而流出之水即無砂粒，故由試驗流速即可決定較爲合理之出口高度。

Laggan 壩之有効總水頭約爲120尺，有70尺之速力，亦恐損壞混凝土墻面，會經試驗60尺高度之流速，對於水泥面並無損壞，故遂決定其出口之高度離壩之頂點爲60尺，設流速係數爲0.80，則射水速度

$V=0.8\sqrt{2g\times60}=50$秒尺，

以上各項不過畧爲提示，虹吸溢道之顯淺原理，與及初步之智識，藉供設計之依據，至高深理論，容有未盡也。（未完待續）

數學研究

求面積簡法

——馬維新——

引言

『孟子曰：離婁之明，公輸子之巧，不以規矩，不能成方圓』

夫規矩乃方圓之至也，有規矩即可定方圓，有方圓即可知面積多少，古者以一定開角之木規，丈量田畝，此其實例，本文即利用此簡單器械，規與矩，而量度面積，孟子之言，乃係斯論之出發點，故節引其言，而爲吾文之『楔子』。

凡計算土石方數量時，必先計算其橫斷面面積，每使用面積儀（PlaniMeter）計算之，以其比較便捷，沿爲習用，但今吾國科學儀器，未見發達，不能普遍應用，以面積儀一類器械，其構造雖不甚繁複，然亦視爲外洋材料，在工程機關內，偶有得之，輒視爲寶貝，然則無面積儀，可以計算面積否？還有其他方法，可以應付此沉重麻煩工作否？若用其他方法，影響於工作效率，會荒時失事否？凡此種種，頗值探研，茲以筆者所知之簡單方法，介紹於工程同背之前，以爲拋磚引玉之意也。

（一）　任意分割面積法　此法乃將面積之全部，任意分割爲若干小部，而各小部份圖形，常與其平均高有關，故又可名爲平均高法。

㈠　應用儀器　自由開角之圓規，比例尺，直綫尺。

㈡　常用公式

三角形面積二a底×$\frac{h}{2}$平均高……………………（1）

梯形面積　二（a上底十b下底）×$\frac{h}{2}$（平均高）　（2）

或　　　二對角綫之長1×高h

又由於梯形法則設多等高梯形相連之

總面積　$A=d\left(\frac{h_1}{2}+\Sigma h+\frac{h_2}{2}\right)$……………（3）

d二每個面積之相等間和

h_1及h_2表示兩端之高度

Σh表示各中間高度之總和

㊀ 方法舉例一（圖一）$\triangle BDC$面積$A_1 = BD \times \frac{h_1}{2}$

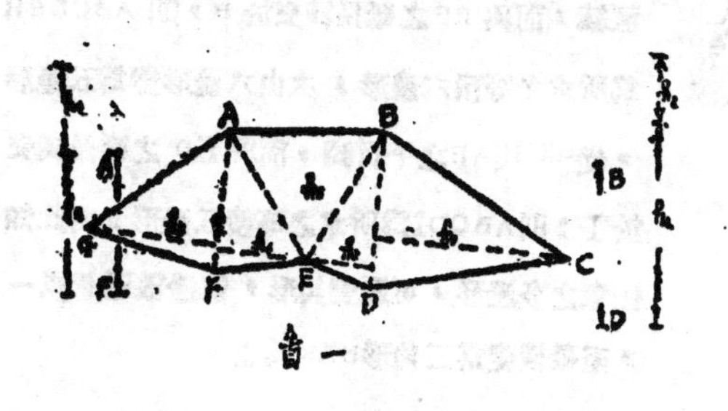

圖一

$\triangle BDE$　$A_2 = BD \times \frac{h_2}{2}$

$\triangle AFG$　$A_3 = AF \times \frac{h_3}{2}$

$\triangle AFE$　$A_4 = AF \times \frac{h_4}{2}$

$\triangle ABE$　$A_5 = AB \times \frac{h_5}{2}$

求得總面積並簡之　$A = \frac{1}{2}\left[BD(h_1+h_2)+AF(h_3+h_4)+ABh_5\right]$

從上式來看，末一項，若係路基塡方之斷面，則看圖可算，第一項BD以規量之，繪示於米厘紙上，(h_1+h_2)以規逐一將其數值，在紙上相加，另列於一行，第二項同理得之，其1/2數待最後計之，又第一項之各值，應繪於中綫右，第二項之各值應繪於左，以免混淆。

方法舉例二（圖二）其法：在地面綫下之適宜點，作一割綫與路基面平行，其在綫之上部，若地形起伏，變化甚大，中間部份面積，可運用公式(3)計算之，否則仍用前法爲妥善。

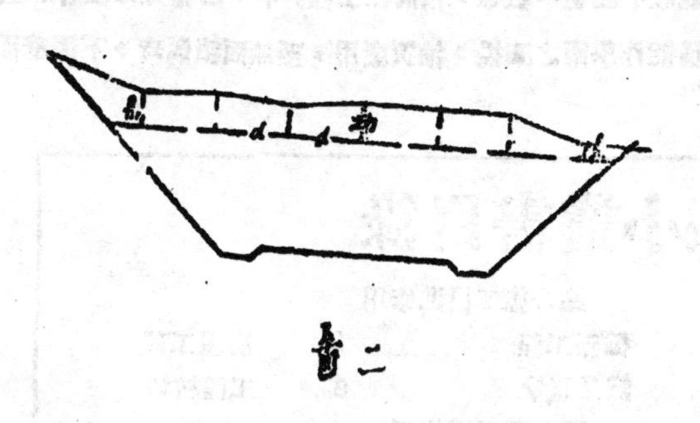
圖二

運用公式(3)之方法，其法：將地形起伏交點，各引垂綫於直綫上，並分成同等間距（如圖二）之梯形，若等間距垂綫，不適宜於地形起伏點，相差甚微，不要顧慮，若相差甚大，則需將此部份面積，另行計算，迨等間距之梯形分成後，乃用規將兩端之半高加之，繪在紙上，將各中間高度相加，其總和可於米厘紙上索知，然後以等間距數乘之，即可得中間部份面積，所餘兩端之三角形，或梯形，並割綫下部之梯形，水溝等面積，互相加上，即可得全部面積，

（二）用面積變形法以求面積，面積變形法者，係將已知之繁複圖形用圖解變爲最簡單之圖形也，故此法又名爲圖解法。

㊀ 應用儀器　自由開角之圓規，比例尺，透明三角板。

㈢ 常用定理　等底等高之三角形，及等底等高之平行四邊形之積相等。

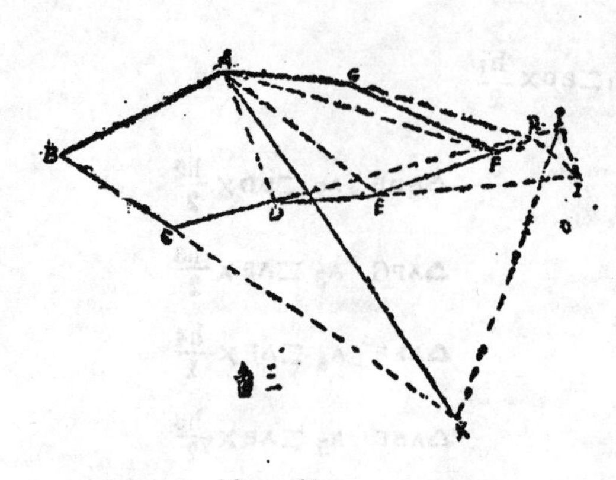

（解法）設ABCDEFG爲七邊形，（圖三）欲變爲等積之六邊形，乃先從G引與AF平行之直線，而與EF之延長線交於H，則ABCDEH爲所求之等積六邊形，次由六邊形變爲五邊形，從H引與AE之平行綫，而與ED之延長綫交於I：則ABCDI爲所求之等積五邊形，由此知任意之多邊形，可遞變其形，使邊數遞漸減一，至最後變爲三角形BAK爲止。

結　論

以上計算面積之兩種方法，比較用面積儀計算，其工作效率若何？乃視乎運用某種方法者之嫻熟與否爲衡也，且上述方法，最適宜於野外監修之中途收方之計算，甚至監工員亦可以運用；良以其運用學理，僅限於平面幾何學，利用儀器，亦甚簡單也，復次工程機關工事股，審核工作至繁，若用此法以審核面積，亦屬方便。

前述方法舉例，係以路基土石方之橫斷面爲對象，然斷面乃因形而異，何者應作對角綫？何者應作平行綫？何者應變爲三角形？何者應變爲梯形？此處恕不能逐一贅述，相信在工程界中，已稔知此法者，且或用之已久者，實無見特異之處，惟斯篇意旨，僅能作學術之闡揚，推廣應用，至無面積儀時，不因噎而廢食也。

11528

乘除之小數位數取捨法

（續第一期未完稿）

——朱銅富——

第三節　惰線法

（一）　定義：　惰線者，當幂數相乘，在任何二數間，（註一）含有惰數時，則於其上（或下），以一實線互聯之；線之長短無定，要以表明其間含有一惰致；且於實際互乘時，亦依此類線條聯絡之次序，而進行運算之謂也。故幂數之中，所含有之惰致 x，應等於惰線數。其加線後所列之方程式，名之曰：惰線方程式。

若兩數間，雖無惰線存在，但有表示其運算時次序之必要時，則可於其下（或上），以虛線互相連絡之。

當幂數相乘，若由一任何數N及N之諸乘積，所發生之諸惰線，名之曰：『N之疊線』。書作$\underline{N}$。例如

幂數相乘　$\overline{\overline{\overline{A_a\times B_b}\times C_c}\times D_d}$　則$\underline{A}=1$　$\underline{B}=2$　$\underline{C}=3=\underline{D}$

若　$\overline{A_a\times B_b\times C_c\times D_d}$　則 $\underline{A}=2=\underline{B}=\underline{C}=\underline{D}$

（二）　証法：　當幂數互乘，倘有兩個惰數，互相連接而存在於下式中：

$$\overline{\overline{A_a\times B_b}\times C_c}=P_{p'}'\times C_c=P_{p''}''$$

則 $p'=A+B-1$　$p''=p'+C-1=A+B+C-2$　$a=p'+B$

$b=p'+A$　$c=p''+p'=p''+A+B-1$　其惰線方程式可表之如下：

$$\overline{\overline{A_a\times B_b}\times C_c}\times D_d\times\cdots\cdots\times N_n=P_p=P_{p'}'\times C_c\times D_d\times\cdots\cdots\times N_n$$

$$=P_{p''}''\times D_d\times\cdots\cdots\times N_n$$

又因　$p'=p+b+p+\cdots\cdots+N$　$p''=p+c+\cdots\cdots+N$（見(3)）

代入得：　（同時令：$=p+A+C+C+\cdots\cdots+N$）

$$\left.\begin{array}{l} a=p'+B=p+B+C+D+\cdots\cdots+N=S-A \\ b=p'+A=p+A+C+D+\cdots\cdots+N=S-B \\ c=p''+P'=p+(A+B-1)+D+\cdots\cdots+N=S-C-1 \\ \cdots\cdots\cdots\cdots\cdots\cdots\cdots\cdots \\ \cdots\cdots\cdots\cdots\cdots\cdots\cdots\cdots \\ n=p+P''+D+E+\cdots\cdots+(N-1)=S-N-2 \end{array}\right\} \cdots\cdots\cdots\cdots (12)$$

因Aa+Bb間之首數，使P'=A+B-1，於是所求小數位數，凡含有P'者，俱可因之而少取一位小數。又因Aa+Bb之乘積與C所發生之疊線，使P''=P'+C-1=A+B+C-2於是所求之小數位數，凡含有P''者，俱可少取兩位小數。但該數之中，除C僅含有P'外，僅a,b二數未含有P''及P'，故C僅受P'之影響，a,b以外之諸數，則兼受兩種影響。故曰：『任何一數之疊線，對於其本數之所取小數位數，均無影響，而對其他之諸數，均影響之』。是知任何一數所應取之小數位數，應為由普通法所求得之結果，減去借數 x，更加上其本身之疊線數。即

$$n=S-N-x+\underline{N}\cdots\cdots\cdots\cdots (13)$$

今以借線法計算前節x=4時之各例如下：

(A) $\overline{A_a\times B_b\times C_c\times D_d\times E_e\times F_f\times\cdots\cdots\times N}=P_p$ 則$\underline{A}=4$ $\underline{B}=4$ $\underline{C}=3$ $\underline{D}=2$ $\underline{E}=1$ $\underline{F}=0$ $\underline{N}=0$ 代入(13)式： $a=S-A$ $b=S-B$ $c=S-C-1$ $d=S-D-2$ $e=S-E-3$ $f=S-F-4$ $n=S-N-4$

(B) $\overline{A_a\times B_b\times C_c\times D_d\times E_e\times\cdots\cdots\times N_n}=P_p$ 則$\underline{A}=1$ $\underline{B}=3$ $\underline{C}=3$ $\underline{D}=3$ $\underline{E}=3$ $\underline{N}=0$ 代入(13)式： $a=S-A-3$ $b=S-B-1$ $c=S-C-1$ $d=S-D-1$ $e=S-E-1$ $n=S-N-4$

(C) $\overline{A_a\times B_b\times C_c\times D_d\times E_e\times\cdots\cdots\times N_n}=P_p$ 則$\underline{A}=2$ $\underline{B}=2$ $\underline{C}=2$ $\underline{D}=3$ $\underline{E}=3$ $\underline{N}=0$ 代入(13)式： $a=S-A-2$ $b=S-B-2$ $c=S-C-2$ $d=S-D-1$ $e=S-E-1$ $n=S-N-4$

(D) $\overline{A_a\times B_b\times C_c\times D_d\times E_e\times F_f\times\cdots\cdots\times N}=P_p$ 則$\underline{A}=3$ $\underline{B}=3$ $\underline{C}=2$ $\underline{D}=1$ $\underline{E}=1$ $\underline{F}=1$ $\underline{N}=0$ 代入(13)式： $a=S-A-1$ $b=S-B-1$ $c=S-C-2$ $d=S-D-3$ $e=S-E-3$ $f=S-F-3$ $n=S-N-4$

(F) $\overline{A_a \times B_b \times C_c} \times \overline{D_d \times E_e \times F_f} \times \cdots\cdots \times N = P_p$

則 $\underline{A}=2=\underline{B}=\underline{D}=\underline{E}$ $\underline{C}=1=\underline{F}$ $\underline{N}=0$ 代入(13) $a=S-A-2$ $b=S-B-2$ $c=S-C-3$

$d=S-D-2$ $e=S-E-2$ $f=S-F-3$ $n=S-N-4$

(G) $\overline{A_a \times B_b \times C_c} \times \overline{D_d \times E_e} \times \overline{F_f \times G_g} \times \cdots \times N_n = P_p$

則 $\underline{A}=2=\underline{B}$ $\underline{C}=\underline{D}=\underline{E}=\underline{F}=\underline{G}=1$ $\underline{N}=0$ 代入(13) $a=S-A-2$ $b=S-B-2$ $c=S-C-3$

$d=S-D-3$ $e=S-E-3$ $f=S-F-3$ $g=S-G-3$ $n=S-N-4$

(H) $\overline{A_a \times B_b} \times \overline{C_c \times D_d} \times \overline{E_e \times F_f} \times \overline{G_g \times H_h} \times \cdots\cdots N_x = P_p$

則 $\underline{A}=1=\underline{B}=\underline{C}=\underline{D}=\underline{E}=\underline{F}=\underline{G}=\underline{H}$ $\underline{N}=0$

故 $a=S-A-3$ $b=S-B-3$ $o=S-C-3$ $d=S-D-3$ $e=S-E-3$ $f=S-F-3$ $g=S-G-3$

$b=S-F-3$ [illegible]$=S-N-4$

由以上可知其所求得之結果，與循數法所証得者，完全相同。但其繁簡之相去，則不可同日語矣。在本法中，可見疊錯之數目以少爲佳，故於開始排列循譜時，宜極力避免階梯式之重疊！如屬不可避免時，亦以散分勻置爲宜。

（三） 應用本法之步驟：

（A） 以諸模圖計算全乘積應有循數總數 x，（其求法詳後或以計算尺計算之。即計算尺向右拉之次數也。）

（B） 改編各乘數之次序，列循線方程式，加以循線，宜儘量避免重疊。如屬不可避免時，則宜分散勻置，以避免階梯式之重疊。若兩數間，雖未含有循數，但有表明其計算時次序之必要時，則可於二數之下或上，以虛線連結之，循錯模數，應等於x。

（C） 依下列公式，以計算 S，及各數應取小數位數，（以n表之。）以 P 表預期乘積小數位數，如採用1/20之錯誤機會，則P應較實需者多取一位。

$S=P+\underline{A}+\underline{B}+\underline{C}+\cdots\cdots+\underline{N}$

$n=S-N-x+\underline{N}$

（D） 實際計算時之順序，應完全依照循線所示進行，不得紊亂。

（四） 三法優劣之比較：

普通法實依普通情形而言，故其公式最簡單，但僅於無循數時適用之。

循數法雖針對循數立論，乃以循數數目之不同，所處位置之差異，及計算時次序之先後，三者互爲變化；有此三個變數，欲以公式概括之，則頗嫌繁複；而於實施計算時，亦覺不便，殊失簡化之原意，故不宜應用。

惰鏈法因藉鏈條以表示惰數所處之地位，與及計算之順序；而鏈條之數目，亦即爲惰數之數目。故對於此三數之變化，俱可表之而無遺。故能用以解答所需之小數問題，而無麻煩之感。況其手續簡單，計算便利，鏈條明確，可應用於任何種情形中。而尤以惰數甚多時，能於最短時間中，求得適宜之答案也。（例見第八章。）

第五章　除數時小數位數之取捨法

第一節　証法

羣數相除，常可利用乘法，而變成爲簡單除法，故對於本題，可僅討論簡單除法，已足敷應用，實毋需計及同時有若干數相除也。

除法本爲乘法之還原，在第一節已知當 $A_a \times B_b = P_p$ 時　則a＝p＋B　b＝p＋A　將之移項可得：

$$P_p \div A_a = B_b$$

p＝b－A　a＝p＋B　爲使易於分別記憶起見，以Vv及Qq代Aa及Bb　則可得：

$P_p \div V_v = Q_q$　　p＝q－V　　v＝p＋Q　　……（14）

此種計算之結果，其錯誤機會，因四捨五入之關係，應爲1／2。故就此點而言，如採用1／20之錯誤機會，則宜將q較實需者，多求一位。又在簡乘法時，其最末一位乘數，乘得之乘積，非必能有影響於總乘積。就此點而言，亦宜將q較實需者，多求一位。總上言之，當決定q之數值時，宜較實需者多求兩位。（例見第八章。）

第二節　應用本法之步驟

（一）　先書出P,V二數，並決定q之數量。（應較實需者加2。）並作位數方程式，計算Q,V乘積間，有否惰數x之存在。（因只有二數相乘，故x非零則1。）

（二）　依下列各式，分別求Q,p,及v。

$$\left.\begin{array}{l} Q = P - V + x \\ p = q - V \\ v = p + Q \end{array}\right\} \cdots\cdots\cdots\cdots (15)$$

（三）　將除數及被除數依普通除法排列，以商數之首位數字，書於除數之次末位數字下。次位商數，則繼續向左書寫，依小數簡乘法，以進行相乘，所得乘積，再依普通除法依次列於被除數下以減之。（實例見第八章。）

第三節　多數乘除時之步驟

（一） 設其整個被除數爲P，被除數中所含之惰數爲x'，其諸數爲 $A'_{a'}\times B'_{b'}\times C'_{c'}\times$………依下式以求P：

$$P=A'+B'+C'+\cdots\cdots+N'-x' \quad S'=p+A'+B'+C'+\cdots\cdots+N'$$

（二） 設其整個除數爲V，除數中所含之惰數爲x"。其諸數爲 $A''_{a''}\times B''_{b''}\times C''_{c''}\times$………依下式以求V：

$$V=A''+B''+C''+\cdots\cdots+N''-x'', \quad S''=p+A''+B''+C''+\cdots N''$$

（三） 作位數式 $Pp\div V=Qq$ 先決定q值，再計算Q×V間是否有惰數x。q爲預期商數之小數位數。如採用1／20之錯誤機會，應較實需者多取二位。

（四） 依下式以計算 Q, p, v 三值：

$$\left.\begin{array}{l} Q=P-V+x \\ p=q-V \\ v=p+Q \end{array}\right\} \cdots\cdots\cdots\cdots (16)$$

（五） 已知 p 及 x'，可依惰數法以求a',b',c'……。再依簡乘法，以求得P。

（六） 已知v及x"，可依惰數法以求 a"b"c"……。再依簡乘法，以求得V。（實例見第八章。）

第六章 算盤之利用

人之所以樂於利用算盤者，以其能節省時間耳。若以加（或減）法而論，算盤所需之時間，約爲筆算抄錄題目之時間。（即佈列算式所耗之時間。）若以乘除法而論，則算盤所需之時間，約爲筆算乘法五乘之時間，是知算盤之功用，較之筆算，約可節省其所需加法之時間。故加法機會愈多者，則其所省之時間亦愈大。反之則愈小。故對於簡乘法或簡除法亦然。但平常用算盤以實施乘除時，對於乘積或商數之小數位數，較難決定。若以實施簡乘法或簡除法，則其小數位置已有一定，既可省時，尤可免誤。

第一節 對小數簡乘法之步驟

（一） 先求出A.B及p。（p應較實需者加一）

（二） 求被乘數首位數字，距算盤右末端行數R。

$$R=A+B+p$$

（三） 將乘數（較小者）依常法佈於算盤之左邊，而將被乘數佈於算盤之右邊。其首位數字，應落於（二）所計之行數上。

（四） 互乘時，一依平常習慣實施。惟超出算盤之右末端時，則以四捨五入計。

（五） 所得乘積之小數位數爲p。

第二節 對小數簡除法之步驟

（一）　先求出 P, V 及 q，（q 應較實需者加二。）（用 15 式）。

（二）　求被除數首位數字，距算盤右末端之行數 R。

R＝P＋q－A

（三）　將除數依常法佈於算盤之左邊，將被除數佈於右邊；其首位數字，應書於（二）所計之行數上。

（四）　互除時，一依平常習慣實施。惟過出算盤之右末端時，則以四捨五入計。

（五）　所得商數之小數位數為 q。

第七章　尾聲

憶蘇聯第一次五年計劃所設汽車裝配廠，其初期幾均變作汽車修理廠。蓋以其各廠之出品，精粗不一，裝配時每多發現誤差，須費大量之修理工作也。目前我國工業化高唱入雲，而工業化之首要，厥為統一標準，故對此所以達到統一標準之計算理論，不可不詳究而慎用之也。惟筆者十年以來，均居大後方之鄉村中，見聞寡陋，參考書藉，尤感缺少。因感於我國計算機之奇少而值昂，為求保持準確精度，與節省時間，述草是篇。錯誤之處，自知不免，所望海內賢達，進而教之，爲盼厚幸！

或有難者曰：『子之理誠然矣。惟以普通隨便取捨小數施算，或竟適與子合者；則子逐一所求應取之數數位數之時間，不皆瑯諸虛牝矣乎？』對曰：『是不然。試以測量爲例　設有基綫一段，今以最精密之合金鋼尺量之；沿綫設置等高多數木樁於其前，復以溫度計改正其讀數於其後。得其結果曰 100 M 也。今又以普通皮尺量之，得其結果亦曰100M也。豈即謂合金鋼尺所多費之時間，爲擲諸虛牝矣乎？雖其結果相若，而其含義，則精粗迴異矣。』又曰：『日用數量，精粗有限，多成習慣。如欲實現因已定結果之標準，而取用其應得之小數位數，實爲事實上所不可能　試觀某次 2000 公方土方付款中，每方單價六百元。因乘積需準確至厘止，依子之計算結果曰：『公方應計算至小數後第六位，單價應計算至小數後第七位。不亦願乎！？』應曰『然，是不可以勉强而致也。本篇所討論者，爲已具有多位小數之數而言，倘其本身已無小數，（換言之則其小數俱爲零。）或其小數已爲事實所限，則自可著考慮其已有位數實已太多，而需減小之一面。而不需再考慮其超現實之一面，以自求煩擾也。設擬編一預算：開壁石 32458．258公方。每方單價計爲 5432．143元，若該預算以求至角位爲止，則自可依石方與單價之通用最多三位小數，計至三位小數爲已足，不必因現實擬使公方列至小數後五位，單價列至小數後六位也。設該項預算以求至百萬元爲已足；則元數應改爲百萬元列作 32458．258 公方 × 0．005432 百萬元依計算可得：

5a×(－3)b＝P；　S＝1＋5＋(－3)＝3　s＝－2；＝6　換言之則方數應列至百方　，單價應列至十元也。如 32×543＝173．8百萬元

第八章　舉例

第一節　乘數時小數位數之取捨法

下列兀×G×Cos 20度×Sin1度×exsec3度×Cot0度20分諸乘積，須準確計出小數後一位。試求各數所應取之小數位數？

試　查　兀二3,1459265……　G二32.1602‥.　Cos20°二0.9396926‥.　Sin1二0.0174524‥‥.
exsec3二0.0013723‥.　Cot0—20′二171.8540‥.

本乘積已須準確求出第一位小數，則採1/20之錯誤機會，乘積應求至小數後第二位。即p二2今以第四章所述二法，分別求之如下：

(一)　普通法

(A)　列位數方程式：$1_a\times 2_b\times 0_c\times(-1)_d\times(-2)_e\times 3_f=P_2$

(B)　S二2+1+2+0+(—1)+(—2)+3二5

(C)　a二5—1二4　b二5—2二3　c二5—0二5　d二5—(—1)二6　e二5—(—2)二7　f二5—3二2

則應列作如下式。更以簡乘法求其乘積，以比較之。

3.1416×32.160×0.93969×0.017452×0.0013723×171.89

3.1416	0.93969	0.0013723	101.03	1.656
061.23	254710.	98171	993610.	7532.
9425	8397	1372	1010	331
628	6577	960	606	50
31	376	14	30	8
19	47	10	9	1
	2	1	1	
101.03	0.016399	0.2357	1.656	0.390

(二)　惰縮法

(A)　x二3

(B)　兀×Sin1°×G×exsec3°×Cot0—20′×Co20°　再列

惰縮式：$\overline{1_a\times(-1)_b}\times\overline{2_c\times(-2)_d}\times 3_e\times 0_f=P_p$

(C)　S二2+1(—1)+2+(—2)+3+0二5

A二1二B二0　C二2二D　F二0

a二5—1—3+1二2

b二5—(—1)—3+1二4

c二5—2—3+2二2

d＝5－(－2)－3＋2＝6

e＝5－3－3＋10

f＝5－0－3＋0＝2

則應列作如下式：更以簡乘法求其乘積，以比較之。

3.14×0.0175×32.16.0.001372×172×0.94

3.14	32.16	0.0441	0.065	.42
5710.	27100.	.271	67	49.
31	322	41	39	38
22	96	31	3	2
2	22	1	.42	.40
.055	1	7.6		
	.0441			

本法共較普通法少取小數十一位，其乘積適可達到預期之準確度，故較上法爲優也。

第二節　除數時小數位數之取捨法

（一）下列 $\frac{\pi}{E}$ 之商數，須準確至小時後五位。試求 π E 二數所應取之小數位數？

查 E＝2.7182818……

(A) P＝1　V＝1　q＝7　列位數方程式：

1p÷1v＝Q7　　x＝1

(B) Q＝P－V＋x＝1－1＋1＝1

P＝q－V＝7－1＝6

v＝p＋Q＝6＋1＝7

(C) 代入(A)之位數方程式中，得：

$I_6 \div I_7 = I_7$

亦即：$\frac{3.145193}{2.718281S}$

列式置除之如算法八。

得商數1.1557277，但只雖取用至小數五位，故實得商數應爲：

＝1.15573

算法八

2.7182818	3.141593
7727551.1	2718282
	423311
	271828
	151483
	135911
	15569
	13591
	1978
	1963
	75
	54
	21
	19
	2

（二）　下列　$\pi \times G \times \cos 20$度$\times$exsec3度$\div E \times \sin 1$度$\times \cot 0$度・20′之商數，擬準確求至小數第三位，試求各應取之小數位數。

查各數之效值，已詳前節，茲不再贅。

(A)　用諸模圖求出 $x'=1$

$P=A'+B'+C'+D'-x'=1+2+0+(-2)-1=0$

(B)　用諸模圖求出 $x''=2$

$V=A''+B''+C''-x''=1+(-1)+3-2=1$

(C)　採用1/20之錯誤機會，q應爲5

$0_P \div 1_V = 0_5$　其Q,V間應有一情數，故　$x=1$

(D)　$Q=P-V+x=0-1+0=-1$

$p=q-V=5-1=4$　　$S'=4+1+2+0+(-2)=5$

$v=p+Q=4+(-1)=3$　　$S''=3+1+(-1)+3=6$

(E)　求　$\pi \times G \times \cos 20$度$\times$exsec3度$=P_4$　　$x=1$

重列之　$\pi \times e \times$sec3度$\times G \times \cos 20$度$=P_4$

作情圖方程式　$\overline{1_{a'} \times (-2)_{b'}} \times 2_{c'} \times 0_{d'} = P_4$

求各數之疊圖：　$\underline{A'}=1=\underline{B'}$，$\underline{C'}=0=\underline{D'}$　代入（13）式：

$a'=S'-A'-x'+\underline{A'}=5-1-1+1=4$　　$b'=S'-B'-x'+\underline{B'}=5-(-2)-1+1=7$

$c'=S'-C'-x'+\underline{C'}=5-2-1+0=2$　　$d'=S'-D'-x'+\underline{D'}=5-0-1+0=4$

應書作　$\overline{1_4 \times (-2)_7} \times 2_2 \times 0_4 = 0_4$　或詳列之：

$\overline{3.1416 \times 0.0013723} \times 32.16 \times 0.0307 = 0_4$

再以簡乘法，　詳求其乘積。

結果得：　$P_P=0.1302$

3.1416	32.16	.004311
3273100	7939.	12.03
3142	2894	1293
942	96	9
220	29	.1302
6	2	
1		
.004311	1021	

11537

(F) 求 E×Sin1度×Cot0度—20′＝V_3 x＝2 作格錢方程式：

$\overline{I_{a''}\times(-1)_{b''}\times 3_{c''}}=V_3$ 求各數之曇錢： A″＝2＝B″ C″＝1

S″＝v＋A″＋B″＋C″＝3＋1＋(—1)＋3＝6

a″＝S″—A″—x″＋A″＝6—1—2＋2＝5

b″＝S″—B″—x″＋B″＝6—(—1)—2＋2＝7

c″＝S″—C″—x″＋C″＝6—3—2＋1＝2

應書作 $I_5\times(-1)_7\times 3_2=I_3$ 或詳列之： 271828×0.0174524×171.89＝I_3

再以簡乘	2.71828	0.047429	
	4254710.	98171	
法，詳求其乘	27183	4743	
	19027	3319	
積，結果得：	1087	47	
	136	38	
Vv＝8.151	5	4	算
	1		法
已知 P_p 及	0.047429	8.151	九

Vv，又q值爲5，故	8.151	0.1302
	79510.	8 15
$O_4\div I_3=(-1)_5$ 實		487
		408
除之如算法九，得商數爲 0.01597		79
		73
		6

附錄模圖使用法：

(一) 乘法：

被乘數對A綫	乘數對B綫	乘積檢C綫
″ ″ B ″	″ ″ A ″	″ ″ C ″
″ ″ C ″	″ ″ R ″	″ ″ B ″
″ ″ R ″	″ ″ C ″	″ ″ B ″

(二) 除法：

被除數對C綫	除數對B綫	商積檢A線
……〃……C〃	……〃……A〃	……〃……B〃
……〃……B〃	……〃……R〃	……〃……C〃
……〃……B〃	……〃……C〃	……〃……R〃

（三）垂直關係：（以三角板與三直綫作垂直移動。）

求		對A綫	檢C綫
求	x^2		
〃	x^3	〃A〃	〃K〃
〃	$\sqrt{x}$	〃C〃	〃A〃
〃	$\sqrt[3]{x}$	〃K〃	〃A〃
〃	$\sqrt[3]{x^2}$	〃K〃	〃C〃
〃	$\sqrt{x^3}$	〃C〃	〃K〃
〃	$\frac{1}{x}$	〃A〃	〃R〃
〃	$\frac{1}{x^2}$	〃R〃	〃C〃
〃	$\frac{1}{x^3}$	〃R〃	〃K〃
〃	$\frac{1}{\sqrt{x}}$	〃C〃	〃R〃
〃	$\frac{1}{\sqrt[3]{x}}$	〃R〃	〃K〃

（四）求情數法：

凡乘積之在C綫>10者，則x=0

……〃……<10者，則x=1

……〃……B線而乘數或被乘數在C線>10者，x=1

……〃……B……〃……<10者，x=0

例：　今有九數互乘3.8×2.6×11×55×4.4×6.75×.925×8.5×7.01 試求其中共有情數若干？

A　計算尺法：　用C,D二線施算，其右端拉出尺外之次數，則為x之數目。

以C線之左端對準D線3.8之位置，示線置C線之2.6處。　（向右拉第一次）

……〃……右……〃……示線之下，然後移示線於C線1.1〃。

以C綫之左端對準示綫之下，然後移示綫於C綫5.5„。　（向右拉第二次）

„„„右„„„„„„„„„„„„„„„„4.4„。

—————————„—————————6.75„。

—————————„—————————9.25„。

—————————„—————————8.5„。

„„„左„„„„„„„„„„„„„„„„7.01„。　（向右拉第三次）

合計其右端拉出尺外者，共三次，故楕數爲3。

B　諸模圖法：

以3.8對A綫，2.6對B綫，以大頭針記C綫之位置。x二1

原針不動，以1.1„R„„„„„B„„„„

„„„„„5.5„A———„———C———„——　x二1

——„———4.4„R———„———B———„——

——„———6.75„A———„———C———„——

„　9.25„R„則B綫無數可讀，故應先讀C綫大頭針所記數178，而移針於上段之178處。繼後以9.25對R綫，以大頭針記B綫之位置。

原針不動，以8.5對A綫，以大頭針記C綫之位置。

——„———7.01„R———„———B———„——　x二1

合計三次有楕數，故楕數爲3。

註1　乘積亦可視爲數之一種

（完）

湛江市名勝史蹟紀畧

1．湖光岩　　2．宋王村　　3．越王村

1．湖光岩在湛江市之新塘區，爲市內最佳名勝，由赤坎沿公路前往，車行一時許可抵達，岩中建有古刹，取名楞岩寺，寺前有湖，湖水高出海拔四十二公尺，水甚清洌，游魚可數，岩之週圍，勢若仰盂，，楞岩寺築於懸崖峭壁間，春夏之際花木茂盛，紅綠掩映，秋冬之間，湖水波瀾，氣象萬千，四時景色不同，而均佳絕，寺前小亭一座曰；「忘俗亭」置身其間，下覽萬頃一碧，心曠神怡，夏暑之時，游泳湖中益覺怡然，故往昔來遊者甚衆迨因治安關係，遊客已裹足矣寺內聯額甚多曰「湖光岩」曰「湖水杏杷，客到路從花外開，「岩山寂寞僧歸門向月中敲，相傳均爲宋宰相李綱受貶居此時所題，湖光岩之爲名，亦由是始云。（以下二節轉53頁）

工程紀述

來湛鐵路湛江總站站塲佈置計劃

——梁啓英——

站塲位置——湛江總站設在西營，係按一等站設計，爲配合港口發展，故車站位置緊接海岸與市區，車站之東，隣接市區西郊，其南聯接海港碼頭，倉庫與堤岸，西爲霞山村，北爲龍興村，又爲發展雷州半島工商業，在站南正綫之K0+160處用三度彎西出以接雷湛支綫，並擬在S64°00,10"W之切綫CK1+600處設雷湛支綫旗站一所，以資聯絡，總計全部用地（除築港範圍及雷湛支綫旗站未計外，計共征用土地二千三百餘市畝：內軌道約爲全部面積19.2%，貨物站塲佔地爲20%，廠房佔地爲30.3%，材料塲地爲4.6%，房屋佔地爲25.9%。

站內佈置——軌道方向爲南北向，靠市區一面爲旅客站塲，築有四十公尺寬之交通大道直達市區，近海岸方面爲貨物站塲，站之東北端入口處附近爲軍用站塲，所有各種站塲均係在正綫之右邊。

一　站南靠市區一面，分佈職員宿舍，鐵路賓館，郵局，電信局，站園及機，工，車，警段所辦公室等區域，以寬二十公尺及十五公尺之馬路縱橫貫通之，並留路口凡七處，通達市區，以利交通。

二　總站樓房擬建築三層樓房一座，佔地面積約長一百公尺，寬三十公尺，高度照比例配合，以壯觀瞻，左右及站前三面，闢地爲花圃及站園，現正徵求圖案，從事設計中。

三　客站前面設旅客單沿月台一座，雙沿島式月台兩座，相對各長均四百公尺，濶十公尺，除中鋪留爲客貨車出入孔道外，在正綫之兩邊各設一股道，又相對之島式月台設三股道，專爲旅客列車或混合列車先後開達時停車之用，其有効長度各約由五百至一千公尺，又正綫之西設客車編車及調配道三股，有効長度爲二百四十至四百二十公尺，均能兩頭通達，調動頗便，並擇適當地點引管接設水鶴四處，以供調車機頭就近隨時吸水。

四　貨站塲設于正綫南端，近海岸之東南一帶，在靠近市區一隅，設貨運車站一所，以十號道岔，由正線支入置以三股道爲貨物列車開達時停車之用，各有効長度，由三百至三百五十公尺，並於站前，設單沿相對卸貨月台兩座，各長三百至三百五十公尺，站傍除地作露天堆棧。

五　貨車編車道，設于正綫之東，凡四股，有効長度由五百五十至八百公尺，客貨車存車道，設于正線之西，凡七股，各有效長度由三百至七百公尺，其中兩股設存車庫一列，長一百二十公尺，以爲保養客車之所，以上各軌道，均可兩頭貫通，調配車輛，亦稱便利。

六 在正綫與貨運站台之間，另加設卸貨月台兩處，均爲U字形三角式，外邊均設有卸貨車道一股，台中凹形處，以三股道伸入，使能在月台上，利用三邊或四邊沿，同時裝卸貨物，以收分地工作之補助，而省時間，各股道，有效長度，由三百至四百公尺，又在月台上中間（三角形式）及兩邊餘地，分設轉運站，貨倉，貨棚，露天堆棧及管倉辦公室，又於貨站場中敷設串軌兩道，兩頭通行，專爲設置地磅及量載規之用。

七 軍用站在站場之東北端，有三邊沿U形月台一座，軌道四股，有效長度二百四十至四百公尺，月台長二百八十公尺，濶十公尺。

八 此外正綫之西北，設有材料廠，貯料倉場之專用綫四綫，各長三百至五百公尺，入機廠綫，煤水綫及三角道等，則設在站之西南端。

九 統計全場軌道（包括雷湛支綫一部）共長約五十四公里，其中正綫長佔三公里，客車軌道佔十五公里，貨車軌道佔十七公里，機廠車房軌道佔十九公里，材料軌道佔三公里，又全場道岔共用一百四十四副：內（12）號道岔四副，（10）號道岔十二副，（8）號道岔一百二十八副。

十 站內排水系統係按地形另圖設計，共約用（60）英寸圓形鋼紋鐵管八千五百公尺，（36）英寸圓鋼紋鐵管二千五百公尺，（24）英寸圓形鋼筋混凝土管二千公尺，（1）公尺明溝三千五百公尺，大進人井三十座，中型沙井二十座。

十一 關于本站場之機廠，電廠，修理間，機車房等佈置，係按部定甲等標準範圍而設計，足敷發展之用，統設在正綫之西南端，又本站之給水來源有二：永久而大量之水源，擬設在路西十餘公里外之湖光岩，利用該處天然湖水，用明渠或水管設法引入站內，該湖水量甚豐，足供本站常年之用，將來湛江市自來水廠之水源，亦須取給於此，但該計劃較爲艱巨，目前站內給水，擬先就地鑿井取水，湖光岩給水問題，仍需視將來湛江市發展情形如何，然後決定之。

十二 其餘煤場，煤台，灰坑，水塔，水鶴，三角岔道，轉車台，木工間，油漆間，鍋爐間，油氈傢具庫，動力間，水泵房，料庫，機工宿舍等，均在正綫之西南，妥爲佈置，各以軌道聯接貫通之，另於旅客月台中部，設天橋兩孔，跨越軌道，以利旅客，尚有鐵路醫院暨扶輪學校，均擬設在車站西北之高坡上，取其環境清幽，宜於療養與攻讀，並於站外築路通達之，以免跨越軌道之煩。

十三 本車場內，軌道部分線間面積須挖土方數量，（除房屋部份，雷湛支綫旗站及碼頭填築海坦

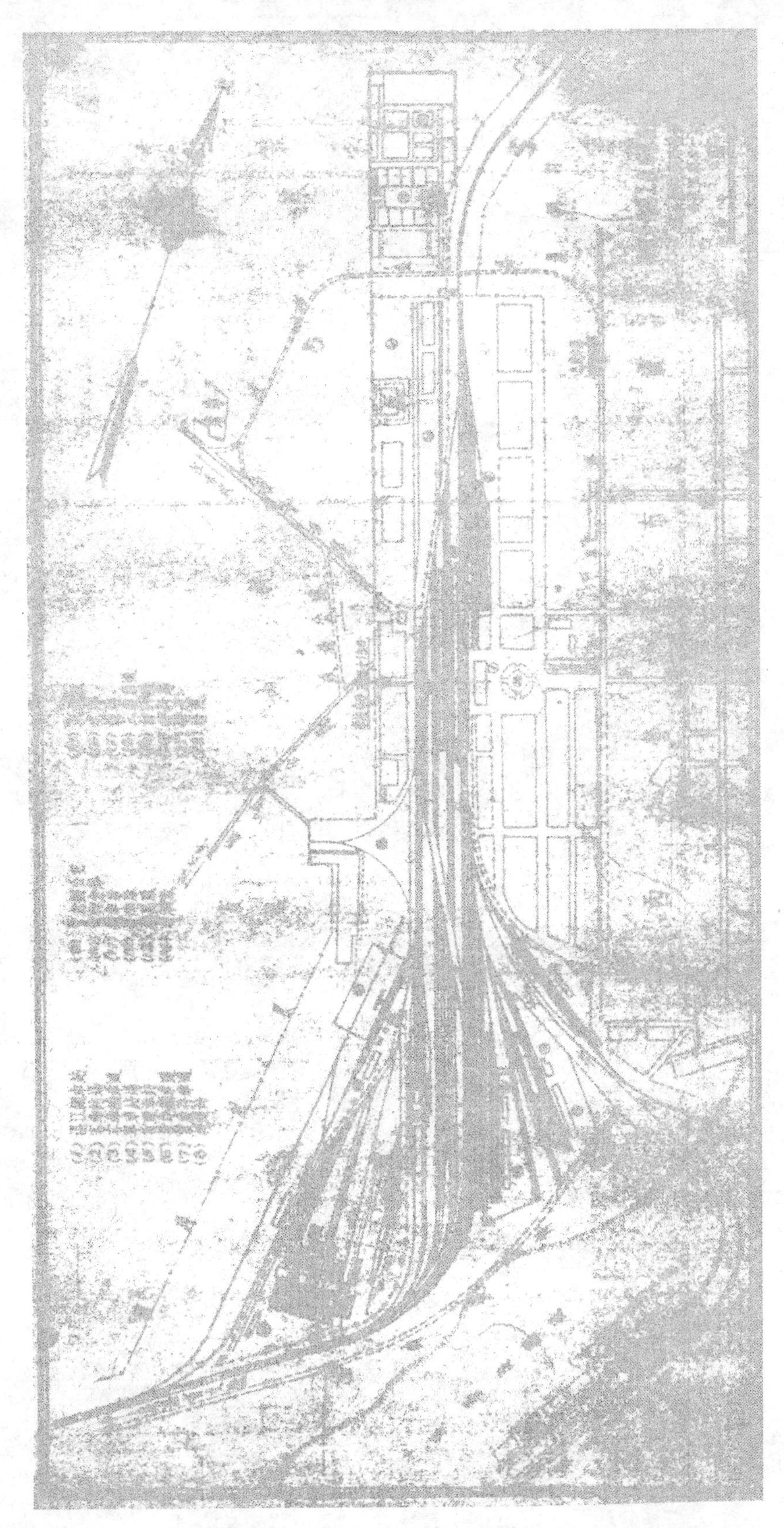

11543

土方，未計入外。）約需填方六十餘萬立方公尺，及挖方六十五萬立方公尺。

十四　本站爲與港口碼頭堤岸聯絡起見，設有堤岸碼頭支綫，由入站之第一，二股道設岔，用（2）度彎線伸出，長約八百公尺。又在直切線一段，開設岔道，接以（4）度或（6）度彎，伸入沿岸邊，平行鋪設軌道四股，以利貯倉貨物之裝卸與轉運。（本支綫係屬港口範圍，其軌道系統，暫不列入本站場計劃之內。）

數量估計——按上述佈置客貨車各股道，每日最低限度可進出旅客列車八次，貨物列車十次，各不阻；茲假定每一列車之組成，平均爲二十輛貨車，又每一貨車平均裝載率爲二十五噸，則每日出入口運輸總噸數，爲 10×20×25＝5，000T.，每年除去大風雨或其他不能工作日期之實際工作日，爲三百二十天，則全年出入口運輸總噸數，爲320×10×20×25＝1,600,000T.，日後業務發達，設備周全，調度靈活，則其運量可以增加一倍，即每日之最大吞吐量，爲一萬噸，全年最大之吞吐量，爲三百二十萬噸。

附：湛江總站站場佈置圖

湛江名勝史蹟紀畧（續50頁）

2．宋王寺在湛江碙洲區淡水附近，風景秀麗，相傳有宋末帝時，宋端宗與帝昺逃亡至碙洲島上，未幾端宗崩，時陸秀夫等，即在碙洲奉立帝昺爲君，相隨尚有宋朝文武百官與士兵十餘萬，即就今之宋王村建都，改號祥興，升碙洲島爲祥興縣，冀圖匡復，無何元軍又至，遂棄島出走，於新會之崖山終爲元軍擊潰而亡，至今碙洲區上，仍有祥龍書院，及宋皇祠可供憑吊；

3．越王祠在湛江東營北拔鍍頭村，相傳明末崇禎時，田賦繁苛，時有村儒陳某，因不堪壓榨，避居海濱，捕魚爲活，適遇風浪飄流至安南，值越，黎王親兵巡征，時越爲中國藩屬，承受文化，雅尚詩書，陳應試後，爲越王所識，喜陳某才學，欲贅爲駙馬，惟格於成例，遂公開文會，陳一試成功，卒獲入贅，未久黎王崩而乏嗣，於是衆舉陳繼其位，迄清光緒十二年法國併越南後，始說滅我國，鍍頭村人多以陳某曾爲越南藩王引以爲榮，因立宗祠並以其甄選入贅之詩文，鎸勒碑石，以紀其盛；原詩曰：「漢苑梁園作比齊，微風細雨把經題，暮巢燕有雙關意，出谷鶯含一口香，芳草綠聯門外馬，落花紅立柳邊人，飄然物外渾無跡，望賦仙城傳終身」。

11545

寶天鐵路幾項特殊工程

——歐陽悦明——

寶天鐵路完成於抗戰期間，經費困難，物質缺乏之日，一切工程設施，均須力求節約，就地取材，儘可能避免使用外洋材料；又該路沿渭水西行，地形複雜，工程艱巨，甲於隴海全綫；而當局又三令五申，限期完成；故各級工程司對於問題之處理，因之頗爲特殊，亦感別緻。本人服務該路，歷有數載，爰就耳聞目見，或會親自經管者，一一概述於后。計有洩水洞，半坡涵洞，不襯砌之土質隧道，拱上之拱，隧道之木質圓頂等等。以上各種工程，容或可於別路見之，然未有如是之普遍，蓋其背景或不如寶天之複雜，地形亦不盡相同也。

（一）洩水洞　寶天工程之特別艱巨者首推隧道，（全綫一百七十公里，竟有一百一十座之多）其次則爲排水工程。茲首述排水工程之一之洩水洞。

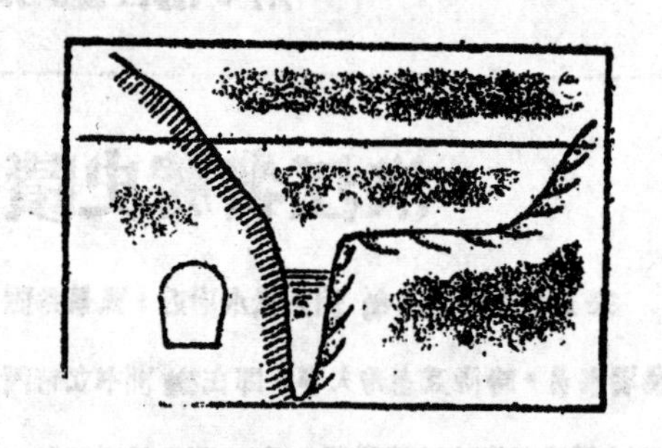

余曾負責之陳家園支段即有此種洩水洞一個。地在72隧道東口，其地形畧如右圖，圖示路綫越一山谷，最深處25公尺，普道爲10公尺左右，寬110公尺；如以土方填去10公尺之部份，亦須有一50公尺之鋼梁橋，或鋼筋混凝土橋，10公尺深之部份乃屬土質，必須下挖若干公尺方得石層基礎，橋台橋墩高度，自不在小，而當時鋼梁大抵均須仰給外國，洋灰亦遠至重慶購運，抵達工地，已屬潮濕過半，用於橋工實不相宜，設使採用石砌拱橋，則橋長當在60公尺以上。幸河谷西岸爲堅石地層，乃以小型隧道爲洩水洞，其剖面積畧大於洪水位時河谷之水流斷面積，而長度不過30公尺耳，其工費之節省，可不待詳算，便可了然。

此種洩水洞，寶天全綫共有34座之多，大抵多屬堅石開挖，其有屬土質或鬆石者，均須加以襯砌，其或間有失敗者，多爲鬆石質，蓋因坍塌過多，支撑不易也。（此不僅洩水洞爲然，即其他正綫上之隧道，亦以鬆石質者爲最難對付。）

（二）半坡涵洞　V形之山谷，普通均在底部設置涵洞，俾水流可以順利排洩，寶天涵洞甚多建於半坡之上，或更高之處，以期減少長度。如此則溝床水平提高，必俟河水長至相當高度，方可進入涵洞。因之谷底經常存有積水，類似水塘，有時車站用水，亦可取給於是。

亦有改移河道，使水流直注涵洞入口者，此則必須河身不長，坡度陡峻，然後工程不大，設使河溝派遂流長，則改修水道所增加之土石方工費將或超出涵身縮短所省之費，便不經濟，例如上述陳家園洩水洞處之河谷，則不能使用此種方法處理，蓋該河源流甚遠，而河床坡度甚緩故也。

（三）　不加襯砌之土質隧道，　拓石附近，約當70公里處，有土夾石質之隧道長20公尺，開挖之後，不加襯砌，亦無坍塌，其主管工程司之膽識殊可欽佩。

（四）　拱上之拱　76隧道西端地質爲鬆軟之土夾石及頁岩碎片，粘結力甚低，雖加支撐，亦不能止其坍落，時日既久，竟坍成一洞，直通青天。該處襯砌乃用青磚支牆混凝土磚拱，另於拱頂砌一一公尺半左右之小拱以利工人出入，隨時清卸坍方，一旦有堵塞情事發生，工作人員可以循此退出。此小拱之左右上三方均加以回填，將來完工後，小拱本身亦準備填塞，整個稱爲隧道回填之一部。　然76隧道迄今尚未挖通。只以臨時便道通車，不知是因此種方法成效未著，抑另有其他困難也。

（五）　隧道之木質回填　72隧道全長200餘公尺，全屬風化甚速之石灰岩，用劣質之土製炸藥開炸效力甚低，爆炸次數加多，洞身岩石傷裂特甚，故常生坍方；其最嚴重之處，竟超出規定尺寸五公尺有零，成一尖頂向上之三角形狀，設於襯砌之後再有坍塌，拱頂受五公尺落下之重物衝擊，必致碎裂無疑，如以乾砌片石全部回填，則拱頂已不堪回填物質本身之重壓，（壓力只及半拱，並非普遍散佈）。幾經考慮，始以乾砌片石回填半數，而以一公寸左右之木柱支撐上半。預料若干年後即使木柱朽壞，彼時乾砌片及磚拱之灰漿結合力已達最高度，亦勉强可以抵抗一兩公尺小塊墜物之衝擊矣。

工訊

來湛鐵路粵境工程處近訊

來湛鐵路粵境工程處，係於去年初成立於湛江市，迄今已一年有半，該處除專責鐵路工程外，尚兼辦湛江口工程事宜。港口方面，以工程較爲艱鉅，需分期進行外，目前祇係測量，計畫，海底鑽探及興築舊有碼頭需用材料之購備等工作，正式工程之展開，尚須大量工款撥到後方可着手，路線方面，去年六月以前即完成全線定測工作（粵境共長90公里）。當時計畫，原擬在一年半期內完成通車，祇以沿線治安日趨嚴重，劫車毀路，時有所聞，該處則在期中已蒙損失，計有新卡車兩部及電台全部機件員工衣物等悉被焚劫，司機技工死亡與失蹤共三人，損失綦重，幸定測工作經已告竣未受影響，然以湛玉公路不通，沿線治安惡劣，工程雖告成立，亦不能開發，該處工程，遂致無法進行，延至秋冬，沿線治安，迄未好轉，加以物價隨日月而暴漲，原有預算，早失平衡，該處一切工程，因之而一籌莫展，去年一年間除路線定測全部完成外，祇能辦理各項工程之準備工作，如完成各種工程之設計，地畝之調查登記，擬定施工章則，及議为材料而購備一部建築材料而已！

本年上半年，地方治安逐漸好轉，原可勉强進行一點工作，以慰地方人士之興望，又以國家正忙於戡亂，建設事業，頗受影響，益以籌備行憲，政府準備改組，工程費無法大量核撥，雖由該處負責人盡力籌措及向銀行透支一部份工欵，亦無濟於事，僅可供應購備材料，及準備收購一部份地欵，餘祇可作維防費之支應與維持員工生活所必需之辛費，以此本年上半年之工作，在種種條件與環境限制之下，終於無法展開！今幸行憲經已開始，新政新人，國家建設工作，諒亦可一新國人耳目，尤以建設華南之呼聲頻來，來湛鐵路之完成，自是意中，聞該處經已擬就一年完成之施工計劃，並擬於本年下半年完成大半主要工程，計劃經已呈送，一俟層轉核定，所擬工欵如數撥到，即行大舉興工，明年今日，鐵路機車，便可與湛江人士見面矣，玆將該處本年下半年施工計劃探列如下：

㈠收購沿綫用地及遷移綫內坟墓，使居民於開工時不致蒙受重大損失，並開設苗圃，培植樹苗，以作保護沿綫路基之用。

㈡全綫路基及車站土石方分段興築，擬於年內完成三分之二，約四百萬公方。

㈢全綫大小涵洞一百八十一座，擬於年內全部發包施工。

㈣全綫大小橋梁三十四座共長約四百四十公尺，擬先修築橋墩與橋台基礎工程，包括鋼樑預計年內可完成百分之五十，其餘橋面裝設等，擬俟明年上半年完成之。

㈤電訊設備擬先行架設一部分，使能供工程時期之用，其餘行車通訊設備，統俟明年上半年內陸續架設。

㈥沿綫車站十處及道班工務材料倉庫等均於年內建造，以便工程時期工程人員辦公及住宿之用，其他車站之附屬建築物如月台，水塔，煤台，灰坑等亦擬擇要興工。

㈦今年工程所需之材料，如在國內可購辦者，則分向各地洽購，至如道渣枕木，亦擬先行準備一部份，國外材料則促請部方儘早運濟，使明年工程得進行無阻。

會聞

「中國工程師學會本年年會將於十月間在台灣舉行，關於土木工程之論文，擬着重在港灣，鐵路，及公路三方面，會由總會推凌鴻勛茅唐臣，及周鳳九三先生，分別負責征集。請各會員多爲撰述，於八月卅一日以前，逕送本會，以便屆時送會宣讀。」

附錄

中國工程師學會各地分會職員暨會址表

分會名稱	會長	副會長	書記	會計	會址
南京分會	沈怡	楊簡初	沈乘魯	黃殿中	南京鼓樓金陵大學楊簡初先生轉
上海分會	趙祖康	施孔懷	余盛楊	胡尚廉	上海漢口路市工務局三四五號室轉
北平分會	石志仁	孫傳儒	譚炳訓	王翼臣	北平市內一區燈市口大街甲四十五號
天津分會	高鏡瑩	閻子亨	王華棠	陳靖宇	天津第二區自由道十四號
武漢分會	夏光宇	周鳳九	總幹事 李鴻斌	孫保基	漢口市中山大道鹽業銀行三樓平漢鐵路局工務處
瀋陽分會	董文琦	孫文藻	王慶吉	李一匡	瀋陽南市區北六經路八號東北水利工程總局轉
濟南分會	丁基實	王洵才	徐景芳	劉文亭	濟南經二路二五一號
廣州分會	陳宗南	李卓 梁安民	麥蘊瑜	余文照	廣州文德路三十九號
重慶分會	吳華甫	陳哲生 張洪元	熊明善	吳錫瀛	重慶國府路一四〇號
成都分會	藍田	李鎮南	李鑑民	洪孟孚	成都中新街二十五號
昆明分會	林鳳岐	方剛	陳綰	翁立可	昆明耀龍電力公司
貴陽分會	劉建熙	韓德舉	王百雷	譚沛霖	貴陽南明區清鎮路十五號
蘭州分會	沈圻	戈福祥	賈樹桐	陳湘濤	蘭州五泉山麻家巷
衡陽分會	杜鎮遠	林詩伯	陳宗漢	詹永合	衡陽粵漢鐵路衡陽機廠
長沙分會	余籍傳	陶勳	潘封京	劉有如	長沙建設廳余籍傳轉
南昌分會	胡嘉詔	蔡方蔭	張仲智	陶友椿	江西南昌百花洲路
西安分會	莫衡	潘承孝	陸廷俊	錢鳳格	西安崇恥路東段七十七號
太原分會	彭士弘	謝宗周	閻錫珍	趙承綱	山西太原市興晉所十號西北實業公司

桂林分會	何　杰	劉昌景	張禮賢	覃　寬	桂林廣西省政府建設廳張禮賢轉
青島分會	陳履夷	王新元	盧鉞章	沈銘盤	青島廣州路三號青島電廠轉
南寧分會	馬　雲	謝子舉	賈家彥	唐慕堯	廣西南寧
福州分會	黃金濤	楊廷玉	陳德銘		福建福州城內馬山路福建省公路局
長壽分會	方志遠	黃育賢	曹受光	張少松	四川長壽第七號信箱
瀘縣分會	吳欽烈	劉人璜	俞念祖	俞念祖	四川瀘縣中山路十號俞念祖轉
內江分會	何永爽	張季熙	張大鏞	孫一清	四川內江蟠龍場一號
自流井分會	朱寶岑	楊子南	孫世襄	吳　家	四川自流井川康鹽務局工務處
大渡口分會	張可沼	孟憲聽	辛庶咸	徐萬邦	重慶二〇九號信箱
白沙沱分會	張志純	呂則仁	萬庭芝	邱　耀	四川白沙沱白沙農場
遵義分會	湯元吉	王國松	蘇元復	錢鐘韓	貴州遵義四面山兵工廠
天水分會	吳昇佑	張金品	張祥基	李求是	甘肅天水西大街二四五號西北公路管理局
老君廟分會	董蔚翹	熊尚元 郭可詮	韓士元	鄒錫庚	甘肅老君廟甘肅油礦局
西昌分會					西康省西昌技藝學校
南平分會	邢國棟	許永綏	陳紺溪	王能超	福建南平中南新村九號
開封分會	陳洋嶺	宗　彤	張人鑑	劉德潤	開封樂觀街十二號
錦州分會	雷寶華	陳崇炎	秦乘常 劉崇光	張象昶	錦州鐵路局工務處
美洲分會	虞祖貽	朱　霖 武　進	沈兆麟	葉良弼	
台灣分會	楊家瑜	劉晉鈺	吳文熹	費　驊	台灣台北市開封街一段四號三樓
塘沽分會	邢契莘	李景潞	龔尚華	王翳三	塘沽塘沽新港工程局工務處
上饒分會	孫雲霖	顧家楨	柳民均	熊緒英	江西上饒八角塘一號
湛江分會	桂銘敬	柯景濂	吳民康	曾宇翹	湛江西營逸仙北五路

編後

本刊編纂以來，最感困難者：第一爲經費籌措之困難，其次爲本市印刷業之未臻理想。每次輾轉籌措所得之費用，輒爲物價劇漲影響，使預算失去平衡。每需從新設法，如克竣事。他如印刷工廠中之科學文字，符號，與工程上所用之術語；鉛字多付闕如；每須另作木刻或改用其他字母替代。至如所有插圖，多因電版製造不良，而改用藍晒圖代替，致本刊出版，益增其困難。

本期專載欄之：湛江港建設計劃大要，與工程紀述欄之：湛江總站站場佈置二文爲最近修改後，最先公開發表者。論著欄之：鋼筋混凝土T字梁橋之研究一文，亦爲一心得佳作，值得介紹。

本期承蒙：陳學森先生贈送藍晒圖紙，粵境工程處代爲藍晒圖件，大光報粵南分社代印本期刊物，熱誠協助，統致謝忱。

——編者——

粵南唯一機器製造火柴

湛江火柴廠出品

◎擔保好用◎

◎枝枝着火◎

風行已久

紅玫瑰火柴

最近新出又一佳品

甚工人火柴

工場：湛江市赤坎泰康橫路五號至二十號

營業部：中山路一六八號義利行內

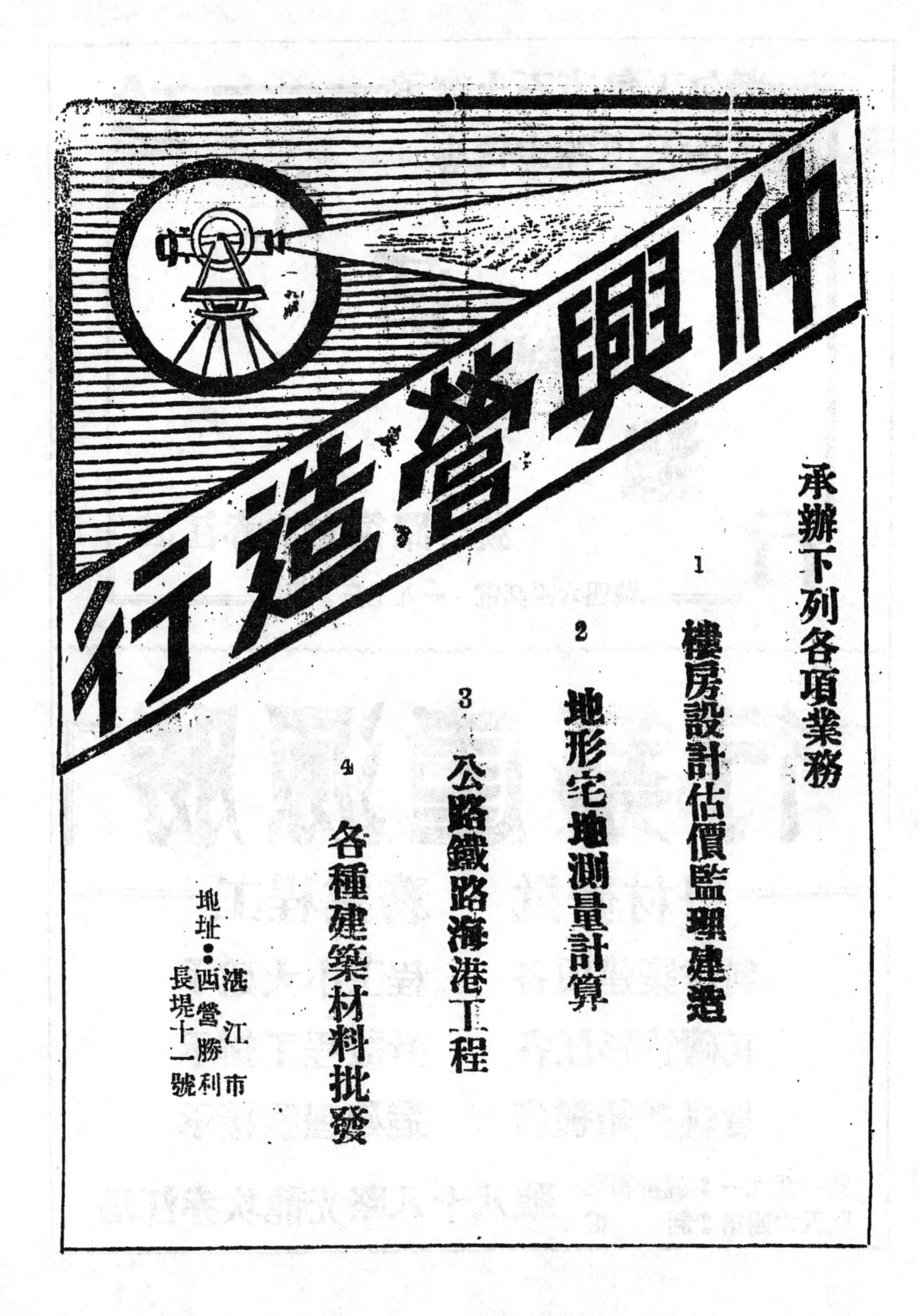

仲興營造行
承辦下列各項業務
1 樓房設計估價監理建造
2 地形宅地測量計算
3 公路鐵路海港工程
4 各種建築材料批發
地址：湛江市西營勝利長堤十一號

承辦土石方包工包料

專營建各項大小工程

珍生活營造行

湛江赤坎光復路一號

電報　三七九一　電話四六四號

勝源建築行

工程業務　　批發材料

承建大小工程　　各項建築材料

承辦工程設計　　各江杉竹磚瓦

承接監理建造　　各種船料雜貨

湛江赤坎龍光路八十八號

電報掛號：一一九九一號

電　　話：第四六五號

忠誠爲君解決一切房產問題之
萬通建築行
本行業務概要
1 設計一切公私大小中西式之建築。
2 一切建築土木工程之工料估價及營造。
3 一切地形房屋之測量勘察及估價。
4 一切房屋地產信托買賣或函托營建。
廣東湛江市西營祖晃路第二十號
電報六三九 電話一八八號

工程界

11557

第二卷　第一期　　三十五年十月號

中國技術協會出版

品質精良 永不退色
各大棉布莊均有經售
霸王
洗晒永不褪色
色布
每二碼有此金印
霸王藍布
淺深二色
洗晒不褪
質料上等
售價低廉
注意
每二碼均有
霸王『金印』
顏色分5号
6号13号16
号19号五種
任客選擇
鼎新染織廠標準出品
發行所 寧海西路五十号
電話 八二四四六 八八四五八
廠址 甘世東路六百号
電話 七七〇〇三

太乙調味粉廠股份有限公司

手牌
一味
各南貨店
均有出售
各種食品中一經加
入此粉便覺其味津
津飲食倍進洵又可
口又衛生之精品也
太乙
精粉

事務所	外灘一號六〇三室	電話一六五五三
製造廠，	凱旋路一九六號	電話二三五九三

通俗化的工程月刊

工程界

第二卷 第一期 三十五年十月號

中華民國三十五年十月一日出版

主編者
仇啓琴 楊臣勳 欽湘舟
上海陝西南路533號
發行者
工程界雜誌社
代表人 鮑熙年
上海陝西南路533號
出版者
中國技術協會
代表人 宋名適
上海陝西南路533號
印刷所
中國科學公司
上海中正中路649號
總經售
中國科學公司
上海中正中路649號

各科專門編輯
土木
何廣乾 薛鴻達
機械
王樹良 周增業 許鐸
電機
周炯槃 戚國彬 蔣大宗
化工
沈天益 趙國衡 錢儉
紡織
徐穀良 俞鑑

POPULAR ENGINEERING
Vol. II, No. 1, Oct. 1946
Published monthly by the
Technical Association of
China

本期定價八百元

目錄

▲黄河堵口計劃，係由居住二十餘年的美國顧問所主持，彼資格甚老，對於新自美國歸來技術人員的種種建議（如利用新式效率甚高的挖土機。以省人力等），堅持不予採用，無論如何要用中國苦力，故由聯總運來的機器，只好暫擱一旁。

▲資委會湘江煤礦局，月產烟煤一萬五千噸至二萬噸，爲目前華中之最大煤礦，主要供給武漢國營交通機關及公用水電公司。

▲據上海江海關統計，七月份各項進口貨中以美棉佔首位，燭皂油脂臘膠松香佔第二位，棉布第三位，至於生產工具如機器等類之輸入不過佔進口總値百分之〇・九。出口貨之次序則爲生絲，皮貨，桐油三種爲首云。七月份之入超較六月份減少45,608百萬元。

▲現在國內機器價値比較戰前約增二千四百倍。滬上新貨柴油引擎，廿匹馬力以內，每匹價爲七十萬元至一百萬元，廿匹以上一百匹以下，均屬舊貨，每匹價自五十萬元至一百萬元不等。十匹以下之舊貨，每匹價自六十萬元至八十萬元云。

▲後方工業百分之八十以上都已停頓，收復區工業最先受打擊的爲造紙，製藥，水泥，燒硍，煉乳，捲烟等。

▲後方工廠復員委員會總幹事，謝天沙氏於八月廿三日飛京，向最高當局請求撥發敵僞工廠，以救濟內遷工廠云。

▲湘桂內遷工廠於八月一日在滬舉行復員座談會，除述內遷經過外，據云在三十三年六月湘桂大疏散中，遭受損失之工廠計107單位，損失機器器材噸位合卅三年價格達三百二十萬萬元，經濟部在渝時曾允給予損失補助費四萬萬元，但迄今尙無下文云。

▲外匯放長後，本因軍需關係而蓬勃的橡膠工業反遭受原料進口價格飛漲因之成本增高的影響，但售價不能增高，以符政府功令，故前途不易樂觀。民營工業之被動性，可見一般。

▲渝集成公司曾發明鈔票油墨及綢紋油漆二種成品，曾經經濟部特許專利五年，抗戰期內曾供給中央印製廠油墨近十萬磅，惟自中製廠遷返南京後，已就近採用外貨，致該公司銷路斷絕，停止生產。現該公司爲保持發明榮譽起見，擬於南京設廠，恢復製造上項成品，仍供中製廠之需用云。

黄河堵口工程美籍技術顧問頑固不化
國人發明鈔票油墨綢紋油漆繼續供應

留義人造絲專家方柏容建議發人深省
上海戰後工業用電僅及戰前用量之半

▲留義化學工程師人造絲專家方柏容氏，曾向中國紡織建設公司建議：一九三〇年後，日本人造絲產量大增，據一九四二年之估計約有工廠 48 所，平均每廠年產約六百萬磅（約2700噸），而我國迄今猶無一所人造絲廠之設立，但人造絲之消費量據民廿六年之調查，在上海一地每日需用十五噸以上，如連同全國各地總計，每日消費量約爲三十噸，全年則爲一萬一千噸，即必需年產六百萬磅之人造絲廠五所方足供應。但欲創立一完備之人造絲廠，則非數百萬美元不辦，且全部機械國內不能承造。最有利最便捷之辦法，莫如請求聯合國戰後賠償委員會將日本人造絲廠儘量撥償我國之戰時損失，則可建立一自給自足之人造絲工業矣。

▲據八月廿六日大公報訊，紡建公司已與中央信託局易貨處商洽向日本購人造絲一萬箱裝運來滬。我國則以大豆食鹽易換，大約不久即可實施云。

▲日本現在的工業生產力，據美國鮑萊及柏納二工程師之報告云，其鋼珠軸領廠仍佔亞洲各國生產量總和之81％，鋼條佔75％，銑鐵44％，鉛63％，鋅79％，銅72％，機械工具85％，運輸機械65％，硫酸75％，鹽酸90％，電力56％云。

▲台省工礦處接收敵僞工廠，共計495單位，其中由台省公營者200單位，資委會直接經營者15單位，資委會與台省長官公署合營者43單位，將來組織公司吸收民股者26單位，此26單位中歸國營事業公司者，有石油，鋁，銅三單位。國省合營者有糖業，電業，肥料業，運輸，機械，造船，水泥七個公司；省營者有煤礦，鋁業，化學，印刷紙業，窯業，鋼鐵業，工礦器材，電工業，鐵工業，土木工程，油脂，玻璃工業等十二個公司云。

▲上海戰後工業用電（三十五年五月份）僅及戰前（二十五年五月份）用電量之47％。據上海電力公司之預測本年八月需十三萬瓩，十月份需十四萬八千瓩，明春一月需十六萬四千瓩；明年冬季需廿二萬瓩；但該公司現有發電機總量僅十二萬三千瓩，實際上能供給者不過十萬三千瓩，惟現時每日最高負荷達十一萬餘瓩。

▲蘇聯於1946年中投資四十三萬萬盧布以恢復及建設蘇聯鐵路，計恢復爲德軍破壞之鐵路一千一百公里，鋪設新軌道一千二百公里，新架橋樑255座，車站174所，機車修理廠16所，車輛修理廠13所，并將一千一百五十公里之鐵道予以電氣化云。

公共工程與技術

趙祖康

我十分榮幸地應中國技術協會之約，與諸位熱心工程的讀者們來討論關於戰後復興中國的一個重要問題：就是公共工程與技術。

現在分五點來講：

第一，什麼是公共工程？公共工程是爲一般人民謀生活上之福利，而由政府主持舉辦的工程，在英美稱爲 Public Works；近代國家的業務設施，漸漸由政治的，軍事的，而演變到經濟的；由貴族的，局部的，而擴充至於全般的，社會的，於是公共工程更加顯著重要，其所包含的範圍亦更加廣泛了。在我國古代，照周禮考工記所載，知者創物，巧者述之守之，世謂之工，百工之事，皆聖人之事，可知最古時代能開物成務，利用厚生者，便居君師之位。築路造橋治水通渠，都是最有關民生之事，降而至於造宮庭陵寢樓台園囿，便與民生稍遠，但是水利與道路在我國歷代政府，一直是很重視的，在英美兩國，公共工程之發展在此二次世界大戰以後，日益擴大，英國在戰時設立了公共工程部，在美國，以羅斯福總統的見地與魄力，組織了 P.W.A.與 F.W.A. 等機構，撥發鉅款，由聯邦政府舉辦或協助辦理。各項公共工程，除道路及河道等工程外，甚至人民住宅亦列入公共工程計劃之內，於此可見近代國家將公共工程範圍益加擴大的情況了。現在我們列舉來講，可說道路、河道、橋樑、房屋、市政、水利都是公共工程，甚至鐵道工程，飛機場工程，港埠工程，也可列入公共工程範圍以內。在一國有一國的公共工程，在一省一市有一省一市的公共工程，而牠的目標是在爲市民謀福利。

第二，什麼是技術？技術是科學的應用，在英語爲Technology，我人知道工程學 Engineering。是由科學、經濟學、藝術學、三者配合二成的；工程的結構要合理而安全，故必須是科學的；工程的費用要最合算，故必須是經濟的；工程的外表要美觀，故必須是藝術的，而技術之意義則在乎這工程的科學的方面，即或是合乎力學的，（如一座橋之設計）或是合乎化學和生物學的，（如一個污水處理廠之處理方法）或是合乎水力學的，（如一個河道改良計劃）但技術之意義亦一樣重在經濟學的方面，萬里長城和金字塔可說是世界上極大的工程建築物，牠是 Works；長城的建築很堅固，取線也相當好，金字塔的建築經發現富有幾何學上甚至天文學上的意義，但牠的技術的意義似乎尙不够，因爲牠不是很科學的，也不是很經濟的。

第三，公共工程最需要技術，公共工程在古代常常征發農民來做工，叫做徭役，在近代國家亦常用來作爲救濟失業的一種社會設施；如美國也有用來加速完成一種實際上是軍事設施的工程，如第二次大戰前德國之築汽車專用路，我國在民國廿一二三年期間及抗戰期間，中央發動大批民工築公路，也是爲軍事的居多；此種工程因迫於時間，很容易流於減低標準，或竟粗製濫造，在費用上雖似節省，有時反不免浪費，但我們要知道，公共工程是爲公衆的應用或享受，關係至爲重要，牠的安全性和經濟性實在比非公共工程更爲嚴重。例如治黃河築堤的工程，決不能和人家家裏築一道圍牆來比上的，溝渠工程決不能和人家家裏開一小井或築一個廁所來比擬，所以第三點，我以爲公共工程很容易不够技術，而實則最需要技術。

第四，技術要透過公共工程——公共工程如能在設計施工方面都好，則一般人民均能享用並能親身經驗；同時，如果這項工程中所含的技術性，能由工程師加以解釋，則很容易得到人民的了解：我國沿海的農民善於築塘，也懂得三椿三石，這是一例。而且，公共工程規模既大，費用也鉅，牠是爲大多數民衆造福的；若有服務熱忱的工程師樂於參加其間，則可有試驗、比較、研究等機會。所以，第四點，我以爲技術透過了公共工程，可以促進技術之通俗化與進步。我國數十年來吸收西方文明至鉅，從財政到法律，政治再到哲學，文學再到科學，工程；但現在尙有不少人重視工程，而不重視科學；或知有工程，而不知工程之靈魂在乎技術。這是把工程當做一種單純的技巧看的緣故。如果要把技術通俗化，發展公共工程該是一條很好的途徑。

第五，上海公共工程的技術——現在我把上海的公共工程概況說一下作爲一個例子，上海在戰前是公共租界，法租界及特別市三者，分別管理的。他工程設施的技術性，各有不同，各有程度。兄弟承乏上海市工務局，接辦工程已有半年，此半年中的工程，眞是千頭萬緒。感觸萬端，只能先從大體來下手。譬如上海市街路面的設計與施工是有技術性的，可惜八年淪陷，毀壞的很多；上海的房屋建築也是有技術性的：上海地層土質很軟弱，但上海濬浦局與前工部局的工程師，對於打樁頗能研究，故在起初雖有很多高屋要沉陷；到後來，設計就相當的好，即如國際飯店，因打樁有數公尺，監工亦佳，到現在也下沉極少。但是上海的溝渠，它的設計與施工，便不够稱爲技術了。不够技術的原因很多，如費用太大，不易作合理的，通盤的，整個的設計；還有越界築路區隨時搞換，不容許合理的設計；總之，溝渠設計是很費精神與時間，並需要豐富的經驗。以前租界上工程師，不肯多所用心用力，這似乎也不能諱言。

再有上海的都市計劃City Planning似也不够技術；尤其是公共租界的街道太狹窄，不能爲全市着想，即使要將主要各路合理加寬，又因少數人的利益，就妨礙了公共的福利。總之都市的設計不肯作遠大計劃，或因限於租界範圍，無法可想，當亦是可能的。

結論　從上所講可見公共工程一定要爲公衆謀福利方面設想，那才算是合理的，經濟的，——即是技術的。我很希望民衆們能多多關心這事，熱心贊助與推進公共工程，並能多多認識技術，提倡技術，庶不負職，後後與建設中國的使命。

如果一旦工人也懂得計算，那麼工科學生還要比現在不值錢——

中國工業化過程中的技術問題

渝大興鐵廠總經理兼總工程師

余名鈺

1. 中國沒有工業化

現在談工業化問題，是樁很合潮流的事情，可是中國處在目前的環境下談不上工業化三個字，當然無所謂工業化的過程，所以過程中的技術問題也就無從談起。不過我們可以假定中國要工業化了，那麼，過程中的技術問題如何解決，也許可以討論一下：

首先我們要檢討一下中國目前爲什麼談不上工業化的原因：

政府當局將工業與商業等量同視

工業不比商業，可以隨時開張，隨時收歇。工廠必須有固定的廠址，一定的機器設備，以及儲存相當多的製造原料，這些都不是輕易可以設立，輕易可以遷移；抗戰時期，工廠內遷，所遭受到的損失，就是一個很好的說明。

直到目前，中國還沒有工業法，只有商法；沒有工廠聯合會，只有商會。在民國廿四年時候，有人已經開始提議釐訂工業法，可是到今天還不見公佈。因此，工業所付的所得稅哩，過分利得稅哩一直按照商業的辦法。經營商業，商品今天買進，明天可以賣出，資金的周轉非常迅速。至於工業則不然，生產品要變成現金很不容易，工業方面所用的原料，種類繁多，製造過程各不相同，但是在事實上政府目前對於工業的一切財政措施，與商業一視同仁。這也是中國所以不能够工業化的一個原因。

缺少一個全盤的經濟政策

外國工廠的股票在市場很通行。如果存在金融上的困難，工廠還可以發公司債，或是以廠的名義獨立發行，或是由信託公司担保代爲發行。在中國就沒有這樣的條件。試問那一家工廠發公司債；有人肯出來担保一下?

眼前中國的工業，缺少一個經濟的全盤計劃，大家不能配合起來，一任其自由發展，發展過度，不免發生生產過剩或是粗製濫造的現象，結果大家失敗，我們只要看某一種生產有利可圖，大家就集中製造，把原有的生產品都丟在一旁。如果整個社會經濟的生產能合理支配，那就沒有一窩蜂製造的現象產生了，也只有固定的生產，技術上才能改進。所以沒有計劃，中國還是不會工業化的。

教育制度必需改善

今天來聽講的諸位，多少跟教育有過關係。我可以坦白的告訴大家，中國的教育跟社會脫了節，毫不符合實際的需要。這是指過去的情形而說，在目前的時候更不行了，因爲教授的待遇根本太低。學校沒有跟工廠啣接起來，試問所有畢業生中，有多少離開學校以後能够展其所長？學校教育應該跟工業配合起來，這樣纔能產生有用的人才。這一方面學生本人也應該負起責任。有許多學生在學校裏讀書，完全抱着分數主義，眼光從不看到社會，自己也沒有思索一下，將來離開學校，能不能在社會的一角立足。

照理說，大學畢業的學生，可以做工程師，高中畢業的可以當工頭或領工，初中畢業的可以做技工。不過在目前，初中畢業的不屑與工人爲伍，充一名技工。在後方，一個大學教授的收入，不及二等技工。初中畢業的充當技工，可以提高工人的水準。但是現在初中畢業生都不屑當一名技工。高中畢業的不是不肯當領工，事實上做領工的資格也不够，差不多只能動動筆墨，不能參與實際工作，因爲寒暑假短時期的實習，實在不够應付。現在學校裏出來的學生惟一勝過工人的地方，是能够計算計算，如果一旦工人也知道如何計算，那麼，學生還要不值錢。在大學裏雖然原理讀得透澈，但是在工業方面要講究實際，大學生沒有實際的經驗如何能當工程師。

我們不必諱言，大學畢業的學生，能够再下苦功的不是沒有，不過很少。一個人做事，應該從下層做起，否則不能了解事業的全面，我在國外的時候，從開礦到鍊鋼，都實際動過手。事情非經歷過，不知其艱難，自己親身經驗過了，纔知道實際的情況，如果沒有實際的經驗，單憑理論，和空想要從事設計，只是盲目設計，對事實非但沒有裨益，反而只有遺害。我就有這樣一個脾氣，凡是自己不曾經驗過的決不嘗試，在重慶，一隻大的發電機壞了，照例，自己也可以拉着算尺按書本依樣葫蘆，可是盲目的事情，我決不幹，這不是不信任自己，實在過份信任自己，一定會誤事非淺。

學習工程的，應該不曉得他們是一樣什麼東西，一有機會，就學習。因爲只有這樣方始能造就一個有用人才。德國的工業很發達，大學裏畢業的至少要進工廠當一年的實習生。否則就不能做工程師。同時，他們在技工中選拔優秀的來充當領工，再由領工挑選工程師。換一句話，他們的工程師都是由實地經驗的技工出身。

技術人員的生活必需給予保障

中國的社會，有一個很不好的習慣，不肯將自己知道的秘密教授別人，有一句古話：「只傳媳婦不傳女兒」。這完全因爲國家沒有保障，技術人員，不得不如此以維護自身，在這種情形下，怎能求技術上的改進呢？戰前我也是如此，可是抗戰到內地，處處受封鎖，不得不用許多代用品臨時救急，於是「秘密」也公開了許多。但是，說老實話，當然還剩留着幾分！

2. 我的辦法行得通

技術方面的問題很多，現在約略談一個粗枝大葉：

所謂技術，並非指國外最新式機器介紹到中國，或則出幾個錢問外國買一個 Patent，這只是一個技術的應用吧了！目前談到中國工業化的技術問題，有兩點值得注意：

第一是市場能力問題，外滙定得很低，中國差不多成爲美國的傾銷市場。本來每個國家有國內跟國外二個市場。中國不必談國外市場，連國內市場都已發生了問題。

指起國內市場，我們得注意市場的購買力。有一位朋友想問美國訂一套完全自動的製瓶機，他來和我商量，我問他機器多不多呢，他說有一大套，我說不妨買一組來試試，不要全套，爲什麼我這樣勸他呢？因爲如果把整套都裝運來，開工之後，大量生產的出品，決不是中國人的購買力所能容納，不是反而造成生產過剩又鬧恐慌了嗎？

第二個值得注意的問題是整個生產過程的問題，生產程序有二種方式，一個是縱的，一個是橫的，縱的工業，以發展一種工業爲主題，在這個工業裏所需的原料，附件，將由個別以生產原料或附件爲主題的工業來供給，這是一個正常合理的生產方式，也是一個確會工業化了的國家的生產方式。所謂橫的，就是原料到成品一切自給自足，不使一些外力。抗戰時期在重慶，我就採用這個辦法。那時重慶，沒有焦炭，鍊鋼是少不了焦炭的，於是自己辦一個焦炭廠，要焦炭，必須要煤，於是我和附近的煤礦接洽好。這樣，煤有了，焦炭有了，鋼也可以鍊了，我又創立一個製釘廠就在這樣的圈子裏，換過了敵人的封鎖。不過，我相信，只要中國一天不工業化，我的方式還可以存在一天，現在，我並不考慮把牠改變。雖然，我知道我的辦法不對，不合乎世界潮流。譬如美國吧，到那面去參觀飛機製造廠，看不到一個製造整個飛機的工廠，所謂飛機製造廠也者，只是將各種飛機另件配合起來的工廠。中國就不一樣，說得長一點的話，我這個辦法，至少還得幹上十年，二十年！

3. 技術是什麼？

其次，各位切不要對技術二個字太入迷，以爲是講究發明。技術是一種合理化的推理方法。發明是一會事，實際的應用又是一會事。譬如Plastics，早在五年以前已經發明了，可是商業上的應用，還是不久以前的事。當初用 Plastic 做成的一只茶几是這樣的輕，任何微小的力量可以把它傾覆，要將理論上成功的事物放在實際應用，便是技術的問題。經過五年的功夫，技術問題是克服了，我們現在在上海簡直像在一個玻璃世界了。我遇到許多人，都只注重發明，不肯重視到實際的技術方面。這是很大的錯誤中國必需要像外國一般，有獎勵技術的機會。

4. 幾個具體的辦法

根據上面所講的，歸納起來，要提高技術水準，注意技術的重要性，必須有下列三個條件：

(甲)研究的設備和機構。

(乙)檢驗工具的設備。

(丙)標準的適宜的實驗工作。應該按步就班從最下層做起，不可躐等求進。

工業和技術有密切的關係，工業和組織也不能分離。過去幹工業的實在太沒有組織了。有許多辦工廠而成功者，大多目不識丁。這是因為從學校裏出來的，不是去做官，就是去經商，做官經商果然不像我說那麼容易，不過這兩條路的確開着很大的門。從學校裏出來的去辦工業，不肯深入民間，不知道從何處做起；可是目不識丁的，倒能深入民間，知道實際的情形。

戰前上海有一家專門製造 Piston的，他製造的出品，一用以後總要發生漲裂的現象。他不斷試過好幾次，結果總是失敗。以後在一個偶然的機會上，我和這位製造家談起這個問題，我就問明他，製造程序以及工作標準都很合理，原因是因為鋼裏面他少加了些鎂，於是，我便和他說了，他就要代為買一些，第二天我跟他開了一張 Order 定半噸鎂，從此他做 Piston，決不要再去收集汽車的舊汽缸來改造，恐怕到現在半噸鎂，還沒有用完，這次回來，他的廠已經很發達了。這種人的苦幹，蠻幹的精神造成了他們的成功，可是另一方面理論的缺陷，使他們不能有進一步的發展。(大凡這種廠家是難得請教工程師的。)結果呢，辦工業而成功者只開了一朵很小的花，而由學而工的亦祇開了朵小花。以後應該大家組織起來，聯合起來，使工業界開一朵光明燦爛的大花，這是在推進中國工業化中一個很迫切的問題，所以我特別把它提出來。

5. 不要做萬能博士

中國未來工業化的過程中，應該有一個共同研究的機構。如果有能力，應該辦工業學校，在那裏有專門的研究組織。如果學校不能肩負這椿事，最低限度，工廠聯合起來，合力舉辦一個研究所，至少對於每一個工業都要有初步的研究設備。同時可以由國外輸入檢驗的工具，大家共同利用。各種工業要有組織的推進。不問輕，重，大，小都要試辦。中國工廠規模較小，技術問題間或有之，要一個工廠經常僱用一二位工程師解決技術問題，似乎不很經濟，所以最好要推行顧問工程師制度。我們有會計事務所，法律事務所，為什麼我們不能有工程事務所呢？不過在中國做顧問工程師很不容易，因為大家的心目中，顧問工程師是個了不起的人物，好像是工程師的工程師，要是一個人掛起了這塊招牌，有人便會嘲笑，你難道本領這樣大可以回答一切？

技術上還有一件很重要的事情就是資料，它是研究所得和經驗所得的結晶，我們到外國工廠去學習所得到的只是表面的一些皮毛，實貴的資料決計學不到，如果我們將國外最新式生產方法購買過來，還得靠我們自己進一步的研究。因為過了十年廿年，新的也變成舊的了，難道我們再出錢去購買人家的新 Patent 嗎？這是經驗的累積。幼稚的中國是無法與外國競爭的，

6. 最後的幾句話

中國過去辦工業，好像盲子騎瞎馬，亂衝亂撞，不知損失多少；直接間接，不知浪費多少。有人統計過中國能够正式生產的人只有二萬，中國雖然地大，但是物並不博。現在中國的工業已經到了一個很嚴重的階段，以後如果國人再不奮起，前途真是不堪設想。

要求中國步上正式工業化的路上，先要從事工業的人有工業化的頭腦，不然工業化的希望很少。而且這個工作，還得聽講諸位努力宣傳，只有全國了解工業化的重要，中國才會工業化！

——陳鴻年紀錄

從具體的資料來觀察上海的工業狀況

上海市工廠鍋爐設備之檢討

上海電力公司工程師

吳作泉

緒言

在近代文明中蒸汽鍋爐應用範圍之廣，實爲其他各種機械所不及。電力廠之發電設備，自鍋爐啓其端，輪船火車之駛行，以鍋爐爲其動力之源泉，推而至於各種製造工業，或則利用蒸汽之動力，或則利用蒸汽之熱量，或則以蒸汽之使用爲製造過程中必要之步驟，凡此無不與鍋爐發生相當聯繫，再如巨廈之取暖，浴室牧場及洗衣作等之設備，亦多有賴乎蒸汽鍋爐之應用，是與某一國之文明程度，實可自使用爐鍋之情形衡量得之。

但鍋爐之種類至多，其式樣尺寸之選擇，工作狀況之決定，價格之高低，效率之優劣無不須視客觀條件，詳加研究。設或構造不良，維護失宜，管理不當，則往往能發生爆炸，大者可毀滅全廠，小者可損毀鍋爐之一部，而致員工傷亡，工作停頓，在物質上精神上，均蒙受重大損失。上海工業發達冠於全國，本篇所述，係統計本市各工廠及其他場所使用鍋爐之實際情況，列表予以說明，並對各種鍋爐之性能，加以註釋，俾作有關各種選擇或使用鍋爐時之參攷。表中各項統計數字，係照卅四年年底爲準，除公寓大廈保暖所用之蒸汽鍋爐，因壓力較低與本文無大關係，雖經附錄篇末，但恐數字容有未全外，其他各工廠使用之鍋爐，經列入表中者，至少當在總數百分之九十以上，又以該項設備，變動性較少，以往半年內，鍋爐之進口及本埠新製者，爲數極少，故與目前情形相較，當可無大出入。

鍋爐數之統計及其增加情形

上海鍋爐之應於工業方面，以何時爲始，實難查攷，惟據前公共租界工部局之調查，在民國二十四年，界內共有蒸汽鍋爐 475 具，更從當時鍋爐之年齡及每年拆毀鍋爐之數量，加以推算，則在民國十四年當有鍋爐225具，在民國19年當有295具。

前法租界於民國廿三年開始辦理鍋爐登記，據其記錄，當時共有鍋爐約一百具。

兩租界以外之地域，對工廠之使用鍋爐，向無明確統計，惟就民國廿三年社會局編製之上海市工廠名錄加以估計，則當時兩租界以外各工廠之鍋爐總數，約在三百具左右。

由上列各項相加，可知民國廿四年上海各區共有鍋爐八百五十具左右。

再據民國卅四年底本市工務局之統計，全市共有蒸汽鍋爐1426具，其分佈情形，略如下表。

	前公共租界及越界築路地區	前法租界	本市其他區域	總數
民國廿四年	475	100	300	857
民國卅四年	1206	140	80	1426

由此可知在以往十年內，經八載抗戰，舊租界區域內之鍋爐，數目激增，而在其他區域，則相形減少，惟其總數，則仍增加五百具以上，蓋戰事發生後，一部份郊外，鍋爐移裝於舊租界範圍以內，至新建之鍋爐，以供給小型工廠者居多，故其尺寸亦平均較小。

鍋爐用途之用析

就本市1426具鍋爐言，其分佈於各種工廠之情形，照國際勞工局工業分類之次序排列，如第一表所示，並作簡單說明如下：

第一表

上海市工廠鍋爐分類統計 卅四年十二月三十一日

	立式横管鍋爐 V.C.T.	立式多管 V.M.T.	蘭開夏式 Lan.	考尼須式 Corn.	臥式外燃迴烟管 HRT.	船用式 Scotch.	機車式 Loco.	考克令式 Cochran	水管鍋爐 W.T.	暖汽鍋爐 Heating	合計
機電製造	13	6	—	5	2	3	—	—	2	—	31
公用事業	—	—	6	—	—	—	—	—	32	25	63
市政府	5	15	--	—	3	2	11	3	—	—	39
化學及製藥	123	42	14	27	19	15	3	7	18	2	270
棉紡織	25	8	106	12	17	14	3	2	53	—	240
針織	11	3	2	4	11	3	—	—	—	4	38
漂染及印花	17	3	34	17	16	27	—	—	8		122
洗衣	7	7		—	4	—	—	—	—	—	18
繅絲及絲織	6	—	10	6	1	5	—	—	4	—	32
毛紡織廠	13	2	5	2	5	2	—	—	1	—	30
製帽	16	2	1	1	3	2	—	—	—	—	25
皮革	4	4	1	1	3	—	—	—	—	—	13
橡膠	31	5	2	12	12	7	3	2	2	—	75
捲烟	19	16	6	3	11	2	—	3	1	—	61
食品及飲料	35	12	2	7	2	3	—	9	10	—	80
榨油	1	2	1	—	8	—	1	——		—	13
製紙及印刷	9	1	6	12	9	6	—	——	1	—	43
浴室	27	2	—	—	33	—	—	1	—	—	63
旅館及公寓	7	1	—	—	8	3	3	3	—	104	128
學校及醫院	1	1	—	—	1	1	1	4	1	9	19
其他	9	3	3	—	5	—	—	1	—	—	20
合計	379	135	198	109	173	95	25	35	124	178	1426

機電製造業中，包括在製造及修理中之鍋爐，其他以用於鍛鐵工場之汽錘及少數電工器材廠者爲多。

公用事業中包括本市電力電話電車及自來水公司之一切鍋爐，惟閘北水電公司之高壓水管鍋爐七具尚未列入表內。

市政府之鍋爐以用於壓路機及宰牲場者爲主，化學及製藥業使用鍋爐達270具爲本市其他各業之冠，再分析其內容，以製造皂燭，酒精，薄荷，燒鹹，化粧品，油漆及西藥爲主，戰事期內小型化學廠建立最多。大都設備簡陋，在270具鍋爐中，立式鍋爐共165具，佔半數以上，其變動性亦最大，至大型及壓力較高之鍋爐則均用於皂燭廠。

棉紡織業使用鍋爐240具其數量雖次於化學業，但大型臥式蘭開夏鍋爐達106具，水管鍋爐達53具共佔67%以上，故依受熱面積或蒸發量計算則棉紡織業所用之鍋爐，實遠在其他各業之上，而其蒸汽壓力亦較高也。

針織廠之鍋爐主要用於紮紗烘燥及燙平。

小型染織廠以絲織物之染色爲主，其鍋爐以船用式最爲盛行，棉布之漂染廠範圍較大，其鍋爐以蘭開夏式及孔尼須式爲多，

洗衣作之鍋爐除一二外資開設範圍較大者外，其餘均用立式低壓鍋爐，以其資本較少，利益亦較薄也。

絲廠在戰前本爲本市主要工業之一，戰時期內，外銷中斷產量激減，絲廠之得繼續維持者十不得一；表中所列之鍋爐32具。大多均已經年未曾使用，或每年開工日期不足一二月。

毛紡織廠及製帽廠之鍋爐，用於洗毛烘毛及

織成品之烘燙及蒸煮。

機製皮革廠及橡膠廠中，鍋爐爲必備機械，惟因本市此類工廠以中小型者居多，故鍋爐亦以立式橫管及火管爲主，壓力則通常在每方吋九十磅以下。

捲烟廠中烟葉之調製，烟絲及烟捲之烘燥，較上等者均用蒸汽，惟浦西華商工廠大率係戰後新設，規模不大，浦東區中烟廠尙未列入統計中，故表中所列鍋爐，亦以中小型者爲多。

食品工業中包括啤酒，調味品，罐頭食物，牛奶消毒，淸涼飲料，蛋製品，及醬油等工廠，因其範圍甚廣，故所用鍋爐之種類及使用之壓力亦較龐雜，其中以啤酒廠之規模最大。鍋爐之尺寸及壓力亦如之。

榨油廠中臥式外燃迴烟管（HRT.）鍋爐獨多，使用壓力均在每方吋100磅左右。

浴室中所用之鍋爐，幾限於立式橫管及HRT.式兩種。其頂部均附有熱水箱，HRT.式鍋爐之鍋壁四週，多環以方形水櫃，爲其他各業所不見者，其使用之壓力較低，但因維護標準，往往較其他各業爲差，故危險性反較大。

旅館公寓學校及醫院中用以取暖之鍋爐，以生鐵片型鍋爐爲主，使用壓力，大多不足每方吋十五磅。

其他類中，包括倉庫鋸木廠，僧院及慈善團體煮飯，營造打樁等。

工作壓力之統計

第二表詳示各類工廠使用蒸汽時工作壓力之分配情形。

第　二　表

上海市工廠鍋爐使用壓力統計表 卅十四年十二月

蒸氣壓力（每平方吋磅數）	0—50	51—75	76—100	101—200	200—以上	合計
機電製造	6	5	19	1	—	31
公用事業	18	—	3	8	39	68
市政府	3	1	12	23	—	39
化學及製藥	87	83	82	17	1	270
棉紡織	18	34	131	54	3	240
針織	5	15	17	1	—	38
漂染及整理	13	54	46	9	—	122
洗衣	8	4	6	—	—	18
繅絲及絲織	7	14	6	5	—	32
毛紡織	7	8	14	1	—	30
製帽	10	10	5	—	—	25
皮革	1	3	9	—	—	13
橡膠	10	24	41	1	—	76
捲烟	2	23	34	2	—	61
食品及飲料	29	24	17	11	—	81
榨油	1	1	11	—	—	13
製紙及印刷	5	7	22	9	—	43
浴室	43	18	2	—	—	63
旅館及公寓大廈	126	3	—	—	—	129
學校及醫院	8	2	4	1	—	15
其他	6	4	9	1	—	20
合計	419	335	489	141	43	1426

由該表可知，目前本市鍋爐之工作壓力在每方吋200磅以上者，除電力公司及自來水公司以外，僅紗廠三具（發生動力）及化學廠一具（製造甘油）而已，工作壓力之在每方吋50磅至100磅之間者，佔絕大部份，近年以來因煤斤來源不暢，燃料低劣，通常工作壓力，猶較各鍋爐額定壓力為低。

第三表顯示各種式樣不同之鍋爐，在各種蒸汽壓力下之使用情形。

第　三　表

上海市各式鍋爐使用壓力統計表 卅四年十二月

工作壓力(每方吋磅數)	0—50	51—75	76—100	101—200	200—以上	合計
立式橫管	188	133	57	1		379
立式多管	23	44	53	15		135
蘭開夏式	3	33	124	38		198
孔尼須式	13	35	60	1		109
臥式外燃廻烟	38	43	87	5		173
船用式	6	32	46	11		95
機車式	4	5	4	12		24
考克令式	4	6	21	4		35
水管鍋爐	3	4	37	54	43	141
暖汽鍋爐	136	—	—	—		137
合計	419	335	489	141	36	1426

各式鍋爐之性能

吾人在選擇鍋爐之前，至少應顧及下列各點（1）蒸發量（2）工作壓力（3）效率（4）價格（包括磚牆等裝置費用）（5）所占地位（6）燃料（7）給水來源（8）保養費（9）安全性（10）蒸汽使用情況等項。

第　四　表

各式鍋爐常用尺寸限度表

式樣	直徑(呎)	長度(呎)	爐排面積(方呎)	受熱面積(註)係數K
立式橫管	2—6	4—14	1.75—22.5	0.8
立式多管	2—6	4—14	1.75—22.5	1.20
蘭開夏式	6—9	19—30	18—45	0.60—0.50
孔尼須式	4—6	11—28	6.5—21.5	0.82—0.60
船用式	4—18	4—17.5	5—200	1.00
機車式	——	——	5—100	——
考克令式	3—8.5	6.75—17	4.75—41	1.0—0.73
臥式外燃烟管	3—6	8—15	——	2.25
外管	——	——	20—450	

註：受熱面積約估法：受熱面積（方呎）＝K×長（呎）×直徑^2（呎）

第五表

各式鍋爐性能比較表

式樣	通常最高壓力(磅/方吋)	熱效率 %	爐中溫度 °F	每小時蒸發量 磅	蒸發係數 磅/時/方吋
立式鍋爐	100	50—55	1800—2000	100—2500	4.5—8.5
孔尼須式	120	45—60	2000—2200	750—3600	4.5—8.5
蘭開夏式	180	60—78	2000—2600	2500—10,000	4.5—8.5
船用式	180	60—70	2200—2800	3000—50,000	4.5—8.5
機車式	180	60—60	2200—2800	2,000—30,000	7.0—12.0
水管式	250	75—85	2400—2800	4,000—50,000	4.0—8.5
水管式	650感更高	85—90	2800—3200	100,000—1,250,000	或更高

各式鍋爐之構造情形，在普通教本中，均有叙載，本文以篇幅所限，不擬多述。惟就上列數項，略作簡單之說明與比較。關於(1)，(2)，(3)三點，在第五表中，列舉各式爐鍋之通常範疇，惟表中之熱效率，係指在理想情况下所能到達之最高效率，通常本市各工廠對於鍋爐之養護向多疏忽，筆者在某工廠所作之鍋爐試驗，發現其立式橫管鍋爐之熱效率僅在25％左右，離標準相差至遠，此種現象當甚普遍，初非限於一廠也。

價格一項當包括鍋爐本身之價格及裝置時磚工另件等費用，立式鍋爐及船用鍋爐等毋需磚工，裝置費用至省，水管鍋爐臥式烟管鍋爐及蘭開夏鍋爐等，磚工所費，往往甚爲可觀。

立式鍋爐佔地最省，船用鍋爐及水管鍋爐次之，孔尼須式及蘭開夏式佔地最費。

我國燃料價格向甚昂貴，而自抗戰以來尤爲貴，近年鍋爐所用之燃料幾無所不包，凡烟煤，白煤柴油，木柴，菜餅，稻草，煤渣，牛馬糞便，各色穀物等均有使用，工廠選擇鍋爐之前，對可能應用之燃料，應加考慮，否則臨時改裝爐膛設備，往往所費不貲也。

給水品質低劣易生水銹及引起腐蝕作用，而以高壓高溫時爲尤甚，故如給水不良，除非能預加處理否則當取鍋爐內部之易於清除及觀察者爲宜。

蒸汽使用數量如增減無定者，所用鍋爐其貯氣部份應大，如蘭開夏式等，否則應另裝貯汽器以收調節之功。

如何調節燃料費用

目前物料缺乏之如爲節省燃料而對鍋爐開設備大事更張，事實上或多困難，惟下列各點，實屬輕而易舉，苟能加以注意，不難獲得相當成效：

(1)購買燃料，應以其中所含熱量爲標準，烟煤，柴油，菜餅，木柴，何者最爲合算，應先測知每單位重量中所含之熱量再照市價核算，方能購得最經濟之燃料。

(2)鍋爐傳熱面積，須內外全部保持清潔，水渣烟灰，須勤加敲刷，以增傳導效率，放污水舍應每日開放，勿使水渣存積。

(3)鍋爐全部磚牆，如有裂縫破損之處應即修補塞緊，勿使漏氣。

(4)人工加煤須使其均勻，不可太厚，如爐排過長，送煤不達可將後面爐排用火磚砌去若干。

(5)預先一日將全部煤屑，用水洒濕使達相當濕度(約百分之十)，然後燃燒，則微粒煤屑，不致吹入烟道。

(6)凡爐殼及汽管外部須用石棉或其他絕緣物包紮，如蒸汽使用量起不伏勻應設置儲汽器，使燃燒得趨均勻。

(7)鍋爐進水須均勻，勿使忽多忽少。

(8)儘量利用廠中各部之凝結水及廢汽，以增高鍋爐給水之熱度。

(9)鍋爐用水應用自來水或其他軟水，萬不得已用井水時應先加化學處理以減少其中水渣成份。

(10)烟囪應有適量之風力，使燃燒完全。

(11)如有省煤器(Economizer)及過熱器等設備應儘量使用。應用熟練火伕對廠中現有火伕，應加訓練，以改進其燃燒之技能。(完)

火箭砲及其他

你高興嗎？假如你每月需要二百萬美元，供你試驗，實澈你的理想，而政府却每月給你一千五百萬美元幫助你！

清華大學航空系教授 錢偉長

題目是火箭砲及其他，那末，就先從其他談起吧！其實火箭砲這樣東西，的確也包括了許多其他東西。我在美國參加火箭砲實驗工作，學到了不少其他的東西：我想先提出來講一講，同時，拿火箭砲作爲例子來說明這個見解：

技術人員只有從被動和雇用改換到主動和獨立才能充分發揮創造性

沒有一種技術是個人創造的，它必定是人類智識經驗累積的成果，戰爭四五年中引起了許多技術上的問題，而技術問題的產生，根本就脫不了技術人才，沒有人才也就無所謂技術問題，技術人員因此亦捲入了政治的旋渦。

技術人才，可以分爲二種，(可是人們往往忽視了第二種人才。)一種是維持現有的技術活動，即普通大家所公認的：工人維持工廠生產，職員負責生產管理，以推動整個工業活動。還有一批，具有廣博的科學智識，改良並創造新的技術，以推動整個工業的前進！

像日本，技術的發展大多是模倣性的，即使是很大的工業也是僱用性的，這不過做到維持技術的活動，絲毫沒有創造性。因此日本的科學家都是被動地作爲軍事侵佔的工具。美國1910年以前，也是如此，直到第一次大戰結束以後，方始意識到如果過去的工業作風，不加以改變，決不能適應世界的新環境，因此開始注意發揮技術人員的創造性，才造成今日美國在工業上充份機變性和主動性，能在技術上充份發揮主動性的只有蘇聯、英國、美國，以及因爲物資缺乏而失敗的德國，技術上的主動和創造在戰爭時期才看到了他們的實質。造成了顯著的爭鬥，這不是一旦造成，是幾十年的苦功呀，

怎樣才能從被動和雇用改換過來呢？

技術人員從被動和雇用改換過來，必須具有幾個基本的觀念：

第一：各種工業技術不是一個人所能造成，拿火箭砲來說，並不如我們想像的有什麼火箭工程師，從似乎是無關緊要的學習理論的，化學的，以及氣象學，天文學，地質學，材料學的人才，都參加了火箭砲的設置工作以後，才有顯著的成績。

多方面人才集中在一起來研究，第一要合作。合作的基本條件是各本所責，盡最大責任，不任意批評他不知道的事實。一個問題祇有有經驗的人方始了解，而即使了解，沒有技術上的配合，還是不能有什麼貢獻。

現在專門技術需要更廣泛的基礎，否則專門就有了限度，因此我們必需體味到一個小小的貢獻，會影響了整個工作的進展。

第二：技術的範圍很廣泛，技術的內容又很精細，不是技術上的人，決不能了解技術，所以在國外，技術範圍以內的事，絕對不許不懂技術的人來管理。譬如火箭砲開始研究的時候，有一個目標，射程二百英哩，準度在一英哩以內。美國政府經過精密考慮，認爲重要，所以每月撥了一千五百萬美金以供研究，然而政府並不因爲出錢的緣故，加以種種束縛，完全信託了建議繼續研究的這個集團，但在本國，技術人員要受多方的管制，減低了研究工作的效率。

第三：技術人才的培養方法問題也是一個決定技術人才的創造性的要素，一個技術人才決不是幾年之內能够培植起來，"他不但需有專門技術的智識，並且要有工程以及科學最基本的常識，因此需要長時期的訓練和培養，"決不是一般普通人

民的財力所能勝任，應該由國家負起這個責任，美國在近十年來才注意到這一個問題，他們用設置大量獎學金額以獎勵大學畢業生從事專門研究，一方面維持了現有的大工業生產技術，另一方面又培養了大批人才從事新的探討。此外提高技術人員的待遇，也已爲美國當軸所注意。技術上問題發生以後，周旋腦中，一定日夜不安，決不放心，直到解決爲止。如果在生活問題上分心，當然不會專心。這二方面，在美國都有充份的改良，在蘇聯他的政策實行了已有十五年至卅年，所以蘇聯具有創造性的青年工程師較美國多三四倍。

最後我願再提一提，技術人員所抱的態度，要不分國家的界限，技術問題決不是一個國家所能解決的。譬如原子彈是集合了法、俄、英、瑞士、加拿大、甚至中國的科學家日以繼夜研究而造成的，在美國開始製造原子彈百分之四十以上是非美國人，這就充份證明沒有技術是一個國家可以專有，這就是爲什麼愛因斯坦主張不應保守原子彈的技術秘密。

火箭炮的歷史

發明火箭砲的還是我們中國人呢！因爲火箭砲的原理和中國人的『高升』一樣是利用火藥在燃燒以後放出的氣體向下推動所產生的反作用力，將爆炸物向上高升再在高空爆炸。其能遠距離推進的原因，第一是本身輕第二是炸力足，在步槍沒有發明以前，火箭砲在歐洲已應用過了，但是因爲那時的火箭砲沒法校正爆炸的時間，並且火藥線頭露於空中易於潮濕。因此等步槍發明以後，這一問題的研究就給擱了起來。

一九三〇年在北平西山有人試驗火箭砲，據說能放四千呎高，但也許因爲施放的是中國人，總有些靠不住，政府方面未加重視。

一九三二年以前德國有很多火箭會社，施用火箭砲，企圖探測高空氣象，希特勒登台以後，把這些會社，放在一個集中的軍事機關，從事研究，從一九三二年至一九三八年，獲得初步的成功，但大規模的應用還需很多改進。

美國一向祇有私人從事研究，在一九三七年，有某老教授曾在沙漠中作公開試驗，但因爲當時美國尚未參戰，私家軍火商認爲不能賺錢，因此沒有人去過問。直到一九四〇年，才有了比較規模性的試驗。當時加省理工大學航空系的五個學生(內一個加拿大人，一個南斯拉夫人，一個中國人即錢先生)集合了幾萬元錢從事初步研究。

德國的火箭炮

一九四二年，德國的 V_1 和 V_2 開始出現，V_1 是利用火箭砲的原理，加上航空上的助力，施行轟襲的。而完全火箭式的 V_2，在一九三八年已有成就，但由於美國大規模的轟炸，阻礙了 V_2 的大量製造，同時當時德國在航空方面的發展，比火箭砲成功得多，因此就一直着重在航空生產方面對英襲擊。後來英國發明了雷達(Radar)以後，德國的空軍威力就大受影響。因此又重視起火箭砲的研究，V_2 的成功，一方面保留了多少德國空軍人員的生命，同時由於它的高速度(3600哩/時)使防禦空軍的英德高射砲無所施其技。

蘇聯的火箭炮

蘇聯在一九三八年起，一直從事遠距離火箭砲的研究，一九四〇年起，由於感受德國重砲的威脅，從才事近距離(30－50哩)火箭砲的研究。近距離火箭砲的優點，是因爲發射時無反作用力，不需笨重的砲架，只需輕便的鐵架，因此在戰場上的機動性極大。蘇德戰場上，當蘇軍大舉反攻時，運用二三百架火箭砲，在德軍陣地打開一個十哩寬，二十至三十哩深的大缺口。

美國的火箭炮

美國的火箭砲也是近距離的，有一種稱爲白射加的火箭砲，可射七千公尺遠，它的優點是製造成本低，攜帶輕便。故其效用，在迫擊砲以上。

一九四三年，在美國軍艦上裝置一種稱爲 Private 的小型火箭砲，能射七至十五哩，後來又有一種 Private D，可射二十五至三十哩，已超出了重砲的射程，而且普通的重砲，因爲反動力大，必需裝在主力艦上，而火箭砲因爲沒有反作用，不需裝在大船上，因此小型軍艦就成爲海軍中最主要的東西。

美國的 Wac Corporal

美國最近製造的一種火箭砲稱爲 Wac Corporal，係用液體爲燃料，其外體有一呎直徑，十六呎高，頭部尖圓，尾部有平衡翼。砲彈的重量先是七百磅，現已減至五百磅。此種火箭主要用在探測高空氣象方面的。其液體燃料裝在火箭砲尾部的鋼質燃燒室，用發烟硝酸爲氧化劑，Aniline爲燃料。火箭垂直置於發射架上，尾部離地約半尺，發射時用遠距離控制，當燃料與氧化劑接觸時，使盛燃料的桶因發生氣體而增高壓力，當燃燒溫度爲2600°C，壓力昇至8磅/方吋時，氣體推開尾部活門，將火箭砲彈壓之上昇。

砲彈上昇的高度，據估計可昇至43哩，實際上也許不止。43哩有幾多高呢？請諸位想一想，普通的雲爲一英哩高，汽球能昇至12哩，我們目前所能知道的天象，都在十二哩以下。要探測十二哩以上的高度，就非用前述不可了。

火箭炮不一定是殺人利器

火箭砲發展到現在其實還在初步的階段。火箭砲未來的改進，對於高空氣候的探測將有不小的貢獻。

月球環繞地球旋轉，站在地心吸力與離心力平衡的地位，我們如果能施放一種火箭砲，達到這一平衡層，那麼這個砲彈就能浮游在空中，假使我們在這個砲彈上裝置各種物理儀器，就可測知高空氣象了，但要達到這一平衡層至少須離地一百至二百哩，這個火箭砲的初速必需要四哩/秒，才能達到，離開地心吸力的初速，必需要7.5哩/秒，這在目前所知的技術，還不能做到，因爲我們還沒有發明適合於如許高溫度（5200°C）與壓力的材料。有一天，原子能能應用在火箭砲發生器上時，這個目的就可以達到了。

Wac Corporal與V_2的比較

Wac Corporal與V_2的製造眞是不謀而合。V_2雖可高射至八十哩，但其笨重的程度，也大大超過了Wac Corporal。前者重四噸，後者只重五百磅，前者的對徑是六呎，後者祇一呎，前者的尾翼，就有後者全身的高低。V_2可遠射240哩，但Wac Corporal亦可射遠七十哩。

從五人到一千五百人的大規模試驗

美國政府直至參戰以後，才開始在航空機關設立了專門研究的部門，華盛頓方面當時就派人向加省理工的火箭砲研究組合探詢研究計劃。這個學生集團自然高興非凡，連夜草擬了計劃及建議書，要求月支經費二百萬元，但政府攷核的結果，認爲太少，竟月撥一千五百萬元。

短時期內，成立了三個實驗所，其中尤以新墨西哥州白沙盆地山谷地帶的一個最負盛名。

實驗所的工作人員，也由五人而二百人，而至今經常已有一千五百人從事工作。組織方面分爲十四組，諸如固體燃料組液體燃料組，理論分析組，機務組，工程組等，分工進行。政府方面僅派遣海陸空軍事要員一人，負責防止軍事秘密的洩露。此外，還從軍隊中抽派技術軍官前來受訓。技術人員與軍官之間，决無技術方面的衝突，而且也沒有人事上的衝突。

今天討論火箭砲的問題，顯然不及原子能問題的有誘惑性，但是兩者的技術組織還是一樣的，怎樣使這些利器應用在和平時期，這是一個很重要的問題。（施汶記錄）

〔編者按〕：本文是錢先生應中國技術協會之請，於八月廿五日在中國科學社的演講稿，錢先生是美國最早研究火箭砲的五人之一，此次毅然返國，回清華母校服務。聞錢先生由美返滬之日，還接獲美國電報，堅請仍返美主持製造工作云。又錢先生現已飛平，本文不及請錢先生校閱，下期本刊或可載刊錢先生玉照及火箭砲製造之照片。

封面說明　銑床上的擴大鏡

機械工場中，工作母機的正確性，對於製成品應用的效率，有極大的關係，圖示一架在工作的銑床（Milling Machine），在銑刀的垂直方向，架了一具擴大鏡，工作完成時，工作者不必將件卸下，即可利用這架擴大鏡，檢視正確度。經如此校驗的銑床其差錯可不致超過圓弧度八秒。

英國國立物理實驗所

明　器

工程界和科學界攜起手來了——

牠是科學知識與日常生活的聯繫，理論與實踐的媒介，以及科學家與工商業的橋樑。四十六年來，牠是英國及世界大部份工業的泉源。

英國國立物理實驗所 (British National physical Laboratory)創立了四十六年，是世界著名的一個科學研究所。牠屬於英國的理工研究部(Science and Industrial Reasearch Department)是該部所屬許多研究所中最大的一個。設立在倫敦近郊的塔定頓(Teddington)，佔地六十餘英畝。領導這個實驗所的是世界第一流的科學家，現在是却爾斯達爾文；他是著名生物學家達爾文的後裔，曾在參加第一次歐戰中，獲得軍人十字獎章。

這個著名的實驗所是科學知識與日常生活的連繫，理論與實踐的媒界，以及科學與工商業的橋樑。

這裏分成十大部：就是物理部，工程部，電氣部，無線電部，度量部(Metrology)，冶金部，光學部，航空力學部，船舶設計部，以及數學部。範圍之廣，可以說是包羅萬象。

近世工業發展的前題，是度量準確的進步，要衡定這些無數的度量單位的標準，決不是私人企業所能勝任，這是這實驗的重要工作之一。度量部保存長度，質量，時間的標準單位，以及牠們的衍化單位，如體積，密度，壓力等。長度的衡量可以準到百萬分之一吋。電氣部則有一小組，專門研究如何保存國際 C.G.S. 制中電流，電壓電阻等單位的標準。同時也有無線電中的單位的標準。如週率的比較，可比出千萬分之一的差別。物理部中所的聲學組(Acoustics division)研究如何測量雜音，又有一放射學組(Radiology division)負責英國的鐳錠標準(Radium Standard)1939 年以前，世界上的鐳，有四分之一在這裏測量與檢定。

除了標準的保存外，各種工業原料特性的測定，也是重要工作之一。十部中有許多部，與這工作有關，例如工程部研究材料的『疲乏』(Fatigue)與金屬的『爬』(Creep)，後者就是在高溫度時，金屬受到各種的力而後發生的溢出現象。對於研究金屬的『爬』這實驗所還是一個先驅者。還有冶金部，研究金屬及合金的物理性，强度成分與結構。

這裏所屬的各部，大多是廣泛的，有一般性的。不過也有二個專門部，一個是船舶設計部，另一個是無線電部。船隻設計部裏，研究如何改進船型的設計以及推進作用的改良，這裏做了模型去試驗船舶的性質。這次大戰前，有百分之八十的商船，是在這裏先用模型試驗，而後再造的，這樣，據估計每年可節省一百萬磅的燃料。這次在法國上陸時所用的麥勃來港(Mulberry Harbour)，也在這裏設計決定。至於無線電部的工作，是研究無線電的傳播，衰減，方向的找尋，空氣與游子氣層(ionosphere)的性質等。戰爭中所用的雷達 (Radar)所以能成功，大都得力於此部的研究工作。

英國國立實驗所仍不斷地在生長着。一方面，每個部的工作，逐漸發展廣大，以至另設一單獨的實驗所。另一方面，有需要的時候，再添設部門。數學部就是所添的一個。牠的任務，可分三點：一爲計算工作，倘若有某一工程題目，方程式已有，但須要大規模的計算，方可定出曲線來應用，那就可以付託於這部去做。二爲統計工作，三爲計算機的改進以及設計。

這實驗所是一個很大的機構，要詳細描述，決非一篇短文所能做到，像航空力學部，光學部等，都有重要的工作，本文沒有介紹。總之，這是世界最大的研究所之一，世界公認牠的價值，牠的權威。而且可以預測各方面的科學家，工業家將更多地向牠諮詢，獲得實貴的報導。

(英 Dr. H. Buckley 著)

玻璃絲襪的原料——尼龍

——空氣,海水,和煤——

錢 儉

西曆一九二九,美國杜滂(Du Pont)化學公司,聘請哈佛大學有機化學敎授卡羅脫斯(H.W. Carothers),主持其化學研究所,專門從事于重合作用(Polymerization)之研究。這是一個有計劃的工作,所中集有十餘位化學專家,在卡氏領導下,進行新重合物之製造。卡氏工作的開始是重合酯(Polyester)的研究,到一九三二年轉換方向,循多元酸(Polybasic Acid)與胺(Amine)縮合成重合胺(Polyamide)方面進行,終于在一九三七年發明重合胺纖維,這就是世稱的尼龍(Nylon)。

這種新物質製造成功以後,他們向全世界宣稱,在美國已能由水,空氣,煤三者造成一種强似鋼鐵的纖維,它非但可以代替天然絲一切的用途,並且還有許多特別應用,所以轟動全球。一九三八年杜滂公司開始大量製造尼龍,那時適當我國抗戰初期,國人不甚注意,及去年勝利後,玻璃絲襪源源進口,引起了大家的好奇,而我國戰前主要出口品生絲及豬鬃,在美國銷路,頗形滯阻,因是尼龍一物,已爲我國朝野所關心,儼然爲我出口品勁敵矣。

尼龍,這是商業上的一個名詞,在化學上講是一個二元酸和二胺(Diamine)重縮合的胺(Polyamide),最簡單的分子式是

$$H[-\overset{H}{\overset{|}{N}}-(CH_2)_6-\overset{H}{\overset{|}{N}}-\overset{O}{\overset{\|}{C}}-(CH_2)_4-\overset{O}{\overset{\|}{C}}]-OH,$$

若將這個無數同樣的分子,經過重合作用互相聯接起來成爲重合胺,則這種重合體就稱之曰尼龍。

從上列尼龍最簡單的分子式看來,那末很清楚的,構成尼龍的二種基本東西,一是二元酸的已二酸(Adipic Acid)一是二胺的已二胺(Hexamethylenediamine)。至是尼龍本體的秘密完全發現,按着就該研究如何應用空氣,水,及煤等日常接觸的東西轉化成爲我們脚上眩人的Du Pont 51絲襪和每晨淸潔牙齒用的Prophylactic牙刷了。

尼龍的製造,乃現代化學工業高度發展的成績,由于地下埋藏物質的有限,所以化學最可顯身手的地方,是向取用不盡的大自然奮鬥,我們想到汪洋的水會乾涸嗎? 不;環繞地球的大氣會消失嗎?不,因此化學家能利用空氣,水,及埋藏無限的煤來促進人類生活的享受,那是他最高的成就,無上的光榮。卡羅脫斯氏雖於一九三七年與世長辭,不及見他手創的新物質大量製造,然人類的紀錄上將永遠留下他的功業了。

尼龍的製造程序

人類總是有惰性的,問題到不得不解決的場合,才想盡方法用腦筋,以求解決,所以在今日煤膏蒸餾能大量供給苯(Phenol)的時候,尼龍的製造,不必遠兜遠轉用石灰與煤生成的炭化鈣來發生乙炔爲起始點了。本文所述即以苯爲起點,後附程序圖解,乃以空氣,水,煤三者爲原料,證明杜滂公司之語不誑也。

甲 已二酸(Adipic Acid)之製造

(一)苯醇(Phenol)之製造

苯醇一名石炭酸,它的分子式是這樣的 (苯環-OH)

在工業上的製法有二種,一是磺化法(Sulfonation),一是氯化法(Chlorination)今將二法分述如下:

(1)磺化法:將濃硫酸(66°Bé)和苯混合,在磺化器中漸漸加熱,並不停攪拌,苯就與硫酸起化學變化,到後來苯變爲磺酸,成固體狀態與硫分離。濾出磺酸與濃燒鹼共煮融,則磺酸就成爲磺酸鈉,次將磺酸鈉水解即得苯醇,其變化過程以方程式表之如下:

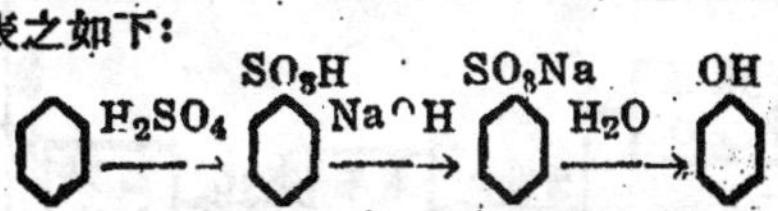

$$C_6H_6 \xrightarrow{H_2SO_4} C_6H_5SO_3H \xrightarrow{NaOH} C_6H_5SO_3Na \xrightarrow{H_2O} C_6H_5OH$$

(2)氯化法:將電解食鹽水所生的氯通入苯中,就漸漸生成一氯苯,將此一氯苯在高壓下與高熱水蒸氣作用,則一氯苯即水化爲苯醇。這是最

新的製苯醇方法，工業上已大量採用了，其變化方程式如下：

$$\bigcirc \xrightarrow{Cl_2} \overset{Cl}{\bigcirc} \xrightarrow{H_2O} \overset{OH}{\bigcirc}$$

(二)環己醇（Cyclohexanol）之製造

環己醇與苯醇僅在於炭原子鏈飽和與不飽和之分，苯醇是不飽和的，而環己醇是飽和的化合物，它的分子式是這樣的：

$$\begin{array}{ccc} & CHOH & \\ CH_2 & & CH_2 \\ CH_2 & & CH_2 \\ & CH_2 & \end{array}$$

所以將苯醇還元（Reduction）就可製得環己醇了，工業上是用鎳或鉑等金屬爲觸媒，將最純淨的氫通入苯醇中就得了，下式表明它的生成反應：

$$\begin{array}{ccc} & COH & \\ CH & & CH \\ CH & & CH \\ & CH & \end{array} \xrightarrow{3H_2} \begin{array}{ccc} & CH\,OH & \\ CH_2 & & CH_2 \\ CH_2 & & CH_2 \\ & CH_2 & \end{array}$$

(三)己二酸（Adipic Acid）之製造

己二酸有六個炭原子，而環己醇亦有六個炭原子，所以將環己醇在其羥基旁邊的鏈上裂開就成了下式的東西

$$-(OH)HC-CH_2-CH_2-CH_2-CH_2-CH_2-$$

若將此物首尾氧化爲酸基，則就是己二酸了，所以己二酸的製造，是將環己醇用强烈的氧化劑氧化之，就在羥基旁邊裂開，同時二端氧化爲酸基，生成己二酸，反應式如下：

$$\begin{array}{ccc} & CH(OH) & \\ CH_2 & & CH_2 \\ CH_2 & & CH_2 \\ & CH_2 & \end{array} \xrightarrow{O_2} \begin{array}{ccc} & COOH & \\ CH_2 & & COOH \\ CH_2 & & CH_2 \\ & CH_2 & \end{array}$$

乙　己二胺（Hexamethylenediamine）之製造

(一)己二酸胺（Adipamide）之製造

將己二酸與氨在壓力下作用，則氨首先中和二酸中之酸基，成爲鹽，然後加熱此鹽，則每一個鹽分子失去二個水就成爲己二酸胺，反應式如下：

$$HOOC(CH_2)_4COOH \xrightarrow{2NH_3} H_4NOOC(CH_2)_4$$

$$COONH_4 \xrightarrow{-2H_2O} H_2NOC(CH_2)_4CONH_2$$

(二)己二腈（Adipic Nitril）之製造

將己二酸胺除去二分子的水，就可得到這個化合物，$NC(CH_2)_4CN$ 就是己二腈，工業上將己二酸胺與矽藻土共熱，則己二酸胺中的二個水分子就被吸去剩下就是己二腈，反應式如下：

$$\boxed{H_2}\boxed{N}\boxed{O}C(CH_2)_4C\boxed{O}\boxed{N}\boxed{H_2} \xrightarrow{-2H_2O}$$

$$NC(CH_2)_4CN$$

空氣，海水，石灰，煤製造尼龍圖解

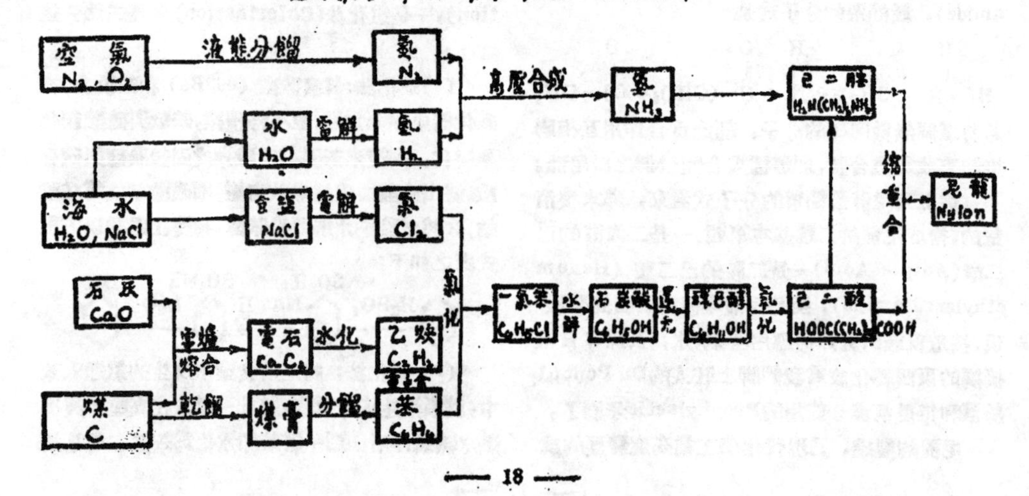

11580

(三)已二胺之製造

在已二腈中加入四個氫分子，則就可寫成下式

$$H_2NCH(CH_2)_4CH_2NH_2$$

這個就是已二胺，所以將已二腈在壓力下與氫起作用，則已二腈爲氫所還原，氫分子加入進已二腈分子中，就得到已二胺，反應式如下：

$$NC-(CH_2)_4CN \xrightarrow{4H_2} NH_2CH_2(CH_2)_4CH_2NH_2$$

丙 已二酸與已二胺之縮合

製造尼龍最重要的工作是將二個原料縮合起來，縮合的方法，是杜邦公司當然極守秘密的，確切的條件（Conditions）外人一概不知，祇能從卡氏專利說明書中窺其大概而已。

以等分子量的已二酸和已二胺相混和，用不活性溶劑如 Xylend, Thymol, p-Butylphenol 等做稀釋劑，在不活性氣體下加熱至150－180度攝氏左右，繼再在眞空下加熱至190度一小時半，則得粘稠性物質，將此物放置數日可得融點33度之蠟狀固體，

將此所得之第一次高分子體在分子餾器(Molecular distiller) 中於水銀柱高 2mm. 眞空，惰性氣體存在下，繼續加熱至240-250°，維持6－7小時，則可得熔點262度左右之可紡性重合胺。

在此反應進行中，須注意下列各項：

(一)第一次加熱時，所用眞空大約爲水銀柱50-300mm.，所用惰性氣如氮，萘蒸氣，這些不活性水體用以驅除氧，可以防止氧化，不過同時還須加入抗氧化劑如單寧酸等。

(二) 不活性溶劑如下列各化合物皆可用：Phenol,m-cresol, O-cresol, ϱ-Cresol, Xylenol, p-butylphenol Thymol,等，

(三)反應用容器可以玻璃，磁，搪磁，貴金屬合金，鎳鉻鋼製造，此等容器壁可能促進重合胺之生成。炭酸鹽，氯化亞錫及多價金屬的氯化物等可爲觸媒劑。

(四)在縮合作用進行中，反應二物最好以 0.1－5%之超過量相混和，這樣可以防止反應之過分重合，因而生成强度較小且難於處理的物質。

(五)重合胺初生成，即于高溫時，已是粘度很大，不易傾倒，所以在工業上是將熱粘的重合物由作用器中用壓縮氫流噴射在一個旋轉的冷筒上，冷凝的條片再碎爲小片以備應用。

丁 重合胺紡絲法

重合體的紡絲法有三種：即(一)熔融紡絲法(二)濕式紡絲法，(三)乾式紡絲法，個分述如下

(一)熔融法：

在氮壓3-50磅下將固體重合物加熱至 280 度左右，使之融熔，由金屬細口以每分鐘300呎的速度壓出空氣中，繼之繞上一每分鐘1020呎之迴轉筒上捲取之，將此冷固的線條行 240% 之冷延伸(Cold drawing) 即得尼龍線，若紡出口的直經爲0,0078吋，則冷延伸後的尼龍線爲 1.08Denier.

(二)濕式法：

用固體重合胺配成25%之濃度與89%之石炭酸11%之水的溶劑相混和，將此溶液由口徑 0.004吋之紡孔壓出通過于溫度75度之4%苛性鈉溶液，其速度每分鐘24呎，繞上每分鐘83呎的迴轉筒，繼行 246% 之冷延伸，如是所得之尼龍係爲 0.9 Denier.

(三)乾式法：

將固體重合胺的蟻酸溶液(濃度爲 29,2%，溫度25°C) 在氮壓力 150 磅下，以每分鐘 80 呎的速度，押出0,004 吋紡口，通過保持度70的烘燥箱，繞上每分鐘196呎的迴轉筒上，繼之行145%冷延伸即得 2,25 Denier 之尼龍線，

尼龍的性質及用途

(一)化學性

尼龍溶於蟻酸，醋酸，石炭酸中，在醚，酯及芳香族炭氫化合物中僅膨脹而不溶，不溶於脂肪族炭氫化合物中，冷的稀酸稀鹼不能侵蝕它，惟不能抵抗熱酸，鹼而即行水解爲原來的二個反應物，耐水性極大，不爲細菌黴菌所侵犯，防蛀力甚强，不能燃燒，高熱時溶化。

(二)物理性

尼龍具有天然絲的光澤，不導電，在空氣中不老化，有彈性，乾燥時的强度爲 3,26－4,5g./Denier，濕潤時之强度較小爲乾燥時之85%，摩擦抗力很大。今將各種纖維之拉力强度及伸度比較如下：

用煤粉來發動的原動機

維 吉

直接從煤粉中獲得動力是工程界在動力境域的一個大革命

五十年來世界上有許多居於領導地位的發明家，想用便宜而豐富的煤炭粉末來代替汽油及油類應用到內燃機上，但是沒有實現。這種燃料不容易變得實用，而且它的灰渣對於機件有相當的損傷。可是如果直接能從煤中取到動力總比較用煤炭燒成蒸汽再從蒸氣中取得動力要合算些。因此一般熱心的工程師們還期望着這是工業上的一大改進。

現在竟然有相當的成功了。在巴的莫(Baltimore)的約翰霍普金大學(Johns Hopkins, University)的地下試驗室裏，去年十一月的時候已有了世界上第一個成功的煤粉渦輪。不值錢的煤炭從一端輸入，被一個巧妙而簡單的機械，輾成糖分大小然後注射到發熱磚壁的燃燒室裏，除去有害的灰渣之後，過熱的燃燒氣體便激動了渦輪的槳葉。這種新的煤氣渦輪預料在不久的將來要和狄塞爾引擎或蒸汽機不但在鐵路特車上而且在海船上和工廠裏爭勝。

用煤粉而且使它像用油一樣作用的機器，我們不能把它估價估得太低。世界上的油藏量漸漸的減少了，我們却有很多很多的煤，至少够用三千年。汽油和其他油類燃料我們可用複雜的化學方法製造，但這是很明顯的事實：如果直接燒煤不是要合算些嗎？

僅僅十八個月以前，這種煤氣渦輪的運用在鐵路和煤礦公司的高級職員目光中認爲只有一點

(上接十九頁)

名稱	拉力(Tensile Strength Kg/mm²)	伸度(Elongation%)
尼龍	20—45	20—30
絲	40—60	14—24
人造絲	20	15—25
木棉	30—50	6—12
麻	30—110	2—3
羊毛	14—20	25—48
木材	2—12	——
鐵	30—50	5—10
鋼	40—60	10—40

若將絲與尼龍比較，則二者拉力強度絲稍勝，但伸度則不同，彈性亦不同，在4%伸度時，尼龍絲能在一分鐘間回復其原長，而在同樣狀況下絲僅能回復其一半長而已。

(三)尼龍的用途

尼龍最適宜於織造襪子，因爲織造襪子最需要拉力好，但是彈性尤爲重要，織造時不可缺彈性，而在穿着時亦很重要，因爲它可以使脚踝及膝蓋處不致常常受到灣曲而起皺裂，更因它耐水性極大，一經洗濯，很易乾燥，此尤爲一般人士歡迎，根據美國實驗所得，尼龍絲不易折斷，一雙尼龍襪較同樣重量及密度之普通絲襪，可以耐用二倍半，現在美國年產尼龍八百萬磅，一年中美國婦女僅得到一雙尼龍絲襪。

利用同樣的性能，尼龍可以織造各種織物如綢料，女子內衣，陽傘衣，手套，手提皮包等，尼龍尚可用壓出法，製造鬃毛(Bristle)，因其有很好的抗化學品性所以比豬鬃還强，我們現在用的玻璃牙刷，其上面的鬃毛就是尼龍製的，美國應用尼龍來代替工業用刷帚上的中國豬鬃，所以我國豬鬃的出口大受影響了。

點的希望的。這一筆在一個平常的會議裏鐵路公司談到因運煤而獲得一筆相當的收入，所以想提倡煤的用處，但是幾乎所有的燒煤的蒸汽機在許多情形下效率很不好，它們只能利用煤的百分之八的熱能，加水時間的損失，開車時候突然的震動，不但要使路軌受到重重的擊傷，而且要使鐵路旁邊的地方漫罩了討厭的烟和灰，因此那種高效率而無突震的狄塞爾機關車已把老式的火車完全打倒了。

葉洛特(John I. Yellott)是一位能幹的機械工程師，也是支加哥氣體工程學院的院長(Institute of Gas Technology in Chicago.)一年以前他趕到巴的莫去開始他的新任務。那時他準備化五年工夫去研究這問題——但是在聖誕節前，煤氣渦輪便出世了。

煤倉裏光滑的煤漸漸的輸到一個初步碾碎器裏使它變到家用咖啡粒那麼大小，但這不够細，葉洛特更用了他在支加哥時候發明的一種機器將上述大小的煤粒用高壓吹過噴孔然後突然降低氣壓使附在煤粒四週的空氣分子像亟小爆炸彈似的打擊煤粒，使它碎成用顯微鏡方能看到的小粒，這種『霧化』的機器叫作噴霧器。

霧化後的煤粉柔軟多纖毛，在手指間擦動有如燈煤一般，亟易燃燒送入汽缸之燃燒室時也像油類似的激動而合乎氣體渦輪所需的工作情形。這種煤的粉化作用也只需用百分之二的產生的煤粉的力量。

這種渦輪機使得發明者最感困難的問題是在如何除去細小有害的灰渣，這些細小的灰渣可以割裂渦輪的槳葉。葉洛特便用一種灰渣沉澱器解決了這個困難點。這是戰時的發明，會用於坦克，拖拉機及飛機發動機，以除去進氣口進氣中的灰沙減少對機器的損害。其原理是用離心力清潔空氣，成效比任何濾器要好，所以當煤氣中含有的灰渣在到達槳葉之前已被除去了。

葉洛特在燃燒室和引擎之間裝了一部灰渣沉澱器。他說結果是排出空氣比進入空氣還要乾淨。假如現在另一試驗室的試驗成功了則此沉澱器所聚之沙礫可用到鐵路上而代替了現在必需用火車裝運的兩噸沙。

這種新到引擎的優點是鐵路上的員工所想不到的，現在正在製造的一架煤氣渦輪火車頭從計算裏預計它比現代燒煤蒸汽機的效率高三四倍，它不需水：這在乾燥區域最是個優點，它不用鍋爐的檢查以及有關許多機件的清潔問題。保全問題的費用也節省了，它和狄塞爾機車有一樣的馬力。然而却只有一半的長度，並且任何種煤都可應用，就是鐵克薩(Texas)，蒙坦那(Montana)北特可他(North Dakota)以及加拿大一部分地所產的便宜褐煤也可用。

還有一個優點是在北方駕駛噴射式飛機的駕駛員所知道的，而且也是鐵路上工作人員所歡迎的。北方天氣冷，空氣密度大，煤氣渦輪便多抽入空氣致使動力增加到百分之五十。這正好足以抵銷因天冷潤滑油凝結，需要更大推動力的困難。

狄塞爾引擎仍是世界上效率最高的引擎，它的效率以燃料的潛能計可達百分之三十六而煤氣渦輪機有百分之二十四中央電力廠蒸汽渦輪有百分之三十，蒸汽機火車頭的效率却只有百分之八。但是新型煤氣渦輪只費去三分之一狄塞爾機燃料熱量單位所值的錢，這是超過於專以效率計算的狄塞爾引擎的價值了。

新式的煤氣渦輪機在水量供給不便的地方建造動力廠是很合理想的它適合於五百到一萬匹馬力載荷的動力廠。本來燒油的渦輪機是裝在船上的，但如裝用煤氣渦輪機那麼一定要經濟得多，河港裏的拖曳船是很可以第一個試用這種新式的動力機的。

這種新式發動機的其他重要用處正在尋求之中。現在進行研究用到能自動輸入煤粉和空氣的家用火爐，煤炭粉一定要在密不透氣的容道裏過。燃燒必須完全而無烟。賸餘的灰渣一定要經用灰渣沉澱管除去而爐子的烟囪也改用了出氣管。

在原子能應用的可能性還不十分確定以前。氣體渦輪可認爲是二十世紀動力上最重要的改進。巴的莫的新引擎——用來以豐富的煤產代替藏量日減的油量消耗——可說是氣體渦輪動力革命的完成。

美國的配尼西林工業概況

趙國衡譯

配尼西林工業在美國進展的速度，從1943年開始至1945年底生產量增加約一千五百倍。精確的統計如下：

	1943年	1944年	1945年
一　月	0,400(單位萬萬)（一月至五月）	12.550	394.113
二　月		18.726	405.156
三　月		32.191	460.958
四　月		74.968	510.960
五　月		94.132	615.071
六　月	0.425	117.527	646.817
七　月	0.462	128.072	616.897
八　月	0.906	163.480	636.510
九　月	1.687	196.572	586.370
十　月	2.862	229.950	620.370
十一月	4.846	270.580	600.000 估計值
十二月	9.192	293.736	700.000 估計值
共　計	21.192	1,633.385	6,852.000

1945年七月到十月時期中產量稍低原因是玉蜀黍收買量較低，十一月玉蜀黍搜購量增加配尼西林產量也繼續增加，在目前設備情形之下每月產量可以增至800萬萬單位，若設備稍加改進則每月1000至1300萬萬單位並非難事。

在價值方面說1944年生產共值約 35,000,000美元；1945年共值60,000,000美元，產量雖增四倍以上然而單位售價大減所以價值增加不到一倍。在所有的藥品售價總值中比較，沒有一種是能趕得上配尼西林的。

三年來投資於配尼西林工業的固定資本約25,000,000 美元，其中約三分之一爲美國政府所有，初時建立一所較小的配尼西林廠(採用表面培養法)須費約350,000 美元，後來如建設一所採用深液培養法的大型工廠則須3,000,000美元左右。

根據各種臨床報告統計差不多每一百萬單位的配尼西林可以治愈一個嚴重的病人。在1943年初期每十萬單位售價約廿美元今日則僅爲六角左右，這全靠培養法和提煉技術的改進而得。

初期製品每一毬(mg.)中含有 100 單位。1944年冬季標準製品是每毬中須含有300單位。目前則每毬含有500,800至1000 單位不等，

儲存限期最初時僅能存放三個月，後逐漸增加至目前可有十八個月之期限，不至敗壞。

二年以前配尼西林，製法有兩種均屬『表面培養法』容器用玻皿，後漸代以『深液培養法』使用1000—12000加侖之深桶爲培養器，而新品種之母菌亦有發現，其學名爲Penicillium Chrysogenum, NRRL, 1951,B25

培養液始終用梅耶(A.J. Meyer)發明之乳糖液，成份亦無多大更改。某種有機化學品加入能使產量增大，然現在尚屬商業秘密不知其詳。

因配尼西林產量增加，所用原料如丙酮，醋酸，乳酸。活性碳，甲醇等自應增加產量，所幸此類原料之供給尚爲充足。

酸液精煉問題頗多人注意及之，有自酸液直接提取之，有先以活性炭吸附然後再用浸取法。RCA研究所用電熱法 ——下接第27頁——

原子時代的基本知識

——譯自世界大同或毀滅（One World or None）第三章——

威格納(Eugene P. Wigner)著

喬繼燦譯述　　楊肇燫校閱

作者介紹

威格納(Eugene P. Wigner)是勃靈斯敦大學(Princeton University)的物理學教授。他是最先獲得政府支持原子彈計劃的負責人之一，自始就參預連環作用堆與物理學有關方面的研究。從1942年起，他轉到支加哥(Chicago)的冶金學實驗室(Metallurgical Laboratory)去領導理論物理學的研究工作。

祇有很少數的人，能够設計或製造一具蒸汽機，或者配備一種炸藥，而本章的用意也並非要寫成原子工程的教本。然而多數的人對於蒸汽機和普通炸藥的基本現象，大都是熟悉的。原子爆炸物在現在，業已比普通炸藥更深刻的影響到國際的關係，而原子能在幾年之內取目前的動力源而代之，並非不可能的事。在很近的將來，與原子能有關的基本事實也會變爲常識。即在目前，倘能對於這些事實獲得更親切的認識，也很可以增長我們的遠見，並且幫助我們對於國內的種種問題和外交政策上的問題，建立我們的意見。

原子反應和普通化學反應的比較　我們首先可以提出來研討的，就牽涉到原子能的特徵何在的問題。我們先看：燃燒一磅煤放出來的能量，足够使七百磅水的溫度升高華氏溫標十八度；而『燃燒』一磅鈾就會使二十萬萬磅的水獲得相等的溫度升量。一磅鈾爆炸時，所放的熱能，也相同，但一磅硝化甘油爆發時，所放出的熱量，如果變成熱的話，僅能將一百五十磅水的溫度提高十八度，現在我們要問：原子作用的歷程和普通化學作用之間有什麼差別，使得前者的威力猛烈多多呢？

要這個問題的答案是：普通化學作用只改變了物質構成的最小單位，即原子的布置，並不改變原子的本身；而原子作用則改變了原子的本身。當煤燃燒的時候，煤裏碳原子的布置和空氣中氧原子的布置遭到拆散，而造成了碳原子和氧原子的一種新的聯合。化學家們用。C表碳原子，用O表氧原子，同時將煤燃燒的變化用符號寫成：

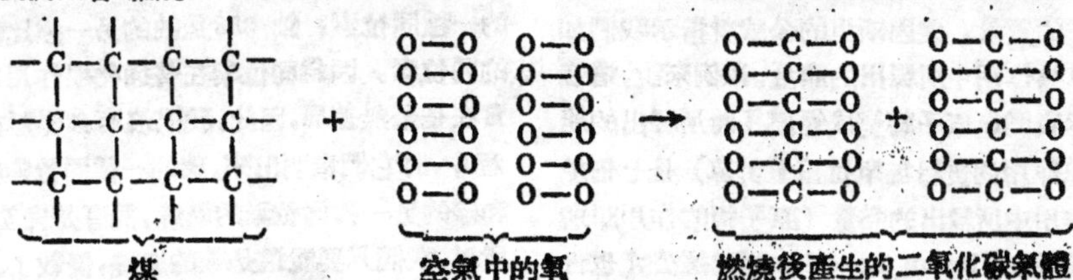

凡化學變化，像上面所舉的例子，只改變了原子的布置，所以每種原子的數目在作用的前後，是完全相同的。在作用之前，有十二個碳原子和二十四個氧原子，在作用之後，還是十二個碳原子和二十四個氧原子，所發生的事情只不過是碳原子從它的晶體點陣中拉了出來，氧原子和它的伙伴分了開來，二者再相互連成了一種新的結合而已。

燃料如煤，和炸藥如硝化甘油，其間不同之點，在乎後者自已已經具備了作用中所需要的各種成分，而煤的燃燒，還需要另一種物質——空氣。

原子作用却完全是另一回事，這類作用簡直

把原子自身改變了原子彈爆發時所起的作用是用下式表示：

$$U\text{-}235 \rightarrow I + Y$$

這就是說，鈾變成了碘和另一種稀有金屬——鈀(Yttrium)。(鈾也可能變成許多其他成對的原素)。這種從一種原子變成其他原子的變化，是和普通化學的原理相矛盾的。這個效應，中世紀的煉金術士白費了幾百年，不曾求到；在他們自承絕望，並且在將他們努力之終歸無效尊崇爲一條原理以後，方纔恍然大悟，息了妄想。這便是元素不可變易的原理，現在又有新原理起而代之了，它只適用於化學過程，而對原子過程則否。

當然，以上所講的，並不能說明爲什麼原子作用中能量的變動，要比尋常化學作用中所遇到的大得多。恰正相反，就是最前線的科學家，對於原子能來源究竟何在，還是疑莫能明呢。

愛因斯坦的有名公式：$E=mc^2$*告訴我們，要求出原子彈爆發時所放出來的能量，必須從鈾-235的質量減去碘和鈀的質量再用光速的平方去乘差數。這是從一條很基本的關係推出來的一條最有用的法則。然而這公式並不告訴我們，爲什麼鈾-235的質量，要比碘和鈀質量的和要大些，(大約要大千分之一，以質量的差來說，這是一個很大的數目了)。一般的說來，一種變化所致的結果如果是將一種元素變爲另一種(或另二種)，使在性質上起了根本的改變，那麼，與之相連的熱量變化，較了僅僅將元素重行布置所致的，應當大得多，似屬理所當然——這樣的解釋，我們目前只能認爲是滿意的了。

但，無論如何，如果我們已經知道某一作用中各種原子的質量，愛因斯坦的公式就指示我們如何去計算該作用中所釋出的能量。舉例來說，這個公式告訴我們氫原子轉變成氦原子時所釋出的能量，(按起作用的質料每單位重量計算)是七倍於原子彈作用中所釋出的熱量(原子彈的作用即所謂『分裂作用(Fission Reaction)』)；這公式也告訴我們，所有作用中最有威力的一種，是沒有最後產物存在的作用，這即所謂『毀滅作用(Annihilation Reaction)』：

$$U \rightarrow$$

對這種作用，後面我們還要提到的，不過，在這裏，可以喚起大家注意的，就是要按着可量度的規模來發動這種作用，還只屬於科學家的夢想世界罷了。

此外還有其他的原子作用，在所謂放射作用裏自行發生。這種現象見於大自然的許多重元素，像鐳和釷中；也見於有些人造元素的某態中，(這些元素平常是穩定的)，例如鈾的分裂中所產的碘和鈀是有放射性的，而普通的碘和鈀是穩定的。有放射性的原子射出了其中的一部份的物質後，自己便轉變成了另一種元素。有時，隨着射出的質點而出的，還有一種射線，叫做Gamma射線，與普通的X射線很相像，但能量更强，透射本領也更大。

這些質點和射線發射進行的速率，是由原子核內某種組態發生的幾率(Probability)來決定的。這種射速率，並不因外界的影響如溫度或壓力而有所改變。普通，我們用半化期(half life)來表明這種發射的速率，半化期就任與某量的物質蛻變到一半所需要的時間，在一個半化期之末，原來的放射質便只賸一半了；在二個半化期之末，原來的物質便只剩下四分之一了，餘類推。

同位素(Isotopes)和同位素的分離　普通的化學作用和原子作用還有一種差別，值得研考。這個差別和同位素的現象很有關係。同位素乃同一元素的幾種不同形態：在普通化學作用中，同位素所顯現出來的性行，完全相同。因此，在過去，兩種同位素的混合體能否分離爲其組織成分，乃一久久懸而未決的問題，

因爲同位素只不過是同一元素的幾種不同形態，所以他們的化學符號是完全一樣的。假使我們要區別同位素，只須在化學符號的後面，加上一個和這同位素的質量相當的數字。鈾-235是鈾元素的一種同位素；鈾-238是鈾的另一種比較重一點的同位素。因爲同位素在普通化學作用中的性行實在是毫無差異，因此，我們沒有必要要在化學過程中，將它們指明出來。碳的一種同位素的燃燒，和碳的另一種同位素的燃燒，簡直是完全一樣的，所以，我們只要說這是碳的燃燒，便彀了。

原子作用中的情形便不如此。同位素在原子作用中性行的不同，正像不同的元素在普通化學作用中之各別一樣。舉例來說，要想在鈾-238中引發原子的作用，比在鈾-235中要困難多多，因此，鈾-238是不能用來做原子彈的。

*能量E等於質量m乘光速的平方C^2

以上所述雖不甚詳，已應足以喚起我們注意到同位素分離方式的重要性和困難性。如果我們需要一種作用特別活潑的物質的話，那我們就得選擇某元素的某一種同位素，鈾-235就是這樣的一種物質。可是，要使這一種同位素從同一元素的其他同位素脫離開來，實在是一樁極困難的工作，因爲所有這些同位素在普通的情態下，所表現出來的性行，是完全一樣的。這種困難，正像我們假想泥和煤在一切物理過從中性行相同，因而若要將泥冲洗，或用別的方法去將二者分開，而同時不讓煤隨着冲掉或損失，簡直就不可能！

爲什麼從前沒有發現原子作用？ 現在，我們可以不算冒昧的問：旣然原子中能解放這樣龐大的能量，何以如此之久都不曾發覺呢？在我們的日常生活中，何以不那麼明顯呢？

假使我們想使煤燒燃，先要將煤熱到幾百度高的溫度才行。在這『着火溫度』之下，即使燃燒是在進行着，普通也察覺不出的。那麼，原子過程所供的熱和能量，旣多出遠甚，則其引發所需的預熱比煤應當高得多，也是自然的事。這種過程所需的溫度如此之高，在我們物資有限的地球上，殆不容其實現然而在星球和我們太陽的核心中，正有足够引起原子作用的高溫度，而太陽輻射的泉源就是原子能。因爲我們地球上所有的能量，歸根結蒂，都是導源於太陽的輻射，所以我們可以說，原子能的確成了我們生命的根本和我們所有能量的來源。

有一種物質，其着火所需的預熱，比煤要低得多。這就是磷。火柴在略經摩擦後，馬上便會爆燃成燄。可是，火在往古久久未曾被人發見，就是因爲在大自然中，沒有未經化合的磷的緣故，即使本來有些存在着，那也早在人類能着手利用它之前燒光了。

又有一種『原子』叫做『中子』(Neutron)（原子序數爲『零』的元素），在普通溫度下，能够和幾乎所有其他的元素發生原子作用。不過在普通情形下，大自然中就沒有中子。中子之爲英國物理學家查德威克 (Chadwsck)所發現，不過是幾年前(1932)的事。中子希少的原因正和磷之希少的原因一樣：縱然偶爾發生了幾個中子，也會很快的和其他元素發生作用而消失，因而在大自然中遇得着的中子很少了——確乎很少很少。

這就是爲什麼以前我們絕不知道有原子作用，而一直等到近來方獲大規模的引發這家作用的原故：這就是說，要引發不牽涉中子的原子作用，就需要極其高的溫度；而在另一方面，中子的作用很强，隨時和別的原子連合起來，也就不復存在了。

連環作用　一九三九年以前，大多數物理學家以適纔所述的事實爲根據，都相信，人類要按相當的規模去應用原子能（嚴格的說來，是原子核能，因爲原子過程中變化，大槪影響到原子核），還在遼遠的將來，在極困難情形下方獲產生的中子，幾乎一經放出，便全被吸收了去；而要想用人爲方法去引導與別種元素起原子作用，只能利用幾個其他方面還是冷的系統裏而行動很快的『熱』質點。這種快質點，或者是放射質的產品，或者是用複雜的儀器，如迴旋益能器(Cyclotron)或樊•第•葛拉夫(Van de Graaff Generator)發電機所產生的。

在一九三九年，有二個德國科學家，名叫哈恩(Hahn)和斯脫拉斯曼(Strassman)，他們發現了一種原子作用，是在平常溫度下，用中子來引發起來的，正和許多其他有中子參加的原子作用一樣。引起這原子作用的中子，在所經過程中，是被吸收的，這也和用中子來引起的所有其他原子作用一樣。不過，這種作用具有一種起決定意義的不同點，就是，這作用的本身就產生中子。很明顯的，假使在作用的過程中所產生的中子數月，要比在其中被吸收的來得多，那末，我們不僅僅能使這作用在普通溫度下進行，同時還得到了一個富裕的中子泉源。哈恩和斯脫拉斯曼所發現，是一種分裂歷程。這就是上面開始時已經提到的，不過沒有將公式完整的寫出來罷了，公式如下：

$$U\text{-}235+\text{中子}\longrightarrow I+Y+N\text{中子}$$

N代表着每次分裂中所產生的中子數，I和Y我們叫它做分裂『碎屑』，因爲它們是鈾-235分裂成的碎屑。I和Y並不是鈾-235所能分裂出能出來唯一的一對元素，它尙能分裂成不少對的其他元素。

上面列作用中的要點就在N要比一大，事實上，N大約等於二。如果你有一塊鈾-235或其他可分裂物質——即吸收中子時能分裂的物質——，我們有兩種方法來利用這個事實。

(1)炸彈　倘使給了你一塊鈾-235或別種可

分裂的物質,你可以加一個中子進去。這中子便對鈾-235發生作用,產生出二個新的中子來。如果再讓這二個中子去和鈾-235發生作用,那第二次的結果我們可以得到四個中子;第三次再讓它們去和鈾-235發生作用,結果可以得到八個中子;第四次便有十六個;第十次大約可以有一千個;第二十次可以有一百萬個;第三十次便可以有十萬萬個;其餘依此類推。每一次中子引起的作用便供給下一次的中子,每次所得的中子數約為前一次的二倍。這樣遞次推續,一直要到所有的鈾-235都用完變成了碎屑和中子為止,或者到那炸彈爆成粉碎為止,因為剛才所描寫的,實在就是一個炸彈,一個原子炸彈。

從原子彈作用中飛出來的分裂碎屑,具有猶極高的速度,約相當於在溫度一萬萬度時分子震動的速度;而且一磅鈾-235經分裂而生出來的能量,足够去使直徑大於半哩的空氣球的溫度昇高到水的沸點,實際上,這類爆炸所致的破壞,牽涉之廣,較這球體更大。

原子彈中每次所生中子的生命週期不比十萬萬分之一秒長多少,而上述全部過程在一百萬分之一秒內便可畢事。製造原子彈首要的困難是在儘管有龐大能量解放出來,還要將整塊的鈾-235在相當的時間內保持不裂,並且務要做到所有的或者幾乎所有的中子都被鈾-235所吸收了去。

(2)中子發生器　第二種去利用一塊可分裂的物質的方法是先讓中子的數目增加到某一頗高而預定的程度,達到這預定的程度後,就設法去停止它的增加;而增加是有法可以停止的,例如我們可以在參加作用的物質中加入些外屬物質,而這種物質能够吸收當時所產生出來的中子全數的一半,如果做到了這一點,那便每次只有一半的中子去繼續引起鈾-235的分裂了。因為任一次作用中中子的數目較分裂鈾原子數大兩倍,所以每次淨得的中子數保持不變了。換句話說,這作用將按着一個持恒的速率來進行,這速率可能高,也可能低,要看我們在什麼程度去停止中子的增加來定的。在所有實際情形中,停止增加所據的程度很低,因而雖然經過幾個星期之久,用掉的鈾-235所佔總量的分數,僅可覺察而已,這種情形和原子彈中一千萬分之一秒,正是相差懸遠的對比。

這樣的去進行連環作用有兩項效應:(1)在這樣按持恒率的分裂過程中,會發生某量的熱,可以引率到有用的目的上去;(2)是第一項並行而不可分拆的,無論我們所選擇來停止中子倍增的是什麼,總不乏中子,待其吸收。

上面第二項的重要無殊於第一項。大多數的原子核於吸收一個中子後便變成有放射性的,因此,每一個消耗去的鈾-235原子就大概製造出一個有放射性的原子來,是可能的。因為我們幾乎可以用九十二種元素中任何一種去吸收遂餘的中子,以控制連環作用,那末按着這個辦法,就能造出各式各種的有放射性的原子了。這最後的一點顯示中子價值偉大的好例子:每一個中子我們都可以用去引起一種原子反應,而且幾乎就任一種原子和一個中子,便能翻出新花樣來,例如做成一個有放射性的原子來。這也是避免浪費鈾-235去做原子彈的另一理由!原子彈中鈾-235所能產生的全部中子在爆炸後都毫無用途的喪失了。

鏍(plutonium)*　在上面二節中,都含着一個很重要的『假定』,為了要造原子彈或者中子發生器,首先須有相當大量的可裂物料。當然,設法將鈾的二同位素分開而得到純粹的鈾-235,是可能的,然而倘使這是中子發生器所需裂可物質的唯一生產法,那末中子的代價總是很貴的了。如果我們可以設法應用天然的鈾(即鈾-235和鈾-238的混合物),全部程序的費用便可便宜得多了。

如果用鈾-238去阻止中子數的增加,這誠然是可能的事。但這樣的做,任其吸收中子的元素,便不消選擇了,因為這就是鈾-238。我們所得着的不算是一個中子發生器,而是一個中子發生器和中子消費器的組合。鈾-235是中子的泉源,鈾-238便是它們的歸宿。可是,這樣看來,除掉這種作用中所發生的能量外,所獲也不足道了。

然而,一一牌中『至尊』的出現就在於此一一鈾238和中子作用後便產生出一種新的物質,鈾-239,它經過自行放射的『消損』後,便轉變為另一種新的元素,其名曰鏍,而鏍也是可分裂物。其結果它既可用於原子彈中,又可用於另個中子發生器中,由於鈾-235和鈾-238在自然中總是混合在一起,我們不得不用鏍-238來做中子的吸收物,所

*plutonium是從 pluto 一字而來,pluto 即冥王星,所以我們建議用『鏍』作中文名,因為若譯作『鏋』,同音的字太多了,很感不便。

選的途逕並不怎麼樣壞，事實上，就要想略勝一籌，殆屬難能。

剛纔所講的製鈈廠，的確是一個非同尋常的工廠，它製造鈈，而當進行製造時，也發生能量，這能量就是在U-235＋中子＝I＋Y＋N中子的過程和與之相類的供給中子的分裂過程中所放出來的能量。

在華盛頓製鈈廠中製造出來的鈈，在這裏附帶說一說，實在是人類製成數量可觀的第一種新元素。而在廠中所能製出的鈈，較之用同位素分離法所能製出的純淨-235，要便宜得多，更絕不用提到分裂過程中所發生的能量了。在不多的年數中，我們很可能製造出幾乎無限量的鈈來，足够做大量的原子彈——或者用在和平而對社會有益的用途上。這裏，我們得好好的選擇一下。

因爲天然的鈾可以使之起連環作用，也許人以爲可以使它爆炸，但是不能：在天然的鈾裏中子的倍增嫌不够快。鈾-238自動的控制連環作用，這就是說，它吸收中子之多，結果逐次分裂後中子的數目幾不增加，事實上，要想逐次的中子數略有增加，或者甚至於要避免減少下去，所需的技巧，眞不在少數呢。這些技巧中，最主要的是設法去緩和中子的速度，從它們當分裂時被驅出的高速度，減低到原值的某一小分數，(從每秒一萬哩減到每秒約一哩)。但是，儘管用盡了一切的技巧，在用天然鈾的系統裏，還是不能使中子的倍增快到配作成一個原子彈。

別種原子作用　當我們瀏覽原子物理學的領域的時候，我們遇見了不少的途逕，由之可以察出還有其他的道路，引着我們去實現別種原子作用，其中的路會經特別指明的：氫同位素(H)間的作用和毀滅作用，這兩種作用較之分裂作用每單位重量所能產的能量更多——毀滅作用所產的約要多一千倍，這兩種作用的希望如何呢？

沒有甚麼了不得，如上所見，分裂作用，不管好壞，現成在那裏供我們的開發利用，目前並無理由使我們相信在不遠的將來會有任何他種原子作用可供利用，試用分裂作用以產生高溫度，然後藉以引燃別種作用，正像我們用磷的火來引起別種物質的燃燒，說起來頗爲動聽，甚至有人建議說：大氣和海洋未嘗不可藉分裂式的原子彈會之謗成烈焰，在目前沒有理由抱此杞憂；大氣和海洋之着火乃純粹的妄想，而且我以爲是拙劣的妄想。至於毀滅作用，在實驗室裏，縱然偶一見到，也屬難遇之事。當然，我們要謹防過份的保守，過去那些對於鈾可能有連鎖作用的意見則加嘲笑的人們，可爲殷鑒。然而，我們倘使相信，在逢着與現在所能利用的根本性質不同的原子作用之前，或許有其他(也許是生物學上的)無論爲善爲惡威力相等的新發現，倒也不失爲穩妥的判斷。

旁支叉路目前不像能引到有所收穫之處，我們應當覺得歉然嗎？我以爲大可不必，現成的來源所能供給的能量，如此的優裕，我們並無須乎其他或更豐富的來源，目下的來源很能滿足一切合理的——甚至有些不合理的——能量上的需要。

〔編者按〕世界大同或毀滅係美國第一流科學家及政論家之集體著作，原著共十七篇，已經技協會友分別譯竣，現正由楊肇燫教授精心校閱中，一俟校訂完畢，當即單印出版，希讀者注意。

——上接第22頁——

(Electronic heating)乾燥提製，效率頗佳。

配尼西林之化學性尙未澈底明瞭，此物頗似維他命B係一種複雜之混合物，已知有四種：美國稱之爲F,G,X及K；英國則稱之爲I,II,III及IV.四種之化學生理作用均有不同，然平時使用者乃四者之混合體，故一般醫生均不知其分別。

Penicillin製劑均有下列數種形式：

1.鈉鹽	4.粉劑	7.膿劑
2.鈣鹽	5.丸劑	8.錠劑
3.油膏	6.片劑	9.牙膏

出口方面初由政府統一支配後有民用分配機構(Civilian Penicilline Distribution Unit)成立。1945年3月以前僅配尼西林廠商可請求發給輸出執照，但以後就不需如此，至該年冬季輸出之量與美國國內消耗量相等並有不斷增加之趨勢，(注意：他種醫藥品之輸出量從未超過本國銷數25%以上者)

其他各國產量大約如下：英國每月生產30萬萬單位(十二月中旬或可增至200萬萬單位)；澳洲產10—20萬萬單位；加拿大產20萬萬單位。

(根據1945年12月英國 Chemical Engineering News雜誌)

本期介紹

工程界從本期起革新內容，比較顯著的第一，封面改用精印有關工程的美術攝影一幅，使讀者於拿到本刊展讀的時候，有一新耳目的印象，書中有比較詳細的說明，可以瞭解攝影的內容。

其次，每期在目錄頁後，我們供給一個月的工程零訊，包括從上海，國內到國外各地的工程建設消息，這樣可以檢討和回憶一下過去一個月在工程界中發生了一點什麼事情，這一欄是固定的，希望各位讀者們，多多投稿，藉以充實。

專論有上海市工務局局長趙祖康先生的公共工程與技術，趙先生目前主持上海市的公共工程，這次爲我們寫了他寶貴的意見，使本刊生色不少。余名鈺先生的演講稿，把中國工業化過程中的技術問題，檢討詳盡，語重心長，值得推荐。

上海電力公司工程師吳作泉先生，過去曾主持工部局鍋爐檢驗的工作，對於上海市的工廠鍋爐情況，調查統計至爲詳盡，勝利後復繼任工務局的鍋爐工程師，故也有最近的資料，這次爲本刊精心撰述一文，以具體的數字，來觀察上海工業化的程度，亦足以作中國工業化的借鏡，這是關心工程的人們，不可不讀的一篇佳作。

畫報四頁，提供英國國立物理實驗所的情況，現代的工作機械，以及上海工業品展覽會的照片，其中最值得注意的該是現代的工作機械。

錢偉長教授的火箭砲及其他，讀了眞使我們心嚮往之。本篇指示我們，火箭砲今後在高空探測方面的發展，將一件殺人利器，一變爲造福人類的工具。值得注意的是錢先生在篇首說出了技術人員心底裏的話，每個技術人員讀了，當不無感慨。

錢儉先生業餘研究百賴斯替(Plasties)工業已有年餘。本期特稿玻璃絲襪的原料——尼龍一文，至少給我們一個概念，原來今天最流行的『玻璃什麼』，却是從空氣，海水，和煤粉製成的。著者同時指出美國百賴斯替工業的成功，影響了我國生絲及猪鬃的出口，讀者如果每天早晨用 Nylon Brussell 刷牙的話，一定會有所感觸吧！

原子時代的基本知識，誠如原著者所說，我們對原子能的認識，終將成爲一種必要的常識，本文也許嫌枯燥些，但如能靜心讀一讀，可以使我們對原子能的認識有一個完整的觀念。本文經楊肇燫教授認眞校閱，其忠於原著的態度無與倫比。

以後每期有工程應用資料二頁，每頁按類編有號碼，讀者可剪下保存，作爲工作時之參攷，這是本刊對工程同志的一種服務。在工場中或設計室內的專家們，如有寶貴的 Data Sheet，能提供給工程界的，一定可以照式印出，公諸同好。

本期稿擠，原定刊登於本期的如周增業先生的高週率電熱，和陸貫一先生的建立長江下游工業區域芻議……等諸文，均改於下期刊出，謹先露佈，并向作者諸君致歉。(欣之)

編者的話

工程界在極端困難的條件下出版了第一卷，相隔六個月，才又出版了第二卷第一期，編者心中覺得有許多話，願向愛護本刊的讀者們傾吐。

首先要申明的是，這本刊物是中國技術協會出版的，出版這本刊物，於其說爲了社會的需要，還不是說爲了本會的需要來得更確切一些。技協一直站在協助工業建國的立場推展會務，本刊的宗旨也脫離不了這一立場，這是一本中國技術協會的刊物，愛護技協的，也必然愛護這本刊物，而這本刊物的唯一依憑，也就是全體技協會友。

其次這本刊物還得憑藉廣大讀者的支持，才能站得住脚，在技協本身，有一個責任，就是要促使這本刊物的內容，成爲廣大讀者所共同需要的。在讀方面希望要儘量告訴我們需要些什麼。技術知識的交流，才能充分發揮了技術教育的效果。這一切才是對於社會有利的。

我們不打算在這裏訴說辦一本刊物的困苦情形，但我們願意隨時隨地準備解答讀者和本會會友的一切質疑。諸如經費問題，稿件問題，以及內容改善諸問題，只要是具體的問題，我們可以在本刊，技協通訊，或是口頭解答。編輯委員會虛心等待着各方面提供的批評意見。

請依虛線剪下保存作為日常參攷應用

長度換算表(L)

以下數 乘表內數 得此數	公制				英制				市制	
	公釐	公分	公尺	公里	米爾	英寸	英尺	英里	市尺	市里
公制 公釐(milli meter)	1	0.1	0.001	—	39.37	0.03937	—	—	0.003	—
公制 公分(Centi meter)	10	1	0.01	0.00001	—	0.3937	0.0328	—	0.03	—
公制 公尺(meter)	1000	100	1	0.001	—	39.37	3.2808	0.00062	3	0.002
公制 公里(Kilo meter)	—	100,000	1,000	1	—	39,370	32808	0.6214	3000	2
英制 米爾(mil)	0.0254	—	—	—	1	0.001	—	—	—	—
英制 英寸(inch)	25.4	2.54	0.0254	—	9000	1	0.0833	—	0.0762	—
英制 英尺(foot)	—	30.479	0.3048	—	—	12	1	—	0.9144	—
英制 英里(mile)	—	160,930	1609.3	1.6093	—	63,360	5280	1	4828	3.2186
市制 市尺	1000/3	100/3	1/3	—	—	13,123	1.0936	—	1	—
市制 市里	—	50,000	500	0.5	—	19,685	1640.45	0.3107	1500	1

重量換算表(M)

以下數 乘表內數 得此數	公制			英制					市制	
	克	公斤	公噸	格蘭	啢	磅	長噸	短噸	市兩	市斤
公制 克 (gram)	1	0.001	—	15.432	0.03527	—	—	—	0.032	—
公制 公斤(Kilo gram)	1000	1	0.001	—	35.274	2.2046	—	—	32	2
公制 公噸(tonneau)	—	1000	1	—	—	2204.6	0.9842	1.1023	—	2000
英制 格蘭(grain)	0.0648	—	—	1	0.00229	—	—	—	0.0021	—
英制 啢 (Ounce)	28.35	0.0284	—	437.5	1	0.0625	—	—	0.909	0.0568
英制 磅 (Pound)	453.59	0.4536	—	7000	16	1	—	—	14.515	0.9072
英制 長噸(long ton)	—	1016.05	1.0160	—	—	2240	1	1.12	—	2332.1
英制 短噸(short ton)	—	907.2	0.9072	—	—	2000	0.8929	[illegible]	—	1814.4
市制 市兩	31.25	0.03125	—	482.26	1.1023	0.0689	—	—	1	0.0625
市制 市斤	500	0.5	—	—	17.637	1.1023	—	—	16	1

在大氣中之銅線近似熔解電流

銅線直徑(吋)	相當S.W.G.號碼	熔解電流(安培)	最大安全工作電流(安培)
0.0092	34	8.6	4.3
0.010	33	9.8	4.9
0.0108	32	11.0	5.5
0.0120	—	12.8	6.4
0.0124	30	13.5	6.8
0.0148	28	17.0	8.6
0.018	26	22.0	11.0
0.022	24	30.0	15.0
0.028	22	41.0	21.0
0.029	—	43.0	22.0
0.036	20	62.0	31.0
0.040	19	73.0	37.0
0.044	—	86.0	43.0
0.048	18	98.0	49.0
0.052	—	111.0	56.0
0.056	17	125.0	63.0
0.064	16	156.0	78.0
0.072	15	191.0	96.0
0.080	14	229.0	115.0

註——此表及下表顯示在大氣中銅線及合金線之熔解電流,其長度如下:

銅線:2.5吋至3.5吋(直徑在0.018吋以下者),或4吋以上(直徑較大者);

鉛錫合金線:2.5吋至3.5吋。

此二表中所載數值,如當熔線裝置在石棉管中并不十分貼近管壁者,可視爲相當準確;但如大部分長度與瓷製裝熔線器接觸者,并不準確,可能增大熔線之工作容量,即需要更大之電流以熔解之。故如需準確,應從新測定之。

在大氣中之鉛錫合金線近似熔解電流

(鉛75%,錫25%)

線之直徑(吋)	相當S.W.G.號碼	熔解電流(安培)	最大安全工作電流(安培)
0.020	25	3.0	2.0
0.022	24	3.5	2.3
0.024	23	4.0	2.6
0.028	22	5.0	3.3
0.032	21	6.0	4.1
0.036	20	7.0	4.8
0.048	18	10.0	7.0
0.064	16	16.0	11.0
0.072	15	19.0	13.0
0.080	14	22.0	15.0
0.092	13	21.0	18.0
0.104	12	32.0	22.0
0.116	11	37.0	26.0
0.128	10	44.0	30.0

銅線之熔解電流,爲在一分鐘內熔解電線需要之電流,如在較長時間中,亦并不有極顯著之差異。(在二小時內熔線所需之電流大約較在一分鐘內者超越90%)

鉛錫合金線之熔解電流,則爲在二分鐘內熔解電線所需者。

在任何情形時,熔解電流與最大安全工作電流之關係,係根據在正常工作情形之下,不產生高溫之工作電流而定。在最熱的熔線部分,實際上的溫度昇高爲:銅線100°—150°C.,鉛錫合金線50—75°C.

蝶霜
唯蝶霜兼有兩大美容特效：
使毛孔緊密細潔
使皮膚白嫩嬌豔
家庭工業社出品

飛馬牌
棉毛衫、衛生衫
願君穿着　熱力滿身
景福衫襪織造廠

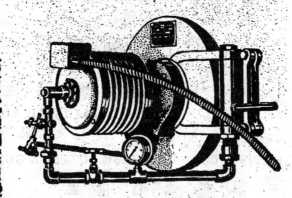

第二卷 第二期　　三十五年十一月號

中國技術協會出版

品質精良 永不退色
各大綢布莊均有經售
註冊商標
霸王色布
洗晒永不褪色
每二碼有此金印
霸王藍布
淺深二色
洗晒不褪
質料上等
售價低廉
注意
每二碼均有
霸王『金印』
顏色分5号
6号13号16
号19号五種
任客選擇
鼎新染織廠標準出品
發行所 寧海西路五十号 電話 八二四四六 八八四五八
廠址 甘世東路六百号 電話 七七〇〇三

大昌工業原料號

專營各種玻璃搪瓷工業原料

自辦機磨代客磨細各式石砂

如蒙賜顧　　毋任歡迎

極司非而路康家橋春邨里三號

鼎孚化學製品廠

出品：奶玉，爲可塑型之一種

優點：鮮豔明潤，具不燃，耐水，絶緣諸優點

製品：鈕扣，裝飾用品，筆桿，電氣另件等日常用品

事務所：聖母院路聖達里31號

通俗化的工程月刊

工程界

第二卷第二期　中華民國三十五年十一月一日出版

目錄

主編者
仇啓琴　楊臣勳　欽湘舟
上海陝西南路533號
發行者
工程界雜誌社
代表人　鮑熙年
上海陝西南路533號
出版者
中國技術協會
代表人　宋名適
上海陝西南路533號
印刷者
中國科學公司
上海中正中路649號
總經售
中國科學公司
上海中正中路649號

POPULAR ENGINEERING
Vol. II, No. 2, Nov. 1946
Published monthly by
THE TECHNICAL ASSOCIATION OF CHINA

本期定價八百元
自由定戶預付五千元每期按照定價八折扣除

資委會重工業計劃可得聞乎？

聯總撥漁輪我缺乏技術人員！

交通部鑒於交通建設技術，日新月異，而各國學術發明，尤須實驗與研究，爰決定仿照歐美各國辦法，設置中央性之技術研究所，包括各部門，範圍頗廣，並將延攬國內外權威專家主持辦理，現正積極籌劃中。

★　★　★

資源委員會頃正着手擬訂建立重工業計劃。初步工作係先建立一大規模工具機廠，專製鉋床，銑床等母機，已派該會工業處杜處長負責籌備。據云新廠之機件來源，除向美國訂購外，擬即撥取日本之一部份工業設備。至該廠設立地點，將以交通發達及不受工潮影響之區域(?)為原則。

★　★　★

社會部為救濟後方失業工人，擬試辦合作工廠，惟以經費無着，延擱至今。後曾呈請行政院，經批准將各地接收之敵偽工廠，不易標售出去者，撥出一二所，與辦合作工廠，頃敵產處理局已接得行政院命令，准予照辦。

★　★　★

工程零訊

聯總撥我之漁輪共有230艘，目前已到22艘，每艘載重約50噸左右，配有最新式之柴油引擎，并有對講無線電全套，據上海魚市場負責人表示，目前最感困難者，即無線電員及引擎管理員人才之缺乏云。

★　★　★

自塘沽口外之新港發現後，日人預期之第一期工程(使全港裝卸能力年達八百萬噸)至日人投降為止，已完成一半。去年十月政府派員接收，經接收人員調查結果，已擬具復工計劃，預算經費五十九萬萬元，三年完工，然呈文至今未獲批准。其實五十九萬萬元並不是一個龐大的數目，四平街一戰的銷耗，決不減於這個數目。但負責接收的十三工程師，則堅決表示『要幹到底，看個水落石出。』

★　★　★

杭州市府擬濬西湖，據云西湖面積約有9200畝，若平均挖深一尺，約需挖工6,200,000立方公尺，若每立方公尺需要一工，即需六百二十萬工。如利用勞動服務，本年以五十萬工計，約需十二年始能完成云。

★　★　★

宜昌水閘測量工作，已由全國水力發電總處與國防部測量局會同積極展開。該局航空測量隊第二隊長姚克球等一行十餘人，即將乘空軍特派專機出發，作空中測量。其工作範圍自宜昌至瀘縣。又三峽區一帶陸地測量工作，亦由該局測量隊担任，但此項工作，頗為艱巨，須至明年五月始可完竣。

★　★　★

有關外交當局，因國人歡迎外國技術人員來華工作時，隨時發表言論，對於具體辦法有欠說明，以致步調紊亂，影響外人抉擇，故已通令禁止。

★　★　★

國際技術會議頃在巴黎舉行，中國代表葉正誠在席間發表演說稱：中國現有大學及專科學校一百四十一所，就讀於各該大學之學生共有七萬四千人之譜，其中研究工業技術者佔百分之六十，學校當局為求學生不斷努力，故經常舉行考試，發展中國工業實需要大批工程師，惟由於氣候原料及人力之不同，其他工業國家所實行之法則，未能行諸中國。

★　★　★

美國新聞處華盛頓電，工業機構聯合會最近發表一種報告，名為經濟前瞻，主張美國應採取四項步驟，以便『儘量運用其全部勞工實力，利用一切生產之便利，並使我全國收入能獲致更大而更平均之分配。』其四種步驟為(一)更有效執行吾人之反托辣斯法律，(二)對小工業實行經濟與技術之協助，(三)由全國與國際場面中，消滅類似托辣斯之同業，(四)普遍使用商標權。該項報告並核准參議員摩爾斯所提建議，繼續反對集中財富及權力之政府計劃。該報告之結論所謂戰爭使大企業，加強地位，並加緊其對整個經濟之控制。今日小公司實較戰前少見，職業，利潤，盈餘，資產，紅利之分發，幾已完全集中於某些美國企業公司之手。為扶植小企業，吾人應撥發利息極低之貸款，並以研究及技術智識惠予小商業。

★　★　★

中央社東京電，日本煤礦工會之北海道各支會，九日午夜起罷工，北海道四十六個工會中，已有四十二個加入罷工，即九洲亦已有廿至卅個礦業響影罷工，九洲工會發表聲明稱：藉總罷工方法之聯合鬥爭，以推翻勞工公敵之吉田內閣云。

歡迎外國技師莫發高論

要求低利貸款中外同聲

即使在和平建國時期，中國的工業合作運動還是需要的！

工合運動的前途

勇龍桂

工業合作運動是吾國抗戰期間所創始的一個嶄新事業。當初由於沿海若干大工業城市的淪陷，成千成萬的技術工人流亡到了後方。如何採用最合理的方式以組織這些技工使之復歸於生產部門，乃成爲一件最急迫的工作。正由於政府與國內金融界竭力的支持，以及國外僑胞和英美各國友人實際的贊助，乃在短短一二年工夫之內，即組織成功了生產合作社約二千社。就其業務的種類說，則有機械，五金，化學，食品，紡織，服裝，土木，文化，造紙，礦冶等部門。而業務的推廣，又及陝西，甘肅，寧夏，山西，河南，湖北，四川，西康，雲南，貴州，湖南，廣西，廣東，江西，福建，浙江，安徽等十七省份。數年以來，特出的貢獻有如軍毯織成二百萬條，帆布軍布及民用布疋八萬二千四百餘萬平方碼，各項軍服軍鞋及日用服裝一千一百餘萬件，鑄成紡織榨油印刷等機件十二萬餘具，其他如皮革，燭皂，印刷，造紙，食品，土木等各部門生產品的總價值，歷年的總數恐亦在國幣二十萬萬元之上。可見工業合作運動爲供應抗戰時期物資上的急切需要，曾有了相當的努力和成績。而於採用新的生產方式使勞資不處於對立地位，復可謂獲得了滿意的經驗和成就。

原來工合運動正誕生於一個蛻變中的社會環境。第一，由於抗戰是一個長期性的民族獨立戰爭，因之一切生產事業必須成爲經常的正軌的工作。這樣便使工合運動完全擺脫了初期的救濟性質，而發展成爲全國規模的生產機構。其次，外貨的輸入因海口的被封鎖而完全中止，此時，就是成本較高加工程度較低的國產品也很有市場的需要，在客觀上無異鼓勵了小生產單位的建立和發展。第三，戰時流徙到後方的技術工人數量究屬有限，而大後方工業化的程度，尚正停滯在極低級的階段，因此欲產生大規模的完全近代化的工廠是不可能的；相反，工業合作社使一些小手工業或低級的小工業在新的方式下恢復生產。正解除了這種現實的困難。職是之故，在短短七八年時間之內工合運動業已列爲國際聞名的社會大事業之一，實非偶然。

然而根據工業合作協會所發表的本年度第一季的統計，全國十二個行省中尚屬存在的合作社僅剩二七八個，社員雇工練習生合計不過四千三百餘人，股金認購額共計國幣一萬另五百萬元，貸款總金額國幣一萬七千餘萬元，每月平均生產額六萬萬元，銷貨額約略相同。如依業務部門分類，則社數最多的爲紡織，其次爲文化，再次爲服裝，化學，五金等。而生產額最大的亦首推紡織，次爲化學，再次始爲服裝及五金。此外全國共有工合聯合社十七社，單位社員二六〇社，貸款八千四百萬元，每月銷貨總值可達六千萬元之譜。平均言之，目前工合社的規模每社平均有社員十三人，股金四十萬元，貸款六十五萬元，每月生產額二百五十萬元。如依目前物價折合(以二千倍計)，每社不過相當於戰前股本二百元，貸款三百二十五元，生產值不過一千二百五十元而已，實際生產規模之小，由此可以想見。

工合運動的衰落誠與其他一切生產事業一樣，有其致命的原因。第一，由於惡性通貨膨脹幣值極端不穩定的情形下，累積的股金和貸款貶值的程度，遠超過其生產的利潤所得，因此每一周轉，實際即爲生產規模的縮小，另一方面，原料品的漲價快於製成品，以合作社無法進行預買及囤積，所受損失，當更爲鉅大。第二，朝野對於工合運動的意義，雖有深切了解者，亦有表示懷疑者，於是，因時間空間的不同，工合社所受的遭遇或爲鼎力贊助或爲乘機打擊，誠不一而足。但如一旦陷於停工狀態，就無法立即遣散直接生產者，即社員自己，所受浪費亦較一般工廠爲大。第三，工合運動的輔導機構未能適應事業的需要負起責任，而流於官僚作風，實亦不能辭其應得之咎。

但如從遠處着眼，工合運動仍然有其光明燦爛的前途。我們倒不必像庸俗的合作主義者一樣，幻想合作運動的推進可以根本上推翻資本主義的生產制度。然而如果看到國內經濟發展的情況，以及工業化可能的步驟時，工合運動必然會担負起一部份極重要的時代任務。這任務可以從下面幾方面來說：

第一方面，工業化的最終目標必定是從小生產單位逐漸進步到大生產單位，即是大農場大工廠的建立。而吾國正因爲因循了數千年封建經濟的傳統，無論在城市或鄉村，一般的生產單位都是十分幼稚的手工業。如欲推動其進展到達近代化的水準，勢必須經過一個過渡的階段，以改進技術上累積的經驗，這就需要工合事業的發展。

第二方面，吾國近代工業的形成，尙還局限於若干接近海外交通線的中大城市。而內地廣大的區域不論城市或鄉村，生活仍多以手工作坊爲主要方式。而全國工業化的完成，勢須使全國自原料的生產及運輸，以至製成品的製造及分配，結合成爲一個有機機構，沒有任何地域上或技術上的畸形發展。在如此積極推動工合事業，則一方面可以普遍提高一切生產的技術(廣義的)而另一方面，可使全國境內的鄉村與城市在短期內結合成爲一整體，便利於工業化的進行與完成。

第三方面，這樣說，也並不是以爲工合生產單位樹立於工業化運動之外。正相反，工合社促進了全國規模的工業化，其自身也必然地成爲工業化完成以後的基本生產單位之一部。不過，其方式都是新穎的。即是在整個資本主義生產機構之內，合作社結合了勞資兩方以便共同進行集體勞働，可以目爲樹立新生產紀律的一種嘗試和訓練。

最後，工合運動也寄託着一種有計劃的由下往上的社員教育計劃。八年以來小規模的試行已經獲得了具體的經驗，即是，勞動者一旦兼有了社員的身份，其自覺的意識當即提高了對於知識的接受，能力亦完全不同於傭傭的時期。因此只要給予同等的外部生產條件，如足够的資金，完善的設備等，其所表現的生產效率，必會較同規模的其他生產組織(如工廠形式)遠爲提高；這不能不認爲是工合運動的一種特殊貢獻。

總括說來，在我國未來和平建國時期所需的經濟建設即大規模的工業化過程中，工合運動尙具有較目前更爲重要而有意義的任務。爲欲保證它的必然成功。第一，經濟必求穩定，政治須更進步，這是最起碼的條件。其次，工合的輔導機構自身也應實踐民主化，撤銷一切由上而下的管制和人事制度，代之以由下而上的聯合社組織及合作社自行擬定的業務計劃。最後，除掉必須詳爲擬訂一個推行全國工合事業的計劃以配合整個工業化運動外，政府應採取積極的協助的態度，把工合運動的發展，列爲政治考績之一項，則前途的無量，定可以預卜的。

——從第9頁轉來——

石水泥砌就，外用混凝土舖面(Rouble Mount)但近因美貨水泥暢銷，如用水泥，價反比石塊爲廉(包括運費工費等等，故擋土牆全部爲洋灰所成。擋土牆外之排樁，普通多用三樁三石，而今用一樁一石，此則並非因省錢。緣三樁三石，其第二第三排木樁，在水中時露時沒，極易毀爛，常須調換頗不經濟，反不如一排一石來得實用，全部斷面，除按普通對設計擋土牆所需攷慮之因素外，復一一用土壤力學加以複核，而決其穩定性，故此項斷面可說已萬無一失。今將其標準圖樣及水位高度一併錄下，如頁9附圖所示。

南段工程雖然受了經濟的限制，有許多不能如意照設計完成。但在這樣一個拮据的局面下，能完成這一個工程決不是一件偶然的事，這是不撓的精神和豐富的經驗所換來的成功，現在北段聽說又將開工了，就南段的收獲，來做北段的工作，如果能經濟上寬裕一些，駕輕就熟，我們相信一定有更驚人的巨績，二會的會友都帶着這樣的希望和信心欣喜地回來，並且約好了北段完工的時候，再來作第二度的聯歡觀光。

末了，我們該向當天領導參觀的趙朱二氏致謝和致敬。 12,10,25作欲求國產工業品精良，購用者與製造者都是有責任的！

我在公路運輸上提倡國貨

張登義

洋貨推銷員

我曾經辦過公路運輸，但是不瞞諸位說，過去辦公路運輸的人往往就是推銷洋貨最澈底的人。我記得那時曾作過一個統計，研究公路運輸在各方面的消耗情形，結果大致是：

1. 汽油佔40—45%　市區內行駛的公共汽車比了長途汽車，因為早出晚歸，不斷循環，行駛的時間要長一點，所以汽油的消耗率要高一點。

2. 機油佔4%　這一項目包括所謂引擎油，車箱油，Grease compound 油各種機油的消耗。

3. 車胎佔8—6%　這個比率，長途汽車比市區公共汽車要高，因為長途的公路不及市區內的道路精緻，所以車胎的損耗較烈。

4. 配件佔5%。

5. 職員薪金佔10%。

6. 司機及售票之薪金佔15—12%　這個比率在市區公共汽車較長途汽車為高。

7. 保險房金折舊拆息等佔25—15%不等。

以上1.2.3.4.各項，都是推銷洋貨的機會，每年我國因此而發生的漏卮是很可驚人的。站在國民的本位上來說，我自然不忍長此把洋貨推銷員做下去，所以我曾經努力設法採用國貨。下面要講的就是我過去在市營公共汽車公司服務時的一些小經歷，舊事重提，也許可以供諸位的參考。

汽油上挖打

汽油在各項消耗中所佔的比重最為重大，首先惹起了我的注意。因為能夠節省汽油，也就是能夠節省開支的最主要部份。我那時對付許多車輛，曾經定了一個用油標準，那就是載重45人的車子，每加侖汽油得跑8哩路。各車的用油情形，經常都做有記錄，假使每加侖汽油跑不到8哩了，就得檢查化汽器有否毛病，發火時間是否準確，以維持上面所說的用油標準。逢到冬天，氣候嚴冷，汽油的消耗增加的時候，還得設法用暖套保持汽車引擎的溫度(90°C左右)，以減少所需的油量。

但是，朋友！隨你怎樣節省，汽油還是外國來的！那時國內有一家規模略大的美隆酒精廠，能夠出產相當數量的酒精，我的念頭就動到酒精上去。但是，天呀！那時酒精的價格是每加侖1.23元，而汽油的價格每加侖祇有0.93—1.10元。每加侖酒精祇能跑5哩，而每加侖汽油却能跑8.2—8.3哩。酒精的價格比汽油的價格略為昂貴些倒不在乎，能力一比較可就不得了，離開早先所定的標準太遠了。經試驗的結果，我們把酒精和汽油攙和使用，冬天攙入酒精15%，夏天攙入酒精20%；但因酒精比汽油難揮發些，引擎的壓縮率須提高些，同時點火時間須提早些，這樣每加侖也能跑足8哩路。價錢雖然比純粹用汽油要高着些，就提倡國貨的立場來說，總算給我挖打進了一些。

我以前還提倡過煤氣(木炭)車，利用燃燒木炭時所發生的煤氣作為引擎的燃料。那時這種車子派作專駛龍華之用，因站與站間之距離較長，爐子可以不必時生時熄。後來抗戰時，大後方幸虧有木炭車，才能把運輸問題繃過最艱難的二三年！

車胎的故事

汽油講過後，可以談一談車胎。那時大中華橡膠廠在我們這班愛用國貨的主顧鼓勵之下，開始試製國貨車胎。但我們雖然樂於提倡國貨，却同時也希望國貨的品質進步。我那時要求大中華担保每隻車胎能走5萬公里，因為照美國的標準，每隻車胎平均走7萬3千公里，5萬公里實在定得不算苛求。大中華起先有些趦趄不前，但後來經我跟他們解說，到底接受了這個要求。中途車胎如有損壞，他們負責包修，這樣雖然麻煩，但在我們會同研究之下，出品到底改進了不少。例如起先我們發覺他們的紗布包得太鬆，以致胎子不堅實，就知照他們以後把胎子包得緊些。還有，大中華那時偶而把中字採用爲車胎上的圖案花紋，如圖所示。中字兩旁兩個方框兒很容易閉牢空氣，空氣跑不出去，沭沭作聲。而胎子與路面因爲空氣夾在裏面，時常不相接觸，以致胎子打滑。車子不是滾，而是在地上拖了走，磨損增劇，多傷汽油。後來經我提醒這個毛病，圖案花紋開始改變作風了。

車胎圖案花紋

我們曾試用過106隻車胎，據統計的結果：最高的記錄是一隻車胎能用16萬公里，平均記錄是9萬3千公里，已經比外國的標準要高出不少。成績最低劣的兩隻，一隻走5萬公里，一隻走4萬3千公里，經考查的結果，原來是裝在同一車上的兩隻前輪，而輪邊的斜度（參閱附圖）則較正常狀態約大出一度，想因此故，遂致不能經用。

後來，大中華方面有了信心，自動把每隻車胎保用的里數提高到7萬3千公里，我們也完全採用它們的出品來替代外國的出品。直到如今，國貨的大中華車胎至少在國內市場上已能立足，這一方面我們提倡國貨的結果可以說已獲全勝！

只要肯研究

再要講到汽車內所用的配件。一樣是汽缸內用的活塞，俗稱鋼精匹司多。所以用鋼精（鋁）者，取其質量輕，運動時之慣性小。但不是純粹用鋁做的，因爲熱了易脹，那時在對徑方向，容易咬牢汽缸，在長度方向，則易於撞穿汽缸；再要搪大汽缸內徑，重鑲汽缸頂，那可就麻煩了。所以平常應用的材料是熱膨脹率較小的鋁合金，內中實含有10％黃銅，尙有少量的錳和鎳。

那時有一個本國機匠前來討工作做，經我與他洽談後，他很願意試做這種活塞，他的開價是8元4角一隻連活塞栓子，但那時外國貨祇有1元美金（那時約合國幣4元）一隻，關稅運費都在內了。爲了提倡國貨起見，結果我以5元一隻的價格，讓那本國機匠去做，起初他用純鋁去做，失敗了，後來我告訴他當用合金，他聽了我的話，爲免自已配料麻煩起見，就去買合好的成份來做。但做出來的東西仍是不準作，六隻祇有一隻可用，他不服貼，我當場用簡便的儀器校給他看不準的地方，後來他也用儀器校了，出品也可用了。

又一樣是座墊內用的盤香彈簧，全是外國貨。但有一個缺點，到坐斷了而陷下去的時候，一屁股坐下去，彈簧很易戳出來，撕破衣裳，那時有一家洋商的 Goodrich 前來兜售橡皮坐墊，祇要12元美金一隻，用這東西來代替盤香彈簧，念頭確是轉得不錯。但是我計從心來，買了一只試用，暗中送大中華橡膠廠試驗，半年後出品問世便加以採用，雖然重量略重，以噸位計時耗油略增，但總算不錯了。

還有一樣是噴漆。因爲公司方面規定在正常狀態，每輛車子每年祇准有20天休息，在那時大修理一次，機務部須負責把車子整理得和新的一樣。假使用中國漆，漆後晒乾，就須40天。但是用洋貨噴漆的話，幾分鐘就可乾了。後來總算給我找着了一家國貨噴漆廠，就只乾的時間較洋貨稍慢幾分鐘而已。

最後要講到機油，這也是無法採用國貨的。那時外國貨中好的定價5元一加侖，打過折扣後，大約3元8角可買到一加侖，而品質粗劣的，8角就可以買到一加侖，但是還是用好的合算。壞的機油，溫度一高，黏性即失去，極易被壓力所壓出，喪失潤滑作用，以致燒壞軸承，那時再拆和修，反不合算了。我們對於機油的消耗，非常注意，平常大約以一星期加注一次爲度，每天要加機油就不很好了，那時我們當檢驗曲軸套內機油箱有無滲漏；假使每天竟要加入機油至半加侖之上，照規定該車就得大修理一次。

照普通國內的情形，機油消耗約抵汽油消耗的$\frac{1}{25}$至$\frac{1}{30}$，但我的記錄最高曾達到過$\frac{1}{90}$。

總之，在我愛用國貨的緊挖打之下，各項消耗中祇有45％是外人的利益了。（本來約60％）

新奇的職業

一輛車子，能够經久如新，全靠養護得法。講到養護，我可以介紹諸位幾件價廉而效大的儀器：

1.像自來水筆那樣的打氣計，那時價值約一二元美金，可以用來測度輪胎的壓力。要知道輪胎內的壓力，不能過高也不能過低。過高，因輪胎製時原規定能忍受多少壓力，打氣如打過頭，抵抗力當然不足，過載重或過熱很易引起爆烈之虞。但過低呢，車胎着地之部份將變成扁形，平貼於地面，迨離地後再恢復爲圓形。而在一扁一圓之間，車胎內許多層的帆布層(俗稱開發司)將一分一合，這可以拿一册厚書來表演，捲成圓形時一張一張書頁本來很密接的，把書壓扁之後，一頁一頁便分離了。這樣一分一合，很易減低輪胎的壽命。

那時候我們有很多車輛需要有一個人專職來照顧輪胎的壓力。找東找西，給我找到了一個學徒，他在一家補胎行中學習期滿，月薪才8元。我給他30元的月薪，要他來做這個工作，不過規定輪胎的壓力以85磅爲準則，上下5磅爲度，出10磅要停生意。起初的時候，那學徒很盡職，但日子一久，不免有些懈怠，但這工作是不能懈怠的。一個月之後，我便趁有一次夜裏十一點鐘外面應酬回來，叫那學徒前來會同校驗，我們拿了兩只打氣計，先在標準氣壓計上校驗準足，便一同去複驗輪胎的壓力。第一隻不合標準，第二隻差遠了，第三隻還是——，我問那學徒還要量下去嗎，他說不要了，我便默然地離開了他。一夜天那學徒沒有睡得着，軟了一天又半天，他不得不來哀求我饒赦他一次，我答應了。再歇一個月，我再吊冷子查他一次，已經不敢貪懶了，結果滿意，我把他的月薪加上15元，並且貼出照片，以資獎勵，從此以後他一直很好。

2. 壓力計，用來測度汽缸壓縮衝程時的壓力(普通爲90磅)，那時每具價約美金15元。測度時須注意不能距停車時過久，否則汽缸溫度與開行時實際溫度相比，結果將不準確。假使測定得壓力過低，正像機油消耗過多一樣，這是表明機內有毛病應加修理了。

3. 眞空計，用來測度空氣與汽油的混合物，由化汽機吸入汽缸內之吸力。那時該器每具價約美金二，三元。

4. 火星塞試驗器，普通情形在不良好之管理下，一輛車子，每行2萬哩就須換一火星塞，但我那時規定每1萬哩須將火星塞拆下校驗，洗淨再裝上，故須5萬哩方能更換一次。本器可用以觀察火星塞在90磅壓力的空氣中發火時的情形，以火星平均，作嗒嗒聲者爲上。價值稍貴，美製Champion與德製 Bosch 被推爲第一塊牌子。

此外關於量度用的儀器，修理用的設備，名目繁多，不再列舉了。

——王樹良記錄

——從第26頁轉來——

$$道地軸的總體積=\frac{3}{4}\pi(1)^2\cdot 12=9.42\text{in.}^3$$

$$受熱部分體積=\pi\, 1\cdot 0.020\cdot 12=0.754\text{in.}^3$$

假定製成這地軸的鋼的比重爲7.6那麼，軸的密度便是：

$$7.6\times 62.4\div 1728=0.275\ \text{lb./in.}^3$$

所以，這地軸的總重$=9.42\times 0.275=2.6$ lb.

受熱部分重$=0.754\times 0.275=0.207$ lb.

受熱部分約當地軸總重的 0.207/2.6 或 8%。因爲大概90%的漩渦電流集中在表面，再加受熱體中心受熱約10%，傳導損失約25%，則總電流相當於加熱在下列重量上：

$$0.207(1+10\%+10\%+25\%)=0.30\ \text{lb.}$$

假定硬烟溫度爲攝氏780°，每磅受熱量0.067基羅瓦特，因爲受熱時間短，損失少，加熱的效率假定爲90%，那麼，

$$高周率電流功率=0.30\times 0.067\div 90\%$$
$$=0.0224\ \text{Kw-hr.}$$

假定低周率與高周率電流間轉換效率爲45%(此即高周率電流發生器的效率)，那麼在電源上需用去電量：

$$0.0224\div 45\%=0.05\ \text{Kw-hr.}$$

一個40Kw.的電爐，就可以在一個鐘點內硬烟八百個這樣的地軸，他的總重是800×2.6＝2080磅。

每小時的費用：	C.N.C.
電力(40 Kw-hr.，每Kw-hr.以一百元計)	4,000.00
修持費(約爲電力費之三分之四)	5,333.33
水(反覆流動)	500.00
工資(女工一名)	1,000.00
設備費利息(設備總值四千五百萬元，以月息10%計每日利息十五萬元，每日工作八小時)	18,750.00
總計	$29,583.33

平均每磅受熱之費用爲十四元二角。此較任何方法爲便宜。假使資本利息可以降低，這種方法的經濟，尤爲明顯。(完)

這是上海的安全屏障

進行中的高橋海塘工程

鄭定能

九月廿三日，中國工程師學會上海分會，和中國技術協會首度聯袂到高橋，參觀上海市工務局以卅億元的代價在短短六十天內所完成一千三百五十二公尺的海塘工程。

那天天氣並不十分好，先一日是整天大雨。可是大家並不因此減少興趣，早上七時半光景外灘水上飯店碼頭上已擠滿了二百六十餘位二會的會友。工務局趙局長也是工程師學會的分會長，早在碼頭上招呼。於是大家登上遊覽專艇，直放高橋。上了東岸，工務局的專車把我們帶到塘邊，殷家宅——新工的起點——眼前只見一片汪洋一覽無際，海水滔滔巨浪滾滾。一邊就是以木樁，石塊，混凝土牆，和雄偉的土堤與海水頑抗的塘工。在這新工的前面，五百餘尺處我們還可以看到三十餘年前修塘的遺跡，那是老式的堵堤方法，水進一步塘退一步，讓老百姓肥沃的耕田任海水吞噬而去，幾十年來不知損失了幾許生命和財產。而現在新塘工的建立，可保障高橋居民在三十年內不再受汎濫的威脅，而能安居樂業。這真可說是一個以民生為前提的偉大工程。

整個高橋海岸南起殷陸家宅，北迄草頭港，全長十五公里(附圖)。為了風向和氣流以及對岸的形勢關係，南段的決口最厲害，現在第一步修復完工的是由張家宅到殷陸家宅一段，共長一三五二公尺。也是工程最艱巨的一段。由於趙局長和朱秘總局長國洗的督導，以及海塘工程總隊分隊全體

上海市海塘形勢圖

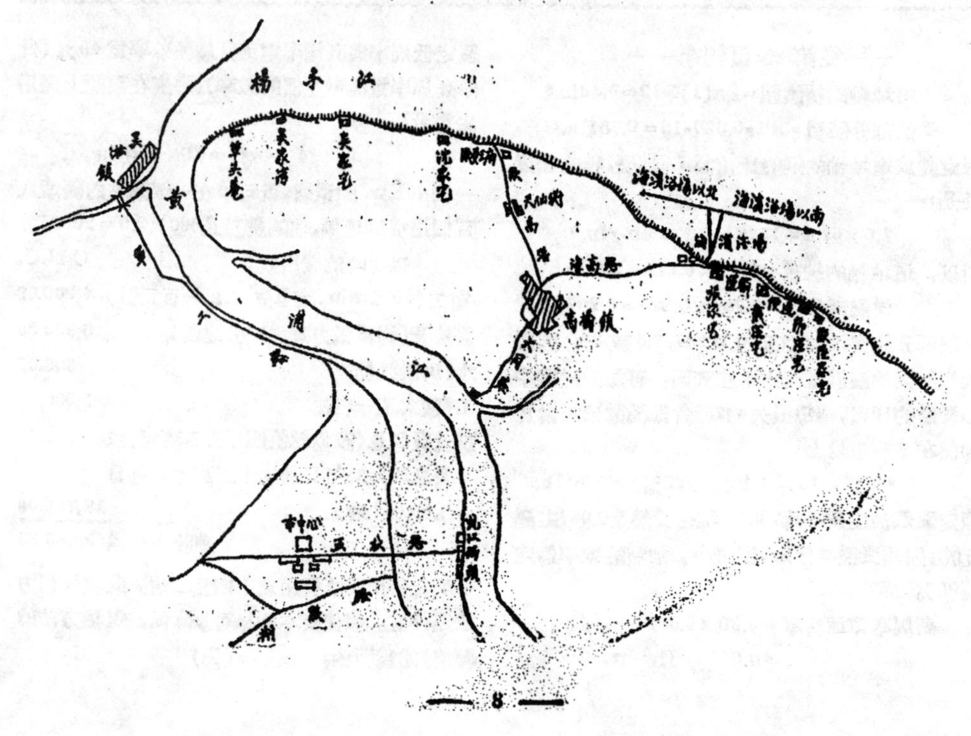

工作同志的努力從公，密切合作，所以這段最艱巨的工程能在短短六十天內全部順利完成。使那天去參觀的工程師們，無不敬佩。當時趙局長朱處長更具體說明了從計劃一直到完工的種種情形，在二氏的談話中，我們不難發見這工程確有着它獨具的特點，而才有這超越的成績。現在讓我分段把他記錄下來，作爲大家研究和參攷的資料。

（甲）具有果毅的領導精神：——該工程在今年四月議決興建，當時預算需欵約80億元，全部經費由市政府，行政院，善後救濟總署平均分負。結果市政府立即如數撥付，行政院經公事上來往三月後所得的批覆爲，因鑒於上海地處全國經濟中心，市面繁華，塘毀費用，應歸自給，不能允准。行總也遲遲未付，最後撥卡車六輛及美式拌泥凝土機數架了事。當時情形實有不能動工之感，然主管當局鑒於塘工人民之重要，毅然克服任何困難必然動工，使這工程首先定下不拔基石。我們對當局這種果斷的領導精神，實致無限敬仰。開工後，爲了預防潮汐，工程師和監工們日夜督促搶修，如鄒家宅殷陸家宅600餘公尺長之擋土牆於八日內完工，可算神速。這種上下一心的自我犧牲精神，更使我們欽佩和值得學習。

（乙）經濟的運用：——爲了經費受限制，朱處長告訴我們：他想盡了各種方法來減低費用，結果終於克服了困難，獲得極大効果，綜合起來，我們可得到下列數端：——

（1）在承包建造泥凝土牆時，所有挖出之土方並不包括運移工資。惟規定需要安置在牆身裏面，故擋土牆完工時，$\frac{1}{3}$堤之土方已被填就，省去填土，排土工程不少，在時間上和經濟上兩收其效。

（2）塘工需用大量石塊照老法是用駁船運到每段所需用之地點，用人工搬上岸，再堆填下去。這樣除了需加一萬元一方的運價外，對於時間上更受極大牽制。在60天內決不能完工。結果不用駁船而用自動傾斜卡車直接由碼頭交貨棧送到所需填石地點（工程開始前築有便道長三公里）再用木板鋪成所需傾斜角度，順勢傾下立可填就。二部工程併爲一部，是這次工程所得到最大的評價。朱處長客氣地說這是僥倖和「冒險」；實在他是早已胸有成竹的。

（3）工程在四月決定，五月開始採購材料，七月下旬動工。當時許多人，尤其是當地的老百姓，頗有非議，甚至催促早日開工。但是主管當局在已定原則之下，非全部材料完全到齊，決不動工，因爲這樣非但不浪費工作日期，並且不會在工作到一半時，因等待材料而使已完成的工程被巨浪冲毀，聽說江蘇省塘工局是一面交貨一面動工的就吃了這一個虧。

（4）塘工全部材料，分開有十幾家廠商來承包，這並非因爲上海沒有一家資本充足的廠商能承辦，而是爲了避免不要因爲一家私人廠商的不測，而影響了有關數十萬生靈的工程。這一個辦法在物價動盪的今日，尤爲一個極好的安全保障。

以上的經驗換來了無限的代價，決定了這一個工程的成功，致於斷面設計也攷慮週詳，今一併提供如下：

施工今雖由南塘海濱浴場起至殷陸家宅，但測量工作實不止此數。去年開始，包括地形，水平，及水位之測定，就測量所得材料及潮汐侵蝕舊堤損毀凝頹等情形決定堤塘線，經過數次修改，後來爲了經濟，大部利用舊堤，整個工程分成三段，同時施工，其段計斷面起初外用攔水壩以擋波浪，因吾人深知塘堤冲毀，多半因巨風鼓動波浪疾擊所致，水之靜壓力影響堤岸極微，但後因節省費用，攔水壩作罷，殊爲可惜。再當時土堤高度本用7.80m，後也因經費關係改成6.80m。擋土牆按往昔大多用亂

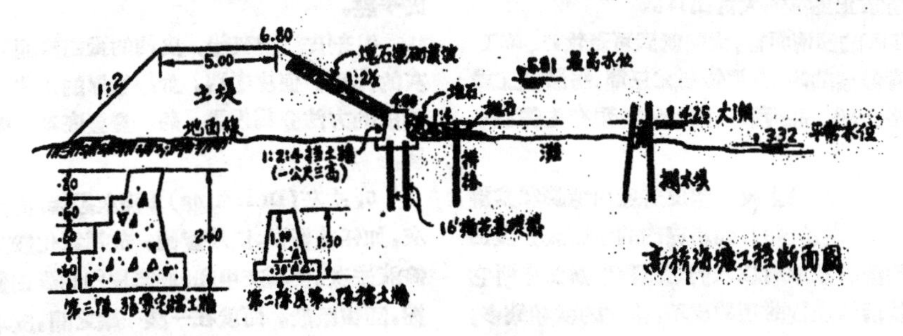

高橋海塘工程斷面圖

皮革工業—底革的製造

五二皮革廠化學師

程文騏

談起皮革工業，眞是歷史悠久，發展了幾千年，在戰前成爲世界四大輕工業之一，每年全世界的消費量約有牛皮九千萬張，小牛皮五千萬張，綿羊皮一萬三千萬張山羊皮一萬萬張，以目前上海市價估計至少值國幣拾萬億元，其他獸皮像馬，鹿，犬，蛇，和野獸毛皮還沒有算入，皮革製品不但在工業上和軍用上有大量的需要，日用品像皮鞋，皮包，皮箱，手套，皮衣，運動器具，馬具等，實佔消費的絕大多數。

皮革製品的產量，因爲原料受到天然環境的限制不能盡量的增加，代用品就應運而生，最初是

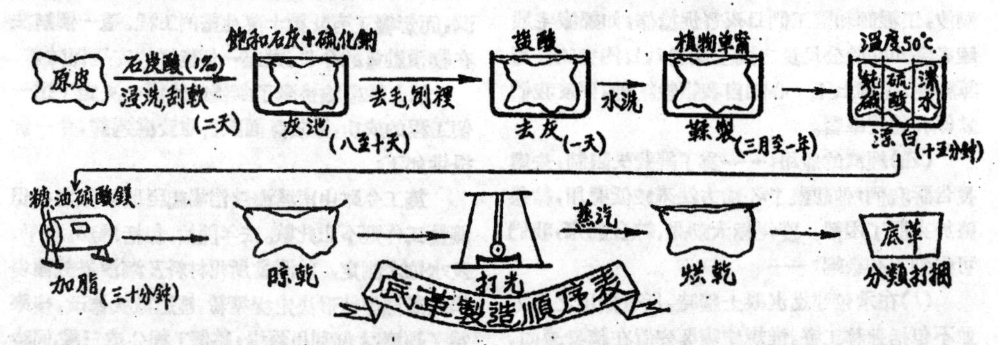

紡織工業的絲，棉，毛織品，後來又有橡膠工業的橡膠製品，最近更有百類斯替(plastics)的玻璃(就範質)工業製品，但儘管代用品源源產生，皮革製品還是供不應求，因受戰時軍用的影響，畜物被殺戮過甚，加之運輸阻塞，供源不暢，到現在歐美等國還是禁止皮革的大量出口。

以我國的國情而言，大陸既廣可畜牧，皮革工業實大有發展的餘地，用特撰文三篇，將該項工業作一簡略介紹，謹願國人注意及之。現在先講底革的製造：

底革的原料是生皮。生皮普通用樟腦和食鹽保存，它是生硬易腐的，因爲皮內的主要成分蛋白質易受細菌的攻擊所以人們想出種種辦法來叫它變成柔軟清潔美觀耐用的皮革。生皮的種類繁多，最常用的是牛皮。牛皮又分兩種，水牛皮毛孔粗皮張厚，纖維鬆，祗可做底革。黄牛皮細而薄，既可做面皮，又可做底革。

1. 浸洗(Soaking)　生皮拿來，先加以浸洗，目的使乾皮醃皮恢復柔軟的鮮皮狀態，並且洗去污血等物。從前浸洗用清水或加微量的酸或鹼，現在都用石炭酸或次氯酸鈉，作爲防腐劑。浸洗最好在溫度 10°C 以下舉行，浸二三天。這當中要刮肉一二次，醃皮還要多換兩次水。

2. 刮軟(Scudding)　用鈍刀推刮，使皮之纖維鬆軟，易於浸灰及鞣製。

3. 浸灰 (Liming)　將皮吊懸在飽和的石灰溶液內，約七八天，皮上的毛即可拉下。灰池內如加 2－3% 的硫化鈉，多攪動，浸灰的時間還可縮短。現在歐美已改用氫硫化鈉代替硫化鈉。

4. 刨裏(Fleshing)　脫毛以後，即行刨裏使皮平整。

5. 剖皮　浸灰後，皮內的蛋白質因受鹼性石灰的作用，使皮澎漲，如果是厚的水牛皮，可用剖皮的方法分爲幾張，將外層製底革，裏層作襯裏。

6. 去灰(Deliming)　浸灰過後，皮內含有石灰，如任其留存，皮將變硬，故用氯化銨或稀鹽酸等液去灰，使石灰中和。此時皮內的蛋白質開始收縮，回復原狀。而就在一漲一縮之間，皮革獲有彈

圖一　機械去肉法

圖二　人工去肉法

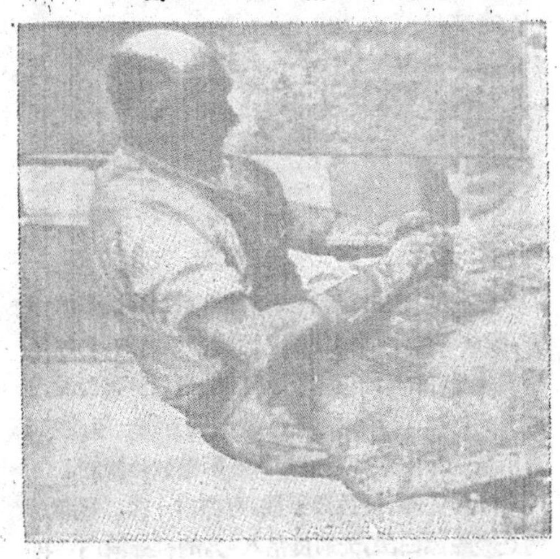

圖三　去毛

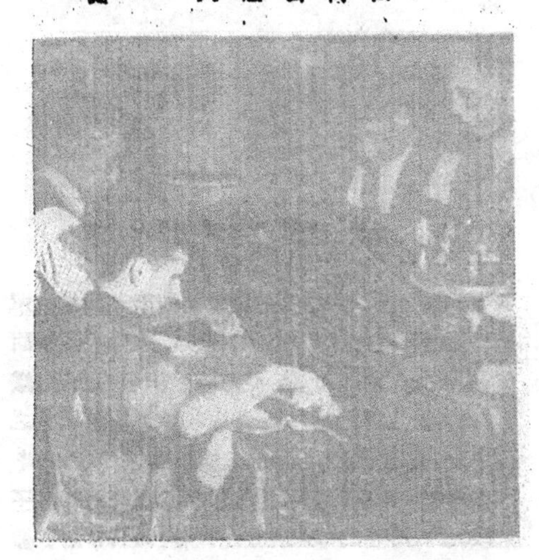

圖四　剖皮

性。去灰後經清水漂洗，即可開始鞣製。

7.鞣製(Tanning)　鞣質的種類很多，但大致可分為五大類：(a)植物鞣料 (b)礦物鞣料 (c)油脂 (d)醛醌類 (Aldehydes and Quinones) (e)人造單寧，它們和皮內的蛋白質形起的作用如下：

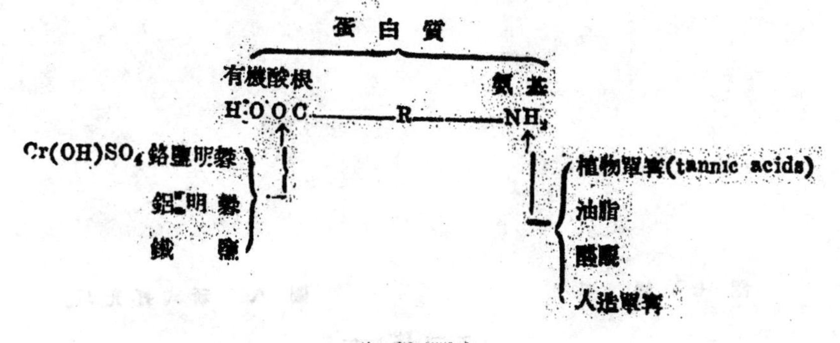

各種鞣料鞣製之成績大抵可以比較如下：

植物單寧鞣製法，需時最久，約爲三月至一年。鉻鞣製法僅需一星期，（如將皮革，材料放在一轉鼓內滾轉，用機械法幫助鞣料之作用，則一天已足。）可用來製成柔軟的皮革。鋁鞣製法製成之皮革無色且富有彈性，多用以製白皮鞋，但不能耐久，熟皮仍易變回生皮。蟻醛鞣製法亦能製成極軟且無色之皮革，且生皮變成熟皮後其作用不再可逆。惟一缺點，蟻醛之價極貴，且沸點甚低，易於蒸發而多損失。油鞣製法祇用於麂皮及少數羊皮。

圖五 鞣製池

一般而論，鉻鋁鞣製法鞣製的皮革比植物單寧鞣製的來得柔軟，但無其經久，故宜於鞣製面皮，而不宜鞣製底革。鉻，鋁法鞣製出來的底革，纖維疏鬆，缺乏彈性，易於吸水而收縮，市上所售之綠色水牛底皮即是，極不爲人所歡迎。所以底革普通多用植物單寧鞣製，植物鞣料又以含單寧分子量較大的，所製的革來得豐滿堅韌。玆將常用各種植物單寧之比較分子量列表如下：

Paradol 人造單寧	132	橡碗子	326
柯子(Myrobalan)		栗樹(a)	447
(a)	181	(b)	557
(b)	256	密模皮	565
荚豆Algarobilla	237	皮亞硫酸化奎布拉柯	910
亞硫酸化密模	268	沒食單寧酸	1302
高皮亞硫酸化奎布拉柯	368	奎布拉柯 (Quebracho)	1950
兒茶	320		

圖六 新式吊皮架

植物鞣製法，先將由各種原料提煉出來的單寧，配成各種不同的比重，順次分列槽內。先將皮掛在比重小的（如1.010）槽內，而後逐步移向比重較大的（如1.10）槽內，時間要三個月到一年。現在有用新式吊皮架和轉鼓的設備來縮減時間的。

鞣製完畢，要色澤美觀，可漂白一次，普通用的是酸鹼漂白法，先將皮吊入2%的純鹼液內，再

圖七 轉鼓

圖八 新式打光車

移入1%的硫酸內，最後用冷水洗去遊離酸。但此法甚爲危險，倘一不愼，皮即損壞。比較好的是用漆葉漂白，即將皮侵入漆葉液內一星期，革色亦可淺淡。

然後取出水洗，加葡萄糖，魚油和硫酸鎂或氯化鋇等，在轉鼓內轉動約三四十分鐘，以增加皮的重量，彈性和耐久性，而後晾掛架上，俟其陰乾後取下，用打光車打光，烘乾後即成。

這樣製成的底革應該具有下列各項特色：

1.堅韌，2.彈性，3.耐久，4.通氣，5.輕便，6.防水，7.保溫。這些特色到現在還不是橡膠製品或百頓斯替製品所能完全替代的。

但植物鞣製法雖好，到底太慢。故近年來，各工業先進國咸皆致力於人造單寧的研究，至今成績已大有可觀，且已實地普遍應用。這種鞣料鞣製時間極省，故製造成本可大爲減輕，但品質則不見差遜。今日皮革工業所以能與橡膠工業及百頓斯替工業一較短長者，實有賴於此。

目前上海底革製造成本計算表

每製造黃牛底革壹萬磅之成本

名稱	數量	單價	總價
黃牛生皮	60担(司馬秤)	200,000	12,000,000
栲膠	3000磅	600	1,800,000
人造單寧	3000磅	300	900,000
硫酸	200磅	340	68,000
純鹼	300磅	300	90,000
石灰	800磅	100	80,000
硫化鈉	100磅	750	75,000
葡萄糖	500磅	800	400,000
白油	200磅	400	80,000
瀉鹽	200磅	400	100,000
煤	2噸	150,000	300,000
電力	1000度	84	84,000
人工	600工	5000	3,000,000
機器折舊修理			500,000
添購工具			100,000
共計			19,577,000

每磅成本1,957.70元

加上三個月拆息管理費用等每磅成本約叁千元

活動房屋建築工程上的諸問題

毛心一

前言

「活動房屋」(Prefabricated Houses 簡稱 Prefabs)的建築工程,是通過了這次大戰的試鍊,而長成在大戰結束以後的一種新興建築技術。這種建築技術,在英美稱做「Prefabric tion」(目前,在沒有正式的確切譯名的時候,我暫且把它譯作「拚構建築術」),它的特點極簡單的說一句,便是把舊有的建築技術從「就地造屋」推進到「機裝房屋,就地拚構」。自從「活動房屋」這個奇怪的名詞在中國的報章刊物上出現以來,它似乎的確引起了不少社會人士們的趣味。這些月來,筆者所經營的「心一建築工程行」便曾接待過不少相識或不相識的人士,來詢問或委託辦理活動房屋建築工程上的各種事項。當時,爲了應付各方面的需要起見,曾略採一部分說明性質的參攷材料,草成「所謂活動房屋是怎末一回事」一文,刊「文章」第四期,以供對於「活動房屋」感到興趣的人士們作一個一般性質的說明。因爲是一般性質的,所以在取材及用語上曾力求趣味化及通俗化,除了對於「活動房屋」的各方面的情形作了一個大概的說明以外,關於它的建築工程上的諸事項,未能一一涉及。最近,由於業務上的需要,從事「活動房屋新邨」的建造設計,曾有機會化了相當的時間,把所有目前能够獲得的關於活動房屋及其建築工程的文獻,再作了一次較詳細的檢討,覺得頗有許多東西,可以介紹給對於「活動房屋」感到興味的社會人士。這里的一篇文字,因爲篇幅的限制,仍祗能就其建築工程方面先作一點粗枝大葉的敍述,行文旣草率,自然更談不到什麼專門,不過就平日業務上的實踐,把一般人士們所最感興趣的一些關於活動房屋建築工程上的諸問題,想到的寫出來,就正於工程界諸先進而已。

兩種活動房屋

在說明「活動房屋」這個東西的本身,及其現有的分類之前,首先,不得不指出:如作爲「Prefabricated houses」或「Prefabs」的譯名,「活動房屋」這個名詞是不合理的;第一,它旣沒有譯出了原字的意義(“Pre”——預先,“fabs”——構組物,“Prefabricated Houses”的意義該是「預先拚構而成的房屋」。);第二,它也不能代表這種東西的本身,所謂「活動房屋」,簡單說起來,便是一種在「造屋工廠」里預先造就的房屋,包括屋頂牆壁門窗以及室內的一般設備,以運輸工具載到任何指定的面積相符的基地,以極簡單迅速的人工,從事拚構,以代替昔日的建築方法,如僱傭了一大批的水作木匠,邪許呼喝地在指定的基地上大興土木。這種房屋,造成以後旣和普通房屋一樣堅固牢穩,經風耐雨,更不能像船舶車輛一樣,到處行駛,隨意流動,所以絕對談不到「活動」。爲了企圖改正這種俗名所造成的錯覺起見,在沒有公認的確當譯名之前,筆者在下文中,暫擬使用「拚構房屋」這個杜撰的的名詞來代表「Prefabricated Houses」或「Prefabs」。至於「拚構建築術」這個名詞,則是用以代表「Prefabrication」一詞的。

「拚構建築術」這個名稱,事實上並不是一個新奇的東西。遠的且不說,就最近的事來講,在此次大戰爆發以前,它便經過了十五年左右的研究與試驗。而今,對於這種建築技術最感興趣並且已在大規模的實地製造「拚構房屋」的主要國家,有美國,英國,蘇聯,及瑞典。尤其以美國做得最爲熱鬧起勁。根據筆者手頭所有的資料,在這次大戰爆發前的一年中,美國已有了十餘家建築材料廠商,在埋頭從事「半拚構式房屋」的製造。到了一九四二年,由於美國政府當局的戰時建屋計劃的鼓勵,規定所有的政府建築中,其五分之一的房屋須採用拚構式房屋,因而拚構房屋的製造廠便驟然增加至八十家。到了戰事結束一年以後的今天,由於軍事工業的復員計劃,一部份製造廠,包括車輛製造廠及飛機工廠等,也都相繼改營拚構房屋的製造。這結果,使目前美國所有的拚構房屋製造廠的數目,到達三百餘家之多。

這麼多的製造廠商，爲了營業上的競爭起計，自然免不了各展所長，相互在技術上及出品的設計各自出奇制勝，以致目前美國出品的拚構房屋，在種類上，從廠房，貨棧，平民宿舍，學校，以至最摩登的現代住宅，無所不備；在設計與形式上，則有所謂「奇蹟屋」，「太陽系屋」，「鋁質金屋」，「國民屋」……等，眞是五花八門，小大咸宜。翻開任何一家拚構房屋廠商的印刷精美的樣本以及宣傳册子，你可以看到那些動人的字句：「你置一所屋子，如同購買一隻電氣冰箱。」「每月僅付若干元，一所屋子便是你自已的了。」「你出一輛汽車的代價，便可得到一所屋子。」……諸如此類。

但無論這些出品說得如何動聽，就拚構建築術的理論上看來，它們祇有二類：

（一）全部屋子完全在造屋工廠中建造完竣，運抵指定的基地，以極簡單的工作使之牢固於該基地上。

（二）在工廠中造成全屋的所有部分，包括一切屋內設備，然後以所有的部分及零件裝成一箱，運抵指定的基地，以簡單的人工，按照說明書逐一在基地上從事組合拚構，造成一所屋子。

目前，在這兩類中，以第二類爲多。因爲按照第一類的方法，勢必把一所整個的屋子運到基地，這不但在運輸上發生困難，並且在屋子的體積上，也因此而不得不有所限制。通常，屬於這一類的拚構住屋，其面積決不可能在七百五十平方呎以上的。

至於第二類，就無須受到這種限制了。購買這一種拚構房屋的人，祇須打開箱子，僱傭若干工人，按照說明書自構架以至蓋頂舖壁，安置門窗，逐一在基地上按步實施，便可完成一所屋子的建築。爲了這一點可取的方便，所以今日一般廠商所製的拚構房屋，大都是屬於第二類的。

拚構築建術的理想標準

然而就拚構建築術的理論上說起來，以上兩類都不能算是眞正的拚構房屋。按照拚構建築工程的理想標準，一所拚構房屋，無論是構架，牆壁，屋頂，地板，均由若干統一尺寸的標準單位所拚合而成，不論何種大小及何種式樣，每一單位都可以彼此拆換，就如同牌汽車上的各部另件。屋頂，牆壁，地板，每個單位都有一定的長度和闊度，銜接處裝置陰陽接筍，以便隨時把某一單獨部分拆卸或掉換。屋子的體積，在必要時，亦可隨意放大或縮小一個或二個單位。這種眞正的拚構房屋，目下在美國已有少數製造廠在從事試製，但出品不多。

拚構房屋的牢固問題

拚構房屋的牢固性，究竟是否可靠？這個問題在一兩年以前，是曾經爲一般人所大感懷疑的。可是到如今，它已在事實上取得了較廣泛的信仰。按照多數製造廠商的實驗，一所完全按照專家指導所建造的拚構住屋，它在「風載荷」(Windload) 及「水載荷」(Waterload) 上，與一所同等大小而建造完善的舊式房屋，並無軒輊。而由於拚構房屋所用的材料特殊，它在抵抗風雨日曬的侵蝕上，往往較之一般舊式的住屋尤爲强固。據實驗的結果，拚構房屋上所使用的一片半英吋厚的纖維絕緣硬板 (Compressed Wall-board)，可以抵到十英吋厚的磚牆。又因爲拚構房屋的大片牆壁，都是由若干單位分別銜接而釘着在屋架上的，所以它們的牢固性能，也格外强大。如此建造的拚構房屋，據實驗所得的結果，每方呎約可承受每小時二百哩的風力。

拚構房屋的各部門的連繫工程，大都利用陰陽接筍裝置。在屋架與基地及屋頂或牆壁與屋架間之連接上，則施用特製的不漏水的鋼質帽釘。外牆與內牆，一般的出品都用特製的「壓縮夾板」(Compressed Plywood)，但也有內牆用壓縮夾板而外牆用不起氧化的鋁質板的，如 Lincoln 及 Steelcraft等廠出品的都是。

拚構房屋的基礎工程

「既然活動房屋的一切都是現成的，那末是否祇要把零件架搭起來，放在空地上，便可居住了呢？」這是筆者在業務的接觸上所時常遇到的一個問題。自然，你不能希望每一位有能力置屋的業主都是一個土木工程師，因之，你除了對他們作一番較通俗的簡單說明之外，無法作一點技術上的敘述。

事實上，「對於這一個問題作一點一般性的說明，也是一件相當困難的事情。僅僅經過拚建而「放」在空地上便可居住的拚構房屋，在目前果然是絕無僅有。然而同是拚構房屋的基礎工程，因為各製造商在設計上所採用的原則各不相同，所以它們的實施工程，也未可一概而論。不過在事實上，無論何種拚構房屋，在從事建構之前，都必須在基地上先做一點準備工程。通常是打樁(特製的樁柱)，有的還須將基地加以舖填及滾壓。但比較普通的，還是前者的建樁工程。這里且舉目前美國的拚構房屋出品中最普遍的「Gunnison 拚構房屋」的基礎工程以為例子。這種出品的拚構房屋，在基礎工程上算是較優越的一種了。依據他們的設計，建造這種房屋時，須視其面積的大小，在屋基四角及縱橫每隔十二呎處，各打一深入地面四呎的 8″×8″ 的特製鋼骨水泥樁一座。這種樁頭的上部，有特製的釘眼及接筍，以便與房屋本身的主柱聯接。屋內地板與基地地面之距離為二呎，有橫列的枕木以為支架(見附圖)。一幢五間屋子的雙層住房，全部拚構的人工約三百個「工作時」(Workinghours)，如以中國的說法來表說，每個工人每天做八小時的工作，則約需四十工人工弱。

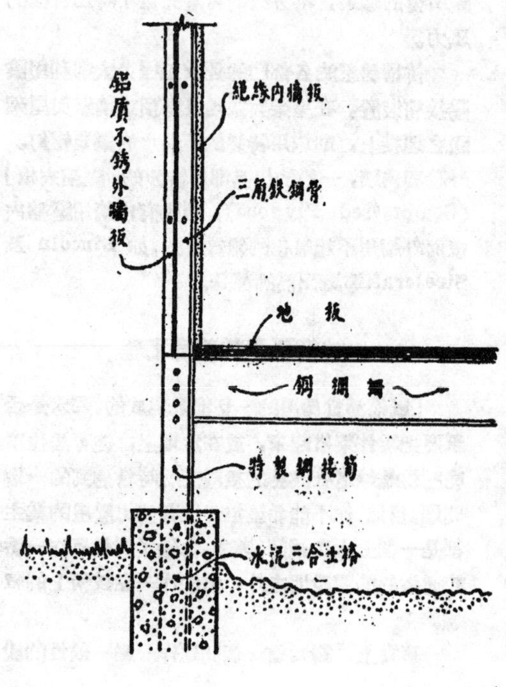

關於「拚構房屋新邨」

在本文的前面，筆者曾提及自己在設計中的「拚構房屋新邨」的計劃。事實上，這種計劃，正是今日美國在推行的「戰後房屋建造計劃」中的一部，並且已在他們國內開始實行了的。原來拚構房屋的建築工程，也像舊式的營造工程一樣，在人工上，集體建築往往比個別建築經濟得多。除此之外，「拚構房屋新邨」計劃之實現，對於置屋的業主，還可得到下列的幾點利益；

(一)房地均屬現成，置屋者可以省却覓屋求地之勞。

(二)各幢房屋經過有計劃的排列，在取向及周圍環境的佈置上，都可以得到美化及衛生的效果。

(三)集體的新邨，在造園及植林上可以獲得更大的便利，因之便可能實現完備的設施。

(四)在新邨集合的地點，並可請求市交通管理當局，放長公共車輛的路綫及在該地特設停車站，以便利住戶的出入。

自然，這種計劃，即使在美國，現在也還祇是一個開始。按照他們的「戰後房屋建造計劃」，今後一年之內，全國至少將有二十萬幢的拚構住屋建築起來，以解決目前的房荒。其中，除掉少數是建築在私人所有的土地上以外，其他大都是採取「新邨制」的集體建築的形式的。到這個計劃實現到相當程度的時候，那末，也許我們眞可以說：「你買一所房子像買一輛汽車一樣的便利了。」

而於我們國內，就上海一地而言，在戰後的房荒聲中，市政當局也曾有過鼓勵房屋建築的表示。然而在目前的人力及材料的缺乏的情況中，要希望在短期間解決房荒，似乎是相當困難的事情。也便是由於這一點，使筆者在本位業務的實踐中想到了「拚構房屋新邨」計劃的設計，並正在設法使之在短期間實現起來，以分宅出售的辦法來適應迫切的住屋需求。自然，這種計劃的整個完成，靠少數人的努力是不够的。我們除了希望有更多的人來舉辦之外，同時也希望市工務局以及交通當局能給予種種鼓勵性質的便利，使這種新興的拚構建築技術能够貢獻給一般人民。

三十五年十月，上海。

活動房屋搭建程序

這是水泥三和土的基礎，在適當的地位已預埋好了角鐵及螺栓，以備搭接上面結構之用。

四週已經可以豎立起三角鐵鋼骨。圖示工人在一個接筍處先加以油漆。

工人在繼續搭建牆壁。在房屋沒有全部完成之前，須加臨時支撐。

屋脊架起後，屋面的舖蓋與牆壁無異。

門窗框都與牆架緊緊的接連在一起。

內牆和平頂先用木條與鐵架相連，再舖釘美觀舒適的夾板。

這是一所完成的房屋的外形，美觀，結實，耐風雨，建成後祇須隔幾年再油漆一次。

這是另一所漂亮的活動房屋的外形，已經沒有一點單調的感覺了。

動力泉源

上海電力公司浦濱發電廠概況

早在 879 年 上海就有了雛型的發電設備；那時祇是一個十匹馬力的發電機。到 1895 年斐倫路裏虹橋畔的電廠開始發電，最大發電量亦僅 200Kw。1912年遷入楊樹浦路洞庭路新址，改用汽輪發電機，經過逐年添裝新設備，至戰前，總發電量達 186,000 Kw。在中國除東北外，爲首屈一指的大電廠。勝利後積極整頓，目前還僅能發電130,000Kw，但實際上用電早已超過此數，造成了近日電力不足的恐慌。

全廠因爲是逐漸擴展起來的，設備上分成了三部：

(A) 200 磅壓力 600° F 鍋爐 18 隻，汽輪發電機10座（另有一部份舊鍋爐，現已不用）

(B) 375 磅壓力 750° F 鍋爐 4 隻，汽輪發電機 3 座

(C) 1200磅壓力 925° F 鍋爐 1 隻，汽輪發電機 1 座

← 圖爲C部
高345呎，爲上
等。左下角爲
即由此幫浦間

→ A部鍋爐：蒸汽發生量每小時 3 萬至 11 萬磅不等。圖中左部係 B&W 式水管鍋爐，用自下送煤器，燃塊煤，現已全部拆除，改用噴油器，燃燒液體燃料。右部係Stirling 式；亦用自下送煤器，燃塊煤，現在添裝噴油器，輔用液體燃料。

↓ B部汽輪
——高壓與低
生之蒸汽，經
管進入低壓汽
部發電機用機
軸，左角上層爲
熱水器，共有

↓ B部鍋爐：蒸汽發生量每小時21 萬磅，燃燒煤粉。每一鍋爐有煤粉管 10 根，現亦已添置噴油器 10 只，改用液體燃料。

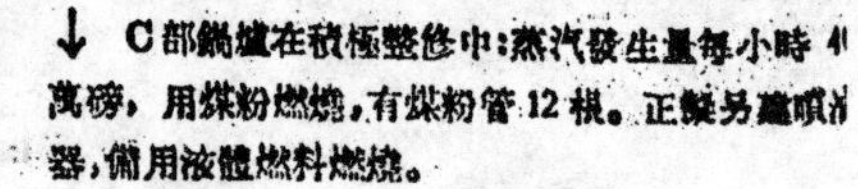

↓ C部鍋爐在積極整修中：蒸汽發生量每小時 4
萬磅，用煤粉燃燒，有煤粉管 12 根。正擬另裝噴油
器，備用液體燃料燃燒。

高壓鍋爐間及汽輪機室之外景。烟囱。
爲最高建築物。後爲A部B部鍋爐間
各凝水器所用之冷水幫補間。右下角
通往凝水器之49吋大水管。

：16號機，前部爲汽輪機，有二汽缸
，低壓部份爲雙汽流，B部鍋爐所發
由控制弁，先至高壓汽缸，然後由二粗
缸，廢汽則通至低壓凝水器內凝結。後
聯器(Flexible coupling)連成一
眞空吸氣器(Air ejector)，下層爲
二只。

↑ 汽輪發電機室全景。前二座爲B部汽輪機，其後爲A部汽輪機，C部高壓汽輪機在最後端，圖中未能顯示。各發電機之發電量如次：

1號機(AEG)	2,000 Kw	1,500r.p.m.
2號機(AEG)	2,000 Kw	1,500r.p.m.
4號機(GE)	10,000 Kw	1,500r.p.m.
5號機(GE)	10,000 Kw	1,500r.p.m.
7號機(Parsons)	10,000 Kw	1,500r.p.m.
8號機(GE)	18,000 Kw	1,500r.p.m.
9號機(GE)	18,000 Kw	1,500r.p.m.
10號機(MV)	20,000 Kw	1,500r.p.m.
11號機(Parsons)	20,000 Kw	1,500r.p.m.
12號機(MV)	3,000 Kw	3,000r.p.m.
13號機(MV)	3,000 Kw	3,000r.p.m.
14號機(MV)	20,000 Kw	3,000r.p.m.
15號機(MV)	20,000 Kw	3,000r.p.m.
16號機(BTH)	22,500 Kw	3,000r.p.m.
18號機(AEG)	15,000 Kw	3,000r.p.m.

其中3號機早已拆除，6號機爲日人搬走，11號機在前年轟炸時被毀，16號機因發電機轉子(Rotor)損壞，運國外修理，迄未回來；17號機未裝就，18號機還未開始發電，原11號機之地位上將裝一25,000Kw新發電機，已向國外訂購，尚未運來。

↓ C部汽輪機：18號機，此機無凝水器，出汽壓力尚高至215磅，故可再通入A部汽輪機工作，右角爲控制座入口轉門處爲C部鍋爐　入口。

封面說明

各發電機發出之電流，均爲6,600V.大部份經過變壓器昇高至23000V，自地下通至各分電站，分電站中又經過變壓器，回復至6,600V送出，再經過各小分電站分別降爲380/220V，由架空線通至各用戶。

圖示上海電力公司控制全滬電路之總控制室，左部爲全部發電機之控制座，右部則係至分電站諸輸電線(Feeders)之控制座。

汽車引擎的檢驗表

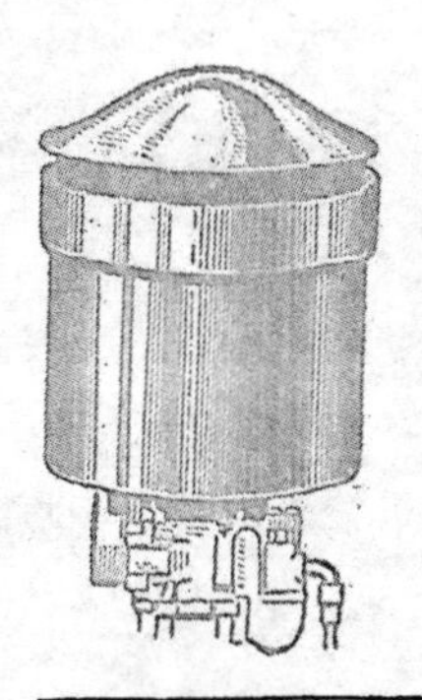

空氣潔淨器 如果有污物混入，很容易引起引擎動力和汽油的損失。先把潔淨器的過濾物取出，放在汽油中完全洗淨；然後浸在薄油中放相當的時候，惟在裝復之前，須先滴乾。自潔淨器至化氣器的接頭和管子，應注意其是否確實不漏氣。在浸油式的潔淨器時，尚須注意其油面的高低。

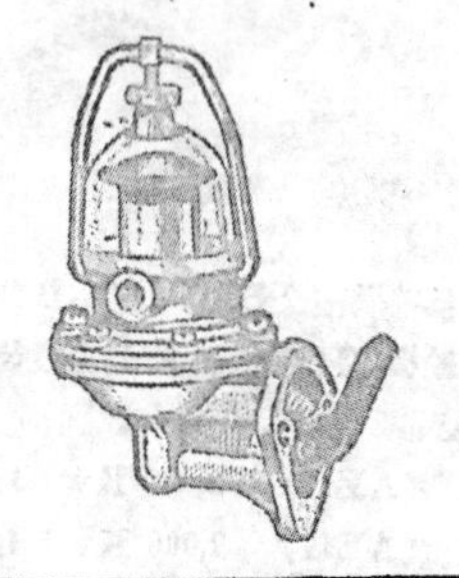

汽油幫浦（燃料唧筒）的渣滓盃，須在相當的時期按時清除其水份及污物。油幫內的濾片也要仔細地檢查。如果發現潤滑油的消耗量突然增加的話，也許是指示着濾片已破，正在把油壳中的引擎油吸上來。如果汽油的流動甚弱，試用打汽管裝在油幫的一端，拆除汽油管的一端，應用空氣來把油管吹通。同時，仔細把油管攷察，是否有扁癟的地方。

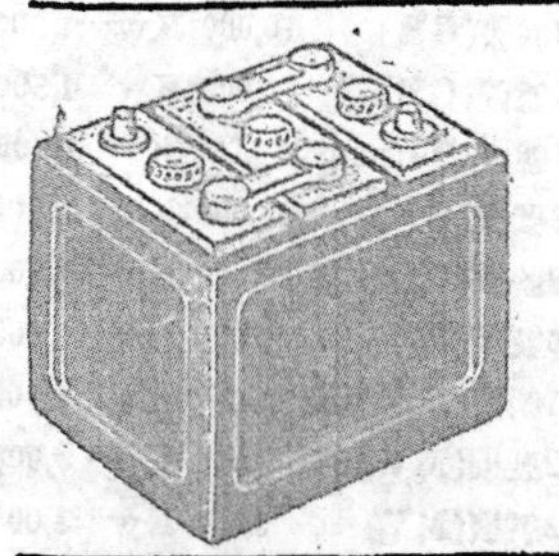

蓄電池 是不能疏忽的，否則是一種損失。最好是每隔二星期至少檢查一次，在天氣熱的時候尤其應當多幾次。每只電池都要看它的電水平面是否在極板的上面，如果太淺的話，必須加入純淨的蒸餾水。如果接頭已銹蝕，把它們刮淨後再塗上凡士林。電池頂上如有酸質，可以用蘇打水來中和。

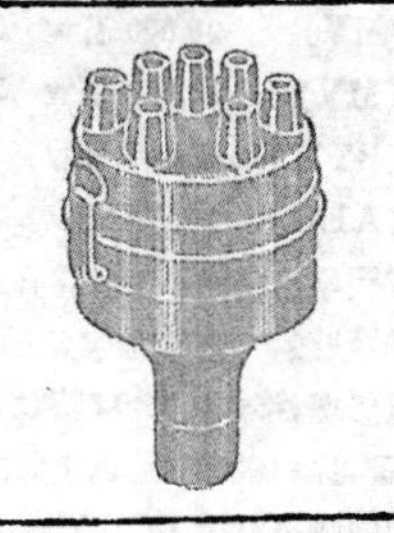

分電器 的檢驗應包括器蓋是否破裂而致短路；高壓電線插頭是否乾淨，以及斷電白金點是否已侵蝕……等。如有油污，須先除去，並注意其原因，因為斷電子上若有油污，必能燒壞得很厲害。轉子上的加油紗頭，如果過分飽和，牛油盃如果過多溢出，都足以引起這種毛病的。

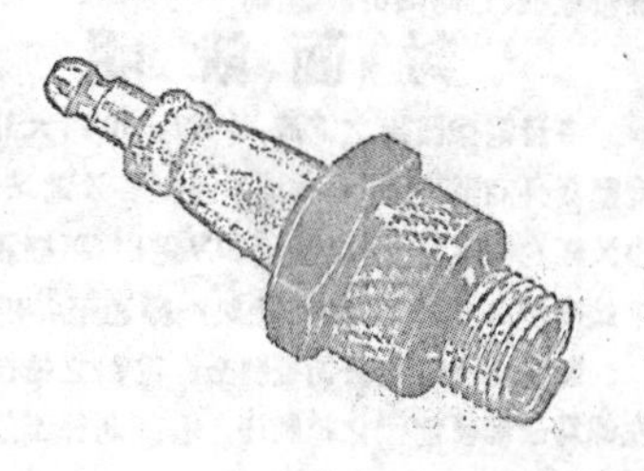

火星塞 可能有四種情形出毛病：正常的損蝕，絕緣物的破裂，電極的受污，間隙的過大。火星塞不宜旋得過緊；因為在後日旋鬆的時候，很容易使絕緣物破裂。在電極上積聚着的碳屑應刮除之，並檢驗其間隙是否過大。如果要重新校準間隙，務須應用厚薄規，並且總以彎屈側電極爲是。

怎樣檢驗汽車引擎？

—欣之—

時常化一點功夫去檢驗，調整汽車引擎的小毛病，不但可以免除發生大毛病，省時又省錢，同時可以使引擎的運轉和性能發揮到最高峯。

在工程界中討生活的人，最起碼的汽車常識是少不了的。雖然你不一定自己有汽車或是專門管理汽車的，雖然即使有了毛病也可以去請教修車匠，可是，在日常使用的時候，你不能叫汽車匠一直跟在你旁邊，作為你的顧問；同時，汽車也正像人一樣，需要經常的照顧和小心，方可使大病化小，小病化無；所以不管你在何種情形之下，凡是逢到有汽車時，你應當時常化一些工夫去檢驗，調整汽車引擎的小毛病，這樣不但可以免除發生大毛病，省時又省錢；同時可以使引擎的運轉和性能發揮到最高峯。

汽車的修理本來可分二種，小修和大修，平常拋錨的時候，出了毛病，只消熟練機匠小修一下；但是為了延長汽車的壽命起見，每年在適當的時候，也需要把引擎完全拆卸，重新整修，是謂大修。如果，我們能按照下面的方法，時常檢查的話，不但大修的時期可以延長，同時引擎的性能也可以增善，所以我們不要疏忽這許多小問題。

要使引擎動力和效率都有理想的成績，必須具備一個有效的燃料和點火系統，所以檢驗時，首先要從燃料系統開始。

汽油幫浦（燃料唧筒）——這是燃料系統的心臟，所以首先須注意檢驗這一點。先把幫浦出油口一面的汽油管卸下，然後把點火開關斷路，搖動引擎數次，觀察幫浦出口處汽油的供給是否足量。假使汽油量不够的話，可以把汽油管吹通一下，同時再把幫浦的渣滓盃洗淨。還要注意的是汽油桶的通氣口是否閉塞。汽油的出量微弱，也許是汽油幫浦發生弊病的一個象徵。

化氣器（卡勃來脫）——除了汽油幫浦的毛病之外，化氣器作用不良也是使引擎運轉不佳的原因之一，試檢視化氣器的浮子和針瓣，看它是否正確開合，同時汽油的平面在浮子室中是否保持適當的高低。不同的車子有不同的高低，適當的汽油平面高低尺寸，可以從製造廠商的規範書或修理手冊中查得。不過，假使沒法查得的話，可以用下面的標準大概決定之：如汽油平面過高，那末引擎不轉動時，化氣器中一定充滿了太多的汽油。如汽油平面過低，那末引擎的運轉一定不大好，尤其在突然要加速的時候。要確切知道的是，在化氣器中的一切孔眼和噴射口都是穿通並在正常情形之下。再校準一切的手旋螺絲，使在引擎怠速轉動（相當於每小時二十哩車速）時，得到最好的性能，這可以從引擎轉動的節奏聲音聽出來。如果引擎有自動阻風的裝置，要檢查一下，在引擎冷的時候，確實是閉合的，在引擎熱時則確實張開，那末運用時不致有弊病。襯在化氣器的墊片之類，必需保證不漏氣。引擎在怠速轉動時要調節到最低速尙能圓滑地改變速率。有種在進氣管中具備濾氣網的化氣器，應予時時洗淨。這些都是保護化氣器的必要知識。

空氣清淨器——清淨器如果部分阻塞的話，要產生汽油耗量過多的弊病，這可能是引擎遲滯的原因。把清淨器拆卸下來，同時在汽油中洗淨所有的另件。裏面的銅絲布過濾器重新加一下油，滴乾後再裝好。如清淨器爲油浸式，那末須重新加油至規定的記號。這大概需要一品脫的容量。

蓄電池——點火系統有了毛病同樣會使引擎運轉不良。這要從電源檢驗起。把電池蓋揭開了，看電水是否在極板上至少有$\frac{3}{8}$吋的高度。一只過電充足的電池，電水的比重須在1,280，而且不能低於1,250，所以，也得要用比重計檢定一下。電極上的銹斑，須以鋼絲刷刷淨，並以蘇打水（鹼水）洗淸電池的頂面後，用溫水冲淸，揩乾之。電池電極上搽一些油脂或凡士林，可以避免生銹。搭鐵（接地）的電纜必須接得很緊，同時淸除一切污物，如電纜已斷或破裂，應即更換。總之電池如能維護得法，電壓可以保證充裕。其次點火線圈也須檢視。最好，線圈要在修車間中試驗，不過，你也可以做一個臨時性的試驗，即以分電器中心的高壓電線拉開，放在離電動機$\frac{3}{8}$"至$\frac{1}{2}$"間距的地方，如分電器的斷電子張開時有火花跳到電動機，那末這只線圈當然是好的。

圖　一

分電器——試按照圖一所示各項機件，檢查其是否淸潔，是否潤滑；外罩及蓋殼有無裂縫，彈簧的彈性良佳與否。同時，再檢驗斷電子的白金點燒毀了沒有，其開合的時期正確不正確。如果白金點略有斑點，可用一小平銼使其平滑，最好當然是更換新的白金點。如果白金點燒燬甚烈，並且在運轉的時候，間隙中產生一很長的紅色弧光時，這種情形常表示儲電器不良，所以除了更換白金點之外，尙須調新的儲電器。大多數引擎的飛輪邊上是有一個記號作爲點火正時用的，這樣可以不必使用任何儀器來使點火的時間正確了。應用時，可將這個記號對準飛輪外殼的指示孔，使正當這一個位置時，第一號汽缸應於此時開始點火。從製造車子的廠商方面，可以獲悉引擎的點火次序與白金點完全張開時的間隙距離，這是很重要的數字，可以作爲校準點火之用。間距的校準可應用普通的厚薄規。如果分電器中桃子的正時已不準確，那末可以把分電器的軸旋鬆，然後轉動分電器，直至最準確斷電的時機到時，再旋緊固定。點火電線有無破裂也應該仔細觀察，最好把線抹淨油污後，再看有無電線與發熱的引擎部分相接觸，能避免受熱，可以保護電線的絕緣物不致漏電。此外，分電器的電線插頭，也應該洗淨擦光，如圖二所示。

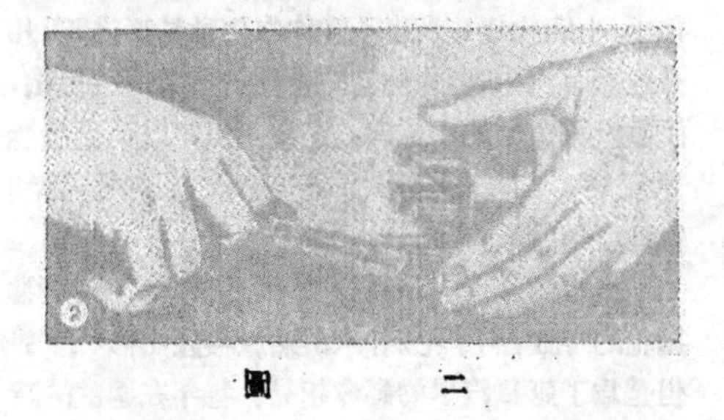

圖　二

火星塞——在拆除火星塞之前，應先抹淨裝塞處的汽缸壁，這樣可以不致有污物落入汽缸內。火星塞須先檢驗其絕緣物有無裂縫，並校準電極間隙在.025至.029吋之間，按照車子的不同而異，校準時，須彎側面的電極，不要彎中間的電極。如果電極燒損甚劇，或火星塞已很舊很銹，那末還是更換新的好。在更換新塞的時候，裝得不要非常緊，只消塞住不漏氣即可，而且必須應用適當式樣的火星塞。火星塞是有冷熱二種的，如果發現絕緣物很容易變成棕黃色，電極燒燬，那是需要調一種冷式的，即塞柄較短的火星塞；如果發現塞子甚濕，而且總有炭質肤屑物積聚，那末需要更換一種有較長塞柄的熱式火星塞了。

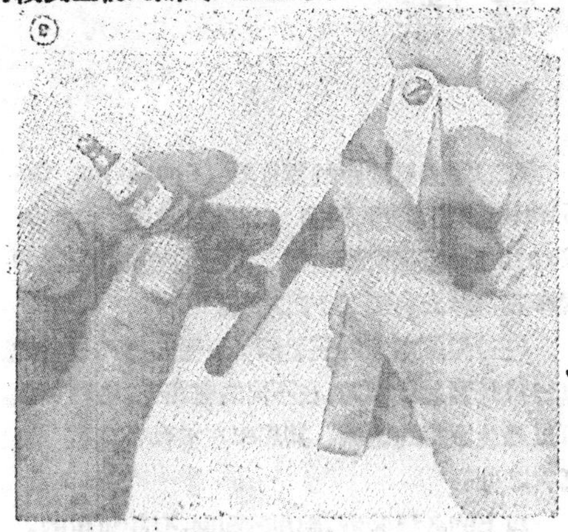

圖　三

路上試驗——當上面這許多檢驗已經做好了之後，最好再開一次車，做一個路上試驗。從路上試驗，你可以知道化氣器需要校正與否。假使引擎的聲音隆隆然，轉動遲滯，並且當突然踏動風門時，在排氣管有黑烟冒出時，這表示化氣器中的混合氣體過濃，即汽油的比例太多了。反之，若引擎作噻吐聲，動力不足，這顯然是混合氣體中空氣成份多了些，成了過稀氣體。根據這些現象，可以調節化氣器的活瓣和噴射口，以獲得適當的比例。在路上試驗時，還可以試作爬山的試驗。從此種試驗中，你可以知道，用了這種汽油，是否因火花發生得過早，以致引擎中時起爆炸聲，損失不少動力。如果眞是如此，可以從新調整分電器和火星塞的間隙。同時，你還可以在車子下山時試驗引擎的壓縮：即讓引擎怠速（不踏風門），牙齒箱放在最高擋的一檔駛車下山，如果引擎的壓縮甚好，那末煞車起來很是平穩的。等到駛在平路的時候，性能好的六汽缸引擎大概平均可以怠速拖動車子以少於每小時五哩的速率行進（注意，牙齒箱仍在高速度的一檔）。還有一樁事，也可以檢查出來，就是活塞環和汽缸壁相配的情形：如果在踏動風門時，有藍色的烟，自排氣管出來的話，這表示下面的引擎油已經過活塞進入燃燒室，這樣的汽缸和活塞環是需要重新整修過的。

引擎的壓縮力——像上面所說的許多試驗，準可以把引擎的毛病所在，大半檢查出來，不過，假使引擎的性能還是不佳的話，那末可以注意引擎的壓縮力問題了。關於這一點，有好多地方要檢查的：第一，檢驗氣閥（凡而）的間隙正確否，即以厚薄規，放在凡而柄端和作用機件（如推梢或推柄等）之間，使凡而與凡而座完全吻合之際，測定其間隙距離。再考察凡而彈簧的情況。引擎的壓縮力試驗是需要一種專門的儀器，然而沒有儀器的時候，也可以藉經驗，比較出那一只汽缸是壓縮力較低。這裏有幾種方法值得介紹；第一種，可以拆除任一只火星塞，用手按住塞孔，然後轉動引擎，藉手的感覺，一只一只的比較出究竟那一只汽缸壓縮較弱。另外一種方法，即以手搖引擎，並且確定每一只活塞上升至其壓縮衝程時的汽缸次序，憑手搖用力的感覺，可以決定那一只汽缸是壓縮較弱的，如果汽缸壓縮較弱，可以用凡而重磨重配合來補救，可是，若重磨後，仍舊不見改善，那末必須注意活塞和汽缸壁的密合情形了。可是，一旦發現汽缸需重搪，活塞需重配的話，這是一樁比較繁重的工作，我們只能委託專門修車廠做去。

除此之外，汽車引擎的檢驗，尚須注意在檢驗時引擎的溫度，如果冷卻系統是完善的，引擎溫度差異必不甚大，否則我們還要發現冷卻系統有什麼弊病，這種修理工作當然不是普通人所能勝任。

圖　四

比普通低周率電熱有效而經濟的一種工業加熱方法

高周率電熱

周增業

在近十年中，用高周率的漩渦電流（Eddy Currents）來燃熱（但未鎔解）金屬，已經由實驗而實際應用在商業和戰器製造了。尤其在戰爭爆發，而美國尚未參戰期間，美國在研究和應用各方面有很大的進步；現在英國和蘇聯也已分頭趕上，牠主要的用途在冶金，在戰器製造中，也可用在機件的面煅（Surface hardening），彈坯的燒熱等製造過程中，當然牠也有其他各種生產的用途，本文的主旨，就在敘述這種電熱的原理，設施的大概，和牠在冶金上的效應。

我們知道，交流電通過有磁心的線圈，除了本身的效應外，有下列二效果：（一）在鐵質磁心中，因磁滯（Hysteresis）作用而產生熱量，（二）不論磁心是否鐵質，產生漩渦電流（Eddy Currents），也因這電流而產生熱量，前者稱磁滯損失（Hysteresis loss），後者稱渦流損失（Eddy loss），合併起來稱做磁心損失（Core loss）。在一般傳電變壓器中，這宗熱量純粹是一種損失，我們用薄片鐵心來避免牠；但依據史丹末茲的方程式，我們知道磁滯損失與交流電的周率（Frequency）成正比，渦流損失又和周率的平方成正比；所以假使我們能使這交流電的周率增大，那末我們很可能使牠所產生的熱量大到有實用價值的地步。這就是高周率電熱（Hign-frequency Heating）的原理，當然，因為渦流損失是周率的平方函數，所以在上列兩效應中，牠是較為重要的一個。

目前主要的問題，就是我們怎樣從平常五十周率的電源中，產生一種高周率的電流來。我們所用的電源，牠所供給的電流在每秒鐘中交流五十次，也就是五十周率的電流。目前，我們要採取這種電流來產生周率更高的電流。可以利用的器具有三種：

（一）用一個電動機，連接在一個特製的高速交流發電機上。電動機使用五十周率的電流，發電機所產生的，却是單相的高周率電流，每秒鐘交流一萬二千次。

（二）用火星間距的震盪器（Spark-gap Oscillator）這裏我們通過水銀的火星距（Spark Gap），使一組儲電器洩電。這樣所生的電流，牠的周率在每秒五萬至二十萬之間。

（三）用真空管的震盪器。這種裝置和普通的無線電波發射器相同，在不同的電路下，這種裝置可以產生單相的電流，其周率在每秒十萬至一萬萬次之間。

以上的各種裝置，應用的範圍，有相重複的，但也有某一種裝置特別適宜於一種用途的。所以我們在討論各種不同的設備之前，先探求周率對電熱上的影響，因為以上的裝置，其基本的不同點，也只在所生電流的周率上。

我們知道在感應電熱上有一個很習知的現象就是表皮效應（Skin Effect）。這效應的意思，是說在受電熱的鐵心中的感應電流，有集中在表面的傾向。實際上這種感應電流的百分之九十可以說集合在表皮層，而這表皮層的深度，可稱之為透入深度（Depth of Penetration）。我們可以用數學和實驗來證明，在表皮層厚度百分之三十以下的感應電流，其强度都可略視不計，所以在透入深度以內部分，方才是實際電熱有效部分。

這種深度是周率，比電阻（Resistivity）以及透磁性（Permeability）的函數，牠們的關係如下：

$$P=5.03\sqrt{\frac{\rho}{\mu f}}$$

在這公式中：

P＝透入深度，單位厘米，cms.

ρ＝比電阻，單位每厘米立方之微歐姆，(microhms per cm³)

f＝電之周率，單位每秒周波數，(cycles per sec)

μ＝透磁性，單位每奥斯特，高斯數(Gauss per Oersted)

從上式，可以知 P 是周率平方根之倒函數，所以周率越低，牠的透入深度則越大，用電動機所產生的電流周波只每秒一萬次，但是用眞空管所生電流周率可達每秒一百萬次；所以前者透入物體的燃熱深度，是後者的十倍：

下表所示，是同一物體，在不同周率的電流下底燃熱深度。

表：透入深度(單位吋)

	周率(每秒)			
	一萬次	十萬次	五十萬次	五百萬次
鋼(在攝氏20度)	0.0088	0.0028	0.00125	0.0004
鋼(在攝氏800度)	0.26	0.0812	0.037	0.0135
銅(在攝氏20度)	0.0264	0.0084	0.00375	0.0012

上表並示受熱物體的電阻和透磁性對於透入深度的影響，在鋼(20°C)的情形下，我們假定牠比電阻是 20 microhm per cm^3，透磁性是 100 Gauss per Oersted.。

我們以下再試探討各種高周率電流的發生設備。

第一類的電動機裝置，大都用來加熱和鎔解，因爲實行製作的時間已久，所以是最可靠的設計，而是轉動的機械，和下面第二三兩類靜的設置不同，牠的平時修持費用極低。在小型的裝置中，其設備費也許較以下二種爲高，但是在一百基羅伏脫以上大型的設備，則便宜得多。因爲目前牠所能產生電流的周率限於每秒一萬二千次，所以透入深度高，但是在表面硬煅(Surface hardening)中，我們所須燒硬的限度只.005至.020英吋，所以這種裝置是不適用的；但是可用來燜火(Annealing)和回火(Tempering)及其他燃熱大塊的工作。因爲磁力線變更速度較低，所以務匿的聯串因數(Coupling factor)一定要好，否則就不能有效地燃熱。這聯串因數是受熱部分的磁力線與線圈所生全部磁力線之比值。總之這類裝置適合於大量燃熱體積較大的機件，其效率約在百分之七十二至八十之間。

第二類是靜止的感應裝置，便宜而簡單，能產生周率在五十和二十萬每秒周波間，是介乎第一和第三兩類中的一種設備，可是效率很低，約只百

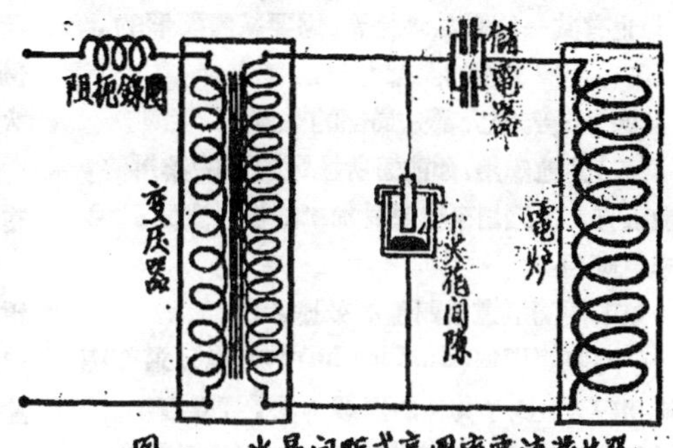

圖一 火星間隙式高週率電流發生器

分之五十，牠主要的限制是輸出不能太高，大概在二十基羅華脫左右，所以只能燃燒小型機件。牠的設計如圖一所示。

第三類是應用最廣的眞空管振盪器。利用不同的綫路和眞空管，我們可以產生在十萬至一萬萬每秒周波的電流。普通冶金上用四十五萬至五百萬每秒周波的最多。牠的輸出可達數百基羅瓦特，效率在百分之四十五至五十之還，眞空管的維持費用(Maintenance cost)大約比所用電流費用多三分之一，比如說，燃燒電流費需一元，那麼眞空管的維持費需一元三角三分，這雖較大，但比其他方法還便宜得多，並且周率較高，透入度淺，所以適合於表面硬煅，並且也不需要太大的聯串因數，這種設備都應用在燃熱小物體上；尤如在洋鉛皮上鍍的錫層，假使要加熱鎔解，那麼就非用這一種裝置不可。

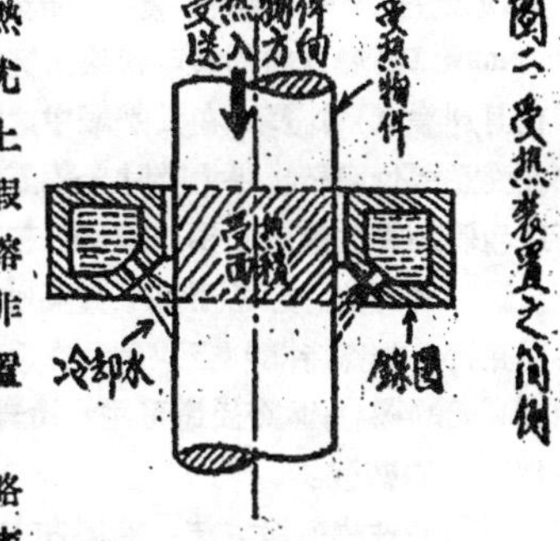

圖二 受熱裝置之一例

我們在略述各種高周率電流發生裝置的特性後，再來檢討這高周率電流燃熱在冶金上的各種應用。這些應用可以歸併成以下五種：

(一)利用表皮效應，作表面硬煅(Surface hardening)。這可能是局部的，也可能普及於受熱體的全面。

(二)局部燃熱 某物體的一部受熱爲燜火，回火，淬火，或備煅造。這種應用一部分與(一)重

合；但也有某一物體如地軸等，需要紙體硬烺的。

（三）小塊物體的全部燃熱。

（四）焊接。這大都是局部的效應。

（五）其他應用，如前面所述電鍍層的鎔解等，又俄國有人提議用來燃熱受加工的機件表面，但還未見應用。

以下便簡述這前四種的效應。

（一）表面硬烺(Surface hardening)。這效應的應用很大，比了其他的硬烺方法，好處很多，受熱機件本身不致扭曲，所用材料可以是低級合金或含碳的，因為硬烺的深度並不甚大，而加水冷却也很容易應用。沒有氧化，因為時間很短，僅祇二秒鐘卽夠；所以機械加工後的機件卽可燃熱，不須再經淸理等手續。出品的硬度均勻，動作簡便，不須用熟練的技術工人。裝置靈巧，不須用很大的體積。

這種製作過程也可使直線化，而其出品的硬度比其他方法的結果反來得高，（參見一九四一年美國電化學會論文集卷七十九，Osborn氏文）。在此地也沒有去碳(decarburization)的可能。

至於受熱表皮的深淺，這與周率有直接關係；通常周率電流只能穿透0.060吋左右，用一百至五百萬周波的電流，則可透入0.020吋至0.005吋。電能的輸入率也很有關係。因為假使輸入電能功率太低，那麼電熱受傳導的影響，不能集中，V. W. Sherman 氏（參見紐約航空科學研究院一九四三年正月刊論文）曾證示，在受熱烺中之鋼，其熱導率在受熱單位面積每平方英吋上約五基羅瓦特，所以我們加熱的速度必須比這高二三倍，方使有表皮燃熱的可能。通常用每平方英吋十二至十八基羅瓦特，加熱時間0.6至2秒。在透入淺，電的周率高低的場合，燃熱後還可用水冷却，圖二就是一個簡單的裝置。

受熱機件的運送方法，隨機件本身的形態而定。並且通過電流的線圈的形狀，也依之而變，圖二中的線圈，有一圈(Single-turn)，是最簡單的一種。

須注意的一點，就是在用眞空管的裝置中，受熱體須隔置(Shield)起來，以免無線電的干涉。

（二）局部燃熱。 用高周率電熱，可以使受熱部分與非受熱部分有極顯著的區分，這就是因為燃熱速率很高的緣故。所以有許多目前只能很粗糙地完成的熱烺法，都可用高周率電流來改良，舉例：在機件的一部分需要硬，而另一部分則須回火，那麼，我們可以用這種方法。

（三）全部燃熱。 我們現在要問，高周率交流電旣然集中在表面，爲什麼能有全部燃熱的可能。

當物體表面受電後，其熱度的增高也提高了電阻，因此也增加了透入的深度，因爲深度是和電阻的平方根成正比的。這些表層，假使是鐵的，那麼就變成非磁性了，磁力線就向中心集中，感應電流也向低電阻的部分透入，不過熱傳至中心的主要方式却是傳導(Conduction)，還有，表面因爲有輻射作用，牠的溫度也不至過高，（假使熱功率低的話）所以用適當的輸電率，我們可以使某一機件的切面全部均勻受熱。

上面已經說過，我們怎樣使一樣物體全部受熱，只要管制輸電功率，我們也可使相當時間的，物體停留在某一溫度上，吸收熱量。在連續的動作中，一般裝置的設計目的，在使只用運傳速度和功率去管制受熱效應。

用這種方法加熱於鐵，以備鍛冶(Forging)雖成本也許較煤燒爲高，但可避免垢積，表面脫落的損失，這在較高貴的合金，也是很要緊的一點。因此，使模子的壽命較長，機件的間隙較小，出品的組織細密，力量增加。而裝置的地位也省，並且因爲這種燃燒不在空氣中進行，所以在不允許有氧化的場合是頗爲適宜的。

（四）電焊 高周率電焊也可用來做銅焊和錫焊的工作。這比噴燈好，而沒有噴燈的壞處；至少，假使在絕氧的氣流中工作，牠可以避免不必要的氧化，並且因爲熱是在受熱體本身感應生成的，所以也不像噴燈般有很大的熱震流(thermal Shock)，這對於薄脆的物體關係很大。在其他焊接工作方面，也有很有價值的應用。

結論是我們這種新的電熱方法，却有很多特殊的應用，不過我們也必須熟習這方法的原理，方才能運用恰當。所必須指出的，牠的設備費用，往往比其他方法爲大，尤其是高周波的眞空管式震盪器。以下我們有一個實例，來指出用高周波電熱的利益。

假定我們要熱烺一地軸，長12英吋，對徑1英吋，表面受熱深度0.020英吋。

—下接第7頁—

最近美國脳斯勒帕飛機廠發表牠一向保守秘密的飛翼(Flying Wing)XB-35的特性，這架飛機是脳斯勒帕廠和航空器材監(Air Material Command)及萊特場(Wright Field)合作起來設計和製造，牠是一架航程特別長，載重特別大的轟炸機，但是也很容易改作運輸機。

XB-35 的特性是：

翼展	172呎	高	20呎
翼面積	4000平方呎	長	53呎
發動機一共9座		潑拉脫袾拉奈廠(Pratt-Whittney)的大華斯潑(Wasp Major)	
螺旋槳		哈密爾頓標準廠(Hamilton Standard)可以反轉的對轉式	
螺旋槳直徑		15呎4吋	
螺旋槳離地面之最小間隙		9呎8吋	
總重(載重過重時)		209.000磅	
航程		10.000哩	

XB-35祇不過是一雙機翼，兩隻機翼向後斜，成一個很寬的V字，很像一個極大的澳洲土人的投射武器，做成這種形狀的理由是減少阻力。牠沒有機身(Fuselage)，所有運用機構，都在機翼上。控制全靠升降副翼(Elevon)，所謂升降副翼，是升降舵(Elevator)和副翼(Aileron)合併而成，因為牠不能用一般飛機所用的方向舵，所以改用蛤蜊殼式的雙裂式襟翼(Flap)裝在機翼翼端的後緣(Trailing edge)。

機翼的最厚部份，大致有七呎，所有的飛航員都在這裏，牠的總面積，大概有300平方呎，飛航人員共有十五人，其中六位是輪班的，飛航員的艙位裏，是可以加高氣壓，並且備有可以摺起來的床，供給不在值班的人員。

駕駛員的位置，在機翼前緣當中的上部，他有個突出的罩子保護着，這種罩子和現在戰鬥機所用的相同，機翼的前緣有窗，可以用來觀察外面。

並行着機翼兩端的前緣，有極長的翼縫(Slot)，這種翼縫在低速度時很有用處，在高速度時，這特殊的通道關閉起來，仍舊恢復機翼正常平滑的狀態。

因為要知道許多實貴的工程上的論據，特地做了四架60呎的模型，並且飛了幾百小時，美國航空諮議會(N. A. C. A.)還做了許多3呎16呎的模型，用來做風洞實驗。

在機翼兩邊的前緣，有很長的氣路，空氣從這裏進去，分送到增壓器(Turbosupercharger)間涼器(Intercooler)涼油器(Oilcooler)，並且供給發動機的直接冷却。這飛機上的一個特殊點，是電氣用400周波的頻率，208伏特三相的交流電。

把這飛翼和同樣馬力，同樣載重同樣油量的普通飛機比較起來，這飛翼的：

(一)有效載量多25%。

(二)航程加長25%。

(三)飛一定的距離，並用一定的油量，可以多運25%的載量。

(四)用同樣的推進力，飛得比較快。脳斯勒帕廠的人相信這飛翼假使載重量和馬力是一樣的話，至少可以比一般的飛機快20%，但是牠最大的優點，是在航程長，載重多，並且經濟。

題目上照畫表示飛翼在機場準備試車情形，駕駛員在飛機上面的視區無限。在機翼上面發動機兩旁的隆起部份是獵機關砲座。

橫渡大西洋的飛翼

爲了明白一架巨型飛翼的內部構造起見，這裏再介紹一架在設計中的英國製飛翼，乘在這翼上，在英倫安睡的旅客，明晨即可安抵美國。上圖巨型V字形的飛翼乃用噴射式螺槳所發出來的動力推動，可載乘客二十四到二十八人攜帶貨物二萬九千磅。其最高速大於每

11632

小時四百英里。爲了適於高空飛行，房艙及貨艙裏的空氣壓力，始終保持不變。左上角插圖是另外一架6000磅重的無尾滑翔機，由Armstrong Whitworth公司試飛多次，其結構和飛翼類似，適合一切航空飛行所規定的標準。飛翼有六架Rolls-Royce噴射渦輪發動機。其特點爲副翼和升降舵合而爲一，但在操縱任何一種單獨機件時，仍爲有效；方向舵裝在兩翼端，翼展有160呎，翼載面積4400平方呎；油箱的容量爲一萬加侖。

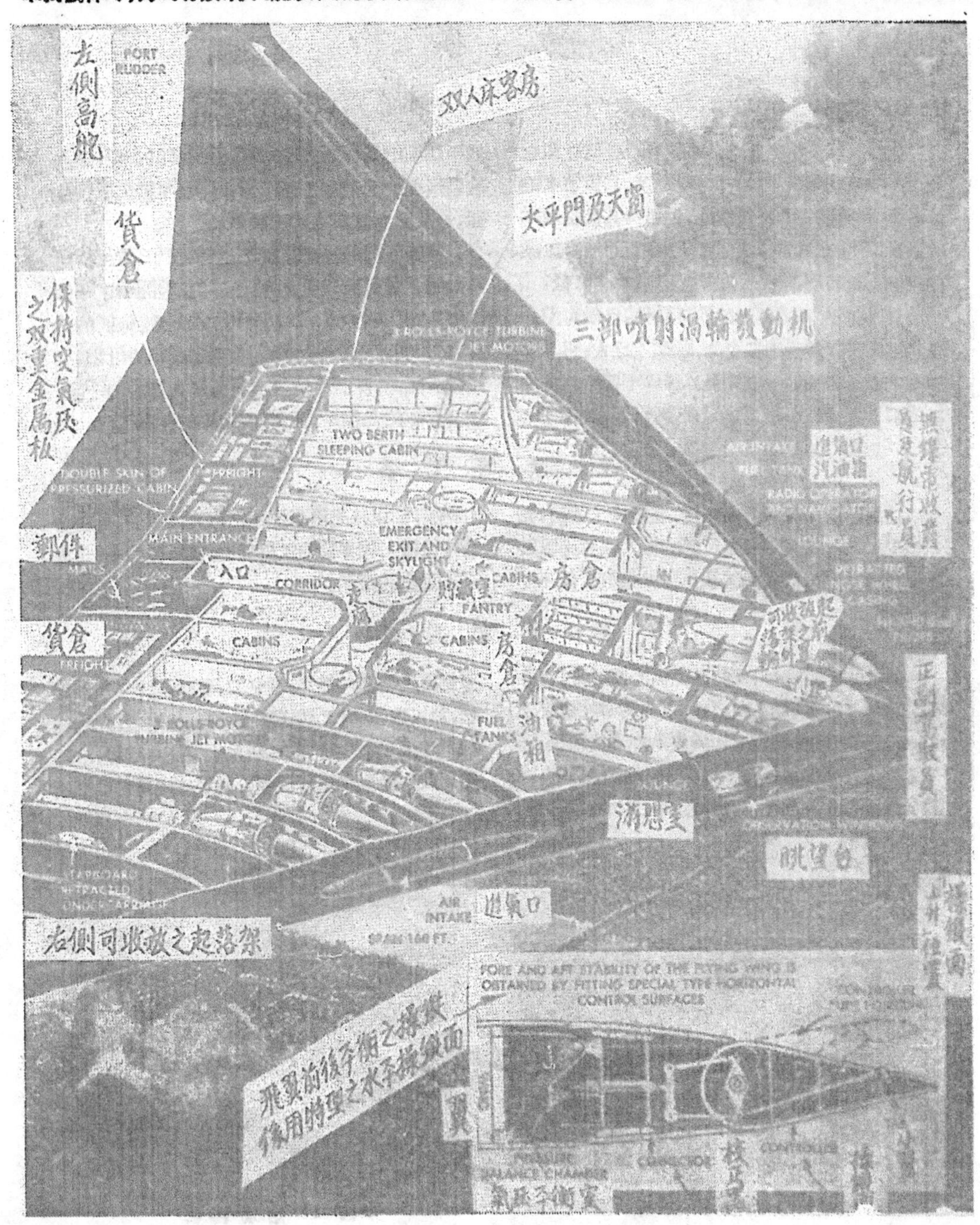

搪瓷器皿是日用品的一部分，這裏說明了它們的製造過程

益豐搪瓷廠參觀記

方彬

一·前言

遠在十八世紀的末葉，歐洲各地就已應用搪瓷(Eoamelling Porcelain)器皿了。我國著名的景泰藍，雖與搪瓷的性質接近，但由於其製造成本的過巨，不能在日常生活中廣泛應用，而搪瓷工業的得能大大發展，完全是在於製造成本的降低。

民國初年，搪瓷器皿的進口數值，已頗可觀，當時國人研究並製造搪瓷的，雖頗不乏人，但卻都沒有在商業方面戰勝舶來品。民國十四年以前的搪瓷器，民國二十年以前的火磚，坩堝，民國二十四年以前的鋁錦罐，差不多都是日貨的市場，這裏我們所要介紹的益豐搪瓷廠，經多年努力改進生產，終於把日貨市場奪了回來。

益豐廠出品的搪瓷器皿，是我們日常生活所熟知的，但是該廠更大的貢獻卻在牠開闢了一條陶瓷工業(Ceramic Irdustry)的大道。他們的火磚，可以與KMA火磚媲美，玻璃工業用的坩堝，可以獨步全國，鋁錦罐的製造更是國人首創的一家。這裏介紹的是該廠局門路製造廠的生產情形。

二·製坯工場

搪瓷器皿的底坯。是鐵皮，在製坯工場裏，先將鐵皮用銑片機銑成規定尺度的圓片，再送到銑床上用模型壓成面盆的式樣，可是還有高低不平的摺疊，便用搖光機來把牠搖得光滑平服，再在剪邊捲邊機上把多餘的鐵皮剪去，邊緣捲好，便完成一隻面盆的鐵坯。

三·製琊工場

其次是製造琊粉，就是搪瓷器外面的瓷質，分做二種：一種是底粉，灰黑色，就是附着在鐵坯上的一種瓷質，牠的特性是和鐵皮的黏着力較强，不容易剝落；另一種是色粉，用來搪在底粉上面，有白黃紅藍等各種顏色。兩者製造的方法是相同的，即是把所需要的原料，像長石，硼砂，硝等，分別研細，加入熔粉窑(又稱新窑或地窑)去熔燒；大約燒數小時至二十小時，就可傾入水中使其冷却。冷却後，裝入轉動的磨粉機中，磨至極細就可以應用了。

圖一 搖光機工場

圖二 磨粉轉窰

四·塗瑯工場

圖三 坐鐵搪瓷工場

用火磚砌成的方形的窰，和長長的烟道，組成了工場的骨幹，旁邊排列着幾隻工作檯，許多工人忙碌地工作着，有的把鐵坯拑在拑子上，浸到瑯粉缸裏，再舉起來，用圓熟的手法旋轉，使瑯粉勻稱地布滿在鐵坯上，把多餘的瑯粉流回缸去，再由助理工人，送到烟道上去烘乾之後，移送到窰門前的工作鐵檯上，燒窰的工人把輕快的手法用鐵叉送進窰內，把窰門閉住二三分鐘，再用鐵叉叉出，那時該是最美麗的一霎那，出爐的面盆發着金紅色的眩目的光彩，退後漸漸地冷却，便恢復了原有瑯粉的顏色了，一隻面盆普通要燒三次，第一次燒底粉，第二次燒色粉，第三次在加花之後再燒一次，就是我們日常看見的有花的面盆了。

五·美術工場

這裏有二個部份：一個部份是噴花，牠是把冷氣壓送裝在噴壺裏的顏色瑯粉，經過一套套鏤空的花版噴射在面盆上面，顯出各種彩色的花，繁複的有十幾套顏色；一種是描花，完全由女工做的，用黑顏料在面盆上印出雙鈎的花紋，再用筆醮了顏色瑯粉，在空白處描繪適當的顏色，據說現在搪瓷器上的加花方法，大都採用這兩種，以前，還有用貼瓷花紙貼上去的，但是因爲花樣和彩色不及上兩種方法的生動活潑，現在不大應用，而爲瓷器業所採用了。

六·火磚工場

益豐廠的火磚，其耐火的溫度，可高至一千七百度以上。火磚有種種不同的式樣，最普通的爲9″×4.5″×2.5″，牠是用各種耐火的黏土磨細之後，用水調和成適當厚度，在壓榨機上榨乾，切成磚塊，砌在高大的窰中燃燒。

火磚的化學成份有如下表

SiO_2	59.48%
Fe_2O_3	2.80%
Al_2O_3	34.50%
MgO	0.42%
SO_3	0.96%
K_2O+Na_2O	1.42%
	99.58%

圖四 磨石粉機

七·坩堝工場

坩堝是一種熔煉原料的容器，像搪瓷廠製瑯粉，玻璃廠燒玻璃料，都是用拼好的原料放在坩堝裏燒的，牠的原料和火磚相仿，也是用各種耐火黏土砂鋁等混合成料，用人工製造，做成各種罎形的容器，大的可以一次裝五百磅原料，小的也可以裝五十磅原料，做好之後，烘乾了裝窰燃燒，出窰之後，就可以出售了。

人工捏成的坩堝，因為泥潮的緣故，不能一下子做成所需的形狀，必須要先製成底盤，然後再加高中部和背部，最後才完成口徑。

圖五　燒坩堝的大窰

圖六　坩堝工場

八．鎔銅罐工場

鎔銅罐一名筆鉛坩堝，用筆鉛和入黏土等做成，能耐高熱，所以鎔銅塊的銅廠，鎔鐵汁的翻砂廠，機器廠，鎔銀子的造幣廠，都要用牠來做容器的，做法和坩堝相仿，大小以號數做標準的，每一號可以容納一公斤的銅，最大的可以裝到一百多公斤。

九．貼瓷花紙工場

貼瓷花紙是一種印刷品，不過所用的顏料，是金屬顏料，耐得起火，所以把貼花紙用膠水貼在瓷器上之後，再用清水潤透，把紙輕輕揭去，美觀的花紋，便留在瓷器表面上了，再在烤花窰內烤過，便不會剝落，牠的最大的主顧，是江西景德鎮的窰戶，此外如出瓷器的雲南，湖南，廣東等處無不採用。

十．結　論

陶瓷工業非但對於日常生活有密切關係，並且是很多工業的基本工業，中國來日化學工業的發展，必然要應用各種陶瓷盛器，我們希望陶瓷業的工業家們能注意這個問題，從事研究化學工業容器的製造，對於中國工業的建設，必大有建樹。

化學工業原料市價比較表

本刊資料室特輯

號	英文名	中名	俗名	品質	裝璜	美價	滬價
1	Acetanilide	乙醯苯胺	退熱冰	普通	木桶裝	US$0.29 -0.35	CN$ 2,500.-
2	Acetone	丙酮	阿西通	純淨	鐵桶裝	0.065-0.075	650.-
3	Acid. acetic	醋酸	同左	濃(冰)	木桶裝	0.095-0.10	680.-
4	Acid, Boric	硼酸	同左	藥用	木桶裝	0.06 -0.07	550.-
5	Acid, Citric	檸檬酸	同左	藥用	木桶裝	0.22 -0.26	2,300.-
6	Acid, Formic	甲酸	蟻酸	90%	玻瓶裝	0.11 -0.15	2,000.-
7	Acid, Hydrochloric	氫氯酸	鹽酸	22°Be	罈裝	0.023-0.024	1,090.-
8	Acid, N tric	硝酸	同左	42°Be	罈裝	0.068-0.07	2,200.-
9	Acid, Phosphoric	燐酸	同左	75%	罈裝	0.048-0.052	3,000.-
10	Acid, Salicylic	醇酚甲酸	水楊酸	藥用	木桶裝	0.28 -0.31	2,200.-
11	Acid, Sulfuric	硫酸	同左	66°Be	鐵桶裝	0.13 -0.15	290.-
12	Alcohol, Ethyl	乙醇	酒精	96%	鐵桶裝	0.65 -0.70	8,000.-(gallon)
13	Alcohol, Methyl	甲醇	木精	普通	鐵桶裝	0.33 -0.37	7,000.-(gallon)
14	Alum, Potash	鉀明礬	明礬	粒狀	木桶裝	0.045-0.048	130.-
15	Ammonia, anhy.	液體氨	同左	純淨	鋼桶裝	0.15 -0.17	6,000.-
16	Ammoniun sulfate	硫酸錏	肥田粉	白粒	袋裝	32.- -36.-	1,100,000.-(Ton)
17	Amyl acetate	醋酸戊醇	香蕉水	普通	桶裝	0.18 -0.20	2,000.-
18	Bleachirg Powder	漂白粉	同左	35%	鐵桶裝	0.03 -0.33	250.-
19	Borax	硼砂	同左	工業用	袋裝	55.- -70.-	780,000.-(Ton)
20	Carbon Black	碳黑	煙灰	橡膠用	袋裝	0.055-0.060	450.-
21	Cobalt oxide	氧化鈷	碗青	灰色	罐裝	2.5 -2.7	13,000.-
22	Coumarin	香豆精	可買林	純淨	罐裝	3.3 -4.-	60,000.-
23	Copper Sulfate	硫酸銅	藍礬	普通	木桶裝	0.06 -0.065	650.-
24	Formaldehyde	乙醛	福美林	40%	鐵桶裝	0.7 -0.9	1,400.-
25	Gelatin	白明膠	夾力丁	純白	袋裝	1.- -1.2	5,000.-
26	Lead Monox de	一氧化鉛	密陀僧	普通	袋裝	0.12 -0.14	2,000.-
27	Manganese dioxide	二氧化錳	錳粉	85%	袋裝	80.- -90.-	600,000.-(Ton)
28	Naphthalene	萘	洋樟腦	純淨	桶裝	0.10 -0.12	550.-
29	Oil, Castor	草蓖子油	同左	藥用	鐵桶裝	0.17 -0.20	2,000.-
30	Oil, Paraffin	石蠟油	白油	純淨	鐵桶裝	0.066-0.068	460.-
31	Phenol	酚	石炭酸	藥用	鐵桶裝	0.11 -0.13	1,200.-
32	Phosphorus, Red	赤燐	同左	工業用	鐵桶裝	0.5 -0.55	3,600.-
33	Potassium bichromate	重鉻酸鉀	紅礬鉀	工業用	木桶裝	0.11 -0.12	200.-
34	Potassium Chlorate	氯酸鉀	白藥	工業用	木桶裝	0.12 -0.14	850.-
32	Potassium Cyanide	氰化鉀	山奶	藥用	鐵桶裝	0.6 -0.7	2,800.-
36	Rosin N	松香	同左	工業用	袋裝	0.08 -0.09	525.-
37	Soda, Ash	碳酸鈉	純鹼	工業用	袋裝	2.5 -3.-	48,000.-(500lbs)
38	Soda bicarbonate	碳酸氫鈉	小蘇打	藥用	桶裝	2.3 -2.7	18,000.-(100lbs)
39	Soda, Caustic	氫氧化鈉	燒鹼	工業用	鐵桶裝	4.- -5.-	110,000.-(100lbs)
40	Soda hydrosulfite	低亞硫酸鈉	保險粉	工業用	鐵桶裝	2.5 -2.8	135,000.-(100lbs)
41	Soda sulfide	硫化鈉	硫化鹼	工業用	鐵桶裝	0.035-0.04	650.-
42	Sulfur	硫	硫黃	工業用	袋裝	0.03 -0.035	300.-
43	Talcum Powder	滑石粉	同左	工業用	袋裝	22.- -26.-	360,000.-(Ton)
44	Turpentine	松節油	同左	藥用	鐵桶裝	1.1 -1.2	700.-
45	Vanillin	香草精	凡立林	藥用	罐裝	4.6 -4.9	60,000.-
46	Vaseline, yellow	黃色礦脂	黃凡士林	藥用	鐵桶裝	0.06 -0.08	250.-
47	Wax paraffin	石蠟	白蠟	160°F	桶裝	0.07 -0.10	1,900.-
48	Zinc oxide	氧化鋅	鋅氧粉	99.8%	袋裝	0.11 -0.13	740.-

(1) 上述價格除特別注明其他單位者外均以壹磅爲重量單位。

(2) 美國價格係以"Oils, Paints & Drugs" 1946厰盤爲準。

(3) 上海價格係以十月十四日批發價爲準然進出價相差不定聊作參考而已。

編輯室

工程界二卷一期出版之後，我們直接間接的獲得不少的意見，再細審刊物的內容時，更發現了不少缺點，諸如材料的不够通俗，編排的不够醒目，錯字還有等……，即使讀者不指出，也是使編者感到汗顏的。

不過，我們還希望每期予以改進，這一期中。圖照方面；非但已大大增加了，這對於通俗化一點也許可以有點幫助吧！

至於這一期內容方面，讀者明眼，大概可以看得出都是工程專家們的精心力作。勇龍桂先生從事大後方的工合運動多年，今天在他的文章中仍指出了戰後工合運動的重要性。張登義先生是公路界的老前輩，他曾為中國技術協會演講過一次，現在把他的講詞記錄，我在公路運輸上提倡國貨一文，刊載出來，用具體的例子來告訴我們技術員的工作態度，這是一種最好的教育，望讀者加以研讀，一定覺得不但有趣而且也發人深思猛省的。其他諸文，冶新知與實際於一爐，參觀記更介紹了我國的民族工業，想來讀者都能知道每篇文字的意味所在。

下一期，我們在計劃着出一個專輯，介紹一種新穎的塑範質(Plastic)工業，大概有不少化工，機械，紡織……方面的有關文字，正在由各專家分頭撰作中；塑範質就是充斥於我國市場的所謂玻璃製品的原料，在國外已成為一種專門的工業，在國內尚少發展，這次我們的專輯就是希望中國也能迎頭趕上的意思。

同時，我們要報告一個好消息，就是本刊自下期起決定添設『工程界聯絡站』一欄，讀者在工作上，生活上，事業上，如有各項疑難問題，或討論的題材，均可投寄本社，本刊當視問題大小分別聘請專家主答。

最後，編者要向讀者和著者鄭重道歉，本刊因為人手不够，脫節和遺漏的地方，在所不免，希望讀者和著者原諒，一切有關讀者和著者的手續，請給我們相當期，我們儘可能在工作上順利推展，走上正軌，而各界給我們的寶貴意見，是使我們向前發展的先決條件，望讀者和著者不吝賜教，來函請寄本刊編輯室。

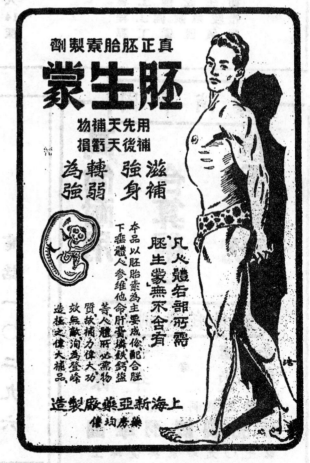

11639

吋之分數與小數及公厘對照表

吋（分數）	吋（小數）	公厘	吋（分數）	吋（小數）	公厘
1/64	0.01563	0.397	33/64	0.51563	13.097
1/32	0.03125	0.794	17/32	0.53125	13.494
3/64	0.04688	1.191	35/64	0.54688	13.890
1/16	0.0625	1.587	9/16	0.5625	14.287
5/64	0.07813	1.984	37/64	0.57813	14.684
3/32	0.09375	2.381	19/32	0.59375	15.081
7/64	0.10938	2.778	39/64	0.60938	15.478
1/8	0.125	3.175	5/8	0.625	15.875
9/64	0.14063	3.572	41/64	0.64063	16.272
5/32	0.15625	3.969	21/32	0.65625	16.669
11/64	0.17188	4.366	43/64	0.67188	17.065
3/16	0.1875	4.762	11/16	0.6875	17.462
13/64	0.20313	5.159	45/64	0.70313	17.859
7/32	0.21875	5.556	23/32	0.71875	18.256
15/64	0.23438	5.953	47/64	0.73438	18.653
1/4	0.25	6.350	3/4	0.75	19.050
17/64	0.26563	6.747	49/64	0.76563	19.447
9/32	0.28125	7.144	25/32	0.78125	19.844
19/64	0.29688	7.541	51/64	0.79688	20.240
5/16	0.3125	7.937	13/16	0.8125	20.637
21/64	0.32813	8.334	53/64	0.82813	21.034
11/32	0.34375	8.731	27/32	0.84375	21.431
23/64	0.35938	9.128	55/64	0.85938	21.828
3/8	0.375	9.525	7/8	0.875	22.225
25/64	0.39063	9.922	57/64	0.89063	22.622
13/32	0.40625	10.319	29/32	0.90625	23.019
27/64	0.42188	10.716	59/64	0.92188	23.415
7/16	0.4375	11.113	15/16	0.9375	23.812
29/64	0.45313	11.509	61/64	0.95313	24.209
15/32	0.46875	11.906	31/32	0.96875	24.606
31/64	0.48438	12.303	63/64	0.98438	25.003
1/2	0.5	12.700	1	1.00000	25.400

公厘與吋對照表

公厘	吋	公厘	吋	公厘	吋	公厘	吋
1/100	.00039	33/100	.01299	64/100	.02520	95/100	.03740
2/100	.00079	34/100	.01339	65/100	.02559	96/100	.03780
3/100	.00118	35/100	.01378	66/100	.02598	97/100	.03819
4/100	.00158	36/100	.01417	67/100	.02638	98/100	.03858
5/100	.00197	37/100	.01457	68/100	.02677	99/100	.03898
6/100	.00236	38/100	.01496	69/100	.02717	1	.03937
7/100	.00256	39/100	.01535	70/100	.02756	2	.07874
8/100	.00315	40/100	.01575	71/100	.02795	3	.11811
9/100	.00354	41/100	.01614	72/100	.02835	4	.15748
10/100	.00394	42/100	.01654	73/100	.02874	5	.19685
11/100	.00433	43/100	.01693	74/100	.02913	6	.23622
12/100	.00472	44/100	.01732	75/100	.02953	7	.27559
13/100	.00512	45/100	.01772	76/100	.02992	8	.31496
14/100	.00551	46/100	.01811	77/100	.03032	9	.35433
15/100	.00591	47/100	.01850	78/100	.03071	10	.39370
16/100	.00630	48/100	.01890	79/100	.03100	11	.43307
17/100	.00669	49/100	.01929	80/100	.03150	12	.47244
18/100	.00709	50/100	.01969	81/100	.03189	13	.51181
19/100	.00748	51/100	.02008	82/100	.03228	14	.55118
20/100	.00787	52/100	.02047	83/100	.03268	15	.59055
21/100	.00827	53/100	.02087	84/100	.03307	16	.62992
22/100	.00866	54/100	.02126	85/100	.03346	17	.66929
23/100	.00906	55/100	.02165	86/100	.03386	18	.70866
24/100	.00945	56/100	.02205	87/100	.03425	19	.74803
25/100	.00984	57/100	.02244	88/100	.03465	20	.78740
26/100	.01024	58/100	.02283	89/100	.03504	21	.82677
27/100	.01063	59/100	.02323	90/100	.03543	12	.86614
28/100	.01102	60/100	.02362	91/100	.03583	23	.90551
29/100	.01142	61/100	.02402	92/109	.03622	24	.94488
30/100	.01181	62/100	.02441	93/700	.03661	25	.98425
31/100	.01220	63/100	.02480	94/100	.03701	26	1.02362
32/100	.01260						

請依此虛線剪下保存作爲日常參攷應用

英國標準制螺絲表

n＝每吋牙數
P(節)＝1/n
D(牙深)＝0.6403P＝0.6403/n

H＝0.9605P
H/6＝0.1600P
r＝0.1373P

粗牙螺絲(尺寸爲吋數)

螺絲號徑	每吋牙數	標準牙深	有效直徑或節徑	用螺絲公時需要之鑽孔直徑
1/4	20	0.0320	0.2180	13/64
5/16	18	0.0356	0.2769	F[註]
3/8	16	0.0400	0.3350	O
7/16	14	0.0457	0.3918	U
1/2	12	0.0534	0.4466	27/64
9/16	12	0.0534	0 5091	31/64
5/8	11	0.0582	0.5668	35/64
3/4	10	0.0140	0.6869	21/32
7/8	9	0.0711	0.8039	49/64
1	8	0.0800	0.9200	7/8
1 1/8	7	0.0915	1.0335	1
1 1/4	7	0.0915	1.1585	1 7/64
1 1/2	6	0.1067	1.3933	1 11/32
1 3/4	5	0.1281	1.6219	1 9/16
2	4 1/2	0.1423	1.8577	1 25/32
2 1/4	4	0.1601	2.0899	2
2 1/2	4	0.1601	2.3399	2 1/4

細牙螺絲(尺寸爲吋數)

螺絲號徑	每吋牙數	標準牙深	有效直徑或節徑	用螺絲公時需要之鑽孔直徑
1/4	26	0.0246	0.2254	No.3
9/32	26	0.0246	0.2566	D
5/16	22	0.0291	0.2834	M
3/8	20	0.0320	0.3430	21/64
7/16	18	0.0356	0.4019	W
1/2	16	0.0400	0.4600	7/16
9/16	16	0.0400	9.5225	1/2
5/8	14	0.0457	0.5793	9/16
11/16	14	0.0457	0.6418	5/8
3/4	12	0.0354	0.6966	43/64
13/16	12	0.0534	0.7591	47/64
7/8	11	0.0582	0.8168	25/32
1	10	0.0640	0.9360	29/32
1 1/8	9	0.0711	1.0539	1 1/64
1 1/4	9	0.0711	1.1789	1 9/64
1 3/8	8	0.0800	1.2950	1 17/64
1 1/2	8	0.0800	1.4200	1 25/64
1 3/4	7	0.0915	1.6585	1 39/64
2	7	0.0915	1.9085	1 55/64

註：表中所列英文字母及數字爲鑽頭號碼，相當尺寸各如下：　F—0.257″　O—0.316″　U—0.368″　No.3—0.2130　D—0.246　M—0.295″　W—0.386″.

蝶霜
唯蝶霜兼有兩大美容特效：
使毛孔緊密細潔
使皮膚白嫩嬌豔
家庭工業社出品

飛馬牌
棉毛衫·衛生衫
願君穿着　熱力滿身
景福衫襪織造廠

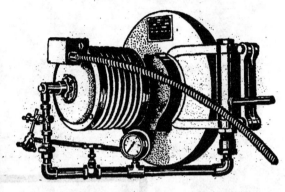

第二卷 第三期 三十五年十二月號

塑料專輯

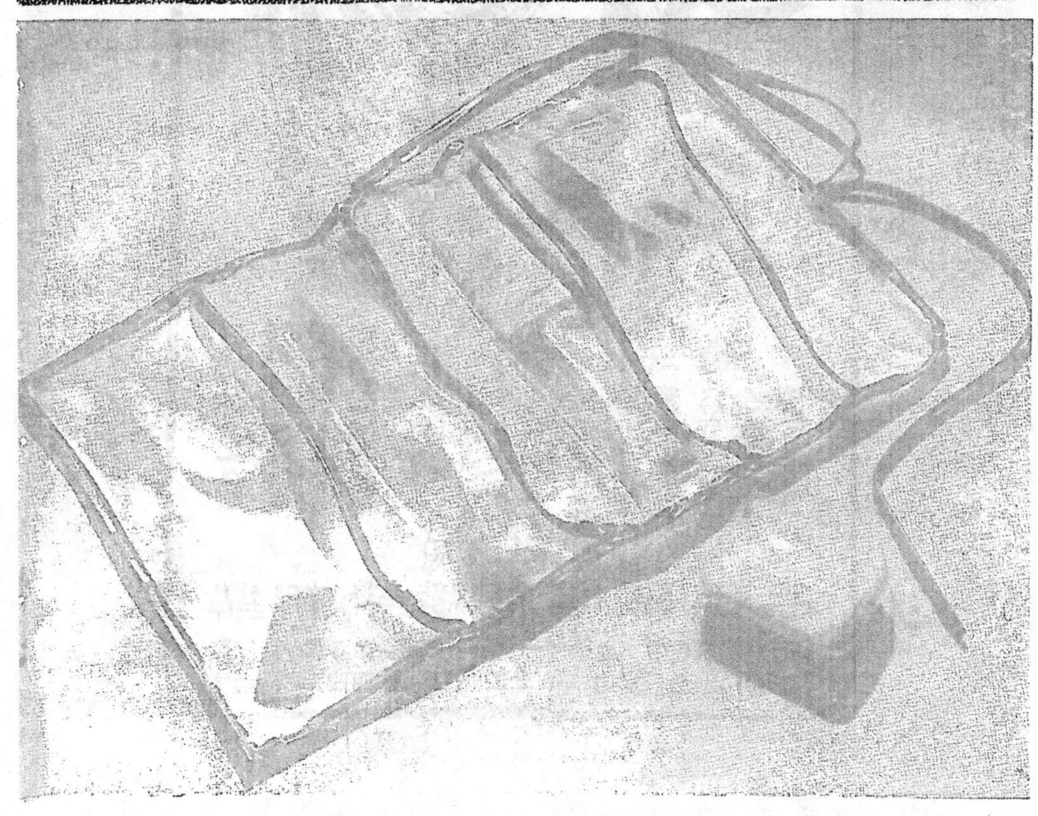

中國技術協會出版

品質精良 永不退色
各大棉布莊均有經售
霸王
洗晒永不褪色
色布
每二碼有此金印
霸王藍布
淺深二色
洗晒不褪
質料上等
售價低廉
注意
每二碼均有
霸王『金印』
顏色分5号
6号13号16
号19号五種
任客選擇
鼎新染織廠標準出品
發行所 寧海西路五十号 廠址 甘世東路六百号
電話 八二四四六 八八四五八 電話 七七〇〇三

大統
大方被單
大統被單比衆柔軟細潔，辨別甚易，至於色彩鮮明，久洗不褪，尤爲可愛，故精明人士，必購大統被單，蓋主婦一致贊美也。
一定是大統被單

通俗化的工程月刊

工程界

第二卷　第三期——中華民國三十五年十二月一日出版

主編者
仇啓琴　楊臣勳　欽湘舟

發行者
工程界雜誌社
代表人　鮑熙年
上海中正中路597弄3號

出版者
中國技術協會
代表人　宋名適
上海中正中路597弄3號

印刷者
中國科學公司
上海中正中路649號

總經售
中國科學公司
上海中正中路649號

POPULAR ENGINEERING
Vol. II, No. 3, Dec. 1946
Published monthly by
THE TECHNICAL ASSOCIATION OF CHINA

本期定價八百元
自由定戶預付五千元每期按照定價八折扣除

目錄

11651

交通部通令技術駕駛員遣殃

『合作工廠』之謎

關於救濟失業工人；有關當局將擬舉辦之合作工廠，準備已逾半年，迄今仍無着落。前雖經行政院批准由經濟部擬廠試辦，同時又飭令將詳細辦法呈核，該詳細辦法前三月早經社會局呈報政院，惟迄今未有回示，致未能着手辦理，失業工人引頸束肚以待回文，奈何此一「救命符」姍姍來遲，至今已由失望而至絕望。有關負責人稱，「最早也要明年三月才能開辦」。

一千五百萬美元的船塢

美曾將若干剩餘設備給與中國修理上海江南造船所廠之船塢及青島船塢，此項設備全部價值爲一千五百萬元，其中五百萬美元之物資供應上海。

聯合國大廈將在上海出現？

建築名建築工程師歐拿齊爲響應基督將軍馮玉祥在舊金山發表之談話，主張聯合國永久會址應設上海。計劃在滬建築三十三層摩天樓作爲聯合國會址，及各國駐華使領之集中地，內部包括餐廳，音樂廳，社交室，圖書館，影戲館，大廈下層闢爲大禮堂，供聯合國大會之用，並裝置最新式之無線電設備，足供開會時與各國直接通話，至於該大廈建築經費，可由各國銀行界投資當不成問題云。

關於用電的數字

十月份上海電力公司總電量爲 130,000 瓩，用電量爲 63,000,000 瓩-時；其中(1)住宅商業用電燈 8,122,324 瓩-時；(2)住宅商業用電熱1,966,663瓩-時；(3)大商業用1,184,289瓩-時；(4)普通工業6,340,348瓩-時；(5)公用事業 339,139瓩-時；(6)同業公用事業12,000,000瓩-時；(7)自來水公司 962,730 瓩-時；(8)路燈 296,000 瓩-時。

瀏河海塘工程

長江南岸自吳淞至福山沿岸之海塘堤岸，行總蘇甯分署自今春二月起即開始修復工程，其中太倉瀏河一段，長 383 公尺，業已修築完竣。工作時先以蔴袋盛土填底，然後分前後兩排打樁，每樁長約五公尺。再於其上拋石塡土，共五六層，將面層堆砌鋪平，堤岸即告完成。

交通部通令航政局得用外籍船員

本國船舶僱用外籍船主，按航政法規定，不得任用，但十一月十八日，交通部有電通令航政局，允准予雇用，此辦法一經公佈，國人船員，大起恐慌，認爲若中國船舶得僱用外籍人員在本國沿海內河航行，必將造成無窮，故由中國駕駛員總會致電交通部，要求保留云。

也許中國工業會因進出口貿易的統制而再生吧？

行政院最高經濟委員會，於十一月十八日公布進出口貿易辦法的修正案，要點在進口的加強統制，由放任的自由貿易政策，改取管理的貿易政策，據說可以平衡貿易及國際收支，并能保護國內生產。但據大公報評論云，如密輸和特權輸入不能徹底制止，則此次修正後，因貿易權的集中，很可以犧牲了進口商的正規利益，轉予特權商人以獨佔與壟斷的機會，反失了修正案的本意云。

實行中美商約第一聲，美二十餘家工廠即將遷滬

據合衆社電，遠東經濟評論報載：根據中美商約，二十餘家發式工廠，已由美東遷，即將到達上海，此項工廠包括麵粉廠，汽車另件廠，紗廠，水電廠，及倉庫等。但本國民族工業資本家尙未有鬩欲將廠遷美發展者，顯然根據商約規定，中國人民亦得在美設廠。識者謂此項商約，純係適應美國經濟恐慌而簽訂云。

汽車發明五十週年，倫敦舉行紀念節目

十一月十七日是汽車發明五十周年紀念日，倫敦舉行古董汽車大游行。五十年前的老汽車一百三十輛，由穿皮衣帶眼罩的怪人駕駛，清晨集中在出發線，參加比賽。

愛因斯坦號召國際管制原子能以「免人類浩劫」

愛因斯坦教授及其他著名科學家多人，頃發起徵募基金一百萬美元，以教育人民，使其了解原子能之社會作用，而避免文化之毀滅，其宣言中之要點謂：(一)原子彈今可以較廉代價大量製造，(二)其破壞力必更大，(三)對原子彈無軍事防禦方法，(四)其他國家亦能發明原子彈製造方法，(五)防止原子戰術，必歸無效；(六)若戰爭發生，必將使用原子彈，而毀滅人類文明；(七)除非國際管制原子能，消滅戰爭，毫無有效之防止方法。彼等并附帶聲明，文化工作者，參加政治鬥爭雖未必有效，但盤可傳播知識，使政治家不致因愚蠢而鑄成大錯。

中美訂商約中國工業家休矣

讀者來鴻

編者先生：

工程界來錫沒幾天，我們電廠辦事處附近的幾家書報店裏已一哄而完了，其受社會歡迎，可見一斑。工程刊物的受人歡迎，是個好現象，希望繼續努力，以符貴會普及技術教育的宗旨。

近據報載，中國的翻版書即將絕跡，翻譯美國著作，亦需先徵得同意，此事如果屬實，　貴刊今後取材有何影響。敝人本計劃翻譯工作，擬付　貴刊刊出，用敢函詢如上，倘祈賜覆，此頌

撰安　　無錫戚墅堰電廠趙祺上

熙年先生：

我是一個學徒，生活相當的苦，但是我的求知慾卻非常之盛，當我在十一月二日在南京購得貴社出版的工程界之後，我非常的快活，因此我想向貴社訂購，但是我的待遇是低得不能再低，每日祇有二三千元一月的月規錢，請先生替我想，這筆款子剃頭之後，還有剩餘嗎？幸虧敝家叔也在南京，因此時常去借，但是我的志向上實在不願多借，雖然敝家叔是一點沒有說話，但是我實在自覺慚愧極了，因此雖然想訂，實在力量不足，可否懇請先生略爲優待一點，來幫助我增加我的求知慾，則不勝感謝先生，匆匆敬上。

敬祝安好　　學生陳家樹敬上十一，十八。

南京太平路392號興隆汽車行

編者先生：

貴刊二卷一期內載錢偉長先生的『火箭炮及其他』一文，實獲我心。錢先生眞是一位極有修養的技術人員，他不僅是偉大的火箭炮發明人之一，同時他告訴了我們做一個技術人員的態度，以及技術人員所處的社會地位。這是非常重要的，技術人員不被社會重視，却盲目的獨自研究時，就休想有什麽貢獻或成就。

錢先生要求技術人員從被動和雇用中改變過來，只有主動和獨立，才能充分發揮創造性。這裏我願重複提一提錢先生的三點意見，促使各界的重視：

第一，偉大的貢獻是多方面人才的集中，單憑個人像古代英雄般的奮鬥是不可能成功的。

第二，技術範圍以內的事，絕對不許不懂技術的人來干涉，

第三，國家應當重視培養技術人員，不要折磨他們，給他們生活保障。

矛言上三五，十一，三。

編者之頁

當筆者正在校閱陸貫一先生的『建立長江下游工業中心區域之芻議』一文時，一位朋友拿了一冊十月十五日出版的清明，說：請你讀一讀茅盾先生的美麗的夢如何美化了醜惡的現實一文吧！

這篇文章開頭就引了兩條新聞：一條是說八位工程專家，已擬定了擴大上海爲一千五百萬人口的大都市的計劃，其第一步驟，將拆除南市現有建築，全部重造。另一條新聞，是上海市工務局已完成了一五四幢平民住宅，因經費無着，計劃中之數百幢房屋不得已陷於停頓，而各機關公務人員要求居住平民住宅的函件，雪片飛來，茅盾先生稱前一條新聞爲美麗的夢，後一條爲醜惡的現實。這個年頭，醜惡的現實不勝枚舉，『好在』美麗的夢也可俯拾皆是。因此『美麗的夢終於美化了醜惡的現實。』

茅盾先生是筆者衷心敬仰的作家，他的子夜，他的清明前後都透澈地反映了在抗戰前期和抗戰階段兩個時期，中國工業家的命運，他們給少數金融巨頭扼住了喉嚨，沒法動彈。今天中國的工業，臨到了史無前例的危急關頭，而本刊却在大談需化數百億萬元初步建築費用的工業計劃，自覺已落到了茅盾先生所稱的美麗的夢中去了。

其實茅盾先生的意思，却不是在否認一切計劃，而只是揭露了企圖以渺茫的計劃來粉刷醜惡的現實的陰謀。任何計劃，脫離了現實，就只好束之高閣。工程是人爲的，因此學工程的人，也就不能忽視似乎是超乎工程範圍以外的現實。我們相信，如果黃河堵口工程能更多注意改善人和的條件，效果一定高得多，如果中國人民生活下的醜惡的現實條件能先改善些，那麼薩凡奇計劃的YVA，也許不消五十年，即可完成，否則，即使計劃完成，醜惡的現實還是存在。

無錫讀者趙祺先生的來信，提醒了我們注意一個現實的問題，我們萬分感謝趙先生。我們對於翻譯出版物的見解是決本初衷繼續進行。社會需要麽！三十六年一月起。本社即將出版袖珍本的技術小叢書，所取材料大多還是翻譯得來的，我們的工作，只在希望使廣大求知慾旺盛的青年能得到滿足，暫時不過慮得太多，趙先生的譯作請即日寄下。

最後，我們還得聲明，如果我們的技術小叢書，不能如期出版的話，原因很簡單，只是因爲『錢』的緣故。但是這也僅是時間上的問題，我們不會永遠屈服的。

建設華中，俯瞰世界，最偉大的新中國工業都市，將在長江太湖之間建立起來！

建立長江下游工業中心區域之芻議

陸貫一

一　長江下游工業中心區域之商榷

長江下游之工業中心區域，往昔在上海一市，然自政治地理軍事三方考慮，均非上選。政治則因歷史關係，素受外人控制。地理則偏處太湖三角洲之尖隅，並非理想之工業原料集中地，而且河港常有淤塞之威脅，水運不能暢通。軍事則接近海邊，暴露而無保障，屢次遭受外敵之蹂躪。今雖不平等條約取消，政治情況改進，但外商勢力尙存。所以爲戰後復興永久計劃着想，對於長江下游工業中心區域，似有以國家立場，權衡全局，選擇最合理想之地點，重新締造之必要。

長江下游之工業原料，江北有裏下河區域之鹽棉豆麥，江南有太湖區域之蠶絲豆麥，石灰烟煤，砂石陶土。兩區物質之交流集中，自以江陰靖江之長江岸邊，爲最適當地點。其他工業原料，猶可利用長江水運、西取諸內地，比上海近一百公里，東取諸外洋，無須多出運費。所以就工業原料之集中一點而言，江陰靖江之長江兩岸，實最合發展工業之條件。

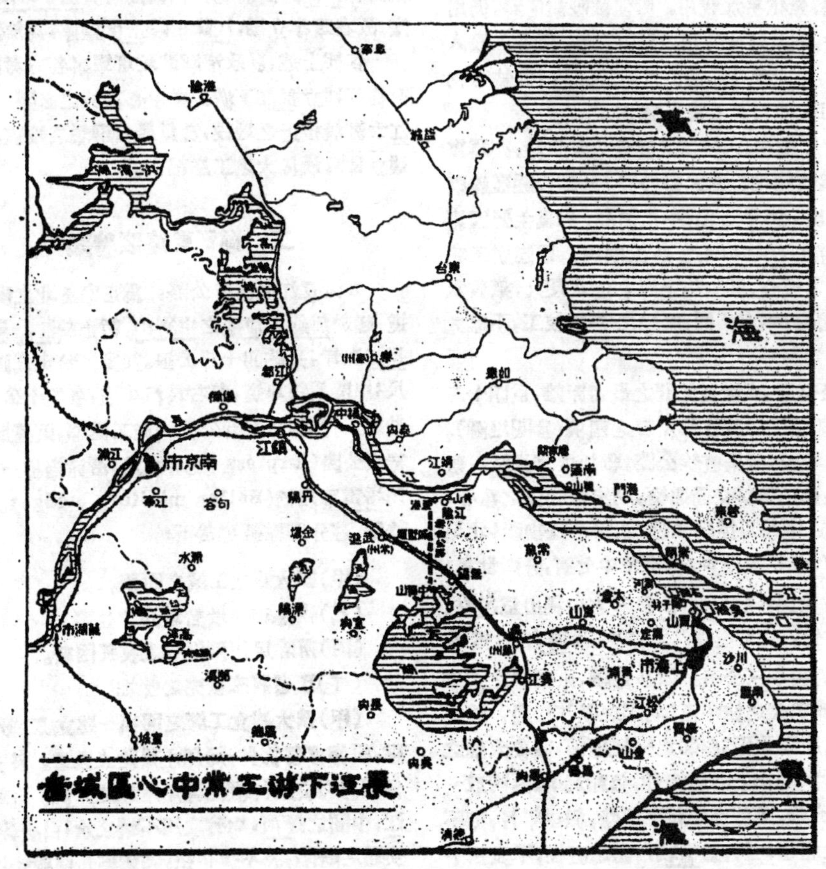

長江下游工業中心區域圖

11655

長江下游工廠成品之市場，不外本區，內地及外洋三處。銷耗於本區之成品，自可利用供給原料之運輸工具，充回程裝載。內地之銷售成品，則水有長江，陸有京滬鐵路，為之輸送；其運輸距離，既較上海為短，則其運費，自亦較廉。至於外洋運輸，則江陰，靖江兩岸，尤佔優越地位。

長江江面在江陰附近，既窄而深，河床穩定，遠洋輪船，終年可以停泊，與吳淞口之需挖濬，維持航道深度相較，優劣懸殊。惟其如是，故能達上海之商船，均能直達江陰，而能泊江陰之巨船，則因吳淞口之淤淺，尚有不能直泊上海之顧慮。

江陰之出海距離為二百公里，較英國之倫敦（離海八十公里）德國之漢堡（離海一百二十公里）稍遠，但與加拿大之蒙特里耳(Montreal)離海一千六百公里相比，則遠為短近。若與上海相較，則上海離吳淞口三十公里，江陰離吳淞口一百五十公里，其間相差之一百二十公里，航海船舶，均可代為運送，無須另加費用。假使依戰前情形，仍用內河運輸，則其運輸費用，積數龐大，恐非一般人所能想像。故擬移外洋進出口岸於江陰，非特有利於我國人民，並可惠及海外顧主。

建立工業中心，技工之能否大量供給，亦為重要因素。戰前內地工業之難於發展，戰後開發邊疆之難於實現，大量技工，不易招募，恐為主要因素之一。然若以江陰靖江之長江兩岸，為建立工業中心區域之核心，則無錫上海，近在咫尺，氣候水土，風俗習慣，均屬相同，兩地之熟練技工，不難大量羅致。

論及交通，太湖長江間之最短距離，為四十三公里，其地經過無錫江陰兩縣之西境（參閱地圖）。若能就此地段，舖築直線公路，聯接太湖長江，敷設電車鋼軌，革新交通運輸，則集中物質之重心，得以造成。南足以控制太湖 吸收全區物產；北足以擺flow長江，構成港口。總攬華中七省，盱瞰世界。

直線公路，擬取無錫太湖邊之中獨山為起點，依星辰方位，向北直趨江陰，約在夏港之東，抵達長江，長約四十三公里。如是定線，則南端之太湖湖濱，可成幽美之住宅區；北端之長江江邊，將為近代之倉庫碼頭區；中間之縱橫運河，當屬天然之工廠區；大都市之必備條件，皆藉此公路，呵成一氣，蔚成大觀。若能進而銳意經營，假以年月，則不難越倫敦而超紐約，蓋倫敦市區之直徑，不及三十公里，且無大陸作其工業之倉庫，而紐約雖有大陸作其倉庫，但缺少長流大河，作其運輸動脈也。

然直線公路之偉大，尚不止此。頂披長江如帶，足蹬太湖似球，正南正北，作四十三公里不曲不彎之直線，亦足以創立世界新紀錄。他年再事擴充，東達瀏河，西通蕪湖，南接錢塘江，北抵連雲港，完成大十字網，則魁梧磅礴，氣象更非普通都市所能比擬！

工業之發展，繫於原料市場技工三者之精密配合，而以交通輔其不足，擴充吞吐面積。就此四項而論，則長江下游之工業中心區域，當以江陰靖江之長江兩岸為最合理想。

就軍事言，空中侵襲，需賴空中防禦，離海遠近，並無重要分別。然就陸地防禦言，則離海較遠，可減輕敵人海軍之威脅，增加防守陸軍之實力。江陰離海口二百公里，有要塞三重，最近海口有吳淞口之南石塘及石洞口之獅子林兩砲台，稍西有狼山之劉鎮砲台，再西有黃山十圩港之要塞，故在軍事立場，江陰實較上海隱蔽，易於防禦。

根據上述，就政治經濟地理軍事各方考慮，均有從新建立長江下游工業中心區域之必要，而長江太湖最接近之地段，實為最合理想之地區，足以建立世界最偉大之工業都市。

二 湖江幹路之特點

太湖長江間直線公路，為正南正北之康衢大道，起於無錫太湖邊之中獨山，暫止於江陰夏港之長江江岸，長約四十三公里。其寬度預定為四十公尺；中間為電車道，左右為汽車道，各寬十公尺；最外為人行道，各寬五公尺。施工標準，則擬照德國特快公路(Express highway)；沿途橋樑，一律採用培雷軍用橋(Bailey military bridge)。該路特點，茲分四點敘述於下：

（甲）擴大建立工業之面積。

（乙）供應市民最合理想之住區。

（丙）解除民用飛機場之交通困難。

（丁）預留將來擴充之餘地。

（甲）擴大建立工廠之面積——建立工廠之地點，須備多種條件，而用水供給之豐富，及交通之便利，實為主幹。湖江幹路南端之太湖，北端之長江，中間之運河，均有取用不竭之水；自有幹路，則交通之缺陷，將不復存在，處處盡是建廠佳地。

（乙）供給市民最合理想之住區—湖江幹路，聯接太湖於工商區域，如是則環湖一帶，皆可爲平民築居之所。居住本區者，沉陶于優美風景之中，所得精神之調劑，性情之陶冶，朝氣之保持，並非人力所能致，金錢所能買。此爲本區得天獨厚之處，恐非其他大都會所能具備。

（丙）解除民用飛機場之交通困難—近代大都市之交通，必須有航空聯絡，故飛機場爲不可少之單位。然因飛機昇降，所需面積過大，古都名市，不得不在離市心較遠之處，添築新時代產物之飛機場；然其缺點，即在機場市區間之交通困難。長江下游工業中心區域，係嶄新之時代建設，當然可預爲飛機場，選定合理地點，解決交通困難。本計劃擬設飛機場兩處，一在長江江邊，稱曰北場，一在太湖湖濱，稱曰南場，均臨幹路，享市區電車交通及特快公路之便。

（丁）預留將來擴充之餘地—建立長江下游工業中心之大業，並非一蹴可就。本計劃之湖江幹路，雖提綱挈領，備極重要，但僅爲起端之先着而已。就將來發展言，本幹路須渡江北伸，穿過靖江泰興東台鹽城阜寧等縣；至於東海海濱，以近代之交通，吸收淮南裏下河全區之物資。南向延伸，渡太湖，穿過吳興德淸杭縣而至錢塘江岸，吸收錢塘江兩岸之物產。再自幹路起端之中獨山，向西直走，穿過常州宜興溧陽溧水當塗，而至長江江邊，與蕪湖打通，開發江南西部之丘陵區域。東向展伸，經過常熟太倉而至瀏河江邊，開闢近海漁業。

三 工業之基礎——地方公營事業

湖江幹路通，則長江下游工業中心區域之形勢定；然欲招徠企業人士，推進工業化之波瀾，則尙須建立四項基礎事業，即：

（甲）充裕低廉之電力供給；

（乙）迅速經濟之電車交通；

（丙）普遍敏捷之電話交換；

（丁）起卸便利之碼頭倉庫；

以上基礎事業如能建立，則其他農商工礦，運輸服務諸事業，自能乘時應運，蝟起民間，與大局配合，繪成大都市之輪廓。是以本四項基礎事業之利鈍，關係全區域之興衰，因而其經營原則，應以全區域之福利爲前提。若以全區福利爲前提，則與私人利益，不無衝突之處。職是之故，本計劃主張此項工業基礎之推進，應取地方公營方式。茲就設施要點，分別畧述於下：

（甲）電力供應—本區火力發電廠之合宜地點，當爲江陰江邊，蓋就長江水運之便，燃料運費，可以減低，並可得大量供應，無缺乏之虞。

偏處蘇省西南角之高淳縣東壩鎭，頗具特殊地形；據調查所知，該處有十餘丈高之石堤，阻止皖省東南之水，向東傾瀉，若能加以整理，則可使安徽東南角區域石臼丹陽等湖之水，終年向東注流，轉動水力透平，發生電力。該處去無錫中獨山（湖江幹路起點）約一百二十公里，去蕪湖七十公里，皆在高壓輸電距離之內。果此項水力發電成功，則蕪湖與幹路全區，皆能獲充份之低廉電力。

本區域適居戰前揚子建設公司常州戚墅堰電廠之電力供給圈內。該廠之發電能力，現在已恢復一萬一千瓩，然而去實際需要尙遠，要接電開工者不計其數，且已接電者，又感電費之昂貴不堪。該廠發電量戰前爲一萬二千瓩，竊謂爲公共利益計，該廠之經營權似應交回地方公營，遷建發電廠于江陰，並乘時改革，力求合乎歐美現代標準。

（乙）電車交通—湖江幹路中間寬十公尺之電車道，擬架綫四對，行駛無軌電車四路，左來右去，裏快外慢，快車五公里一停，慢車一公里一停，其與錫宜公路，京杭運河，京杭鐵路，武青公路，武澄公路，交切之處，皆可設站，以便上下。

本計劃選擇無軌電車，作幹路之交通工具，共有六項原由：

（子）電車較火車爲清潔輕便，合於都市之用，並且設備費用較低。

（丑）無軌電車之設備費用，又較有軌電車爲低，且少堵塞軌道，阻礙交通之弊。

（寅）無軌電車較火車及有軌電車，費用低省，易于增添支線，聯接工廠碼頭倉庫。

（卯）無軌電車之流動性，雖不如汽車，但其運輸量較大，且用煤發電，頗合中國之經濟條件。

（辰）無軌電車慢車可達一小時二十公里，快車可達一小時四十公里，已合一般需要。

（巳）如需更迅速之交通則可于電車之外，利用特快公路，行駛輕重汽車，達一小時二百五十公里之速率。（下接第38頁）

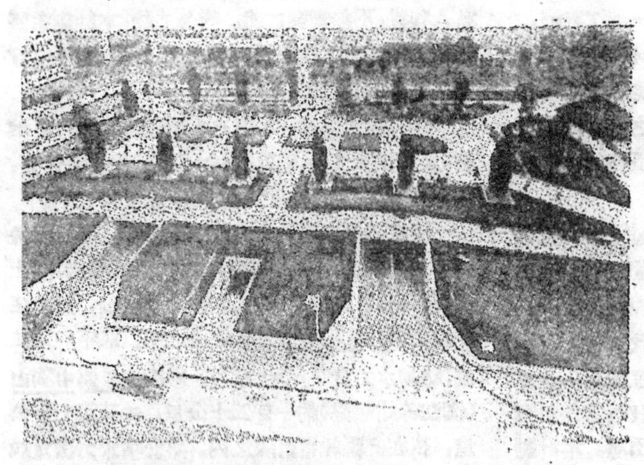

圖示美國舊金山聯合廣場（Union Square）的地下停車站進口處景象。雖然建築這種車站，費用相當昂貴，可是對於在日益擴大，交通十分擁擠的都市，仍屬必需。

地下停車站

如何解決大都市中交通擁擠地區的停車問題？……這裏有一個很好的辦法——

安弦

戰爭一方面破壞了都市，一方面又使都市日趨繁榮，尤其是許多國際性的都市，如倫敦，紐約，底特丹，舊金山，克利弗蘭，提特勞，上海——都是地少人多，寸土千金，交通擁擠的地方，要使數百萬人口賴以流動的機動車輛獲得一個適當的停車場所，是不僅叫市政當局頭痛，同時也使車主和駕駛者感到麻煩的。不要說別處，單說我國上海吧！每天上午八時至下午四時，經過中區地段各馬路，要找一處適當的可以容納數十輛汽車的停車處簡直比登天還難！

這一個停車問題，在歐美各大都市裏，已經找到了解決的方法。那就是應用在地面下的停車場——最近聽說米高美影片公司準備在上海南京西路黃陂北路口建築一所遠東最大的戲院。該處面積不大，市政當局認爲如能解決停車問題，始可把建造工程核准，建築師曾建議應用了地下停車站的方法，雖不知何時可以實現，但至少這一個地下停車站已經引起了國人的興趣！

建築一個地下停車站，需要的費用相當昂貴那是一定的：試以舊金山所建成可容納 1700 輛汽車的停車站而言，其建築費就用了美金一百五十萬元。這一筆費雖然可觀，換得來的却是陽光和空氣，使市民的健康得以增進，當然也是值得的。

再以倫敦爲例子，在戰時空襲中，雖然造成了不少轟炸地區，可以出清後供作停車用，然而現在也正計劃着一所可以容納七千輛汽車的地下停車場。如以舊金山的例子來看：那所一千七百輛的地下停車站應用之後，就清除了足足有五十哩人行道旁停車的地位，使市容爲之一變，那是多少有成績的表現啊？

爲了更現實地說明這種建築的計劃和經費籌劃的詳細情形起見，這裏把美國舊金山的事實和經驗作爲例子來說明一下：

舊金山有名的聯合廣場在一九四一年春季以前還是奄無生氣的一塊地方，四周圍全是旅館，商店，戲院，大樓，和熙攘來往的車子。在這時以後，蒸汽鏟的工作開始了，日日夜夜把這塊地方，多砂礫的鬆土剷起裝到一輛輛的卡車上去。整個廣場變成了一塊裂開來的地穴，足足有五十呎深。之後，工人們開始舖混凝土，構築起來，到最後，廣場重行出現，上面還舖了草地，花園，樹木，人行道和座位等，儼然成了一個公園。美國的議員們老早在華盛頓把他們的車子停在國會廣場的地下了，大規模的地下停車站，在美國還要以這次爲最先。試看下面的圖，就可以知道，在地下共分四層，作爲貯車的地位，因爲計劃得周密，停車的地位比實際需要還要多一些。并且除了停車的用處外，還可作爲展覽車輛以及公共集會的用途，所以每天有不少的旅行者和觀衆成羣結隊的去參觀，每小時也有成千的車輛在這地下建築中進進出出。

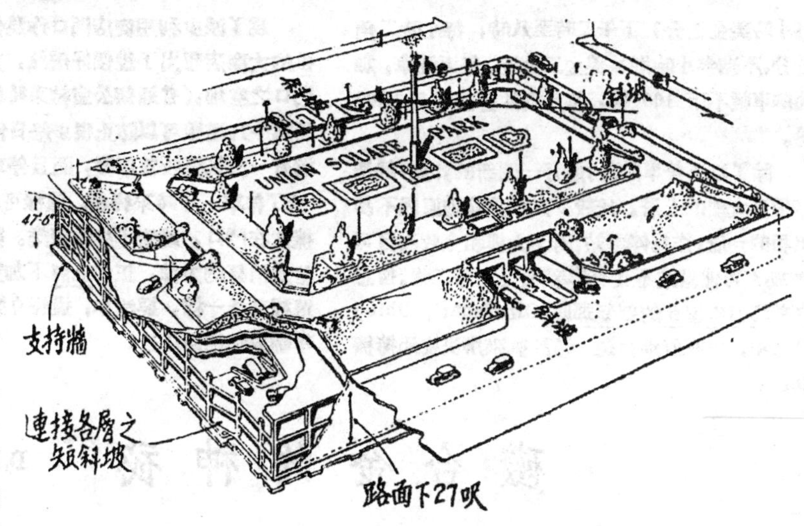

上圖是舊金山地下停車站的構築概況。

建築這樣一個車站的動機，可以說完全是爲商業上的需要。原來在一九三九年時，有一部分商人和技師們，想到交通的擁擠非常妨礙中心市區的營業，因此組織了這一個公司，來計劃在地下構築停車的地位。在建築之初，首先要獲得舊金山公園委員會的允許，出讓公園地面下的一切權利，後來委員會方面答應，只要地面上的公園一切恢復原狀，就可以允許的，于是公司就着手進行。經費方面有美金六十八萬元是以股票方式向該地區的商業機關徵得，同時還包括了特許權的出售（如汽油公司的專賣權等。）還從美國政府方面借了八十五萬美元。雖然如此，據經營者的報告，這樣的車站還是成功的：停車所需的費用是每小時美金二角五分，每夜七角五分，每月十二元五角，這樣昂貴的費用在需要的人說來并不算吃虧，尤其是在這樣一個熱鬧的地方。

還有一個地方，是利用地下車站最多的，就是南美阿根廷的首都布意諾斯艾萊斯（Euenos Aires），在那裏，足足有六個地下車站，大部分是阿根廷汽車協會所經營的，最大的二個車站，一佔地14,713平方公尺，可停車500輛；還有一個佔地7296平方公尺，可停車300輛。每個車站裏供應汽油和引擎油，并可完成全部潤滑工作，洗車工作，以及小修車輛，車胎修補等等工作。同時還有會客室和寫字間的設備。每天進出的車輛大約不下1500輛。收費按時間來分：從上午七時至下午二時

上圖表示在布意諾斯艾萊斯一處地下停車站的情形。進口斜坡作螺旋形，實在是一種很聰明的方法，省了不少地方。加油用的幫浦機因此光線也非常充足了。

每小時美金五分；下午二時至八時，每小時二角五分，不滿半小時則爲美金二分五。每天洗車，加油的車輛不下 100 輛，每月汽油售額達 250,000 斤。

除了地下停車站外，還有一個新的計劃，就是準備在大樓的上層，比較少租戶或其他原因不易出租的一層，作爲停車站。對于大樓租金收入自可增加，又可使營業不致有影響，眞是一舉二得。據悉在美國奧哈屋州的新新那底(Cincinnati, Ohio)區域中，現在擬進行這一種計劃來解決交通擁擠問題。

爲了減少利用商店門口作爲停車站起見，美國的大商店想出了幾個好辦法，其一是封鎖商店門口之空地，(普通辦公室結束時間較商店營業時間爲早)，這樣可以防止很多終日停車的主顧們。還有一法是徵收停車費，而且停車三小時的費用比了停車一小時來得多，這樣可以免去許多車輛擁塞在門口，妨害不少的營業。話雖如此，這些終是消極的方法，正如上海不加寬馬路，而施行單程交通一樣，要治本，還得立體式的進展，把車輛放到地面下去！

磁合金的神秘

D.D.T.

人人都知道鐵磁性(Ferromagnetic)的元素只有鐵鎳和鈷三種，一般的磁合金都是這三種金屬再加上一點別的元素。但專家曾經造出一個合金，成份是：錳10%，鎳6.5%，碳0.3%，鐵83.2%；它却一點磁性也沒有，還有許多種不銹鋼也僅有很弱的磁性。

最奇怪是一種叫 Heusler 合金的，成份是：錳20%。鋁15% 銅65%，它的成份沒有一樣是鐵磁性的，可是意外的它的磁性和普通次等的鐵一樣好。當然這些東西並沒有什麼實用價值，可是它們却是一部尚未完成的近代磁性理論的試金石。

由砂造成的新物質—矽

薛鴻達 譯

最近，工業化學家由砂與氫的結合，造成一類新物質，取名曰 silicone，(矽之類似有機化合物中的一類物質)我國尙無適當譯名。玆擬譯爲"矽，"以表示其組成爲砂石與氫，並擬其讀音如"新，"取矽氫二音之反切，俾與我國舊日所用之矽字(讀如丘耕切)有別。譯名妥善與否，敬請讀者賜教。原文載 Scientific American 本年9月號，係 H. C. E. Johnson 博士所著。

「矽化學」(silicone chemistry) 現在已認爲是一片新大陸，界乎矽酸鹽礦物類與塑料之間，一邊是玻璃與粘土，他一邊是人造橡皮，人造樹脂，人造纖維等。這個譬喻是說得很好的，因爲「矽」一類的物質，實際上確乎兼具上述二類形式截然不同的質料的物性與化性。在化性方面，一種矽類聚合物 (polymer) 是把矽與氧的原子做網絡的，好比砂與石英那樣，但在其矽原子上，更附着了從石油衍生出來的氫原子團。加上這許多氫原子團，乃修改矽網絡的性質，使製得的新物質，會具有液體或塑料的特性。在物性方面，矽類與砂相像的地方很少，祇有一點是例外。因爲兩者具有相同的基本結構，所以都是極能耐熱的。

十年前，美國康寧玻璃廠 (The Corning Glass Works) 早已開始矽類的實驗，希望得到像玻璃一般的新物質，可以代替玻璃應用。實驗的結果很有希望，於是他們便與陶氏化工廠 (Dow Chemical Company) 協力合作，組織陶康寧公司 (Dow Corning Corporation)，來製造新的物質。另外，奇異電器公司(General Electric Company) 也獨立的經營着矽類的研究。過去幾年中，這兩個團體都製成了許多的新商品。

矽液體

隨着製造方法的不同，各種矽類物質的物理性質差異很大，從水般薄液，直到玻璃般樹脂狀。所製成的這類液體，可以具有範圍很廣的粘滯度揮發度。好似石油液體的餾出物，從質輕，沸點與低的揮發油類，到質重，沸點高的潤滑油類，也有很廣的範圍。它們是無色，澄清的流體。在華氏－40到－120度時，仍舊保持液態，熱到華氏500度仍安定。液態矽類呈中性，並且具有化學惰性，不會腐蝕金屬，其本身對於氧，氧化劑，無機酸，以及腐蝕性鹽溶液等的抵抗，也非常高强。它們的閃燃點(flash point) 比相同粘滯度的石油類，也要高得多——但是粘滯度很低的矽類，却成例外，——而且它們是非揮發性的。矽類易溶於多數有機溶劑，但不溶於水及酒精。

這類複合的性質已是很够驚奇的了，但是加着下面三種特性，更使矽類受到一般識者的嘉許。第一點，它們的粘滯度隨着溫度發生的變化，比了石油類小得多。於是在寒冷時，不會凍結，在受熱時，也不至於稀薄。第二點，玻璃，瓷器，或金屬的表面，容易用矽類顯潤，使其呈具「排水性」，(water repellent)。第三點，矽類具有極低的導電力，並且對於多種頻率的電路具有極大電阻，因此特性，在電工業方面，矽類更有着廣大的用途。

這許多特性，乃使矽液體有着廣泛的用途，例如：變壓器油(transformer oils)，阻尼液(damping fluids)，表計液(gage fluids)，水力機液(hydraulic fluids)，以及傳熱介質 (heat transfer media) 等。將來一定可能有一天房屋中裝置用矽的散熱器 (radiator)，在華氏400度下運行，得到更有效的暖氣方法。

矽類對於化學藥品的腐蝕作用，特具抵抗力，故可作化學唧筒上的石棉墊料 (packing) 與墊圈

(gasket)是一種很有用的浸滲劑(impregnants)。

砂類不會溶解其他的塑料，因此可在模型上塗用矽液體，俾使塑料製件不黏附模型上。特別在噴射模型(製空心物件)方面，特有其利益。

要使物體表面呈具排水性，可用一種矽類與四氯化碳或其他適宜溶劑的溶液來處理。這樣濕分就不再凝結成連續的膜面，祇能形成微小的，分離的小滴。這樣處理的絕緣器(insulator)，即使在很濕的狀況下，仍能保持其高電阻的性質。

另一種可供選擇的方法，是把表面露在一種氯化矽烷類(chlorosilanes)的蒸氣中。氯化矽烷是在製矽時所得的中間質(intermediate)，當其與水反應時，所完成的產物即矽類。在各種質料表面沉積的氯化矽烷，與大氣中的濕分反應，就在物件表面，形成一層矽膜。這種方法，主要地已施用於金屬，玻璃與陶器的表面，現在又進步到同樣的也可用來處理紙張，木料與織物等。

這樣得到的膜層，能够耐受洗滌，乾洗以及相當的磨剝。這種程序，已有奇異電器公司作爲商業方法，並且命名爲「乾膜」(dry film)。

矽液體還有其他的特種用途。矽的濃度雖低至百分之0.1，仍舊呈具抑制烴類潤滑劑(hydrocarbon lubricants)的泡沫形成作用。這樣顯明的表面活動力，又提示這些多能的矽類物質，還有其應用的新區地。

矽橡皮

從液體再進一步，就要說到固體的矽橡皮(silicone rubber)，這種產物以前，曾製成一種實驗的物質，稱做「彈性油灰」(bouncing putty)，當時頗引起新聞界的注意。但是因其缺乏保持原形的能力，至多祇可當做一種珍品看待。現在製成的矽橡皮就大不相同，看起來，摸起來，都像天然的或合成的有機橡皮一樣，祇有一點是特異的。這種稱做彈性矽(silastic)的新物質的特性，是在很高或很低的溫度下，有機橡皮早已不堪供用了，但是它仍舊能保持橡皮般的性質。

矽橡皮對於熱的顯著耐力，是基於其石英般的基本結構。普通橡皮含有的，是所謂不飽和鏈狀結構(unsaturated linkage)。在高溫時，這些鏈狀結構迅速把氧吸收，便使橡皮變成脆性。在化學上，這種行爲好像亞麻仁油一般，那也是一種不飽化合物，露在空氣中吸氧以後，便會乾化。

工業上有一種需要，在高於華氏250度時，所用的彈性物料仍會保持其彈性，既不軟化，也不硬化。這種需要直到採用矽橡皮以後，才會滿意達到。矽橡皮的性質，在溫度從華氏零下70度升到500度以上，僅表示些微的變化。在供用時，即使長期連續露放在華氏300度的溫度下，也不至於損壞。在溫度表的另一端(寒冷的溫度)，其行爲同樣可貴，將矽橡皮在華氏−70°的溫度下放置24小時，仍能保持其撓性。有些貨品，即使冷到乾冰(dry ice,即固態二氧化碳)溫度(約爲華氏110°)，仍能保持其撓性。它們具有這些性質的一種理由如下：普通橡皮在低溫時具有彈性，歸因於「塑劑」(plasticizer)的作用。塑劑遇熱容易揮發，且可溶於有機溶劑中。於是凡是橡皮受到熱或受到溶劑的作用時，便要消失其低溫時具有的彈性。矽橡皮中既不含有塑劑，結果其性質也就比較的安定。

矽類既不含有反應中心——好比有機橡皮中所含的不飽和鏈那樣——，所以矽橡皮對於腐蝕，臭氧，日光，及其他侵損天然橡皮的因素，都具有耐力，矽的塗層的排水特性，也是矽橡皮的一種特性。因此，矽橡皮具有電學的優良性質，不受濕分的影響，即使浸入水中，也是無妨。

矽橡皮的耐酸性，耐鹼性及耐溶性，不見得比有機橡皮來得好，而其抗拉强度(tensile strength)以及抵抗撕裂，也比較差劣。因爲這種原因，製造汽車胎等，是不宜於採用矽橡皮的。

從價格與產量上來比較，矽橡皮是不能與天然橡皮，合成橡皮(人造橡皮)相競爭的。除非需要的是符合能耐受高熱或極冷的溫度，或是能够耐受氧化，或是在嚴格的條件下，仍能呈具電絕緣性條件的，矽橡皮才能佔優勢的。

現在矽橡皮已經成就的用途，計有：耐熱墊圈，膠板及墊料；玻璃或石棉板的滲滲劑，供墊圈之用；高度操作中運載皮帶(conveyor belts)的塗料；玻璃帶，電線，電缸與金屬等的塗料；嵌放變壓器；製造橡皮管，軟管，帽子，緩衝板，振動機件，台架等。

製成的原料矽橡皮，是成功綿片(crepes)與糊狀的，能够供模製(molding)，層壓(laminating)，壓出(extruding)，與塗布(coating)等用。

矽樹脂

再堅硬些的質料，是矽樹脂類（silicone resins），在絕緣假漆（varnish）方面，用途很廣。

祇要把這種堅硬的樹脂，溶在適宜的溶劑內，例如甲苯(toluene)等，就可用來塗布磁鐵電線，滲浸玻璃布或石棉板，膠合雲母片與玻璃布，還可填滿空隙，使所裝配的機件，成為不透水性。

此時，採用矽假漆類以後，足以代替容積大得多的各種絕緣質料，使得電動機（馬達）的全部尺寸，可以減少很多。

在電機設備的絕緣方面，矽類最稱適宜，因為其兼具排水性與耐熱性二大特點。在多數情況下，絕緣的主要目的是不透水。許多有機性假漆，在常溫時具有充分排水性，但在高溫時，便要剝裂或碳化，濕氣就會得滲入。矽類天生具有排水性，即使溫度高到華氏500度，或再高一些，它們仍是安定的，因此在應用時，決不會消失所需要的性質。

應用矽絕緣物後，電機設備的重量可以減去百分之五十，而運轉的溫度則可增加。如果所需要的是保持較低的動轉溫度，那末絕緣物的供用時間就能夠大大延長。例如，從一次在華氏590°溫度下的加速試驗中，已得證明一具電動機所可運轉的時間，相當於華氏320°時的二千年的長久時期。由於矽假漆的應用，得產生經久耐用的電動機，所以可說是絕緣術上最大的進步。

矽樹脂也已混用於琺瑯及耐熱油漆中。與二氧化鈦（titanium dioxide）及鋁片等配合，這些樹脂能使油漆特別耐熱，耐風蝕，並且不因時間歷久而轉成黃色。這類飾面(finish)的性質，是介乎普通有機塗料與陶器塗料之間的。

矽脂膏

高溫度下運轉的電動機，雖可採用矽絕緣物，但是假使沒有高溫潤滑劑可供應用，其利益仍不能完善實現。現在油(oils)與脂膏類(greases)方面的研究，也已有相當進步，將來電動機不僅可用矽絕緣物，並且可採用矽潤滑法。

這種脂膏，祇是在矽液體中間，加入黑煙末（碳黑carbon black）或金屬肥皂(metallic soaps)等，使其稠厚製成的。對於氧與化學藥劑的侵蝕，極具抵抗力。在市面上，已有供給實驗室中停止旋塞(stop cock)應用的矽潤滑劑出現。

其他化合物

矽類，祇是矽的類似有機化合物類裏面的一類最引人注意的物質，此外尚有許多新物質，也值得提及，有一種稱做矽酸乙酯(ethyl silicate)，是矽酸(silicic acid)與乙基所形成的酯。這是可用來製成無定形砂石(amorphous silica)並應用於做鑄模的膠合劑，又可用作磚，石，混凝土及石膏的保護劑與耐風蝕劑。此外在耐熱油漆，增加硝化纖維素與乙烯樹脂（vinyl resin）對於玻璃的黏着力，製造固體燃料等方面，也有用處。

矽酸乙酯是可燃的，燃時發生微粒的矽石煙。這種矽煙的矽石所具有的物理性質與碳黑相同，祇是顏色是白的，並可用來代替橡皮工業中所需用的碳黑，以增加橡皮的抗拉強度與耐磨耗性。在不久的將來，一定可能製成白色或任何色澤的汽車胎。

其他各種矽酸酯類，適於用做工業程序上的傳熱介質的很多，特別是矽酸四苯酯（tetraphenyl silicate)與矽酸四甲苯酯（tetra cresyl silicate）兩種。在隔絕濕氣時，即在極高溫度下，它們仍是安定的。四苯矽（tetraphenyl silicon）是另外一種形式的化合物，也已有過研究，可供同樣用途，但化學性更見安定。

矽的有機化學，實在到最近才見發達的。人類最初合成塑料，差不多是在一世紀以前；但是矽，在二十世紀初期的實驗室中，還沒有知道。就在現今，還是時期太早，不能預言在這一片處女地裏，最後將會發見些什麼花樣來。但是無疑的，在電機設備，潤滑操作與油漆方面，凡是視熱與濕為天然大敵的，都將會一天天多採用矽類物質。矽類並不價廉，但是在許多用途上，為了改進工作成績，減低維持費用，增加有利收獲等，矽的價格問題，或將成為次要了。舉一個淺顯的例來說，在將來的廚房中，或許會從一個電冰箱（發冷箱refrigerator）中取出食物，那個冰箱是採用用矽絕緣與潤滑的電動機的，食物是懸在矽橡皮圈上的，並且將要在塗有矽質琺瑯的爐灶上，烹煮食物。

只會享受，不會製造，是我們的恥辱！

本文採自『美國機械師』American Machinist 雜誌 1946 年 4 月 16 號，材料係美國 43 家有關塑料之工廠所聯合供給。他們這種坦誠交換經驗而共求進步的態度，值得吾人反省。

今日在工業上應用的塑料，大致可分爲二類：熱固性的 Thermosetting)和熱塑性的(Thermo-Plastic)。熱固性的塑料在經熱力和壓力的煏*治(Cure) 後膠結成爲難熔的塊狀，以後不再能回爐重製了。熱塑性的塑料在熱壓之下軟而可塑製成形，待冷却後方始堅硬而結成固體狀態；第二次再用熱力烘焙時，仍能變軟，可以重行處理。

*煏音逼，意爲同時受熱力及壓力的作用。

熱固性的塑料，有趁流態時澆入鉛模內，鑄成管、梗等材料的，亦有鑄成塊狀而後分成片子的，統稱之爲鑄成塑料 (Cast)。還有用紙板、織物、石棉或玻片等作爲基層，與塑料層交相間，藉煏治作用而互相固結的，稱爲夾層塑料(Laminated)。我們可以利用上面這些現成材料，把它們裁割後再加工製成物件。或者直接用塑料經模塑法而成形。下面就要講到各種模塑法大概情形。

各種模塑法 (Molding)

壓塑法(Compression Molding)

壓塑法是使塑料成形的各種方法中最老的一種，幾乎專用在熱固性的材料上。粉碎的塑料直接安置在模型內，受到熱力和壓力的作用，要等到煏治完畢才取出。這時化學反應發生了，材料從半流動的狀態變成固結而難再熔解的物件。

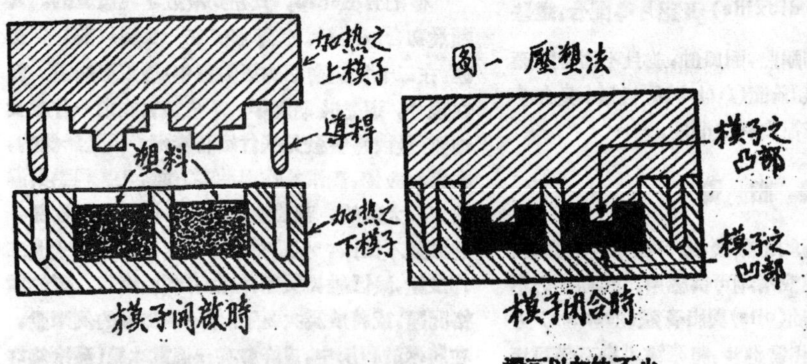

圖一 壓塑法

爲了使工作加快起見，粉料往往先被壓成片狀或錐形，然後放入正式的模型內，放入的動作既可加快，最後成形時受壓亦可格外均勻。錐形用高周率電熱器，紅外線燈或預熱爐預先加熱，出品的速率還可以加快不少。

在壓塑時，要注意三個因素，即壓力，時間和溫度。溫度太低，材料的流動性不够，需要加上更多的壓力和煏治時間。溫度太高，則在內層塑料尚

塑料專輯

未充分軟化之前，外層塑料早就熔治過了。只有適度的預熱，使內層塑料亦有相當程度的軟化，才可以較高的模塑溫度，使模塑期縮短。

塑料本爲可塑性的樹脂與填料兩者所合成，壓力之應用在使此兩者相互緊密包合，填滿整個模型而無空隙。壓力過低時，祇有流動性最大之處局部感受壓力。但壓力過高，亦非所宜，此時因受熱有先後而構成之層狀組織，將因各層軋緊而遭破壞。預熱過的材料可以少用50％之壓力。

注塑法 (Injection Molding)

注塑法是將熱塑性的塑料在壓機的待注室中加熱，先使變成流動的狀態，然後從注口內壓出，經注射道而流入一密閉的模型內，就在模型內冷卻固結，同時第二次的進料重復在待注室內經過加熱的作用。

待注室通常用一連串保持恒溫的電熱線圈或用循環的熱油來加熱，因爲受到高溫度（大約高至550°F）和高壓力作用，很易損壞，需有備貨以便更換。待注室中有一分流梭 (Torpedo)，使流動的塑料散佈在四周而不凝集在中心，易於擠壓出去。

注塑時必需有相當大的速率，否則模型尚未注滿，塑料接觸到較冷的模子，早已部份開始硬結，使成品上現出瑕疵，容易爲空氣溫濕的變化所撓曲。

注塑時所用的水壓力通常爲12.000至25.000磅1方吋 (psi)。隨着塑料成分之差異，流動性，模型及注射道之大小，所需壓力亦有差異，所以一般注塑機械所產生的壓力都是能變化的。

對於熱固性的材料，注塑法祇須略加修正，便可應用，那時稱爲射塑法 (Jet molding)。這法的要點在於待注室本體的溫度，經常維持在200°F左右。不使達到可以熔治的地步，然而却有預熱塑料，使出品速率增加的作用。主要的熱量是用電極加在注口上，材料在此開始受熔治的作用。但每一次注射將模型裝滿後，注口即需冷却一次，使第二次待注料的溫度，保持在熔治點之下。模子的溫度則大致維持在380°F左右。

押塑法 (Transfer Molding)

押塑法具有壓塑法和注塑法兩方面的性質。事實上就是一種注塑熱固性材料的方法。本法的價值在能用以製造精細和複雜的凹窩，製造這種凹窩時，模子內必含有甚多脆弱的衍件部份和細長的心子，如用通常的壓塑法，在閉合模子時，脆弱部份經不起壓力，每易斷裂或撓曲。

押塑時下壓板先上行，使模子閉合，塑料被放在待押室內受熱，變成軟而可塑的狀態，於是活柱

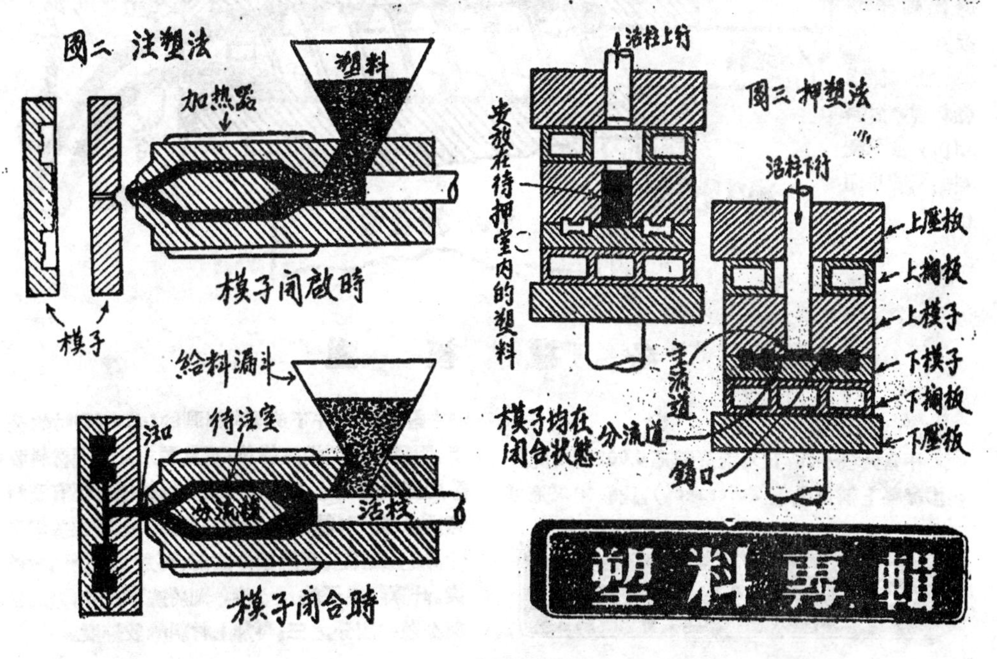

塑料專輯

下行，壓迫塑料經主流道，分流道及鑄口，注入密閉的模型內，在該處充分受熱力和壓力的作用，道待熔治完畢而後取出。

擠塑法 (Extrusion)

熱塑性的材料可用擠塑法連續不斷地擠出，材料由給料漏斗自動加入一平放的圓筒內，在該處受熱並為一螺旋擠壓而向前輸送，最後由一加熱的模型口內擠出，爲運送設備所帶走，

螺旋擠出器通常以 10—40 轉/分(rpm)的速率轉動，隨材料成分，流動性，擠出速率及成品的斷面積而變化。自入口以至出口，螺距成階梯形之遞減，使塑料在其中受壓擠之作用。

熱量管制對於擠塑法極爲重要，很多機械對圓筒及型口的加熱都是分別辦理的。試舉其例，在給料地段，溫度大約在 150—190°F 左右，在螺旋出料的一端，是240—265°F 左右，而在型口處，是在 81 —330°F 左右，因在型口處用高溫度，足以使出品表面光滑。但螺旋的溫度則不能太高，否則將使擠出物延伸而擠出速率減低。

上述係指乾料言，濕料相仿，就只配料略爲費事而已。

圖五　擠塑法

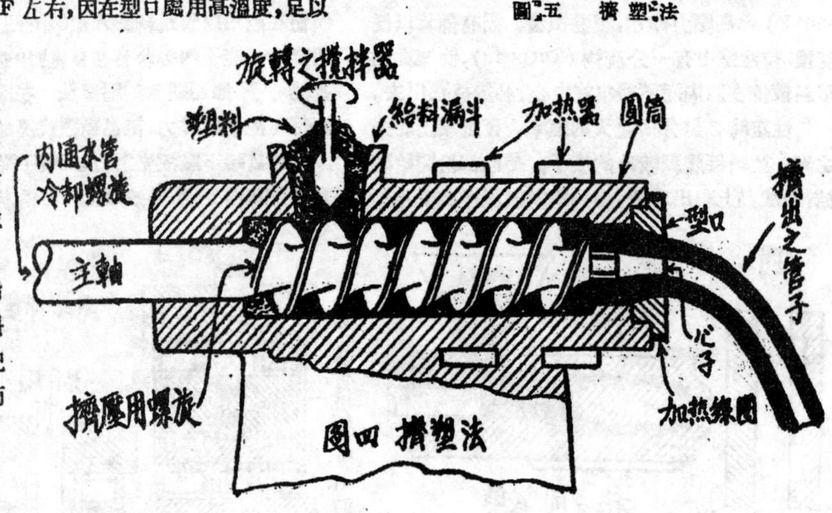

圖四　擠塑法

各　種　模　型

壓　塑　模

平常做模子時，尺寸上落個把 0.002 吋（此數在機械學上稱爲公差 Tolerance），比較起來是可能在經濟的條件下所順利辦到的；而 0.005吋的公差，因爲容易製造的緣故，更見習用。至因材料收縮而發生的尺寸上落，一般材料製造商都有資料可供參考。計算陽模子的公差時，祇需把基準尺寸，加上正數公差的四分之三，再加上材料的收縮度。計算陰模子的尺寸時，則將基準尺寸，減去負數公差的四分之三，再加上材料的收縮度。

導桿，假使可能的話，應做在下模子上，使導桿孔做在上模子上，孔口向下，不易爲雜質所侵入。導桿與導桿間之距離應放得遠一點。導桿的公差見圖六。

爲使成品易於從模型內取出起見，上下模子表面都應磨至極光，起拔的接觸面要不是垂直的，而是留有少許斜度的。因爲斜面作用的關係，這樣所模塑出來的成品，還可以格外結實些。普通所採用的斜度爲每吋偏斜 0,010 至 0,017 吋，假使製作一樣深的物件，認爲這樣的斜度太大，那麼可以減去一些。

模型製品宜多做圓角，不但本身可以堅强許多，就是模子也可以耐用不少。

塑料在模型內模塑時，總不能用恰如其量，所以總有多餘的塑料要從上下模接合處的縫隙內溢出來。這條溢出綫 (Fin)對於成品的完美與否，頗有影響，因爲溢出綫的位置如果安排得不甚適當，

上下模的接觸面，可以有好幾種式樣，如圖七。一種是溢出式 (Flash)，上下模的接觸面比較簡單，所以模子費用較低，而加入的塑料，份量亦不必稱得十分準確，多餘之量自會溢出而成溢出綫。但成品的尺寸和密度，就不易均一了。另一種半齊正式 (Semi-positive)，上模子上有一凸出面，支持在下模子的凹窩裏，這時溢出綫可以減少些了，成品比較容易光製。還有一種齊正式 (Positive)，多餘塑料根本無路可以逸出，所以每一次加入的塑料必須份量秤準，雖然這種式樣的模子出來的製品非常整齊劃一，但因加料相當麻煩，所以普通都採用部份齊正式 (Landed plunger)，使一小部份多餘

图八 齊正式模子上之逸出槽

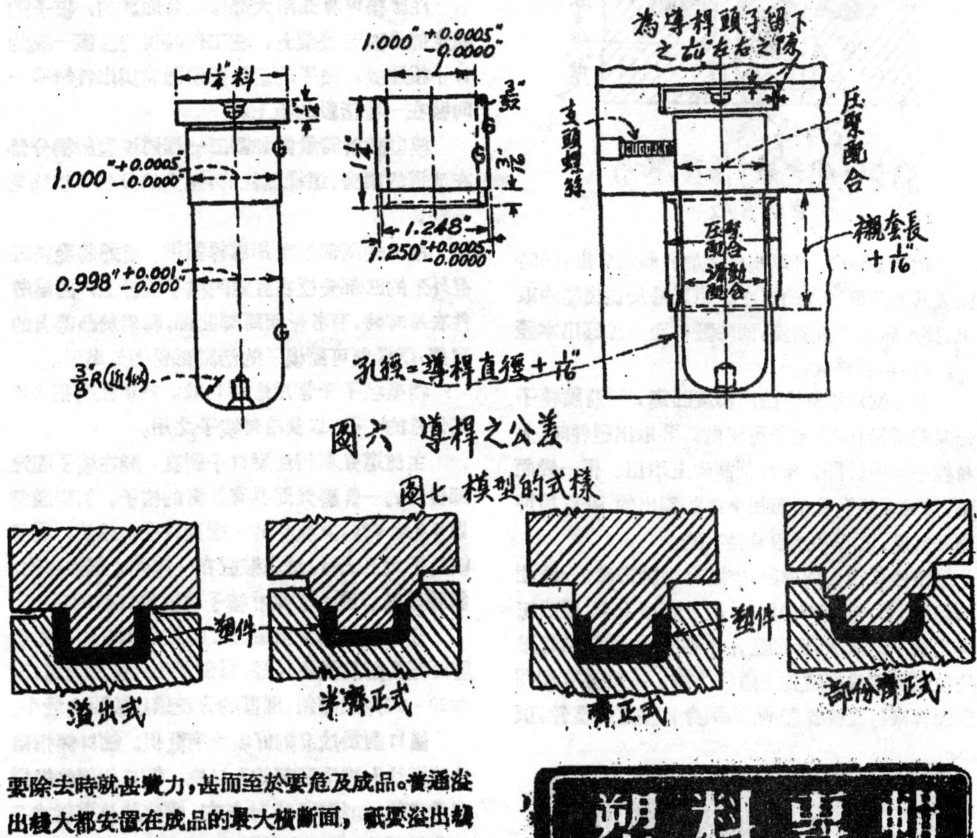

图六 導桿之公差

图七 模型的式樣

要除去時就甚費力，甚而至於要危及成品。普通溢出綫大都安置在成品的最大橫斷面，祇要溢出綫不超過 0,003 吋的厚薄，它是很容易設法磨去的。

塑料專輯

的材料仍舊有一出路。眞要採用齊正式，那麼應該留下逸出槽，如圖一的製品在此例中上模子應作爲如圖八之形式。逸出槽內的溢出物，可設法用壓縮空氣吹去。

採用溢出式時，最好放入過量的塑料或離型，而後將上模緩緩閤下，使在完全壓緊之前塑料業已熱透而部份開始硬化。

壓鑄對穿的眼子，可用一光桿作爲心子支撐在兩端。但眼子假使不對穿時，心子就祇能支撐在一端，這時長度不能超過對徑的兩倍，而當眼子比$\frac{1}{16}$吋還小時，長度切不可超過對徑的大小。孔眼與孔眼之間，至少應下$\frac{3}{32}$吋的間隔，而任何孔眼的外圍，至少須有半個對徑大小的厚薄。圖九的說明亦可參考。

圖九

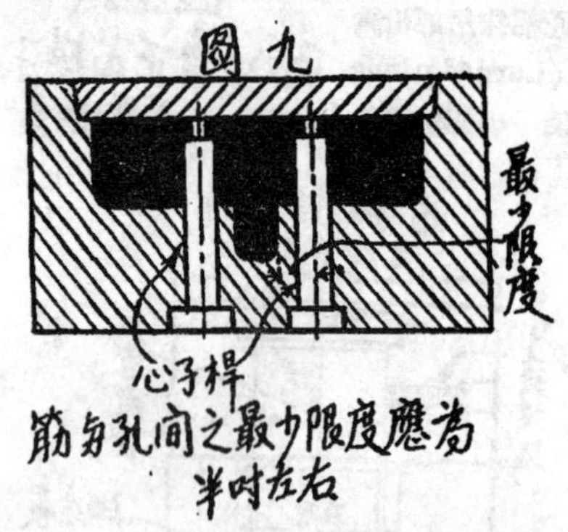

最少限度
心子桿
筋与孔间之最少限度應為
半吋左右

穀口（Boss）可以用來增加孔眼的强度，同時減低其他部份所需的厚度。但爲易於從模型內取出，亦應做上少許斜度，同時穀口至少應露出本體$\frac{1}{64}$吋，以便沙光。

塑件的周邊如有凸出物或凹窩，可將陰模子分爲兩部份，裝在座子裏來做，要取出塑件時，先將模子向旁扳開，塑件便能向上取出。但一般而論，橫孔或斜孔是很難用壓鑄法製出的，祇有用押塑法製造，則心子是很易抽出的。

塑件從模型內取出，普通有兩種方法：一種用頂起桿（Knockout pin），從下面頂上來。但頂起桿之數不能太少，否則塑件容易撓曲。通常頂起點的位置都安排在塑件上隱僻之處，有時亦有利用頂起桿來打商標標記的。遇到身骨細薄的塑件，頂起桿就有使成品碎裂的弊病了，這時可用出件板（Stripper plate），從上面輕輕叩下，以脫出塑件。

塑料專輯

押塑模

上下模和出件機構，一切都和壓塑模相仿，就只多上待押室，主流道（Sprue），分流道（Runner）和鐼口（Gate）。主流道如只用一道時，宜放近待押室的中央。待押室與活塞間的空隙越小越佳，但不能使待押室的室壁受壓過份而致損壞。平常每邊大致留出0.001至0.003吋的空隙，祇待押室的大小而定。

押塑模與下面就要講到的注塑模一樣，也要設置出氣口以便包住的空氣得以逸出，這個出氣口的大小須能使塑料不致同時逸出。它必須安排在適合而隱僻的地方。

注塑模

注塑模可算是兩大部份組合而成的，模子的固定部份固定機架上，在工作時與待注室一端的口子相連接。模子的活動部份通常與出件機構一同裝在一塊活動的板上。

模型設計時最好如圖二一樣將模型對稱分佈在流道的兩旁，這樣流注時，壓力的分佈可以均勻一些。

模子的兩部份常用導桿對準。普通將範製塑品外形的凹部安置在固定的模子部份上，因爲塑件在冷却時，有收縮而離却凹部，轉附於凸部上的現象，這樣便可隨模子的活動部份而取出了。

模型坯子平常用鎳鋼製成。內中鑽有很多均勻分佈的小孔，以便冷却模子之用。

主流道是與待注室口子對直，開在模子固定部份內的一個磨光而具有斜勢的槽子。斜勢通常自2.5至4%，其收小的一端與口子相連接，對徑較口子大上$\frac{1}{32}$吋。流道裝置在一淬硬之鋼襯套內，鋼襯套又以壓力緊緊在模子之固定部份內。

分流道係自主流道通至模型內的分路，必須磨至極光而且越短越好，爲便於注入型內起見，可作20—30%之傾斜，圓型的分流道比較阻力最小。

鐼口對於成品的好壞大有關係。鐼口係指自分流道注入模型凹部的入口處。鐼口假使能做得非常淺薄，如爲0.025吋左右，那麼將流道從成品上分離開來，當要容易得多。

常用塑料性質比較表

材料名稱	填料或性狀	壓塑時壓力千磅	壓塑時溫度華氏度	注塑時壓力千磅	注塑時溫度華氏度	模塑後收縮度吋/吋	壓縮率(體積因數)	抗張強度千磅1吋	引長率%	熱膨脹率10^{-5}°C	撓曲溫度華氏度	介電常數60周波	光學性質	機製性質
熱固類														
酚醛縮合物	木屑	2.5-4.5	275-400	3-15	275-375	.004-.010	2-6	7-10	0.5-0.9	3-4	300	7-9	O	普通
夾層塑料	紙板	1.5-3	275-375	—	—	—	2-3.5	8-20	—	1.6-2.4	300-320	—	O	佳
鑄成塑料	不用填料	—	—	—	—	—	—	9-10.5	—	7-11	150-170	7-8	T-L-O	優良
酚糠醛縮合物	木屑	1-5	324-400	5-9	250-400	.005-.009	2.75	6-9	0.2-0.4	3.5	275	6-9	O	普通
三聚氰胺醛縮合物	纖維質	1.5-5.5	280-350	—	—	.008-.014	2.5	8.5-14	—	.5	390	9-10	T	尙佳
脲醛縮合物	纖維質	1.5-5.5	290-330	—	—	.005-.010	2.75	8-13	—	2.75	250-285	7-8	L-O	尙佳
硬化纖維板	—	—	—	—	—	—	—	6-11.5	—	—	—	—	O	佳
木質夾層塑料	—	1-2.5	280-370	—	—	—	2-3	8-12	—	2.25	—	—	L-O	佳
熱塑類														
醋酸纖維	樹脂狀	1-5	250-350	10-30	350-450	.002-.009	2.5	3-9	5-45	7-15	130-220	3.5-7	T-L-O	佳
醋酸丁酸纖維	樹脂狀	2-5	250-320	10-30	340-410	.002-.009	2.5	3-7.5	40-90	10-16	120-190	3.5-7	T-L-O	佳
乙醚纖維	樹脂狀	1-5	250-370	10-30	350-450	.002-.010	2	3-9	10-100	9-14	120-210	3-5	T-L-O	佳
硝酸纖維	—	2-5	110-240	—	—	—	—	4-10	30-40	5-12	120-170	6-8	T-L-O	佳
聚苯乙烯	樹脂狀	1.5-4.5	280-340	10.5-35	380-475	.002-.008	2.2	6-7	2-4	5-8	170	2-5	T-L-O	尙佳
聚乙烯	樹脂狀	.5-1.2	250 330	5-20	325-425	.03 -.06	3.5	1.8-35	60-500	60-120	180	2.25	L-O	佳
聚胺(尼龍)	樹脂狀	—	—	3-10	475-575	.004-.012	2.5	9.5-11	40-60	8-12	325	4	L-O	優良
聚甲基丙烯酸甲酯	樹脂狀	1-2.5	275-375	10-35	315-475	.001-.006	2	5-11	2-14	8-10	170-190	3.5	T	優良
聚甲基丙烯酸甲酯	鑄成料	—	—	—	—	—	—	6-12	2-14	7-9	175	3.5	T	佳
醋酸二氯乙烯	剛性料	1.5-2.5	275-325	15-35	275-325	.002	2	7-10	—	6-8	150	3.5	T-O	佳
聚氯乙烯	—	.5-1.2	280-360	20-25	300-375	.008-.016	1.5	1.5-8.5	10-500	4-7	225	7-11	T-O	優良
聚二氯乙烯	—	1-4	220-350	10-27	275-400	.004-.014	2.2	4.5-8	15-45	15-18	180	3.5	L-O	佳
聚乙烯丁醛	剛性料	1-2.5	275-325	—	—	.005-.015	1.5	5-9	10-50	10-20	135	3.5	T-O	佳

註:多數塑料之比重在1.2-1.4之間,聚乙烯最輕,僅0.92;二氯乙烯最重,達1.7。各塑料之比熱都在0.3-0.4左右　光學性質:O不透明,L半透明,T全透明。

擠塑模

除了擠塑管子(見圖四)還需要添上一根心子之外，普通的擠塑模祇是一塊型口板(Die plate)以輕壓配合裝在架板(Retainer)上。型口板中塑料在冒出以前所經過的一段平直部份稱爲頸(Land)，它需要做得像鏡子一般地光滑，並needs有足够的長度來扣緊塑料的進出。

要使製品的斷面均勻。型口頸往須在試車以後加以修改。例如擠塑一長方形斷面的條子時，中央總較兩邊爲厚，這時可將型口頸兩邊的長度減短，減少兩邊對於流動的阻力，使兩邊的流動速度增加到和中央的一樣。又如擠塑一L形斷面的條子，假使一邊較另一邊厚，那麼模子上做薄邊的部份，型口頸的長度應當短一些。總之，型口頸的長度和斷面積的厚度值可保持一個一定的比率，這個比率可以從2比1至16比1，要看所擠的材料而定。

製模用的材料

製模最好用合金鋼，有時所欲製造的件數不多，則可用普通炭鋼或含有2－3%鈹之鈹銅爲材料，藉以減低成本。而爲避免銹蝕起見，不銹鋼採用者已日見增多。至型口板則普通以工具鋼或黃銅製成。祇有像二氯乙烯這種塑料，在鐵質存在時，加熱會起分解的作用，這時便用鎳合金或鎂來做模子的材料。模子內面可以鍍上一層鉻，有不少好處：一可以增光亮，二可以防銹蝕，此外並可以防止塑料在受熱時與模子粘黏。

機製

塑料機製時可利用一般之工具設備，但略須加以改動。切削速率，給料速率及切削深度大致是和黃銅紫銅工作時的情形差不多。塑料的抗剪强度不高，所以可用快速率來切削；但因其韌性較大，切削時之斜度角必須較小，而隙角必須增加。一般而論，塑料有下列幾種特性在機製時須加以注意：

不易傳熱——切削時所產生的熱量必須設法減少或迅速發散，使工具及工作不受損害。

質地軟——所用之刀具必須較切削金屬時更能以快速率去屑。

意外阻撓——在千層紙及有幾種塑料裏面有時含有堅硬之土質，比硬鋼還易使刀具遲鈍，這時裝有氮化或碳化鋼尖端的刀具是需要的了。

現成的塑料半製品

絲·片·梗·管及特殊形狀

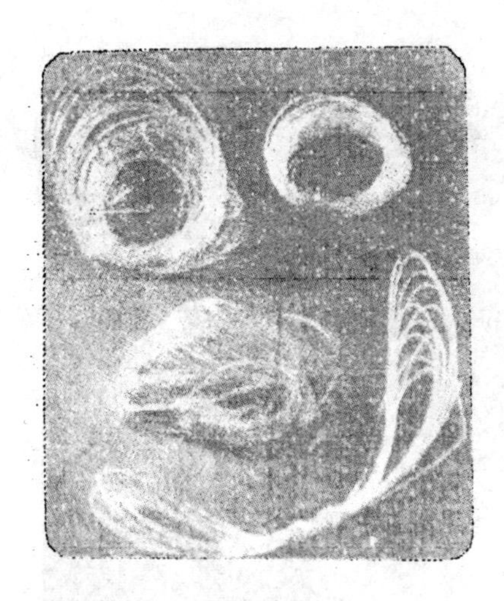

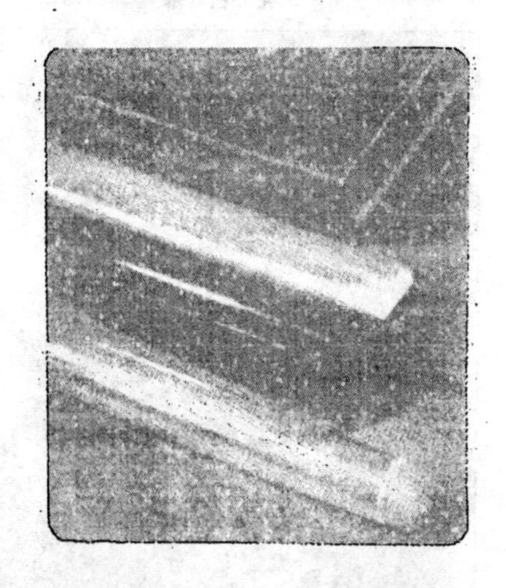

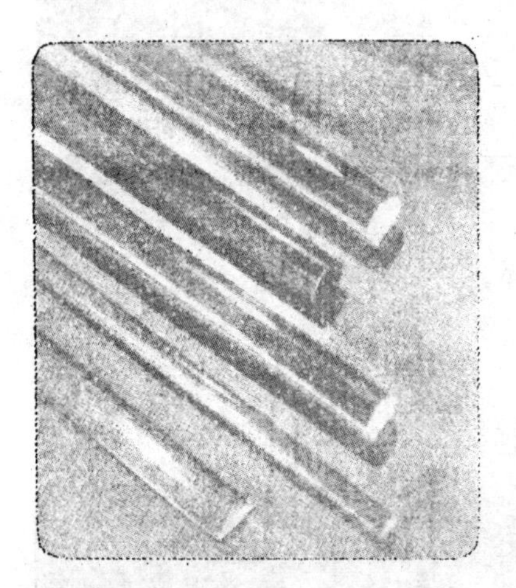

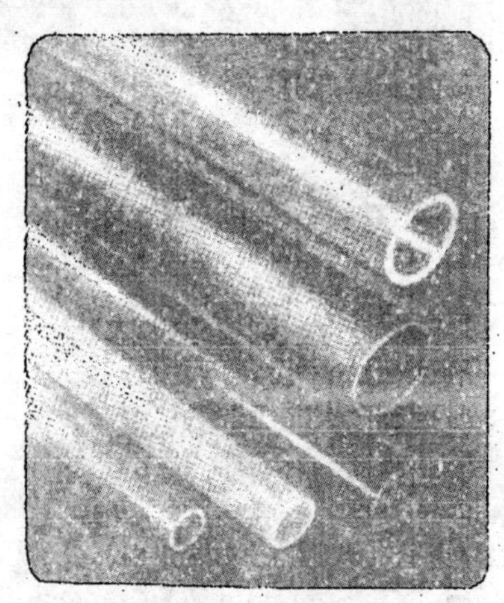

本期封面說明

塑料做的全套梳洗用具

塑料在工業上之應用

橘子計數器

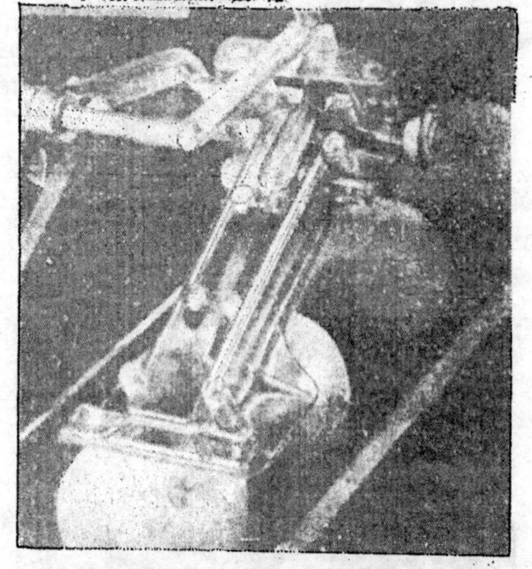

機器外搭好架子，準備噴上塑料外衣

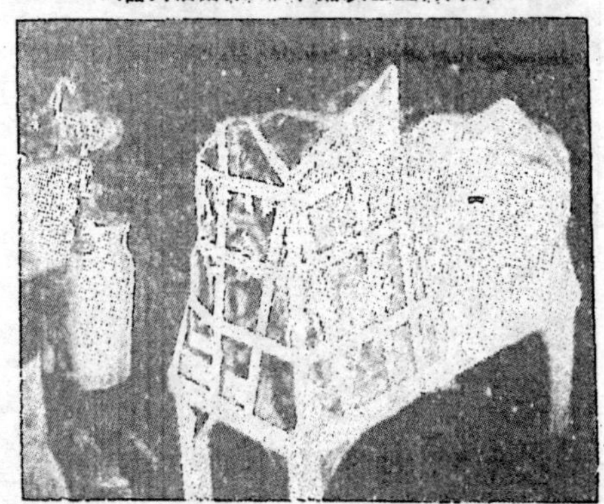

化汽器

← 塑料包裝術 ↓

包裝後的大炮身體

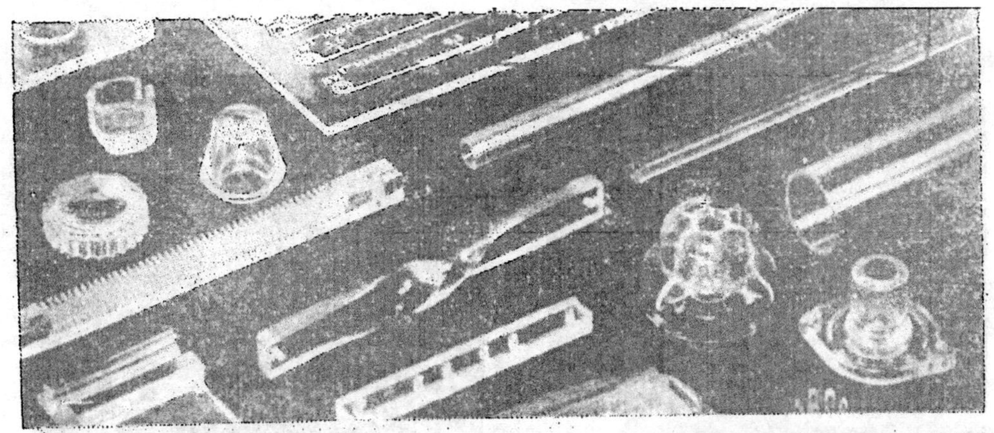

塑料的絕緣性很強，所以廣用於電學上

不碎塑料

塑料（右）比玻璃（左）輕

能夠開動的塑料玩具——快艇

脲醛縮合物做的跳字鐘

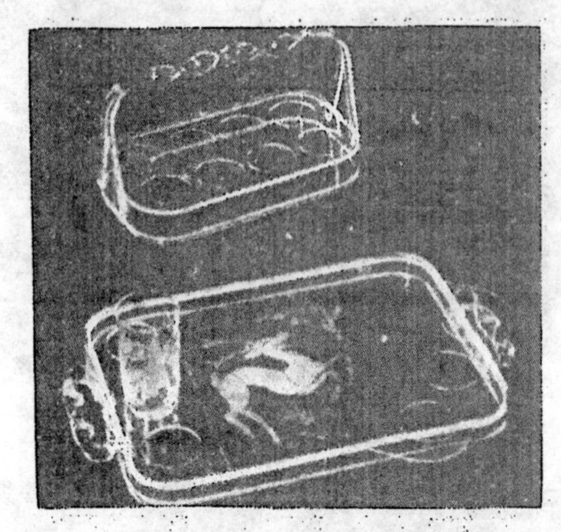

塑料大能刻普通玻璃所不能刻出的花紋

美觀！

實用！

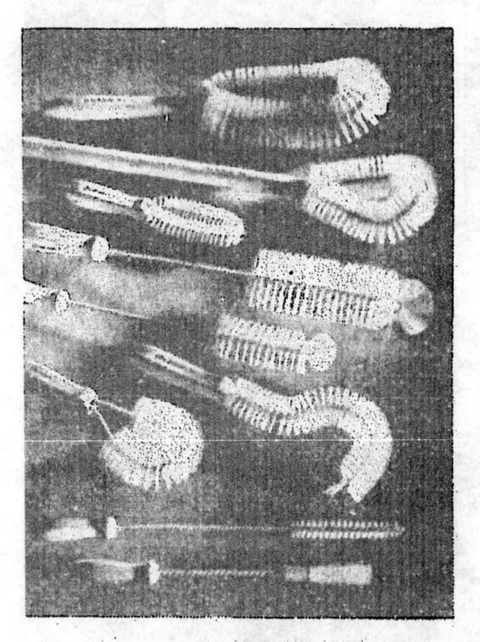

尼龍代替豬鬃之用

聚氯乙烯做的塑料皮箱

原子時代，塑料世界！

我來談塑料

·錢儉·

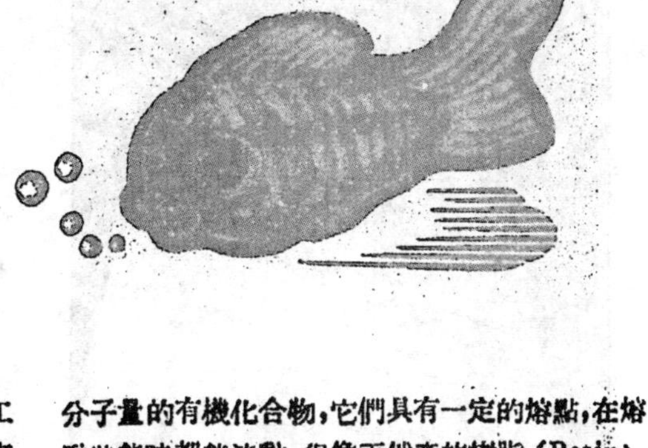

美國玻璃製品的暢銷我國市場，促成我國工商界對這新興的塑料工業有了深深的認識。本來在歐美諸國，塑料製造業，不能說發達，由於這回第二次世界大戰的歷時曠久，製造商風起雲湧，研究者推陳出新，蔚成塑料工業黃金時代。在戰爭過程中，塑料盡了它最大的克敵制勝的責任，我們知道B-29型長程轟炸機，怎樣破壞日德的工業生產，軍事運輸；然而很少人知道飛機透明的鼻部及窗洞所用的材料，不是普通的玻璃，却是一種最新穎透明的塑料——具有韌性，不易震碎，缺它不可。我們還記得：德國的U形潛艇，橫行大西洋，擊破英國護航及運輸艦隊，雷達的發明，固然解救了英國最危險的困境，然而假使沒有理想絕緣料——疊合乙烯的創製，雷達就不能達到它登峯造極的境地了。至於一艘軍艦具有五萬多件塑料零件，前線瞭望用的塑料透鏡，士兵護身用的塑料護甲，凡此等等，我人實不能一一盡述。戰事結束，塑料工業亦隨之步入和平之門，爲人類生活的舒適而服務，展開在吾人眼前的，該是一片塑料世界！

圖1：疊合甲基丙烯酸甲酯製之轟炸機鼻部。

塑料一詞，在英美稱爲Plastics。這是一種高分子量的有機化合物，它們具有一定的熔點，在熔融狀態時都能流動，很像天然產的樹脂(Resin)，在熔化時，加以壓力使之成爲一定的形態，則去除壓力和冷却以後，就保持其所得的形態而不變。所以就塑料本體言，實是一種合成樹脂(Synthetic Resin)，不過我們爲要分別起見，將用合成樹脂，經過塑造(Molding)以後的新形態，稱之爲塑料。有機化學家應用疊合作用(Polymerization)和縮合作用(Condensation)，將數千數萬個同一的或二種不同的分子互相疊合或互相併合起來，這樣就造成樹脂狀物，這種樹脂狀物，用模型來塑造，就是塑料，整個塑料工業是這樣的。

塑料由它性能的不同，可分爲二種：一是屬於熱固性的(Thermosetting)，一是熱塑性的(Thermoplastic)。前者在塑造工程完成以後，重新加熱，不能再使之軟化，因之不能再行第二次的塑造，這種塑料如酚醛縮合物，脲醛縮合物等。後者則反是，塑造完成的東西仍可以重加製造，如纖維脂，乙烯型疊合物等。

塑料由它生成時化學反應的不同，亦可分爲二種：一是縮合型塑料，即是由二個不同的分子，縮合爲一個化合物，這個縮合物，再和無數同它一樣的縮合分子疊合起來，這種型式的塑料如酚醛，脲醛，疊合胺等。第二是疊合型塑料，即是由無數同一的分子重疊起來，成爲樹脂，如疊合乙烯，疊合苯乙烯等。

塑料又可以其製造原料的不同分爲若干種，

圖2：耐綸製之士兵護甲，一件馬甲用料等於432雙耐綸絲襪。

如酚醛縮合物，脲醛縮合物，疊合胺，疊合脂，疊合乙烯系化合物，疊合丙烯酸系化合物，疊合苯乙烯，疊合乙烯，纖維脂，纖維醚等。本文所述，即依此分類。

一 酚醛縮合物

(Phenol-Aldehyde Condensation Products)

以等分子量的酚與甲醛在鹼性或酸性觸媒存在時，二者可以縮合起來成爲一個縮合物，這個縮合物若繼行加熱，則慢慢變爲粘稠液，到最後就結成固體，此生成物即酚醛樹脂，其一般的反應是這樣的：

塑料專輯

$$C_6H_5OH + HCHO \rightarrow HOC_6H_4-CH_2-C_6H_4OH$$

$$HOC_6H_4-CH_2-C_6H_4OH + HCHO \rightarrow$$

$$HOC_6H_4-CH_2-C_6H_3(OH)-CH_2-C_6H_3(OH)-CH_2-C_6H_4OH$$

繼續進行，就成爲一個巨大的分子，公認的結構如下：

$$\left[\begin{array}{c} -C_6H_3(OH)-CH_2-C_6H_2(-)-CH_2-C_6H_3(OH)-CH_2- \\ | \\ CH_2 \\ | \\ -C_6H_3(OH)-CH_2-C_6H_2(OH)-CH_2-C_6H_3(OH)-CH_2- \end{array}\right]_n$$

酚醛樹脂若能製造得法，呈淡黃色，一般工業上的製成品總是色澤甚深，所以在塑造時，總掺入有色顏料，製成深色的東西。酚醛塑料電氣絕緣性很好，所以用來製造絕緣料，如電話機，電燈開關等。許多飲食器具如碗，匙，碟等亦用此塑造。近年來酚醛塑料的應用日益擴大，建築業上亦大量採用，如房間內部裝飾用的襯壁板，門，天花板等，而在工程上最享盛名的那是用這種樹脂膠合的積層木(Plywood)及淨水用的離子交換器 (Ion Exchange Resin)。

酚醛樹脂的原料中，現時都應用甲酚 (Cresol)來代替酚，可以得到一樣的效果。乙醛(Acet-

圖3：酚醛三夾板。

aldehyde) 也可代替甲醛，惟前者產量較少，所以工業上還用得少。

酚醛塑料，在我國已有十幾年歷史。民國二十年以後，上海即有廠家用輸入的塑粉 (Molding Powder) 來自己製造物品，抗戰前二年已能自己製造塑粉了。抗戰期間，內地資源委員會所屬幾個化工廠也曾從事於合成樹脂的研究，他們能用桐油與醛類製造一種縮合物。

二　脲醛縮合物及三疊氰胺醛縮合物

(Urea Formaldehyde Condensation Product and Melamine Formaldehyde Condensation Product)

脲與甲醛間的縮合作用，遠在一八九四年已有人研究，到一九二〇年，才始有人專利自脲與甲醛製得玻璃狀的產物。包勒克氏 (Pollak) 開始商業上的製造，所以 Pollopas 就成爲脲醛塑料的專用商名。脲醛縮合物的變化。大概是這樣的：

$$O=C\begin{matrix}NH_2\\NH_2\end{matrix} + HCHO \rightarrow O=C\begin{matrix}NH-CH_2OH\\NH-H\end{matrix}$$

縮合作用繼續進行，就可得到一長鏈分子：

$$\begin{matrix}-N-CH_2-N-CH_2-N-CH_2-\\ \;\; | \qquad\quad | \qquad\quad | \\ C=O \quad C=O \quad C=O\\ | \qquad\quad | \qquad\quad | \\ NH_2 \quad NH_2 \quad NH_2\end{matrix}$$

脲醛縮合物，工業上總不能製成無色透明，通常於塑粉中，混入淡色顏料，製成漂亮的半透明物品。製成品吸水性甚大，不能耐高熱，應用於華氏 170 度以上時，即消失光澤並降低强度。脲醛樹脂的用途爲優良的膠合劑及製造無線電壳子，傘柄，盒子等。

現在要講到三疊氰胺 (Melamine) 與甲醛的縮合物。三疊氰胺的分子是這樣的：

$$\begin{matrix} & NH_2 & \\ & | & \\ & C & \\ N & & N \\ H_2N-C & & C-NH_2 \\ & N & \end{matrix}$$

在工業上用重氮氰化鈣來製造，而重氮氰化鈣可用電石來製造，故三疊氰胺的製造法可以下列方程式表示之：

$$CaC_2 + N_2 \rightarrow CaCN_2$$

$$CaCN_2 + H_2SO_4 \rightarrow H_2N-CN \rightarrow HN=C(NH_2)-NH-C\equiv N \rightarrow Melamine$$

三疊氰胺與甲醛在酸性溶液中起縮合作用，其縮合的進行方式，係首先生成這樣的一個化合物。

$$\begin{matrix} & H\;\;N-CH_2OH & \\ & | & \\ & C & \\ N & & N \\ HOH_2C-N(H)-C & & C-N(H)-CH_2OH \\ & N & \end{matrix}$$

這個化合物繼續縮合就得到一種具有三度空間結構的樹脂，構造式如下：

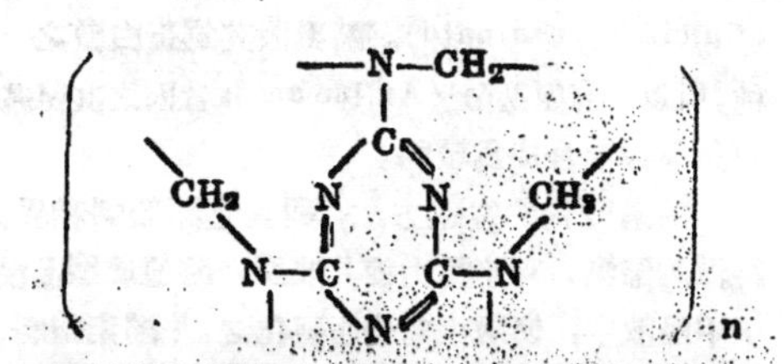

三疊氰胺甲醛塑料之性質，較脲甲醛塑料爲優良，它能繼續耐華氏 200 度的溫度而不變，吸水性亦僅爲脲甲醛的三分之一。其用途亦與前者相同，惟

圖4：汎美航空公司飛機中應用之三聚氰胺甲醛縮合物之餐具。

它能耐高熱所以咖啡用具不碎茶杯等皆用它而塑造。

三　酪素塑料

(Casein Plastic)

酪素係蛋白質之一種，它的來源有二處：一是動物性的，一是植物性的。牛乳中加以乳酸或胃液，就有酪素凝結出來。我國特產的大豆，將它磨成豆乳，用酸類或鹽類處理，亦可得到酪素，我們日常吃的豆腐，其實就是一種酪素的鈣鹽(Calcium Caseinate)。酪素因其為蛋白質之一種，所以含有氨基酸(Amino acids)，因之其氨基可與醛類縮合成為塑料。

酪素塑料的製造方法，與其它諸塑料稍異。純淨的酪素，可用壓力使其成型，將這成型品浸于甲醛液中，使兩相縮合而硬化之。牛酪素塑料，具有象牙光澤，甚為美麗；其缺點為吸濕性太大，貯藏時易生變化，在攝氏200度時，起分解而不燃燒，其塑造品商名稱曰 Galalith，大率用製鈕釦，裝飾品等。

牛酪素尚可製造人羊毛 Lanital，這是一種合成的纖維，由意大利人弗雷蒂(A.Ferretti)所發明。其製造手續大概如是：將新鮮牛乳，先在離心分離器中去掉大部分的乳油，將這去掉乳油的牛乳，用適當的有機酸來沉澱其酪素，這種沉澱出來的酪素，加以澈底的洗滌，再用壓力，除去多餘的水份，便可直接加入其它藥劑，搗成流體，待紡成條。

酪素溶液用壓力壓出 0.00079-0.00117 吋徑的紡孔，隨之經過一浴液而硬化之。將這硬化的線條，切成短段，洗滌數次再行烘乾，就成為一種具有與美利諾羊毛一樣美好的人造羊毛了。孟諾齊氏(Menozzi)分析這種人造羊毛與自然羊毛，其結果比較如下：

	人造羊毛%	羊毛%
碳 C	53.00	49.25
氫 H_2	7.00	7.57
氧 O_2	23.00	23.66
氮 N_2	10.50	15.86
硫 S	0.70	3.55

所以二者十分相近，誠可謂巧奪天工了。

大豆酪素塑料，在美國研究的人很多，惟製成品缺點甚多，尚不能達滿意的境地。吾國東九省之大豆，世界聞名，實爲大豆酪素塑料製造業的理想中心，近日報載：『瀋陽西北物資局，刻正建立一工廠，以科學方法將大豆變成羊毛云。』此即係利用大豆的酪素。惟據作者推斷，此恐不易立即實現，蓋植物性酪素與動物性者不盡相同，絕不能襲牛酪羊毛法而一舉成功的。

四 叠合胺塑料

(Polyamide)

叠合胺塑料，最著名的是耐綸（或譯尼龍）作者於本刊二卷一期，有文介紹，而本期又有耐綸的紡製一文，故不多贅。

五 乙烯衍生物叠合體

(Polyvinyl)

具有二價不飽和鍵的乙烯族有機化合物，非常容易叠起來，成爲一種白色粉末。這種粉末就可用于塑造工程。重要的乙烯族叠合物二種：一是叠合氯乙烯，一是叠合二氯乙烯。

氯乙烯 (Vinyl Chloride) 的分子式，是這樣的：$CH_2=CHCl$，將乙烯行氯化，成爲二氯乙烯，然後除去其中之氯化氫，即得氯乙烯，或將乙炔由觸媒作用與氯化氫于高溫時直接合成之。

$$CH_2=CH_2 \xrightarrow{Cl_2} CH_2Cl-CH_2Cl \longrightarrow CH_2=CHCl$$

$$CH\equiv CH+HCl \longrightarrow CH_2=CHCl$$

氯乙烯之叠合，恒在液態時行之，用過氧化合物爲觸媒，適當的反應溫度爲35-120°C，叠合的氯乙烯爲白色粉末，熔點130°C，左右，其構造爲一長鏈體：

$$-CH_2-CHCl-[-CH_2-CHCl-]_n-CH_2-CHCl-$$

叠合氯乙氯塑料，其比重爲1.4，透明，耐酸鹼，有良好的絕緣性。其用途爲製造：(一)電線電纜的的絕緣包皮，這種包線上海已有供應，(二)透明膜(Film)，用製雨衣，皮包及被覆面料 (Upholstery)。

二氯乙烯(Vinylidene Chloride) 的分子式爲$CH_2=CCl_2$ 其製造方法，係將乙烯行氯化成爲三氯乙烷，再用鹼類如氫氧化鈣處理之，就得二氯乙烯。

$$CH_2=CH_2 \xrightarrow{Cl_2} CH_2Cl=CHCl_2 \longrightarrow \begin{matrix} H & & Cl \\ | & & | \\ C & = & C \\ | & & | \\ H & & Cl \end{matrix}$$

二氯乙烯爲一極易揮發的液體，若見日光或有過氧化合物存在時，即行叠合，叠合溫度以30-60°C，最爲相宜，更因其沸點之低，叠合作用必于壓力下行之。叠合二氯乙烯之結構如下式：

$$\cdots-CH_2-CCl_2-CH_2-CCl_2-CH_2-CCl_2-CH_2-\cdots$$

叠合二氯乙烯，其軟化點爲120-140°C，比重爲1.70，不爲强酸所侵蝕，不溶于大部份之有機溶劑，且爲不燃性者。叠合二氯乙烯，商名Saran，其最大用途，(一)製造工業用耐酸管，這種管子用熱即可焊接，使用非常便利，(二)製造纖維，編織爲濾布，特種繩索，此等織物，耐水性及耐細菌侵蝕性很大，非常經用。

圖5：叠合二氯乙烯製之耐酸管。

六 丙烯酸系叠合物

(Polyacrylic)

丙烯酸系叠合物中，有二個重要的化合物：一是丙烯酸酯 (Acrylate)，一是α-甲基丙烯酸酯 (Methacrylate)。

11679

丙烯酸的分子式是這樣的：$CH_2=CHCOOH$，它的製造法，係將乙烯同次氯酸（HOCl）加合起來，成爲2-氯乙醇（Ethylene-chloro hydrin）。這個氯乙醇再與氰化鈉作用成爲2-氰乙醇，將這化合物脫水並水化之，就得到丙烯酸。在塑料工業上，總將這個有機酸製成酯而疊合之，故在2-氰乙醇行脫水，水化的時候；加進醇類同時行酯化手續，即能成丙烯酸酯，通常應用最廣的酯爲甲酯，即丙烯酸與甲醇所生成的一種酯。

圖6：疊合氯乙烯製之沙發面。

$$CH_2=CH_2+HOCl \longrightarrow HOCH_2—CH_2Cl$$

$$HOCH_2—CH_2Cl+NaCN \longrightarrow HOCH_2—CH_2CN$$

$$HOCH_2—CH_2CN+H_2SO_4+CH_3OH \longrightarrow H_2C=\overset{H}{\overset{|}{C}}—COOCH_3$$

α-甲基丙烯酸酯 $CH_2=\underset{CH_3}{\underset{|}{C}}—COOR$，係丙烯酸之衍生物，其製造方法與丙烯酯差不多；將丙酮與氰化氫加合起來，得2-氰丙醇。再使之同時行脫水，水化及酯化，即得α-甲基丙烯酸酯。通常皆製成甲酯而疊合合之之如；

$$\begin{matrix}CH_3\\CH_3\end{matrix}\!\!>CO \xrightarrow{HCN} \begin{matrix}CH_3\\CH_3\end{matrix}\!\!>C<\!\!\begin{matrix}OH\\CN\end{matrix}$$

$$\begin{matrix}CH_3\\CH_3\end{matrix}\!\!>C<\!\!\begin{matrix}OH\\CN\end{matrix}+CH_3OH+H_2SO_4 \longrightarrow H_2C=\overset{CH_3}{\overset{|}{C}}—COOCH_3$$

丙烯酸酯及α-甲基丙烯酸酯二者，極易疊合，光，熱，過氧化合物，酸類等，皆能促進其作用。純淨的α-甲基丙烯酸酯，無光線與氧存在時，在100°C以下的溫度，不能有顯著的疊合作用，但是只要有百分之一大氣壓力的氧存在，可能促進其作用，在170°C時，則無須光或氧爲觸媒，已能疊合了，二者的構造皆係長鏈體，有如下式：

$$—CH_2—\underset{COOR}{\underset{|}{CH}}—CH_2—\underset{COOR}{\underset{|}{CH}}—CH_2—\underset{COOR}{\underset{|}{CH}}—$$

$$—CH_2—\underset{COOR}{\underset{|}{\overset{CH_3}{\overset{|}{C}}}}—CH_2—\underset{COOR}{\underset{|}{\overset{CH_3}{\overset{|}{C}}}}—CH_2—\underset{COOR}{\underset{|}{\overset{CH}{\overset{|}{C}}}}—\cdots$$

丙烯酸酯及α-甲基丙烯酸酯之疊合體，皆係透明無色，爲良好的電氣絕緣體，比重小，有彈性，爲熱塑性，今將代表物疊合α-甲基丙烯酸之各種性質列表如下：

疊合α-甲基丙烯酸甲酯之性質表

比重	1.18－1.20
屈折率 n^{20}_{D}	1.4925－1.521
透光率	99－90
紫外線透過限度 Å	2500
拉力強度 lb./sq.in.	8000－11000
衝擊強度 ft./lb.	0.28－0.27
熱脹係數	$8.2-9.5\times10^{-5}$
彈性率 lb./sq.in.	$2.8-3.0\times10^{5}$
硬度(Brinell)	25－28
介電常數(100°C)	5.0－6.0
燃性	可燃的

疊合丙烯酸酯塑料，爲今日最出風頭的塑料之一，α-甲基丙烯酸甲酯疊合體塑料，在英國稱曰Perspex，在美國稱曰Lucite及Plexiglas，其

用途為(一)不碎玻璃的夾層物，(二)透明製品如香煙盒，餐具，粉盒，鏡框等，(三)有機玻璃，如汽車，飛機用窗玻璃，不碎表面，各種科學量計面罩等，(四)光學透鏡 Optical Lenses)如眼鏡，照相鏡頭，擴大鏡，望遠鏡，及三稜鏡等。

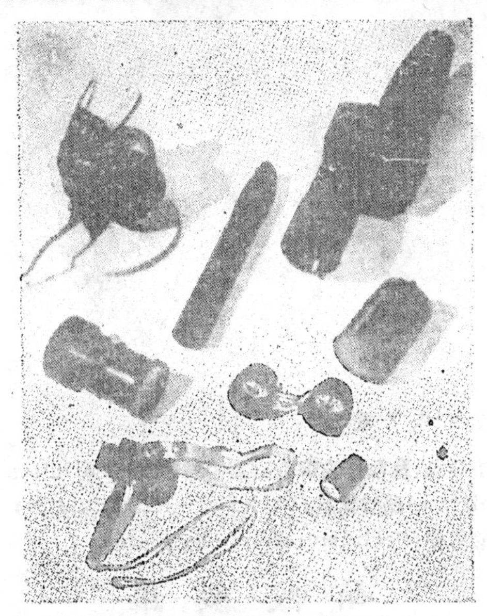

圖7：叠合 α-甲基丙烯酸甲酯製之光學儀器。

七 叠合苯乙烯

(Polystyrene)

苯乙烯 $C_6H_5CH=CH_2$ 亦係乙烯衍生物之一種，很容易叠合起來。苯乙烯的發現很早，因為天然樹膠 (Gum) 中，有肉桂酸酯 $C_6H_5-CH=CH\ COOR$ 的存在，蒸餾這種這種樹膠，則肉桂酸酯分解而產生苯乙烯，一八三一年本那斯特氏(Benastre) 將斯多拉克斯樹膠 (Storax Gum) 行乾餾而首先製得此化合物。現代工業上的苯乙烯是從苯及乙烯二者製造而成，苯及乙烯由三氯化鋁為觸媒結成為苯乙烷，再將苯乙烷行觸媒脫氫法 (Catalytic Dehydrogenation)，就得苯乙烯。

$$C_6H_6 + CH_2=CH \xrightarrow{AlCl_3} C_6H_5-CH_2-CH_3$$

$$C_6H_5-CH_2-CH_3 \longrightarrow C_6H_5-CH=CH_2$$

苯乙烯之叠合作用，曾有許多學者研究過，普通用的為熱叠合法，在 170°C 以上生成的叠合物，分子量較小並且性脆，但在室溫時叠合起來，需時數星期，而分子量甚大，故 100°C 左右為最適宜的叠合溫度。叠合苯乙烯的結構，公認係「頭接尾」式的長鏈體。

$$-CH(C_6H_5)-CH_2-\left(CH(C_6H_5)-CH_2\right)_n-CH(C_6H_5)-CH_2-\cdots$$

叠合苯乙烯，商名稱 Styron，係無色透明，能透過 90% 的光線，比重 1.05，為最輕的塑料，其絕緣性特高，適於高頻率絕緣體之用，在叠合乙烯未創製成功以前，在塑料絕緣體中，它佔了第一把交椅。軟化點為 70—95°C，為熱塑性。

叠合苯乙烯之用途：(一)耐酸容器如蓄電池，化學漏斗，耐酸杯等，(二)冰箱用件，(三)絕緣料，如高頻率絕緣體，電容器之絕緣箔片。絕緣圈芯(Coil) 等，(四)人造橡皮 GR—S，這是一種苯乙烯與 Chlorpr. ne 的混叠物，大戰期中在美國製造極多，為銷耗苯乙烯最大的工業

圖8：叠合苯乙烯製之化學用漏斗。

八 叠合乙烯

(Polyethylene)

叠合乙烯工業，首創于英國。遠在一九三〇年，英國研究室中正在研究高壓化學反應，他們將乙烯氣體加以高壓約 1500-2000 大氣壓力，發現有白色粉末生成，這就是乙烯的的叠合物。叠合乙

圖 9：疊合乙烯製的絕緣電纜。

烯的構造，也是一種長鏈如下式：

$$-CH_2-CH_2-CH_2-CH_2-CH_2-CH_2-\cdots\cdots$$

疊合乙烯英國于戰爭開始後不久，在工業上製造成功，一九四一年美國派代表至英討論此疊合物的製造，之後美國也開始了疊合乙烯之製造。德國於大戰期間，亦致於疊合乙烯之研究與製造，戰敗後美國遣調查團至德境研究，帶回許多有關此疊合物製造的文獻，刊布于今年五六月份「現代塑料」(Modern Plastics)中。

疊合乙烯很像自然橡膠，而其最不同於其它塑料者厥爲優異之絕緣性，對電氣工業非常有價值——特別是用於潛艇電纜之製造。在戰爭期內，一千哩長以上的用以控制魚雷基地 (Minefield) 的特別潛艇電纜，即用以製造的。後來雷達發明，疊合乙烯即變成這個需要超高頻率的電子裝置惟一的絕緣料。

九 纖維酯

(Cellulose esters)

纖維素與無機酸及有機酸作用，生成纖維酯。這種纖維酯因纖維本身係一種疊合物，所以可直接塑造，最常見的纖維酯爲硝酸纖維，(Celluleos nitrate)醋酸纖維(Cellulose acetate)及醋酸丁酸纖維(Cellulose acetate butyrate)。

硝酸纖維

硝酸纖維，可說是工業上最早的塑料，一八六七年伊脫(Hyatt) 即用樟腦與硝酸纖維製成賽璐珞(Celluloid)，硝酸纖維的原料爲精煉的紙漿及棉花，硝化用的酸液爲硝酸與硫酸的混合物，其通常的比例爲硫酸 30-70%，硝酸 15-60%。纖維素行硝化作用時，因時間的久暫可有一硝基，二硝基，三硝基三種硝酸纖維的生成：

```
 (                         ONO2          )
 (  \        H              |            )
 (    O      C ———————————  C            )
 (      \  /  \ONO2         H  \         )
 (        C                      CH      )
 (        H \ H               /     \    )
 (            C ——————————  O            )
 (            |                          )
 (         H2CONO2                       )n

 (                         ONO2          )
 (  \        H              |            )
 (    O      C ———————————  C            )
 (      \  /  \ OH          H  \         )
 (        C                      CH      )
 (        H \ H               /     \    )
 (            C ——————————  O            )
 (            |                          )
 (         H2CONO2                       )n
```

$$\left(\begin{array}{c} \text{O--C(H)--C(H)(OH)--C(OH)(H)--CH--O--C(H)(CH}_2\text{ONO}_2\text{)} \end{array} \right)_n$$

塑料用硝酸纖維通常爲二硝基化合物，含氮量爲11%，硝酸纖維因含氮量甚高，故爲可燃性的，且溶于各種有機溶劑。

硝酸纖維於塑造時，總與樟腦混溶，然後于模子中加壓成型，硝酸纖維之用途爲(一)製造自來水筆桿，高而夫球，檯球，玩具等，(二)低級硝化物製造噴漆。

醋酸纖維

纖維素與醋酐 (acetic auhyeride) 作用，則纖維中的羥基行乙醯化 (acetylation) 而生成醋酸纖維。乙醯化時，通常用醋酸爲溶劑，再加少許硫酸爲觸媒，作用時的適當溫度爲 20-40°C. 作用的完成與否只要試驗生成物的能否溶于三氯甲烷，因爲完成的醋酸纖維可溶于其中。

醋酸纖維爲白色纖維狀粉體，熔點 200-270°C，爲應用最廣的熱塑性塑料，其用途爲(一)製造醋酸性人造絲，(二)製造透明薄膜，用爲包裝材料，(三)製造攝影乾片及活動影片，(四)製造木梳，瓶蓋，握柄，無線電撳鈕，眼鏡框，裝飾品等。

醋酸丁酸纖維

這是一種醋酸纖維與丁酸纖維 (Cellulose butyrate) 的混合物，丁酸纖維的製造法與醋酸纖維差不多，所異者用丁酸酐(Butylic auhydride)行丁醯化而已。

丁酸纖維的溶度比醋酸纖維高，故醋酸丁酸纖維較單純的醋酸纖維爲優良的地方，爲減少塑造時用的助塑劑 (Plasticizer)，其用途爲製造電話聽筒，漁網浮子，量尺等。

$$\begin{array}{l} CH_3CH_2CH_2CO \\ CH_3CH_2CH_2CO \end{array}\!\!>O + \left(\text{C}_6\text{H}_7\text{O}_2\text{(OH)}_2\text{(CH}_2\text{OH)} \right)_n \rightarrow \left(\text{C}_6\text{H}_7\text{O}_2\text{(OBu)}_2\text{(CH}_2\text{OBu)} \right)_n$$

(Bu. 代表丁醯基 $CH_3CH_2CH_2CO—$)

圖 11：醋酸丁酸纖維製之三稜尺。

圖 10：用醋酸纖維盒存放皮鞋。

塑料之本體，爲一極複雜的有機化學，其種類繁多，苟欲盡加描述非一二百帙不足竟其功，本文所舉乃其中最爲重要者，幸讀者鑒察。(完)

塑料專輯

爭道玻璃絲襪好，焉知人造絲襪費工夫！

怎樣紡製尼龍丝？

沈天益

在本刊二卷一期裏錢儉先生有一篇『玻璃絲襪的原料——尼龍』，說明了尼龍原料己二酸胺環己烷 (Hexamethy leneadipamide) 的製法。這篇將敘述美國邦特乃瑪(E.I. Pont de Nemour)公司的西福特(Seaford, Del.)工廠紡製尼龍絲的大概情形。

西福特工廠所用的尼龍原料環己烷己二酸二氨(Hexamethylene diammonium adipate)是在倍來(Belle)廠製造的。爲了處理及運輸方便起

圖1 尼龍原料存置桶，一部份在室外，一部份在室內

塑料專輯

見，倍來廠把它製成水溶液。裝在大桶裏運送。送到西福特後，就用唧筒打入平置的大存置桶裏。存置桶的入口裝在室外，其餘部分都在室內，桶上備有開關，唧筒及其他指示器。桶裏的溫度須調節得宜，太高則原料溶液會氧化，太低則原料就要結晶出來。

把原料紡成細絲，須經過下面幾個步驟：

1. 蒸發原料溶液裏的水份。
2. 疊合 (Polymerization)。
3. 壓出疊合物，把它放到成型輪 (Casting Wheel) 上。
4. 切片。
5. 混合。
6. 融解切片。
7. 紡絲。
8. 伸延，以增加它的强度及彈性。

現在把其要點稍加說明。

蒸發

把存置桶裏的原料溶液用唧筒打到工場的六層樓上，稱出一定量，分裝入二只蒸發器中。器底有蒸汽管，在大氣壓下將溶液加入熱蒸發，這時須要加入醋酸，使溶液的黏度穩定，蒸發器頂上裝有醋酸量度計，漏斗及其他等等設備。

重合作用完成後，就把器底的出口打開，讓原料自動流到下面的高壓加熱器 (Autoclave) 中去。每二只蒸發器所製成的疊合物可供給六只高壓加熱器之用。加熱器有夾層，裏面裝有蛇管，單獨配有鍋爐一具，器中的壓力視製造何種疊合

圖2 蒸發器中加入醋酸在常壓下蒸發

隨即放到緩緩轉動的成型輪上去，輪直徑約六呎，和切片機相接，好幾個高壓加熱器可合用一成型輪，輪的上部有三排噴水管，輪內部也通水，使疊合物冷却結硬，疊合物在輪上環繞一周再經吹氣冷却，就轉上切片機，讓切成小片，小片自動落在下面的活動混和器內，器內裝有旋蝶，可將碎片混和，每一可移容器僅可容納一加熱器所產的疊合物，容器中須打入空氣，使易乾燥，此外再有一吸塵器，吸收飛出的疊合物微粒，重合物這時須抽樣檢驗，分析它的水分，黏度及色度，檢查之後，把它傾入大固定混和器中，這裏可以存放二三批疊合物，也裝有混和螺旋，所注意的就是此刻必須隔絕空氣，因為熱的尼龍很易吸收水分。

混和器的底部直伸到樓下一層，切片可由

物而定，器上附有測量壓力溫度等的設備。

高壓加熱有二重作用，一方面繼續蒸發溶液中殘留的水份，一方面起重合作用，開始操作的時候器內先充以氮氣，壓力約四五十磅，然後加熱至一定壓力，才把蒸汽管關閉，內容物開始沸騰時，須加入氧化鈦 TiO_2 之水懸濁體 (Suspension)，加入要用特殊設備，不讓空氣侵入，氧化鈦必須混和均勻，方能紡得好絲。

圖3 高壓加熱器有蒸發及重合二重作用

高壓加熱器內水分逐漸蒸發，溫度也漸上昇，至適當時間可用自動調節器把壓力漸漸減低，至於大氣壓，當壓力減低時，加熱仍然繼續，所以達到大氣壓時，內容物的溫度還是在沸點以上，重合物須保留在加熱器內，至一定時間方可拿出，以使作用完全。作用完成後，就開放器底的出口，同時通入 40－50 磅的氮氣，把漿狀物壓出。

成型

壓出口的大小可以調節，大約壓出二千磅就須一小時，壓出的重合物厚約一吋，闊約十二吋，

出口傾入下面的搬運器中，送到各個紡絲機的漏斗中去，漏斗必須和氧氣隔絕，使用時先把裏面的空氣抽去，再充以潔淨氮氣。

紡絲

漏斗中的空氣抽完，裝滿切片之後，底下的活門就開放，讓切片落入紡絲機中去，這裏有一個

圖4 加入氧化鈦的水懸濁體

金屬箱，周圍通有蒸汽，溫度恰在疊合物融點之上。疊合物融解後，就流入下面的融解室，融解室有出口通至紡絲唧筒，可把疊合物打入砂濾器，經過一層網，裝進絲囊，在這些步驟中，空氣必須隔絕，以防氧化。

由絲囊紡出的絲經過冷卻管，合成一束，被引進噴霧室，噴以水蒸汽，使絲的含水量達到平衡狀態，噴過蒸汽的絲經過一玻璃滾筒，讓塗上一層油乳劑，這一方面可以使它潤滑，一方面可以使它在捲繞時減少變形，隨後它通過許多滾筒被拉延到原長四倍或四倍以上，這一拉延操作產生一奇怪的作用，就是在未拉之前尼龍的分子排列很紊亂，旣拉之後，就排列整齊，因此它的强度及彈性都大大增加。

圖5 疊合物放到成型輪上去，左邊的是切片機及混和機

爲要使織襪方便起見，尼龍絲上必須抹上一層塗料，使絲質稍稍變硬容易處理，塗料問題是杜邦(Du Pont)公司研究所遇到的最困難的問題之一，它必須用水溶液塗上去，經過織襪機時不會軟化，不致被織針括下來，它也必須有相當黏性，使機上的絲與絲黏住，更重要的就是織成後，塗着物可用沸水煮去，這裏面的一種就是疊合乙烯醇(Polyvinyl alcohol)和硼酸的混合物。

機械材料

特種合金可以抵抗侵蝕及防止發暗，但是價格往往很貴，製尼龍的機械究用何種材料合宜，現在尙無定論，但因尼龍尙是新化合物，又很易變色，故一般均主張用最好的材料，全部機器除了存置桶及漏斗用鋁之外，其餘都用不銹鋼 但自第一個龍尼工廠開設之後，在金屬侵蝕對於疊合物的影響方面已有相當研究，以後再設廠時當可利用較次的材料了。

廢絲的收回

收回的廢絲可再行紡絲，和新原料毫無差別，法將廢絲入百分之五十的硫酸中加熱，使它分解爲已二酸 (Adipic Acid) 及環已烷硫酸二氨(Hexamethylenediammonium sulphate).這混合物冷卻後，已二酸就結晶出來，可用塗鉛離心機把它分離，母液再入塗鉛皿內加熱，使分解作用完全，這種操作要重複二次，已二酸可用活性炭脫色，溶液用不銹鋼濾器濾過，在塗有玻璃的容器中再結晶，母溶液最後用石灰將酸質中和，用離心機把硫酸鈣分離，如此所得的濾液約含百分之七的聯胺(Diamine)，可用連續蒸發器濃縮到百分之七十五，把剩餘水分蒸去，留下的二胺可用減壓蒸溜提淨，使和已二酸再起疊合作用。

塑料專輯

圖10 製成品送入貯藏庫

圖9 包裝之前，每一線軸必先加以檢查

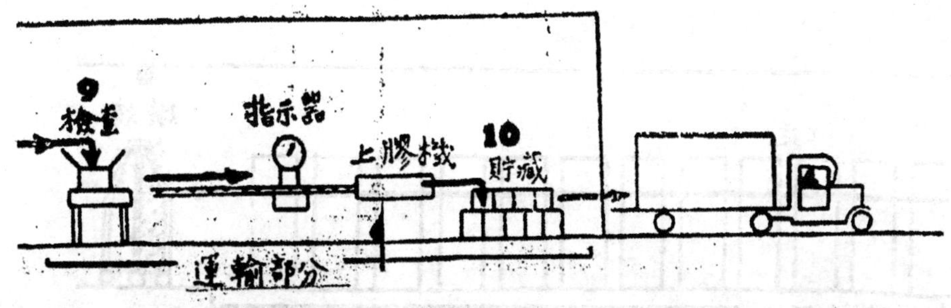

圖7　尼龍絲由一繞絲筒轉入另一繞絲筒上，經過玻璃滾筒，塗上一層油乳劑

圖8　尼龍絲在繞上織軸之前，必須烘焙

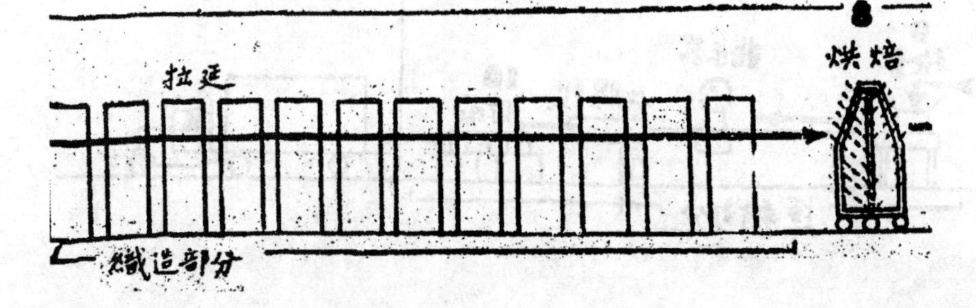

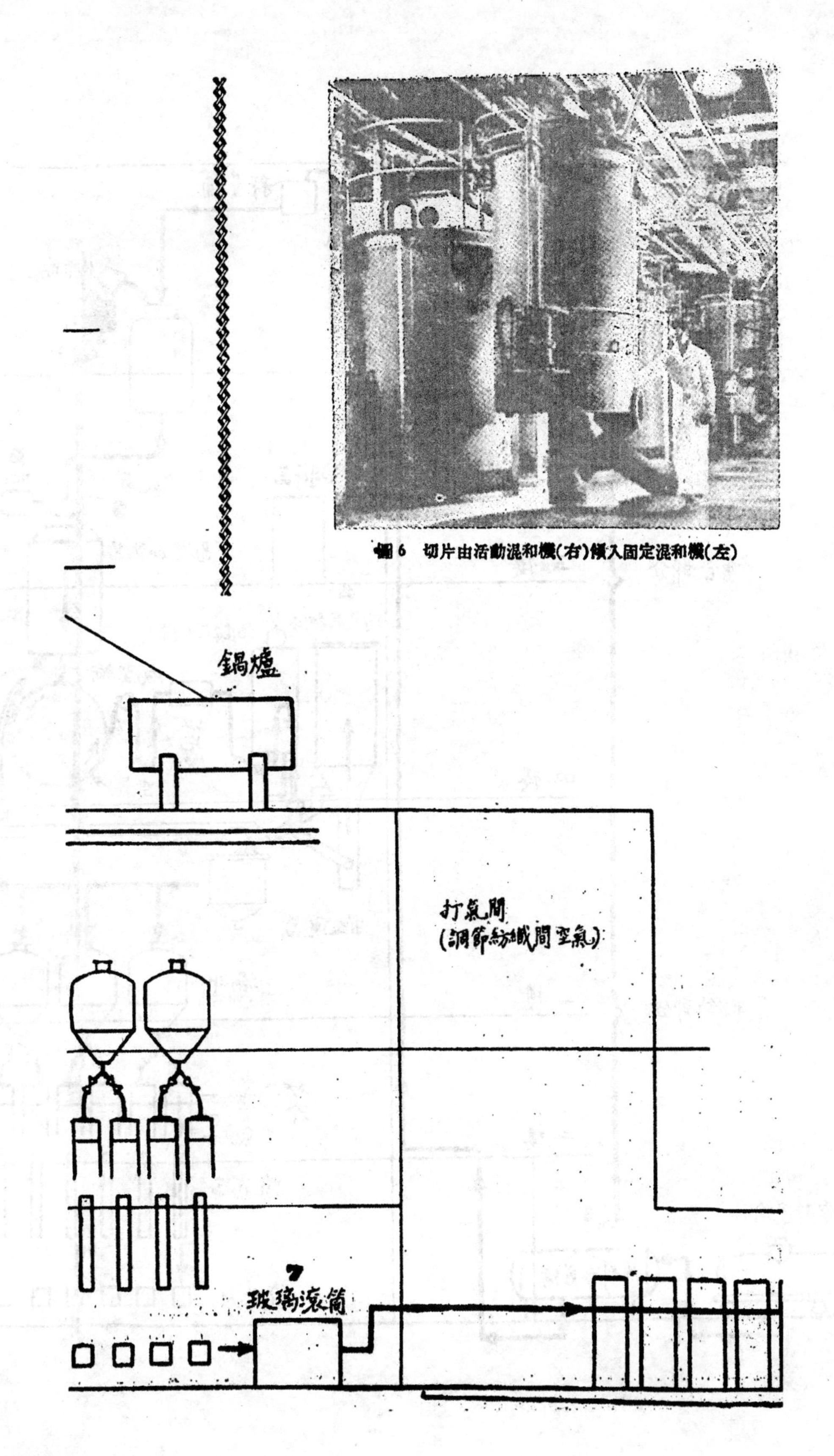

圖 6　切片由活動混和機(右)傾入固定混和機(左)

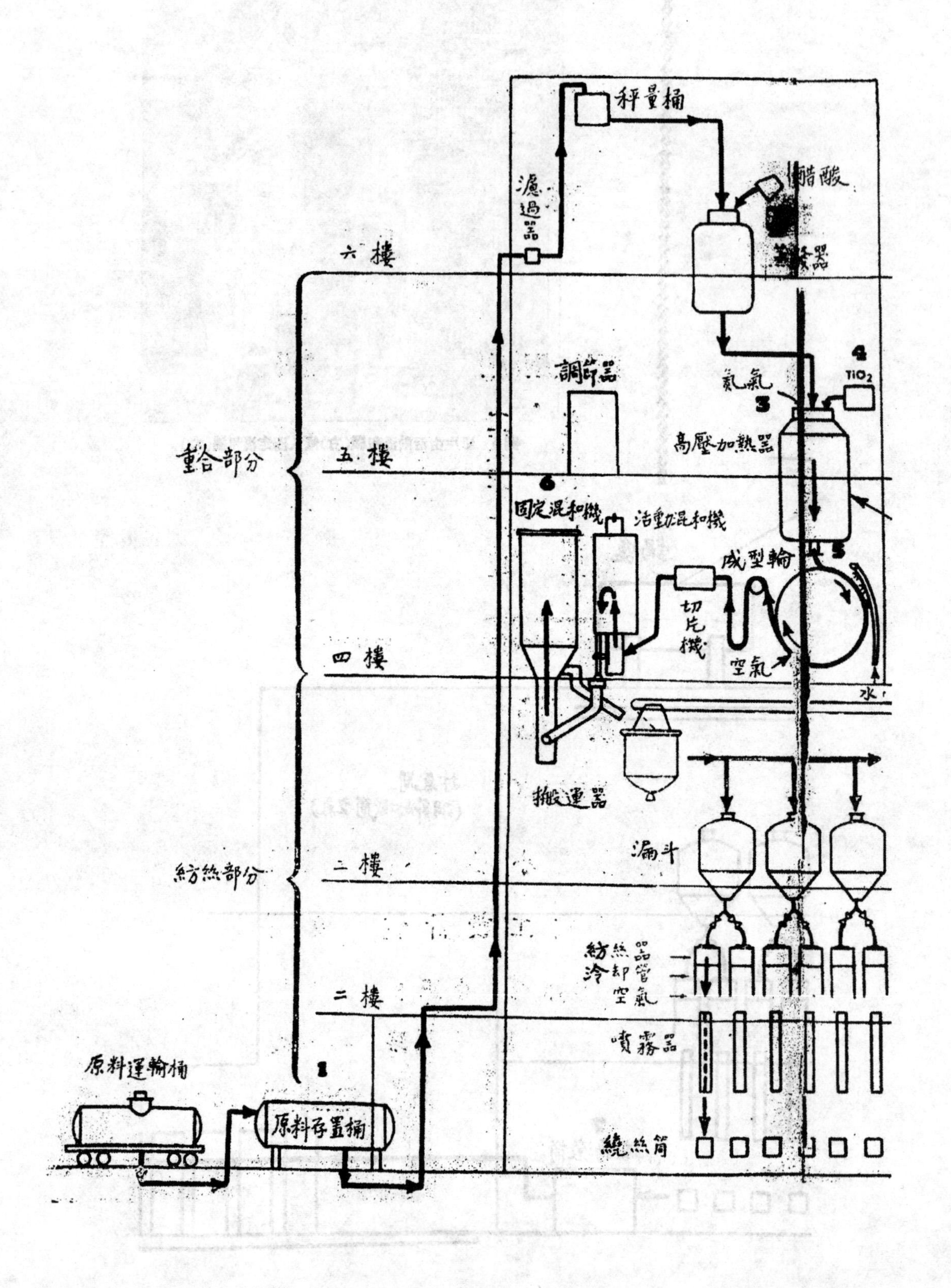
秤量桶
濾過器
醋酸
六樓
調節器
氮氣
TiO₂
高壓加熱器
重合部分
五樓
固定混和機
活動混和機
成型輪
切片機
空氣
四樓
水
搬運器
漏斗
紡絲部分
三樓
紡絲器
冷卻管
空氣
二樓
噴霧器
原料運輸桶
原料存置桶
繞絲筒

大自然早在 50,000,000 年前,已給予我們工程界最新應用的啓示

向自然學習 D.D.T.

機械工程師和昆蟲學家一向很少有合作的地方，可是最近史濟萊迴旋儀公司(Sperry Gyroscope Co.)的設計工程師們却在密切地研究昆蟲飛行的秘密。他們希望從大自然的創作上學習一種設計新航空儀器的方法。

學過物理的人都知道迴旋儀的作用，在航空儀器上它可作爲一個極有價值的『人造地平』(Artificial Horizon)，使駕駛員在任何情形之下，都可以知道機體與地面的相對位置。現在使用的迴旋儀，都有一個笨重的飛輪，以高速度在轉動,因此在重量和體積上都有一定的限制,不能太小。但近日的航空儀器却在輕巧上力求改進。聰明的學者們想，假使一金屬球裝在一個一端固定而有彈性的棒頂上,如果可以使它振動,它也有迴旋儀的作用,即保持振動的平面不變,而不轉固着點的運動。專家們相信,這種新的『振動式迴旋儀』必較舊式的更輕小而合用，因爲近日電子學的發展可以毫不困難的維持這樣一個振動。於是專家們就在這方面向物理與數學的領域鑽研。

蠅與其平衡器官(見箭頭所示)

不久他們發現了一個神奇的事實，大大的增加了他們的信心。原來大自然早在50,000,000年前完成了這一件工作，在每一個蠅類或其他類似的昆蟲身上都配備了兩具這種人類的新式飛行儀器——振動式迴旋儀。它們就是我們在小學或初中的自然教科書上看到的稱做『平均棍』(Halteres)的東西。平均棍生在蠅類的腹部，正在翅膀的後面。它的情形正和專家們的理想相合:一條棒，棒端一個小球。在昆蟲飛行甚至走動的時候,這具振動式迴旋儀就以每秒鐘160次至210次的頻率在振動。當這個小飛機在傾側，攀高,或俯衝的時候,那振動的『平均棍』要時時努力的在原來的平面里振動，這種影響就傳到棒的根部，在那裏正有一條準備好的神經，把這許多『情報』達到神經中樞,而我們這架小飛機的駕駛人——神經中樞，就憑這儀器去操縱他的座機。如果我們把任何昆蟲的兩個『平均棍』拿去,這架飛機就立刻失去了平衡，像駕駛員失去了知覺一樣的漸漸陷入尾旋(Spin)的狀態,而以撞毁結束了它的生命。

這自然界的傑作遠比我們引以爲神奇的人類平衡感覺器官——內耳中的半規管,來得巧妙,來得精細。現在它的秘密終于被人類發現了,史濟萊公司的設計工程師們正在向大自然學習，仿造這具振動式迴旋儀呢!

——(上接第7頁)——

(丙)電話交換—往昔我國成例，各地電話多係商營，面積祇及於城市附近；鄉鎮祇通省營電話；縣際電話，則歸交通部電訊局管理。所以電話網之規模雖具，然管理複雜，呼應不靈，距準確敏捷之期望尚遠。本計劃之最低希望，即爲沿湖江幹路，敷設電話幹線，統一無錫江陰靖江三縣之電話，使成單純系統。三縣之間，凡工廠商店，住宅機關，倉庫碼頭，均可自由通話，宛在一市之中。

(丁)碼頭倉庫—湖江幹路之定線目的，在革新太湖長江間交通運輸，造成長江下游物資集中之重心，故碼頭倉庫，必不可少。並且爲聯接江南江北之陸運，內地外洋之水運，幹路北端之碼頭倉庫，尤爲重要，應隨幹路之開通，首先完成。

幹路北端，電車線路盡頭，應爲近代輪渡碼頭，供應江南江北之日常交通，一如舊金山與屋克蘭(San Francisco and Oakland)兩埠輪渡之規模。

輪渡碼頭之左右兩側，定爲建築洋船江輪碼頭倉庫之地段。倉庫內外，均應接通電車，以收迅速駁運之效。碼頭之數目，應隨港務之發展，向東西兩端延伸，沿江增築。

至於幹路南端之湖濱碼頭倉庫，中間之京滬鐵路碼頭倉庫，亦係重要，可逐一建築。至若離輪渡碼頭較遠之碼頭倉庫，及其他屬次要者，似可由私人自由建築。

四　經費之來源

湖江幹路之舖築與夫基礎事業之舉辦，在在需要大量資金。募集建設經費之方法約有六項：

(甲)政府建設專款—建立長江下游工業中心區域，係政府之責任。本計劃希望國府爲長江七省之福利，江蘇浙江兩省省府爲兩省工業之前途，指撥專款，推進本計劃之實現。

(乙)政府教育專款—幹路範圍之內，人口最爲稠密。國府省府，自負有人民教育之責任。本計劃希望政府能一次指撥若干教育專款，試辦『以工業養教育，以教育興工業』之新方法。

(丙)地方戰事賠款—本區淪陷最早，受敵蹂躪最久，地方精華，剝削殆盡，其應受戰事賠款，似亦合理。本計劃希望政府及地方人士，能了解發展本區域之全國重要性，而同意將應得之賠款，局部或全部移作本計劃實施之用。

(丁)地方士紳投資—本計劃之設施，均有永久公益之性質。其影響最大，受益最切者，當爲江陰靖江無錫三縣，其次即推常州蘇州吳江吳興長興宜興等濱湖六縣，及泰興泰縣興化鹽城東台如皋等江北六縣。十五縣之士紳富家，如能澈底瞭解此項計劃之久遠意義，影響國家地方之發展前途，必樂於投資，促使其鄉土步入繁榮之境。

(戊)善後救濟總署—聯合國善後救濟總署，負淪陷區收復後之救濟使命。本計劃希望該署能以廣義之救濟方式，向國外籌措建築公路之最新式機械器材，指撥經費，以最短時間，完成湖江幹路及其北端之長江輪渡碼頭，及初步輪船錨泊之碼頭倉庫，並酌量情形，推進前述之基礎事業，以代救濟本區域瑣細枝節工作。

(已)外國企業投資　關於電力電車電話碼頭倉庫之創辦，如情形許可，不妨以合資或獨資經營方式，招致外國企業家投資，定以年限，期滿後無條件歸還，充教育基金。

五　築路及江邊倉庫碼頭之費用(略)

六　幹路沿線建築之規劃

幹路長四十三公里，其沿線建築，當隨人口之增加而逐漸充實。然若不先爲開端，則人口之遷移，無從推動，不預爲規劃，將來之市容無從整齊，玆特就管見所及，舉述大綱，以備參考。

爲舉述清楚起見，本篇特定下列四種名稱之界說：

(甲)道—南北通行之大路曰「道」。如湖江幹路，係南北大部，可稱曰「泰伯道」；每隔一百公尺。所築之平行大路，在東者可稱東一道，東二道，……在西者，可稱西一道西二道……。

(乙)街—東西通行之大路曰「街」。凡橫截泰伯道之大路，可依其橫截處距中獨山起點之遠近，仿紐約市名街方法，稱之曰第「幾」街。本篇主張每隔一百公尺築一街，如是則泰伯道長四十三公里可有四百三十條街橫截之。

(丙)段—街道隔成之方塊土地，英名稱爲Block今採用蘇北土語，意義相近之名詞，稱之曰「段」。

(丁)衖—正方形之「段」不適于於市區密集建築，故可視情形之需要，在街與街之間，添築一衖，劃成兩個東西長南北短之長方形，此街可名之曰「街」。如第六十六街，即係第六十六街與第六十七街中間之小街。

城市之發展，普通係輻射形，由小變大，現在世界大城市之長育經過，莫不如是；然泰伯道（湖江幹路）之出現，即有四十三公里之局面，則其發展，勢必改取脊椎方式。所謂脊椎，即為擇定之沿線數點，就彼舖築街道，賦予市鎮雛型，以後逐漸向南北發展，經若干年月，自能沿線啣接，一如今日紐約之百老匯路第五路等情況。

據筆者意見，泰伯道沿線之重要地點；可擇為脊椎者，約有七處，而其中尤以（一）（二）（六）（七）四處為最扼要：

（一）第二十街　此為惠山南面，梅園附近，錫宜公路之一段，當為最近泰伯大學，太湖風景區及民用飛機北場之市鎮。

（二）第五十街　此為惠山北麓，最接近運河鐵路之市鎮，其優越條件，等於無錫縣城之光復門外大洋橋附近地段。

（三）第一百街　此為京滬鐵路北面，最接近白蕩圩高橋之地點，將來沿白蕩圩一帶，工廠萌出，則其繁榮可卜。

（四）第二百街　武（進）青（暘）公路之一段。

（五）第三百街

（六）第四百街　此為武（進）澄（江陰）公路之一段，當為最近長江之鬧市。

（七）第四百三十街　此為最近長江之大街，等于上海之外灘。街之北為輪渡，為公園，為碼頭，為倉庫；街之南，為郵局，為海關，為輪船公司，為貿易大廈；街之西頭，當通船塢，及民用飛機北場。

為吸引人口遷移起見，筆者主張當有政府主管機關，就以上七處，舖築街道，隔成方塊，指定商場農場，工廠船塢，住宅學校，公所公園，醫院社院等建築範圍，然後假以銀行貸款之便利，鼓勵人民集團建築。

（註：一段之面積，以街道之中線計算，為一百公尺見方，合十五市畝）。

七　教育事業之輪廓

一地文化水準之提高，風俗習尚之糾正，科學計劃之推行，須由教育入手。然欲辦理教育，達到上述目標，非有充裕之經費，不易收功。是以本計劃希望以教育基金為名義，募集大量經費，投資基礎事業，而即以其官紅利，辦理本區教育；如是則為民捐募者，仍用於民，取之于民者仍還於民，完成『以工業養教育，以教育興工業』之連環策略。

本計劃擬辦全能大學一所，地點擬在中獨山與拖山（在軍嶂山西面浮于湖中）兩島之中選定之，因其面積達二三百市畝，足够發展，而且環境幽靜，與世隔絕，不難造成優良之大學區域。本大學名稱擬定為泰伯大學，以紀念三讓天下，文身斷髮，開化江南之泰伯先賢。

泰伯大學之特點，可加申述者，約有四端：

（甲）全能大學—泰伯大學，須視經濟能力，逐一開辦各項院系，其最後目標，為成全能大學。

（乙）學生免費—凡能在本大學肄業之學生，其學費，實驗費，膳宿雜費，一律由學校負責，完成為國家培養人才之使命。

（丙）經濟協助—大學對于每年畢業學生，除照例頒發文憑外，並各貸以若干現金，鼓勵同志青年，團結，自立，嘗試社會謀生之滋味，或實行其海闊天空之理想，如集團殖邊之類；成則是國家收獲；敗亦為青年難得之教訓。

（丁）分省招生—得天下英才而教育之，一樂也。泰伯大學招考新生；可仿民國初年清華學校，採用分省考選方式；目的在使內地教育落後之優秀青年，得鍛煉陶鑄之機會。

八　推進機構之產生

本計劃之主要目標，在建立長江下游工業中心區域，實行『以工業養教育，以教育興工業』之連環策略。任務既若是之重，意義既若是之大，故推進機構之如何產生，如何組織；如何脫離政潮影響，如何免除區營額預，皆為事前應加考慮之點，作者認為本計劃之推行，似可仿照美國坦奈西河谷水利建設委員會（Tennessee Valley Authority,）之組織，由政府明令，設立『湖江工業區建設委員會』，負責辦理。

坦奈西河谷水利建設委員會，係羅斯福總統提出，國會通過，于一九三三年成立。賦以政府機關之權力，而備以私人企業之伸縮彈性及創造自由。會務由常務委員三人主持，均由總統推荐，國會通過，年俸為美金一萬元，不得兼任他職，或私營他業。三位之中，由總統指定一人，為主任委員由此常務委員會，委派總經理一人，為該會之行政主腦。常務委員會之職務，爲決定該會之大政，監督大政之執行，洽商緊要政策及營業方針。總經理之職務，爲貫穿各部門之工作，使在一個目標之下，循序前進，並爲通達上下意見之樞紐，經常傳達常務委員會決議于工作部門，及陳白工作部門意見于常務委員會。因事業範圍之廣闊，性質之差異，主管人員需要特種訓練及高度技術，方克指揮合宜，故該會一向採取分權政策，以各處爲執行中心，而總經理不過負連絡責任。此爲該會之特點，與普通機構不同之處。

茲仿該會之組織，試擬湖江工業區建設委員會之系統如下，共計三處四局二十八科。俟建設完成後，湖江工業區建設委員會，可改爲『湖江區教育基金委員會』，以泰伯大學爲中心，重新改組，而劃出居住處歸入當地行政機關。

九 結論

區域之工業化，可分三部規劃。一基礎事業，二附從工業，三教育事業。基礎事業，等于人身之骨幹；附從工業，等于人身之血肉；教育事業，等於人身之頭腦；三者如能精密配合，則康健生活可博，繁榮工業可期。本計劃以湖江幹路，電力電車電話及碼頭倉庫，爲組織長江下游工業中心區域之骨幹；以其他農商工礦，運輸服務諸業，爲其血肉；以泰伯大學爲其頭腦；使其互相協調激盪，同步發展，造成世界最完美之工業都市。

是以本計劃之湖江幹路，雖暫經江陰無錫兩縣，然其影響範圍，近則及於蘇浙十五縣，遠則達於長江七省，廣被於重洋萬國，非特足以造成我國首要之工業中心，恐亦將爲世界重要都市之一。蘇省父老，黨國元勳，請注意及之。

民國三十四年七月六日脫稿於重慶

民國三十五年十月十三日重校於戚墅堰

編者按——澄(江陰)錫間超級公路現已測量完竣，其中獨山大橋且已開始建造，行見此主要幹路可能在最近開始建設，故陸貫一先生之計劃或能一一實施，本刊蒙陸先生惠寄計劃全文，爲工程界生色不少，特此誌謝。

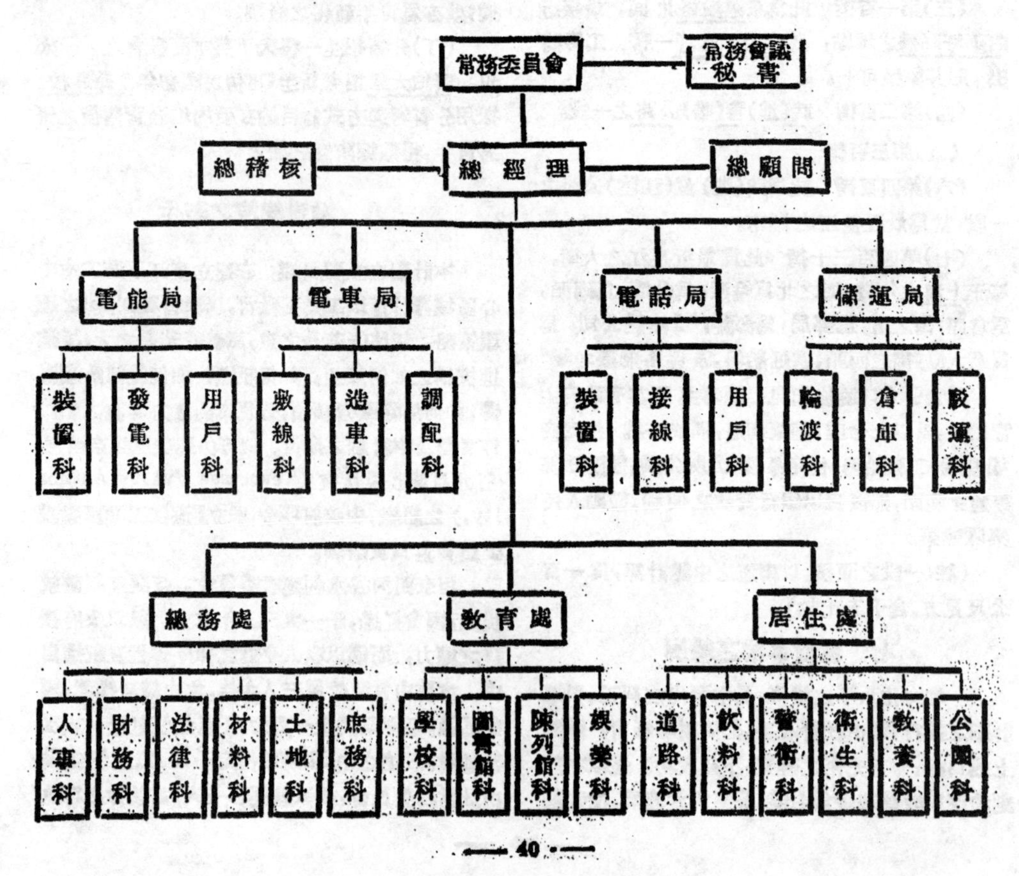

11698

工程界聯絡站

徐永明君
拉都路多福邨A－11號

1. 欲購幾部美國最合理想的織機，不知何廠出品及何種式樣最好？上海有辦事處否？或到何家洋行可以訂購？

2. 併線機以何種式樣爲最合理想？

3. 美亞廠所用之Crompton & Knowles全鐵電力織機在現代還屬最新式否？

4. 對於余名鈺先生所主張推行顧問工程師制度，敝人非常贊成，並希望能早日實現。

（答）1. 美國織機製造歷史攸久信譽卓著的現有二家一爲Droper另一爲 Crompton & Knowles 前者專做平斜紋織機 (plan weaving machine)後者專造多臂織機 (Dobby weaving Machine)均採用 Northrop換紆式。Droper 廠最近新出品一種 X 2 式速度頗高每分鐘可打 226 梭。Crompton & Knowles仍以Cotton King爲最新可以自動變換四色紓子，上列工廠在上海有無代理處不知詳細，恕難奉告可請函慎昌洋行或其他有關美商洋行一詢（賓）

2. 併線機愚意以爲 Leesona # 60 爲佳（賓）

3. 請參照 1.

4. 顧問工程師制度按理說確是目下我國最合理想的推進工業化的方法之一，可是在抗戰結束之前，上海曾有過外人（或係猶太人）所組織的一家紡織工程顧問公司，後來因爲顧問的太少或許是沒有而烟消雲散了。現在還有的幾處：(1)爲民二八年春何達黃希閣先生組織之中國紡織學工廠研究所，並主辦紡織染專科補習學校，出版紡織染工程雜誌，所址在戈登路1253號。後來加入吳中一先生，並担任該所所長，主持一切，最近吳先生因廠務忙碌，不克兼顧，現由黃希閣先生繼任之，且更改地址於長壽路1122號。(2)民國二九年秋孫文勝先生，茅紹約先生，徐毅良先生等組織中華毛紡織染工程研究所於上海江西路874號1樓7室，並主辦中華毛織染專科補習學校。(3)三一年何達先生另組織中國纖維工業研究所，目下工作仍專注重棉紡織書籍之出版。(4)三四年抗戰勝利時廣新銀行總經理楊通誼先生組織中國紡織染工程師事務所於愛多亞路108號高登大樓，內分紡、織、印染、機械各部門。

以上各組織均有顧問性質，除代爲解決各項困難，新添，改革等問題外，並代爲設計及採辦機器，而事實上好像國人頗不習慣於這種制度樣的，簡直是超出理想以上的業務寂寞。（丙）

編者的話

在讀者，作者，編者三方面的通力合作下，工程界終能一期期的準時出版。我們特別鄭重指出，要向技協會友們表示謝忱，主持出版本刊者清晰的看到，如果這本刊物不是技協的刊物，那是沒法支持下去的。

工程界是通俗性的工程刊物，但是要介紹工程方面的知識，如果不敘述得透澈，就很難貫通明白，編者過去一直持有這一見解，認爲要介紹一種知識，必需介紹得完整，因此我們始終感覺，本刊的文字都未免篇幅過長。我們原可以考慮增厚篇幅，但在人力物力兩者尙未充裕的條件下，是不可能考慮的。

爲達本會普及技術教育的宗旨，我們堅持介紹知識性的題材，新聞性的文字，將置於比較次要的地位。對於一本篇幅有限的期刊，這是困難的，計劃中的技術小叢書，可與配合起來做，以彌補期刊的不足。正在撰著中的有機器脚踏車，蒸汽透平機，銑床，家庭水電工程等，望讀者注意出版日期！同時本社歡迎讀者來稿，如性質合適決予單行出版。文以五萬字以內爲宜。

本刊前因工作地點不集中，對於作者，讀者諸君的聯絡，頗多脫節，本刊在此鄭重向作者和讀者表示歉意，現在我們已經有了固定的編輯和發行地點，一切事務，必能逐步走上軌道，希望讀者和作者給予我們協助，讓本刊的一切工作步上正軌。（文）

工程界徵稿凡例

本刊稿件，絕對公開、歡迎投稿，謹訂稿約如後：——

(一)本刊各欄需要之稿件：

(1) 工程新聞——世界各國有關工程建設之新聞報導，投寄時請註明出處，年，月，日，……等，一經採納，按條計酬。

(2) 工程專論——對於世界工程展望，中國工業建設，以及一般技術問題之研討與建設性之論文，均所歡迎。

(3) 工程技術研究——近年工程技術飛躍進步，無論國內國外或爲工程師專家潛心研究之心得，或爲外國雜誌之精華選譯，爲本刊之主要題材。

(4) 世界工程介紹——世界各國偉大工程，或最新生產方法之介紹等，凡有關技術性之報道，均所歡迎。

(5) 著名工廠介紹——最現實之工程界反映，厥爲透過具體工廠之詳細敘述，故無論國內外，如有各種工廠之素描或參觀記，本刊必樂於刊登。

(6) 工程界應用資料——本欄內容以實用參考圖表爲主，每期登載一般工程一種及專門性者一種，(機，電，化，土，輪流登載)；歡迎各界投寄，但寄來圖表，均須清晰無誤。

(二)本刊文字以淺顯易曉之白話文爲主，如屬外國專門名詞，請譯成中文後加註原文，俾便查考。(專門名詞請儘量根據國立編譯館已訂之各科名詞爲原則。)

(三)來稿請以橫行清楚謄寫於有格子之原稿紙上，如有圖畫照片，請儘量附入，但圖表以墨線白底者最宜，照片銅圖須清晰無疵，

(四)有時間性之稿件必欲在最近一期發表者，須於每期出版前二十天寄達本社，以免稽遲延留。

(五)本刊對於一切來稿保留刪改取捨之權，如不願刪改者，請於事先申明。

(六)一切譯稿或摘錄均請註明出處，或將原文原書隨稿寄附，以便審核，

(七)來稿概不退還，但特別聲明保留者例外。

(八)來稿一經刊登，除於出版時寄贈該期本刊一册外，並於月底結奉現金致酬。

(九)刊登本刊一切文字除特別聲明保留者外，其版權概歸本社所有。

(十)來稿請寄上海中正中路五九七弄三號本社

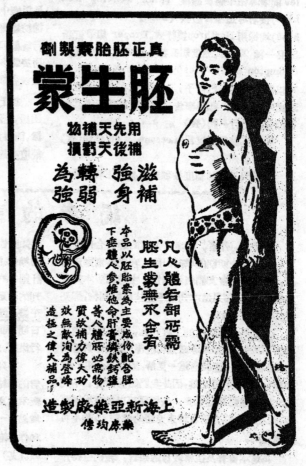

工程界應用資料〔普3—1〕

在華氏$\frac{60°}{60°}$時之比重與較重於水之波美比重度比較表

根據公式：　比重$\frac{60°}{60°}$F＝145/〔145－波美比重度〕

波美度數	比重	波美度數	比重	波美度數	比重	波美度數	比重	波美度數	比重
0	1.000	15	1.1154	30	1.2609	45	1.4500	60	1.7050
1	1.0069	16	1.1240	31	1.2719	46	1.4646	61	1.7262
2	1.0140	17	1.1328	32	1.2832	47	1.4796	62	1.7470
3	1.0211	18	1.1417	33	1.2946	48	1.4948	63	1.7683
4	1.0284	19	1.1503	34	1.3063	49	1.5104	64	1.7901
5	1.0357	20	1.1600	35	1.3182	50	1.5263	65	1.8125
6	1.0432	21	1.1694	36	1.3303	51	1.5426	66	1.8354
7	1.0507	22	1.1789	37	1.3426	52	1.5591	67	1.8590
8	1.0584	23	1.1885	38	1.3551	53	1.5761	68	1.8831
9	1.0662	24	1.1983	39	1.3679	54	1.5934	69	1.9079
10	1.0741	25	1.2083	40	1.3810	55	1.6111	70	1.9333
11	1.0321	26	1.2185	41	1.3942	56	1.6292		
12	1.0902	27	1.2288	42	1.4078	57	1.6477		
13	1.0985	28	1.2393	43	1.4216	58	1.6667		
14	1.1069	29	1.2500	44	1.4356	59	1.6860		

液體的比重與密度

1. 固體與液體的比重，是在標準溫度之下，同體積物體之質量與同體積水之質量的比，現下純正科學上應用攝氏 4° 為標準，但工程上多用華氏 60 度為標準。氣體的比重常用氫或空氣為比較的氣體。
2. 物體的密度，單位是每單位體積的質量，工程上常以每立方呎的磅數為單位。
3. 輕的波美有兩種：一種是1904年國家標準局（National Bureau of Standards at Washington D. C.）所制定的，它的計算方式是：

$$波美度數=\frac{140}{比重\frac{60°}{60°}F}-130$$

另外一種是 1921 年十二月間，美國石油學會（American Petroleum Institute）美國礦業局（U. S. Bureau of Mines）及國家標準局共同認可的，它的計算方式是：　$波美度數=\frac{141.5}{比重\frac{60°}{60°}F}-131.5$

Bu. Stand. 制波美度數和 A. P. I 制波美度數的關係可參看第四表。

在華氏$\frac{60°}{60°}$時之比重與較輕於水之波美比重度及在華氏 60 度之每美加侖重量比較表

根據公式：　比重$\frac{60°}{60°}$F＝140/〔130＋波美比重度〕

波美度數	比重	每美加侖磅數	波美度數	比重	每美加侖磅數	波美度數	比重	每美加侖磅數
10.0	1.0000	8.328	41.0	0.8187	6.817	72.0	0.6931	5.769
11.0	0.9929	8.269	42.0	0.8140	6.777	73.0	0.6897	5.741
12.0	0.9859	8.211	43.0	0.8092	6.738	74.0	0.6863	5.712
13.0	0.9790	8.153	44.0	0.8046	6.699	75.0	0.6829	5.685
14.0	0.9722	8.096	45.0	0.8000	6.661	76.0	0.6796	5.657
15.0	0.9655	8.041	46.0	0.7955	6.623	77.0	0.6763	5.629
16.0	0.9589	7.986	47.0	0.7910	6.586	78.0	0.6731	5.602
17.0	0.9524	7.931	48.0	0.7865	6.548	79.0	0.6699	5.576
18.0	0.9459	7.877	49.0	0.7821	6.511	80.0	0.6667	5.549
19.0	0.9396	7.825	50.0	0.7778	6.476	81.0	0.6635	5.522
20.0	0.9333	7.772	51.0	0.7735	6.440	82.0	0.6604	5.497
21.0	0.9272	7.721	52.0	0.7692	6.404	83.0	0.6573	5.471
22.0	0.9211	7.670	53.0	0.7650	6.369	84.0	0.6542	5.445
23.0	0.9150	7.620	54.0	0.7609	6.334	85.0	0.6512	5.420
24.0	0.9091	7.570	55.0	0.7568	6.300	86.0	0.6482	5.395
25.0	0.9032	7.522	56.0	0.7527	6.266	87.0	0.6452	5.370
26.0	0.8974	7.473	57.0	0.7487	6.233	88.0	0.6422	5.345
27.0	0.8917	7.425	58.0	0.7447	6.199	89.0	0.6393	5.320
28.0	0.8861	7.378	59.0	0.7407	6.166	90.0	0.6364	5.296
29.0	0.8805	7.332	60.0	0.7368	6.134	91.0	0.6335	5.272
30.0	0.8750	7.286	61.0	0.7330	6.102	92.0	0.6306	5.248
31.0	0.8696	7.241	62.0	0.7292	6.070	93.0	0.6278	5.225
32.0	0.8642	7.196	63.0	0.7254	6.038	94.0	0.6250	5.201
33.0	0.8589	7.152	64.0	0.7216	6.007	95.0	0.6222	5.178
34.0	0.8537	7.108	65.0	0.7179	5.976	96.0	0.6195	5.155
35.0	0.8485	7.065	66.0	0.7143	5.946	97.0	0.6167	5.132
36.0	0.8434	7.022	67.0	0.7107	5.916	98.0	0.6140	5.110
37.0	0.8383	6.980	68.0	0.7071	5.886	99.0	0.6114	5.088
38.0	0.8333	6.939	69.0	0.7035	5.856	100.0	0.6087	5.066
39.0	0.8284	6.898	70.0	0.7000	5.827			
40.0	0.8235	6.857	71.0	0.6965	5.798			

大昌工業原料號

專營各種玻璃搪瓷工業原料

自辦機磨代客磨細各式石砂

如蒙賜顧　毋任歡迎

極司非而路康家橋春邨里三號

工程界應用資料〔普3—2〕

在華氏$\frac{60°}{60°}$時之比重與 A. P. I. 比重度及華氏60度時每美加侖重量之比較表

根據公式：比重=141.51〔131.5+A.P.I. 度數〕

API 比重度	比重	每美加侖磅數	API 比重度	比重	每美加侖磅數	API 比重度	比重	每美加侖磅數
10	1.0000	8.328	41	0.8203	6.830	72	0.6953	5.788
11	0.9930	8.270	42	0.8155	6.790	73	0.6919	5.759
12	0.9861	8.212	43	0.8109	6.752	74	0.6886	5.731
13	0.9792	8.155	44	0.8063	6.713	75	0.6852	5.703
14	0.9725	8.099	45	0.8017	6.675	76	0.6819	5.676
15	0.9659	8.044	46	0.7972	6.637	77	0.6787	5.649
16	0.9593	7.989	47	0.7927	6.600	78	0.6754	5.622
17	0.9529	7.935	48	0.7883	6.563	79	0.6722	5.595
18	0.9465	7.882	49	0.7839	6.526	80	0.6690	5.568
19	0.9402	7.830	50	0.7796	6.490	81	0.6659	5.542
20	0.9340	7.778	51	0.7753	6.455	82	0.6628	5.516
21	0.9279	7.727	52	0.7711	6.420	83	0.6597	5.491
22	0.9218	7.676	53	0.7669	6.385	84	0.6566	5.465
23	0.9159	7.627	54	0.7628	6.350	85	0.6536	5.440
24	0.9100	7.578	55	0.7587	6.316	86	0.6506	5.415
25	0.9042	7.529	56	0.7547	6.283	87	0.6476	5.390
26	0.8984	7.481	57	0.7507	6.249	88	0.6446	5.365
27	0.8927	7.434	58	0.7467	6.216	89	0.6417	5.341
28	0.8871	7.387	59	0.7428	6.184	90	0.6388	5.316
29	0.8816	7.341	60	0.7389	6.151	91	0.6360	5.293
30	0.8762	7.296	61	0.7351	6.119	92	0.6331	5.269
31	0.8708	7.251	62	0.7313	6.087	93	0.6303	5.246
32	0.8654	7.206	63	0.7275	6.056	94	0.6275	5.222
33	0.8602	7.163	64	0.7238	6.025	95	0.6247	5.199
34	0.8550	7.119	65	0.7201	5.994	96	0.6220	5.176
35	0.8498	7.076	66	0.7165	5.964	97	0.6193	5.154
36	0.8448	7.034	67	0.7128	5.934	98	0.6166	5.131
37	0.8398	6.993	68	0.7093	5.904	99	0.6139	5.109
38	0.8348	6.951	69	0.7057	5.874	100	0.6112	5.086
39	0.8299	6.910	70	0.7022	5.845			
40	0.8251	6.870	71	0.6988	5.817			

表中所列重量數值係在空氣中，溫度60°F，濕度50% 壓力760 mm. 情形下之重量

比重Bu.Stand.制和A.P.I.制波美度數比較表

比重	°Be' Bu. Stand	°Be' A.P.I.	比重	°Be' Bu. Stand	°Be' A.P.I.
0.600	104.33	104.33	0.805	43.91	44.28
0.605	101.40	102.38	0.810	42.84	43.19
0.610	99.51	100.47	0.815	41.78	42.12
0.615	97.64	98.58	0.820	40.73	41.06
0.620	95.81	96.73	0.825	39.70	40.02
0.625	94.00	94.90	0.830	38.68	38.98
0.630	92.22	93.10	0.835	37.66	37.96
0.635	90.47	91.33	0.840	36.67	36.95
0.640	88.75	89.59	0.845	35.68	35.96
0.645	87.05	87.88	0.850	34.71	34.97
0.650	85.38	86.19	0.855	33.74	34.00
0.655	83.74	84.53	0.860	32.79	33.03
0.660	82.12	82.89	0.865	31.85	32.08
0.665	80.52	81.28	0.870	30.92	31.14
0.670	78.95	79.69	0.875	30.00	30.21
0.675	77.41	78.13	0.880	29.09	29.30
0.680	75.88	76.59	0.885	28.19	28.39
0.685	74.38	75.07	0.890	27.30	27.49
0.690	72.90	73.57	0.895	26.42	26.60
0.695	71.43	72.10	0.900	25.56	25.72
0.700	70.00	70.64	0.905	24.70	24.85
0.705	68.57	69.21	0.910	23.85	23.99
0.710	67.18	67.80	0.915	23.01	23.14
0.715	65.80	66.40	0.920	22.17	22.30
0.720	64.44	65.03	0.925	21.35	21.47
0.725	63.10	63.67	0.930	20.54	20.65
0.730	61.78	62.34	0.935	19.73	19.84
0.735	60.48	61.02	0.940	18.94	19.03
0.740	59.19	59.72	0.945	18.15	18.24
0.745	57.92	58.43	0.950	17.37	17.45
0.750	56.67	57.17	0.965	16.60	16.67
0.755	55.43	55.92	0.960	15.83	15.90
0.760	54.21	54.68	0.965	15.08	15.13
0.765	53.01	53.47	0.970	14.33	14.38
0.770	51.82	52.27	0.975	13.59	13.63
0.775	50.65	51.08	0.980	12.36	12.89
0.780	49.49	49.91	0.985	12.13	12.15
0.785	48.34	48.75	0.990	11.41	11.43
0.790	47.22	47.61	0.995	10.70	10.71
0.795	46.10	46.49	1.000	10.00	10.00
0.800	45.00	45.38			

蝶霜
唯蝶霜具有偉大美容特效：
使毛孔緊密細潔
使皮膚白嫩嬌艷
家庭工業社出品

——節省燃費三分之二——

各式鍋爐 皆可改裝

△旋轉式柴油燃燒機▽

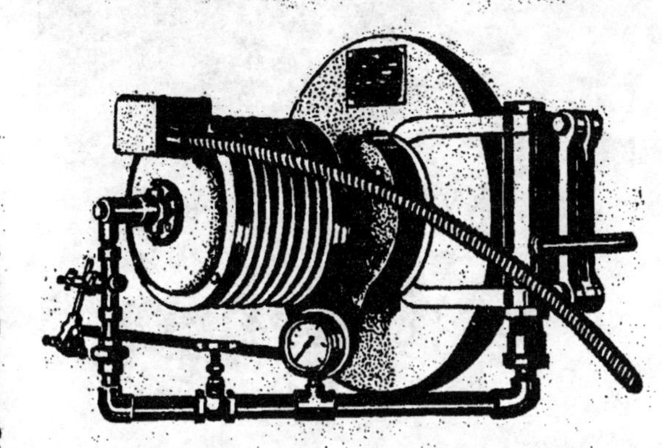

大成電機廠 出品之一

上海泰興路五〇六號 電話三〇六三〇

用油經濟 管理簡易

上海

德慶堂國藥號

代客煎藥

精製飲片 虔修丸散 各種藥酒 四時花露

接方送藥

杜煎諸膠 出品精良

地址中正南一路九五至九七（舊聖母院路）

電話 七二〇五七 七二三二八

工程界

第二卷 第四期
出版

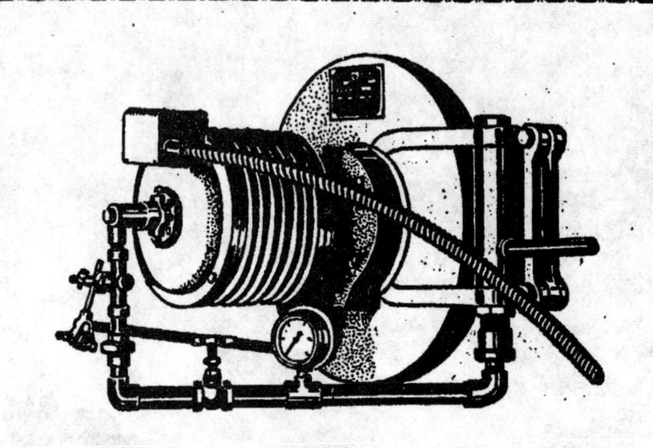

註册商標
TRADE MARK

雙馬　　富貴

"DOUBLE HORSE"　"FUKWEI"

國內規模最大設備最全

申新紡織第九廠

Largest Establishment with best Equipment in the Country

SUNG SING COTTON MILL NO.9

140 MACAO RD. TEL. 39890
SHANGHAI • CHINA

上海澳門路一四0號　電話：三九八九0

介紹最新科學知識

科學畫報

風行全國十五年

總編輯兼發行人楊孝述

十三卷二期　卅六年二月出版

本期要目

同位元素的分離
高壓蒸餾法
象
鋼軌
怎樣製造火柴
超音速飛機的避險法
德國的噴氣飛機
維他命新知識
熒光放電燈

科學新聞・理科教材
增加彩圖・擴充篇幅

每册一千五百元　預定全年連郵15000元
定閱處上海中正中路649號中國科學公司

每月一册　每册一千元

中華化學工業會主編

化學世界

普及化學知識・介紹實用技能

第二卷第一期・卅六年一月十日出版

要目

發展化學工業之途徑
從土法造酒說到最新法製造酒精
化學講座——物質
化學試驗室安全須知

聯合年會特輯
聯合年會記
聯合年會論文總目
聯合年會之提案

圖解化學工業——碳酸鈉
製肥皂
維他命概要
新商品

總經售：中國科學圖書儀器公司
上海中正中路649號

中國電機工程師學會主辦

電世界月刊

裘維裕　毛啓爽主編

第一卷　第八期　業已出版

本期要目

民營電力事業集團化論
電世界與無線電世界
上海市供電之回顧與瞻望
白熾燈與熒光燈
熒火燈淺說
電燈應用之研究
在發展中的微波
靜電濾塵器
在工作中的電子（二）
如何發展中國的電力網
讀者信箱・參攷資料・不及備載

中華民國卅六年一月出版
每册售一千元

科學大衆

科學大衆月刊社主編

第三期　卅六年一月出版

本期要目

玩具氣球的小把戲
太陽・月・地球的關係
降落傘之話
時代的象徵——康倫特
原子動力可能麼
原子怎樣治病
戰後太原風物
雷達
海南島

每册五百元　預定半年年平寄連郵三千元

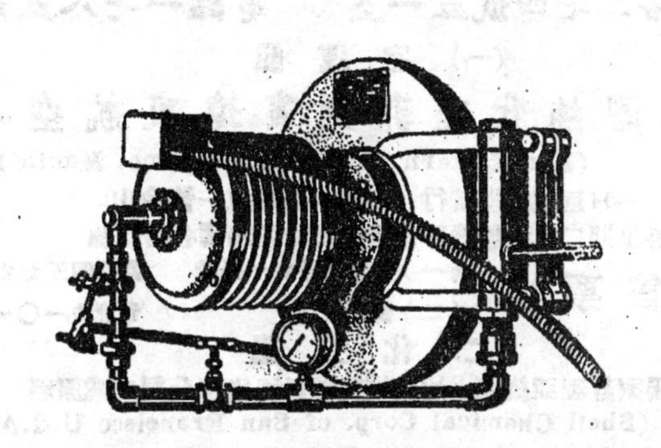

通俗化的工程月刊

工程界

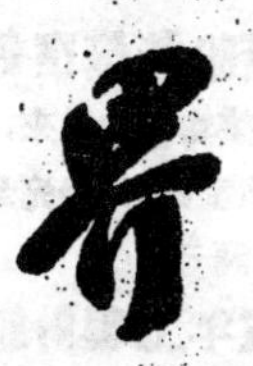

第二卷 第四期 中華民國三十六年二月一日出版

主編者
仇啓琴 楊臣勳 欽湘舟
發行者
工程界雜誌社
代表人 鮑熙年
上海中正中路597弄3號
出版者
中國技術協會
代表人 宋名適
上海中正中路597弄3號
印刷者
中國科學公司
上海中正中路649號
總經售
中國科學公司
上海中正中路649號

POPULAR ENGINEERING
Vol. II, No. 4, Feb. 1947
Published monthly by
THE TECHNICAL ASSOCIATION OF CHINA

本期特大號定價一千五百元
直接定戶半年六册平寄連郵五千元
全年十二册平寄連郵一萬元

目錄

瀋陽機車生產盼能恢復舊觀

瀋陽機車公司，自經資委會接收以來，已造成新機車六輛，貨車百輛，該廠因破壞較微，如能完全恢復舊觀，每年可造機車六十輛，貨車千輛云。

都江水電五年工程計劃

都江水電工程原經薩凡奇博士設計，總發電量五十萬瓩，嗣經加工程師塞克斯頓勘查，以其發電量頗鉅，不易成功，乃建議減爲五萬瓩，分兩期於五年內完成，經費預定爲五千餘萬美元，由加供給器材40%；工程費佔60%，由我國中央政府及川省府各占一半。又川省府現決與資委會合資，（川省府十分之一，資委會十分之九），先於年內，在都江堰興建火力發電廠，總發電量七千瓩，先發電二千瓩，現廠基業已開始修建，三十六年可全部完工。

行總大量電訊器材開始整配

近由聯總轉交行總電訊器材約一萬餘箱，係美海軍在華之剩餘物資中移來，現正堆集於眞茹暨南大學舊址，露天堆成一小山。內有電池，電表，眞空管，陰極線管以及雷達等，估計價值在美金一萬萬元以上。現正由海軍部通知電訊局加以整理中，電訊局方面並向交通大學商借人材，以贈送全部雷達裝置爲交換條件，本刊編輯蔣大宗君卽爲代表交通大學主其事者。

中央造船公司卽將在滬成立

資源委員會現正積極在上海籌設一規模極大之中央造船公司，將日本三菱造船廠所有機械拆除運華，舊有之海軍江南造船廠，亦均撥交該公司管理。

中國科學促進會在京成立

中國科學社與中華自然科學社共同發起組織中國科學促進會，於去年十二月廿一日在南京舉行成立大會，該會主旨在提倡以科學方法來改良社會習俗，以科學技術來提高人民生活水準云。

三化學團體開聯合年會

中華化學工業會，中國化學會，中國化學工程學會三團體聯合於十二月廿三日在上海邴齊路中央研究院開第一次聯合年會，對於聯合科學家與工業家等要旨有所提倡。

中國電機工程師學會舉行年會

中國電機工程師學會於十二月十五日在上海交通大學舉行第九屆年會，對於上海電力問題，及中國之電機製造等問題有所論述。

西門子廠準備履行定貨契約

據本市德僑消息，德國工業復員正在積極進行。聞西門子城中某廠，戰前有工人八萬，勝利後廠內機械大都屬諸蘇聯，充作戰利品，但目前積極恢復，工作人數已達四萬人。據估計西門子廠卽可於今年下半年度輸出產品，現已準備繼續履行戰前與我國政府及商人所訂之各種定貨契約云。

原子能發電二年可成功

原子能發電，據美國科學家蒲爾東教授談，可望於二年之後開始供給電流。

蘇聯鋼鐵工業大有進步

蘇聯各地鋼鐵廠於一九四六年中已採用了一萬多種的新發明和改進的建議：最有特點的是不用鼓風爐從礦砂中直接取鋼的方法；一種工率強大的電氣化煉爐，能化鍊幾十種新牌的特種鋼；以及其他各種發明云。

工程計劃團生不逢辰

政協閉幕後成立之行政院工程計劃團，最近已在結束中。該團成立於去年三月團長侯家源，副團長茅以昇，當時聘請大批外籍技師及國內工程師，準備通力合作，研究恢復交通辦法。計劃中第一步爲使鐵路通車，改進橋樑海港。經八個月之研究，已擬就視察改正鐵路報告報。報告旣成，參加研究視察工作之近百技術人員，現已減至不足二十人矣！

工商事業難渡年關

殘年凋景，工商萎敝，自三十五年六月至十月間，上海一地之工商事業已倒閉停業者，達一千六百家，據專家估計，復將有30—40%的企業宣告破產，據統計，在十二月一月中，發生危機而向社會呼籲之中國工業，計有：繅絲業（原料來源枯竭，漸近停工狀態）；絲織業（因工潮及高利貸之壓力，倒閉甚多）；製藥業（因洋貨充斥，剩餘物資輸華，高利貸，銷路呆滯，將臨末日）；化粧品業（與製藥業相同）；毛紡業（銷路呆滯，周轉不靈）；水泥工業（亦因銷路呆滯，向經濟部請求救濟）；印鐵製罐工業（營業慘淡，經常開工者祇達戰前之五分之一，工人由三萬減至二千）；造紙工業（因資金缺乏，銷路呆滯，復有國營紙廠之優勢競爭，上海二十三家造紙廠已有四家停工，三家停業，六家隨開隨停）；製革工業（因外貨傾銷高利壓迫，工資過高，停業及減低產量者極多）；……等。

抗戰中它曾貢獻了不少重工業製品，但勝利後，雖在建國時期中，它的精良設備却給擱置不用，任令封閉起來——

在抗戰中苦鬥過來的昆明中央機器廠

資源委員會中央機械公司昆明中央機器廠概述

資源委員會中央機械公司上海機械廠

姚松濤　陳紹榮　莊國紳　翁心鶴　許敬生

中國的抗戰一方面固然使幼稚落後的中國工業受到無上損失，另一方面却賜我以千載難逢之機會得以振興一部份重工業；蓋當時世界列强爲生存而競爭，中國門戶因抗戰而封鎖，外貨告缺，退而求己，于堅苦條件之下謀自給之途徑，無數技術同志之精心傑構，在重工業方面居然亦能有所成就，不可不謂一大奇蹟，茲爲反省已往，淬勵將來起見，同人等願將抗戰時期中我國機械廠之代表——昆明中央機器廠概況，略加敍述，藉明抗戰期中中國重工業成績之一斑。

考中央機器廠創設之初，政府原擬計劃一大規模之發動機廠，後因故改爲機器廠，分設導持工具，工具機，普通機械，煤氣機及淬火等各組，後又改組爲一室三處七分廠，曰：秘書室，業務處，總務處，會計處，第一分廠（鋼鐵，模鑄，及淬火），第二分廠（蒸汽鍋爐），第三四分廠（發電機電動機柴油機煤氣機及其附件），第五分廠（工具機小工具及導持工具等），第六分廠（紡織機），第七分廠（普通機械），各廠皆自製備貨及承製客貨。

該廠機械之新，規模之大，迄目前爲止，可爲全國之冠，當分別介紹於後，然因抗戰期間交通不便，材料來源奇缺，通貨與時膨脹，經濟情形始終不振，勝利後大部遣散，目前且因成本過昂銷路呆滯，僅一小部份開工，仍難維持，任令國內少有之精密機器擱而不用，至爲可惜。反觀抗戰期間中央機器廠對於機械工業方面之貢獻甚多，諸如分厘卡，鑽軋頭，銑刀等精密工具之大量生產，薩可羅威（Sacolowell）式大型梳棉機之仿製，2500瓩交流發電機，220馬力六氣缸煤氣引擎，滇緬電廠整套鍋爐之試製，均獲市場上之佳評。又如民國卅三年因反攻之迫切需要，戰時生產局定製大批砲彈車床，日夜趕製，其情緒之熱烈從未曾有。然至今日，察戰後中國之現況，非但重工業奄無生氣，即勉力維持之小型工業亦有朝不保夕，岌岌自危之狀，相形之下，我工程界同志當如何深思熟慮，以謀急救之方策也。茲將各分廠概況，簡述如後，俾明瞭全廠之具體情形：

第一分廠——翻砂、鑄鐵、鍊鋼、淬火

第一廠之設立，目的在專門供應中央機器廠各分廠之鑄件及鍛件，其組織約分總務，會計，統制，鑄工，電煉，熱處理，機鍛等七組，又有機工，木工二工場及物理試驗室分屬於統制及鑄工組。其中機工場司各出品組機件之維持及修理，包括工具機十餘部及電焊氣焊等設備，間以餘暇從事壓力表，汽車，活塞環（Piston Ring）之製造；木工場司木模製作，僅有鋸木機數部，物理試驗室有X光及金屬攝影之設備可爲金相學上之檢驗，有材料試驗機，可試驗材料之拉力及强度等用，尚有砂礫測驗機（Sand Testing machine）供檢定翻造型砂之用。歷年工作，論類別千變萬化，論產量則頗不可觀，蓋工作須配合各廠之要求，種類過多，模型工具之耗費亦衆，重複虛擲在所難免，創業維艱，增添設備缺乏借鏡，每多閉戶造車之苦，故本分廠之性質，甚類一學術研究所，若論大量生產，則瞠乎遠甚矣。謹將各出品組之概況約略陳述如後：

1. 鑄工組——本組之設備：鑄鐵方面有二噸五噸化鐵爐各一，採用宣威宣明煤礦公司之焦

炭，雲南鋼鐵廠及昆陽之生鐵，每月經常供給各分廠生鐵鑄件四十至六十噸。戰事結束前，增製迫擊砲彈，月出二千枚，約八十噸，工作如工具機，紡紗機，煤氣機之全部生鐵另件，以及承製廠外訂貨，鑄件大者如115匹馬力煤氣機，龍門鉋床拖板座及飛機跑道滾輾等，重量皆在兩噸以上；小者則僅有數磅或不足一磅者，種類旣多，區別甚大，除迫擊砲彈應用製模機(Molding machine)外，餘皆憑技工之技巧以製造模型。鑄鐵種類方面如合金鑄鐵(Alloy Grey cast iron)冷激鑄鐵(Chilled cast iron)，可鍛性鑄鐵(Malleable cast iron)皆能鑄製；可鍛性鑄鐵之試作曾獲有經濟部之獎金。鑄鋼方面原有一噸鼓式鋼爐(Drum Furnace)一具，利用廢鋼(Steel Scrap)熔鑄，而以柴油爲燃料，抗戰後期，柴油價格暴漲，鑄鋼成本因而激增，於是乃有柏塞麥式轉爐(Bessemer Converter)之建立，該爐即由機工場製造，容量亦爲一噸。澆鋼手續先將爐鐵液運行注入爐內鼓風燃燒，氧化雜質而成鋼。柏塞麥鋼質雖次於坩鍋鋼，平爐鋼(OpenH earth Steel)或電爐鋼(Electrical Steel)等，但當時因控制較易，價格低廉，故能適合廠內之需要。此項鋼液除供鑄鋼零件外，亦澆鑄鋼錠(Ingot)，以爲鍛製之原料。其他非鐵屬之鑄製，若銅若鋁皆用坩堝(Crucible)熔煉，需要較少，如鑄銅每月僅二噸而已。

2. 電煉組——電爐能充分利用其產生之熱量，可達非常之高溫，並能操縱及保持於最恰當之溫度，不生有害之氣體，故對熔煉鋼鐵極爲適宜。電力日漸發達，電爐之應用乃有逐年推廣之趨勢。電爐所需之要件爲充足之電源，但當時昆明並無此項條件，因二噸電爐，耗費需八百瓩，電源乃爲重要之問題，復因電爐之管制亦需特殊之技巧，故另成一組以司其事，而不屬於鑄工組焉，所用原料多爲廢鋼，廢鐵；熔劑(Flux)如石灰石，氧化鐵，螢石(Fluorspar)矽砂等，還原劑如矽鐵，焦煤等；歷來所製之鋼，合金鋼以矽錳鋼爲主，碳鋼中以含碳約0.45％者爲多，矽錳鋼含矽2％，錳0.7％除供鍛製機器另件外，並用以製作手鎚，鑿子等普通小工具。電爐能對各成份作有效之控制，熔煉之鋼應具良好素質。此種出品若與柏塞麥鋼相較，電爐鋼於鍛製時每有垢裂，或過硬之現象，恐於技術方面猶未至盡善之境也。

3. 熱處理組——普通所謂淬火(Hardening)退火(Quenching)乃熱處理之一種，其他尙包括：正常化(Normalizing)，回火(Tempering)，球化(Spheroidizing)，韌化(Toughening)炭化(Carburizing)，蜡化(Cyaniding)，氮化(Nitriding)，矽化(Siliconizing)等。熱處理對材料之功用甚大，諸如强力硬度之增加，冷熱加工後應力之減除，韌性之增高，抵蝕，抗銹，抗熱性之加强，電磁感應之變化，內部氣體之去除，分子組成之改進，機器加工情況之改善等均可以熱處理更變，晚近工業之發展，極注意材料之應用，而材料之應用則與熱處理有最密切之關係。廠內有四十瓩附裝自動溫度計之電熱爐四具，硬度試驗器洛克威爾式，(Rockwell)及布利尼爾式(Brinell)及司克利洛斯式(Scleroscope)各一具，蜡化爐(Cynide Bath)加炭爐各一具，噴砂設備全套(Sand Blast Equipment)本廠之材料係購自美國，其標準根據自動機工程學會(Society of Automotive Engieners)所規定者，種類不下數十種；各項材料皆須經過精密控制之熱處理以獲得特殊之物理性。一般冷却應用之浸媒(Quenching Medium)，計有水，氫氧化鈉溶液，棉子油，菜油，魚油，機油，方棚油，及溶鉛等；應用時須視散熱情況之不同以定取捨。熱處理若不適當，即不能獲得需要之硬度等物理性，有時且能發生斷裂，彎曲，疵點等現象，故須有豐富之經驗，始能正確把握也。

4. 機鍛組——本組之一般工作尙維持手工作業之狀態，雖備有墜鎚(Drop Hammer)及鍛鐵機(Upset Forging Machine)各一具，但未修妥使用。其他裝置而應用之機械尙有60公斤氣鎚(Pneumatic Hammer)，300公斤氣鎚及400噸水壓機(Hydraulic Press)各一座，其中水壓機作用較氣鎚穩定，工作檯面積亦大，壓力則能貫穿工作品之內部，故其產品成本較低於使用氣鎚者；尤適合於巨大之工作物。鍛爐有普通小型者十五座；大型一座，其容量爲鋼鐵一噸半，並能作爲退火爐之用，附裝電偶溫度計，以測溫度，但此爐之燃料爲煤磚，人工加火，甚感不便，故復建以煤粉爲燃料之鍛爐一座，以煤粉機貫聯，能自動鼓風及注入燃料，如此可經濟不少。本組產品全係本廠機械上之各種鍛件，每月產量約十五噸。此外尙爲中央電工器材廠鍛製 2¼" 方鋼錠，月產亦有十餘噸。在外貨停止進口時,亦以人工自鋼錠鍛製洋元,六角鋼等材料,惟產量不多。

第二分廠—蒸汽鍋爐製造

本廠主要產品,如蒸氣鍋爐,其設備至爲簡單,有大型輾壓機,電焊機,大型橫臂鑽床,氣錘,及工具機等十餘部。一切鍋爐水管,省煤器皆可製造,承接工作甚夥,種類亦多,最有成績者爲瀘縣發電廠全套鍋爐設備,其成績甚佳,在工程界中頗爲人所稱道。

第三四分廠—發電機,電動機,柴油機,煤氣機,及其附件之製造

這二個廠實際上是二位一體的:廠長之下分爲二部,一部份爲三廠,負責製造煤氣,柴油等動力機械,另一部份屬於四廠,除注重電機製造外,尚有水輪機等出品,茲分別概述如下:

第三廠擁有全廠最巨型的工作機,廠內出品,因與瑞士火車廠(S.L.M.廠)訂有合作契約,由該廠供給藍圖與本廠製造,故設計方面並無問題。抗戰時期內之出品計有220匹馬力六氣缸煤氣機及其發生爐共七套;160匹馬力三氣缸柴油機一座,60匹馬力單氣缸柴油機三座,其成績效用,足與舶來品媲美,廠內之工作機,除負担本廠出品大型機件所需之加工外,尚有餘力可容其他各分廠之委託工作。

第四廠之製造電機係與瑞士卜郎比廠(B.B.C.)合作,一切資料均由該廠供給,發電機自30至2500瓩都能製造,惟大量生產者則祇有6匹馬力的電動機,此機之圖樣即爲卜郎比廠對於電動機方面可供給的惟一的藍圖,此外的電動機,變壓器及配電板等,則均爲本廠自行設計製造的。本廠之出品,或與煤氣,柴油,水輪等動力機械配合或與各分廠製造的工作機或水泵等配合,故工作因種類甚多至爲繁重。水輪機方面,雖缺少足够的資料和經驗,但也勉力出品了幾座,最小的是60匹馬力,最大的竟達2000匹馬力。

第五分廠—工具機械,小工具及導持工具之製造

第五分廠下設工具機械及導持工具(樣板)二組,出品之齒輪銑刀及樣板曾獲資源委員會之獎勵,車床,鑽床,銑床,牛頭鉋床及龍門鉋床則得桂林工展之首獎,蓋出品精密,工作佳良,得此榮譽,當非倖致。

組織系統爲廠長一人,除轄分配,設計,另件,裝配,導持工具,及齒輪六組外,尚有駐廠會計一組;其中分配組又可分爲三部,一司工具機之配料,工作分配及進行,一司導持工具之製造分配,一司客貨之分配,配料與進行;設計組則專司設計,繪圖及工作單,工作程序之塡寫,各工場按工作單進行一切,(此種工作單之成效及詳情,見第六分廠內之介紹,茲不另贅);其他各組與各工場之主要情形,再分述如下:

零件組——裝有各式本廠出品之小車床,磨床(外圓磨床,自動量準式磨床,肩膀磨床等)銑床,鉋床等主要工具機械;其中銑床大部分爲新辛那底廠(Cincinnatti)出品,計分立銑,平銑二種,俱係新式分開控制;此外爲頓恩美格(Reinmecker)廠之出品,均爲平銑式;尚有專銑螺絲之螺絲銑床,爲他廠所少見。鉋床不多,質也普通。大車床六架,製造甚爲精良,出品廠家爲V.D.F., Lodge and Sharpley, 及American等廠。本廠尚附設鍛工間,以便鍛製工作胚子,零星刀具,及淬火等簡單工作,鉗床則司鉗製,修配,及用軸承鉛之澆製工作,此外尙有銑床二部,以便製造劃一標準之皮帶搭扣,供廠方應用。

裝配組——主要工作爲工具機之裝配,在抗戰期間先後曾出品車床,鑽床,牛頭鉋床,龍門鉋床(附慢速裝置,可充龍門磨床之用),高速精密小銑床(並附立銑頭)共約四五百具。工具之檢定係根據德國許頼新格氏(Schlesinger)所規定之標準,合格後由管理員簽字證明,始能出品。筆者曾於勝利前担任最後一批車床之檢驗,其規定容度爲0.02mm.,但因出品之容度爲0.03mm.,即不能通過,其規定之嚴格可見一斑。裝配組後因擴充及裝置龍門鉋床之需要,另建大廠房一所,內部置大機器六架,即22呎新辛那底式龍門鉋床一架,龍門磨床一架,巨型牛頭鉋床一架,J.L.式搪床一架,白來恰特式(Blanchard)立式搪床一架,大號美國式橫臂鑽床一架;廠房之前爲6'×4'×8'工作地坑一方,以應需要,此等機械均極精密,進刀可重,生產亦快。

齒輪組——本組專司工具機及小工具上各式齒輪之製造，此外并承接其他分廠之各式齒輪。廠房設於一小山洞內，計有十三部機器，即翻羅式齒輪鉋車(Fellows Gear Sharper)大小各二，海勾力斯(Hercules)式小型滾齒機一具，G.&E.式(Gould & Eberhardt)大型滾齒機一具，格里遜(Gleason)式角尺齒輪機一具，格利遜式螺旋角尺齒輪機一具，P.&W.式齒輪磨床一具，齒輪擦床(Lapping Machine)一具，齒輪鉸床一具，B.&S式齒輪鉸床一具，紅線檢驗機(Red Liner Inspection Machine)一具，此機有檢查齒形及自動紀錄之儀器，可以測定精確度。本組所用之工具，滾刀部分自製，部分仰求舶來，齒輪銑刀則根據翻羅廠之紙樣製造，蓋此種銑刀係該廠之專利，而製造方法亦為一種秘密之故。齒輪完工後均以絃量法(Chordal Measurement)測定，故可不受外圓之大小之影響。

導持工具(樣板)組——本組共有二個山洞之地位，一切機件，均自造自製，機械極多，如P.&W.式，B型，C型之車床，腦登(Norton)式磨床，萬特耍(Wanderer)式之萬能銑床，新辛那底式二號工具磨床，白來恰特式垂直磨床，瓊式(Jung)平面磨床，螺絲磨床，反光工具磨床(Optical Tool Grinder)，內圓磨床，鏇床等等，性能俱屬上乘，此因各種工具及樣板所需之精密度甚高，故必需有此等設備也。其中最值得提出者，厥為P.&W.式之鑽模搪床及德國希來(Hilly)式之鑽模搪床，前者為鈸冶式(Gage Type)準確性至百萬分之一吋，後者為螺絲式(Screw Type)，準確性至百萬分之一耗，該二機為國內稀有者，其上所用之鋼珠軸承均為預先負荷式(Preloading)。

工具組中且附有一精密工具室，設備有光學檢驗儀器極多，大部分為蔡司廠(Carl Zeiss)之出品，即標準塊(Gage Block)亦有四五付之多，故凡檢驗應用，均能應付裕如，所惜者，即尚未發揮其全部效能耳。

第五廠之產品甚夥，玆述其犖犖大者，分類如下：

(甲)工具機械——五廠初製造車床，繼之以鑽床，鉋床，銑床，並重新整製車床等，最後之出品為十六呎龍門鉋床，苟無戰事結束後之停頓，則磨床之生產亦將指日可待，蓋磨床之全部藍圖已繪竣，并審查完畢矣。各工具機之重要部分咸採用合金鋼，(主要為鉻鎳類合金)，故其精確耐用程度亦較普通廠出品為佳良也。

(乙)各種小工具——種類亦多，大部分均有充分之備貨，主要者有：1.齒輪滾刀(Hob)，各種徑節(D.P.)或模數(Module)之滾刀均有備貨，但普通並無磨齒(Ground Teeth)者，苟需要時，亦可代磨。2.齒輪銑刀，備有全套各種D.P.之銑刀，其製造程序及精密之計算，另有專文(由雷天覺先生撰作中)介紹，不另贅述。3.博許式油泵(Bosch Pump)，此種油泵為精密產品之一種，其材料為S.A.E. 3140合金鋼，油泵心子且有表面加碳硬化，再在冷熱心中輪迴浸沈十餘次，藉減變形之可能性；每套油泵製就後再加精密之檢驗，其成績頗佳，油壓亦够標準，惟於製造時稍一不慎，即行損壞，其犧牲頗多。4.分厘卡(Micrometer)，共出0—32 mm.，32—64 mm.，64—96 mm.，三種；其內部螺絲全部磨妥，亦製有備貨。5.螺絲公及絞板(Tap and Dies)，前者全部磨光，後者則僅擦(Lap)過，二者均製有備貨。6.標準塊(Gage Block)亦曾試製，其成績經過中央研究院與本廠之合作檢驗，堪能與舶來媲美，惟尚不能大量生產。7.其他小工具如絞刀，平面銑刀，殼形銑刀，立銑刀，表面銑刀(Face Mill)等，則僅製定貨，並無備貨。

(丙)各種齒輪——除供本廠需求外，所接外廠定貨亦多，如公路局汽車上應用之螺旋斜齒輪，試用後該局甚為滿意，故亦繼續定製，此外尚有各型減速齒輪箱出品。

第六分廠—紡織機械製造

內地紗布缺乏，紡織機械需求孔殷，為應各紗廠之急需，本廠即專門製造各型紡紗機械及其配件焉。是廠曾先後出品格虜式小型紡紗機械五十套，美國薩可羅威式大型梳棉機二十五部，其他尚有各種經緯紗錠，羅拉，鋼領圈等零件，銷行於西南各大都市，凡採用者莫不交口稱譽，誠內地紡織機械製造工業方面之皎皎者。

本廠之組織，廠長正副各一人，下設總務，會計，設計，製造，檢驗五組。其設備有大小車床六十餘部，銑，磨，鑽，鉋及其他工作母機二十餘部，其中最特出者為無心磨床(Centerless Grinder)，專門磨造錠子，其精確程度遠非他種磨床所能望其項背。

本廠之製造程序，與第五廠相仿，即先填寫工作程序單領料單及配料單隨同圖樣，發給製造工場，該工場按單上所列名程序，逐一施工。同時，在每一步驟施工之際，更填具工作輔助單，該單上具有轉速，切削度，深度，所需精確程度，及所用工具等，並預先估計每件所需工時，再行發給施工工人，工人即遵照單上說明逐一加工。工作進行時，有計時員，監察記錄實在工作時間；並派檢驗員隨時檢查工作成品，以防工人之粗製濫造。每至月終，即按據報告，比較估計時間與實錄時間之差別，以及檢驗報告等，藉核工人之勤怠與技術之高下，分別予以奬懲。自此種制度實行後，工作效率即行提高，出品亦合乎標準，是為本廠之唯一特點。

本廠之出品主要有三類，其性能略舉如下：

（甲）小型紡紗機——主要有五種出品：

（一）清花花捲機——由清花機二部及花捲機一部組合而成，其效能每小時約可生產花捲二百磅，作用爲鬆棉，清花。

（二）鋼絲機——花捲經名大小滾筒處理後，除去短纖維及雜質，梳直纖維以成棉條，每機之產量爲每十小時產棉條九十磅。

（三）供條機——供合若干棉條經牽伸并稍加撚度而成均勻之棉條，每機之產量爲每十小時棉條九十磅。

（四）粗紡機——將供條機落下之棉條，經羅拉牽伸及加撚度而成粗紗，每機產量約爲每十小時十五磅。

（五）細紗機——粗紗經過三道羅拉，牽伸約六倍至十五倍，錠子每分鐘約6000—9000轉，紡成細紗，每十二部有168錠，其產量爲每十小時80磅。

（乙）大型梳棉機——本機係仿造美國薩可羅威式（Sacolowell）梳棉機，其中主要部分如大滾筒及蓋條皆精工製造，其中尤以蓋條為難，因略有不平直者即不能採用之故；而其平面雖亦施工，仍確保鑄鐵之硬度，均爲製造上之問題。此外如大滾筒，刺毛滾筒等，均經精密之平衡機試驗，故其平衡亦佳，此項出品曾經各大紗廠採用，咸感滿意。

（丙）雜項配件——種類甚多，今舉主要出品如下：

（一）細紗羅拉，其材料爲S.A.E.1112碳鋼，加工步驟爲1.光外圓，2.銑齒槽，3.校直，4.淬火，5.磨光，6.車接頭羅絲，7.校直0.03mm.以下之彎曲度，8.砂光。

（二）細紗錠子，其材料爲釩碳合金鋼（內含碳0.9%，錳0.3%，矽0.25%，釩0.25%），加工步驟爲1.裁料，2.車尖，3.淬火（溫度爲1450°F至1550°F水淬，下端尖頭硬度爲Rc 62），4.用無心磨床作初步之磨光，5.用無心磨床再作精確之磨光，其誤差當在0.01mm.以下，同時再作精密之檢驗，以校準其彎曲度，6.車光上尖端，及裝配鐵盤，校準輕重，并試驗須在每分鐘 14,000 轉之高速時能完全平衡，7.配錠胆，錠座，即全部完工。

（三）細紗鋼領圈，其材料爲鎳鉻合金鋼（內含碳0.40%，錳0.6—0.9%，鎳1.0%—1.5%，鉻0.45—0.75%）；加工步驟爲1.車光裏外圓及二平面，2.用專門機械砂光，3.淬火（用油淬1500°F，硬度須Rc 62以上），4.砂光，並試驗其圓度，誤差須在 0.08 mm 以下。

第七分廠—普通機械之製造

第七分廠之組織與他廠相彷，包含有三個工場，第一工場主要工作爲製造名項零件，其機械設備計有車，鉋，銑，鑽，滾，銑各式機械並斜齒輪銑製機約五十餘部；第二工場主要工作爲裝配及製造大量生產之零件，設備除普通機械二十餘部外，尚有自動車床，六角車床十餘部，捲彈簧機一部，拉形機（Broaching Machine）一部，共計四十餘部；第三工場爲冷作間，並附有輾軋工場以試製香烟錫箔。

抗戰幾年中之主要出品，除承製客戶之定貨外，廠方亦自製備貨，以供一般需要。茲將較有成績之出名列舉如後：

（一）滇緬公路上之惠通吊橋，該橋橫貫怒江，因國軍反攻急需，曾日夜趕製完工，其材料爲第一分廠所澆之鋼錠再鍛製加工而成，應用成績尚稱滿意。

（二）各項軍火，戰時生產局之委託定製計有大批迫擊砲彈及地雷引管等，除迫擊砲彈係由五廠加工外，地雷引管全部在本廠之自動車床及六角床上造成，生產之速率及精確度均甚滿意。

（下接本期第38頁）

從技術觀點來檢討

中國民航飛機失事慘案

·忠·

民國三十五年十二月五日晚有三架中國中央航空公司之渝滬班民航機同時失事，造成死傷八十人的大慘劇。事後各報紙紛紛登載當時情形，其評論文章中有責航空公司不負責任，有責駕駛員輕舉從事，有責主管政府機關監督不力，足見此慘案已引起各方注意。美國某報並指此爲民航史上最大之慘案。自抗戰勝利至今，民用軍用飛機失事經報紙登載者不下二十次，於十二月中即有六次之多，航空之安全問題深爲社會人士所懷疑，然則近年航空事業之進步，尤其民航在安全方面努力不遺餘力，遠非萊特兄弟初作飛行試驗之時可比。美國民航局(Civil Aeronautics Authority 簡稱 CAA) 曾報告在1945一年中，民航無一次嚴重之失事使乘客受到傷亡危險者，而我國在僅有之數條航綫之中，使用美國飛機，且大半由美國飛機師駕駛，還時有失事慘劇發生，這眞是一件可以討論的問題！

慘案發生以後，各報所載詳情不一，部分報導，似屬臆測，不足爲據，航空公司方面亦始終未有詳細解釋，交通部雖曾派大員調查尚無下文，現在上海地檢處亦着手偵查經過，準備向公司方面提出公訴，本刊因鑒於一般報紙所載評述，大都未能了解其中技術問題，甚至有完全不知雷達爲何物認爲雷達可以直接幫助飛機降陸者，故現在想從純技術立場討論此次慘劇，因未有官方詳細報告，只得根據報紙可靠之報導，以及筆者所知航空公司之情形而列綱，如有不符實際情形，深望航空公司方面出面解釋，專家加以指正，則本刊幸甚，未來中國之民航事業幸甚！

一 氣象報告

我國政府向無全國性之氣象預測，固然完備之氣象網並非一朝一夕所能成功，但駐華美軍曾在中國設一差强人意之氣象網，現大半觀測台已移交中國政府，吾人之所欲提疑問者，美軍交出以後，每日之分析工作與氣象圖是否有人主持？如有，則今日已非戰時，氣象報告無軍事秘密之價值，何故不能供給民航使用？

現在中央中國二公司之氣象設備僅可報告終點站之當地氣候狀況，根本無預測之可能，至於途間之氣候更不能顧及，十二月初中央運鈔飛機之失事即爲一例，如有完備之氣象預測圖，此種惡劣天氣均可繞道避免，失事之機會亦必大爲減少，觀此次失事之情形，終點站天氣有變化時，未必能有效的將情報傳達到正在飛行之機上，且無一負責者可命令飛機採取何種行動，中途折回抑繼續飛行，任令該不能確知終點站氣候嚴重情形之飛機師遭受其厄運。

二 機件保養

此次飛機失事，是否有機件障礙之因素在內，不得而知，但已往確曾有因機件障礙而致失事者，即如極注意安全并檢查嚴格之美國民航公司飛機亦難免有失事之機會，據筆者聞某公司之機場修理人員言，該公司之飛機經修理領班試車以後，即放置場上，至起飛前數分鐘飛機師登機，加溫(Warmup)發動機後即行起飛，固然駕駛員在此時間內可檢查飛機，但近年新式飛機所屬之油壓系統，電系統與各種儀器極為複雜，一般駕駛員均難詳知其所以然，即能明其原因，亦不可能於此短時間內一一檢查。如於昇空以後，發現弊病，小則，折回，大則慘禍隨即發生。如公司情形確如上述則難辭忽視飛行安全之責。吾人均知在生產機構中爲求出品之劃一，有獨立檢查制度之設立。在航空機關中則爲飛行安全計，亦應設有獨立之檢驗部門，於修理人員與駕駛員之間執行，其嚴格之檢驗使命，即每當修理完畢之後，應交檢驗部門一一檢查合格，始可核准由駕駛員飛行，如此則修理人員疏忽之處，方可避免也。

三　航行安全設備

飛行在空中唯一可與地面聯絡者，爲無線電訊，此項聯絡必須始終維持，皆見歷次失事報告莫不由於『氣候惡劣失去電訊聯絡』，我們要問，爲什麼會失去聯絡，是地上電台故障，還是機上收發電訊機失效，或是無線電報務員技術不良？如果是的那末平時爲什麼不注意？再說，我們在長程的飛行中，沒有無線電指向標 (Radio Beacon)，沒有Loran (Long Range Navigation 長距離航行)設備，但是我們有自動定向機或歸位器 (Homing device)；即使有了這種設備，還要問與地上機合作是否已做到完美的程度？不過通訊系統即使壞了，飛機還是可憑歸位器找到目標的，只是到了目標的上空後，尚需安全着陸才算完事；如果以廿五日的天氣情形，還須一套盲目降落設備(在這裏，雷達並無用武之地，）這種設備仍是需要地上和機上的合作。據筆者所知美國陸軍航空隊ATC都裝有此種設備，中央航空公司最近買進剩餘物資項下的飛機當也應有此設備。但地面設備，在龍華機場是沒有的。據說中國航空公司的飛機上也曾有這項裝置，後因使用情形不良，修理人就此拆掉了，所以那天，即使在江灣機場將地面設備開放，也許因爲設備的式樣與機上所用者不同（常用者有Army System與 CAA-MIT System 等)也許駕駛員不善使用，所以仍不能安全着陸。我們這裏要責問公司當局爲什麼不設法保持一個完整的盲目着陸系統?

四　緊急處置

廿五日那天最後一架失事的飛機，在上空盤旋有三小時之久，如果當時未與機上失去電訊連絡，爲何無可以負責之人，在聯絡其他機場後，通知機上，叫它折回南京，或其他天氣較好而有夜航設備之機場降落？照當時尙有二架飛機在龍華安全着陸之情形與報紙之報導推斷，在濃霧少退時，若能有緊急處置，如在跑道二側，以巨量汽油燃燒，使霧再行減少，可使駕駛員得知跑道確切之位置，再由一有經驗之駕駛員在指揮台上，以無線電修正來機之高度，則安全降落之可能必大增，至少不致使一機墮毀於機場以外。可見當時未作此努力，此方法雖不可靠，但爲過去電訊設備未達完美之時所當用者，是無人想及，抑時間不够？若謂三小時時間，不足作燃燒汽油之舉，難以令人置信。

退一步說，若每機均備有足够之降落傘，並使乘客在上機前略受一些訓練，何不在無辦法時，重新將機昇高，全體棄機跳傘，則傷亡之數必較現在大爲減少，這種沒有降落傘設備，也可以譴責的。

又在失事或迫降後，應亟以最速方法偵察地位，俾便以L4，L5式之輕便聯絡機降落該處，供給食糧，運送傷者，至少亦應明白情形如何？但前次某公司飛機在西康附近失事，報紙報導爲迫降，且謂已取得聯絡，並曾投糧，言之有據，而數日以後竟又報導爲當場墮毀，情形到如此不得而知，豈不可嘆?

以上所討論的各點是我們站在技術立場來看這次的飛機失事，慘痛之回憶猶歷歷在心，如果要追究公司負多少責任，善後如何辦理，這是行政和法律的問題，我們所要提出的是：積極改進航空安全，爲了民航事業的前途，爲安慰慘死者地下之靈，我們呼籲有關政府當局和兩個航空公司，加速完成氣象網，實行氣象情報交換，建立獨立機件檢查制度，增加航行安全設備(如盲目降落，Loran，絕對高度計等)並確保其効力，機場常川有負責人駐守。

最後我們再提出一個老口號『安全第一』！

正當工業復員過程中，中國政府買進了大批美國軍用的剩餘物資，美國的工業家們卻大聲疾呼喊出了：

美國的機械工業需要
新的設備
1940
敬之

美國工業家們說："戰後市場的劇烈競爭，必需要有新的工作機，才足以應付；戰時的剩餘物資，僅能抵償一小部分的需求而已。"

美國機械工業怎樣發展起來？

戰爭造成了美國機械工業的特殊繁榮！第一次世界大戰，使美國這一個機械入超的國家變成了一個出超的國家，雖然一九二九年的世界經濟大恐慌，美國的生產事業萎退不少，可是第二次世界大戰的發生，立刻使美國變成了世界各戰場的軍需總庫，機械工業的發展自不待言。

本來機械工業的範圍是非常廣泛的，非但包括了各種工作機，原動機，農用機，紡織機，印刷機，採礦機，營造機，以及其他雜項機械，同時還可以把交通工具的製造，兵工器材的生產都算在內；工作機是一切機械之母，我們要研究戰後美國機械工業的動向，可以着眼于工作機的生產量。

一九四〇年後，法國巴黎淪陷日起，美國政府便立即組織戰時生產局，統制生產；這幾年以來的工作機產量，雖無確實的數字，但根據比較可靠的估計是827,000具；這一個數字比了一九四〇年前五年(1935—39)的生產總量140,000具，要大上五・九倍，一般地說來，這一個生產量是足以應付戰後比較萎縮的工業復員時期的需求的。然而，現在美國的機械工業界卻喊出了這一個口號：『需要更新的設備來應付戰後的競爭』；這是什麼意思呢？——是不是戰後的機械工業發生了什麼變化？

比較精密地考察一下戰時生產膨脹的實況，便暴露了這一個事實，全部生產中大約有600,000架是政府的定貨，主要的顧主是國防生產部，海陸軍和航運局等機關，所以美國一般民用工業中能購置新機械的只佔到一小部分。

其次，從機械的年齡顯示出，在一九四〇年至一九四五年間，美國在十年以上的工作機，其數量百分比，從一九四〇年的72%降到了一九四五年

表一　美國工作機的年齡

統計日期	工作機存在量	超過十年機齡的數量百分比
一九三〇年一月	1,049,000	49
一九三五年一月	1,015,000	67
一九四〇年一月	942,000	72
一九四五年一月	1,711,000	38

的38%(見表一);看起來當然是一個進步;可是把總數分成政府所有和民間所有二部分來攷察的話,政府所有的工具機,卻祇有8%是超過十年機齡的;民間所有的則有54%超過十年機齡,那就是說,在這戰爭的時期中,民用工作機舊機與新機的比數祇增加了18%;比了一九三〇年經濟大恐慌時期,委實也好不了多少。

至於工作機以外的機械工業設備,在目前亦有大量的增加,以數字爲證,統計十九種機械(註)的總數,一九四〇年爲702,867具,到一九四五年爲1,066,395具,共增加約50%。主要的設備增加集中在焊接裝置(自1940—45,增加三倍),起重機(約增加二倍),和壓機(約三分之一以上)。這三種設備要佔全部增加量的四分之三。此外,自1940至1945期間,這許多設備的新舊比例,在十年以上舊機所佔的百分比自64%減低到39%,只是在這時期中新裝機械約有三分之二是政府所出資的;至于民間自有的機械,在一九四五年開頭,舊機的百分比仍是60%,祇減少了34%,情形並不見佳。

在這裏,也許有人就要提出這一個質問:我們何必要把政府所有和民間所有這二種所有權劃分得很清呢?全部的工作機生產,豈不就是美國國民的財富?政府在戰時可以使用,那末人民在戰後復員的時候不是正也可以應用的嗎?

但事實上戰時的生產工具不一定能在平時適用,爲要應付新的環境,工業界需要新的生產工具。

戰時生產的出路在那裏?

這正是我們要研究探討的問題:這一批戰時的生產在戰後如何得到它們適當的出路,分析起來可能有如下幾種方法:

1. 政府兵工廠或造船場中的應用;
2. 仍配備于政府的各種國防機構中應用;
3. 出售或餽贈于各種教育文化機構;
4. 出售于外國;
5. 出售于美國的工業界。

最後的一條路,正是使美國生產增加的一個正當用途,而是美國公民們所擁護贊同的,因爲他們曾經納了稅,覺得政府所製造的一切生產工具,是應該用作增進國民的福利,而并不是把嶄新的機械,當作廢鐵拋在一邊。

註:氣壓機,彎曲機,起重機,鍛機,熱處理爐,吊車,煉油機,機件洗滌器,電鍍機,壓機,鉚釘機,剪刀車,成型機,搖邊圓筒,焊接及切斷裝置,烘焙爐及乾燥爐。

可是在目前,大多數的政府機關還沒有決定究竟有那些工廠要維持着作爲準備動員之用,究竟有多少設備要用來使陸海軍的兵工廠和船場現代化起來。比較有些眉目的是,在一個已定的計劃中曾指出政府要保存100,000具工作機,給陸海軍部和海軍部應用,可是其他的機關就沒有什麼表示。即使是海陸軍方面,也有種種情形表示出他們不見得需要徵用大部分的民用工廠的機械設備。這是因爲在這種工廠中的工作機,有些是專門生產一種機件的;有些尺寸的機械對海陸軍并不合用;還有許多機械則是在戰時生產過程中,由于不熟練的技術,以致磨耗毀壞了的。同樣,那些政府定貨,爲了戰時生產的剩餘機械工具,假使要用到民用工業生產中去,也有類似的情形發生,不見得一定全部合用。曾有一部分公司廠商表示,願意選購一部分政府所有而現在正裝置于民間工廠中的工作機(共有169,522架),這是因爲那些機械保存在民間工廠管理比較認眞,情形比較良好之故。然而,如果他們要利用這些已經使用過的機械設備,作爲恢復生產,增加生產的用途,那他們就要鄭重攷慮了。

爲什麼需要新式的機械?

因爲一般生產情形良好的工廠是不需要許多專爲生產兵器的工具,或是已經損壞了的工作機,甚之于式樣大小不合需要的設備的!此外,民間工廠還會逢到一個政府工廠所遇不到的問題,那就是他們要進入競爭劇烈的市場,他們還要付出亙古未有的高昂工資!

照目前的情形看來,工資率是大約不會退回到戰前的水平了;任何一個企業,如果要在市場上競爭,他必須具備最有效率的機械來製造他們的成品。即使根據勞工的觀點來說,如果要維持很高的生活水準,進步的設備亦屬必需:工人若是要經常獲得生活的費用,他們必需有質量并美的產品,淘汰陳舊的製造方式。

同時必需攷慮的一個問題是:一般機械工具的製造者認爲欲維持他們的銷路,在戰後須依靠他們的新發明并出售新式的進步的機械。曾經宣佈過的種種新式設計以及還未發表的發明,在戰後勢必一年年的製造出來,而製造這許多新機械的時候,爲了吸引顧主的興趣,在生產過程中,自要採取一種極有效的方法,出品更要力求精良了。

機械工具的準確性

我們且以準確性的問題而言:在戰爭的時候,海陸軍方面所規定的標準是非常嚴格的。製造的東西既是飛機瞄準器,雷達之類,如果與規定的公差略有微差,就會把機件的精密性全部毀壞。政府委檢驗員根據藍圖所規定的標準尺寸來挑剔,如果有萬分之一吋的公差相差,就不能合格。結果許多製造廠研究着做一種以前從未有過的準確工作,當然,工作機的製造者更需要有一種可以有那種準確程度的工作機。可想而知,這一種工作是既費金錢,又傷腦筋的。在這種環境之下,機械製造工業已推進到了一個新的準確性的時代。並且,幾年的經驗,又體味到機件的高度準確,不僅使裝配容易,而且作用也比以前的機件好得多。這樣造出來的機械是比較安靜而發動穩定的。因此,許許多多的工廠,既然在戰爭中學習到了這一種經驗,也發現了它的利益,自然,準備在戰後繼續努力做精確的東西。

工作機的速率和進刀

在戰爭的年代,機械製造者還感到本身負起了一種必須加速生產擊潰敵人的使命,因此,在工作機上常使用較高的進刀和速率,而戰前應用頗少的滲碳鋼(Cemented Carbide,一種硬度極高的工具鋼)工具也廣泛地被應用;以前祇用單道切削(Single Cut)够了的,現在為了適應高度要求,就使用了多道切削(Multiple Cut);工具的琢磨也有了新方法,使工具得以使用較長的時間,并使磨床壽命可以延長。這許多變化就要求有功率較重的電動機和改良的電力控制機構。如以銑床為例,就發現了在銑刀心子上裝置重量的飛輪,可以減少因銑刀敲擊工作物而引起的震動,使工作物可以減少擊痕。

製作方法的改進

為了密切符合規定的標準起見,美國的製造家們又發明了很多劃線和測定的方法,這許多方法,無疑的在戰後是同樣有價值的。因為要出產得快,就發明了許多取巧的方法,尤其是金屬片形成的工作方面。如以飛機製造家而言,他們學到了不用硬鋼模子而用軟金屬或塑料模子來壓製的工作方法。再以製造槍炮方面而言,種種小零件,以前因為形狀奇怪需要十幾個工作步驟的,現在則用表面拉搪(Surface Broaching)或壓製的方法,減少了不少製造時間和手續。總之,在戰時發展了的種種工具和製造方法,在戰後因生產競爭關係,將會有更大的發展的。

在這裏,我們還想介紹一點美國機械師雜誌社(American Machinist)的統計,作為補充:

用統計來顯示美國機械工業的進展

(一)產品用途的分析,指出了65.8%的產品是用來改良現在的生產工具;21.7%是改變或增加新的產品;4.7%是從事于繼續戰前的生產計劃。其餘的百分比則尚未確定。

(二)採用新機械工具的理由可以分析如下:為減少成本的有83%;為增加產量的有58.7%;為改善品質的有55.2%;為更換新機的有37.2%;為適應新出品而裝置的有29.1%;為求達到密合限度的有22.1%;為增加效率的有7.6%。這許多百分比,加起來并非為100,這是因為所調查的各公司供給的理由甚多,總計甚為不一致之故。

(三)營業總額 一般的工廠要比戰前增加一倍。有四百十一家工廠,戰前投資共值$109,170,000的曾提出他們在戰爭年代中獲得了價值$74,880,000的增添機械工具,預料特費去$37,878,000或每廠$92,142作為戰後充實設備之用。戰後平均每廠雇用人數是374人,戰前則為583人。

(四)國外市場的興趣大大提高。在戰前,這許多被調查的工廠中有43.2%,從事于出口貿易,但目前則有90.8%。

(五)熱處理設備 在戰爭時期中,有[illegible]0%的工廠裝置了淬火爐等設備。其中淬火爐(煤氣,燃油或電熱的)佔了新設備的63%,鹽槽(Salt-bath)約佔22%,其餘15%則為誘導硬化(Induction Hardening),火炬硬化(Flame Hardening)以及冷化設備等。此外佔到總數19.4%工廠,準備在戰後裝置新的熱處理設備。舊設備的廢棄有顯著的增加。例如在戰時,裝置誘導硬化設備的廠家有8.3%,在戰後計劃着要增添這項設備的就佔到18.1%。火炬硬化設備的情形也有同樣的趨勢,即戰時裝置者佔全數的2.8%,預定在戰後添置的則有10.4%。這許多數字證明美國機械工業,對于熱處理設備是如何地在精益求精中。

(六)材料的運轉裝置,現在也添置了不少，調查結果有47.4%的工廠，準備在最近數年中添裝此種設備，還有40.1%的工廠也正在計劃中。最近售出的材料運轉裝置，各類所佔百分比如下：電力吊車28.6%，工業卡車22.2%，手搖吊車19.7%，架空運輸機13.4%，轉柱運輸機9.6%，起重機9.6%，戰後計劃中還要添置的百分率，比了上面的數字還要高，如架空運輸機要佔到17%，轉柱運輸機則爲16.7%。

（七）工廠的照明和通風的裝置，現在也大大地改善。據統計，在戰後要裝置螢光燈的工廠佔到49.2%；此外有60.8%的工廠在計劃改善廠房內部的油漆色調，來改善照明的情况。通風裝置（空氣調節冷熱氣設備）已經有18.2%的工廠裝好了，此外18.9%的工廠則準備購買新的設備。這幾點事實表示出美國的機械工廠如何在改良他們的工作環境，俾使效率增進。

中國的機械工業到那裏去？

綜言之，美國的機械工業在戰後的趨向大概可以分成二大類：其一是準備應用戰時發明于平時生產。其二是由于戰時工作的啓示，工程師們獲得了新的思想，準備從事于新的發明，這許多思想，在目前眞有成績的還少，可是有希望的發明正在發展中。所以，美國在技術的觀點上來說，機械工業，已經到了一個新的世紀。它可以產生新的設備和應用新的材料。技術的進步正在飛躍地增大中。對于整個美國工業說來，機械工業的發展無疑地是一個最重要的因素。回顧在日益萎縮中的我國機械工業，相較之下，我們是應該如何地怵惕于心啊！——中國的機械工業到那裏去呢？

英國工程界倡導聯合研究

· 迪 ·

聯合研究所是近代英國工業界新事業之一，近十年來，各聯合研究所之總經費，從每年卅萬磅增加到一百萬磅，可見其發展之速。

工業研究可以分成三類：一、競爭性的研究，二、合作性的研究，三、學術性的研究，競爭性的研究機關，各大工廠往往附設，學術性的研究，各大學都在兼做，大學研究室的主要目標是增加知識，工廠研究室的主要目標是增進人類福利，聯合研究所的地位恰在兩者之間，它研究會員們共同有關的新穎工作方法和製造程序，至于基本原理的研究，它寧願協助各大學研究室而不自己做，它又預計各工廠研究室會各自研究和調查實施新技術的方法，當然，研究工作不能嚴格分類，研究機關不可斤斤於工作種類，擴大工作範圍有時也很必需。

聯合研究可並不減少工廠自設研究室之需要，實則反而增加這種需要，爲了全國經濟復興起見，我們急於要把新知識實用起來，新知識從發明至實用所經歷的冗長的時間，必須縮短，三種研究機關要互相聯貫，推進這種工作，它們不是平行駢支的。工廠研究室是最後一關，更須工作勝任，才能實施研究所得。

根據英政府平時和大戰時的經驗，過份集中研究機關，雖然便于管理但是有很多缺點，所以分類研究，政策正確，三種機關應該互相補助各有供獻。

聯合研究所，另一重要優點是，同業中的智慧人才全體通過這機構爲全業福利而服務，這是一個極重要極困難的工作，非要常常注意不可，英國鋼鐵業聯合研究所各會員已有坦白而公開的討論，足可顯出各人都願意合作，他們的目標應當是：每人都自以爲是全體的一份子而願意爲大衆的利益貢獻意見。

戰後蘇聯鐵道建設和電力事業的展望

薛鴻達　譯

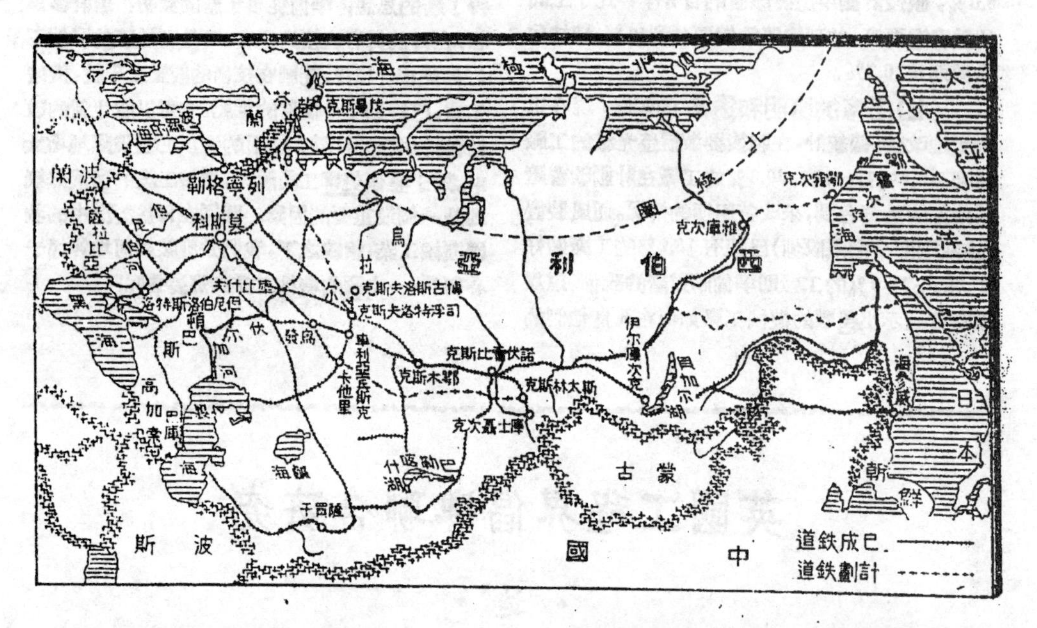

新五年計劃中的鐵道工程

一九三九年時蘇聯已通車的鐵道計有 56,250 英里，其中約有 20,000 英里是在25年前就已造成的。蘇聯在併合愛沙尼亞，拉脫維亞，立陶宛，波蘭東部，東普魯士一部分與貝薩拉比亞(Bessarabia)等地後，取得了許多鐵道，再加上應戰事急需所新築成約 5,000 英里的鐵道，使其在總長上增加很多。但是，若以鐵路長度，對於全面積之比率，或對於總人口數的比率而言，蘇聯較諸中歐，西歐各國，那還是差得很遠。

假如祇論歐俄及烏拉爾東部的新工業區域，則其鐵道密度與中東歐相差無幾。因爲蘇聯的大部鐵道網，是集布在這區域及亞洲蘇聯西南部的。可是從諾服西別斯克(Novosibirsk)地位約在波羅的海與太平洋之半途，向東，包括西伯利亞東部，及太平洋沿岸地帶，在這一大片地域中，到最近爲止，供用的鐵道系統，還祇有橫貫西伯利亞大鐵道的幹線，以及少數疏散分佈的支線。據確訊，有一條新幹線，從葉尼塞河(Yenisei River)附近與西伯利亞大鐵道分路，沿着貝加爾湖的北方，一直通到鄂霍次克(Olhotsk)，現在將近完成了。其他在戰時造好的重要鐵道路線，則有北貝柯拉(North Pechora)鐵道，這是用來聯絡蘇聯工業區與北極圈內的貝柯拉煤田的。此外還有若干聯絡伏爾加河中部與高加索及其他地區的路線。

在此次大戰中，由於德人蹂躪，以及雙方的軍事行動，造成了巨大的損害。所以在目前蘇聯正需要佔用大部分可利用的人力，物力，來做這艱巨的復興工作。但是蘇聯並未因此放鬆了她的新興的計劃，在1946－50的五年計劃內，她仍準備興築 4,500 英里的鐵道新幹線，以及 7,500 英里的副線及支線。在這計劃中，要建造的路線就有斯大林斯克——馬格尼多郭斯克線(Stalinsk Magnitogorsk line)。這條路線的完成，可以聯絡伏爾加河中部(即庫比什夫 Kuibyshev)與科士巴斯(Kuzbass)工業區(在烏拉爾與貝加爾湖的半途)。

電化的計劃

除了高加索山脈，烏拉爾山脈及中亞細亞山脈及東部西伯利亞區域以外——僅佔蘇聯全面積中的一小部分——蘇聯的地勢都屬平原，在高度上無大差異。鐵道的坡度（gradient）太大，是鐵道須施電化的主要因素。蘇聯在已成鐵道中，很少有較大的坡度，似無電化的必要。然而在另一方面，蘇聯許多鐵道幹線上的運輸密度，却又未免太高一些，所以結果仍要引起採用鐵道電化的計劃。據統計，在1937年，蘇聯鐵道的載貨量對於其每英里路線長度的比率，比了英國或美國要高出四倍。這種比較，當然有靠不住的地方，因爲比較的基準，是不很一致的。譬如，我們就不知道蘇聯鐵道哩程的計算是怎樣。可是從這個數字，至少可確認蘇聯鐵道的運載量是很巨大的。當然蘇聯鐵道採用較寬的軌距以及載量限制比較自由等，爲其運載量得以增加很主要的原因。

雖然在運轉方面說來，蘇聯鐵道特具優長，但在幾條幹線上運輸量實已超過它們的限度了。因此在1946－50年的五年計劃中，電鐵道已占有相當重要的地位，並且說明在以後的十年中將有更多的路線要改變成電鐵道。到目前爲止，蘇聯的電鐵道，包括莫斯科及列寧格勒的郊區鐵道，共約有1.500 英里。但是到1950年，這個數值就將不同了。在1946－50年的計劃中，約有3,600英里的雙軌路線是要改成電化的，並且計劃到1960年時，將有12,000英里的鐵道上的車輛全用電力來運轉。

在頓巴斯(Donbass)煤鐵礦區域，和高加索，烏拉爾及西部西伯利亞區域等地，電化計劃的工作早已開始了。在橫貫西伯利亞鐵道主線上，計有1240英里多的鐵道，包括在特瓦（Dewa）與別拉瓦(Belovo)之間的一段，還有卡拉更達(Karaganda)，阿克土平斯克——卡太利（Aktyubinsk Kartali）與車利亞賓斯克——斯浮特拉夫斯克——博古斯洛夫斯克(Chelyabinsk Sverdlovsk Bogoslovsk)等支線，都是先得要電化的。在這許多鐵道上，運輸烏拉爾與科士涅滋克 Kuznetsk礦區和工業區域中間的巨量煤和鐵礦，其距離在750英里以上。預計在1946年底，電機車可以在莫斯科與頓巴斯中間通車。此外在莫斯科與列寧格勒中間的幹線，以及其他從蘇聯國都散到歐俄諸大城市的鐵道，還有這些大城市四郊的鐵道系統，烏拉爾與本區域的中央工業區域的聯絡路線，都要在改變計劃中，占一地位。在1946－50年計劃中，並將建造555座電機車頭與635的電動客車，以供聯列電車(Multiple unit trains)之用。

改用電鐵道後，可以希望運輸費經濟，並且運載量也可增加。據估計200座電機車的載荷量，大約相當於500座蒸機車的載荷量。而且所可節省的燃料，計有百分之六十之多。蘇聯鐵道大量電化的主要困難，是在建設動力站添置軌道與機車方面、所需資力過巨。但是看到在未來五年內，運輸量將要倍增的事實，現在蘇聯認爲這種電化鐵道的工作，是急需求其實現的。

上述的許多路線能辦到電化，須先修理或重建在戰時被破壞的各大動力站。此外並先要新建好多處發電廠，這些發電廠，有的已在進行了，有的還在計劃中。蘇聯的發電量，自從但涅伯河(Dnieper)上在但涅伯洛斯特洛)Dnieprostroi的巨大水力發電廠重新建成後，已獲得許多進步。在那發電廠中，計有九座發電機，總計能够發出80,000 瓩以上的電力，可以說是歐洲最大的發電廠。在重建水閘時，因利用電炬的照明，工作得以日夜連續不停地進行，現在已將近完成了。在列寧格勒新建設的90,000 瓩發電機中，第一座希望于 1946 年的下半年完成。在列寧格勒區的斯浮河(Svir)及伏爾霍夫河(Volkhov)上的其他許多重要水力站，在戰爭期中，都已破壞。在受侵土地中，還有許多蒸氣動力站，也都遭毀損，這都是正待重建或修理的。

現在正進行建築的新水力發電站，一個是在鄂卡河(Oka)上的100,000瓩特的電力廠，此廠離莫斯科約 100 英里，電力可以供給莫斯科市應用。另外一個在北極圈中的拉科(Kola)半島上，也新建一個大電力廠，此廠在戰前已開始建設，希望在1947年可以發電。這樣，現在正計劃建築的莫曼斯克（Murmansk）鐵道的困難部分，因爲從此廠可以供給電力，於是也決定改用電鐵道了。伏爾霍夫(Volkhov)動力站的重建，也能供給電力，以應莫斯科並列寧格勒幹線上行駛電機車之用。

水力的開發

在1937年，蘇聯的電力，祇約有七分之一是從水力發電廠發出的，但是蘇聯可供開發水力的

（下接本期第 23 頁）

瑞典 EKA-Brand 電化廠的最新電解室

藉技術起家的瑞典工業

明 器

瑞典既沒有煤可作爲工業上的主要原動力，也沒有足量的鐵可作爲重工業的原料，全憑技術人員的機智，吸取了自然的財源。

瑞典，這位於北歐的一個小國，牠的面積不過我國的一省，人口不過六百五十萬，但瑞典人的生活水準很高，國家歲入與人口之比也很大，主要的關鍵，就在於瑞典是一個工業國，人口中的百分之四十是直接從事於工業，百分之二十從事於商業及交通，亦即間接從事於工業。

瑞典主要的資源是森林，所以主要的工業，也以木材爲出發點，由木材誘導出來的工業，可列簡表如下：

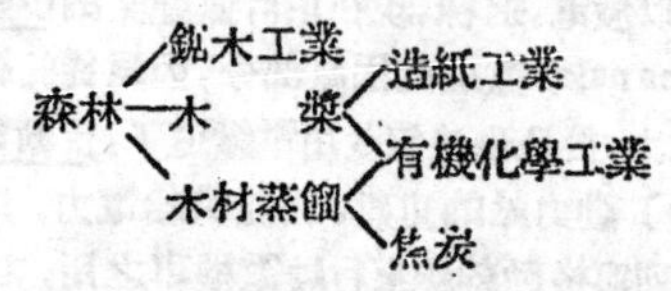

森林的成長與斫伐，用科學管理，使其平衡，這樣原料就不患缺乏；森林的區域，多在西北的山嶽地帶，而工廠多在東南沿海地帶，其間的運輸，全靠自然的水力，圖一是漂運木材的溝渠，這樣的溝渠在瑞典非常普遍，全長達二萬英里，近來常用混凝土製成，以代替從前的木製溝渠。

木料是森林最直接的產物，所以鋸木廠的林立，是必然的結果，在1930年以前，因出口需要極大，鋸木廠就一直在量的方面擴大，到1930年以後，才致力於技術方面的改進，除了高速鋸木，鉋木的實施外，自動裝運，人工風乾，都有極大的進步；尤其值得注意的是幾個大廠，都已電氣化，大部份的工作，都以電力去做，除了整塊的木料外，還有三夾板的製造，此等工業與鋸木廠不同，這裏多用最上等的木材做原料，每年三夾松板的產量，很是可觀。

鋸木時的木屑，是一個很大的浪費，現在已能利用牠來做木漿以製紙了。木漿的製法，大別可分二種，一種是機械法，是舊法，品質較差但價廉；另一種是化學法，則品質較佳而價昂；化學法又可分爲二種，一是硫酸鹽法，原料是松木；另一是亞硫酸鹽法，原料是樅木。

木漿就是木質纖維，是製人造絲及紙的原料。

圖1—森林裏的漂木溝

人造絲的液體，經過一棉質過濾器而精鍊的情形；瑞典的人造絲工業，相當發達，並且用這種纖維，可做塑料（Plastic），像棉膠與硝化纖維製成的賽璐珞，可作照相的軟片，有光的噴漆，以及包紙等用途。

圖二是一組製報紙的機器，每天可造紙160噸，出紙的速度是每分鐘 440碼。從這巳可見瑞典造紙工業的大槪，而每年出紙量，有一百萬噸光景，包括廿六萬五千噸的精紙，十四萬五千噸亞硫酸紙，三萬噸的防油紙，三十萬噸的白報紙，十一萬噸的印刷及書寫用紙，以及七萬五千噸的其他種類的紙。瑞典的造紙廠，遠在1573年，已有設立，這種老廠，至今尙有存在，但用木漿作原料，始於十九世紀，那時印報業的發達，刺激造紙業，使其加速發展。除了普通的纖維紙之外，還有硬紙板的製造，這種紙板可用以做裝物盒，也可作絕緣體之用。

瑞典不產煤及石油，所以工業的原動力，不得不借助於水力；水力發電的普遍巳使瑞典全國電氣化，有百分之九十的瑞典人，可以使用家用的電氣器具。尤有進者，全國鐵路的幹線，都巳電氣化。最初，有幾個在內地的工廠，使用水力來代替蒸氣機，而逐漸地，這工廠附近的人民，都漸次利用電能，而成爲一個電氣化的區域；這些發廠的電量並不大，全國電氣化的實施，尙靠幾個大瀑布，或將許多小而急的水流，用人工滙集而成一個大型的水力發電廠。這些工程非常偉大，有時需開一個長的隧道，以得較高的水頭（Water Head），瑞典北部有幾處水力發電廠的水輪機房，深入地下150呎以上，目的也爲了水頭可以較高，這樣地下室的構造，顯出極高的工程技術，這裏，冰流須設法避免，漂木溝須仍連通，魚道也仍保留。除了這些之外，尙須設有極大的貯水設備，以調整水頭的穩定。

瑞典的水輪發電機的製造，巳能做到利用三四呎的水頭，例若瑞典南部的韋而耿廠（Vargan plant），這裏的發電機及水輪都非常大，其中的轉子的直徑，是世界上最大的一個。由於這種水力發電的需要，電機製造業，也因之異常發達，圖五是

圖2—日出160噸的製紙機

圖3—瑞典的電機製造廠

括割刀,鑽頭,銑刀,鋸,刀片等,以質佳聞名;鋼絲亦以質佳聞名,伊朗,墨西哥等油井中所用的鋼纜,是非常長而應力甚大的,都採用瑞典鋼絲;瑞士的鐘錶中所用的鋼,亦求之於瑞典;至於特種鋼,包括抗銹鋼,抗熱鋼,抗酸鋼;適量的鎳,鉬,鉻,矽,鎢及錳的鐵合金,經過熱處理後,可耐高熱及高壓,適用於鍋爐管,這種鍋爐管氧化的溫度可高至1125°C;尚有一種鉻,鉛,鈷的合金鋼,電阻甚高,可用於電阻爐中,耐高熱至1300－1350°C。

一個瑞典電機製造廠的情形,所示的機械,就是在製造中的水力發電機。

水力發電廠大多是國營的;但不問國營民營,都已互相溝通,形成一全國性的電網,一方面可以救濟某一水力發電廠水力的不足,另一方面可平衡各區域的供求關係。主要的輸電線(Transmision line),將北方拉潑蘭(Lapland)發電廠的電能,輸送到南瑞典,甚至丹麥境內,遠達1,250英里。

自動電話史中有名的愛立生(L.M.Ericsson)就是瑞典人,由他的發明而設立的電話公司,是瑞典最大的一個,電話機件,電報機件,電氣控制設備,擴音機,水平計,電鐘,鐵路號誌,真空管,收音機,發報機,電銲機械,蓄電池,電掃帚,醫學上的電機用具,都有製造,不論在質在量方面,都可在世界市場上競爭。要明瞭瑞典電話的普遍,可從下面的數值中看出,就是每100人中,就有17具電話機。

鋼鐵工業是工業之母,可是瑞典產鐵量並不多,所以瑞典的鋼鐵工業,是趨向於特種鋼的製鍊,由於水電的幫助,電爐鋼的製煉,成爲瑞典工業的一大部門,鋼的性質可以用顯微鏡測驗,現代的製鋼術,差不多都決定於實驗室中的校驗。製成品主要的爲工具鋼及鋼絲以及特種鋼。工具鋼包

瑞典的工程界,已大致做到解決自己的問題就是除了紡織,鞋,印刷外,都已能自己製造機器供自己應用。這是指一般工程而言;特種機械而有專長的,有柝油機,氣輪及發電機,油機等,精細的有珠軸承,規計(gauge)等。圖四示世界聞名的KF軸承的最後校驗,圖五示卡潑蘭(Kaplan)1

圖4—710×1150×345mm的SKF軸承

萬匹馬力水輪的一部份；圖九示約罕生(Johansson)規計，是長度測量的標準。

最後，我們看看瑞典的化學工業，這項下大別可分爲二類，一是電化工業，另一是有機化學工業。

瑞典是世界上第一個利用電能製過氯酸鹽的國家。氯酸鹽除了製過氯酸鹽外，就是製火柴，安全火柴是瑞典特產之一，牠以製造過程中機械方法的優良出名，例若火柴的加蠟，製頭以及包裝等步驟。另一種電化出品是電石——炭化鈣。大部份的炭化鈣，用以製重氮氰化鈣——石灰氮，製成人造肥料。

圖5—卡澀蘭水輪的轉動子，152,000匹馬力，直徑263″，重160噸。

有機化學工業多是木業的副產品，化學法木漿剩下的溶液，可製溶劑，醋酸，乙醚等，木纖維可做炸藥，諾貝爾(Nobel)發明無烟火藥，奠定下瑞典炸藥工業的基礎，木材乾餾，也是一種規模很大的工業，甲醇及甲醛是瑞典出口品中的要項。最近，有機化學已發展到醫藥的領域，製造維他命及荷爾蒙(Hormone)正在方興未艾。

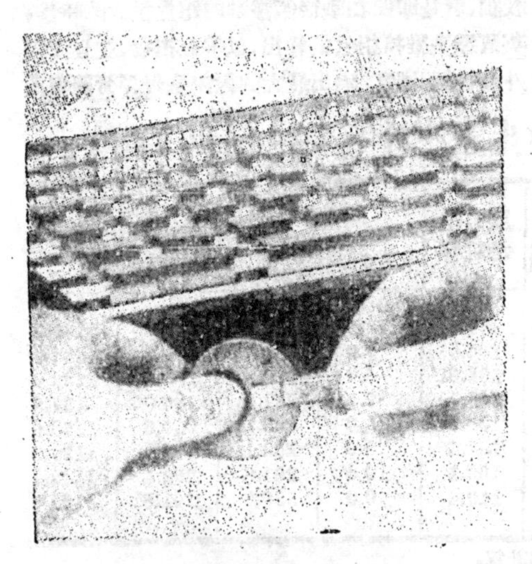

圖6—約罕生規計(Gauge)

無機化學工業的規模，卻沒有上述兩種的大，製硫及製砷，也是最近的二大新工業。

此外，順便提一提瑞典的皮革，橡皮，玻璃工業的概況，這些都只好列入小工業了；皮革以製手套，衣服爲主，橡皮包括硬橡皮製物如網球之類及皮帶，車胎等；玻璃則以藝術成就爲要點。

瑞典的工業，可說是很發達，但牠沒有煤作爲工業上的主要原動力，重工業原料鐵的產量也很少，追溯發達的主因，我們知道牠的工業，是基於技術的成就，愛立生的自動電話，諾貝爾的炸藥，都是以發明來與世界競爭；低水頭水輪發電機的應用，木業副產品的利用，也是藉技術來榨取自然的財富；這眞是值得我們借鑑，值得我們警惕的地方！

為了增加生產，英國的工業家也在企圖統制化和計劃化了。

英國鋼鐵工業的生產近況及其新計劃

周 增 業

在機械生產和物質文明的時代，整個產業系統中遇到的生產工具，大都數是鐵系金族所製成；這些鐵，和牠的製成品鋼以及許多合金，就是擎着生產責任的主力。一個國家的鋼鐵生產，不單代表牠在重工業方面的立足基礎，並且指出牠在工業生產中的能力和自給性。英國是二十世紀物質文明的發源地；牠的煤鐵生產是一向著名的，我們現在試看，牠在戰爭後的生產情況如何，又再來研究他們的新擴大計劃，以爲我們的借鏡。

英國的鋼鐵生產究竟有多少？

英國的鋼鐵生產，有不列顛鋼鐵協會來替牠做生產的統計，並且作種種有關的研究。下面的表一，就指出英國在一九四四和一九四五兩年，和一九四六年上半年這幾個時期裏，每星期的平均生產額。從這張表中，我們可以看到下列幾點事實：

（1）英國產鐵礦石，還不足自己的需要，因此就不能不輸入礦石，來源是美國，加拿大，澳洲，挪威等地，輸入的礦石，最高時在50%左右（一九四六年六月）。

（2）除了礦石外，英國也還有鋼料的輸入，這當然是製成品。在戰前，英國每年從歐洲大陸上輸入鋼料約五十萬噸，大都是德國的產品。從表一看出輸入最低的時候在一九四五年，那是因爲戰爭剛結束，所以供給少的關係；一般的說來，輸入的比率已在逐漸減少中，到今年六月，鋼進口每週九千噸，而出品則鋼塊二三九・八千噸，鋼成品一九一・八千噸，總額四三一・六千噸，只是2%多一點。

（3）英國鐵礦產量，有低落的傾向；因此用輸入的鐵礦和廢鐵不能不增加。但是生產量總在增加的傾向中，這裏顯著地沒有罷工和其他人爲的影響在內。

（4）廠商存貨減低，這反映市場的需要。

英國鋼鐵輸出了多少？

我們試再看表二，鋼鐵出口分類統計。從這張表上，我們可以看到，去年上半年的輸出，已超過一九三八年之半額，並且去年六月中英國鋼鐵的總輸出額是一九四千噸，但是在第一表中，我們知道同月的出產量是每周四三一・六千噸；所以他的出口量是總生產量之12%强。我們可以得到一種教訓，就是即使在戰後鋼鐵國內銷量很大的時候，英國還是維持相當的輸出，以爭取市場，並且獲得外滙，培養國富。輸出最大的對象是丹麥荷蘭南非

表一　英國鋼鐵工業生產統計（每周平均額，單位千噸）

時期	鐵礦石產額	輸入鐵礦石	生鐵及鐵系合金產額	廢鐵消耗額	鋼及合金			廠存貨量
					輸入鋼料	生鐵及鐵塊產額	製成品產額	
一九四四年	297.6	46.8	129.5	141.7	26.6	233.5	197.5	2171.0
一九四五年	272.5	77.2	136.7	138.5	2.9	227.3	171.6	1683.9
一九四六年—正月	245.3	96.7	143.6	134.8	5.0	228.8	173.4	1223.9
二月	256.1	99.6	146.1	146.7	9.5	247.2	186.0	1197.8
三月	256.4	108.1	147.3	155.2	6.8	255.7	200.6	1173.9
四月	243.5	111.4	143.7	152.4	5.6	252.1	184.6	1129.9
五月	244.9	115.1	151.7	159.1	10.6	261.8	203.4	1146.1
六月	225.5	118.7	151.5	140.4	9.0	239.8	191.8	1131.8

註：(1)包括合金在內。　(2)存貨於表列時期起計算。

表二 英國鋼鐵輸出分類統計(單位噸)

產品	一九四六年六月	一九四六年上半年	一九三八年之半
生鐵	1113	3262	46970
鐵系合金：			
鎢鐵	5		258
錳鐵	1510		
其他	66		
鐵塊	576		
鐵條	451		
鐵片	—		
盤元,鋼元	5352		
其他鋼料	21,747		51,006
特種鋼	1,434	8,563	2,466
角鐵,各定型鋼料,	11,218	78,621	33,702
鑄鐵,鍛鐵	277	1,519	810
樑,柱	2822	42,239	16,736
鐵皮,	6836	41,830	18,688
鐵板,⅛" 以上	26768	174,029	65,484
黑鐵板	4037	14,990	7,270
黑鐵皮	9766	21,395	31,756
白鉛皮	5180	14,509	73,468
馬口鐵	11876	54,393	159,660
馬口鐵皮	211	1,301	706
錫鉛鐵皮	59	346	2,162
塗飾鐵皮	8	403	2,184
生鐵管，六寸以下	4362	20,921	24,464
生鐵管，六寸以上	3133	15,353	21,482
熟鐵管	18864	135,238	109,986
鐵軌	13540	98,380	53,000
枕鐵	4952	59,542	12,692
其他鐵道用鋼料	1752	11,064	13,386
鐵絲	7443	39,374	27,592
鐵絲製品	3336	15,909	14,744
釘	563	3,975	1,904
鉚釘,華絲	962	4,424	4,268
木羅絲	416	2,889	1,256
羅絲,帽,金屬用羅絲	2124	11,781	8,786
火爐,爐柵	447	2,920	4576
衛生器具	129	504	1,406
礦用材料	510	2,103	2,566
錨	429	2,525	3,168
鏈條	682	4,193	3,146
彈簧	301	3,422	1,966
用器	8382	36,141	5,352
其他	13273	77,618	108,230
總計	194,914	1,213,019	957,938

聯邦等地，顯然地牠的目標在食物及其他生活品的輸入。

好了，我們現在可以得到一個目下英國鋼鐵工業的鳥瞰，顯然地，英國鋼鐵生產，雖然經歷了多年的戰亂，已經在逐步恢復中，憑藉了許多天然的富源，和人事糾紛的絕跡，英國不但感覺國內的需要的激增，而且頗有爭奪國際市場，爭取國家外滙的雄心。於是在一向商營和自由競爭的英國鋼鐵界也覺得有增產革新計劃的必要了。

英國鋼鐵的增產計劃是怎樣的？

這次在對德戰事剛結束後不久，英國政府即飭令不列顛鋼鐵協會，在六個月內籌劃一個增產革新的計畫；這計畫在去年年底完成，呈繳政府核奪；現在已由英國政府印行出來了。我們先試看他的目標何在：

(1)假使沒有戰爭，那麼鋼鐵生產應該到達要儘速有計劃地現代化的這一個地步。

(2)使鋼鐵生產能供給國內外戰後的需要。

(3)集中生產，統籌建設適宜和有效的煉鋼廠，並顧慮到一切原料供應，市場運輸路線等各項細則。

在此地，我們很可以看出，英國也已經在盡其所能，使生產從散漫的階段，走入很科學化地管理着的階段。當心牠不但要應付市場需要，也還要以國家和鋼鐵業全體的力量，去應付任何可能的競爭。在這個計畫中，要將目前的生產能力增加40%；計費時七年半化錢一萬六千八百萬英鎊。這計畫包括，在南威爾士造一新鐵皮廠，年產一百萬噸；在東北部造一鋼料廠；五個新式連續生產的軋鋼廠，並有熔爐及煉鋼設備；及在蘇格蘭及林肯各地建熔爐和煉鋼廠。其他舊式設備的改進，擴充，也包括很多。

在這計劃中，開始先估定英國鋼鐵的應有生產額，作為計劃的基礎。他們根據從191 至最近的統計，知道英本國的鋼鐵需要，增加得很快，在第一次歐戰前1910－1914年中，每年用鐵五百萬噸，然而在這一次歐戰爆發的前夜，1937年，每年就需用一千一百六十萬噸左右。但實際上，據專家意見，這第二次歐戰前數年，這需要還比預料額少一點。因此，我們可以測想，假使國家生產全部恢復，那麼每年的用鐵量至少得在一千一百萬噸左右；假使生產的情形改善，國民生活程度提高，那麼在一九五〇年左右，也許可能達到一千三百萬噸左右的消耗量。再加以三百萬噸的出口量。那麼英國的鋼鐵生產須一千六百萬噸，方能應付國內外的需要。並且英國專家們希望，在出口的三百萬噸中，高級轉製的出品將佔大一點的百分率；這當然是針對德國工業的崩潰而說的。

在這樣的生產量下，原料的消耗量是很可觀的。因為煤價的增高，所以將來的冶鐵趨勢，在應用大量的廢鐵和含鐵量高的礦石；這原料的供應，就不能不部分的仰給於外國。因為適應這一點，同時又顧到運輸便利和煤礦地的集散在沿海，所以將來的鋼鐵廠，大都仍將建設在沿海各地。這樣的設計又可減少許多運輸和其他開支。將來的原料消耗，大概為每年七百五十萬噸的輸入礦石，一千二百五十萬噸的自產礦石，其中一千一百萬噸，將取自中州各省。

鋼鐵增產計劃的目標在那裏？

在這計畫中，目的在建造產生四百七十五萬噸的熔爐和產生六百萬噸的鋼料廠。這些新建築的實施速度，由許多因數決定，其中如設備的購置，都須視國外的供應速度而定。大概在一九四六年至一九五〇年內陸續開始建築，至一九五三年中葉全部完成，需時七年半。附表三就顯示了各部門現在產量，將建造新廠的產量，以及將來的產量。在現在的生產工廠中，有許多將被新型的工廠所置換，所以將來的總產量比了第一第二二項之和小一點；然而有生產工具的進步，當然效率要好得多。在這表中，我們可看到，熔鐵爐將增設52%，是最大的百分率。這就指出這計畫的重心在改進基本熔鐵方法的改良。

在製造成品方面，這計劃包括設置五個新鋼塊廠，製造各式鋼和牠的合金，二個新鋼板廠，供給各種鋼板和新型軋片廠的需要。至於鋼軌方面，則集中已有的廠，使之近代化，專門化，這種改良在生產效率上將有顯著的影響。現在的鐵皮製造都採用繼續生產的型式。因此在這計劃中，預備建造這樣一個新廠。至於小型的鋼料，預備做工具或其他機械零件的，過去製造廠家有一百二十五家之多；以後將加集中，並另設新廠，產量預計每年五十萬噸；並將使大量的定貨集中在大廠生產。至於其他機械另件如鉚釘，螺絲方面的生產，雖也與鋼鐵有直接的關係，但因出品種類太多，所以這種生產還是讓現有的廠方應付。至於合金及其他鋼鐵方面的進步製造方法，將仍舊沿着戰時成績，再加改良。

計劃中要設置些什麼新廠？

在這計畫中，新設置的廠有以下各單位：

(1)二十四個熔爐，總產量每年四百七十五萬噸又拆除舊熔爐五十三個，每年總產量三百萬噸。

(2)煉鋼廠，產量約每年六十至八十萬噸。

(3)軋鋼廠五個軋塊廠，每年平均產量四十五萬噸；大型建築鋼料廠，三十五萬噸；一個軋鐵料廠(Strip mill)，年產量一百萬噸；又鋼板廠三個，共約五十萬噸。

這些廠的設備，將大部分取之於美國，其他也由自國的生產，和德國的賠償物資，估計建設的費用，約一萬六千八百萬金鎊，這是很可觀的一個數目。其中65%將化在土木工程上面，如另房屋建築，爐子構造，及其他交通設備等；15%用在電機設備上，約20%用在製造機械及設備上。這些機械估計約重十萬噸。英國目下製鐵機械的生產約每年一萬五千噸，其中除五千噸供應國外市場和修理外，餘剩一千噸。假使在七年中完成這計劃，那

表三　英國鋼鐵的現在產量及計劃中之產量表（單位噸）

廠　　別	現在產量	擬建廠產量	將來產量	新建廠佔將來產量中之百分比率
鼓風爐	7,320,000	4,750,090	9,100,000	52
煉鋼爐	14,100,000	5,835,000	15,950,000	37
鋼塊廠	3,700,000	2,200,000	4,500,000	49
鋼板廠	1,750,000	500,000	1,750,000	29
鋼軌廠	2,500,000	650,000	2,500,000	26
鐵皮廠	2,400,040	1,100,000	2,700,000	41
盤元廠	675,000	150,000	750,000	20
小鋼料廠	2,500,000	850,000	2,800,000	30

麼七年中可生產七萬噸的機械，餘下的三萬噸就必須向國外購入。

這計劃的總費用，約當一萬六千八百萬金鎊；以七年半的時期言，每年約需費二千二百五十萬鎊。在戰前數年中，英國鋼鐵業已經每年化六百二十五萬鎊的費用，以改革他們的生產；這數目和現在二千二百五十萬鎊來比較，那麼是因為這個計劃的範圍比較廣，建設成本又較重之故。至於這裏不够的費用，約計一千六百萬鎊之數。英國鋼鐵業在戰時也曾有折舊費用的提存和節省修理的費用，但是因為鋼價的統制和戰時損失和各項負担，大概還只能提出六，七百萬金磅之數，從事建設，至於其餘的千萬磅，當然只得仰之政府的幫助了。

在這計畫的實施方策未決定前，英國政府也頗有將鋼鐵的主有制度，改換一變的意思。英國是溫和的民族所建立的國家，他們也克服了保守性，在穩健地謀產業陣容的改進，當然是很可以注視的。尤其以這計劃的龐大而論，這裏所包含的技術上各項特徵，如生產的近代化等；也在在可以作我們的借鏡呢！

（上接本期第15頁）

資源還是很多，只是許多有勢能的水力區是在遼遠的邊區，故目前還沒有應用的必要。蘇聯的全部河流，所能產生的能量，估計有 280,000,000 瓩。其中自葉尼塞河與勒瓦河(Leva)所可產出的，估計各有20,000,000瓩，至於從伏爾加河，鄂畢河(Ob)與阿穆河(Amur)所產生的，各有 100,000,000 瓩至 20,000,000 瓩。這許多數字，若以著名全世界的但聶伯河所發出發出的能量來相比，則後者簡直是小巫見大巫了。蘇聯的熱力發電廠所燃用的，是國內所產的各種燃料，如煤，泥煤，褐煤油頁岩及石油等，如果採用水力發電，就可減省長途運煤的費用。

在1938年，蘇聯的發電量差不多有40,000,000,500 瓩小時，比了 1944 年英國本土公用事業方面的電力廠所發出的最高量還要多些。在這裏，或許兩者的基準不同，不能比較。因為蘇聯的數字是包括一切的電力廠所發出的電量，但是英國的却並未包括實業，鐵道及其他私人工廠所發出的電量。並且我們應該知道，蘇聯全部發電量在工業用途上所消耗的百分率，比了英國高得多。於是英國民間家庭所耗電量，比了蘇聯的人民要高出好多倍，這是說蘇聯在其全國發展電力事業上，並還有着無限的展望。在 1913 年與 1938 年間，蘇聯電能的增加約為二十倍，最近五年計劃的目的，希望能增加至1938年的發電量的一倍以上。

——根據英 Trade and Engineering Times, 1946 年 7 月號；係該報特派員之報導。

圖一 史賓斯造酸廠內部景象

一個最新式的英國硫酸製造工廠

—史賓斯造酸廠的介紹—

·錢 儉·

硫酸工業，向有化學工業皇座之稱，某個國家硫酸的生產量和消耗量，是該國化學工業現況的量度尺。硫酸的製造，是重無機化學工業，所以本期重工業特寫中我們來介紹一個英國最新式的硫酸廠。

在這次大戰期間，英國的西蒙卡富斯(Simon Carves Ltd.)公司，建造了好幾個硫酸廠以應急迫的需要。本文所述為一個在惠納司(Widnes)的彼得史賓斯(Peter Spence)廠。這個造酸廠，規模很大，每星期出產94%濃酸四百噸。他們用釩做觸媒劑，經過二段的轉化，將二氧化硫氧化成三氧化硫，轉化效率是百分之九十七點五。

這個酸廠用美國魯易西安那的硫黃為產生二

圖二 空氣乾燥塔及二個吸收塔

氧化硫的原料，外洋運來的原料就儲存在二個庫中。硫黃自藏庫首先轉運上一個衡量機，這個衡重機裝在斗式升降機底部，所以硫黃經過重量的記錄後就注入斗式升降機的脚部，由此升高到熔硫爐上面的加料器裏。熔硫爐具有二個意義：第一它供給硫黃燃燒爐以適當黏度的融熔硫，第二去除原料硫黃中某種的雜質，因之改進了給料的性質。

熔　硫　爐

這個廠裏裝有二個推格兒(Tegul)式的熔爐，其中一個是備在旁邊不用的。它們的構造，主要的是好幾個方形的槽，每個槽的底部做成波紋形狀可用蒸氣加熱，除這些槽外，還有許多蒸氣盤管來增加加熱面。熔爐的底部稍帶傾斜，這樣可以讓融熔的硫黃流入一個集合槽，在流入槽中的時候經過一個篩器就將較大的雜質篩分了。供給這個熔爐的蒸氣在80－100磅計。

融熔的硫黃，自集合槽經過蒸氣套管而到達一個鋼製的沉降器。這個沉降器塗有磚料，裏面裝有蒸氣盤管，這樣可以保持必需的溫度，其底部則成爲圓錐形並且裝有氣套。器中更裝有一個擋板，將全沉降器分爲二部，擋板的作用是使熔化的硫黃在被唧筒抽送出去以前經過此沉降器而向下流動，本器底部的所以製成圓錐形，就是要使熔硫中的雜質在這當兒沉澱下來的緣故，每經過24小時，就將雜質放出一次。供給沉降器及輸硫管的蒸氣是表読30－40磅，熔爐和此處所產生的蒸氣凝液仍回歸爲鍋爐的給水。

融熔的硫黃經過沉降器後，已得到最適宜唧筒運送的黏度，熔硫的運送工作是由一個裝有改速齒輪的電動廻旋唧筒來担任，這種改速裝備，可以使熔硫的流入燃燒爐，其重量能加以精確的管制。

燃燒硫黃用的空氣，在它進入燃硫爐以前一定要非常乾燥，這樣才能免除以後作業中有多量酸霧的產生。使空氣乾燥的操作是將空氣和94%濃硫酸在鋼製塗磚的乾燥塔中行密切的接觸，這樣任何酸霧進入燃硫爐的趨勢都消滅了。乾燥塔造成圓柱形，裏面裝有一個分配板，板上鑿有許多小孔，而每個小孔又裝上一個定徑的噴射口。濃酸注入分配板，馬上經過噴射口而進入約二呎長的生鐵管，最後紛紛墜落在許多大小不同的圓狀填料上，這些圓形填料，近乾燥塔底部的較大，而在塔頂部的則較小。在塔的底部，上面屈折流下的硫酸和一道空氣流相接觸，這個氣流由於吹氣機的抽運與濃酸成對流的方向而上升，出塔而逕入燃硫爐中。空氣在進入乾燥塔之前，須經過一個濾器濾去塵粒。

圖三中極左的圓塔是乾燥塔的頂部，在圖中指示出爲潔淨內部用的視察蓋及觀察用的玻璃窗洞由於這個窗洞，可以探知塔內工作的情况而加以調節，同時塔底硫酸管上也裝有一個觀察箱。

從這個圖中，我們可以見到非常厚重的金屬是用來建造這個乾燥塔，這是全廠唯一的特點，因爲惟有這樣構造才能使銲接部份不致漏氣。

空氣出乾燥器，在壓力下進入燃硫爐，進入空氣的體積，是這樣的管制着使燃燒爐出來的氣體中會有百分之七的二氧化硫。這種管制的方法是利用一個並行的通道，所以吹氣機雖然依定速而轉動，其運送量却能加以隨心的變化。

二氧化硫的生成

在空氣進入燃燒爐之前，須經過一個在三氧化硫系統中的熱交換器，空氣在這個交換器中與

圖三　用以吸送空氣經乾燥塔至燃硫爐的吹氣機

三氧化硫逆向流動，因之被熱到250°C光景。燃燒爐係鋼製裏表塗磚的構造，並且分爲二部，在圖四中可看出其主要的形態，離爐頂三分之一地方，爐中建有一個圓拱，拱上開有一孔並支架住砌成角錐形的火磚層。融熔的硫黃和熱空氣由爐頂輸入，

强迫的屈屈折折經過火磚角錐體，因之硫黄與空氣能得到最大的接觸。硫黃在爐中連續的燃燒，最後產生一種溫度在940－950°C間之熱氣體，其中約含有百分之七的二氧化硫。這個溫度遠高於二氧化硫轉化爲三氧化硫時的最適宜溫度，所以必須要將它冷却下來。在這廠中，爲是而裝有一個利用廢熱的鍋爐，這個鍋爐主要的部份是一個蒸氣及水的鼓筒，一個汚泥鼓筒，(Mud drum) 和許多組成熱交換器面的蒸氣管，這些蒸氣管用一個中央擋板分爲二部，强使高熱的二氧化硫氣體經一邊的蒸氣管面向下流動，再經過另一邊的蒸氣管面而上移，再利用並流活門，調節流過蒸氣管面的氣體，可以控制溫度的高低。在並流活門完全關密的時候，氣流統統經過蒸氣管面，因之得到最大的熱交換，若開放活門，則有更多的氣體流過，因之增加其本身的溫度。

圖五　廢熱鍋爐上部之詳細結構

爲要得到熱量有效率的傳遞起見，鍋爐中的蒸氣管子外表皆依其地位而造成波紋狀，這樣的設計，可使鍋爐能在超過負荷的情況下工作，而同時仍可正確地控制氣體的溫度。這個廢熱鍋爐其工作壓力爲二百磅，相等於二百度的溫度，在此溫度時，二氧化硫氣體對鍋爐不能少加侵蝕。爲欲得到最大的熱效能起見，將圍蓋水管的外罩用絕緣磚egative砌起來，圖五及六表示此廢熱鍋爐構造的主要狀態。

二氧化硫氣體經此鍋爐，已達到適於轉化爲三氧化硫的溫度，不過在此過程中攜帶有些塵粒，這些塵灰可經過熱氣濾器而除去之。濾器用生鐵

圖四　燃硫爐及空氣三氧化硫熱交換器　[illegible]

圖六　廢熱鍋爐蒸氣管熱交換部份

製成，裏面塡滿石英片，通常總裝有二個，惟二個不同時應用，當一個濾器中的反壓力繼續增加表明其已被阻塞時，第二個濾器乃開始應用。圖七示熱氣濾器及二段轉化器。

三氧化硫的生成

三氧化硫之轉化分成二個階段，二氧化硫氣體經過廢熱鍋爐後其溫度約爲420°C.，進入第一轉化器將百分之八十的二氧化硫氧化爲三氧化硫。轉化器中含有接觸劑總量的三分之一。三氧化硫生成時，有大量之熱發生，氣體出第一轉化器時的溫度約爲550°C.所以在進入第二轉化器以前，這個氣體混合物必須再加以冷却下來。這個冷却的操作是在空氣冷却器中進行，而這個空氣冷却器又同廢熱鍋爐的給水櫃相聯接。

在第二段轉化時，氣流中剩餘的二氧化硫被氧化爲三氧化硫，二段轉化的總效率是97.5%。在這個轉化階段中氣體的溫度又增高40到50°C度。

自第二轉化器出來的三氧化硫氣體，進入一個熱交換器，在這交換器中有一個空氣流與它成逆向的流入熔硫爐中，這樣三氧化硫氣體的溫度降低到240°C.，最後再經過許多髮夾形彎曲的空氣冷却管，降低溫度到105°C.到此，這個三氧化硫氣體就可進入吸收系統中去了。

圖七　熱氣濾器和第一第二轉化器

圖八　乾燥及吸收系統中環流酸用的直立式離心唧筒

圖九　酸循環系統：左面爲稀釋槽，其後面爲吸收塔，塔下爲循環酸槽及唧筒

三氧化硫之吸收

三氧化硫之吸收，完全根據於這個事實，就是說三氧化硫在98.5%之硫酸中其溶解度爲最高，因之三氧化硫氣體統統吸收在這種濃度的硫酸中，然後再用這種濃酸來配製其他濃度的硫酸。

吸收系統包中含有二個吸收塔，二個環流器，——一個用於98.5%之硫酸，一個用於94%之硫酸，二個稀釋槽，及許多需用的唧筒和冷却設備。廠中硫酸的環流部份顯示於圖八。

三氧化硫出自空氣冷却管，其溫度爲105°C，首先進入第一個吸收塔，和由塔頂部注入的98.5%濃酸行逆向的接觸，這種硫酸因在注入時經由不少大徑的管子利用激碰作用而分散，下注，所以達到了最大的吸收效率。自第一吸收塔逸出的氣體，隨之進入第二吸收塔的底部，在第二塔中仍是與98.5%濃酸逆向而接觸，因之將所有的三氧化硫，可說盡行吸收乾淨。第二個吸收塔的設計很是週密，它將氣流中攜帶的酸霧減至最小的程度。靠了這二個吸收塔，再裝上一個發烟硫酸環流器和冷却器發烟酸也能製造了。

98.5%之濃酸出吸收塔後，由於重力作用，即流入稀釋槽中，在此加入水而重行調整其强度。濃酸出稀釋槽流入冷水冷却管再到位於吸收塔底下之環流器，由此用直立式離心唧筒仍運送到吸收系統中。

在98.5%濃酸運送線上再接一管子到94%稀釋器中，在這器中98.5%之濃酸碰到自空氣乾燥塔底部流入之濃酸，同時再加入必需的水量稀釋成需要的94%硫酸。這個操作雖名之爲稀釋，其實在實際上是增强了來自乾燥塔的硫酸。出稀釋槽的硫酸再冷却下來，然後進入環流器，一小部份的94%酸重新運送至乾燥塔頂部，餘下的大部份則流入儲酸器。

圖九表示運酸唧筒及環流器。酸液循環的操作，可由環流器中酸面的高低來加以控制，務使環流於吸收塔及乾燥塔間硫酸的速率，達到最大吸

收與最大乾燥的適當條件。

熱的平衡

上面所述盡是硫黃如何經過各個作業最後如何生成需要的硫酸一套工作法，可是硫黃燃燒和二氧化硫接觸反應所生成的大量熱能如何可加以最大的利用却是一個問題並且必須要交代清楚。在此就得詳加論列。

在硫酸製造的全部作業中，有好幾個地方產生熱來，不過主要的還是在於硫黃的燃燒，二氧化硫轉化爲三氧化硫，及三氧化硫爲濃酸所吸收的三個地方，在這個廠中，發生的熱量加以最大的利用，僅有較小的散失了。

在上面已經敍述過燃硫爐出來的氣體其餘熱供給一個廢熱鍋爐，而這個鍋爐的蒸汽除供給熔硫爐外，還推動一個來復蒸汽機，蒸汽機再帶動吹氣機和一個發電機。這樣燃燒硫黃發生的熱就利用於動力的產生了。出自第二轉化器的氣體進入一熱交換器而加熱了燃硫爐的空氣，故一部的熱又加入了這個循環。在第一轉化器中產生的熱，也用熱交換器來加熱一個空氣流，這個氣流就用來預先加熱廢熱鍋爐的給水。給水加熱器分成二部份，最高的溫度經過第一部(約全器三分之一)，然後經過第二部。加熱器中的水以逆流的方向先經過第二部到達一個熱水井，最後加以調節經過第一部而進入鍋爐。用水則先用軟化器軟化之。

控制室

控制室中裝置一集中儀器的板，在這塊板上可讀出許多重要所在的壓力和溫度，有許多壓力計來指示吹氣機的進口和出口，廢熱鍋爐的進口，熱氣濾器之進口，第一第二轉化器的進口和出口，及第一第二吸收塔的進口多處的壓力。一隻六點電位溫度記錄器表示廢熱鍋爐的進口，第一第二轉化器的進出口，及最後一個熱交換器的出口各處的溫度，還有在許多地方的溫度，亦有設備可以讀出來。吹氣機的壓力及鍋爐的蒸氣壓皆有連續記錄器記錄下來，同時加入吸收塔的98%濃酸其實際强度也連續記錄。稀釋濃酸用的水經過一個轉流器 (Rotameter)，用水就可明瞭的指示出來。

圖十二 中央控制室及其控制儀器板

在控制室中，更要施行氣體分析，出自燃硫爐的氣流和最後離開廠的廢氣，其中所含的二氧化硫成份皆用萊希法 (Reich Test) 測定之。酸環流系統中各種酸的强度也用熱量上昇法和比重法每小時加以試驗，許多有用處的表格陳列在控制室中，這些表格完全是關係酸的强度，比重及其他有助於控制用的因子各方面的。(註：萊希法係用標準碘液滴定二氧化硫，工作非常簡單，在廠中係將碘液配成適當的規定值，用一張曲線表可查出用去多少立方公厘碘液就等於百分之幾的二氧化硫)。

全廠中裝有備用的器械以保持連續的工作，所以有二個熔硫爐，二個熔硫唧筒，二個鼓風器，二個熱氣濾器，每種酸有二個唧筒，二個水唧筒，三個冷却用水環流唧筒唧，二個儲酸唧筒，二個冷空氣風扇，及二個水的軟化器。(本文主要根據 Industrial Chemist, 1946年9月號)。

鋼鐵是怎樣煉成的？

現代重工業的基礎是在鋼鐵，各式各樣的機械少不了要應用鋼鐵，這裏用圖照顯示出怎樣把鐵礦中的礦苗煉成了有用的鋼或鐵。

←礦石從礦中採出，便運到這高塔似的鼓風爐中，同時加入焦炭，石灰石等原料，一方面再鼓入強烈的熱風，使礦石變成了流質。

← 鼓風爐底下的流質分成二部分，重者爲熔鐵，輕者爲溶渣，這裏表示工人們在用鐵棒戳破了爐底部的封閉物，鐵水便流了出來。圖中上部的彎曲管是鼓風管，熱風就從此管經過幾個水冷式的風眼，送入爐中。

鼓風爐中的鐵水流出來便注入→露天的沙箱，一條條的正由工人們在整理成了普通的生鐵塊。

這裏的鐵水是注在皮帶傳動的鐵模子中，再帶出去，冷却成了生鐵。（注意，流口處的物質是熔渣，并非鐵水。）↓

如果要煉成各式各樣的鋼，那末鐵水就→要注入這一種小型的溶鐵爐，或把生鐵塊放入，再溶成鐵水。先除去生鐵中的碳，此後加入各種元素，成了不同性質的鋼。

要除去生鐵中的碳，實際就是用高熱，使鐵中的碳與氧化合後，變成氣體排出鐵質之外。這裏有二種方法，最普通應用於煉鋼廠。一種就是柏塞麥轉爐法，一種就是西門子平爐法，二種方法又以爐內襯磚材料不同，各分酸性鹼性二種。

柏塞麥法中的轉爐，中間是有槍釘可以顛轉來的，上面是口，下面有一股冷風吹入，送入大量氧，使鐵產生高熱，除去了碳質。平爐法的平爐是放在封閉的火磚室中的，熱空氣自二端注入，以完成氧化作用。

↑柏塞麥轉爐

→四門子平爐煉鋼

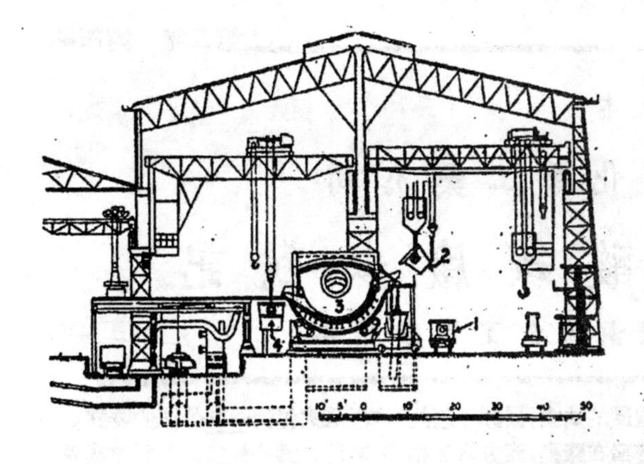

爲了更明顯起見，這裏表示一個用平爐法的混鋼工場斷面：(1)自鼓風爐處運來裝盛熔鐵之小車；(2)小車上的鐵水鍋，以起重機弔起，準備傾入混鋼爐；(3)鐵製之混鋼爐，下有轉子，可以液壓法傾倒；(4)混和後的鐵水傾入此桶，準備用弔車運至平爐。在混鋼時，可以加入適當份量的元素 如碳，矽，錳 磷等，以得到需要的鋼。

自平爐裏煉成的鋼，注入如圖中所示的鐵桶，用弔車運至各鋼錠模子上面，這種鐵桶不可以傾倒，但在桶底有一個塞子，以機械力來開閉，俾便流入模子中，形成鋼錠。 →

←這裏又是一種出鋼方法，鋼錠普通是六呎高，24吋方的底，上面略小，成錐狀。此地的模子列成圓形，鐵桶在柱子的一端，繞軸旋轉以便注鋼入模。

中國重化學工業的範本

永利化學工業公司

南京硫酸錏廠參觀記

中國技術協會工業參觀團

中國技術協會的工作，由於參觀團的成立，展開了新的一頁，這次得到永利公司的特許，參觀團在錏廠看了一天有半，而且寄宿在廠裏，廠方竭誠招待，團員亦悉心觀察，實開工業界學術界合作之門徑。這是中國走向工業化的必然過程，是值得大家提倡的。這次參觀，一方面使技協的團員，能有機會觀察了一個大規模的製造廠，另一方面又把技協普及技術教育的工作，帶到了永利，好些永利的技術人員參加了技協，技協的會友，從此又廣被到另一重要生產部門。本篇只是該廠的一個梗概，詳細的介紹，有待於永利的工程師們，技協的新會友，來給我們報道，請讀者拭目以待。

永利化學工業公司在南京的硫酸錏廠，籌於民國二十三年春，至二十五年底方告完成出貨，製造硫酸，氨，硫酸錏，硝酸等。合民國十一年創設的塘沽鹼廠為我國重化學工業建立了一個基礎，但錏廠成立一年，即被日人佔領利用，硝酸廠竟被全部拆運赴日，現公司方面費了九牛二虎之力向政府交涉，總算在原則上獲准搬還，但搬運辦法迄今猶無，在淪陷期內錏廠被日人破壞固然不少，而在接收期間所遭損失復多，幸賴廠方人員努力，今日已能開工，生產量且超越戰前水準，廠中設備完善，操作大部自動，現擁有員工約三千人，日產硫酸錏一百五十餘噸，誠我國不可多得之大工業，但目前則因國內原料奇缺，成本甚高，故頗難與外貨競爭云，今略記製造概況於后。

技協參觀團全體團員在永利南京錏廠留影，中立者為廠長傅乘之先生

硫酸錏製造可以分為三大部門：硫酸，氨，及硫酸錏，大概情形如下：

一 硫酸

目前用的原料是硫化鐵粉，用熔融的硫把它膠成球狀，送入燃燒爐。以前用純硫為原料，將它加熱至130°—140°液化，用噴硫管噴入爐中燃燒，得二氧化硫，粗二氧化硫通過高壓除塵器(High Tension Dust Catcher)除去塵粒後，就進入淡硫酸洗滌塔，經過洗滌塔後，氣體中含有水及酸的微粒，經過旋轉除霧器(Cyclone Mist Separator)把它除去後，乃打入濃硫酸乾燥塔，再經過換熱器及加熱器就入於串聯的二個接觸室中，接觸劑用氧化釩，製成的三氧化硫經過上面的換熱器，再用打風冷却，進入吸收塔，用淡硫酸把它吸收得各種濃度不同的硫酸，在鐵或鋼製的冷却管中冷却，存入貯藏桶。

二 氨

這部門裏包括焦氣部，氧化部，高壓部，精煉部等。

製氨用的氫氣，由水煤氣中提出，水煤氣爐成圓柱形，外有夾層，放水以發生水蒸汽，爐中置焦炭，先吹入空氣使燃燒，次通入水蒸汽，發生一氧

圖1　硫化鐵燃燒爐爐頂放出二氧化硫氣體.

圖4　三氧化硫爲淡硫酸吸收製成硫酸，此乃一放熱反應，故須用多數冷卻管。

圖2　二氧化硫氣體潔淨塔。

圖5　硫酸貯藏桶可容硫酸五十萬公斤。

圖3　硫酸廠二氧化硫潔淨塔之另一鏡頭。

圖6焦氣廠運煤機，焦煤運至塔頂，再落入水煤氣爐中。

圖7 焦氣廠貯氣櫃分上下兩層，上層可自由升降，視所須容積而定。

圖10 氨液貯藏桶，約可貯五日之產量。

圖8 一氧化碳氧化器，以氧化鐵爲接觸劑。

圖11 硫酸銨廠，廠內管線機械地板，皆爲鉛製。

圖9 高壓精煉部蟻酸銅氨溶液洗滌塔及燒鹼溶液洗滌塔，用以除去一氧化碳及二氧化碳。

圖12 涼 水 塔。

化炭及氫氣，等到溫度降低，則再通入空氣，如此循環一周，約須二三分鐘，空氣及水蒸汽的吹入全由自動調節器控制，這裏出來的煤氣，含二氧化炭很多，經水洗塔把它除去之後，貯於粗氣櫃中，粗氣的百分比是一氧化炭 34 %，二氧化炭 5 %，氮 22%，氫38%，氧及水蒸汽 1 %。

粗氣中一氧化炭很多，可用水把它氧化成一氧化炭，同時取得氫，所用的接觸劑是氧化鐵，粗氣用打風機打入飽和塔中，塔頂有熱水噴下，使煤氣中的水份成飽和狀態，此時煤氣和水蒸汽的容積比率約為一比一。通過二只換熱器，使溫度達至450°C，就進入串聯的一只氧化器中，第一器的收率約60—70%，經過第二器後約90—95%的一氧化炭已被氧化，氧化器出來的氣體溫度約攝氏五百度，通過上面的換熱器，再經過冷凝塔，入貯氣櫃，氧化鐵接觸劑用硝酸和鐵製成，壽命約一年，最忌硫化氫及低溫的水蒸汽，日人曾加用銅劑，收率雖可增加，但壽命則較短促。氧化後氣體的百分比是氮 17%，氫50%，二氧化炭 29%，一氧化炭 3 %，水蒸汽 1 %，由貯氣櫃送至高壓部。

氣體壓縮，分六段進行，第一段壓力為 2 kg/cm²，第二段 8 kg/cm²，第三段14kg/cm²，第四段 45—70kg/cm²，第五段80—150kg/cm²，第六段 180—300kg/cm²，第三段後氣體通過一水洗塔，以除去二氧化炭，高壓時二氧化炭在水中的溶解度特別高，這樣可把大部分的二氧化炭除去，第五段後氣體通過蟻酸銅氨溶液(Ammoniacal Copper Formate) 以除去一氧化炭，銅溶液仍可收回，返復使用，除去一氧化炭後氣體再通過百分之十的燒鹼溶液，把殘留的二氧化炭全部除去，如此處理以後，氣體極為純淨，祇含少量的氮及甲烷，并無多大妨礙，合成接觸劑由氧化鋁及氧化鋼製成，合成溫度約攝氏五百度壓力250—300kg/cm²，工作溫度及壓力都由自動記錄器不停記錄，氣體通過合成器一次，約有百分之十一合成為氨。經過水汽至10°C，再經氨冷却至0°C，大部分的氨便可液化分離，餘留的氣體，再打入合成器，循環不息，製成的氨液存入貯氨筒中。

三 硫酸錏

硫酸錏由氨中和硫酸而成，作用在飽和器 Saturator 中進行，器中存有硫酸錏母液，先加入硫酸，然後通入氣體氨，吹入水蒸汽攪動，硫酸錏結晶析出，利用壓縮空氣將結晶并母液一齊帶出，送入離心機中，離心機的動作分四部：一，從上面的漏斗中放進結晶及母液，二，旋轉使母液分離，三，轉動刮刀將結晶刮下，四，取出結晶，這四步動作一次周轉約須二分鐘，裝有控制器，完全自動，每一批硫酸錏結晶約為一百二十公斤，離心機中甩出的母液仍回至飽和器內，放出的結晶由皮帶輸送器(Belt Conveyor)送到旋轉乾燥器(Drum Dryer)中，吹入熱空氣乾燥之。

四 其他設備

廠中有規模很大的鐵工廠一所，各種另件都能自製，化驗室一所，從事研究及分析，三百磅蒸汽鍋爐，Zeolite 硬水處理設備，幫浦間，涼水塔及自動電話裝置等等。

蘇聯第四次五年計劃的工業數字舉要

戰後復員諸國中最有具體計劃的是蘇聯，自一九四五年至一九五〇年，有他們的國家設計委員會再起草的第四個五年計劃作為建設的準則，為了使我們對于這個計劃有一點概念起見，茲摘要舉幾個重要工業部門的數字如後，以見一斑：

(一)工業生產總量： 到1950年將比 1949年增加48%，但用在工業生產上的人力只增加10%。

(二)重工業方面： 鋼鐵工業在 1950 年要比1940年增加35%，有45個鼓風爐，165個平爐，90個電鍊爐要完成。此外銅產量增加一倍半，鋁產量一倍，煤產量增加 51%，石油產量要達 35,400,000 噸；其他如機械生產量將增加50%，鐵道貨車增至 200,000 輛，機動車增至 750,000 輛，曳引機增至 112,000輛，人造橡皮增加一倍，車胎產量三倍。

(三)輕工業方面： 紡織業的目標并不見高，據統計，到 5950 年，每人還只能分到毛織品一碼，棉布三十碼，此外如皮鞋每人每年只能用一雙半，短襪三雙半。其他如每 378 人中可有縫級機一架，每184人可有一架無線電收音機等。(振)

從具體的數字中，請看黷武國家的工業是一幅怎麽樣的淒慘圖畫！

戰後德國工業往那裏去？

斌

戰後德國工業，依照聯盟國的計劃要降到一九三八年水準的百分之五十至百分之五十五，建築及建築器材除外。

禁止的工業大概是與戰爭有直接關係的，計有：合成氣體，油及橡皮，氨，彈子及滾錐軸承，重曳引機，原料用鋁，鎂，鋇，及從鐵渣中得來的釩；放射性物質，濃度在百分之五十以上的雙氧水，特殊戰爭用化學品及氣體，以及無綫電廣播設備。

鋼，非鐵金屬，化學品，染料，藥材及人造纖維，則加限制。煤及苛性鉀不受限制，即祇有最小的目標而不給以最大的限額。在天然資源的範圍內，不受限制的工業，計有傢具，木器，玻璃，陶瓷器，自由車及小型的機器脚踏車。

具體的數字可以從下面生產計劃的要點看出來：

鋼　生產量之限額爲五百八十萬公噸，鍊鋼廠之容量爲七百五十萬公噸，皆爲德國最陳舊的鍊鋼設備。較新的鍊鋼廠，悉數解除。德國在大戰最劇烈的時期，鍊鋼容量有二千五百萬公噸，生產量爲二千一百五十萬公噸。

自動車　生產量爲四萬輛客車，四萬輛卡車，一萬輛機器脚踏車。（在一九三七年中，此三種車輛德國共出產三十三萬一千輛。）再加曳引車可出四千輛，輕便道路用車一萬輛，以及農業用車輛等。

煤　生產量一萬五千五百萬公噸，其中包括相當量的褐煤，在一九三七年中，德國生產二萬二千八百萬公噸，包括一萬八千七百萬公噸的煤及同量的棕色煤，（相當於四千一百萬公噸的硬煤）在此計劃中的煤產量中，四千五百萬公噸，將出口他運。

苛性鉀　生產量爲一九三八年的百分之一百，約爲二百萬公噸。

水泥　生產八百萬公噸，一九三八年，德國生產一千五百六十萬公噸。

電力　容量九百萬瓩，在一九三七年時，德國所有容量約爲二千二百萬瓩。

紡織業　生產六十六萬五千公噸，百分之二十作爲出口。戰前一年，德國進口四十萬公噸的棉花而生產四十五五萬公噸的人造纖維。

紙漿及紙張　生產的目標爲二百十二萬九千公噸，其中四十萬公噸出口。德國在一九三七年，其紙張的生產量爲二百八十三萬六千公噸。

橡皮　消費量估計爲五萬公噸，二萬公噸爲再生橡皮，三萬公噸由進口而來。德國有容量十萬公噸的綜合橡皮，但不許利用。

鐵道器材　出產有三萬輛貨車。一千三百五十輛客車，四百輛行李車機車廠只能從事修理工作。新的生產，核准之後，方可從事。

出口　依一九三六年幣值計算，一九四九年出口貨當爲三十億德國馬克。進口量與此相同。一九三六年，德國進口四十二億一千萬國家馬克，出口則爲四十七億六千八百萬馬克。

其他　其他工業，則大加減削，以一九三六年的幣值計算，而減到戰前一九三八年的百分之幾。工具機工業，只保留百分之十一·四，而生產的工具種類，大加限制。重工業削減到一九三八年的百分之三十一，包括礦場設備，鍋爐及透平原動機，壓縮機，以及透平鼓風機。其他機械工業，包括建築器材，紡織機及其他小工具，如消費用工具等則削減到一九三八年的百分之五十。電機工程的生產量，削減到一九三八年的一半，但製造重的電氣設備，則削減到一九三八年的百分之三十。

（上接本期第7頁）

（三）拉線機，此機係受中央電工器材廠之委託代製三座，可拉鐵絲及電祇銅絲等，經應用後成績頗佳。

（四）蔡司式顯微鏡，此項儀器係與國立北平研究院合作製造，放大五百倍，數量有五百架，其中除鏡頭由北平研究院物理部研磨外，其他各項鋼鐵鋁件均由本廠製造，而該院之磨鏡機亦係本廠出品。因儀器之機件非常精巧，故於製造時曾先製大批特別工具以便大量生產。出品尙稱優良，曾得教育部之獎勵。

（五）油壓機係昆明商家委託代製，可壓製碳精棒，全部由本廠設計及製造。

（六）工具方面有萬能銑床及精密樣鑽之出品，銷路頗廣。

（七）汽車零件有活塞及軸承襯套等，並曾一度試驗以離心力方法澆鑄，成績尙佳。（完）

請看受過浩劫後的法國在怎樣恢復她的重工業！

復員後的法國鋼鐵工業

S. Henry Kahn 著　戚國彬譯

德國現在已失去她是世界上最大產鋼國之一的地位，法國便設法取而代之，計劃將其鋼鐵生產量，增加到一九三八年的二倍。但欲求此項計劃成功，必先要使她有足量品質優良的煤，供其需要。

正常狀態之下，法國的鐵礦礦砂產量，居世界上的第二位，僅次於美國。一九二九年，其開採量會高達五千零七十萬噸。一九三八年，其開採量爲三千三百萬噸，而美國當時的開採量爲七千二百萬噸，蘇聯爲二千八百萬噸。

礦砂出口

事實上，法國是礦砂的輸出國。寧願輸入製成品而不願自行製造，以美國鋼鐵生產指數爲一百，並假定熔鐵爐的活動量相當於礦石的開採量，即鋼鐵生產量與鐵礦石的開採量相當，則法國，英國及德國，在一九二九年時，其指數爲四十九，十一及五·五，而事實上，此項生產指數應爲二四，二十及四十二。在一九二九年中，出口礦石二千一百五十四萬四千噸的礦石。一九三十年，一千五百萬噸礦石出售，得價六百萬法郎，即每噸售價二十九法郎。而鋼鐵的機器，其進口者，重七十一萬二千噸，價五十二萬八千六百萬法郎。即每出口二十五萬六千噸礦石，進口一千噸機器。

在同時，許多熔鐵爐停止鍊鐵，一九三一年，僅用九十隻熔爐，而停用者倒有一百十九隻。此即說明，莫才爾(Moselle)及繆斯(Meuse)的大量礦藏正在廢棄。

法國在解放時的劇烈戰鬥，將各礦嚴重破壞，以致在一九四五年一月，開採量只及一九三八年的月採平均量的百分之六，活動的熔爐，從八十六隻，一降爲七隻。因爲礦層接近地面，而分佈又很均勻，因此開採簡便。從一九四五年十二月起，其生產量即增加到一九三八年之百分之三十六，而活動的鎔爐，從二十六隻增加到一九四六年三月的三十一隻。鋼的生產量增加到一九三八年的百分之四十，而且繼續在增加中。

一九四六年三月中，其生產量如下：鐵二十一萬四千噸，鋼二十九萬五千噸，製成品二十一萬六千噸。在四月中，鑄鐵增加到二十一萬九千噸，(一九三八年的百分之四十三)，鋼三十二萬噸，(一九三八年的百分之六十四)，電爐鋼三萬二千噸（一九三八年的百分之一百〇七)，製成品二十二萬三千噸(一九三八年之百分之九百六十五)。生產量現在仍在繼續增加中，其增加率爲燃料的缺乏所限制。一九三八年中，每季二百五十萬噸煤，可使法國生產一百六十二萬三千噸鋼，而在一九四六年的最初三個月中，只獲得九十六萬噸煤，生產了六十五萬噸鋼。本年的最後六個月，鋼鐵業每月可獲得五十五萬噸煤，使最後二季，每季出鋼一百十萬噸，使年產量可達三百七十五萬噸。政府的計劃中，預計產鋼六百五十萬噸，計算時假定從魯爾及美國來的原料，供應正常。同時，亦希望每季鋼鐵進口，可達六十萬噸，但迄今未達此數之百分之三十。

三重難關

法國鋼鐵業的現在情形，仍未能顧及插足世界市場，但須想盡方法，保有其國內市場。依此目標，最近召開的冶金專家會議中，決定要在一九四六年中，生產二千二百萬噸鋼鐵，欲達到此項目的，必須有新的方法及新的組織。

事實上，增加生產，有三重難關，即爲煤，機器，及勞工。法國需要的煤，依靠國外輸入。但現在正竭力設法增加其國內產量。其目標爲一九四六年，產煤五千萬噸，一九五〇年，六千五百萬噸。用煤的最經濟方法，在各門實業中，須要普遍實行；而法國礦場中所用的各種方法，亦將加以現代化。法國人現在正訴苦說，一九四六年二月，德國鋼鐵業獲得六十二萬五千噸煤，而法國只得到三十三萬一千噸。法國的政府，因此堅持要求，本年七月以後，德國必須按月繳出百萬噸煤，有關當局，更企圖在和平條約中，包括一項條款，使每年從魯爾區要交出二千萬噸煤給法國，繼續二十年。

鍊鋼設備，雖然受損較少，但陳舊破敗的機器，必須大規模的修理及現代化。此一整頓，其目標在改良品質，革新及擴充生產工具，並減輕成本一九四六年三月底，計劃中有三十五隻鎔鐵爐從事工作。

最後的困難爲勞工。一九三八年中，此門實業約雇用十五萬工人，一九四五年一月，只用六萬五千人，至十二月增加至九萬工人。

假使沒有足數的勞工，單單增加煤量，依然不能增加鋼的生產量。增加工資，又與政府的政策相違背，要吸引勞工，在生產量增加的地方，勢非給予賞金不可。

鋼鐵事業，不致因最近引用的物料如塑料體等的競爭而遭受損失。法國的礦藏亦不會涸竭，則引用現代技術之後，此項工業，當可以供給全國之需要。

法國國內的廣泛復興工作，對於鋼鐵的需求，非常可觀，但法國煤之質及量皆嫌不足，故煤的進口，實有其極大的重要性。目前不能將開出的礦砂，在國內全部自行熔鍊，現在正考慮與各國進行交換。如捷克用工具機來與法國交換礦砂，並與荷蘭及波蘭交換焦煤。

法國更着眼到中歐及南美各國，從前皆爲德國重工業的主要顧客，現在將轉而向他處獲得供應。蘇聯現正埋頭於供給其自己的需要。美國生產量已極度增加，但尚難滿足其國內的需求。所以，法國很有希望接收德國的市場。

編輯室

這一期——三十六年正二月號，出了二期合輯，是因爲要調整印刷公司六種科學雜誌付印和出版期種種關係而如此做的，篇幅既增，乘機在內容方面做了一次新的嘗試，偏重於工業數字方面，我們要申明，這只是一個嘗試，以後必仍加多技術性的文字，我們極希望讀者告訴我們意見，編輯同人有一個見解認爲工業數字，及工業發展狀况這一類資料，對於一個學習工程的人也是必需的，這一次可稱爲是各國工業狀况的特寫，我們打算今後經常有這一類的資料，不知讀者的意見怎樣？

爲了迎接民國三十六年的來臨，本期封面改用三色版精印，作爲三十六年新年的禮物，希望中國的工業前途正像封面上煉鋼爐中的火焰一樣地光明燦爛！

在這裏，我們還要談起的就是，工程雜誌不同于趣味性的通俗讀物，無論怎樣的使內容一般化，材料大衆化但總免不了有些枯燥性的說理文字。曾有人在報紙上批評過我們，覺得圖照頗多，是本刊的唯一特色；然而，如果把本刊和畫報來比較，那是一定小巫見大巫了，所以，本刊絕不想做成畫報性的工程雜誌，只是希望用比較通俗的文字，參以圖表說明，介紹一點實用的工程知識，討論一些工業問題而已。

像在本期中，我們承認幾篇關于介紹各國工業的文字，都是有些兒枯燥的，但是我們爲什麼不要從昆明中央機器廠一文中瞭解中國重工業究竟有沒有基礎這個問題呢？爲什麼不要從美國的機械工業一文中知道些美國在戰後的改進作爲我們從事于斯項工業的借鏡呢？爲什麼不要從蘇聯，英國，法國，德國，瑞典……這幾個主要的重工業國家的專文中，獲知一點他們的基本區別，他們的成功要素呢？——這許多文章的專輯，我們相信，是確實可以給技術人員一種廣闊的眼光，擴大的胸襟，去瞭解他本身可從事業務的意義，希望有心人士，多多研究討論，不要輕視了這許多問題！只是關於日本工業一文因作者送稿太遲，只得容以後有機會再登載了。

本期起排工印工紙價均告飛漲，爲想注成本起見，售價不得不予以調整，希望讀者原諒。本刊園地公開，如蒙賜稿或指教，無任歡迎。來件均請惠寄中正中路597弄3號本刊編輯室收爲感。

·代郵·上海徐家匯交大江建樓陸錦槃君鑒：函收到，茲將Popular Mechanics, Dec.1945 有一文介紹新物質「鉭」，將於下期科學畫報刊出。（編者）

無工業卽無國防！要民族生存必須建立民族工業！

德國工業備戰的故事

王樹艮

最近讀許繼廉先生譯『工業進攻之故事』一書（商務出版），感觸艮多。一國之工業倘不能自主，其危害有如此之深者。筆者服務於輾銅廠，卽曾身受此項痛苦，諸如熔銅用之坩堝，輾銅用之鋼輥，洗銅用之硫酸，磨輥用之火石輪，車輥用之生鋼車刀，均因國貨不能供給或不能充分供給而必須忍受缺貨與受壟斷之痛苦。許先生此書將德國工業備戰之經過及列強工業競爭之情形闡述至為綦詳，讀之殊足令人警惕。惜原書過於冗長，今特將其濃縮，成此一文，以饗讀者。

一 德孚染料公司的成長

1856年，一位英國青年化學家潘勤（William Henry Perkin）因試製人造奎寧，發現由污黑的煤焦油中，竟能造出一種鮮紫色的染料（苯胺紫）。潘氏時年才祇十八歲，尙在倫敦皇家學院爲名教授霍夫曼（Hoffmann）的學生，因此一舉成名而博得舉世采聲。此一喝采對於後來有機化學工業進展的影響可大極了，可惜英國遲鈍的工業家未曾加以注意。倒給德國着了先鞭，沒有幾年，德國的染料工業已經建立起來，德國的化學家開始瘋狂的研究，潘氏之師霍夫曼遄返德國工作，人造茜紅與靛青相繼產生，德國的染料工業並且組合了一個同盟，稱爲德孚染料公司（簡稱 I.G.），著名的拜耳藥廠也包括在此組織之內。

德國以專利制度來保護它自己的工業，但當外國的化學家發現一種新化合物，到德國來申請專利的時候，德國專利特許局卽邀請德國主要化學家商議，提出種種要求，誘使申請人將各部門之製造程序作更詳細之報告，一旦盡得其關鍵，乃將此項專利特許證發給其本國的工業家。

對於採用專利制度的外國，德國採用的辦法是用大規模的尺度向它申請專利，一方面留意不使外人洞悉其中重要關鍵，一方面提出凡人之聰明所能想像出來的種種可能配合，此項配合有爲在德國或他地均未曾實行者，但申請時則以模糊與含混的辭句置入其專利中，俾以後凡屬可能之發現均將受其專利之排斥。

除了專利權的運用有這等奧妙外，德孚組合並以傾銷與技術上它所能成就的特種貨品與人作死命的競爭，使別國的此項工業幾無發展之可能。必要時德孚依仗其整個控制染料之勢力，以切斷供給恫嚇任何製造商之圖謀脫離其拘束，再必要時即行賄亦在所不惜。更用有組織之宣傳使外人心目中深印着德國有機化學工業舉世無敵的觀念。

到1914年，德孚組合出產之染料已達世界總產額之五分之四，並供給美國所消費者百分之九十以上。在第一次世界大戰時因切斷染料之供給曾間接使四百萬左右之美國工人失業。

二 第一次世界大戰

染料工業之重要因爲由幾種基本煤焦油與有機化合物可造成數百種所謂『中間物』，再可以變幻成爲數百萬種的化合物，染料也好，藥品也好，炸藥也好，製造起來都同樣容易。

就藥品而論，梅毒聖藥六〇六，外科用麻醉劑普魯卡因，消治龍之類之磺醯胺化合物，都是這方面的工業產品。在第一次世界大戰時美國在這方面也曾吃過德國人的苦頭，試想像當時美國約有一千萬人之多患着梅毒，此問題之重大當可想見。但是德國染料試驗室的出品不單是可以醫治人的，同樣也可以致死命，著名的毒氣，光氣（Phosgene）就是一個例子。

戰爭是離不了炸藥的。在原子爆炸法尚未發明的那時，T.N.T. 要算是最厲害的炸藥了。T.N.T. 的主要成份是三硝基甲苯與苦味酸兩種，但是這兩種成份的製造都與煤焦油化學工業有關。第一次世界大戰在美國尚未參戰之時，德孚在美之組織竟能壟斷該方面之石炭酸（酚）市場，使將近150萬磅之石炭酸不能爲協約國所得，此150萬磅之石炭酸可做出450萬磅之苦味酸，即2250噸之炸藥。鐵路上一輛運貨車裝20噸之炸藥，2250噸可裝滿112輛鐵路貨車，每一裝炸藥之列車有40輛貨車，故450噸可裝滿如此之列車計三列車。現在試想倘有裝滿450萬磅炸藥，每列車爲40輛運貨車組成之三列車遭人破壞，在軍事上將爲何等重大之損失，你就可以明瞭經濟侵略的成果了。

不過製造三硝基甲苯還需要一種原料來供給硝基，此種原料初全仰求於智利之硝酸鹽田，除炸藥外並能供給肥料之用。可惜自智利運至德國，遠涉重洋，悉爲英國控制之區，對於德國實在太不安全。所以德國處心積慮攻研人造硝酸鹽之製造，約在1908年，哈伯教授（Fritz Haber）獲得德孚公司與最高指揮部之全力支持並在監督之下繼續其于1905年開始之實驗，以製造肥料與炸藥所需要之氮氣，此項氮氣乃自空氣中取出者，來源不受限制，到底被他成功。於1913年在萊因區之奧泡（Oppau）地方建立大規模之提取氮氣之工廠後，1914年德國即從事戰爭。

協約國方面則不單受智利硝酸鹽來源之限制，後來並發現許多智利公司係受德國股東之控制，輸入路線且遭德國潛艇之威脅。

三　寬容造成了東山再起

德國未能迅速解決戰爭，結果免不了敗退的命運。但協約國亦未能認識德孚組合之活動力而解除其武裝，故在戰後，德孚表面上雖經過一度改組之厄運，事實上則逐漸更形强盛。美國參加第一次大戰時成立一『外人產業保管局』，將德國企業所有之一萬二千三百種專利權全部加以接收。1919年該局將拜耳之染料與藥品，包括沒收之專利權，拍賣於最高之出價者，斯透林公司（Sterling Products Co.），此公司僅對藥品事業發生興趣，故將染料事業轉讓與格拉西立化學公司（Grasselli Chemical Co.）。

染料與藥品事業之分離頗值得尋味，在德國兩者係合而爲一者，事實上近年來許多醫藥上之發明均與染料化學密切有關。例如六〇六實係一種染料，將梅毒之病菌浸染而殺死之，每靛青浸染布疋之方法甚爲相同。兩種事業一旦劃分，互相發明之機會因以減少。而染料工業因極度專門之故，使格拉西立公司不得不留用大部份之德國技術人員，前美國拜耳公司經理黑茲（Rudolph Hutz）在戰時曾被拘留者，即成爲格拉西立化學公司染料部之總經理。

1924年德國拜耳公司利用格拉西立化學公司希圖消除德國在其國內市場競爭之恐懼心，與其簽訂合約而成立一格拉西立染料公司，德國拜耳僅持有49%之股份，外貌上一似爲美國方面所管理者，但是事實上德國拜耳公司小心保障其統制世界市場之優勢，規定新公司祇能在美國與坎拿大銷售，拜耳亦且保護其事業之其他部份，阻止此新公司從事於重化學品之生產。1925年另一德國染料製造者加入此組織中，獲得30%之股份，而格拉西立化學公司與拜耳各保留35%。1928年美國杜邦公司（Du Pont de Nemours）欲購買格拉西立化學公司，但杜邦那時本身爲一染料生產者，照取締托辣斯法律應受收買競爭的處分，故於是年十月，格拉西立化學公司將染料事業售與德孚染料公司，而於三日後杜邦購進格拉西立本身之業務，至是德人重獲巨額美國染料生產之控制。

在第一次世界大戰戰後，因德人曾有片段時間喪失對染料市場之控制權，而染料生意如此豐饒，焉能不引起眼紅？幾家因火藥而起家的大企業，如美國之杜邦，英國之帝國化學工業社（簡稱I.C.I.，係英國諾貝爾公司與英國染料工業之合併組），日本之三井均開始兼營染料事業。〔注意這幾家公司同時都是國際火藥托辣斯的主角。〕但後來因德國在技術上仍佔優勢，爲避免彼此競爭起見，到底成立了協約，劃分了彼此的勢力範圍。

1926年德孚組合重建爲德國空前最大之合併組織，包括絕大多數之德國化學公司，其總分支處人員總數估計在35萬人以上，而其指導人員均係領有化學，物理，機械，或經濟博士之學位者。

四 德國工業進攻的策略

第一次世界大戰德國戰敗後，曾忍受協約國各方面之勒索。但後來沙赫特博士（Hjalmar Schacht）出，先以有計劃之通貨膨脹消償賠欵，繼再穩定馬克而誘致外資，以致德國後來重新建設及重振武裝之負担均爲戰勝者而非戰敗者所負荷。從那時起德孚組合與高級指揮部即重復勾結，德孚之政策與工業關係均成爲戰略之一部份，德孚以其業務上之利益支持德國之經濟俾得重振軍備。而重振之軍備行動非常秘密，飛行員之訓練係採滑翔機之形式，操練步兵於徒步旅行團中行之，國防軍之人數雖限十萬人，但名冊上每一名字皆代表三十人之多，此外並着眼於義勇團之訓練並勞役服務。那時德國之共和政府非但不阻止此項活動，且于暗中對新聞記者與工人之發表眞相者數百人予以叛逆罪之審判。

同時德國工業又開始運用一種新的策略，因爲在資本主義的國家，資本家以獲取最大利潤爲目的，所以生產擴展到相當時期，便以人工的方法加以限制，勿使生產過剩。慣用的策略是組織卡迭而（Kartell），各人劃分區域與生產，藉以免除競爭而建立獨佔之範圍。德國即利用此點，與他國之大企業家訂立種種合約，後者因愚蠢，貪慾及不願德國與之作技術上之競爭多樂意訂約。結果本質上是自已限制生產，讓德國暗中努力生產，在生產量上居於先導的地位。直至開戰前夜，此項卡迭而戰略方始暴露出其陰險的功能。凡有卡迭而存在之處，物資即顯得匱乏不能充分供給軍需之用。

民主國家另一大意爲第一次世界大戰用艦隊封鎖以緊壓德國輸血管使德國敗退，乃益深信封鎖線之可靠。尤當技術進步，工業之分工愈細，而戰爭愈趨於現代化之時，德國所須仰求國外之物資種類愈多而愈殷切，所以鞏認爲威脅愈輕而愈鬆弛，眼看德國進兵萊因區，進攻奥國及進行慕尼黑協定而仍以爲王牌在我手中，不知德國正在暗中努力自建自給的堡壘。——

五 機械化部隊之血——汽油

二十世紀爲了爭奪寶貴的油田，世界上不知平添了幾多糾紛。爲什麽油的爭鬥是最重要的?可以英國海軍的故事來作一說明。1911年邱吉爾（Winston Churchill）初長英國海軍部，正當德國努力增强海軍之時，爲維護英國海上之威權起見，他必須使英國海軍保持强勢之火力，於是決定對英國艦隊裝配15吋口徑之大砲。但問題是：這樣一來，軍艦固須重行設計，燃料就不能不改煤爲油，因爲油可以加快航行速度，油可以予艦隊以較廣之行動範圍，油能使軍艦在海上重添燃料，更重要的是油能減省煤之累墜重量，使艦身減輕而不犧牲裝甲。對於英國，那時採用油爲燃料實爲一個難題，因爲油之供給係在外人支配下之巨大油托辣斯之手中，難免受人壟斷。所以一方面軍事上決定英國非如此做不可，另一方面英國就參加了油之爭鬥，成立了一個英國伊朗油公司。數年之後在遮特蘭（Jutland），德國之重洋艦隊遭遇到英國新艦隊的火力，結果敗北，證明了邱氏確有先見之明。

世界上最大產油國之油業權威美孚油公司（Standard oil Co. of N.Y.）對於油之關心，更是不得了。他們派遣地質學家遍歷地球以追求油之任何踪跡於亞，非，與南美之遙遠角落，到處以經濟上之勢力獲取產油區之政治管理權。控制油源，煉油廠與分佈於世界上之市場，是他們不變之政策。

除了美，英兩國之外，蘇聯在中亞細亞保有大量的油產，荷蘭在東印度也有油的出產，中國境內也有油的分布，但這都不是德國所容易轉得到念頭的。所以德國的化學家便在德國所豐產的煤上着手，到1926年他們能從煤中製造出人造汽油的時候，德國便不再立於受威脅的地位了。

前面說過美孚對於油的事業一向是很關心的，爲恐德孚的人造品踏進它的市場，所以急與德孚成立了一個合約，但德孚亦有它自已的立場，結果合約上規定『德孚將不預問油類事業而美孚將不預問有關於油類事業之化學事業』。

實則，美孚初不明瞭從煤變油一事在技術上含義之深切。油之成份爲碳化氫，爲一切有機化合物之根本，而煤之成份爲碳，由煤氫化而能成功，則由煤及油所可蛻出之化合物將可無限，資源貧乏的國家藉此便能毋虞匱乏了。

六　行軍學之第一課——橡皮

裝甲車爲近代戰爭中之馬隊，彼等之車輪均以橡皮包箍——無橡皮則彼等必須停止。最初天然橡皮祇在巴西發現，後來巴西樹的種子與樹被私運至英，英屬馬來，錫蘭與荷屬東印度乃開始培植橡皮樹，不數年此數地成爲橡皮最重要的生產地帶，供給世界上90%之橡皮。德人審知此項事業爲英人壟斷之嚴重性，努力研究從煤中製造人造橡皮，至1918年已能產約三五百噸，於1939年開戰之前夜，其所生產之人造橡皮——步那(Buna)終能達到自給之地步。

至於英美，因有大量天然橡皮，且因橡皮栽種者因加工者之利益關係，使人造橡皮除在試驗室之階段外，無大量可以發展之餘地。甚至因美孚與德孚之合約上規定此方面爲德孚獨享之領域，美孚爲其別方面利益，有時且協助其盟友，阻礙其本國人造橡皮事業之發展。直至珍珠港事變發生，日本在南太平洋上奪擾了橡皮的生產地，美國方始在人造橡皮上之生產上急起直追。

七　醫病的藥，醫餓的食

在協約國封鎖壓迫之下，德國於上次世界大戰之末其疾病率曾劇烈上升，德孚組合以人造維他命，血清，內分泌素與磺醯胺藥品以排除此項危險於未來。倘使德國欲收復其喪失之殖民地，以地理上之分析，指示戰爭必須於熱帶中進行，爪哇之奎寧相離太遠，且受荷蘭人之專利統制，故德國冒森林熱病之危險。德孚組合對此種預計之答案須爲亞塔勃林(Atabrine)，比天然奎寧尤佳，但德國以高價與限制供給之策略不使其普遍供給全世界，故當日本進攻爪哇之時，聯合國曾經鬧了一次奎寧恐慌。

藥品祇能醫病，但是德國是『歐洲不毛之脊骨』，其食糧問題上德國尚須掙扎。第一是土地的營養問題。1840年，豐利比喜男爵(Baron Justus von Liebig)首次證明硝酸鹽，磷酸鹽及鉀鹽爲植物生長時所消耗，並指出施用人造肥料以恢復土地營養本質之方法。鉀在其化合物中，大都牢固結合，以致提煉困難而成本昂貴，經努力探索後，德國不久在史塔斯福脫(Stassfurt)地方發現豐厚之鉀鹽礦層，此後德國之鉀鹽工業即在國家之嚴厲統制下建立發展，而第一次世界大戰時美國亦曾受此鉀鹽工業壟斷之苦。除鉀鹽外，前面還說過，硝酸鹽德人亦能設法自給，此外德國富產馬鈴薯，可以供給澱粉而解決麵包問題。第一次世界大戰後德國並於平時施行戰時之食糧分配政策，藉以節省食糧之消耗。但缺乏供給熱力與支持生命所必需之蛋白質與脂肪油類還是不行，此等必需品必須仰求於牲口。假使大量飼養牲口，則飼料又將缺乏。德國曾有意思將中國之黃豆移植在德國之脚邊如羅馬尼亞及巴爾幹諸國，結果因氣候不適而告失敗。德國自己豐產羽扇豆，但羽扇豆味苦，牲口不要吃，德國之科學家經十二年之努力使羽扇豆甘美，牲口食而肥大，獲得甚佳之效果，次年種植羽扇豆之畝數大量增加，但當新作物成熟而收割時，所有牲口忽皆一致罷吃，使德國之軍部大爲驚訝。原來蜜蜂不能辨別苦味羽扇豆與甘味羽扇豆的分別，把它們的種又攪混了，於是德國祇能另想別法，用碳水化合物與無機酵母來製造飼養牲口所需之飼料，德國豐產木材，木材工業的廢棄物即用來製造木糖，供給此項碳水化合物。德國又從木材中製造人造纖維，木醇等，發展出一項嶄新的木材化學工業。

八　戰神之甲冑——金屬

德國除在有機化學工業方面發展外，並注意無線電器械，引擎發火構造等高度專門之技術，更重要者是冶煉金屬之方面。電機製造專家西門子公司(Siemens-Halske Co.)，克虜伯(Krupp)砲廠與德孚屬下之金屬公司是在這方面推進的主要脚色。其中克虜伯所担任的是煉鋼事業，但煉成堅强之鋼後，必須有更堅强而銳利能切割之工具，始能製出坦克車大砲等可怕之輪廓。此等工業上用解剖刀之銳利刀口，在美國大都以鈷，鉻與鎢所合成之高速度鎢鋼製成。鎢大半係自中國礦山中採得，中國掌有最豐之藏量，並供應世界上需要之最大部份。來源如此遙遠，德國自然珍惜，新法爲採用鎢碳化合物來代替鎢鋼，即可省用不少之鎢。同時鎢碳化合物之硬度僅次於金鋼鑽，生產速度較鎢鋼至少可以增起五倍，此爲德國以高速度重整軍備之最大秘密之一。至論美國，通用電力公司雖曾於 1928 年發現此項鎢碳化合物之若干特殊性質，但因其欲壟斷且惟德國競爭與克虜伯訂立合約之故，美國之工業一向不曾享受到廉美的鎢碳化合物。

正像鎢一樣，錫的大宗來源在亞洲，以馬來與荷屬東印度爲主要產地，錫爲一英國統制之國際錫業委員會所控制着。錫與銅可合成青銅——一種傳統之戰爭用金屬。德國經西門子公司之研究，開始以鈹銅(Beryllium Copper)來代替錫銅。可於南美，非洲與亞洲取得，對於德國僅較錫略爲便利，但是德製青銅祇須加入 2 %之鈹而尋常之青銅中須加入12%之錫。2 分之鈹加98分之銅，所得之合金較構築用鋼料尙堅，製成大砲中用之彈簧，性能實無出其右。以等量之鈹與鎳製成合金，更可得最堅硬之金屬，一塊一方吋之鈹鎳合金可支持150噸之重量而不變形。

最後要講到發展空軍所必需的輕金屬——鋁和鎂。兩者皆爲自然界豐有之物質，鋁到處存在在鐵礬土，明礬石，水晶石，長石等土石內，鎂則以氯化鎂存在在海水中及礦苗內。鋁質甚輕，能抵抗腐蝕，電導性强，可鍛，可鑄，可以機械精密製作，且如配合得法，所成之合金與輕鋼同樣耐用。鎂則較鋁還要輕去三分之一，比鋁容易成形，但在化學作用上，以其極易與氧化合，燃燒發强熱，多少妨礙其走入商業之用途，故早先祇用在照明彈與燒夷彈上。但後來發現鎂之合金，如配合得宜，確是鋁之勁敵，鋁鎂兩者本身，即可合成優良之合金。

鋁之發展較早，1889年美國人霍爾 (Charles M. Hall) 在美國取得電解礬土製鋁方法之專利權，在匹玆堡 (Pittsburg) 成立一美國煉鋁公司。專利於1906年滿期，而該公司已在美國後來又在南美壟斷鐵礬土之來源，藉原料之控制繼續其獨佔之地位。結果因短見而限制生產，一開戰時又讓德國在鋁的存量上佔了上風。至於鎂呢，因其有使投資於鋁之利益成爲陳腐的威脅，並且遭受美國煉鋁公司之扼抑，力使鎂價較鋁價爲高，用途不能推廣，只要德乎的鎂不來侵佔它的市場，德國本身在努力生產鎂對於美國商人是漠不關心的。

九　代用品之王——塑料

由於金屬缺乏，德國曾努力搜尋代用品，結果發現各種各奇各色的塑料，可以擔當各種不同之用途。(請參閱本刊二卷三期對於塑料之介紹)

這裏介紹一種較重要之甲基丙烯酸甲酯 (Methyl methacrylate)，商名不碎玻璃 (Plexiglass)。此項塑料較之玻璃更爲透明，此可增加飛機駕駛員之視程，同時因其能避免破碎並予駕駛員以較大之保障。

講起玻璃，最後値得一提蔡司 (Carl Zeiss) 的精密光學器具。在現代戰爭中視鏡爲軍隊的眼睛，利用了它才能確定目標，計算方位射程，控制彈丸之發射，其重要性可想而知。而視鏡鏡片的光學工業原料也祇是些石英砂，硼砂與鉀，鈉，鋇之氧化物，所困難者就是琢磨與精製需要豐富的經驗與高度的技術，這一點造成德國壟斷這項工業的基礎也曾經敎聯合國在這方面煩惱過。

十　最後的幾句話

德國雖然又失敗了，但是看了上面的敍述，它的準備確是很可驚人的。一方面它的大企業有很多早已轉入中立國的國籍，聯合國也應謹防它們之與黷武主義再勾結。再回過頭來看，東鄰日本正在埋頭苦幹，我們應該警惕，假使我們再不在工業道上努力的話，寬容是會造成東山再起的。

杜邦化學工業公司

思

本刊上期介紹的塑料工業，一再提及杜邦化學工業公司，請你不要輕視杜邦化學公司，以爲只是一個單純的生產工廠，其實杜邦的一舉一動足以左右美國的外交政策，震撼世界，與洛基斐勒石油大王相頡抗。

根據一九四六年美國官方數字，杜邦族財團的資產，至少在二十億美金以上，其主要工業爲通用汽車公司，美國橡皮公司和杜邦化學工業公司，以地特律銀行爲其金融後盾。

杜邦化工公司在戰前與德國合作組織國際卡笛兒，每個月都需向這個國際組織報告生產情況包括技術上的改進問題。發展到現在爲止，它已能壟斷了全美國的人造絲，人造皮革及一切塑料工業。

在機械加工時，如不審慎從事，工具的損傷或材料的耗損是意料中事！

怎樣選用切削液

顧 同 高

在現今一般工廠中，負責養護的技師們對於切削液(cutting fluid)之應用於鑽孔(drilling)，絞孔(reaming)，和攻孔(tapping) 等工作，每每不會有好好的瞭解。因此有時往往會造成切削工具的損傷，或是材料的耗費。最近，西屋電氣公司(Westinghouse Co.) 擬定了下列的表，凡是工場上平常所遇到的各種工作，所應用的切削液大概都已包括無遺。

無論在何種情形之下，車床上或鉋床上所做的各項工作，多數是可以不用什麼切削液體的。不過，在比較大量的生產運輸時，最好還是用一種冷却劑，以保護切削工具爲妙。

大概水平方向的工作比垂直方向的工作需要的冷却劑，要來得多些，那是因爲冷却劑比較難以達到那切削邊緣的原故。此外，動作的速率和進刀的速率對於所需冷却劑的份量，也有着一種直接的影響。

遇到較深的孔時，切削液體的適當應用就比較困難了，所以格外需要謹慎。各種不同的鑽頭(drills)和絞刀(reamers) 就需用各種不同的切削液體。再有一點，最好能避免使一把灼熱的工具驟然冷却——以防止那金屬不適當地變硬，甚至可能發脆，而致毀損那種工具的有用性質。

鑽孔用的切削液

工作材料	切削液					
	效力最高	效力較差	效力最差	費用最低	費用稍高	費用最高
鋁與鋁合金	火油	火油拌豬油	蘇打水（肥皂水）	蘇打水	火油	火油拌豬油
黃銅(普通)	不用					
黃銅(鑽深孔)	火油拌礦豬油	蘇打水		不用	蘇打水	火油拌礦豬油
鎂與鎂合金，青銅	礦豬油	蘇打水	不用	不用	蘇打水	礦豬油
紫銅	礦豬油拌火油	蘇打水	不用	不用	蘇打水	礦豬油拌火油
Monel合金，軟鋼，合金鋼，鋼製煅品，鑄鋼，煅鐵	礦豬油	硫化油	蘇打水	蘇打水	礦豬油	硫化油
錳鋼，鑄鐵	不用	不用				
韌性鐵(馬鐵)	不用	深孔用蘇打水		不用	蘇打水	
工具鋼	礦豬油拌火油	火油	礦豬油	礦豬油	礦豬油拌火油	火油
雲母石，電木紙稆，石棉硬橡皮，琥珀	不用					不用

絞眼子時用的切削液

工作材料	切削液
鋁與鋁合金 鎂與鎂合金	(1) 礦豬油 (2) 火油 (3) 蘇打水
黃銅與青銅	蘇打水
鑄鐵	不用
鑄鋼	(1) 豬油 (2) 礦豬油 (3) 蘇打水
紫銅	(1) 豬油 (2) 蘇打水
韌性鐵(馬鐵)	(1) 蘇打水 (2) 礦豬油
Monel 合金	(1) 豬油 (2) 蘇打水
軟鋼	(1) 礦豬油 (2) 蘇打水
硬合金鋼 鋼製煅品	(1) 礦豬油 (2) 硫化油 (3) 蘇打水
工具鋼	(1) 豬油 (2) 硫化油 (3) 蘇打水
煅鐵	(1) 礦豬油 (2) 蘇打水
雲母石 電木	礦豬油

攻孔時用的切削液

工作材料	切削液
鋁合金	一半豬油,一半火油
鎂合金	輕質礦油
青銅與黃銅	(1) 輕質礦油 (2) 不用
鑄鐵	(1) 少量礦豬油 (2) 肥皂或牛油
紫銅	*"Cresol 2-3"與石蠟油
韌性鐵(馬鐵)	硫化油
Monel 合金	(1) 鋁油與火油 (2) 硫化油
煅鐵 軟鋼	石蠟油
工具鋼	(1) 硫化油 (2) 豬油與火油
不銹鋼	硫化油
硬合金鋼	硫化油
鑄鋼 鋼製煅品 硬橡皮	不用
紙栢,雲母石,及其他塑料	不用

*"Cresol 2-3" 是一種極優良的散熱劑,但並不致於使工作物生銹。它的價格是相當昂貴的,但也可以攙和在石蠟油內,造成10%的溶液而使用。

常用五金之單位重量面積厚度表

常用五金單位重量(磅)

尺寸	鋼	熟鐵	生鐵
一立方英尺	489.6	480	448.9
一英尺方一英寸厚	40.8	40	37.5
一英寸方一英尺長	3.40	3.33	3.13
一立方英寸	0.283	0.278	0.26

常用鋼條之重量面積及周圍

尺寸	重量(磅/呎)	面積(方吋)	周圍(吋)
3/8 吋 圓	0.376	0.11	1.18
½ 吋 圓	0.668	0.20	1.57
½ 吋 方	0.850	0.25	2.00
5/8 吋 圓	1.043	0.31	1.96
3/4 吋 圓	1.502	0.44	2.36
7/8 吋 圓	2.044	0.60	2.75
1 吋 圓	2.670	0.79	3.14
1 吋 方	3.400	1.00	4.00
1⅛ 吋 方	4.303	1.27	4.50
1¼ 吋 方	5.313	1.56	5.00

鋼片厚度及重量(英規S.W.G.)

號數	厚度(吋)	重量(磅/方英尺)
13	0.092	3.76
14	0.080	3.26
15	0.072	2.94
16	0.064	2.61
17	0.056	2.28
18	0.048	1.96
19	0.040	1.63
20	0.036	1.47
21	0.032	1.31
22	0.028	1.14
23	0.024	0.98
24	0.022	0.90
25	0.020	0.82
26	0.018	0.73
27	0.0164	0.669
28	0.0148	0.604
29	0.0136	0.555
30	0.0124	0.506

註:
(1)鐵片重量按本表乘 0.98紫銅片乘 1.11黃銅片乘 1.05
(2)塗鋅鋼片(即白鐵)重量按本表約加 0.156磅/方英尺
(3)瓦輪白鐵重量按白鐵重量加10%

鋼絲直徑斷面及重量(英規S.W.G.)

號數	直徑(吋)	斷面(方吋)	重量(磅/千呎)	長度(呎/磅)
8	0.160	.0201	68.36	14.6
9	0.144	.0163	55.37	18.1
10	0.128	.1129	43.75	22.8
11	0.116	.0106	35.93	27.9
12	0.104	.0085	28.88	3.46
13	0.092	.0066	22.60	44.2
14	0.080	.0050	17.09	58.5
15	0.072	.0041	13.84	72.3
16	0.064	.0032	10.94	91.4
17	0.056	.0025	8.37	119.5
18	0.048	.0118	6.15	162.6
19	0.040	.0013	4.27	234.1
20	0.036	.0010	3.46	289.0
21	0.032	.0008	2.73	366.3
22	0.028	.0006	2.09	478.5
23	0.024	.0005	1.54	649.4
24	0.022	.0004	1.29	775.2

車床切削與馬力計算圖

第一圖

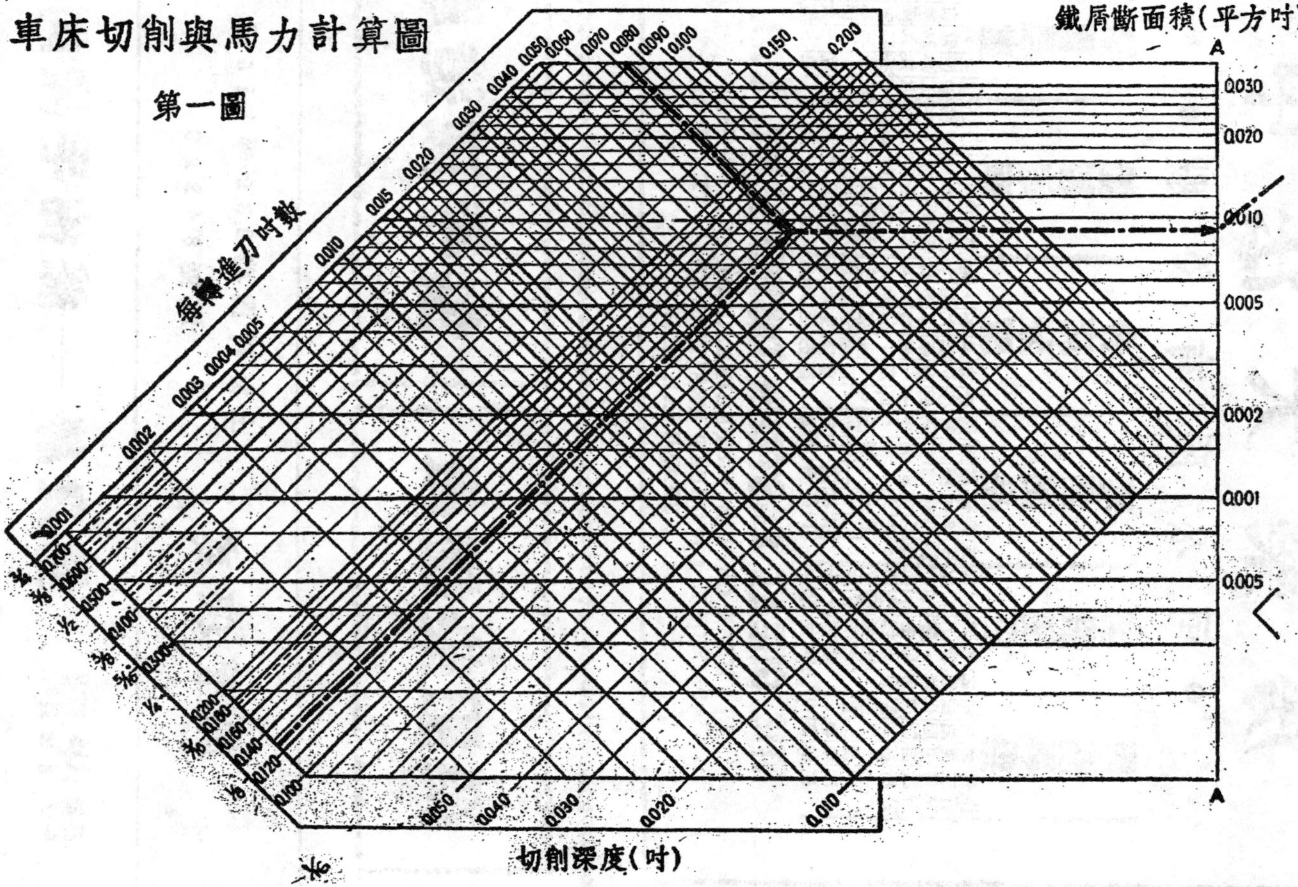

鐵屑斷面積(平方吋)

每轉進刀吋數

切削深度(吋)

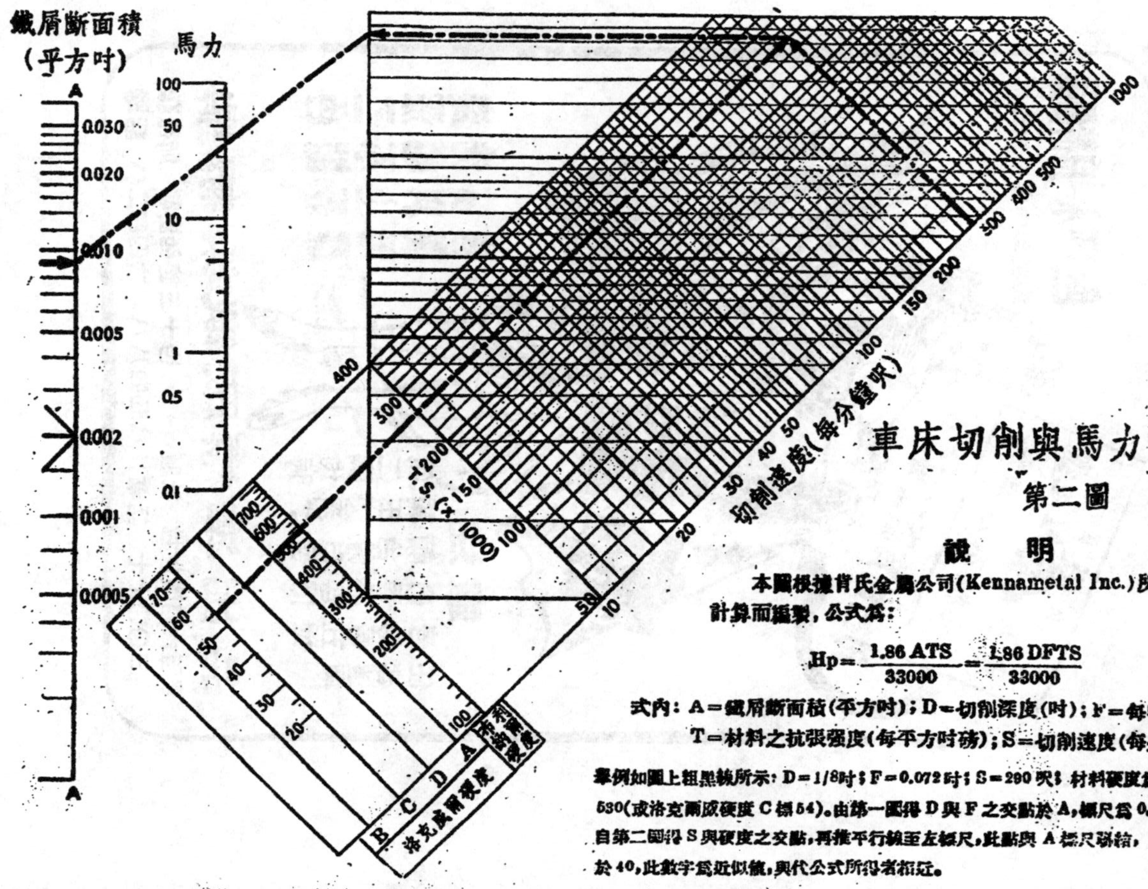

鐵屑斷面積（平方吋）

馬力

切削速度（每分鐘呎）

S（×1000）

洛克威爾硬度

布利納爾硬度

車床切削與馬力計算圖

第二圖

說明

本圖根據肯氏金屬公司(Kennametal Inc.)所規定之公式計算而編製，公式為：

$$Hp=\frac{1.86\ ATS}{33000}=\frac{1.86\ DFTS}{33000}$$

式內：A＝鐵屑斷面積(平方吋)；D＝切削深度(吋)；F＝每轉進刀吋數；T＝材料之抗張強度(每平方吋磅)；S＝切削速度(每分鐘呎)。

舉例如圖上粗黑線所示：D＝1/8吋；F＝0.072吋；S＝290呎；材料硬度為布利納爾硬度530(或洛克威爾硬度C標54)。由第一圖得D與F之交點於A，標尺為0.009平方吋；復自第二圖得S與硬度之交點，再推平行線至左標尺，此點與A標尺聯結，交馬力標尺線於40，此數字為近似值，與代公式所得者相近。

品質精良 永不退色
各大綢布莊均有經售
霸王色布
洗晒永不褪色
商標 注冊
每二碼有此金印
霸王藍布
淺深二色
洗晒不褪
質料上等
售價低廉
注意
每二碼均有霸王『金印』顏色分5号6号13号16号19号五種任客選擇
鼎新染織廠標準出品
發行所 寧海西路五十号 廠址 甘世東路六百号
電話 八二四四六 八八四五八 電話 七七〇〇三

上海郵政管理局執照第二四二六號
內政部登記證京警滬字第一七四號

本期特大號定價一千五百元